名品

최신 출제기준 반영

임산가공기사

권현준 저

필기

명품강의 보러가기
www.kisa.co.kr

실시간 카톡문의
@kisa
1544-8509

Forest product

PREFACE

　임산가공분야는 임업직 분야에서 가장 많은 학습량을 요구합니다. 물리, 화학, 생물 등 다양한 학문에 대한 이해도를 요구하는 난이도가 높은 분야라고 할 수 있습니다. 그만큼 합격을 위해 혼자 공부하기에는 많은 노력이 필요하며 자료도 구하기 힘든 분야입니다. 그래서 이 책으로 공부하시는 학습자 분들께서 좀 더 쉽게 접근하고 더 나아가 합격의 문을 열수 있도록 많은 도움을 드리고자 나온 책이라고 보시면 되겠습니다.

　해설의 경우도 기출외에도 이해를 위해 추가적으로 많은 내용이 담겨 있으며 학습전략에 따라 추가내용을 분류해두었기에 학습량이 많다고 판단될 경우 이 부분은 지나가고 중심해설만 보시면 되겠습니다.

　앞으로 임목분야에서 제대로 된 활용을 위한 전문가로 거듭나기 위해서 가장 기본자격증이 바로 임산가공이라 할 수 있습니다. 목재법을 통해 앞으로 이러한 전문가를 필수적으로 채용하여야 관련 사업 운영이 가능해졌기에 자격증의 희소성이 더욱 높아졌습니다.

　앞으로 이 책을 통해 많은 분들이 자격증 합격 뿐만 아니라 임산가공 분야의 발전과 나아가 자신의 행복한 미래를 위한 밑거름이 되시길 기원합니다.

지은이

자격시험안내

01 개요
목재자원이 부족한 우리나라에서 일정한 자격을 전문인력을 양성하여 목재가공에 관한 업무를 수행토록 함으로써 수입한 목세의 합리적인 이용을 도모하고자 함.

02 시행기관 및 원서접수
한국산업인력공단(www.q-net.or.kr)

03 수행직무
임산가공에 관한 기술이론 지식을 가지고 제품제조, 시험, 설계, 시공, 분석 등의 기술 업무를 수행. 구체적으로 원목의 검사와 선별 목재의 결함구분, 목재건조관리, 목재 방 부처리 등 목재의 전반적인 이용상태를 파악하고 관리하며, 펄프, 제지, 목재가공 등 목재를 합리적으로 이용하는 데 관련된 기술적인 업무 수행.

04 시험과목 및 검정방법

구분	필기	실기(복합형)
임산가공기사	① 임산제조관리 ② 목재과학 ③ 목재가공 ④ 종이제조	임산가공실무(필답형 + 작업형)

05 합격기준
- 필기 : 100점을 만점으로 하여 과목당 40점 이상, 전과목 평균 60점 이상
- 실기 : 100점을 만점으로 하여 60점 이상

06 응시절차

1	필기원서접수	• Q-net를 통한 인터넷 원서접수 • 필기접수 기간 내 수험원서 인터넷 제출 • 사진(6개월 이내에 촬영한 3.5×4.5cm 칼라사진, 수수료 전자결제 • 수험표 본인 선택(선착순)
2	필기시험	수험표, 신분증, 필기구(흑색 싸인펜 등), 공학용계산기 지참
3	합격자 발표	• Q-net를 통한 합격확인(마이페이지 등) • 응시자격(기술사, 기능장, 산업기사, 서비스 분야 일부종목) • 제한종목은 합격예정자 발표일부터 8일 이내에(토, 공휴일 제외) • 응시자격서류를 제출하여 합격처리된 사람에 한하여 실기접수가 가능
4	실기원서 접수	• 실기접수기간 내 수험원서 인터넷(www.Q-net.or.kr)제출 • 사진(6개월 이내에 촬영한 반명함판 사진파일(JPG), 수수료(정액) • 시험일시, 장소, 본인 선택(선착순) 단, 기술사 면접시험은 시행 10일 전 공고
5	실기시험	수험표, 신분증, 필기구, 공학용 계산기, 수험자 지참준비물(작업형 시험한정) 지참
6	최종합격자 발표	Q-net를 통한 합격확인(마이페이지 등)
7	자격증 발급	• (인터넷) 인터넷 신청 후 우편 배송 • (방문수령) 여권규격사진 및 신분확인 서류

모두 바르게 빨리 **올배움** 한다.

이러닝교육기관 올배움이 특별한 이유!

01 SINCE 1997 국가기술자격증 이러닝교육기관 올배움
02 고객이 신뢰하는 브랜드대상 수상기관
03 합격생이 인정하는 최고의 명품강의

올배움 www.kisa.co.kr 1544-8509 카톡 ID : kisa

07 전국 한국산업인력공단 안내

기관명	주소	연락처
서울지역본부	(02512)서울 동대문구 장안벚꽃로 279(휘경동 49-35)	02-2137-0590
서울서부지사	(03302)서울 은평구 진관3로 36(진관동 산100-23)	02-2024-1700
서울남부지사	(07225)서울시 영등포구 버드나루로 110(당산동)	02-876-8322
서울강남지사	(06193)서울시 강남구 테헤란로 412 알레르망타워 15층(대치동)	02-2161-9100
인천지사	(21634)인천시 남동구 남동서로 209(고잔동)	032-820-8600
경인지역본부	(16626)경기도 수원시 권선구 호매실로 46-68(탑동)	031-249-1201
경기동부지사	(13313)경기 성남시 수정구 성남대로 1214 광우빌딩(1~7층)	031-750-6200
경기서부지사	(14488) 경기도 부천시 길주로 463번길 69(춘의동)	032-719-0800
경기남부지사	(17561)경기 안성시 공도읍 공도로 51-23	031-615-9000
경기북부지사	(11801)경기도 의정부시 바대논길 21 해인프라자 3~5층(고산동)	031-850-9100
강원지사	(24408)강원특별자치도 춘천시 동내면 원창 고개길 135(학곡리)	033-248-8500
강원동부지사	(25440)강원특별자치도 강릉시 사천면 방동길 60(방동리)	033-650-5700
부산지역본부	(46519)부산시 북구 금곡대로 441번길 26(금곡동)	051-330-1910
부산남부지사	(48518)부산시 남구 신선로 454-18(용당동)	051-620-1910
경남지사	(51519)경남 창원시 성산구 두대로 239(중앙동)	055-212-7200
경남서부지사	(52733)경남 진주시 남강로 1689(초전동 260)	055-791-0700
울산지사	(44538)울산광역시 중구 종가로 347(교동)	052-220-3277
대구지역본부	(42704)대구시 달서구 성서공단로 213(갈산동)	053-580-2300
경북지사	(36616)경북 안동시 서후면 학가산 온천길 42(명리)	054-840-3000
경북동부지사	(37580)경북 포항시 북구 법원로 140번길 9(장성동)	054-230-3200
경북서부지사	(39371)경상북도 구미시 산호대로 253(구미첨단의료 기술타워 2층)	054-713-3000
광주지역본부	(61008)광주광역시 북구 첨단벤처로 82(대촌동)	062-970-1700
전북지사	(54852)전북특별자치도 전주시 덕진구 유상로 69(팔복동)	063-210-9200
전북서부지사	(54098)전북특별자치도 군산시 공단대로 197번지 풍산빌딩 2층(수송동)	063-731-5500
전남지사	(57948)전남 순천시 순광로 35-2(조례동)	061-720-8500
전남서부지사	(58604)전남 목포시 영산로 820(대양동)	061-288-3300
대전지역본부	(35000)대전광역시 중구 서문로 25번길 1(문화동)	042-580-9100
충북지사	(28456)충북 청주시 흥덕구 1순환로 394번길 81(신봉동)	043-279-9000
충북북부지사	(27480)충북 충주시 호암수청2로 14 (호암동) 충주농협 호암행복지점 3~4층	043-722-4300
충남지사	(31081)충남 천안시 서북구 상고1길 27(신당동)	041-620-7600
세종지사	(30128)세종특별자치시 한누리대로 296(나성동)	044-410-8000
제주지사	(63220)제주 제주시 복지로 19(도남동)	064-729-0701

08 출제기준

임산가공기사

직무분야	농림어업	중직무분야	임업	자격종목	임산가공기사	적용기간	2024.1.1.~2026.12.31.
○ 직무내용 임산가공에 관한 기술이론 지식을 가지고 목재의 전반적인 가공공정을 파악하고 관리하며, 목재가공, 종이제조 등 목재를 효율적이고 합리적으로 이용하는 데 관련된 기술적인 업무를 수행하는 직무이다.							
필기검정방법	객관식	문제수	80	시험시간	2시간		

필기과목명	문제수	주요항목
임산제조 관리	20	1. 목재 및 펄프·종이 산업안전관리 2. 목재제품 및 펄프·종이 관리평가
목재과학	20	1. 목재이학 2. 목재화학 3. 목재해부학
목재가공	20	1. 원목검사 2. 목재건조계획관리 3. 목질재료가공 4. 목재접착제가공 5. 목재재료 표면가공 6. 목재보존가공 계획관리 7. 고형에너지 가공
종이제조	20	1. 펄프 2. 제지 3. 종이가공

PART 01 임산제조관리

1. 목재 및 펄프·종이 산업안전관리
- 1.1 작업안전관리 ········· 2
- 1.2 설비안전관리 ········· 8
- 1.3 환경안전관리 ········· 10

2. 목재제품 관리평가
- 2.1 제품의 종류별 품질규격 ········· 30
- 2.2 품질검사 및 방법 ········· 31
- 2.3 제품 표시 관리 ········· 32
- 2.4 제품별 품질관리 및 항목 ········· 34

3. 펄프·종이 관리평가
- 3.1 검사항목별 시험방법 및 품질규격 ········· 37
- 3.2 통계적 품질관리 기술 ········· 43

1단원 문제
- 기본 문제 및 해설 ········· 45

PART 02 목재과학

1. 목재이학
- 1.1 목재의 밀도 및 비중 ········· 58
- 1.2 목재의 함수율 ················· 61
- 1.3 목재의 수축 및 팽윤 ········· 66
- 1.4 목재의 성질 ····················· 71

2. 목재화학 [1. 목재의 조성]
- 2.1 원소조성 ························· 94
- 2.2 화학조성 ························· 94

2. 목재화학 [2. 목재의 구성성분]
- 2.1 셀룰로오스 ······················ 96
- 2.2 헤미셀룰로오스 ·············· 114
- 2.3 리그닌 ··························· 120

3. 목재해부학
- 3.1 목재의 육안적 구조 ········ 133
- 3.2 세포벽 구조 ··················· 137
- 3.3 목재의 구성세포 ············ 143

4. 목재의 결함
- 4.1 목재의 결함 ··················· 138

2단원 문제
- 기본 문제 및 해설 ················ 163

PART 03 목재가공

1. 원목검사
- 1.1 원목 검척 ········ 176
- 1.2 원목의 검척 방법 ········ 176
- 1.3 원목 품등 검사 ········ 178
- 1.4 제재목 검사 ········ 179

2. 목재건조계획관리
- 2.1 건조 계획 수립 ········ 182
- 2.2 건조 공정 ········ 190

3. 목질재료가공
- 3.1 원재료 준비 및 목질재료 제조 ········ 200

4. 목재접착제가공
- 4.1 적합 접착제 선정 ········ 214
- 4.2 접착제 합성 ········ 219
- 4.3 접착제 성능 평가 ········ 222

5. 목질재료 표면가공
- 5.1 목제품 표면 도장 ········ 225

6. 목재보존가공 계획관리
- 6.1 목재의 열화 특성 ········ 232
- 6.2 보존 전처리 기술 ········ 241
- 6.3 목재보존제 종류 및 특성 ········ 256
- 6.4 보존처리공정 관리 ········ 263

7. 고형에너지 가공
- 7.1 목재펠릿 ········ 275
- 7.2 숯 ········ 276

3단원 문제
- 기본 문제 및 해설 ········ 278

PART 04 종이제조

1. 펄프
- 1.1 펄프의 종류 ········· 292
- 1.2 표백 및 정선 ········· 310

2. 제지
- 2.1 지료조성 ········· 318
- 2.2 제지공정 ········· 332

3. 종이가공
- 3.1 종이 도공 ········· 336
- 3.2 적층 가공 ········· 341
- 3.3 골판지 가공 ········· 342
- 3.4 백판지 ········· 347

4단원 문제
- 기본 문제 및 해설 ········· 390

PART 05 임산가공기사 필기 문제

1. 임산가공기사 필기문제
- 2009년 임산가공기사 필기 문제 ········· 366
- 2010년 임산가공기사 필기 문제 ········· 386
- 2011년 임산가공기사 필기 문제 ········· 406
- 2012년 임산가공기사 필기 문제 ········· 424
- 2013년 임산가공기사 필기 문제 ········· 444
- 2015년 임산가공기사 필기 문제 ········· 464
- 2016년 임산가공기사 필기 문제 ········· 481
- 2017년 임산가공기사 필기 문제 ········· 500
- 2018년 임산가공기사 필기 문제 ········· 517
- 2019년 임산가공기사 필기 문제 ········· 533
- 2020년 임산가공기사 필기 문제 ········· 549
- 2021년 임산가공기사 필기 문제 ········· 566
- 2022년 임산가공기사 필기 문제 ········· 584
- 2023년 임산가공기사 CBT 모의고사 문제 ········· 602

PART 1

임산제조관리

FOREST PRODUCT PROCESSING

CHAPTER 01 > 임산제조관리

01 목재 및 펄프·종이 산업안전관리

1. 작업안전관리

(1) 목재가공용 기계
   ① 개요
      ㉠ 목재가공 산업에서 목재가공용 기계는 대별하여 제재용, 합판용, 목공용으로 나누어진다.
      ㉡ 제재용에는 띠톱기계, Straight saw machine, Chain saw machine 등이 있고, 합판용에는 조목, 단판절삭, 합판, 마무리 등의 기계가 있다
      ㉢ 목공용에는 목공톱기계, 대패기계, 목공밀링기계, 목공 Drilling-machine, 목공선반 등이 있다.
      ㉣ 목재가공용기계(둥근톱기계, 띠톱기계, 대패기계, 모떼기기계 및 루타기에 한하며 휴대용은 제외)를 5대 이상 보유한 사업장에서 당해 기계에 의한 작업을 할 경우 동 작업에는 안전 담당자를 지정하여야 한다.
   ② 안전교육 이수
      ㉠ 목재가공용 기계 기구를 사용하는 근로자에게는 관련 교육기관으로부터 다음과 같은 특별 안전교육 받도록 해야 한다
      ㉡ 목재가공용 기계의 특성과 위험성에 관한 사항
      ㉢ 목재가공용 기계의 방호장치 종류와 구조 및 취급에 관한 사항
      ㉣ 목재가공용 기계의 작업안전기준에 관한 사항
      ㉤ 목재가공용 기계의 안전작업방법 및 목재취급에 관한 사항
      ㉥ 기타 목재가공용 기계의 작업에 관하여 안전보건관리에 필요한 사항
   ③ 작업 전 조치사항
      ㉠ 작업 전 및 작업 중에 다음과 같은 위험을 예방하기 위하여 필요한 조치를 하여야 한다.
         • 기계·기구, 그 밖의 설비에 의한 위험
         • 폭발성, 발화성 및 인화성 물질 등에 의한 위험
         • 전기, 열, 그 밖의 에너지에 의한 위험

ⓒ 굴착, 채석, 하역, 벌목, 운송, 조작, 운반, 해체, 중량물 취급, 그 밖의 작업을 할 때 불량한 작업방법 등으로 인하여 발생하는 위험을 방지하기 위하여 필요한 조치를 하여야 한다.
ⓔ 작업 중 근로자가 추락할 위험이 있는 장소, 토사·구축물 등이 붕괴할 우려가 있는 장소, 물체가 떨어지거나 날아올 위험이 있는 장소, 그 밖에 작업 시 천재지변으로 인한 위험이 발생할 우려가 있는 장소에는 그 위험을 방지하기 위하여 필요한 조치를 하여야 한다.

(2) 목재 절삭 기계 안전
① 둥근톱 작업 시 안전상 유의사항
- 둥근톱은 진동이 생기지 않게 확실히 설치하며, 톱니와 정규 판이 직각인지 확인할 것
- 안전장치에서 분할 날과 톱니와의 간격이 12mm 이내, 가동식의 톱니 접촉예방 장치의 덮개 하단의 높이는 테이블 면에서 25mm 이하가 되어 있는지 등을 확인할 것
- 재료를 송급할 때는 톱니에서 15cm 이내의 장소에 손을 접근시키지 말며, 톱니의 정면을 피하여 측면에서 행할 것
- 누름 봉에 대해서 길이는 적당한가, 부러질 염려는 없는가, 선단은 빠질 염려가 없는가를 확인 할 것
- 둥근톱은 가능한 한 고속도로 회전시킬 것(주속도 45m/s가 표준)
- 둥근톱으로 구부러진 목재 및 나무껍질 부분을 들고 켜지 말 것
- 톱이 삐걱거려서 들어가지 않을 때는 일단 뒤로 조금 빼고 나서 다 켤 것
- 목재를 켜고 있는 동안에는 재료를 비틀지 않도록 할 것
- 운전 중 톱니 근처의 나무 조각을 제거할 때는 브러쉬, 압축공기 등을 사용할 것

② 갱립소(Ganglip Saw) 작업 시 안전상 유의사항
- 가공재 투입 전 회전부분, 동력전달부 등의 작동상태, 벨트 장력상태 등을 점검 할 것
- 안전장치가 정상 작동하는지 점검하고 편리성을 이유로 기능을 해제하지 말 것 (판 누름장치, 반발방지 폴, 튀어 오름 방지 폴, 비상정지장치, 측면 방호판 등)
- 톱 및 목재 이송장치의 브레이크가 정상 작동하는지 점검할 것
- 갱립소를 작동을 시킨 후 톱날이 최고속도에 이르기 전까지는 가공재를 투입하지 말 것
- 부재를 올바른 방향으로 밀어 넣을 것(톱날이 돌아가는 방향의 반대방향)

- 톱날 교체 등 보수 정비 시에는 반드시 전원을 차단하고 "작업 중"표지판 부착할 것
- 대패 동체의 회전수는 너무 늦지 않도록 하며, 재료의 이송속도는 너무 빨리하지 말 것
- 재료에 옹이, 딱딱한 것, 섬유의 변화가 현저한 것 등은 무리한 힘을 주어서 억지로 누르지 말 것

③ 대패기계 작업 시 안전상 유의사항
- 날은 1 mm 이하로 조정할 것(대팻날과 송급측 테이블의 간격은 3 mm 이내로 노출)
- 날 접촉예방장치의 기능에 이상이 있는지 확인할 것
- 대패 동체의 회전수는 너무 늦지 않도록 하며, 재료의 이송속도는 너무 빨리 하지 말 것
- 재료의 옹이, 딱딱한 것, 섬유의 변화가 현저한 것 등은 무리한 힘을 주어서 억지로 누르지 말 것
- 몸의 정면의 발을 편안한 위치에서 벌리고, 자세를 낮출 것
- 끝마무리 작업 시 재료에서 손이 빠질 우려가 있으므로 재료를 단단히 누를 것
- 얇은 판이나 작은 재료(길이 : 40 cm이하)를 깎을 때는 재료의 길이, 두께 및 폭에 적당한 전용 의 누름기구를 사용할 것

④ 테노너(Tenoning machine) 작업 시 안전상 유의사항
- 커터나 대패날이 주축에 확실하게 부착되어 있는가를 확인할 것
- 절삭공구는 작업에 적당한 것을 사용할 것
- 재료는 핸들식의 누름막대 장치에 따라 확실하게 고정할 것
- 재료를 이송할 때는 조임 핸들과 정규를 갖출 것
- 작은 재료를 절삭할 경우는 치구를 사용할 것
- 회전 중의 커터나 대팻날 근처에는 절대로 손을 가까이 하지 말 것

(3) 목재가공 공장에서의 유해 및 위험 요인
① 제재작업
㉠ 원목 입고 및 야적
- 적재된 원재료 넘어짐, 붕괴로 깔림 위험
- 하역 중 위험지역 출입에 의한 재해 위험
- 조명 미확보 장소에서 부딪힘 위험
- 지게차 등 후진, 운전 중 방호 조치 미실시로 인한 사고 위험

- 내리막 경사로 운행 부주의 및 안전벨트 미착용으로 인한 재해 위험
- 과속으로 인한 끼임, 뒤집힘 위험
- 적재하중 초과 적재로 적재물 떨어짐 위험
- 지게차 등 작업 반경 내 작업자 출입으로 부딪힘 위험
- 미운행 시 시동키를 꽂아둔 상태로 방치하여 무자격자 운전에 따른 사고 위험
- 원목을 지게차로 입고하는 중 원목에 맞음 위험

ⓛ 원목절단
- 원목절단기 지레발톱의 고장 및 미설치로 원목의 반발에 의한 맞음 위험
- 칼날, 이송 체인, 롤러부에 절단, 끼임 위험
- 작업 통로에서 떨어짐 위험
- 작업 통로 장애물로 인한 미끄러짐
- 소음에 의한 건강장해
- 전기기계 누전에 의한 감전 위험
- 컨베이어의 체인 등에 감김 위험
- 컨베이어 끼임 위험
- 원목절단기 전방 보호 판 미설치로 톱날 반발에 의한 절단 위험
- 기계톱 톱체인 끊어짐 및 킥 백 현상에 의한 기계톱 날 접촉 위험
- 띠톱으로 원목 절단 중 노출 톱날 접촉 위험
- 옹이 등 목재 칩에 맞을 위험

② 건조 및 방부처리 작업
- 건조기 상부작업 중 떨어짐 위험
- 지게차로 자재 운반 시 부딪힘 위험
- 지게차 방호 조치 미실시에 따른 위험
- 부주의, 과속, 안전벨트 미착용으로 발생하는 재해
- 지게차 무자격자 운전에 따른 사고 위험
- 전기기계 누전에 의한 감전 위험
- LNG/LPG/목재펠릿 건조기, 보일러 등 사용 중 화재 폭발 위험
- 스팀 배관 및 건조기 내부 개방시 화상 위험

③ 방부처리 작업
- 인사이징 작업할 때 고강도 근로에 따른 육체피로, 스트레스로 인한 건강장해
- 방부제, 도료 등 유해화학물질 사용에 따른 건강장해 위험
- 인화물질 방치로 인한 화재·폭발 위험

- 방부제(유상, 수용성, 유화성, 유용성), 도장물질 사용에 따른 건강장해
- 방부제, 도장 등 화학물질 취급 시 화재·폭발 위험
- 지게차로 자재 운반 시 부딪힘 위험
- 지게차 방호 조치 미실시에 따른 위험
- 전기기계 누전에 의한 감전 위험
- 보일러 등 사용 중 화재 폭발 위험

④ 접착 작업
- 접착기 롤과 롤 사이에 손 끼임 위험
- 접착기의 롤, 동력전달부에 소매, 장갑 등 말림 위험
- 전동기 및 전선 절연 파괴에 의한 감전
- 테이블리프트 유압장치, 실린더 및 상하판 수리·정비 시 테이블 불시 하강에 의한 발 끼임 위험
- 컨베이어에 끼임 위험
- 접착제의 증기로 인한 건강장해
- 요소, 멜라민, 재료 투입 시 근골격계 질환 위험

⑤ 프레스작업
- 프레스 작동 스위치 오 조작 및 비상정지스위치 미설치로 끼임 위험
- 상부 점검 중 떨어짐 위험
- 발생된 증기로 인한 건강장해
- 핫프레스 실린더 작동용 질소 용기 전도
- 지게차로 자재 운반 시 부딪힘 위험
- 지게차 방호 조치 미실시에 따른 위험
- 부주의, 과속, 안전벨트 미착용으로 생기는 재해
- 지게차 미운행 시 키 방치로 무자격자 운전에 따른 사고 위험
- 목재 단판 투입 시 중량물 인력 취급에 따른 근골격계 질환 발생 위험

⑥ 재단 작업
- 둥근톱으로 절단 중 노출된 톱날 접촉으로 절단 및 베임 위험
- 원자재 절단 중 톱날의 물림, 목재 끼임 등으로 발생하는 원자재 반발로 인한 맞음 위험
- 갱립소의 목재 투입·반출구, 측면에 덮개가 탈락되어 날아오거나 떨어진 목재에 맞음 위험
- 불량 목제품 제거 작업 시 갱소에 끼임 위험

- 갱립소 가압장치 및 판 누름 장치의 고장으로 인한 목재 반발로 맞음 위험
- 컨베이어의 체인, 스프로킷에 감김 위험
- 베니어 절단 시 고 소음 발생으로 건강장해
- 분진 발생으로 건강장해 위험
- 둥근톱 등 절단 기계의 전동기 및 전선의 절연 열화 등으로 감전
- 불충분한 조명, 원재료 및 부 자재에 걸려 넘어짐

⑦ 근로자의 유해 안전
   ㉠ 근로자는 건강을 보호 유지하기 위하여 건강진단기관에서 정기적인 진단을 받아야 하며 일반검진과 특수건강진단으로 구분된다.
   ㉡ 건강진단 주기로 사무직 근로자는 2년에 1회, 생산직 근로자는 1년에 1회 건강진단을 받아야 하며, 특수건강진단은 유해물질, 분진, 소음 등 유해인자가 노출되는 공정에 종사하는 근로자를 대상으로 실시한다.
   ㉢ 특수건강진단 대상 유해인자는 다음과 같다.
      - 벤젠, 톨루엔, 노말헥산 등 화학물질 108종
      - 구리, 납, 수은 등 금속 19종
      - 무수초산, 질산 등 산 및 알칼리류 8종
      - 불소, 브롬, 산화에틸렌 등 가스상 물질 14종
      - 허가대상물질 13종
      - 곡물분진, 광물성분진 등 6종
      - 소음 등 물리적 인자 8종

(4) 화학물질 안전관리
   ① 화학물질관리법
      ㉠ 화학물질을 체계적으로 관리함으로써 화학물질로 인한 국민건강 및 환경상의 위해를 예방하며, 화학 사고에 신속히 대응함으로써 화학물질로부터 국민의 생명과 재산 및 환경을 보호하고자 하는 것을 목적으로 한다.
      ㉡ 주요 구성 체계는 화학물질의 통계조사 및 정보공개, 유해화학물질의 안전관리, 유해화학물질영업자, 화학사고의 대비 및 대응이며 다음과 같다.
         - 화학사고 장외영향평가제도 및 영업허가제 신설 등을 통한 유해 화학물질 예방관리 체계 강화
         - 사업장 밖의 제3자에게 인적·물적 피해를 야기하지 않도록 이중, 삼중의 안전 개념에 따라 시설을 설계·설치하였는지 확인하는 과정

・사고대비물질 관리 강화, 화학사고의 발생 시 즉시 신고의무 부여 및 현장조 정관 파견 등 화학사고의 대비
・사고대비물질 관리 강화, 화학사고의 발생 시 즉시 신고의무 부여 및 현장조 정관 파견 등 화학사고의 대비

② 화학물질 확인대상
㉠ 기존 화학물질 및 신규 화학물질
㉡ 유독물질
㉢ 허가물질
㉣ 제한물질
㉤ 금지물질
㉥ 사고대비 물질

2. 설비안전관리

(1) 목재 가공 기계 안전
① 안전장치
㉠ 띠톱기계의 덮개
목재가공용 띠톱기계의 절단에 필요한 톱날 부위 외의 위험한 톱날 부위에 덮개 또는 울 등을 설치하여야 한다.
㉡ 띠톱기계의 날 접촉예방장치
목재가공용 띠톱기계에서 스파이크가 붙어 있는 이송롤러 또는 요철형 이송롤러에 날접촉예방장치 또는 덮개를 설치하여야 한다.
㉢ 둥근톱 기계의 반발예방장치
목재가공용 둥근톱기계(가로절단용 둥근톱 기계 및 반발에 의하여 근로자에게 위험을 미칠 우려가 없는 것은 제외한다)에는 분할 날 등 반발 예방장치를 설치하여야 한다.
㉣ 둥근톱기계의 톱날접촉예방장치
목재가공용 둥근톱기계(휴대용 둥근톱을 포함하되, 원목 제재용 둥근톱기계 및 자동이 송장치를 부착한 둥근톱 기계를 제외한다)에는 톱날 접촉예방장치(보호덮개)를 설치하여야 한다.
② 작업안전
㉠ 사업주는 근로자의 작업복이 대하여 다음 사항에 대하여 적합하도록 조치하여야 한다.

- 소매 조임과 옷자락 조임이 좋은 것을 착용하도록 할 것
- 너저분한 옷은 착용하지 않도록 할 것
- 작업복의 터짐은 곧 수선하도록 할 것
- 칼이나 드릴 등을 주머니에 넣어두지 않도록 할 것
- 넥타이, 목도리 및 장갑을 착용하지 않도록 할 것
- 작업 중에는 가능한 한 피부를 노출시키지 않도록 할 것
- 안전모 및 안전화를 착용하도록 할 것

ⓒ 기계마다 관리책임자를 정해 다른 사람이 조작하는 일이 없도록 하여야 한다.
ⓒ 톱날, 칼날 등의 공구는 항상 유효한 상태로 유지하여야 한다.
ⓔ 작업 전 기계의 날 부분, 회전부분, 볼트너트의 이상 여부, 주유상태 등을 점검하고 이상이 없을 때 전원을 넣도록 하여야 한다.
ⓜ 목재에 옹이, 못 등의 이물질이 없는 것을 확인한 후 작업하도록 하여야 한다.
ⓗ 기계를 충분히 무부하운전해서 이상이 없는 것을 확인하고 나서 작업하도록 하여야 한다.

③ 작업의 안전장치
ⓐ 안전장치를 제거한 채 작업을 하지 않도록 한다.
ⓒ 종합운전방식으로 여러 작업에 연결된 모터에 스위치를 넣을 경우는 일정한 신호를 정하고 신호자를 지명해서 관계 근로자에게 신호를 하도록 하여야 한다.
ⓒ 판자조각 등이 톱니, 칼날 등 옆에 산재해 있지 않은가를 확인한 후 기계를 사용하도록 하여야 한다.
ⓔ 정해진 작업순서 이외의 방법으로 작업하지 않도록 하여야 한다.
ⓜ 기계를 운전도중 작업위치를 떠나지 않도록 하여야 한다.
ⓗ 기계나 안전장치에 이상을 확인한 경우에는 즉시 기계의 운전을 멈추고 안전조치를 취하도록 하여야 한다.

④ 기계의 수리
ⓐ 기계나 기계의 날 부분의 검사, 수리, 교환, 조정, 청소 등의 작업을 할 경우에는 기계의 운전을 정지 하도록 한다.
ⓒ 이 경우 타인이 모르고 스위치를 넣는 것을 막기 위해 메인 스위치에 잠금장치를 하거나 또는 표시판을 설치하도록 한다.

⑤ 작업의 종료
ⓐ 작업 종료 후 기계의 날 부분에서 칩이나 먼지를 털어낼 때는 손으로 하지 말고 메인 스위치를 끄고 나서 브러쉬나 자루 달린 비 등을 사용하도록 하여야 한다.

ⓒ 작업을 중지하거나 종료할 때에는 다음 각 호의 조치를 취하도록 하여야 한다.
- 사용했던 공구는 본래의 위치에 둘 것
- 기계 주위의 정리 정돈을 할 것
- 작업을 중지할 때는 동력 스위치를 끄고, 종료 시에는 반드시 메인스위치를 끊을 것
- 작업종료 시 모터, 베어링의 이상발열, 작동부분의 볼트.너트 이완, 벨트의 이완 여부, 안전장치의 작동 여부를 점검할 것 등이다.

3. 환경안전관리

(1) 수질관리

① 수질오염

ⓐ 수질오염은 오염물질이 물의 자연 자정 능력을 초과하면서 해당 수체가 이용 목적에 적합하지 않게 된 상태라고 정의한다. 수질오염 현상을 크게 4가지로 구분하며 첫 번째는 물속의 산소가 없어지는 현상, 두 번째는 중금속에 의한 오염으로 주로 공장폐수로 인함, 세 번째는 질소나 인 등의 무기물질로 인해 부영양화 현상, 네 번째는 전염성 세균에 의한 오염 등으로 분류된다.

ⓑ 수질오염원의 대표적인 요인으로 생활하수, 산업폐수, 축산폐수 등이 있으며 산업공장에서 배출되는 폐수는 각종 오염원과 유해물질이 다량 함유되어 있다. 그로 인해 일반적인 상수원인 시설보다 고도의 정수시설을 요한다.

② 수질오염 지표

ⓐ 이론적 산소 요구량

이론적산소요구량(theoretical oxygen demand ; TOD)는 화합물을 완전 산화하는데 필요한 이론적 산소량을 말한다. 폐수에서는 화학적으로 완전 분석이 매우 드물고 어려워 이용도는 제한되어 있다.

ⓑ 생화학적 산소 요구량

생화학적 산소 요구량(biochemical oxygen demand ; BOD)는 물의 유기물량을 나타내는데 가장 많이 이용되는 지표이며 유기물을 미생물에 의해 호기성 상태로 분해시키는데 요구되는 산소량을 나타낸다. BOD 농도는 물속의 용존산소를 알 수 있는 간접적인 방법으로도 사용가능하다.

ⓒ 화학적 산소 요구량

화학적 산소 요구량(chemical oxygen demand ; COD)는 물속에 유기물 함유도를

측정하는 간접적인 지표로서 유기물을 화학적으로 산화시킬 때 필요한 산소를 측정하는 방법으로 산화제는 중크롬산칼륨이나 과망간산칼륨을 주로 사용한다.

ⓔ 총 유기 탄소

총유기탄소(total organic carbon ; TOC)는 폐수에 유기물질을 연소로에서 연소시켜 발생하는 탄산가스를 수산화칼륨에 흡수시켜 적외선 분광 분석으로 분석한다. 빠른 분석이 가능하나 일부 유기물은 측정이 안되는 경우가 있어 실제수치보다는 낮게 나오기도 한다.

ⓜ 총 산소 요구량

총산소요구량(total oxygen demand ; TOD)는 백금 촉매가 장착된 연소실에서 측정하려는 시료를 연수시켜 소모된 산소의 양을 감지기를 이용하여 측정하며 유기물이나 무기물을 불문하고 모든 산소 소모 성분을 측정한다.

③ 합성 유기화합물

㉠ 세제류

원래 세제류는 동식물에서 얻어지는 유지에서 만들어 수질 환경에 큰 영향을 주지 않았으나 현대에 개발된 알킬벤젠슬폰산염(alkyl benzene sulfonate ; ABS)는 난분해성과 계면 활성 효과로 인한 거품 발생으로 하천의 주요 오염원으로 대두되었으며 제지산업에서는 펠트 세척시 사용되며 지료조성 중 투입되는 분산제가 수질오염에 원인이 되며 이러한 세제류의 측정 분석은 가스 크로마토그래프 등과 같은 기기분석 장비로 분석한다.

㉡ 살균 살충제

제지 공정상 슬라임 방지제가 살균살충제에 속한다. 잔류 독성이 있는 슬라임 방지제는 염소가스, 염화페놀류, 아민류, 유기황화합물, 유기은화합물 등이 있으며 약품에 따라 독성 및 환경 오염 정도는 차이가 있다. PCB(poly-chlorinated biphenyl)는 노카본 복사용지에 제조에 사용하였으며 발암성이 높아 금지된 약품이 되었다.

㉢ 유류 및 그리스

공정에서 각종 기계에 윤활유가 사용되며 이러한 유류들은 부주의나 방출로 인해 새는 경우가 많다. 대체적으로 물보다 가볍고 표면장력이 작아 물의 표면을 덮어 광산이나 공기의 접촉을 차단하게 된다. 이로 인해 자체독성도 문제이지만 물에 산소 공급의 부족으로 수중 생태계를 파괴하는 현상을 초래한다.

㉣ 기타 화합물

표백이나 추출공정시 여러 약품이 사용되는데 이때 목재성분과 작용하면서 여러 수용성 화합물로 변화하여 수중에 용출되게 된다. 이러한 폐액들은 약품 회수공정시

농출 및 증발, 연소를 통해 대기중에 방출되거나 일부는 폐수에 잔류하게 된다. 표백 공정중에서는 염화수지산이나 불포화지방산 유도체 등이 있으며 공정에서 발생 가능한 성분으로는 수지산류, 불포화지방산, 디테르펜알코올 등이 있다. 이러한 유해성분들은 광선의 투과를 방해하여 생태계의 순환과 생산성을 저하시켜 금속원소들과 착이온과 착염을 만들어 유독성분으로 변해 수질 오염을 초래한다.

④ 무기 화합물과 금속성분
  ㉠ 아황산펄프와 크라프트펄프는 산성과 알칼리의 양이 극단으로 생물학적 처리나 방류를 위해서는 pH가 중성에 가까워야한다.
  ㉡ 중금속오염은 독성이 높고 생체로 흡입시 배출이 어려워 매우 위험한 물질이다. 펄프제지 산업에서 발생하는 가능한 중금속으로는 알루미늄, 크롬, 구리, 티타늄, 철, 수은, 아연, 니켈 등이 있다.
  ㉢ 표백 공정시 투입되는 약품으로 유황, 석회석, 황화나트륨, 황산나트륨, 염소화합물, 가성소다 등이 있다.
  ㉣ 제지 산업에서 중금속 오염시 오염 측정은 원자 흡광분석장치(atomic absorption spectroscopy ; AA)를 이용하여 측정한다.

⑤ 부유물질
  ㉠ 총 고형분
    총고형분은 폐수시료를 약 105℃ 정도에서 건조하여 잔류물을 측정하여 원 시료에 대한 비율로 표시한다.
  ㉡ 부유 고형분
    부유고형분은 직경이 1μ 의 필터로 걸러 남는 고형분으로 침전시켜 슬러지로 제거 가능한 고형분의 양으로 추정한다.
  ㉢ 용존 고형분
    용존고형분은 직경 1μ 필터에 통과되는 고형분으로 콜로이드상 고형분과 그 이하 크기와 용해 상태의 고형분으로 구분된다.

⑥ 열오염
  제지 공정에서 종이의 건조 등과 같이 많은 열을 사용하는데 이러한 열은 공정수의 온도 상승을 유발하게 되고 공장에서 배출하는 폐수의 온도는 상당히 높은 온도를 가지고 방출하게 된다. 고온의 폐수가 하천에 유입시 수중 생태계의 균형을 무너뜨리게 되고 수온의 상승으로 산소의 용해도 감소등을 초래한다.

⑦ pH
  하천의 pH 변화는 공장 폐수나 생활용수로 인해 쉽게 변화되며 침전이나 중화, 산화,

환원 등의 작용에 영향을 많이 받게 된다. 또한 상수관이나 구조물에서의 부식현상에 의한 산화환원현상도 pH 변화에 영향을 주게 된다.

⑧ 경도
  ㉠ 경도는 물의 세기를 나타내는 것으로 물속에 용해되는 Ca^{2+}, Mg^{2+}, Fe^{2+}, Mn^{2+}등의 2가 금속 양이온에 의해 발생되며 환산 표시는 $CaCO_3$(ppm) 값으로 표시하며 일시경도와 영국경도로 분류하며 두 가지를 모두 합한 것을 총 경도라 한다.
  ㉡ Ca^{2+}, Mg^{2+} 등이 알칼리도를 이루는 탄산염이나 중탄산염등과 결합하는 경우 이를 탄산경도라 하며 온도가 높아지면 침전이 형성되어 연수화되는데 이때를 일시경도라 한다.
  ㉢ Ca^{2+}, Mg^{2+} 등이 산이온인 SO_4^{2-}, Cl^-, NO_3^-, SiO_3^- 와 화합물을 이룰 때의 경도를 비탄산경도라 하며 이것이 온도가 높아지면서 제거되지 않을 경우 영구경도라 한다.

⑨ 알칼리도
  ㉠ 알칼리도는 물속에 수산화물(OH^-), 탄산염(CO_3^{2-}), 중탄산염(HCO_3^{2-})의 형태로 함유되어 있는 알칼리성을 이에 대응하는 $CaCO_3$(ppm) 로 환산하여 나타낸다. 물속에서 산을 중화시키는 어느 정도 척도가 된다.
  ㉡ 물속에 알칼리도에 기여하는 물질의 기여도를 pH순으로 수산화물, 탄산염, 중탄산염 순이며 수산화물로 된 알칼리도를 수산기 알칼리도, 탄산염으로 된 탄산알칼리도, 중탄산염으로 된 중탄산알칼리도라 한다.

⑩ 산도
  물속에 알칼리의 유입에도 이를 중화시키는 능력의 척도로 측정방법으로 산성 상태에 있는 시료에 알칼리를 넣어 pH 4.5로 중화시키는데 소모된 알칼리의 양으로 이에 대응되는 $CaCO_3$(ppm)으로 표시한 값을 M-산도라 한다. 다음으로 pH 8.3 까지 높이는데 주입된 알칼리 양을 $CaCO_3$(ppm) 으로 표시한 값을 P-산도 혹은 T-산도라 한다.

⑪ 펄프, 제지 공장 폐수의 특성
  ㉠ 펄프 및 제지공정에서 배출되는 폐수에는 기계적 처리와 화학적 처리로 인해 목재 섬유질과 다양한 화학원료들이 들어 있다. 공정에는 다량의 물이 필요하며 원료나 약품 조성에다 물을 사용한다. 제지폐수의 경우 일반적으로 BOD는 낮은 편이며 COD 는 높다. 유해물질 및 섬유를 함유한 폐수는 하천이나 해안방류시 콜로이드 물질이 다량 발생되어 부유물질들의 침적으로 부패가 발생 수질악화를 초래하게 된다.
  ㉡ BOD 변화요인으로 제지폐수의 경우 용존산소를 소비하는 유기물질인 당분과 리그닌 분해 생성물 등이 영향을 주며 COD 의 경우 원료 고지의 증해액이나 사이징제,

지력 증강제 등이 있다.
⑫ 주요 폐수의 오염원
　㉠ 조목과 박피 등에 사용된 물
　㉡ 증해부와 농축기의 응축수
　㉢ 정선과 제진에 의한 백수
　㉣ 스크린과 세척공정에서 사용되는 세척수
　㉤ 표백세척기의 여과수
　㉥ 초지기의 백수
　㉦ 섬유와 전 공장에서의 파이프누수
　㉧ 탈묵공정 등에 사용된 물

(2) 폐수처리
　① 공정 내부처리
　　㉠ 목재가공시 사용된 물
　　　목재 가공에 사용되고 배출된 공정 유출수는 스크린, 정화과정을 거쳐 재이용하며 침엽수목의 껍질 제거효율을 높이기 위해 샤워수로 증발기나 표백공정 초지기의 고온 공정 유출수를 사용하기도 한다.
　　㉡ 응축수
　　　열전달장치에서 오염되지 않은 응축수는 스팀생산에 이용하기 위해 보일러 시설로 보내진다. 오염된 응축수의 경우 주로 다단효과 증발기나 송진 응축기, 기압응축기 등에서 발생한다. 공정중 브라운스톡 세척기의 세척수로 고온의 증발기 응축수는 재이용하기도 하나 송진 응축기 유출수는 배수 처리하는 것이 일반적이다.
　　㉢ 농축기 여과수
　　　농축기 여과수는 매우 낮은 농도로 통과되어져야 하는 스크린과 정과공정들의 앞에서 희석수로 재이용한다.
　　㉣ 표백공정 유출수
　　　・표백탑에 나오는 스톡은 희석을 위해 세척기 여과수를 주로 이용한다.
　　　・씰 박스 세척과정에서 나오는 잉여 세척기 여과수를 이용한다.
　　　・최종적으로 표백 펄프를 희석하는데 초지기의 백수를 이용한다.
　　　・샤워수로 열교환기 응축수와 같은 고온수를 이용한다.
　② 공정 외부처리
　　㉠ 전처리

- 스크린과 침사지

    스크린의 경우 나무나 큰 부유물등의 이물질을 제거하기 위해서 있으며 침사지는 자갈이나 모래 등의 사석과 잔해를 제거하기 위해 존재한다. 침사지는 주기적으로 수도 처리하거나 기계적 장치를 통해 중력식 침전탱크를 이용하기도 한다. 스크린은 0.75~1.5 inch 정도의 망목을 가지고 주로 슬러지 인출공정의 막힘의 원인이 되는 방해물들을 제거한다.

- 중화
    - 중화는 산과 염기가 반응하여 물에 생성케 하는 반응을 말하며 다른 의미로는 pH 조정을 의미한다. 폐수는 pH 변화로 기계 부식이 발생하여 관리에 어려움을 준다.
    - 크라프트 펄프공정의 폐수의 경우 알칼리성을 띠며 산성 아황산 펄프공정 폐수는 주로 산성을 띠고 있다. 표백 공정에서 나오는 염기추출폐수는 강알칼리성을 띠고 있어 공정에 따른 pH 조절을 달리 해주어야 한다.

- 응집

    제지공정에서 나오는 폐수에는 미세섬유와 같은 유기물질과 약품등의 무기물질등이 있어 제거하기 위해 침전조를 이용하여 무거운 입자들은 중력을 이용한다. 효율적인 침전을 위해 응집제를 투입하여 응집반응을 유발하여 오염물질을 침강시키게 된다.

ⓒ 1차처리

- 침전법

    침전법은 물보다 비중이 큰 물질들이 중력에 의해 가라 앉도록 하여 제거하는 정화방법으로 침전에는 세 가지 형태로 분류된다. 첫 번째는 부유고형물 중 침전이 쉽게 되는 물질을 제거하고 두 번째로 생물학적 처리공정을 통해 증식된 미생물 슬러지와 처리수를 분리하며 세 번째로 농축조에서 슬러지의 압축 침전으로 물이 빠져 나가 슬러지를 농축하게 한다.

- 부상법
    - 부상법은 침전법과 반대로 물질을 부상시켜 분리하는 방법이다. 밀도가 낮은 고형물의 경우 공기방울에 부착시켜 기포에 의해 고형물이 액체 표면으로 떠오르게되고 이를 스키머(skimmer)에 의해 제거하게 된다. 부상방법으로는 공기부상, 진공부상, 용존공기부상 등이 있으며 그중 용존공기부상법인 가압부상조를 주로 이용한다. 가압부상조의 장점은 콜로이드성분의 제고율이 높다는 것이며 단점으로는 슬러리 농도가 높으면 공정이 곤란해 효율이 떨어진다는 것이다.

- 공기부상의 경우 압축공기를 부상조에 공급하여 입자를 물의 표면으로 부상시키는 방법이며 진공부상은 폐수를 폭기시켜 공기로 포화시킨 다음 진공상태를 유지하여 밀폐탱크로 주입하면 압력 강하로 수중에서 기포가 발생 및 상승으로 폐수중의 부유물이 부상되게 된다.
- 용존공기부상은 처리수나 폐수를 압력탱크에서 공기를 과포화시키면 개방부장조로 보내 대기압에 노출시켜 압력을 감소시키면서 감압에 의해 액체 입자 주변으로 미세 기포가 발생되면서 고형물을 표면으로 부상시키는 방법이다.

ⓒ 2차처리
- 활성슬러지법
  활성슬러지법의 이미 1차 처리된 폐수를 2차 처리가 필요할시 사용되며 공정의 경우 침전지에서 고형물을 한번 제거하고 폭기조에서 용존유기물질을 미생물에 의해 분해시키고 성장한 미생물은 종말 침전지에서 응결시켜 침전된다.
- 순 산소법
  순 산소법은 90% 이상의 순산소를 이용하여 산소의 용해도를 증가시켜 고농도의 폐수처리를 위한 방법으로 산소공급을 통해 활성슬러리의 반응을 촉진시켜 폐슬러리량을 감소시킨다. 순산소제조장치를 PSA(pressure swing adsorption)는 공기중 탄산가스, 수분, 질소가스 등을 제거하고 순도 90% 이상의 산소가스를 제조하는 장치이다. 가압상태에서 흡착을 실시, 감압하에서 탈착을 실시하여 일정 온도하에서 탈찰과 흡착이 이루어진다.
- 초심층폭기법
  초심층복기법은 기존 활성슬러지법과 다르게 직경 0.5~6m, 수직 5~150m 정도로 굴착하여 폭기조를 설치하여 수압상승에 비례하여 산소용해도를 높여 용존산소를 풍부하게 유지하도록 하여 미생물이 폐수에 함유된 유기물질을 처리하도록 하는 공정이다. 폭기조 내 유속이 빨라 흐름이 난류상태가 되어 산소의 전달량이 높아지고 용해산소도 증가하여 미생물의 활성도가 증가하도록 하여 짧은 시간안에 유기물을 제거하도록 설계되어 있다.
- 살수여상법
  살수여상법은 생물학적 처리공정으로 1차 침전 유출수를 미생물 점막으로 덮인 쇄석 등을 이용하여 미생물막과 폐수중의 유기물을 접속시켜 처리하는 방법으로 약 70% 정도의 BOD 제거율을 얻을 수 있다. 살수여상법은 폭기에 동력이 필요 없어 건설비 및 유지비가 적어 경제적이고 폐수의 수질과 수량에 덜 민감하여 슬러리 반송이 필요가 없다. 반면 여름철과 같이 더운 날씨에는 악취가 심하고 벌레발생으로 인해 활성슬러지법에 비해 처리효율이 낮은 편이다.
- 회전원판법
  - 회전원판법은 살수여상법과 같이 생물학적 처리공정으로 생물막을 이용하여 폐수를 처리하는 방법으로 폴리스티렌, PVC 로 만든 원판의 일부를 폐수에 넣고 회전시켜 원판위에 발생되는 호기성 미생물을 이용하여 수중의 유기물을 처리하는 공정이다.
  - 회전원판법은 미생물이 많고 단기간의 접촉으로 높은 정화율을 얻으며 운전경비가 적고 관리가 용이한 장점을 가진다.

② 3차처리
- 화학침전
  폐수정화처리로 오염물질을 제거해도 어느정도의 고형물과 BOD가 잔류하게 되는데 이러한 잔류물을 제거하기 위해 화학적 응집 및 침전을 하게된다.
- 여과 및 흡착
  여과는 고형물과 액체를 분리하는 것으로 좀 더 효율적인 여과를 위해 응집이나 침전처리를 행하게 된다. 폐수에 부유고형물을 다공성 여재를 이용하여 제거하며 여과장치로는 완속여과장치, 급속여과장치, 마이크로여과장치가 있다.
- 화학적 산화
  3차처리에서의 화학적 산화는 2차 처리수 중에 제거되지 않고 남은 미량의 난분해성 물질이나 색도 유발물질 등이 강한 산화력을 가지고 있어 이를 이용하여 산화 분해시키는 것이다. 화학적 산화법에 오존산화, 펜톤산화, UV산화 등이 있다

③ 슬러리 탈수 및 처리
  ㉠ 슬러지 탈수
  - 탈수는 고형분과 물의 분리를 통해 고형분의 농도가 20~40% 정도의 농축된 슬러리를 모아 처리하게 되고 물은 다시 되돌려보내는 작업을 하게 된다. 슬러리 처리방법으로 중력 농축, 건조상, 진공필터, 원심분리, 필터 프레스, 벨트 프레스 등이 있다. 이중 제지공장에서는 진공필터, 필터 프레스, 원심분리, 벨트 프레스를 주로 사용하고 있다.
  - 벨트 프레스는 롤러 위에 설치된 두 개의 벨트가 서로 맞물리도록 구성되어 있고 아래쪽 벨트는 미세 철망으로 되어 있고 다공성이다. 서로 맞물리는 벨트 지역에서 압축으로 인해 슬러리에 물이 탈수되는 원리로 벨트 프레스는 동력이 적게 들고 진공이나 압축펌프가 필요없는 장점이 있다
  - 진공탈수기는 슬러리가 여과조에 투입되어 교반을 통해 침전을 방지하고 다음으로

망으로 둘러싸인 여과조안에 슬러리를 담고 회전을 한다. 다음 진공펌프를 이용하여 감압하고 이때 고형분을 드럼 주위에 남기고 물이 내부로 흡출되게 된다. 드럼이 회전을 단속하면서 슬러지들은 스크래퍼나 공기의 힘을 이용하여 드럼에서 제거하게 된다.
- 원심탈수기는 슬러리가 내부에 투입되어 고속 회전을 하여 원심력에 의해 고형분이 외부로 모이도록 하여 제거하도록 한다.
- 필터프레스는 오래전부터 사용되어오던 장비로 펌프, 프레임, 슬러지 조정조로 구성되어 진다. 침전조나 농축조에서 펌핑시켜 슬러지를 조정조에 받아 프레스에 투입하여 고형분과 물을 분리하게 된다. 조정조에서는 염화 제2철, 석탄, 고분자 응집제 등을 이용하여 압착능률을 향상시키기도 한다.

ⓒ 슬러리 재활용
- 연료화 : 혐기성 발효를 통해 메탄가스를 얻어 에너지로 이용한다.
- 퇴비화 : 호기성 발효로 비료나 토양 개량제로 사용한다.
- 건자재화 : 탈수 건조시킨 슬러지를 고화제 등으로 고화시켜 내외장 건축 자재로 사용한다.

ⓒ 소각제 재활용
- 소성법에 의한 재활용
 소각재의 화학조성이 무기원료인 점토류나 도석류 등의 화학조성과 비슷하여 이러한 특성을 이용하여 성형 및 소성 공정을 통해 내화벽돌, 인조석재, 적벽돌 등 건자재의 첨가 및 주원료로 재활용한다.
- 양생 및 고화에 의한 재활용
 소각재의 화학조성 중 대부분을 차지하는 SiO_2, Al_2O_3 등이 시멘트 원료로 들어가 점토와 비슷한 점을 이용하여 고화시켜 시멘트 원료, 시멘트 벽돌, 경량 콘크리트, 콘크리트 혼화제 등으로 재활용한다.

ⓔ 소각, 매립 및 해양투기
- 슬러리 발생량이 많은 제지산업은 소각이 일반적이고 소각을 통해 폐기물의 양을 줄이고 부산물로 산출되는 열을 이용하기도 한다. 슬러리 소각시 이산화탄소 및 대기오염물질이 발생한다.
- 매립은 슬러지나 소각재의 최종 처리 방법으로 지하수나 지표수와 접촉이 가능하면 되지 않도록 하여야 한다. 이를 위해 토양은 미세하여야 하며 근처에 습지나 동식물의 자생지 등에는 매립을 금지하고 있다.
- 해양투기는 슬러리를 배를 이용하거나 바다속으로 관을 이용하여 방출지점까지

수송하여 방출하는 방법이 있다. 방출지점의 유속이 충분하여야 방출순간 해수와 혼합되어야 하고 육지로 밀려와서는 안된다.

(3) 화학물질 관리
　① 물질안전보건자료
　　물질안전보건자료는(MSDS) 화학 물질의 유해.위험성, 취급 방법, 응급조치 요령 등을 설명해 주는 자료로 화학 물질을 안전하게 사용하기 위한 설명서이다.
　② MSDS 포함 내용

[MSDS 포함 내용]

(1) 화학 제품과 회사에 대한 정보
　(가) 제품명: 경고 표지상에 사용되는 것과 동일한 명칭을 기재한다.
　(나) 일반적 특성: 제품의 전반적인 화학적 특성을 기술한다.
　(다) 유해성 분류: 「산업안전보건법」에 규정된 분류 기준에 따라 기재한다.
　(라) 제품의 용도
　(마) 제조자 정보: 제조 회사명, 주소, 정보 제공 서비스 또는 긴급 연락 전화번호, 담당 부서, 담당자
　　1) 공급자/유통 업자 정보: 공급 회사명, 주소, 정보 제공 서비스 또는 긴급 연락 번호, 담당 부서, 담당자
　　2) 작성 부서 및 이름
　　3) 작성 일자
　　4) 개정 횟수 및 최종 개정 일자

(2) 구성 성분의 명칭 및 함유량
　(가) 화학 물질명
　(나) 이명
　(다) CAS 번호 또는 식별 번호
　(라) 함유량(%)

(3) 위험·유해성
　(가) 긴급한 위험.유해성 정보
　(나) 눈에 대한 영향

(다) 피부에 대한 영향

(라) 흡입 시의 영향

(마) 섭취 시의 영향

(바) 만성 징후와 증상

(4) 응급조치 요령

   (가) 눈에 들어갔을 때

   (나) 피부에 접촉했을 때

   (다) 흡입했을 때

   (라) 먹었을 때

   (마) 의사의 주의 사항

   (바) 만성 징후와 증상

(5) 화재·폭발 시 대처 방법

   (가) 인화점

   (나) 자연 발화점

   (다) 폭발(연소) 하한값 / 폭발(연소) 상한값

   (라) 「소방법」에 의한 분류 및 규제 내용

   (마) 소화제

   (바) 소화 방법 및 장비

   (사) 연소 시 발생 유해물질

   (아) 사용해서는 안 되는 소화제

(6) 누출 사고 시 대처 방법

   (가) 인체를 보호하기 위해 필요한 조치 사항

   (나) 환경을 보호하기 위해 필요한 조치 사항

   (다) 정화 또는 제거 방법

(7) 취급 및 저장 방법

   (가) 안전 취급 요령

   (나) 보관 방법

(8) 노출 방지 및 개인 보호구

    (가) 공학적 관리 방법

    (나) 호흡기 보호

    (다) 눈 보호

    (라) 손 보호

    (마) 신체 보호

    (바) 위생상 주의 사항

    (사) 노출 기준(고용노동부고시에 의한 노출 기준을 기재한다.

(9) 물리 화학적 특성

    (가) 외관

    (나) 냄새

    (다) pH

    (라) 용해도

    (마) 끓는점 / 끓는점 범위

    (바) 녹는점 / 녹는점 범위

    (사) 폭발성

    (아) 산화성

    (자) 증기압

    (차) 비중

    (카) 분배 계수

    (타) 증기 밀도

    (파) 점도

    (하) 분자량

(10) 안정성 및 반응성

    (가) 화학적 안정성

    (나) 피해야 할 조건 및 물질

    (다) 분해 시 생성되는 유해물질

    (라) 반응 시 유해물질 발생 가능성

(11) 독성에 관한 정보
    (가) 급성 경구 독성
    (나) 급성 경피 독성
    (다) 급성 흡입 독성
    (라) 급성 독성
    (마) 만성 독성
    (바) 변이원성 영향
    (사) 차세대 영향(생식 독성)
    (아) 발암성 영향
    (자) 기타 특이 사항

(12) 환경에 미치는 영향
    (가) 수생 및 생태 독성
    (나) 토양 이동성
    (다) 잔류성 및 분해성
    (라) 동·식물의 생체 내 축적 가능성

③ 유독물 관리 기준

[유독물 관리 기준]

(1) 공통 사항
    (가) 유독물을 제조, 사용하는 부서는 해당 유독물의 취급 시에 주의 사항 및 사고시 응급조치 방법을 인식하고 있어야 함.
    (나) 유독물 취급 부서는 공정의 바닥을 유독물이 유출되어 토양으로 침투하는 것을 방지할 수 있는 재료로 시공하고, 균열, 노후, 마모 등에 의한 파손 여부를 정기적으로 점검 및 조치함.
    (다) 유독물 관련 기구, 장비, 이송 배관, 밸브 및 누출 방지 시설 등은 설계 시의 성능을 유지할 수 있도록 관리하여야 함.
    (라) 유독물을 담았던 용기를 다른 용도로 재활용하는 때에는 용기에 묻어 있는 유독물을 「폐기물관리법」에 따라 적정하게 처리함.
    (마) 유독물 취급 부서는 유독물이 유출되어 사람의 건강 및 환경상의 피해가 발생한 경우 응급조치를 실시함.

(바) 유독물 관리자는 무지 또는 부주의로 인한 사고가 발생하지 않도록 해당 부서원에 대한 교육, 지도·감독을 실시하고, 유독물 관련 시설 및 장비에 대한 점검을 수시로 실시하여 유독물의 유출 등으로 인한 사고를 예방함.

(2) 유독물 취급 과정 관리
　(가) 유독물을 제조, 사용하는 부서는 유독물 관련 relief valve, control valve가 정상 적으로 작동될 수 있도록 빗물 등 이물질의 유입을 예방하고, 조정실에 표시된 계측기와 현장의 계측기가 동일값을 갖도록 유지하며, 각종 safety device 및 alarm 설비등이 정상 작동될 수 있도록 조치함.
　(나) 보관 시설을 보유하고 소량씩 공정에 유독물을 투입하는 경우 운전에 필요한 최소량만을 보유하고 이 경우 용기의 유독물 표시는 잘 보일 수 있도록 함.

(3) 유독물의 저장·보관 관리
　(가) 유독물 저장 시설 및 배관 등이 부식, 손상, 노후되어 유독물이 유출되지 않도록 관리함.
　(나) 유독물 보관, 저장 시설의 표지판이 오염되거나 손상되지 않도록 관리하며, 쉽게 볼수 있도록 함.
　(다) 유독물 저장 및 보관 시설 운영 부서는 유독물 입·출고량을 정확히 파악하여 관리대장에 기록함.

(4) 유독물의 운반
　(가) 유독물을 운반하는 장비(tank lorry, 트레일러)가 부식, 손상, 노후되지 않도록 유지, 관리하고 이를 위하여 수시로 점검함.
　(나) 고체 상태의 유독물을 트럭으로 운반할 때는 밀폐된 적재함을 사용하여야 함.
　(다) 유독물을 1회에 5톤 이상 운반하는 때에는 다음의 내용이 포함된 운반 계획을 미리 작성하여 운반자(기사) 및 호송자가 이를 숙지하고 휴대하여야 하며, 원본을 해당부서에 비치함.
　　1) 운반 차량이 통과할 도로(예비 도로 1개 포함)의 선정
　　2) 선정된 도로에서 가장 가까운 행정기관의 내역
　　　행정기관의 명칭, 전화번호, 주소, 위치도(상수원수, 취수장, 인접 하천 통과 시에는 취수장 포함)
　　3) 운반 사고 시 신속하게 신고를 위한 휴대용 전화기 휴대

(라) 운반 업무 책임자는 유독물을 운반하기 전에 운반자에게 "운반 계획"에 대한 교육을 시키고, 운반 중 과속 예방 등 안전 운전을 준수하여 차량 전복 사고를 예방함.

④ 위험물 안전관리

[위험물 안전관리]

(1) 위험물의 정의
- ㉠ 「위험물안전관리법」 (약칭: 위험물관리법)에서는 위험물의 저장·취급 및 운반과 이에 따른 안전관리에 관한 사항을 규정함으로써 위험물로 인한 위해를 방지하여 공공의 안전을 확보함을 목적으로 하고 있으며, 인화성 또는 발화성 등의 성질을 가지는 것을 "위험물"이라고 정의하고 있다.
- ㉡ 이 법은 이러한 위험물의 저장·취급·운반과 이에 따른 안전 관리를 정하여 놓은 법률이며, 주무 기관은 소방청으로 화재와 폭발을 예방하는 데 목적이 있는 법이다

(2) 위험물의 분류
- ㉠ 위험물은 '물리적 위험성'을 갖고 있으며, 인화성 또는 발화성 등의 성질을 갖는다. 가스 관련법에서 관리하는 기체 상태의 위험물을 제외하고 액체·고체 상태의 위험물은 「위험물안전관리법」 에서 다룬다. 「위험물안전관리법 시행규칙」 에서는 위험물 유별로 6가지로 대분류하고 있다.
- ㉡ 이 위험물에 대하여 효율적인 안전 관리를 위해서 다음과 같은 조건으로 분류 한다.

위험물			지정수량
유별	성질	품명	
제1류	산화성 고체	1. 아염소산염류	50킬로그램
		2. 염소산염류	50킬로그램
		3. 과염소산염류	50킬로그램
		4. 무기과산화물	50킬로그램
		5. 브롬산염류	300킬로그램
		6. 질산염류	300킬로그램
		7. 요오드산염류	300킬로그램
		8. 과망간산염류	1,000킬로그램
		9. 중크롬산염류	1,000킬로그램
		10. 그 밖에 행정안전부령으로 정하는 것 11. 제1호 내지 제10호의 1에 해당하는 어느 하나 이상을 함유한 것	50킬로그램, 300킬로그램 또는 1,000킬로그램
제2류	가연성 고체	1. 황화린	100킬로그램
		2. 적린	100킬로그램
		3. 유황	100킬로그램
		4. 철분	500킬로그램
		5. 금속분	500킬로그램
		6. 마그네슘	500킬로그램
		7. 그 밖에 행정안전부령으로 정하는 것 8. 제1호 내지 제7호의 1에 해당하는 어느 하나 이상을 함유한 것	100킬로그램 또는 500킬로그램
		9. 인화성고체	1,000킬로그램
제3류	자연 발화성 물질 및 금수성물질	1. 칼륨	10킬로그램
		2. 나트륨	10킬로그램
		3. 알킬알루미늄	10킬로그램
		4. 알킬리튬	10킬로그램
		5. 황린	20킬로그램
		6. 알칼리금속(칼륨 및 나트륨을 제외한다) 및 알칼리토금속	50킬로그램
		7. 유기금속화합물(알킬알루미늄 및 알킬리튬을 제외한다)	50킬로그램
		8. 금속의 수소화물	300킬로그램
		9. 금속의 인화물	300킬로그램
		10. 칼슘 또는 알루미늄의 탄화물	300킬로그램
		11. 그 밖에 행정안전부령으로 정하는 것 12. 제1호 내지 제11호의 1에 해당하는 어느 하나 이상을 함유한 것	10킬로그램, 20킬로그램, 50킬로그램 또는 300킬로그램

위험물				지정수량
유별	성질	품명		
제4류	인화성 액체	1. 특수인화물		50리터
		2. 제1석유류	비수용성액체	200리터
			수용성액체	400리터
		3. 알코올류		400리터
		4. 제2석유류	비수용성액체	1,000리터
			수용성액체	2,000리터
		5. 제3석유류	비수용성액체	2,000리터
			수용성액체	4,000리터
		6. 제4석유류		6,000리터
		7. 동식물유류		10,000리터
제5류	자기 반응성물질	1. 유기과산화물		10킬로그램
		2. 질산에스테르류		10킬로그램
		3. 니트로화합물		200킬로그램
		4. 니트로소화합물		200킬로그램
		5. 아조화합물		200킬로그램
		6. 디아조화합물		200킬로그램
		7. 히드라진 유도체		200킬로그램
		8. 히드록실아민		100킬로그램
		9. 히드록실아민염류		100킬로그램
		10. 그 밖에 행정안전부령으로 정하는 것 11. 제1호 내지 제10호의 1에 해당하는 어느 하나 이상을 함유한 것		10킬로그램, 100킬로그램 또는 200킬로그램
제6류	산화성 액체	1. 과염소산		300킬로그램
		2. 과산화수소		300킬로그램
		3. 질산		300킬로그램
		4. 그 밖에 행정안전부령으로 정하는 것		300킬로그램
		5. 제1호 내지 제4호의 1에 해당하는 어느 하나 이상을 함유한 것		300킬로그램

※ 비 고

1. "산화성고체"라 함은 고체[액체(1기압 및 섭씨 20도에서 액상인 것 또는 섭씨 20도 초과 섭씨 40도 이하에서 액상인 것을 말한다. 이하 같다) 또는 기체(1기압 및 섭씨 20도에서 기상인 것을 말한다) 외의 것을 말한다. 이하 같다]로서 산화력의 잠재적인 위험성 또는 충격에 대한 민감성을 판단하기 위하여 소방방재청장이 정하여 고시(이하 "고시"라 한다)하는 시험에서 고시로 정하는 성질과 상태를 나타내는 것을 말한다. 이 경우 "액상"이라 함은 수직으로 된 시험관(안지름 30밀리미터, 높이 120밀리미터의 원통형유리관을 말한다)에 시료를 55밀리미터까지 채운 다음 당해 시험관을 수평으로 하였을 때 시료액면의 선단이 30밀리미터를 이동하는데 걸리는 시간이 90초 이내에 있는 것을 말한다.
2. "가연성고체"라 함은 고체로서 화염에 의한 발화의 위험성 또는 인화의 위험성을 판단하기 위하여 고시로 정하는 시험에서 고시로 정하는 성질과 상태를 나타내는 것을 말한다.
3. 유황은 순도가 60중량퍼센트 이상인 것을 말한다. 이 경우 순도측정에 있어서 불순물은 활석등 불연성물질과 수분에 한한다.
4. "철분"이라 함은 철의 분말로서 53마이크로미터의 표준체를 통과하는 것이 50중량퍼센트 미만인 것은 제외한다.
5. "금속분"이라 함은 알칼리금속·알칼리토류금속·철 및 마그네슘 외의 금속의 분말을 말하고, 구리분·니켈분 및 150마이크로미터의 체를 통과하는 것이 50중량퍼센트 미만인 것은 제외한다.
6. 마그네슘 및 제2류제8호의 물품 중 마그네슘을 함유한 것에 있어서는 다음 각목의 1에 해당하는 것은 제외한다.
　가. 2밀리미터의 체를 통과하지 아니하는 덩어리 상태의 것
　나. 직경 2밀리미터 이상의 막대 모양의 것
7. 황화린·적린·유황 및 철분은 제2호의 규정에 의한 성상이 있는 것으로 본다.
8. "인화성고체"라 함은 고형알코올 그 밖에 1기압에서 인화점이 섭씨 40도 미만인 고체를 말한다.
9. "자연발화성물질 및 금수성물질"이라 함은 고체 또는 액체로서 공기 중에서 발화의 위험성이 있거나 물과 접촉하여 발화하거나 가연성가스를 발생하는 위험성이 있는 것을 말한다.
10. 칼륨·나트륨·알킬알루미늄·알킬리튬 및 황린은 제9호의 규정에 의한 성상이 있는 것으로 본다.
11. "인화성액체"라 함은 액체(제3석유류, 제4석유류 및 동식물유류에 있어서는 1기압과 섭씨 20도에서 액상인 것에 한한다)로서 인화의 위험성이 있는 것을 말한다.
12. "특수인화물"이라 함은 이황화탄소, 디에틸에테르 그 밖에 1기압에서 발화점이 섭씨 100도

이하인 것 또는 인화점이 섭씨 영하 20도 이하이고 비점이 섭씨 40도 이하인 것을 말한다.
13. "제1석유류"라 함은 아세톤, 휘발유 그 밖에 1기압에서 인화점이 섭씨 21도 미만인 것을 말한다.
14. "알코올류"라 함은 1분자를 구성하는 탄소원자의 수가 1개부터 3개까지인 포화1가 알코올(변성알코올을 포함한다)을 말한다. 다만, 다음 각목의 1에 해당하는 것은 제외한다.
   가. 1분자를 구성하는 탄소원자의 수가 1개 내지 3개의 포화1가 알코올의 함유량이 60중량퍼센트 미만인 수용액
   나. 가연성액체량이 60중량퍼센트 미만이고 인화점 및 연소점(태그개방식 인화점측정기에 의한 연소점을 말한다. 이하 같다)이 에틸알코올 60중량퍼센트수용액의 인화점 및 연소점을 초과하는 것
15. "제2석유류"라 함은 등유, 경유 그 밖에 1기압에서 인화점이 섭씨 21도 이상 70도 미만인 것을 말한다. 다만, 도료류 그 밖의 물품에 있어서 가연성 액체량이 40중량퍼센트 이하이면서 인화점이 섭씨 40도 이상인 동시에 연소점이 섭씨 60도 이상인 것은 제외한다.
16. "제3석유류"라 함은 중유, 클레오소트유 그 밖에 1기압에서 인화점이 섭씨 70도 이상 섭씨 200도 미만인 것을 말한다. 다만, 도료류 그 밖의 물품은 가연성 액체량이 40중량퍼센트 이하인 것은 제외한다.
17. "제4석유류"라 함은 기어유, 실린더유 그 밖에 1기압에서 인화점이 섭씨 200도 이상 섭씨 250도 미만의 것을 말한다. 다만, 도료류 그 밖의 물품은 가연성 액체량이 40중량퍼센트 이하인 것은 제외한다.
18. "동식물유류"라 함은 동물의 지육 등 또는 식물의 종자나 과육으로부터 추출한 것으로서 1기압에서 인화점이 섭씨 250도 미만인 것을 말한다. 다만, 법 제20조제1항의 규정에 의하여 행정안전부령이 정하는 용기기준과 수납·저장기준에 따라 수납되어 저장·보관되고 용기의 외부에 물품의 통칭명, 수량 및 화기엄금(화기엄금과 동일한 의미를 갖는 표시를 포함한다)의 표시가 있는 경우를 제외한다.
19. "자기반응성물질"이라 함은 고체 또는 액체로서 폭발의 위험성 또는 가열분해의 격렬함을 판단하기 위하여 고시로 정하는 시험에서 고시로 정하는 성질과 상태를 나타내는 것을 말한다.
20. 제5류제11호의 물품에 있어서는 유기과산화물을 함유하는 것 중에서 불활성고체를 함유하는 것으로서 다음 각목의 1에 해당하는 것은 제외한다.
   가. 과산화벤조일의 함유량이 35.5중량퍼센트 미만인 것으로서 전분가루, 황산칼슘2수화물 또는 인산1수소칼슘2수화물과의 혼합물
   나. 비스(4클로로벤조일)퍼옥사이드의 함유량이 30중량퍼센트 미만인 것으로서 불활성고체

와의 혼합물
다. 과산화지크밀의 함유량이 40중량퍼센트 미만인 것으로서 불활성고체와의 혼합물
라. 1.4비스(2-터셔리부틸퍼옥시이소프로필)벤젠의 함유량이 40중량퍼센트 미만인 것으로서 불활성고체와의 혼합물
마. 시크로헥사놀퍼옥사이드의 함유량이 30중량퍼센트 미만인 것으로서 불활성고체와의 혼합물

21. "산화성액체"라 함은 액체로서 산화력의 잠재적인 위험성을 판단하기 위하여 고시로 정하는 시험에서 고시로 정하는 성질과 상태를 나타내는 것을 말한다.
22. 과산화수소는 그 농도가 36중량퍼센트 이상인 것에 한하며, 제21호의 성상이 있는 것으로 본다.
23. 질산은 그 비중이 1.49이상인 것에 한하며, 제21호의 성상이 있는 것으로 본다.
24. 위 표의 성질란에 규정된 성상을 2가지 이상 포함하는 물품(이하 이 호에서 "복수성상물품"이라 한다)이 속하는 품명은 다음 각목의 1에 의한다.
    가. 복수성상물품이 산화성고체의 성상 및 가연성고체의 성상을 가지는 경우 : 제2류제8호의 규정에 의한 품명
    나. 복수성상물품이 산화성고체의 성상 및 자기반응성물질의 성상을 가지는 경우 : 제5류제11호의 규정에 의한 품명
    다. 복수성상물품이 가연성고체의 성상과 자연발화성물질의 성상 및 금수성물질의 성상을 가지는 경우 : 제3류제12호의 규정에 의한 품명
    라. 복수성상물품이 자연발화성물질의 성상, 금수성물질의 성상 및 인화성액체의 성상을 가지는 경우 : 제3류제12호의 규정에 의한 품명
    마. 복수성상물품이 인화성액체의 성상 및 자기반응성물질의 성상을 가지는 경우 : 제5류제11호의 규정에 의한 품명
25. 위 표의 지정수량란에 정하는 수량이 복수로 있는 품명에 있어서는 당해 품명이 속하는 유(類)의 품명 가운데 위험성의 정도가 가장 유사한 품명의 지정수량란에 정하는 수량과 같은 수량을 당해 품명의 지정수량으로 한다. 이 경우 위험물의 위험성을 실험.비교하기 위한 기준은 고시로 정할 수 있다.
26. 동 표에 의한 위험물의 판정 또는 지정수량의 결정에 필요한 실험은 「국가표준기본법」에 의한 공인시험기관, 한국소방산업기술원, 중앙소방학교 또는 소방방재청장이 지정하는 기관에서 실시할 수 있다.

02 목재제품 관리평가

1. 제품의 종류별 품질규격

(1) 자재 검수
  ① 제품생산에 소요되는 자재를 구매 요청하여 반입되는 자재는 자재 시방서나 구매기준에 의거하여 품질검사를 통하여 검수결과를 기록 유지하며, 품질기준에 따라 합격된 자재만 구매하여 사용하도록 하여야 한다.
  ② 목재제품의 경우에는 원료의 특성에 의해 제품품질에 많은 영향을 주게 되므로, 소요 목질자재에 대한 구매사양서가 적절하고, 또한, 이에 합당하게 납품되는 자재에 대하여 검수 및 관리되어야 한다.

(2) 구매사양서
  ① 일반적으로 사양, 시방이라고 하며, 국가기관에서는 '규격'이라고 한다.
  ② 규격서는 구매 하고자하는 특정품목에 대한 품질상의 제반조건을 객관적, 구체적으로 표시한 문서를 말한다.
  ③ 목질자재의 경우에는 품목별로 제품생산에 필요한 기본적인 요구 품질 (수종, 밀도, 물리적특성, 함수율, 필요특성 등)이 구매 사양서에 명기되어 발주되어야 한다.
  ④ 목질 자재의 규격서 내용
    ㉠ 필요조건 : 목재제품의 규격(사이즈), 물리적 특성(수종, 외관), 품질(재료의 성분, 강도, 등급, 점도, 품질조성, 유해 성분),
    ㉡ 품질보증 : 요구되는 품질수준, 검수사항, 검사방법(관능검사, 이화학적검사, 중간검사, 납품검사 등), 검사요령(전수검사, 샘플링검사, 검사합격수준 등), 인증서 및 시험성적서
    ㉢ 포장 및 표식 : 내부(개별)포장, 외부(번들)포장, 표식요령(Marking) 및 표시사항

(3) 품질규격 및 검사
  ① 원목규격 및 검수
    ㉠ 원목이란 제재하지 않은 통나무를 말하며, 특용재급, 1등급, 2등급, 3등급, 원주재급, 원료 재급 등 6개의 체계로 규정되어있다
    ㉡ 원목의 수종군은 소나무류, 낙엽송류, 편백과 삼나무류, 활엽수류로 구분하고 있으며, 이는 수종 및 지름분포를 고려하여 구분하고 있다.
    ㉢ 각 국가는 자국에서 생산되는 원목에 대하여 국가의 실정에 맞게 수종별로 품질등급을

규정하여 분류를 하고 있다.
 ㉣ 원목은 다음의 사항을 검수하도록 한다.
  · 수종을 먼저 확인한 후 육안으로 옹이, 썩음, 부러짐, 갈라짐 등을 검사한다.
  · 원목의 등급을 구분한다.
  · 전수검사를 실시하며 수피를 제외한 최단길이의 말구직경과 길이를 측정한다.
  · 검척일보에 지름과 길이를 기록한다.
  · 검사 및 검척을 완료한 후 총 개수와 총 재적을 산출한다.

(4) 제재목 검수 및 품질규격
 ① 제재목도 원목과 같이 국가별 수종별로 품질등급이 규정되어 있으며, 유럽규격과 미국, 캐나다 규격이 세계 공통의 규격으로 통용되고 있다.
 ② 제재목의 검수는 다음과 같은 방법으로 시행된다.
  ㉠ 무작위로 1개 번들을 샘플링 하여 지게차를 이용하여 검사할 수 있도록 준비한다.
  ㉡ 수종을 먼저 확인한 후 치수검사를 시행한다.
  ㉢ 외관품질을 검사한다. 침엽수 제재목인 경우는 품질등급에 맞는지 합부를 판정 하고, 활엽수 제재목인 경우는 품질등급에 따라 클리어 페이스 면적을 분필로 표시하면서 측정한다.
  ㉣ 외관검사를 마친 후 함수율 측정기를 이용하여 함수율을 확인하고 샘플 채취하여 함수율 시험을 의뢰한다. 강도시험이 필요한 경우 시험 가능한 치수로 샘플을 채취한다.
  ㉤ 검사일보에 검사결과를 기록한다.

2. 품질 검사 및 방법

(1) 품질검사
 ① 품질에 대한 검사방법으로는 원자재검사, 중간검사, 제품검사를 분리하여 검사순서, 검사항목, 검사방식, 검사조건, 로트의 구성, 검사단위체, 단위체 판정기준, 로트 판정기준, 합격로트 처리방법, 불합격로트 처리방법 등을 규정하도록 한다.
 ② 샘플링 검사의 경우에는 샘플링 방식을 KS, ISO, 목재제품의 규격과 품질 기준 등을 기준으로 인용하여 활용하도록 한다.

(2) 표본검사
 ① 표본검사는 통계적 품질관리의 대표적인 방법이다.

② 제품의 모든 대상을 검사하는 것이 아니라 검사대상 모집단에서 일정한 분량을 표본적으로 추출하여 검사하는 것이다.

③ 표본을 추출하여 검사하고 그 결과를 미리 정해 둔 판정기준과 비교하여 합격 또는 불합격을 판정하는 절차를 말하여 적용되는 것은 다음과 같이 검토된다.
- 파괴검사의 경우
- 검사에서 불량품의 합격으로 인한 비용이 전수검사의 비용보다 더 작을 경우
- 유사한 품목이 많아 표본검사로서 전수검사와 동일한 효과를 얻을 수 있는 경우
- 검사의 자동화가 이루어지지 않은 경우

(3) 표본검사의 유형

① 표본검사는 검사단위의 품질표시방법에 따라 계수형 샘플링검사와 계량형 표본검사로 구분된다.

② 계수형 표본검사는 합력 불합격 판정기준을 불량개수와 같은 계수치로 할 경우의 샘플검사를 말한다.

③ 계량형 표본검사는 합격 불합격 판정기준을 길이, 무게, 인장강도 등과 같은 계량치로 할 경우의 표본검사를 말한다.

3. 제품 표시 관리

(1) 제품 포장 및 표시

① 제품 포장은 보관과 운반의 합리화, 수송의 합리화 또는 거래의 합리화를 위해서 필요한 경우에는 품질저하 방지를 위하여 포장의 목적에 따라 낱 포장, 속 포장, 겉포장을 하게 된다.

② 품질표시 관계 법규에 따라 제품의 종류, 제조업자명이 표시되어야 하며, 필요 시 제품 사용상 주의사항, 보관이나 취급상의 주의사항, 품질미달제품이 소비자에 미치는 영향 등, 그 외 필요사항을 표시하거나 별도의 정보가 제공되는 안내서를 제공하도록 한다.

③ 제품을 마무리 가공 후에 품질 등에 대하여 등급 분류 및 구분하여 제품의 종류, 치수, 수량, 등급 및 제조자명 등 검사규격이나 구매자 요구에 따른 제품표기나 포장에 표기 각각 실시한다.

④ 제품 표기가 끝난 제품은 제품종류, 치수 및 등급별로 각종 포장 단위별 수량 기준에 따라 포장을 실시한다.

⑤ 제품표기는 제품의 측면이나 뒷면에 표기되는데 이때 표기 잉크 등이 제품 손상이 되지

않도록 해야 하며, 또한 표기가 선명하고 쉽게 지워지지 않도록 해야 한다.
⑥ 수출용 제품일 경우 포장함 표면에 표기하게 되며 제조자명이나 국명, 등급, 규격 등을 표준 포장기준에 의거 실시된다.

(2) 목재제품의 품질표시

① 품질표시는 제품과 포장에 대한 규정이며, 취급상 편의를 위한 것으로 제품의 종류, 제조 업자명이나 그 등록상표가 표시되어야 한다.
② 품질 기준이 고시된 목재제품을 생산한 자가 판매하거나 수입한 자가 통관하려는 경우에는 목재 규격, 품질 검사를 받도록 명기하고 있다. 또한, 규격, 품질검사 결과에 대하여 소비자가 쉽게 알아 볼 수 있는 제품의 위치에 표시 하여야 한다.
③ 제재목 품질 표시

품명 – 등급 – 수종 - 원산지
치수 – 함수율 - 방부방충처리
생산(수입)자 - 생산일자

④ 합판가공제품 표시

종류 · 접착성 · 폼알데하이드방출량 · 수종
치수(두께 × 폭 × 길이)
국산(제조회사), 생산연월

⑤ 파티클보드 표시방법

종류 – 표면상태 – 접착제 – 휨강도 – 폼알데하이드방출등급 – 난연성
치수(두께 × 폭 × 길이)
생산자명, 생산연월

⑥ 섬유판 표시

종류 – 표면상태 – 접착제 – 휨강도 – 폼알데하이드방출등급 – 난연성
치수(두께 × 폭 × 길이)
생산자명, 생산연월

4. 제품별 품질검사 및 항목

(1) 제재목
　① 원목에서 제재목을 제조하기 위해서 원재료(형상, 함수율, 원목 건전도, 등급), 제품 특성(외관상태, 결함, 두께 및 길이, 옹이) 및 등급, 건조목재(함수율, 변형 정도, 두께 및 규격), 포장(밴딩)상태 등이 확인되어야 한다.
　② 제조된 제재목은 수종, 함수율, 육안상 등급, 기계적 등급을 측정하고 수종을 확인해야 한다.

(2) 방부목재
　① 제품 제조공정상에는 제품시방서를 확인하여 파악하고, 처리목재 특성(형상, 함수율, 산대) 및 번들 형태, 작업액(약액의 배합기준 및 농도), 가압처리조건(압력, 시간, 스케쥴), 약액 흐름 등을 확인하여야 한다.
　② 처리된 방부목재는 침윤도(정색반응 시험), 함수율, 외관적 특성(오염, 색상균일성 등), 보유량 등을 확인하고 시험 및 분석 되어야 한다.

(3) 목재플라스틱 복합재
　① 목재플라스틱 복합재는 플라스틱과 목분을 혼합한 제품으로서, 목재의 지속가능한 이용에 관한 법률에서는 목분이 50% 이상 함유된 제품을 말하고 있다
　② 검사항목으로는 목분함량, 강도적 특성, 내후성, 폼알데하이드, 유해물질, 충격저항성, 굽곡 크리프 변형 등이 시험되어야 한다.
　③ 목분 함량에 대해서는 소요되는 자재와 투입일지를 작성하여 필요시 제출할 수 있는 작업 관리일지를 비치하여야 한다.

(4) 집성재
　① 집성재는 제품특성상 구조용집성재, 집성판재로 구분되며 접착강도, 폼알데하이드방출량, 휨강도, 굽음, 함수율 등이 측정되어야 한다.
　② 표시사항에는 규격, 수종, 원산지, 사용 환경 등을 표시하도록 되어있다.

(5) 목질 바닥재
　① 목질바닥재는 실내사용 목적으로 합판, 섬유판, 파티클보드 등 기재로 치장 마루판 형태로 사용하게 된다.

② 기재 및 제품에서의 접착성, 휨강도, 수분에 대한 저항성(두께팽창율, 치수변화율), 내구성(내한성, 내오염성, 내마모성, 내충격성 등)이 검사 및 평가되어야 한다.

(6) 난연목재
① 목재의 방염 및 난연 성능을 보완하기 위해 방염 및 난연처리목재를 생산 및 유통하게 된다.
② 소방법에서 방염성능, 건축법에서 난연 성능 시험방법이 명시되어있고 관리되고 있다.
③ 난연목재에서는 철부식성, 흡습성, 총방출열량 등이 시험평가항목이다.

(7) 합판제품
① 합판제조 공정상에서는 사용 원목수종 및 등급, 원목 및 절단원목 길이와 품질, 단판규격 및 품질(함수율, 외관상태), 건조품질 등이 확인되어야 한다.
② 제조된 제품에서는 함수율, 밀도, 폼알데하이드 방출량, 휨강도, 접착강도 등을 측정하고 분석해야 한다.

(8) 파티클보드 및 섬유판
① 파티클보드 및 섬유판 제조 공정에서의 품질 검사에는 원재료(형상, 함수율, 불순물 등), 공정의 정상 흐름 및 이상여부(막힘, 화재 등), 건조물(분쇄 파티클, 해섬 섬유 함수율) 등을 검사하여야 한다.
② 제조된 제품에서는 함수율, 밀도 및 밀도경사, 폼알데하이드 방출량, 휨강도, 접착강도 등을 측정하고 분석해야 한다.
③ 파티클보드는 표면과 이면 상태에 따른 구분을 단순화하기 위해 단판(천연무늬목) 붙임 파티클보드를 치장파티클보드에 포함하고 있다.
④ 치수 표기는 두께가 중요한 구분 요소이며, 품질표시항목은 파티클보드의 종류, 표면상태, 접착제, 휨강도, 폼알데하이드방출등급, 난연성, 치수, 생산자명 및 생산연월을 표시하도록 되어 있다.

(9) 목재펠릿
① 목재펠릿 제조에서 공정상에는 원재료(형상, 함수율, 이물질 함유), 원부재료 흐름(막힘, 화재 등), 건조물(분쇄 파티클 또는 톱밥의 함수율), 포장상태(밀봉, 품질표시) 등을 확인하여야 한다.
② 제조된 제품에서는 함수율, 겉보기밀도, 내구성, 회분 등을 측정하고 분석해야 한다.

(10) 성형목탄
   ① 성형 목탄은 사용원료와 종류 및 품질기준과 품질시험 방법을 포함하고 있다.
   ② 성형 목탄의 첨가물질 중 질산바륨의 량의 최소한으로 결정하고 있다.
   ③ 성형목탄의 품질시험방법에는 황함량 측정법으로 ICP 분석법으로 하며, 품질표시 항목으로는 성형목탄 상품명, 종류, 원산지, 품질(크기, 무게, 고위발열량, 함수율, 첨가물), 생산자 (수입자) 및 제조일자가 포함되어있다.

(11) 숯(목탄)
   기존의 숯을 목탄으로 하고 품질표시 항목은 종류, 원료, 원산지, 품질, 생산자, 제조일자 및 포장으로 하고 있다.

(12) 보드류 제품의 접착성능 시험 및 검사
   ① 피착제(목질소재)
      목질소재의 수종별 특성, 접착조건, 접착제별 함수율 조건 등을 확인하고 검사되어야 한다.
   ② 접착제
      접착제종류 및 특성(pH, 점도, 가사시간, 불휘발성분, 보존성), 도포량, 접착성능(접착강도), 작업안전성(MSDS, 물질안전보건자료) 등이 검사되어야 한다.

(13) 목재 보존제 시험 및 검사
   ① 목재 보존제는 입고 당시 제품의 특성(pH, 유효성분 조성비, 침전 정도 등)이 검사되어야 한다.
   ② 방부처리목재의 경우에는 수종, 목재보존제 침윤도, 흡수량 등이 검사되어 표시되도록 하고 있다.

03 펄프·종이 관리평가

1. 검사항목별 시험방법 및 품질규격

(1) 펄프

① 물리적 특성 검사

㉠ 섬유장
- 펄프를 이루는 목재섬유의 크기분포는 펄프의 물질적 성질과 이를 활용하는 종이공정, 제품의 특성에 큰 영향을 미치는 매우 중요한 품질이다.
- 측정은 현미경을 사용하는 방법, 사분기를 이용하는 방법 및 이미지분석법을 통해 많은 양의 펄프섬유를 빠르게 분석하는 기기적용법 등이 있다.

㉡ 펄프의 탈수성

펄프의 탈수성은 종이제조 시 생산성 등에 큰 영향을 미치는 품질요소로서 주로 캐나다 표준 여수도 측정법 등을 적용하여 평가된다.

㉢ 함수율
- 펄프의 함수율은 무게단위로 판매 및 구매가 이루어지는 펄프의 시장가치 및 향후 투입량의 결정에 필수적인 품질요소이다.
- 일정량의 펄프 시료를 채취하여 건조 전 무게와 $105 \pm 3°C$에서 함량이 될 때까지 건조한 무게를 측정하여 평가한다.

㉣ 섬유의 조도
- 펄프 섬유의 조도는 섬유의 세포벽의 두께를 간접적으로 평가하는 방법으로 조도가 높은 섬유의 경우 세포벽이 두껍기 때문에 강직한 특성을 가지게 된다.
- 조도는 섬유단위 길이당의 중량으로 정의한다.
- 섬유장의 측정을 자동계측 방법으로 수행하는 경우 섬유장 측정장치에서 시료의 중량을 측정한 후 섬유장을 측정하는 경우 조도가 계산된다.

㉤ 펄프 섬유의 여수도
- 펄프 섬유의 여수도는 일정 농도로 해리된 섬유를 망 위에서 탈수 시킬 때, 물 빠지는 속도를 평가하는 것으로 섬유의 길이와 미세분 함량, 고해 등의 처리에 의한 섬유 미세섬유화 정도, 섬유의 유연성 등 다양한 요인들에 대한 간접적인 평가지표로 활용된다.
- 펄프 섬유는 종이의 제조를 위하여 활용되는데 종이의 제조에 있어서 섬유의 탈수 속도는 매우 중요한 공정품질 요소로서 섬유의 물리적 성질에 의해 크게 영향을

받고 섬유의 개질 공정에 의한 영향정도의 평가로도 매우 중요한 품질특성이다.
- 캐나다 표준 여수도 측정법이나 쇼파리 글러(Schopper-Riegler) 방법이 주로 사용된다.

② 화학적 특성 검사
  ㉠ 펄프 점도
   - 펄프의 주요한 구성성분인 셀룰로오스의 평균 중합도를 평가하는 방법으로 펄프점도를 측정한다.
   - 펄프시료를 쿠프리에틸렌디아민(CED, Cupriethylene diamine hydroxide) 등의 용매에 용해시켜 모세관 점도계로 유동속도를 측정하여 평가한다.
   - 동시간이 증가할수록 점도가 높다는 것을 나타내므로 셀룰로오스의 평균 중합도가 높다는 것을 의미하여 펄프와 종이의 강도도 높다는 것을 평가하는 것이다.
  ㉡ 리그닌 함량
   - 펄프제조 시 원료 및 공정의 변화 등에 의해 최종 펄프제품의 백색도 등의 품질 등이 저하될 수 있는데 이러한 주요한 펄프품질의 특성에 크게 영향을 미치는 것이 펄프내 리그닌 함량이다.
   - 리그닌 함량이 높은 경우에는 클라손 리그닌법(Klason Lignin)을 이용하여 평가한다.
   - 펄프수율이 60% 이하로 리그닌이 많이 제거된 펄프제품의 경우 카파값 혹은 과망간산칼륨법을 적용하여 측정한다.
  ㉢ 알파 셀룰로오스 함량
    펄프제품을 활용하여 제조되는 용해용 펄프 등 고순도 셀룰로오스 소재의 원료품질의 주요한 요소인 알파 셀룰로오스 함량은 펄프제품 시료 중 17.5%의 강알칼리에 녹지 않고 남는 물질의 양으로 평가된다.
  ㉣ 펜토산 함량
    펄프내 포함되어 있는 헤미셀룰로오스의 함량을 추정하기 위하여 산처리에 의해 푸르푸랄로 변화된 펜토산의 양을 정량함으로써 평가된다. 헤미셀룰로오스의 함량이 많은 경우 펄프가 수분과의 친화력이 높아지는 특성을 나타낸다.
  ㉤ 수지함량 및 회분함량
   - 펄프 제품에 잔류하는 수지성분들은 제지공정에서 오염문제 등을 일으키거나 제품의 품질저하의 원인이 될 수 있다. 펄프내 수지 양은 에틸에테르나 디클로로메탄 등의 유기용매를 적용 추출하여 정량평가한다.
   - 회분의 측정은 펄프시료를 가열 탄화시켜 그 남은 양을 칭량하여 측정하게 된다.

③ 광학적 특성 검사
  ㉠ 펄프 백색도 검사용 시트제조
    • 펄프의 백색도 측정을 위해서는 측정하고자 하는 펄프원료를 펄프 시험용 시트를 제조한 후 검사한다.
    • 검사하고자 하는 펄프제품의 대표성을 가질 수 있는 펄프 시료를 채취하고 0.5 ml의 EDTA 용액(Ethylene Diamine Tetra Acetic Acid Disodium Salt Solution)을 함유한 물에 30분간 침지시킨다.
    • 펄프시료가 뭉치지 않게 최소의 회전수로 교반하여 해리한 후 부흐너 깔대기에 여과지를 놓고 펄프의 전건 중량이 2 g 되도록 펄프액을 걸러서 시트를 형성한다.
  ㉡ 펄프 ISO 백색도 검사
    • 펄프의 백색도 측정방법은 종이 및 판지의 백색도 시험법과 같은 방법으로 확산 조명에서의 시료의 백색도 측정방법이다.
    • 백색도 검사를 위해서는 반사율측정장치와 유효파장이 457 nm인 조명장치를 사용한다.
    • 시료를 백색도 측정기에 놓고 확산 조명에서의 반사율을 측정하되 시료두께의 영향을 없애기 위하여 충분히 시료를 겹쳐쌓을 상태에서 검사를 진행한다.
    • 백색도 측정은 0.1% 수준까지 하고 검사가 끝난 후 제일 윗면의 시트를 쌓아 높은 시료의 바닥으로 이동시키고 2번째 시료의 백색도를 측정한다.
    • 시료의 검사를 위해서는 측정하고자 하는 펄프원료를 펄프 시험용 시트를 제조한 후 검사한다. 검사하고자 하는 펄프제품의 대표성을 가질 수 있는 펄프 시료를 채취하고 0.5 ml의 EDTA 용액(Ethylene Diamine Tetra Acetic Acid Disodium Salt Solution)을 함유한 물에 30분간 침지시킨다.
    • 펄프시료가 뭉치지 않게 최소의 회전수로 교반하여 해리한 후 뷔히너 깔대기에 여과지를 놓고 펄프의 전건중량이 2 g 되도록 펄프액을 걸러서 시트를 형성한다.

(2) 종이제품
  ① 종이 제품의 품질 특성
    ㉠ 구조적 품질 특성: 두께, 평량, 밀도, 평활도, 벌크, 공극률
    ㉡ 기계적 품질 특성: 인장강도, 파열강도, 인열강도, 강직도, 내열강도
    ㉢ 화학적 품질 특성: pH, 조성,
    ㉣ 광학적 품질 특성: 백색도, 백감도, 광택도, 불투명도, 색도
    ㉤ 기능적 품질 특성: 인쇄적성, 블리스터링 특성, 불연성, 흡습성, 흡수성, 소수성

② 구조적 특성
　㉠ 조습처리
　　• 종이의 물리적 특성은 종이의 함수율에 의해 크게 영향을 받게 된다. 종이는 주변의 온습도 조건에 따라 함수율이 쉽게 변화되기 때문에 종이시료는 일정한 온습도 조건에서 조습처리를 실시한 후 일정한 시험조건에서 시험을 실시해야 한다.
　　• 조습조건 : 종이시료의 표준조습 조건은 온도 23±1℃, 상대습도 50±2% 이다.
　㉡ 두께 측정
　　• 종이는 대체로 표면의 거칠음도가 두께에 비해 상대적으로 크기 때문에 종이표면의 거칠음도가 두께측정에 영향을 미칠 수 있다.
　　• 제품품질의 요소로서 두께는 일정면적 즉 직경 16 mm의 원판면적을 가지는 두 개의 판으로 일정압력으로 종이를 눌러서 둘 사이의 거리로서 평가한다.
　㉢ 평량(Grammage) 측정
　　• 종이의 평량은 종이의 단위 면적당 질량이다.
　　• 종이의 모든 물리적, 구조적, 광학적 특성 등이 평량과 밀접한 관계가 있으며 종이의 생산공정 및 생산비용 등과도 밀접한 관계가 있다.
　㉣ 수분함량 측정
　　• 수분은 종이에 포함되어 있는 물의 함량으로 종이제품의 경우 105 ± 3℃에서 약 3 시간 동안 건조했을 때의 감량을 측정하여 원래 무게에 대한 %로 나타내는데, 대체로, 종이제품에 보통 7~8 %의 수분이 포함되어 있다.
　　• 종이의 수분이 증가하면 인장강도는 저하되나 유연성 및 신축성이 좋아져서 내절강도 및 인열강도는 상대적으로 향상하는 특성을 가지게 된다.
　㉤ 평활도, 거칠음도 측정
　　일정 압력하에서 평활한 기준면과 밀착되어 있는 종이 시료 사이로 일정한 공기가 흡입되거나 빠져나가는 시간을 측정하거나 일정 시간 동안 흡입되거나 빠져나간 공기양으로 종이표면 구조의 평활도를 평가하게 된다.
　㉥ 투기도 측정
　　투기도는 종이가 공기를 투과시키는 정도를 나타내는 것으로 일반적으로 일정한 압력의 공기가 일정한 시료의 면적을 통과하는데 소요되는 시간을 측정하여 평가하게 된다.
　㉦ 지합 측정
　　• 종이는 목재섬유를 주원료로 제조되는데 길이방향이 길고 폭이 매우 작은 목재섬유의 특성상 제조 시 목재섬유끼리 서로 엉키면서 섬유뭉치(플록, Floc)을 형성하게

되고 이러한 플록은 종이의 구조적 균일성을 저하시키는 주요 요인이 된다.
- 종이 구조내부에서 섬유의 뭉침 등으로 구조적 변이가 나타나는 것을 종이의 국부적 평량 또는 물질량의 변이로 나타내어 그 변이정도를 수치화한 것을 종이의 지합이라고 한다.
- 종이의 지합은 국부적 평량의 변이 정도를 전자선, X-ray, Gamma-Ray 등으로 스캔하여 나타내거나 좀 더 쉽게는 광학적으로 가시광선의 국부적 투과성 변이를 수치화하여 나타낸다.

③ 기계적 특성
  ㉠ 인장강도
  - 인장강도는 표준 측정 조건에서 파괴 전의 내력에 저항하는 응력으로, 단위 나비당 최대 인장하중으로 정의된다.
  - 인장강도는 종이의 원료, 고해정도, 제조공정 중 지필형성, 지합, 압착탈수, 건조 시에 응력 등 다양한 조건에 의해 영향을 받는다.
  ㉡ 내절도
  - 내절강도 시험은 적용된 표준 응력 조건 하에서 시험편의 한 부분을 한 번은 앞으로, 다음은 뒤로 접는 동작을 반복하여 시험편이 끊어질 때까지의 반복횟수를 측정하는 방법으로 이루어진다.
  - 내절강도를 측정하는 기기는 Schopper형 시험기, Lhomargy 시험기, Köhler Molin 시험기, 그리고 MIT 시험기가 있다.
  - 네 가지 시험기기 모두 일정 응력 조건하에서 종이가 절단될 때까지 시험편을 앞뒤로 접는 일을 계속 하고, 시편이 절단되면 기기는 자동적으로 멈추고 앞뒤로 접은 수를 기기로부터 읽게 된다.
  ㉢ 파열강도
  - 파열강도는 종이의 일정 면적에 수직으로 유체 압력을 가하여 종이를 파열시킬 때 요구되는 압력을 말하는데 종이의 상대적 강도를 결정하는 신뢰도 높은 방법으로 광범위하게 응용되고 있다.
  - 파열강도 시험 시 동일 평량이 아닌 경우에는 그 강도를 직접 비교하기 어렵기 때문에 파열강도의 분석을 위하여 평량으로 보정한 비파열강도를 적용한다.
  ㉣ 인열강도
  인열강도는 종이를 엇갈려 찢을 때 저항하는 힘 또는 소비되는 에너지를 측정하는 것으로서 종이층을 구성하는 섬유를 잡아 빼는데 요구되는 힘과 섬유를 끊는데 필요한 힘을 함께 나타내게 된다.

ⓜ 표면강도
　　　• 종이의 인쇄나 후처리 및 활용과정 중에 종이의 수직방향으로 당겨지는 경우 종이의 표면이 떨어져나가는 특성을 평가한다.
　　　• 강도특성은 인쇄평판이나 옵셋탄을 분리하는 과정 중에서 표면 뜯김이 발생되는 정도를 알아보기 위한 검사방법이다.
　　　• 일반적으로 접착력의 정도가 서로 다른 봉랍(Sealing Waxes)을 사용하여 각각의 정도에서 뜯김 현상을 평가하는 왁스픽(Wax pick) 방법이 사용된다.

④ 광학적 특성
　　㉠ 백색도(Brightness)
　　　• 백색도는 특정 파장(475nm)의 반사정도를 백분율로 나타낸다.
　　　• 백감도는 가시광선 전체 파장 대에 대한 반사율을과 균일성을 나타낸다.
　　　• 백색도 측정방법은 확산조명방식에 의한 ISO 백색도 시험방법과 헌터(Hunter) 백색도 시험 방법이 있다.
　　㉡ 불투명도(Opacity)
　　　• 종이의 불투명도는 종이에 빛을 조사하였을 때 이러한 빛이 산란 및 확산, 흡수 등에 의해 투과되지 않는 정도를 나타낸다.
　　　• 인쇄시 뒤비침 현상 등과 관련되는 중요한 물성으로 빛이 전혀 투과되지 않고 모두 반사되거나 흡수될 경우 종이의 불투명도는 100%가 된다.
　　㉢ 색도(Color)
　　　종이의 색은 종이의 제조과정 중 추가되는 안료, 염료 등의 착색물질에 의해서 나타나고 미표백펄프 등 다양한 원부자재에 의해 나타난다.
　　㉣ 광택도(Gloss)
　　　• 종이의 광택도는 일정한 각도로 입사된 빛이 정반사되는 정도를 평가하는 것으로서 종이의 표면구조가 평활할수록 높은 값을 나타내게 된다.
　　　• 인쇄에 의한 종이표면의 불규칙한 미세표면 구조가 잉크도만으로 매끄러워짐에 따라 광택도가 증가되는 정도는 인쇄 광택도(Print Gloss)라고 한다.
　　　• 광택도 측정방법은 크게 3가지 방법으로 나눌 수 있는데, 입사각 75도의 빛에 정반사되는 빛의 양으로 평가하는 방법(Specular gloss)과 입사각 85도로 하여 정반사되는 빛의 양으로 평가하는 방법(Sheen gloss), 그리고 종이가 반사하는 모든 반사광선량에 대한 정반사 광선량의 비율로 나타내는 방법(Contrast Gloss)이 있다.
　　㉤ 백감도 (Whiteness)
　　　종이의 백감도는 실제 눈으로 감각적으로 종이가 희게 느끼는 정도를 종합적으로 평가 하는 것으로 전체 가시광선의 범위에 있는 400 ~ 700 nm 파장에서 총반사율이 얼마나 높고 균일한 가를 평가하게 된다.

2. 통계적 품질관리 기술

(1) 시료채취

  ① 제품성격에 따른 품질검사방법

    ㉠ 전수검사
- 전체 원부자재 및 제조 제품에 대한 중요한 품질의 관리를 요구하는 경우 실시한다.
- 신제품이나 새로운 디자인, 기능성 개발을 실시한 경우 실시한다.
- 펄프 제지 산업에서 온라인 측정장치의 지속적 발전과 측정효율성 증대로 인해 특정 품질항목에 대하여는 제조과정 중 지속적 품질평가가 이루어진다.

    ㉡ 표본추출 검사
- 통계적 표본추출 검사표에 의거하여 모집단에서 표본을 채취하여 검사하고 결과를 판정하여 품질수준 범위 안에 속하면 전체 모집단을 합격시키는 방법이다.
- 펄프, 제지 산업의 경우 원부자재 및 생산품의 특성상 특별한 경우를 제외하고는 대부분 표본추출 검사를 실시한다.

  ② 표본 추출

    ㉠ 모집단에 대한 추정을 위하여 대표성을 가지는 표본을 추출하는 과정이다.

    ㉡ 원부자재 및 제품의 품질과 생산공정에 대한 정보를 확보하여 관리하고자 한다.

(2) 펄프 시료채취

  ① 시료의 채취는 전 로트를 대상으로 하는 것이 원칙이지만, 상황에 따라 관계자간의 상호협의 아래 시료채취 수를 결정한다. 합의가 없는 경우 시료채취는 전 로트의 반수 이하가 되지 않아야 한다.

  ② 각 펄프 로트(묶음 또는 롤)에서 1개씩 시료를 채취하고 시료가 채취된 로트의 번호를 기록한다. 보통 한 번에 약 100g 정도의 시료를 채취하여 모아진 시료는 한무더기로 오염 및 변질이 되지 않도록 보관한다.

(3) 종이 시료채취

  ① 종이시료의 채취

    ㉠ 서브로트의 크기에 의해 시험 유니트의 장수를 결정한다.

ⓒ 시험 유니트를 선택할 경우 로트 또는 서브로트 내 종이의 모든 부분에서 시료 채취가 가능하도록 한다.
ⓒ 시험 유니트는 랜덤하게 선정한다. 실제 로트나 서브로트를 파렛트별, 상자별로 구분하고 각각의 구역에 번호를 붙여서 나수표 또는 꼬리표 등으로 무작위로 번호를 선택하여 시험 유니트를 선정한다.

(4) 품질분석
① 개념
품질관리는 제품의 일정한 품질을 확보하기 위하여 경제적으로 만들기 위한 모든 방법의 체계를 뜻한다. 특히, 통계적 수단을 채택하므로 통계적 품질관리라고도 한다. 품질의 특성을 명확히 하려면 사실을 객관적으로 나타낼 수 있는 데이터를 합리적으로 적절히 처리 및 관리하고 분석하게 된다.

② 모집단과 시료
품질경영에서 제품에 대한 전수검사를 물리적으로 할 수 없는 경우에는 모집단으로부터 시료, 표본 또는 샘플을 취하는 샘플링 검사와 분석을 실시하고, 그 시료를 관측하여 데이터를 확보한다. 이러한 데이터는 통계적 이론에 근거하여 적절하게 가공 및 처리하여 모집단에 대한 정보를 얻어 제품 전체의 품질을 관리하게 된다.

③ 품질분석 정밀도
정밀도(precision)는 시험분석 결과의 반복성을 나타내는 것으로 반복 시험하여 얻은 결과를 상대표준편차(RSD, relative standard deviation)로 나타내며, 연속적으로 n회 측정한 결과의 평균값과 표준편차로 구한다.

④ 품질분석 정확도
정밀도는 정확도란 시험분석 결과가 참값에 얼마나 근접하는가를 나타내는 것으로 동일한 매질의 인증시료를 확보할 수 있는 경우에는 표준절차서(SOP, standard operational procedure)에 따라 인증표준물질을 분석한 결과값과 인증값 과의 상대백분율로 구한다. 인증시료를 확보할 수 없는 경우에는 해당 표준물질을 첨가하여 시료를 분석한 분석값과 첨가하지 않은 시료의 분석값과의 차이를 첨가 농도의 상대백분율 또는 회수율로 구한다.

PART 1 임산제조관리 기본문제

01 목재가공용 기계를 활용하는 근로자는 관련 교육기관에서 받아야할 안전교육 내용이 아닌 것은?
① 기계의 특성과 위험성에 관한 사항
② 기계의 방호장치 종류
③ 기계의 작업안전기준
④ 기계의 작업수명

해설 목재가공용 기계를 활용하는 근로자는 관련 교육기관에서 받아야할 안전교육에는 기계의 특성과 위험성, 기계의 방호장치 종류와 구조 및 취급에 관한 사항, 기계의 작업안전기준, 기계의 안전작업 방법 및 목재취급에 관한 사항 등이 있다.

02 아래 내용이 의미하는 수질오염 지표는?

> ◎ 유기물질을 연소로에서 연소시켜 발생하는 탄산가스를 수산화칼륨에 흡수시켜 적외선 분광 분석으로 분석한다.

① 화학적 산소 요구량
② 총유기탄소
③ 생화학적 산소 요구량
④ 총산소요구량

해설 총유기탄소(total organic carbon ; TOC)는 폐수에 유기물질을 연소로에서 연소시켜 발생하는 탄산가스를 수산화칼륨에 흡수시켜 적외선 분광 분석으로 분석한다. 빠른 분석이 가능하나 일부 유기물은 측정이 안되는 경우가 있어 실제수치보다는 낮게 나오기도 한다.

03 펄프제지 산업에서 발생 가능한 중금속의 종류가 아닌 것은?
① 알루미늄
② 티타늄
③ 아연
④ 유황

해설 유황은 표백 공정시 투입되는 약품의 종류이다.

04 위험물 안전관리에서 제1석유류는 아세톤 휘발유 그 밖에 1기압에서 인화점이 섭씨 몇 도 미만인 것을 말하는가?
① 11
② 15
③ 21
④ 25

해설 "제1석유류"라 함은 아세톤, 휘발유 그 밖에 1기압에서 인화점이 섭씨 21도 미만인 것을 말한다.

정답 01 ④ 02 ② 03 ④ 04 ③

05 다음 중 종지제품의 품질 특성 중에서 기능적 품질 특성에 해당하는 것은?
① 인쇄적성
② 백색도
③ 백감도
④ 불투명도

해설 종이제품의 기능적 품질 특성에 해당하는 것으로 인쇄적성, 블리스터링 특성, 불연성, 흡습성, 흡수성, 소수성이 있다.

06 다음은 목재제품 중에서 섬유판의 표시이다. 빈칸에 적합한 것은?

종류 - 표면상태 - 접착제 - 휨강도 - 폼알데하이드방출등급 - ( )
치수(두께 × 폭 × 길이)
생산자명, 생산연월

① 수종
② 난연성
③ 접착성
④ 원산지

해설 목제제품 품질표시에서 섬유판은 <종류 - 표면상태 - 접착제 - 휨강도 - 폼알데하이드방출등급 - 난연성>로 표시한다.

07 목질 자재의 규격서 내용에서 필요조건에 해당하지 않는 것은?
① 목재제품의 규격
② 수종
③ 재료의 성분
④ 검사합격 수준

해설 검사합격수준은 목질 자재의 규격서 내용에서 품질보증에 해당한다.

08 종이의 평량 단위는?
① kg/m^2
② mg/m^2
③ g/m^2
④ atm

해설 종이 평량의 단위는 g/m^2 이다.

09 둥근톱의 작업시 안전장치에 분할 날과 톱니와의 간격은 몇 mm 이내로 하여야 하는가?
① 6
② 12
③ 18
④ 24

해설 안전장치에서 분할 날과 톱니와의 간격이 12mm 이내, 가동식의 톱니 접촉예방 장치의 덮개 하단의 높이는 테이블 면에서 25mm 이하가 되어 있는지 등을 확인해야 한다.

10 다음은 수질관리에서 부유물질에 대한 내용이다. 어떤 고형분에 대한 설명인가?

> ◎ 직경이 1μ 의 필터로 걸러 남는 고형분으로 침전시켜 슬러지로 제거 가능한 고형분의 양으로 추정한다.

① 총 고형분
② 부유 고형분
③ 용존 고형분
④ 무기물 고형분

해설 부유고형분은 직경이 1μ 의 필터로 걸러 남는 고형분으로 침전시켜 슬러지로 제거 가능한 고형분의 양으로 추정한다.

11 다음 중 품질규격 및 검사에서 원목에 대한 검수 사항이 아닌 것은?
① 수종을 확인한다.
② 원목의 등급을 구분한다.
③ 수피를 포함한 최단길이의 말구직경과 길이를 측정한다.
④ 검척일보에 지름과 길이를 기록한다.

해설 원목의 검수 사항에서 전수검사를 실시하며 수피를 제외한 최단길이의 말구직경과 길이를 측정한다.

12 수질처리에서 부상법에 대한 내용으로 옳지 않은 것은?
① 부상법은 침전법과 반대로 물질을 부상시켜 분리하는 방법이다.
② 밀도가 낮은 고형물의 경우 공기방울에 부착시켜 기포에 의해 고형물이 떠오르게 된다.
③ 부상방법으로는 공기부상, 진공부상, 용존공기부상이 있다.
④ 진공부상은 압축공기를 부상조에 공급하여 입자를 물의 표면으로 부상시키는 방법이다.

해설 진공부상은 폐수를 폭기시켜 공기로 포화시킨 다음 진공상태를 유지하여 밀폐탱크로 주입하면 압력 강하로 수중에서 기포가 발생 및 상승으로 폐수중의 부유물이 부상되게 된다.

13 다음은 제재목의 품질 표시 내용이다 빈칸에 적합한 것은?

> ◎ 품명 - 등급 - (　　　) - 원산지

① 수종
② 함수율
③ 접착제
④ 표면상태

해설 제재목 품질 표시는 < 품명 - 등급 - 수종 - 원산지 > 로 한다.

14 종이의 조습처리시 표준조습 온도 조건은?
① 15±1℃ ② 18±1℃
③ 20±1℃ ④ 23±1℃

해설 종이시료의 표준조습 조건은 온도 23±1℃, 상대습도 50±2% 이다.

15 종이의 기계적 특성에 대한 내용 중 틀린 것은?
① 인장강도는 종이의 지합에 영향을 받는다.
② 내절도는 시편을 양쪽에서 당겨 파괴 전에 내력에 저항하는 응력을 측정한다.
③ 파열강도는 종이의 일정 면적에 수직으로 유체 압력을 가하여 종이를 파열시킬 때 요구되는 압력이다.
④ 인열강도는 종이를 엇갈려 찢을 때 저항하는 힘을 말한다.

해설 내절강도 시험은 적용된 표준 응력 조건 하에서 시험편의 한 부분을 한 번은 앞으로, 다음은 뒤로 접는 동작을 반복하여 시험편이 끊어질 때까지의 반복횟수를 측정하는 방법이다.

16 근로자의 특수건강진단 대상 유해인자에 대한 내용 중 틀린 것은?
① 벤젠, 톨루엔, 노말헥산 등 화학물질 108종
② 구리, 납, 수은 등 금속 19종
③ 무수초산, 질산 등 산 및 알칼리류 12종
④ 불소, 브롬, 산화에틸렌 등 가스상 물질 14종

해설 무수초산, 질산 등 산 및 알칼리류 8종이다.

17 둥근톱 작업 시 안전상 유의사항에 대한 내용과 관련이 없는 것은?
① 둥근톱은 진동이 생기지 않게 확실히 설치하며, 톱니와 정규 판이 직각인지 확인할 것
② 둥근톱은 가능한 한 저속 회전시킬 것
③ 톱이 삐걱거려서 들어가지 않을 때는 일단 뒤로 조금 빼고 나서 다 켤 것
④ 목재를 켜고 있는 동안에는 재료를 비틀지 않도록 할 것

해설 둥근톱은 가능한 한 고속도로 회전시켜야 한다. 주속도는 45m/s가 표준이다.

18 목재플라스틱 복합재는 목분이 몇 % 이상 함유된 제품을 말하는가?
① 30
② 40
③ 50
④ 60

해설 목재플라스틱 복합재는 플라스틱과 목분을 혼합한 제품으로서, 목재의 지속가능한 이용에 관한 법률에서는 목분이 50% 이상 함유된 제품을 말하고 있다.

19 내절도를 측정하는 기기의 종류가 아닌 것은?
① Schopper
② Schopper-Riegler
③ Lhomargy
④ MIT

해설 내절강도를 측정하는 기기는 Schopper형 시험기, Lhomargy 시험기, Köhler Molin 시험기, 그리고 MIT 시험기가 있다.

20 목재 가공 기계의 작업을 중지하거나 종료할 경우 조취 내용으로 옳지 않은 것은?
① 사용했던 공구는 본래의 위치에 둘 것
② 기계 주위의 정리 정돈을 할 것
③ 작업을 중지할 때는 동력 스위치를 끌 것
④ 작업 종료 시 모터 및 베어링은 다음 작업 수행시 점검을 실시 할 것

해설 작업 종료 시 모터 및 베어링의 이상발열 등을 바로 점검 할 해야 한다.

21 수질처리 단계에서 2차처리에 해당하지 않는 것은?
① 침전법
② 활성슬러지법
③ 초심층폭기법
④ 살수여상법

해설 침전법은 수질처리 단계에서 1차처리에 해당한다.

22 갱립소(Ganglip Saw) 작업 시 안전상 유의사항에 대한 내용으로 옳지 않은 것은?
① 톱 및 목재 이송장치의 브레이크가 정상 작동하는지 점검할 것
② 갱립소를 작동을 시킨 후 톱날이 최고속도에 이르기 전까지는 가공재를 투입하지 말 것
③ 부재는 톱날이 돌아가는 방향으로 넣어야 한다.
④ 재료에 옹이, 딱딱한 것, 섬유의 변화가 현저한 것 등은 무리한 힘을 주어서 억지로 누르지 말 것

해설 부재는 톱날이 돌아가는 방향의 반대방향으로 넣어야 한다.

23 종이의 표면 강도를 측정하는 방법은?
① Gamma-Ray　　　　　　　② Wax pick
③ Schopper-Riegler　　　　　④ Klason

> 해설　종이의 표면 강도는 일반적으로 접착력의 정도가 서로 다른 봉랍(Sealing Waxes)를 사용하여 각각의 정도에서 뜯김 현상을 평가하는 왁스픽(Wax pick) 방법이 사용된다.

24 테노너 작업 시 안전상 유의사항에 대한 내용으로 옳지 않은 것은?
① 커터나 대패날이 주축에 이격되어 있는지 확인할 것
② 재료는 핸들식의 누름막대 장치에 따라 확실하게 고정할 것
③ 회전 중의 커터나 대팻날 근처에는 절대로 손을 가까이 하지 말 것
④ 재료를 이송할 때는 조임 핸들과 정규를 갖출 것

> 해설　커터나 대패날이 주축에 확실하게 부착되어 있는가를 확인해야 한다.

25 목재가공 공장에서의 위험 요인에 대한 내용으로 옳지 않은 것은?
① 적재된 원재료의 넘어짐 위험이 있다.
② 원목 절단 시 작업 통로에서 떨어질 위험이 있다.
③ 건조 및 방부처리 작업에서는 지게차에 의한 위험은 없다.
④ 인사이징 작업 시 고강도 근로에 따른 건강장해가 발생할 수 있다.

> 해설　건조 및 방부처리 작업에서 지게차로 자재 운반시 부딪힘 위험이나 방호 조치 미실시에 따른 위험이 있다.

26 대패기계 작업 시 안전상 유의사항에서 날은 몇 mm 이하로 조정해야 하는가?
① 1　　　　　　　　　　　② 2
③ 3　　　　　　　　　　　④ 4

> 해설　대패기계 작업 시 날은 1 mm 이하로 조정해야 한다.

정답　23 ②　24 ①　25 ③　26 ①

27 펄프의 물리적 특성의 검사에 대한 내용으로 옳지 않은 것은?
① 섬유장은 현미경을 이용하여 검사 가능하다.
② 펄프의 탈수성은 캐나다 표준 여수도 측정법을 적용하여 평가한다.
③ 섬유의 조도는 섬유단위 길이당의 중량으로 정의한다.
④ 펄프의 함수율은 100℃ 조건에서 측정한다.

> 해설 펄프의 함수율은 일정량의 펄프 시료를 채취하여 건조 전 무게와 105 ± 3℃에서 함량이 될 때까지 건조한 무게를 측정하여 평가한다.

28 목재가공 공장에서 제재작업시 프레스 작업의 유해 및 위험요인이 아닌 것은?
① 상부 점검 중 떨어짐 위험
② 지게차로 자재 운반 시 부딪힘 위험
③ 목재 단판 투입 시 중량물 인력 취급에 따른 근골격계 질환 발생 위험
④ 베니어 절단 시 고 소음 발생으로 건강장해

> 해설 베니어 절단 시 고 소음 발생으로 건강장해는 재단 작업의 유해 및 위험요인에 해당한다.

29 생물학적 처리공정으로 1차 침전 유출수를 미생물 점막으로 덮인 쇄석 등을 이용하여 미생물막과 폐수중의 유기물을 접속시켜 처리하는 방법은 무엇인가?
① 활성슬러지법
② 순 산소법
③ 살수여상법
④ 초심층폭기법

> 해설 살수여상법은 생물학적 처리공정으로 1차 침전 유출수를 미생물 점막으로 덮인 쇄석 등을 이용하여 미생물막과 폐수중의 유기물을 접속시켜 처리하는 방법으로 약 70% 정도의 BOD 제거율을 얻을 수 있다.

30 펄프시료의 점도를 측정할 때 어떤 용매에 용해시켜 모세관 점도계로 유동속도를 측정하여 평가하는가?
① 쿠프리에틸렌디아민
② 가성소다
③ 아황산나트륨
④ 과망간산칼륨

> 해설 펄프시료를 쿠프리에틸렌디아민(CED, Cupriethylene diamine hydroxide) 등의 용매에 용해시켜 모세관 점도계로 유동속도를 측정하여 평가한다.

31 근로자의 건강진단 주기에서 사무직 근로자의 주기로 옳은 것은?
① 1년에 1회
② 2년에 1회
③ 1년에 2회
④ 3년에 1회

해설 건강진단 주기로 사무직 근로자는 2년에 1회, 생산직 근로자는 1년에 1회 건강진단을 받아야 한다.

32 광택도를 측정하는 방법 중에서 입사각이 75도의 빛에 정반사되는 빛의 양을 평가하는 방법은?
① Specular gloss
② Sheen gloss
③ Contrast gloss
④ Opacity gloss

해설 입사각 75도의 빛에 정반사되는 빛의 양으로 평가하는 방법(Specular gloss)과 입사각 85 도로 하여 정반사되는 빛의 양으로 평가하는 방법(Sheen gloss), 그리고 종이가 반사하는 모든 반사광선량에 대한 정반사 광선량의 비율로 나타내는 방법(Contrast Gloss)이 있다.

33 화학물질관리에서 MSDS 내용 중 응급조치 요령에 대한 내용이 아닌 것은?
① 눈에 들어갔을 때
② 피부에 접촉했을 때
③ 안전관리자의 주의 사항
④ 만성 징후와 증상

해설 MSDS 의 응급조치 요령으로 눈에 들어갔을 때, 피부에 접촉했을 때, 흡입했을 때, 먹었을 때, 의사의 주의 사항, 만성 징후와 증상에 대한 내용이 있다.

34 펄프의 화학적 특성 검사 방법에 대한 내용으로 옳지 않은 것은?
① 리그닌의 함량이 높은 경우 카파값을 이용한다.
② 펄프내 수지 양은 유기용매를 이용하여 정량평가한다.
③ 펄프 점도가 높은 것은 셀룰로오스의 평균 중합도가 높다는 것을 의미한다.
④ 알파 셀룰로오스 함량 측정시 17.5% 강알칼리를 이용한다.

해설 리그닌의 함량이 높은 경우 클라손 리그닌법을 이용한다. 카파값은 펄프수율이 60% 이하로 리그닌이 많이 제거된 펄프제품의 경우 활용한다.

정답 31 ② 32 ① 33 ③ 34 ①

35 목재가공 공장에서의 위험 요인 중에서 프레스 작업에 의한 위험 요인이 아닌 것은?
① 발생된 증기로 인한 건강장해
② 핫프레스 실린더 작동용 질소 용기 전도
③ 목재 단판 투입 시 중량물 인력 취급에 따른 근골격계 질환 발생 위험
④ 컨베이어에 끼임 위험

해설 컨베이어에 끼임 위험은 접착 작업에 해당되는 위험요인이다.

36 화학물질 안전관리에서 화학물질 확인대상에 해당하지 않는 것은?
① 유독물질
② 확인물질
③ 제한물질
④ 허가물질

해설 화학물질 안전관리에서 화학물질 확인대상에는 기존 화학물질 및 신규 화학물질, 유독물질, 허가물질, 제한물질, 금지물질, 사고대비 물질이 있다.

37 다음 중 위험물 제 1 류의 품명이 아닌 것은?
① 브롬산염류
② 과망간산염류
③ 무기과산화물
④ 마그네슘

해설 마그네슘은 위험물 제2류에 해당한다.

38 목재 가공 기계에서 작업의 안전장치에 대한 내용으로 틀린 것은?
① 안전장치를 제거한 채 작업을 하지 않도록 한다.
② 판자조각 등이 톱니, 칼날 등 옆에 산재해 있지 않은가를 확인한 후 기계를 사용하도록 하여야 한다.
③ 기계를 운전 중에는 작업위치를 떠나 다른 작업이 가능하다.
④ 정해진 작업순서 이외의 방법으로 작업하지 않도록 하여야 한다.

해설 기계를 운전도중 작업위치를 떠나지 않도록 하여야 한다.

39 화학적 산소 요구량을 측정할 때 사용하는 산화제의 종류는?
① 과망간산칼륨
② 수산화나트륨
③ 가성소다
④ 황화칼륨

해설 화학적 산소 요구량을 측정할 때 활용하는 산화제는 중크롬산칼륨이나 과망간산칼륨을 주로 사용한다.

정답 35 ④ 36 ② 37 ④ 38 ③ 39 ①

40 제지분야의 수질관리에 대한 내용으로 옳지 않은 것은?
① 펠트 세척 시 사용되는 분산제가 수질오염에 원인 중 하나이다.
② 공정 중 고온의 폐수가 발생되나 수중 생태계에는 큰 영향은 없다.
③ 표백 공정 시 투입되는 약품에는 황화나트륨, 가성소다가 있다.
④ 제지 공정상 슬라임 방지제는 살균살충제에 해당한다.

> 해설: 고온의 폐수가 하천에 유입시 수중 생태계의 균형을 무너뜨리게 되고 수온의 상승으로 산소의 용해도 감소등을 초래한다.

41 종이에 빛을 조사하였을 때 이러한 빛이 산란 및 확산, 흡수 등에 의해 투과되지 않는 정도를 나타내는 것은?
① 백색도
② 불투명도
③ 색도
④ 광택도

> 해설: 종이의 불투명도는 종이에 빛을 조사하였을 때 이러한 빛이 산란 및 확산, 흡수 등에 의해 투과되지 않는 정도를 나타낸다.

42 목재가공 공장에서 근로자의 유해 안전에 관한 내용으로 옳지 않은 것은?
① 특수건강진단은 유해물질과 같은 유해인자에 노출되는 공장의 종사하는 근로자를 대상으로 실시한다.
② 근로자는 건강의 보호 및 유지를 위해 건강진단기관에서 정기적인 진단을 받아야 한다.
③ 특수건강진단 대상 유해인자에는 구리, 납, 수은 등 금속 19종 등이 있다.
④ 생산직 근로자는 3년에 1회 건강진단을 받아야 한다.

> 해설: 생산직 근로자는 1년에 1회 건강진단을 받아야 한다.

43 펄프 및 제지 공장 폐수에 대한 내용으로 옳지 않은 것은?
① 제지공정에서 배출되는 폐수에는 목재 섬유질만 들어 있다.
② 제지폐수의 경우 BOD 는 낮은 편이고 COD는 높다.
③ 제지폐수를 하천 방류시 콜로이드 물질이 다량 발생되어 부유물질이 침적한다.
④ 제지폐수에 COD는 원료 고지의 증해액이나 다양한 화학물질이 영향을 준다.

> 해설: 제지공정에 배출되는 폐수에는 목재 섬유질과 다양한 화학원료가 들어 있다.

정답: 40 ② 41 ② 42 ④ 43 ①

44 다음 중 목재 가공 기계 안전장치에 대한 내용으로 옳지 않은 것은?
① 목재가공용 띠톱기계의 절단에 필요한 톱날 부위 외의 위험한 톱날 부위에 덮개를 설치하여야 한다.
② 목재가공용 띠톱기계에서 스파이크가 붙어 있는 이송롤러 또는 요철형 이송롤러에 날접촉예방장치를 설치하여야 한다.
③ 목재가공용 둥근톱기계에는 분할 날 등 반발 예방장치를 설치하여야 한다.
④ 원목 제재용 둥근톱기계 및 자동이 송장치를 부착한 둥근톱 기계에는 톱날 접촉예방장치를 설치하는 것이 의무이다.

해설 재가공용 둥근톱기계(휴대용 둥근톱을 포함하되, 원목 제재용 둥근톱기계 및 자동이 송장치를 부착한 둥근톱 기계를 제외한다)에는 톱날 접촉예방장치(보호덮개)를 설치하여야 한다.

45 제지공정의 폐수처리에서 슬러리 처리 방법에 해당하지 않는 것은?
① 오존산화
② 원심분리
③ 필터 프레스
④ 벨트 프레스

해설 슬러리 처리방법으로 중력 농축, 건조상, 진공필터, 원심분리, 필터 프레스, 벨트 프레스 등이 있다.

46 다음은 위험물 안전관리에서 철분에 대한 내용이다. 빈칸에 적합한 기준이 순서대로 나열된 것은?

> ◎ "철분"이라 함은 철의 분말로서 (㉠)마이크로미터의 표준체를 통과하는 것이 (㉡)중량 퍼센트 미만인 것은 제외한다.

① ㉠ 23 ㉡ 20
② ㉠ 33 ㉡ 30
③ ㉠ 43 ㉡ 40
④ ㉠ 53 ㉡ 50

해설 "철분"이라 함은 철의 분말로서 53마이크로미터의 표준체를 통과하는 것이 50중량퍼센트 미만인 것은 제외한다.

47 다음 중 종이 제품의 구조적 품질 특성이 아닌 것은?
① 평량
② 평활도
③ 광택도
④ 공극률

해설 광택도는 종이제품의 광학적 품질 특성에 해당한다.

48 생화학적 산소 요구량을 의미하는 약어는?
① BOD
② TOD
③ COD
④ TOC

> 해설: 생화학적 산소 요구량(biochemical oxygen demand ; BOD)는 물의 유기물량을 나타내는데 가장 많이 이용되는 지표이며 유기물을 미생물에 의해 호기성 상태로 분해시키는데 요구되는 산소량을 나타낸다.

49 위험물 제1류의 염소산염류의 지정수량 기준은?
① 50kg
② 100kg
③ 300kg
④ 1000kg

> 해설: 위험물 제1류의 염소산염류의 지정수량은 50kg 이다.

50 목재 가공에서 근로자의 작업복에 대한 내용으로 옳지 않은 것은?
① 소매조임이 좋은 것을 착용한다.
② 칼이나 드릴 등을 주머니에 넣을 수 있게 충분한 주머니가 있어야 한다.
③ 넥타이는 착용하지 않아야 한다.
④ 안전모는 착용하도록 한다.

> 해설: 칼이나 드릴 등을 주머니에 넣어두지 않도록 해야 한다.

PART 2

목재과학

CHAPTER 01 목재이학

1. 목재의 밀도 및 비중

(1) 목재 밀도
① 가장 기초적인 재질 지표로 단위 체적당 무게를 말한다.
② 목재는 실질부(세포벽부분)과 공극부, 수분으로 구성되어 있다.

(2) 목재 밀도의 종류
① 생재 밀도
  ㉠ 생재 무게 / 생재 체적 (g/cm³)
  ㉡ 생재(벌채한 목재)의 용적과 무게에 근거한 밀도를 말한다.
② 기건밀도
  ㉠ 기건 무게 / 기건 체적 (g/cm³)
  ㉡ 대기조건에 평형에 도달한 기건재의 중량을 용적(체적)에 근거한 밀도를 말한다.
③ 전건밀도
  ㉠ 전건 무게 / 전건 체적 (g/cm³)
  ㉡ 전건재(건조한목재)의 용적(체적)과 중량을 근거로 하는 밀도를 말한다.
④ 용적밀도
  ㉠ 전건 무게 / 생재 체적 (kg/cm³)
  ㉡ 어떤 함수율에서 실질과 공극을 갖는 물체의 단위 용적당 중량을 말한다.

(3) 목재 비중과 진비중
① 목재의 밀도 / 물의 밀도 (단위는 없음)
② 목재의 비중으로 진비중이 있으며 목재의 실질부의 비중을 말한다.
③ 진비중은 $\dfrac{\text{전건목재의 질량}}{\text{목재 실질부의 체적}} \fallingdotseq 1.5$ 이다.
④ 목재의 비중으로 세포벽 비중이 있으며 0.6~1.2 의 값을 가지고 있다.

(4) 목재 비중의 특징
① 목재의 이용을 위해 가장 중요한 요소 이며 목재의 특징을 나타내는 주요한 요소이다.

② 비중이 크면 공극이 작아지고 단단하며 물리적, 기계적 성질을 좌우하게 된다.
③ 세포크기가 크면 만재율과 세포벽의 비중도 커진다.
④ 비중은 수종간, 나이, 유전, 생육환경 등에 따라 다르고 동일 개체 내에서도 생장 과정 등의 여러 요인에 따라 다르다.

(5) 목재의 밀도와 비중의 측정법
  ① 기체 치환법
    ㉠ 질량 측정에는 저울을 사용하며 용적 측정에는 용적계를 사용한다.
    ㉡ Boyle 의 법칙(PV=P′V′)에 근거하여 용적을 구한다.
    ㉢ 기체 치환법에 사용되는 기체는 분자량이 적은 헬륨(He)을 사용한다.
    ㉣ 헬륨 치환 비중으로서 1.46 의 값이 사용된다.
  ② 액체 치환법
    ㉠ 비중핀법
      • 액체의 비중 측정에 사용되는 비중 핀(Pin)을 이용하는 방법으로 4℃ 의 물로 채울 때의 질량 M, 세쇄된 질량 m 의 목분을 넣고 다시 물로 채울 때의 질량 M′ 를 알면 비중을 알 수 있다.
        $S = m/(M + m - M')$
      • 액체인 물 대신 비흡습성의 톨루엔(toluene), 벤젠(benzene) 등을 사용할 경우도 많다.
    ㉡ 밀도구배관법
      밀도구배관 중에 마이크로톰 절편을 침지하고 부유점을 측정하여 그 위치의 액의 밀도를 표준부자의 위치와 대비하여 진비중을 구하는 방법으로 부유법이라고도 한다.
    ㉢ 수은압입법
      마이크로톰 절편에 수은을 압입하여 용적을 구하는 방법이다

(6) 목재 밀도와 비중의 변동
  ① 수종간 비중의 차
    ㉠ 국내 교목중에서 붉가시나무 $0.94g/cm^3$, 박달나무가 $0.93g/cm^3$ 로 가장 크고, 오동나무가 $0.28g/cm^3$ 로 가장 작다.

<중요 수종의 비중>

구분	수종명	비중(g/cm³)
한국재 (침엽수재)	은행나무	0.55
	주목	0.54
	비자나무	0.51
	소나무	0.53
	곰솔	0.54
	젓나무	0.49
	잎갈나무	0.53
	삼나무	0.38
	편백	0.41
한국재 (활엽수재)	황철나무	0.38
	자작나무	0.60
	가시나무	0.90
	붉가시나무	0.94
	물참나무	0.67
	녹나무	0.52
	조록나무	0.89
	다릅나무	0.63
	고로쇠나무	0.67
	음나무	0.50

   ⓒ 밀도에 따른 목재를 경밀도, 중밀도, 고밀도로 구분한다.

<밀도에 따른 목재 구분>

구분	밀도(g/cm³)
경밀도	0.36 미만
중밀도	0.36~0.50
고밀도	0.50 이상

 ② 추출물과 무기질 함량
   ㉠ 목재는 세포벽 주성분 외에 추출물 및 무기염류를 함유하고 있다.
   ㉡ 추출물은 수종과 부위에 따라 그 함유량에 차이가 있다.
   ㉢ 칼슘염, 규산염 등의 무기염류를 함유한 목재는 무겁고 단단하며 비중이 크다.
 ③ 함수율과 비중
   함수율이 전건상태에서 증가할 때 목재밀도의 경우 섬유포화점에 도달 할 때까지 감소하다가 일정해지지만 전밀도는 계속 증가하게 된다.

④ 한 연륜 내에 비중의 변동
　㉠ 침엽수재에서 조재부의 전건비중은 0.3~0.4, 만재부는 0.7~0.9 이다.
　㉡ 동일 목재 중에서도 만재의 비중 변동은 조재에 비하여 커서 비중 차이가 나기도 한다.
　㉢ 침엽수재의 경우 보통 연륜폭이 증가하면 비중은 감소된다.
　㉣ 활엽수 환공재에서는 연륜폭이 클수록 비중이 증가한다.

(7) 실질률과 공극률
　① 실질률과 공극률
　　㉠ 실질률 : 목재 용적에 대한 목재 실질의 용적 비율
　　㉡ 공극률 : 공극의 용적 비율
　② 박달나무는 비중 0.93, 공극률 38% 이며 오동나무는 비중 0.28, 공극률 81% 이다.
　③ 섬유포화점 이상에서는 목재의 용적 변화는 거의 없으나 공극은 자유수로 차면서 그 비율이 감소된다.
　④ 전건목재의 공극률은 다음과 같은 식으로 나타낸다.
　　$V_0 = 100 - 실질률 = (1 - 전건비중/1.50) \times 100 ≒ (1 - 0.667 \times 전건비중) \times 100\%$

2. 목재의 함수율

(1) 함수율
　① 목재는 수분의 함유량에 따라 구분하는데 수분 함유량이 많은 생목일 때를 생재상태, 대기중에서 건조된 기건상태, 수분이 완전히 제거된 전건상태와 수분으로 꽉 찬 포수상태, 세포간극에 자유수가 이탈된 섬유포화상태로 존재한다.
　② 함수율은 목재무게 대비 물무게의 비율로 계산한다.
　　(물무게/목재무게)×100% = (수분함유목재무게 - 건조후목재무게)/건조후목재무게×100%
　③ 함수율 측정법
　　㉠ 전건법
　　　• 목재 초기 중량 측정 후 100~105℃로 조절한 건조기에서 항량(恒量)에 도달할 때까지 건조하여 전건중량을 측정 계산하는 방법으로 시편의 종류 및 크기에 따라 4~24시간 소비된다.
　　　• 수지나 정유 등의 휘발성분에 의해 실제의 함수율보다 1~3% 높게 측정되는 경향이 있다.

ⓒ 추출법
- 전건법으로 함수율 측정에서 과대 평가되는 경우 함수율을 측정하는 방법이다.
- 건조되지 않은 목재를 칩이나 톱밥을 비수용성 용제에 혼합하여 수분증발이 없을 때까지 가열하여 측정이다.
- 비수용성용제로 톨루엔(toluene : 비등점 111℃), 트리클로로에틸렌(trichloroethylene : 비등점 87℃), 자일렌(xylene : 비등점 139℃) 등이 사용된다.

ⓒ 전기적 방법(간접법)
- 목재의 함수율을 신속하게 측정 가능하나 수분량이 매우 높거나 낮으면 오차가 생긴다.

저항식 수분계	· 전력선 침투가 깊지 않아 목재 평균함수율 측정이 곤란하다. · 함수율 측정범위는 7~25% 이다. · 수종 및 비중의 차이는 적으나 온도의 영향이 심해 20~25℃ 외에서는 보정이 필요하다. · 섬유포화점 이상의 함수율은 측정이 어렵다. · 함수율 6% 이하에서는 오차가 커진다. · 전극이 침상의 경우 두께의 1/4 까지 깊게 삽입하여 섬유방향으로 측정한다.
유전율형 수분계	· 이 수분계의 측정범위는 0~30% 이다. · 섬유포화점 이상의 함수율도 측정이 가능하다. · 전력선의 침투가 커서 평균함수율 측정이 가능하다. · 온도에 의한 차이는 적지만 비중의 영향을 받아 보정이 필요하다.
유전율손실형 수분계	· 저항식 수분계와 유전율형 수분계의 중간적 특징을 지니고 있다. · 측정오차가 비교적 크나 10% 이하의 낮은 함수율에서도 측정이 가능하다.

ⓔ 습도법
- 목재 내부에 구멍을 뚫고 내부의 습도를 측정하는 방법
- 목재 습도계를 사용하며 함수율 측정 범위는 3~25% 이다.
- 습도법으로 지시 종이(염화코발트)를 사용하기도 하며 3% 의 단계로 표준색계의 색상과 비교하여 함수율을 추정하기도한다 그 범위는 6~23% 이다.

(2) 함유수분상태
   ① 전건상태
      목재를 100~105℃ 건조기에서 항량에 달할 때까지 건조한 상태
   ② 생재상태
      ㉠ 변재와 심재에 생재 상태를 말하며 이때의 함수율을 생재함수율이라 한다.
      ㉡ 침엽수재의 경우 변재부의 함수율이 심재부의 함수율보다 높다.
      ㉢ 활엽수재의 경우 심재부와 변재부의 차이가 거의 없이 일정하다.
   ③ 기건상태
      생재상태의 목재를 대기 중에 방치하여 수분이 자연방출 되어 중량이 더 이상 감소하지 않는 상태를 말한다.
   ④ 섬유포화상태
      ㉠ 세포공극에 있는 자유수가 완전히 증발되고 결합수의 증발이 시작되려는 시점을 말한다.
      ㉡ 섬유포화상태의 함수율을 섬유포화점이라하며 25~35% 범위이며 평균 28% 이다.
      ㉢ 섬유포화점은 수종에 따라 다르며 비중이 크거나 세포벽이 치밀하면 낮아진다.
   ⑤ 포수상태
      ㉠ 목재 내부 전체가 수분으로 완전히 포화되었을때의 상태를 말하며 이때의 함수율을 최대함수율이라 한다.
      ㉡ 포수상태는 입목의 경우 드문 현상이며 목재를 장기간 수중에 저목하였을 때 나타난다.
   ⑥ 표준함수율
      • 함수율 12% 정도의 상태를 말한다.
      • 목재의 성질을 비교할 때 기준의 20℃, 상대습도 65% 일 때의 기준으로 한다.
      • 목재의 성질이 함수율에 따라 변하기에 동일한 함수조건에서 비교하기 위한 함수율을 표준함수율이라 한다.

(3) 흡습과 방습
   ① 흡습과 방습
      ㉠ 물분자가 기체상태인 수증기가 목재로 흡착되는 것을 흡습이라고 한다.
      ㉡ 흡습의 반대인 현상으로 물분자가 빠져나가는 현상을 방습(탈습)이라고 한다.
   ② 흡착력
      ㉠ 목재의 흡습량은 침엽수와 활엽수 간에는 차이가 없다.
      ㉡ 흡습량은 친수성기의 수에 의존하여 수종간에 친수성기의 수적 차이가 없으나 심재와

변재간에는 약간의 차이를 보인다.
③ 내부표면
  ㉠ 흡착점이 존재하는 표면을 내부표면(內部表面 : internal surface)이라 한다.
  ㉡ 흡착점의 수는 흡착력과 흡착량을 결정하는 인자중 하나이다.
  ㉢ 목재의 내부표면은 미세구조와 밀접한 관계가 있으며 수분흡착점이 되는 곳은 목재 구성성분의 친수성 기인 -OH 기이다.
④ 목재의 영구표면과 일시적 표면
  ㉠ 목재의 내부표면에는 영구표면과 일시적 표면의 두 종류의 내부표면적이 존재한다.
  ㉡ 영구표면 : 세포내강에 존재하는 가시적인 모관구조의 내부표면적으로 면적 $0.2 \sim 1.0 \times 10^4 cm^2/g$ 이다.
  ㉢ 일시적 표면 : 팽윤제의 침입에 의하여 세포벽 내부에 일시적으로 생기는 표면으로 면적 $2 \sim 4 \times 10^6 cm^2/g$ 이다.
⑤ 흡착열
  ㉠ 목재가 물분자를 흡착할 때에 흡착열이 발생한다.
  ㉡ 기체 상태의 수분은 흡착열을 방출하면서 목재에 결합되는데 이때 힘을 반데르발스의 힘(Van der Waals' force) 또는 불포화수산기가 결합하면서 방출되는 열에너지이다
  ㉢ 미분 흡착열 : 1g 의 물분자가 목재에 흡습될 때 발생하는 열

(4) 평형함수율
  ① 목재의 방습량과 흡습량이 같아지는 함수율을 평형함수율(equilibrium moisture content : EMC)이라고 한다.
  ② 방습평형함수율 : 생재상태에 있는 목재를 대기 중에 방치하면 수분이 자연 방출되므로 중량이 감소되어 수분평형상태에 도달하는 함수율을 말한다.
  ③ 흡습평형함수율 : 건조목재를 습도가 높고 온도가 낮은 조건에 방치시 주위의 수증기를 흡수하여 함수율이 증가하여 수분평형상태에 도달하는 함수율을 말한다.
  ④ 목재의 평형함수율은 공기중의 온도와 습도에 의해 결정되며 수종의 영향은 거의 없다.

(5) 목재의 수분이동
  ① 수분 이동의 종류
    ㉠ 유동 : 모세관 중에 액체가 존재하고 그 양쪽에 압력차가 생기면 모세관 중의 액체는 압력이 낮은 쪽으로 이동하는데 이때의 액상 이동을 유동이라 한다.
    ㉡ 확산 : 농도가 높은 상에서 낮은 상으로 분자가 이동하는 현상을 확산이라한다.

② 목재 내의 수분의 통로
  ㉠ 침엽수재의 이동통로
    • 침엽수재는 주로 가도관세포의 내강과 유연벽공대(有緣壁孔對)로 구성되는 모세관계이다.
    • 목재의 섬유방향에는 수직수지도, 방사방향에는 방사조직과 방사가도관의 내강이나 수평수지도 등이 수분 이동의 통로가 된다.
    • 가도관과 유조직은 끝이 막혀 있어 인접 세포간 수분이동은 벽공을 통해 이루어진다.

<침엽수재 중 유체통로 요소의 치수 및 수>

구분	삼나무		편백	
	춘재	추재	춘재	추재
가도관				
수(개/mm^2)	720~750	2300~2500	1200~1500	2500~3500
방사방향 내강경(μm)	25~50	~15	25~45	~10
접선방향 내강경(μm)	25~45	15~40	20~30	15~25
섬유방향 길이(mm)	1.0~3.0~6.0		2.0~3.5~6.0	
유연벽공대				
수(개/가도관)	60~85	40~70	60~100	35~60
벽공구의 지름(μm)	5~7	0.9~2.0	3~6	0.7~2.2
벽공벽의 지름(μm)	20~24	15~21	16~20	14~17
토러스의 지름(μm)	8~10	7~8	6~8	5~7

  ㉡ 활엽수재의 이동통로
    • 활엽수재의 주통로는 도관이며 그 끝이 천공판으로 되어 있다.
    • 도관의 끝은 부분적 또는 완전히 뚫려 있기 때문에 섬유방향의 투과성은 대체로 크다.
    • 도관 중 타일로시스(tylosis ; 충전물질)는 도관 중의 유동을 심하게 방해하기도 한다.
    • 침엽수재는 건조시 유연벽공의 폐쇄로 투과성이 현저히 감소되나, 활엽수재는 벽공 폐쇄가 없기 때문에 건조가 투과성에 미치는 영향이 적다.
③ 자유수와 결합수
  ㉠ 자유수
    • 세포 내강이나 세포 간극 등의 공극에 액상으로 존재하는 수분
    • 자유수가 이동되기 위해서는 물관의 양쪽에 압력차가 필요하다.
    • 섬유포화점 이상에서는 자유수가 존재하며 수분의 이동은 주로 모세관을 통한다.

ⓒ 결합수
- 목재물질과 2차적으로 결합된 수분
- 섬유포화점 이하에서 목재 중의 수분은 세포벽에서 결합수의 형태로 이동한다.

3. 목재의 수축 및 팽윤
(1) 수축과 팽윤
① 수축과 팽윤의 특징
  ㉠ 목재 세포벽의 비결정영역에서 결합수의 감소나 증가가 일어나면 이에 따라 목재의 수축과 팽윤이 일어난다.
  ㉡ 목재의 이방적 구조로 섬유방향, 방사방향, 접선방향 간에 큰 차이를 보인다.
  ㉢ 세포내강의 용적변화는 극히 적으며, 주로 외부 용적만 변한다.
  ㉣ 정상적인 수축과 팽윤은 결합수의 증감에 따라 발생되며 섬유포화점 이상에서는 일어나지 않는다.
  ㉤ 찌그러짐과 같은 건조에 의한 이방적 수축이 일어날 때는 섬유포화점 이상에서도 수축이 일어난다.

② 수축률 및 팽윤률 계산
  ㉠ 목재의 수축률은 수축량을 수축하기 전의 치수에 대한 백분율로 나타내는데, 측정 차원에 따라 선수축률, 면적수축률, 용적수축률로 분류하며 함수율 기준에 따라 전수축률, 기건수축률, 평균수축률 등으로 분류한다.
  ㉡ 목재 방향에 따라 섬유방향 수축률, 방사방향 수축률, 접선방향 수축률 등으로 구분한다.

전수축률 $= \dfrac{l_g - l_o}{l_g} \times 100(\%)$
기건수축률 $= \dfrac{l_g - l_a}{l_g} \times 100(\%)$
평균수축률 $= \dfrac{l_a - l_o}{M_a \cdot l_{12}}$ (함수율 1%)
팽윤율 $= \dfrac{l_g - l_o}{l_o} \times 100(\%)$
$l_{12} = l_0 + \dfrac{12(l_a - l_0)}{M_a}$

여기서, l_g : 생재일 때의 길이
  l_o : 전건일 때의 길이

l_a : 기건일 때의 길이

M_a : l_a를 측정할 때의 함수율

l_{12} : 함수율 12%일 때의 길이

ⓒ 목재의 섬유방향, 접선방향, 방사방향의 전수축률 및 전팽윤율을 이용하여 용적수축률(容積收縮率 ; coefficient of volumetric shrinkage)과 용적팽윤율(容積膨潤率 ; coefficient of volumetric swelling)을 구할 수 있다.

> 용적수축률=1-(1-섬유방향 전수축률)(1-방사방향 전수축률)(1-접선방향 전수축률)
> 용적팽윤율=(1+섬유방향 전팽윤율)(1+방사방향 전팽윤율)(1+접선방향 전팽윤율)-1

ⓔ 이때 섬유방향의 수축률, 팽윤률은 방사방향, 접선방향의 값보다 매우 작아 생략하고 약식으로 구하기도 한다.

> 용적수축률 ≒ 방사방향 전수축률+접선방향 전수축률
> 용적팽윤률 ≒ 방사방향 전팽윤률+접선방향 전팽윤률

□ 참고

< 우리나라 주요 침엽수재의 수축률(단위 : %) >

구분	전수축률			기건수축률			평균수축률		
	방사방향	접선방향	섬유방향	방사방향	접선방향	섬유방향	방사방향	접선방향	섬유방향
잣나무	2.82	7.41	0.38	1.80	4.34	0.01	0.09	0.27	0.02
소나무	4.88	9.11	0.31	2.97	5.40	0.16	0.17	0.34	0.02
곰솔	4.39	8.33	0.38	2.39	4.90	0.22	0.15	0.30	0.01
리기다	5.77	8.53	0.34	3.19	5.21	0.12	0.24	0.33	0.02
강솔	4.57	8.39	0.36	2.63	5.06	0.22	0.17	0.29	0.01

< 우리나라 주요 활엽수재의 수축률(단위 : %) >

구분	전수축률			기건수축률		
	방사방향	접선방향	섬유방향	방사방향	접선방향	섬유방향
신갈나무	5.97	9.48	1.04	4.18	7.06	0.61
층층나무	5.79	9.07	0.54	4.20	7.38	0.42
들메나무	4.88	11.83	0.51	2.80	9.66	0.41
박달나무	5.95	6.88	0.53	3.81	4.75	0.24
거제수나무	6.59	9.31	0.41	4.40	6.71	0.22
다릅나무	2.93	6.27	0.47	3.64	4.00	0.37
현사시나무	3.03	8.81	0.25	1.53	6.25	0.10
느릅나무	5.08	10.16	0.45	4.42	6.81	0.14

(2) 수축과 팽윤의 이방성

① 수축과 팽윤의 이방성

㉠ 목재의 수축 및 팽윤은 접선방향이 가장 크고 다음 방사방향, 섬유방향 순이다.

㉡ 대부분의 수종에서 수축률은 접선방향 3.5~15%, 방사방향 2.4~11%, 섬유방향 0.1~0.9% 정도로 각 방향의 비는 대략 10 : 5 : 1 정도이다.

② 수축과 팽윤의 원인

㉠ 수축 및 팽윤은 마이크로피브릴의 장축의 직각 방향으로 주로 발생한다.

㉡ 섬유방향의 수축률은 횡단방향보다 낮다.

㉢ 세포간층은 주로 수축능력이 적은 리그닌으로 구성되어 섬유방향의 수축을 억제한다.

㉣ 만재는 조재보다 비중이 크고 따라서 수축률도 크다.

ⓜ 세포 방사벽의 마이크로피브릴경사각이 접선벽보다 완만하여 방사방향 수축률이 낮다.

③ 수축과 팽윤에 의한 응력
  ㉠ 건조응력
    · 목재를 건조시 부준의 제거량만큼 수축할 때 이 수축을 억제되면 응력이 발생한다
    · 응력의 주 원인은 목재의 수분경사이며 목재의 건조는 표층에서 시작되는데 함수율이 많은 생재를 건조 시키면 건조 초기 표층은 수분 증발로 섬유포화점 이하가 되어도 내부는 아직 섬유 포화점에 이르지 않아 목재의 표층과 내층 간에 수분경사가 발생하게 된다. 표면에서는 수축하려해도 내부는 아직 수축단계에 도달하지 않아 인접한 표층의 수축을 억제하는 작용을 하게 되고 표층은 정상적인 수축량만큼 수축하지 못하게 된다. 이때 표면은 인장응력을 나타내고 내부는 압축응력을 나타내게 된다.
    · 표면의 응력이 반드시 크지 않으나 장시간 작용되면 크리프(creep) 상태가 되어 응력이 없어져도 영구 변형되기도 한다.
  ㉡ 수분응력
    · 목재의 탈습 또는 흡습시 수축과 팽윤을 외력으로 구속하였을 때 발생하는 응력을 수분응력(hydro stress)이라고 한다.
    · 수분응력 중 수축과정에서 생기는 응력을 수축응력(shrinkage stress), 팽윤과정에서 생기는 응력을 팽윤응력(swelling stress)이라고 한다.

(3) 수분이동
  ① 자유수의 이동
    ㉠ 섬유포화점 이상에서는 자유수가 존재한다.
    ㉡ 목재 중의 수분의 이동은 주로 모세관을 통하여 자유수의 유동에 의하여 이루어지며 자유수가 이동되기 위해서는 모세관의 양쪽에 압력차가 필요하다.
    ㉢ 자유수의 압력차의 원인이 되는 것을 모세관력(capillary forces), 가열에 의한 목재에 함유된 기포내의 압력증가, 진공건조나 감압시 외압의 저하, 가압 주입할 때의 외압의 증가 등이다.
    ㉣ 자유수는 화학적 수착으로 모세관벽에 흡착되어 자유수 분자의 이동을 방해한다.
  ② 결합수의 이동
    ㉠ 섬유포화점 이하에서 목재 중의 수분은 세포벽에서 결합수의 형태로 이동한다.
    ㉡ 결합수의 통로는 세포벽, 내강-세포벽, 내강-벽공벽으로 3종류이다.

ⓒ 물분자는 통로를 통해 확산되어 이동한다.
ⓔ 물분자의 이동중 벽공벽의 소공(pit pores)처럼 지름이 좁은 통로에서 확산속도는 세포내강의 약 1/40 로 낮아진다.

(4) 수축과 팽윤의 영향인자
① 목재의 화학적 성분
㉠ 목재 구성성분 중 셀룰로오스는 세포벽의 골격을 형성하는 물질로 수축성 및 팽윤성이 비교적 높다.
㉡ 헤미셀룰로오스는 대부분이 비결정영역으로 구성되어 있어 셀룰로오스보다 더 높은 팽윤성을 지니고 있으며 헤미셀룰로오스의 구성 비율이 커질수록 수축률 및 팽윤율이 증가된다.
㉢ 리그닌은 셀룰로오스보다 친수성이 낮고 최대팽윤량은 4%라 셀룰로오스(최대팽윤율 52%)보다 수축률 및 팽윤율이 적다.
㉣ 비중이 같을 때 활엽수재가 침엽수재보다 용적수축률이 높은 것은 활엽수재에 리그닌 함량이 적기 때문이다.
㉤ 추출성분이 많을수록 목재의 수축 및 팽윤이 저하되는데 이는 세포공극에 들어 있는 추출성분이 흡습을 방해하여 섬유포화점을 저하시켜 결합수가 제거되어도 어느정도 팽윤작용을 하기 때문에 수축을 억제한다.

② 목재의 비중
목재의 비중이 높을수록 목재의 수축 및 팽윤은 증가한다.

③ 목재 함수율
㉠ 섬유포화점 이하의 함수율 범위에서는 대체로 직선 관계, 즉 비례관계를 보여준다.
㉡ 저함수율 영역에서는 흡착된 수분이 내부표면에 강하게 흡착되어 결합수의 비용적이 감소되므로 흡착수의 비중이 증가한다.
ⓒ 저함수율 영역에서 세포벽에 흡착된 수분 중 세포벽에 존재하는 공극에 들어가 흡착된 수분은 세포벽의 수축, 팽윤에 관여하지 않는다.
㉣ 20~25% 이상의 고함수율에서는 관계 그래프가 함수율 축에 대해 약간 볼록한 형태로 되는데 이는 모관응축이 생기고 모관응축수로 존재하는 수분은 목재의 수축, 팽윤에 관여하지 않는다.
㉤ 실제 목재의 건조시 수축은 건조 초기에 나타나는 수분경사로 인하여 평균함수율이 섬유포화점(28%) 이상에서도 표층의 일부는 수축하기 시작한다.

④ 목리방향

목재는 수축과 팽윤을 할 때 섬유방향, 방사방향, 접선방향 등 목리방향에 따라 차이가 생기는 수축 및 팽윤의 이방성을 보인다.

4. 목재의 성질

(1) 목재의 열적 성질

① 열팽창

㉠ 어떤 물질을 가열시 온도가 상승하고 치수가 늘어나는데 목재 역시 이러한 원리에 따른다.

㉡ 목재의 온도가 상승시 열에 의한 치수변화를 열팽창(thermal expansion) 혹은 열팽창계수(coefficient of linear expansion)으로 나타낸다.

$$\alpha = \frac{1}{L_0} \times \frac{\triangle L}{\triangle t}, \ \beta = \frac{1}{V_0} \times \frac{\triangle V}{\triangle t}$$

여기서, α : 열팽창계수(선 팽창률)

$\triangle L$: 길이변화량

L_0 : 최초길이

β : 체적팽창계수($= \alpha_t + \alpha_r + \alpha_l$)

$\triangle V$: 체적변화량

$\triangle t$: 온도변화량

㉢ 목재의 경우 섬유 방향의 열팽창계수가 섬유판과 유사한 6×10^{-6} 값을 가지며 유리, 벽돌, 콘크리트 등의 팽창률과도 유사하나 온도가 상승시 함유 수분의 거동이 발생하여 치수 변화가 순수한 열팽창계수보다 크게 나타나기도 한다.

< 각종 재료 열팽창계수(목재 재료 경우 함수율 12% 기준) >

재료		밀도(g/cm³)	열팽창계수(in/in. °F)
목재	미송(수직방향)	0.54	21×10^{-6}
	레드오크	0.71	32×10^{-6}
	레드우드	0.45	23×10^{-6}
목질재료	섬유판	0.29	6×10^{-6}
기타재료	폴리스티렌	0.032	35×10^{-6}
	유리	2.50	5×10^{-6}
	벽돌	1.93	5×10^{-6}
	콘크리트	2.27	8×10^{-6}
	PVC	1.40	38×10^{-6}
	스틸	7.85	8×10^{-6}
	알루미늄	2.70	14×10^{-6}

② 열팽창의 특징
- 열팽창계수는 이방성을 가지고 있으며 접선 및 방사방향의 경우 팽창계수가 섬유방향보다 크며 일반적으로 5~10 배 정도 크다.
- 접선 및 방사방향도 약간의 차이를 보이는데 대략 접선 : 방사 = 1.3 : 1 정도의 관계를 보여준다.
- 함수율이 약 20% 까지 증가시 열팽창계수도 증가하나 섬유포화점 이상이 되면 전건시 열팽창계수 수준으로 떨어진다.
- 고온으로 갈수록 열팽창계수는 약간 증가하나 거의 일정하다.

② 비열

㉠ 물질의 온도를 단위질량당 1℃ 올리는데 요구되는 열량을 비열이라 한다.

$$열용량 = \frac{열량(Q)}{온도변화량(\Delta t)} \qquad 비열 = \frac{열용량}{질량} = \frac{열량}{질량 \times 온도변화량}$$

㉡ 목재의 비열은 실온에서 약 0.29 로 다른 재료에 비해 큰 값을 지니지만 수종이나 밀도 등에 따라 큰 차이를 보이지 않는 것이 특징이다.

< 주요 재료의 비열(목재 및 목질재료의 함수율은 12%) >

재료		밀도(g/cm³)	비열(cal/g °C)
목재	미송	0.54	0.29
	레드오크	0.71	0.29
	레드우드	0.45	0.29
목질재료	섬유판	0.29	0.29
	소나무, 목판	0.26	0.23
기타	폴리스티렌	0.032	0.32
	유리섬유	0.04	0.20
	유리창	2.50	0.18
	석고보드	0.80	0.26
	벽돌	1.93	0.22
	콘크리트	2.27	0.24
	PVC	1.40	0.24
	스틸	7.85	0.10
	알루미늄	2.70	0.23
	물	1.00	1.00

ⓒ 목재가 수분을 함유하는 경우 비열의 변이가 심해진다. 물의 비열이 목재의 비열보다 약 3배정도 크기 때문에 함유수분이 많아질수록 비열이 커져서 섬유포화점 정도에서는 0.5 정도의 비열값을 갖는다.

ⓔ 비열은 함수율의 영향을 받으며 이러한 함수목재의 비열은 다음 식으로 유도된다.

$$비열 = \frac{(함수율 \times 물의비열) + 전건재의 비열}{1 + 함수율}$$

ⓜ 비열은 온도가 높아지면 비열 역시 증가하는데 온도와 비열은 Dunlap 의 공식에 따른다. 또한 온도 범위 0~100°C 에서의 평균비열(average specific heat) 는 0.324cal/g °C 이다

$$전건재\ 비열 = 0.266 + 0.00116t$$

$$평균\ 비열 = \frac{1}{100}\int_0^{100}(0.266 + 0.00116t)dt = 0.324\,cal/g°C$$

③ 열전도

㉠ 열전도도 측정을 위해 판재의 한쪽 면에서 가열하여 다른 한쪽 면에서 낮은 온도로 동시에 냉각시키면 가열한 열이 반대쪽으로 전달되어 나오는 열을 측정 한다. 표시단위는 CGS 단위로하며 kcal/(mh °C)로 하며 영국공학단위로는 Btu/(ft h °F), SI 단위는 watt/(m °K) 한다.

$$열전도도 = \frac{열에너지 \times 목재 두께}{면적 \times 가열시간 \times 온도 변화량}$$

< 주요 재료의 열전도도(목재 및 목질재료의 함수율은 12% 기준) >

재료		밀도(g/cm³)	열전도도	
			Btu/ft h °F	kcal/(mh °C)
목재	미송(수직)	0.54	2.40	3.57
	북부레드오크	0.71	1.25	1.86
	레드우드	0.45	0.85	1.26
목질재료	섬유판	0.29	0.40	0.60
	중밀도파티클보드	0.4~0.8	0.93	1.38
	미송합판	0.12	0.80	1.19
단열재료	폴리스티렌발포체	0.032	0.24	0.36
	폴리우레탄발포체		0.16	0.24
	유리섬유	0.039	0.27	0.40
기타	유리창	2.50	6.00	8.92
	석고보드	0.80	1.13	1.68
	벽돌	1.93	5.00	7.44
	콘크리트	2.27	6.5	9.67
	돌, 석회, 모래		12.50	18.60
	구리		2680	3987
	알루미늄	2.70	1080	1607
	스틸	7.85	324	482
	물	1.00	4.03	6.0

※ 1Btu/ft h °F = 1.488 kcal/m h °C

ⓒ 목재의 경우 세포벽 물질과 공극이 교차되어 있는 망상구조로 세포벽 물질의 전도도와 공극의 공기층이 동시에 작용하여 섬유의 직각방향으로의 열전도도는 섬유방향보다 낮은 열전도도를 보인다.

④ 열전도도 영향 인자

㉠ 섬유 방향
- 목재 조직의 방향에 의해서도 열 전도성에 차이가 있다.
- 열전도성은 섬유방향이 가장 크며 접선 및 방사 방향으로는 비슷한 열전도성을 보인다.
- 목재의 비중이 증가할수록 열전도성이 증가하는 경향을 보인다.

㉡ 밀도
- 밀도가 증가하면 열전도도가 커진다.
- 밀도의 증가시 3방향중 섬유방향의 증가율이 가장 크다.

- 목재는 다공성 물질로 공극률이 높을수록 단열성이 커진다.
ⓒ 함수율
- 목재의 함수율이 높을수록 열전도도는 커진다.
- 물 자체의 열전도도는 목재에 비해 큰 값을 가지고 있기 때문에 함수율에 따라 목재의 열전도도에 영향을 끼친다.
- 일반적으로 함수율과 열전도도 관계식을 Maclean 의 공식에 따르며 40% 이하의 함수율에 적용된다. 40% 이상의 경우 함수율계수가 0.028에서 0.038 로 바꾸어 적용한다.

$$열전도도 = 밀도 \times [1.39 + (0.028 \times 함수율)] + 0.165$$

ⓔ 온도
- 목재의 열전도도와 온도는 비례관계이다. 공극을 점유하는 공기의 열전도도가 온도와 함께 증가하기 때문이다.
- 열전도도와 온도는 Kollmann 의 관계식에 따른다.

(2) 목재의 음향적 성질
① 차음성과 흡음성
㉠ 음파
- 음파는 탄성체에서 전달되는 탄성파의 일종이다.
- 목재 중의 음속은 온도, 함수율, 밀도, 구조 등에 영향을 받는다.
- 함수율이 증가하면 음속이 느려지고 감쇠는 증가한다.
㉡ 흡음률

$$흡음률 = 1 - \frac{R}{I} = \frac{A+T}{I}$$

여기서, I : 입사한 음의 강도
R : 반사된 음의 에너지
A : 벽체 중에 흡수된 에너지
T : 투과된 에너지

< 재료의 흡음률 >

구분	흡음률	구분	흡음률
열린 창문	1.00	목재	0.06
벽돌	0.03	니스 칠한 목재	0.03
융단	0.25	벽판	0.27
유리	0.03	흡음용 벽판	0.2~0.9

ⓒ 흡음의 종류
- 다공질형 흡음 : 연질 섬유판, 유리섬유, 유리솜 등과 같이 모세관이나 연속기포로 된 다공질 재료에 음이 입사되면 음파는 그 세공 내로 전파하고 주위 벽과의 마찰이나 점성저항 및 재료의 소섬유진동 등에 의하여 음에너지의 일부가 열에너지로서 소비된다. 이 흡음특성은 일반적으로 저음역에서는 작고, 고음역에서는 크다. 다공질 재료를 흡음재로로 사용하려면 표면의 세공을 메우거나 두꺼운 도장을 하지 말아야 하며 두꺼운 도장을 할 경우에는 관통하지 않는 구멍을 뚫어 구멍이 표면에 나오게 실질부를 노출해야한다. 또한 관통공이 있는 얇은 합판 등을 덮을 경우에는 구멍의 개구율을 30% 이상으로 해야한다. 보드상 다공질 재는 배후 공기층을 충분히 판진동이 가능한 구조로 시공하면 판진동형의 특성이 가해져 저음역흡음이 증가된다.
- 판진동형 흡음 : 석고보드, 파티클보드, 얇은 합판, 섬유판과 같은 재료에 음이 닿으면 판진동이나 막진동을 하여, 음에너지의 일부는 내부마찰에 의해 소비된다. 이때의 흡음률의 피크는 대체로 200~300 Hz 이하이며, 재료의 중량이 클수록, 배후공기층이 클수록 저음역으로 이동하게 된다. 배후공기층에 다공질 흡음재를 넣으면 흡음률의 피크가 높아지며 다공질의 얇은 보드를 배후공기층에 두면, 다공질형의 특성과 판진동형의 특성을 조화시킨 흡음 특성을 지니게 된다.
- 공명기형 흡음 : 합판, 하드보드 등에 관통공이 있고 공기층이 있는 강벽에 붙이면 소위 공명기형 흡음구조가 된다.

ⓔ 차음
- 차음에는 두 종류가 있으며 하나는 공기로 전파되는 소음이고 다른 하나는 구조체를 전파하는 진동에 의한 진동 소음이다. 투과를 대상으로 하는 재료를 차음재라고 하며 투과율이 적을수록 좋다. 일반적으로 주파수가 높고 투과손실이 많을수록 차음성이 좋다.

- 투과율

$$투과손실 = 10\log_{10}\frac{1}{\tau} = 10\log_{10}\frac{I}{T}(dB)$$

여기서, τ : 음의 투과율(=T/I)
  T : 투과된 에너지
  I : 입사한 음의 강도

◎ 잔향
- 잔향은 음의 반사가 반복한 결과로 일어나는 소리의 연장이다.
- 음악 연주를 위한 적정 잔향시간은 대개 1.5~2.5초, 강연의 경우 1~1.5초 이다.
- 소리의 최초 크기에서 그 값이 100만분의 1로 감소하는데 요하는 시간을 잔향시간(殘響時間 ; reverberation time)이라 한다.
- 잔향시간 공식

$$t = \frac{0.162\,V}{a \cdot A}$$

여기서, t : 잔향시간(s)
  V : 공간의 용적(m³)
  a : 표면의 흡음률
  A : 공간의 표면적(m²)

② 목조주택과 음향

음향을 고려하여 건축된 건물은 구조물의 요소, 공간 내에서의 흡음, 그리고 조용한 공간에서의 소음원의 분리를 통해 음의 투과손실을 제어하는 특징을 갖는다. 원목과 목질 복합체는 실내에서 잔향시간을 줄이기 위해 상당량의 입사율을 흡수하는 능력 때문에 음향재료로 생각하며 목질재료는 벽, 천장표면, 마루바닥에 이용한다. 합판은 낮은 주파수 영역(500Hz이하)에서 흡음을 제공하고 다공질 재료는 중,고주파수 (2,000~4,000Hz)에서 효과적인 흡음재료이다.

③ 악기와 목재
  ㉠ 악기용 목재
  - 악기의 음의 고저는 목편 진동의 자연주파수에 의존하며 이것은 목편의 밀도 및 탄성 크기의 영향을 받는다.

- 연륜 내의 만재의 비율은 전통적으로 대략 1/4 미만으로 조재와 만재의 밀도간의 차이는 가능한 한 넓을수록 좋으며 만재의 비율이 증가하면 탄성률이 증가되고 내부마찰도 증가한다.
- 우리나라 고유 악기인 가야금, 거문고등의 제작은 오동나무를 많이 이용했으며 비중에 비하여 탄성계수가 높기 때문이다 오동나무에 있어서는 생장속도가 빨라 연륜폭이 너무 넓은 것보다 생장속도가 느리고 연륜폭이 좁은 성숙재로서 수간의 표면에 가까운 재가 좋으며 같은 산지라도 북쪽 경사면이 좋고 동일수간이라고 하더라도 북쪽에서 목취한 것이 좋다. 연령은 정목재의 경우 60년, 판목재의 경우 30년 이상이 좋다.

<악기용 목재의 주요 수종>

구분	부품명	주요 수종
바이올린	표면	독일가문비나무, sitka spruce
	이판	단풍나무, 버즘나무
피아노	향판, 향봉	독일가문비나무, sitka spruce, red spruce
	끼운목	단풍나무, 회양목, 고로쇠나무
클래식기타	표판	독일가문비나무, sitka spruce, western red
	이판	African mahogany, 단풍나무
실로폰	음판	African padauk
리코더	목관	흑단
비파	표판	오동나무
박자목		가시나무
가야금, 거문고	표판	오동나무
	이판	밤나무, 참나무
대금, 퉁소		대나무

④ 악기용 목재의 진동에 영향인자

㉠ 함수율
- 실온에서 상대습도 60~65%, 함수율 8~10% 의 조건이 목재의 기계적, 음향적 성질의 최적 조건이다.
- 목재의 흡습성은 목재의 셀룰로오스, 헤미셀룰로오스의 수산기가 크게 작용하며 목재의 동적 탄성계수와 진동손실은 습도변화에 따라 변하기도 한다.

㉡ 경년변화
악기용재는 오랜시간 천연건조된 목재가 좋다

ⓒ 도장
- 악기의 보호와 악기 외관 개선을 위해 도장(바니쉬)를 하며 이를 통해 습도변화 및 공기의 산화를 방지한다.
- 도장을 하면 음색의 변화를 쉽게 감지하며 저주파수영역에서도 내부마찰이 증가된다.

② 진동이력
- 악기는 오랜시간 동안 연주하지 않고 놓아두면 응력 완화현상으로 음질이 감소된다.
- 악기를 장시간 진동시키면 셀룰로오스의 쇄상 분자의 배열에 변화를 유도하여 수소결합이 깨짐으로써 내부마찰이 감소되는 현상을 보인다.

⑩ 접착제
접착제는 아교가 가장 우수하며 다음으로 에폭시 수지, 폴리비닐아세테이트에멀션, 고무접착제 순으로 접착성능도 악기의 진동특성에 영향을 준다.

ⓗ 화학개질
목재의 화학개질은 내부마찰 손실이 적고 음속이 빠르며 치수안정이 좋고 밀도가 적도록 유도한다. 아세틸화처리, 포름알데히드 가교결합처리, 열처리, 암모니아처리 등이 있다.

(3) 목재의 탄성적 성질
① 응력과 변형
㉠ 응력 : 물체에 외력이 작용하여 이에 저항하는 내력이 생기는데 이때 단위면적당 내력을 응력이라 한다.

$$\sigma = P/A \, (kgf/cm^2, N/m^2, Pa)$$

여기서, P : 외력
A : 단면적
σ : 응력

㉡ 변형률 : 외력이 가해졌을 때 단위길이당 변형량을 변형률이라 한다.

$$\epsilon = \frac{l - l_o}{l_o}$$

여기서, l_o : 외력이 가해지기 전의 처음길이

l : 외력이 가해졌을 때 길이

ⓒ 변형률은 목재의 길이가 늘어나는 경우 인장변형률(tensile strain), 길이가 줄어드는 변형을 보일 경우 압축변형률(compressive strain)이라 한다.

② 목재의 탄성계수

㉠ 탄성계수

탄성계수는 비례한도 이내의 응력과 변형률 간의 관계를 나타내는 Hooke의 법칙에 있어서 비례정수 E 를 말하며 탄성률, 영계수 또는 영률(Young's modulus) 라고 한다.

$$E = \frac{\sigma}{\epsilon}$$

여기서, E : 탄성계수

σ : 변형률계수

ϵ : 변형률

㉡ 전단탄성계수

전단응력과 전단변형률은 작은 범위 내에서 비례관계가 성립되며 이러한 전단탄성계수는 전단탄성률 또는 강성률이라고 한다.

$$\gamma = \frac{1}{G}\tau = \alpha'\tau$$

여기서, G : 전단탄성계수

α' : 변형률계수

τ : 전단응력

γ : 전단변형률

㉢ 체적탄성계수

물체의 표면에 고른 압력이 작용했을 때 탄성체에 생기는 체적변형에 대한 탄성계수로 단위면적당 외력의 강도와 체적의 변형비로 구할 수 있다.

$$K = \frac{P}{\epsilon_V} = \frac{P}{\triangle V/V} \ , \ \epsilon_V = \frac{P}{K} = \beta P$$

여기서, P : 물체의 정수압
V : 체적
△V : 체적의 변형률
K : 체적탄성계수
β : K의 역수(체적변형률계수 혹은 압축률)

ⓔ 푸아송비

목재 내부에 생기는 수직응력에 의한 가로변형과 세로변형과의 비로서 탄성 한도 내에서는 동일 재료에 대한 값이 일정하다 즉 물질의 고유한 상수이다.

$$\mu = -\frac{\epsilon'}{\epsilon} = -\frac{\Delta d/d}{\Delta l/l}, \quad m = \frac{1}{\mu}$$

여기서, μ : 푸아송비
m : 푸아송수
ϵ : 종변형률
ϵ' : 횡변형률

< 재료의 탄성상수 및 강도 >

구분	탄성계수 ($\times 10^3$ kgf/mm^2)	전단탄성계수 ($\times 10^3$ kgf/mm^2)	푸아송비	인장강도 (kgf/mm^2)
연강	21.2	8.4	0.3	40
주철	7.5 ~ 13	2.9 ~ 4.0	0.3	20
알루미늄	7.2 ~ 7.4	2.7	0.34	7 ~ 14
콘크리트	2 ~ 3	0.64	0.14 ~ 0.2	0.2
목재	0.01 ~ 2	0.001 ~ 2	0.01 ~ 0.9	0.2 ~ 20
나일론	0.36	0.12	0.40	7
고무	0.20×10^{-3}	0.067×10^{-3}	0.49	1.4
철(Fe)	20.3	-	-	1,330
세라믹(Al$_2$O$_3$)	43.4	-	-	2,100

③ 탄성계수의 영향인자
㉠ 세포벽의 미세구조
  • 세포벽은 셀룰로오스, 헤미셀룰로오스, 리그닌의 세가지 주요 성분으로 구성되어 있다.

- 세포벽은 복합세포간층(중간층+1차벽), 2차벽의 외층(S1), 중층(S2), 내층(S3) 으로 구분된다.
- 세포벽의 각 층은 마이크로피브릴 배향이 서로 다르게 나타나 이러한 배향성이 목재의 탄성에 영향을 준다.

ⓒ 세포구조
- 목재의 역학적 성질은 세포 구조, 종류, 배열, 분포, 체적비율에 영향을 받는다.
- 세포구조에 의한 탄성계수는 다음과 같은 식을 따르며 목재의 섬유방향 1, 방사방향 1.1, 접선방향 1.5 정도의 값을 가진다.

$$E = \theta^n E_S$$

여기서, n : 형상지수
 θ : 목재의 실질률
 E_S : 목재의 탄성계수

ⓒ 섬유주향 및 연륜주향

섬유의 직각방향의 탄성계수는 섬유방향의 약 1/20~1/10 이다.

$$E\phi \fallingdotseq \frac{E_0 \cdot E_{90}}{E_0 \cdot \sin^n\phi + E_{90} \cdot \cos^n\phi}$$

여기서, $E\phi$: 시험재의 축과 섬유주향각이 ϕ인 시험체의 탄성계수
 E_0 : 섬유주향각 0°에서의 탄성계수
 E_{90} : 섬유주향각 90°에서의 탄성계수
 n : 실험상수

ⓔ 옹이

옹이가 있는 목재는 외력을 받으면 옹이와 옹이주변에 응력집중이 발생하여 동일 비중의 옹이를 갖지 않는 목재에 비해 탄성계수가 작아진다. 옹이부위의 최대 변형률은 옹이로부터 충분히 떨어진 위치의 변형률의 약 7 배에 달한다.

ⓜ 비중
- 목재의 탄성계수는 동일 수종 및 다른 수종에서도 비중이 증가시 함께 증가한다.
- 일반적으로 밀도가 증가함에 따라 탄성계수가 증가하는 비율은 침엽수재가 가장 크고, 활엽수의 산공재, 환공재 순서로 증가하며 방사방향과 접선방향의 탄성계수의

차이가 적어진다.
ⓑ 만재율
만재율 역시 탄성계수에 영향을 주며 만재율 증가시 휨탄성계수가 증가하는 경향을 보인다.
ⓢ 연륜폭
연륜폭은 휨탄성계수와 반비례적인 관계를 가진다.
ⓞ 온도
온도의 상승은 퍼텐셜 에너지의 상승을 의미하여 이로인하여 목재의 열팽창을 일으키게 된다. 셀룰로오스 분자쇄의 원자의 진동이 커져 원자간의 평균거리가 증가한다. 열팽창에 의하여 변형에 대한 저항성이 감소되어 탄성계수가 감소된다.

(4) 목재의 강도적 성질
① 목재강도의 구분
㉠ 외력에 의한 구분
- 인장강도(引張强度 ; tensile strength) : 종인장, 횡인장
- 압축강도(壓縮强度 ; compressive strength) : 종압축, 횡압축, 부분압축
- 휨강도(bending strength)
- 전단강도(剪斷强度 ; shearing strength)
- 할렬강도(割裂强度 ; cleavage strength)
- 좌굴강도(座屈强度 ; buckling strength)
- 비틀림강도(torsional strength)

㉡ 외력의 속도 및 가하는 방법에 의한 구분
- 정적강도(靜的强度 ; static strength)
- 충격강도(衝擊强度 ; impact strength)
- 피로강도(疲勞强度 ; fatigue strength)
- 크리프강도(creep strength)

② 목재 강도의 종류
㉠ 인장강도
- 목재에 당기는 힘이 작용하면 목재 내부에서 분자의 응집력에 의해 이에 저항하는 힘이 작용하는데 이러한 내력을 인장응력 이라하고 저장하는 정도를 인장강도라한다.
- 목재의 인장강도는 섬유방향에 가해지는 외력 방향에 따라 섬유방향인 종인장강도

와 섬유방향의 직각인 횡인장강도로 구분한다.
- 인장강도 공식

$$\sigma = \frac{P}{A}$$

여기서, σ : 인장강도(kgf/cm^2)
  P : 최대인장하중(kgf)
  A : 단면적(cm^2)

ⓒ 종인장강도
- 종인장강도는 섬유방향과 평행한 방향으로 힘이 작용한 것을 말한다.
- 종인장강도는 섬유간 결합력에 의해 크게 좌우되며 미세구조의 성질과 배열상태에 영향을 받는다.
- 통직목리의 목재는 교착목리의 목재에 비하여 높은 인장강도를 가진다.

< 수종별 종인장, 종압축 강도(단위 : kgf/cm^2) >

구분	종인장강도	종압축강도	구분	종인장강도	종압축강도
잣나무	788	425	굴참나무	1,411	626
소나무	885	430	느티나무	1,123	382
삼나무	963	374	양버즘나무	830	318
편백	922	547	귀룽나무	1,067	317
리기다소나무	1,062	470	산벚나무	1,350	377
낙엽송	584	532	아까시나무	1,836	661
이태리포플러	563	317	가죽나무	988	420
개서어나무	1,499	566	참죽나무	1,064	529
오리나무	901	376	고로쇠나무	1,036	443
밤나무	781	339	피나무	883	283

ⓒ 횡인장강도
- 횡인장강도는 하중방향이 섬유의 직각으로 작용하는 강도를 말한다.
- 횡인장강도는 종인장에 비하여 강도가 낮으며 목재의 할렬저항과 유사한 성질을 보인다.
- 횡인장의 경우 방사방향과 접선방향에 따라 그 강도가 다르며 접선방향이 대체로 더 큰 경향을 보인다.

- 일본잎갈나무의 경우 방사방향 횡인장강도가 접선방향 횡인장강도보다 1.6배 정도 더 큰 값을 보인다.

< 수종별 횡인장강도(단위 : kgf/cm^2) >

구분	전건비중	횡인장강도	
		접선방향	방사방향
가문비나무	0.40	21	35
전나무	0.43	26	41
일본잎갈나무	0.57	28	45
너도밤나무	0.64	47	82
졸참나무	0.62	53	77

ⓒ 압축강도
- 목재를 압축하려는 힘에 대해 목재 내부에서 저항력이 생기는데 이때의 힘을 목재의 압축강도라고 한다.
- 목재의 섬유방향으로 가하면 종압축, 섬유방향과 수직인 경우 횡압축, 횡압축에 있어서 하중이 부분적으로 작용하면 부분압축으로 구분한다.
- 압축강도 공식

$$\sigma = \frac{P}{A}(kgf/cm^2)$$

여기서, σ : 압축강도
  P : 최대압축강도(kgf)
  A : 가압단면적(cm^2)

ⓜ 종압축강도
- 종압축강도의 장주의 최대하중은 오일러하중(Euler load)이라고 하며 KS 규격에서 제시하는 규격 길이에 따르는데 이는 길이가 너무 길게되면 휨응력이 발생하여 목재가 파괴되기 때문이다.
- 압축강도는 인장강도에 비해 낮은 값을 가지며 종압축강도는 종인장강도의 1/3 ~ 2/3 정도이다.
- 횡압축강도는 종압축강도의 1/10 ~ 1/3 의 값을 가진다.

ⓑ 횡압축강도
- 횡압축은 종압축과는 달리 최대응력을 판단하기가 어렵다.
- 활엽수, 침엽수는 횡압축강도가 방사방향이 접선방향보다 강하다.
- 하중을 받는 면과 연륜이 이루는 경사도가 45° 일 때에는 응력이 최소가 된다.

ⓢ 전단강도
- 외력에 의해 물체의 일부분이 접촉면에서 미끄러지려고 할 때 이 힘에 저항하는 응력을 말한다.
- 전단강도는 인장강도나 압축강도의 강도에 비해 현저하게 작다.
- 전단강도 공식

$$\tau = \frac{P_s}{A}(kgf/cm^2)$$

여기서, τ : 전단강도
P_s : 최대하중
A : 전단면의 단면적

- 전단응력은 힘의 작용방향에 따라 3가지로 구분된다.
  - 섬유에 평행한 종전단
  - 섬유에 직각인 횡전단
  - 섬유에 경사진 경사전단
- 섬유에 평행하게 작용하는 전단응력은 섬유의 직각으로 작용하는 전단응력의 1/4 ~ 1/3 이다.
- 침엽수의 전단강도 범위는 40~80 kgf/cm², 활엽수는 50~120 kgf/cm² 이다.

< 국내 목재의 역학적 성질(단위 : kgf/cm^2) >

구분	기건비중	휨강도	전단강도	
			방사단면	접선단면
잣나무	0.45	722	94	96
소나무	0.47	747	97	104
삼나무	0.45	612	104	111
편백	0.49	913	142	148
이태리포플러	0.35	656	82	95
리기다소나무	0.53	910	101	109
낙엽송	0.61	986	113	110
개서어나무	0.72	1064	181	204
오리나무	0.55	607	101	126
밤나무	0.57	852	124	116
굴참나무	0.88	1291	222	190
느티나무	0.69	959	158	151
양버즘나무	0.59	739	143	112
귀룽나무	0.56	704	95	103
산벚나무	0.63	794	121	125
아까시나무	0.74	1212	206	213
가죽나무	0.65	1151	142	159
참죽나무	0.68	1033	182	182
고로쇠나무	0.70	914	145	253
피나무	0.38	1009	94	118

◎ 휨강도
- 목재에 있어 중립면을 경계로 상부에는 압축응력이 하부에는 인장응력이 작용된다.
- 목재가 하중을 받는 방법에 따라 중앙집중하중, 4점하중, 등분포하중으로 표현한다.
- 휨강도 최대응력 공식

$$\sigma = \frac{3Pl}{2bh^2}$$

여기서, σ : 휨응력
 b : 목재나비
 h : 목재두께
 P : 중앙집중하중
 l : 목재길이

ⓒ 강성도
- 목재의 강성도(stiffness)는 휨이나 변형에 대한 저항도를 말하며 휨탄성계수로 표시한다.
- 목재의 직각방향의 탄성계수는 평행한 방향의 1/20 ~ 1/12 정도 이다.

ⓒ 좌굴강도
- 종압축시 기둥의 길이가 단면에 비하여 비교적 길면 일반적으로 압축보다 휨작용이 수반되어 좌굴파괴를 일으키게 된다.
- 좌굴현상 하중조건
  - 통직한 기둥의 중심에 압축을 받는 경우
  - 통직한 기둥에 편심압축을 받는 경우
  - 원래 휜 기둥이 중심 또는 편심 하중을 받는 경우
  - 기둥이 압축과 동시에 휨작용을 받는 경우
- 최대 좌굴하중

$$\sigma_k = P_k/A\,(kgf/cm^2)$$

여기서, P_k : 최대좌굴하중
σ_k : 좌굴강도
A : 단면적

ⓒ 비틀림 강도
- 목재가 외력에 의하여 수축을 중심으로 비틀림을 받으면 목재 내에 수축을 중심으로 회전하려는 힘이 작용하고 동시에 저항응력이 발생하는데 이러한 저항응력을 비틀림강도라고 한다.
- 비틀림에 대한 저항응력은 수축에 직각 또는 평행 방향으로 작용하는 전단응력이며 이들 전단응력의 45° 방향에는 인장응력이 작용한다고 가정할 수 있다.
- 비틀림 강도는 목재의 단면의 형상에 따라 각기 다르다.

$$\text{정방형 단면적} : \tau = 4.8\frac{M_d}{a^3}(kgf/cm^2)$$

$$\text{구형 단면} : \tau = \frac{3M_d}{a^2(b-0.63a)}(kgf/cm^2)$$

$$\text{원형 단면} : \tau = 5.1\frac{M_d}{D^3}(kgf/cm^2)$$

$$\text{링형 단면} : \tau = 5.1\frac{M_d D}{D^4-d^4}(kgf/cm^2)$$

여기서, τ : 전단응력

M_d : 최대비틀림 모멘트(kgf/cm)

a, b : 단면의 변길이(cm)

D, d : 원형의 외경 및 내경(cm)

Ⓔ 할렬강도

- 목재는 직각방향에서는 분리가 어렵지만 섬유방향에서는 쪼개지기 쉬운 성질을 가지고 있어 이러한 성질을 목재의 할렬성(cleavability)이라 한다.
- 할렬강도

$$C = \frac{P}{a}(kgf/cm)$$

여기서, C : 할렬강도(kgf/cm)

P : 최대하중(kgf)

a : 할렬면 나비(cm)

< 수종별 할렬강도 (단위 : kgf/cm) >

구분	방사단면	접선단면	구분	방사단면	접선단면
잣나무	20	18	굴참나무	78	54
소나무	18	21	느티나무	71	69
삼나무	18	16	양버즘나무	86	45
편백	19	19	산벚나무	52	71
리기다소나무	19	23	아까시나무	39	62
낙엽송	22	19	가죽나무	71	65
이태리포플러	21	25	참죽나무	51	56
개서어나무	61	91	고로쇠나무	66	70
오리나무	38	39	밤나무	38	33

㉤ 충격강도
- 강한 충격에 버티는 목재의 성질을 말한다.
- 충격강도는 침엽수재보다 활엽수재가 더 강하며 대표적인 충격강도가 강한 목재로 물푸레나무, 참나무 등이 있다.
- 충격강도의 경우 시편의 충격방법에 따라 구하는 방법이 다르다.
  - 낙하추에 의한 방법

$$\text{섬유응력}(\sigma) = \frac{3WHl}{bh^2}\delta$$

$$\text{휨탄성계수}(E) = \frac{WHl^3}{2bh^3\delta^2}$$

$$\text{휨흡수에너지}(a) = \frac{WH}{bh}$$

여기서, W : 추의 무게
　　　　H : 추의 낙하높이
　　　　l : 스팬
　　　　b : 시편의 길이
　　　　h : 시편의 두께
　　　　δ : 충격 총변형량

- 진자추에 의한 방법

$$Q = W(h_1 - h_2)$$
$$h_1 = l(1 - \cos a_1)$$
$$h_2 = l(1 - \cos a_2)$$
$$Q = W[l(1 - \cos a_1) - l(1 - \cos a_2)]$$
$$Q = Wl(\cos a_2 - \cos a_1)(kgf \cdot m)$$

여기서, Q : 일격에 시편을 파괴하는데 필요한 에너지
　　　　W : 진자추의 중량
　　　　l : 회전축으로부터 추의 중심까지의 거리
　　　　h_1 : 최초의 진자추 높이
　　　　h_2 : 시편 충격 후 반대방향으로 올라가는 진자추의 높이

a_1 : h_1에 상당하는 각도

a_2 : h_2에 상당하는 각도

② 목재 강도의 영향인자
  ㉠ 세포벽의 미세구조
    • 목재 세포벽을 구성하는 셀룰로오스 결정화도 및 섬유길이 만재의 세포벽 두께가 클수록 강도가 커진다.
    • 세포의 마이크로피프릴경사각이 작을수록 강도는 커진다.
    • 침엽수의 가도관 및 활엽수의 목섬유가 차지하는 목부 비율이 높아질수록 강도는 커진다.
    • 추출물이 많을 경우 종압축강도와 휨강도의 증가한다.
  ㉡ 섬유주향
    • 목재의 외력이 섬유방향으로 작용시 가장 강하다.
    • 섬유주향과 재축의 각이 커질수록 강도는 작아지는 경향을 보인다.
    • 섬유주향에 따른 강도의 영향에서 인장강도가 가장 큰 영향을 보이며 전단강도에서 가장 작은 영향을 보인다.
    • 섬유주향각에 따른 영향력 순서로 인장강도>휨강도>압축강도>전단강도 순이다
    • 섬유주향에 따른 Hankinson 공식

$$\sigma_\theta = \frac{\sigma_p \cdot \sigma_q}{\sigma_p \sin^n \theta + \sigma_q \cos^n \theta} (kgf/cm^2)$$

    여기서, σ_p : 섬유주향에 평행인 각도
        σ_q : 섬유주향에 직각인 각도
        n : 지수(인장강도=1.5~2, 휨강도=2, 압축강도=2.5~3)
        θ : 하중방향과 섬유주향의 각도
  ㉢ 함수율
    • 섬유포화점이내에 있어서 함수율이 증가하면 모든 강도는 작아진다.
    • 섬유포화점에서 전건상태에 가까워질수록 강도는 증가한다.
    • 함수율 1% 증가시 종인장강도 3%가 감소되며 횡인장강도는 1.5% 감소되며 압축강도 4~6%, 휨강도 4~5% 감소된다.

ⓐ 비중
- 비중이 커지거나 만재율이 증가할수록 목재의 강도는 증가한다.
- 비중과 강도의 관계식

$$\sigma = \lambda S^n$$

여기서, σ : 목재의 강도
λ, n : 조건에 따른 계수와 지수
S : 목재의 비중

< 비중과 강도의 각종 관계식(단위 : kgf/cm²) >

종인장강도	$\sigma = 2610S - 85.8$
횡인장강도	$\sigma = 78S^{1.72}$
기건재 압축강도	$\sigma = 858S$
생재 압축강도	$\sigma = 473S$
기건재 휨강도	$\sigma = 1010S^{1.2}$
기건재 전단강도	$\tau = 134S$

ⓑ 옹이
- 옹이는 압축강도나 전단강도보다 인장강도에 더 큰 영향을 준다.
- 옹이가 클수록 강도가 감소한다.

< 옹이의 형태에 따른 강도 >

구분	비중	인장강도		압축강도	
		단위(kgf/cm²)	감소율(%)	단위(kgf/cm²)	감소율(%)
옹이가 없는 것	0.5	780	-	403	-
옹이가 적은 것	0.53	384	51	361	10
옹이가 많은 것	0.57	119	85	314	22

ⓒ 이상재
- 압축이상재는 정상재보다 비중이 약 30% 정도 크고 리그닌 함량이 많아 종압축강도는 더 크지만 인장강도는 약하다.
- 인장이상재는 정상재보다 비중이 약 10% 정도 크고 세포벽에 젤라틴층이 형성되어

정상재보다 인장강도는 크지만 압축강도는 작다.
ⓢ 온도
- 온도 상승 시 목재 분자간 간격이 넓어져 강도가 감소한다.
- 온도가 일시적으로 영향을 주면 다시 회복되나 어느 한계 이상 상승시 열분해를 일으켜 강도회복이 불가능하게 영구적으로 강도에 영향을 준다.
- 횡인장강도는 목재 함수율 10% 이상일 때 함수율 증가에 따라 큰 영향을 받는다.

CHAPTER 02 목재화학

01 목재의 조성

1. 원소조성
목재의 원소조성은 대략 탄소 약 50%, 산소 약 44%, 수소 약 6% 정도로 수종간의 차이는 거의 없으며 질소 함유량은 상당량의 알칼로이드를 함유한 수종을 제외하면 0.05~4% 정도이다.

< 수종에 따른 목재의 원소조성(단위 : %) >

수종	탄소	수소	질소
한국잣나무	50.7	6.8	0.06
가문비나무	50.3	6.2	0.04
너도밤나무	49.0	6.1	0.09
참나무	50.2	6.0	-
서어나무	49.0	6.2	-

2. 화학조성
① 셀룰로오스
  ㉠ 목재의 약 50%를 점유하고 있다.
  ㉡ D-glucose 잔기가 β-1,4-glucoside 결합을 한 쇄상고분자물이다.
  ㉢ 결정 구조를 가진다.
  ㉣ 헤미셀룰로오스보다 산이나 알칼리에 대한 저항성이 강하다.
② 헤미셀룰로오스
  ㉠ 목재의 20~30%를 점유하고 있는 비셀룰로오스계의 다당류이다.
  ㉡ 대부분이 알칼리 가용성이다.
  ㉢ 가수분해에 의해 D-xylose, L-arabinose 잔기등의 5탄당(pentose)과 D-glucose, D-mannose, D-galactose 잔기 등의 6탄당(hexose), D-glucuronic acid, D-glacturonic acid 등의 uronic acid 를 생성한다.
③ 리그닌
  ㉠ 목재의 20~35%를 점유하고 있다.
  ㉡ phenylpropane 단위로 탄소-탄소 결합이나 에테르 결합을 하는 고분자 방향족 화합물

이다.

ⓒ 대부분 유기용제에 불용이다.

④ 지방족화합물

ⓐ 탄화수소, 알데히드류, 알코올류, 지방산 등이 포함된다.

ⓑ 지방산은 방사유세포에 분포하며 심, 변재부 중 변재부에 많이 함유되어 있다.

ⓒ 펄프, 제지 공정 중에 수지장해를 일으키는 원인 물질이다.

⑤ 당류

대부분의 수종에서 변재부에는 D-glucse, fructose, sucrose 등이 발견되며 심재부에는 L-arabinose, D-xylose, L-rhamnose, D-glucse 등이 존재한다.

⑥ 방향족 화합물

ⓐ 부성분으로 방향족 화합물의 종류가 다양하며 phenol 류, stilbene 류, chromone 류, coumarine 류, flavonoid 류, tannin 류, quinone 류, tropolone 류 등 다양하게 존재한다.

ⓑ 목재의 색이나 아황산 펄프화에 증해 장해를 일으키기도 한다.

⑦ 테르펜류

ⓐ 침엽수재보다 활엽수재에 종류 및 양이 많이 존재한다.

ⓑ 테르펜류에 의해 제지 공정에 수지 장해를 일으키거나 합판 접착시 방해를 하여 접착 불량 문제를 일으키기도 한다.

⑧ 질소화합물

ⓐ 목재의 0.05~0.4 % 정도를 차지하며 주로 세포 원형질의 단백질에 유래한다.

ⓑ 단백질 이외 미량의 아미노산 및 다양한 알칼로이드가 발견되기도 한다.

⑨ 무기성분

ⓐ 목재의 성분 함유량은 0.3~1 % 정도이다.

ⓑ 열대산에는 1% 이상 수종이 존재한다.

ⓒ 회분의 주성분은 칼슘이다.

ⓓ 오스트레일리아산의 수종에서는 경우에 따라 알루미늄 및 실리카가 존재하기도 한다.

02 목재의 구성성분

1. 셀룰로오스

(1) 셀룰로오스

① 화학적구조
  ㉠ 셀룰로오스 화학 구조는 프랑스 화학자 A. Payen(1839)에 의해 세계최초 식물로부터 분리되어 1930년대 초 그 화학 구조가 밝혀졌다.
  ㉡ 원소조성은 C=44.2%, O=49.5%, H=6.3% 이며 분자식은 $(C_6H_{10}O_5)_n$ 이다.
  ㉢ glucose 단위가 β-1,4-glucoside 결합을 가지는 고리상 고분자화합물이다.
  ㉣ 셀룰로오스의 C_2, C_3, C_6에 각각 수산기(-OH)를 가진다.
  ㉤ Pyranose 환을 가지는 6각형의 glucose 분자가 180° 회전하여 결합한다.
  ㉥ 양말단에 위치하는 glucose는 가장 오른쪽 위치하는 1번 탄소가 환원성 나타내며 가장 왼쪽의 4번 탄소는 환원성을 나타내지 않는다. 환원성을 나타내는 부분을 환원성 말단기라 하며 반대쪽을 비환원성 말단기라 한다.

② 결정구조
  ㉠ 1913년 일본의 서천(西川), 소야(小野)가 최초로 명료한 X-선 회절도를 얻었다.
  ㉡ 일반적으로 천연 셀룰로오스의 결정형을 셀룰로오스 I 이라 하며 재생셀룰로오스를 셀룰로오스 II 라 한다.
  ㉢ 셀룰로오스 I의 단위포(unit cell)를 최초로 제안한 사람은 Polany(1921)이며 이후 Meyer, Meyer-Misch, Blackwell 등의 연구를 통해 단사정계 모형을 제안하였다.
  ㉣ 격자정수는 a=0.82 nm, b=1.03 nm, c=0.79 nm, β=84° 이다.
  ㉤ 셀룰로오스 한 단위포에 4개의 glucose 를 포함하며 glucose기는 상호 180° 회전하면서 2회 나선구조를 가진다.
  ㉥ 셀룰로오스 rayon, cuprammonium rayon, cellophane 등이 모두 셀룰로오스 II에 속한다.

③ 목재셀룰로오스의 분리
  ㉠ 목재에서 셀룰로오스를 분리하는 방법으로 정량법에 따라 행하게 되는데 목분을 염소수나 염소가스 등으로 처리하여 리그닌을 염소화하고 다음으로 아황산나트륨 수용액으로 용해시키면서 헤미셀룰로오스를 용해시켜 셀룰로오스를 분리하는 방법이다. 이러한 방법은 리그닌을 대부분 제거하게 되나 헤미셀룰로오스가 상당량 남아있게 된다.

ⓒ 홀로셀룰로오스 중 헤미셀룰로오스를 제거하기 위해 NaOH, KOH 를 주로 사용한다.
ⓒ Cross-Bevan 셀룰로오스나 홀로셀룰로오스는 17.5% 의 NaOH 의 용해도에 의해 α, β, γ - 셀룰로오스 등으로 분류된다. 셀룰로오스를 17.5% NaOH 로 팽윤시켜 8.3% 까지 희석시켰을 때 용해되지 않는 부분을 α-셀룰로오스, 용해되어 산성화 후 재생되는 부분을 β-셀룰로오스, 용해되어 재생되지 않는 경우 γ-셀룰로오스라 한다.

(2) 분자량과 중합도
① 분자량과 중합도
ⓐ 분자량을 molecular weight(M), 중합도를 degree of polymerization(DP)라고 한다.
ⓑ 분자량과 중합도의 관계식은 DP=(M-18)/162 이며 162는 포도당의 분자량이다.
ⓒ 셀룰로오스 분자량 측정방법은 점도법, 삼투압법, 광산란법, 초원심법, 말단기법이 있다.
ⓓ 고분자 α-셀룰로오스의 경우 6각형의 글루코피라노스의 직경이 5.2Å 정도를 가지며 이때의 Å을 옹스트롬이라하며 1Å=0.0001㎛ 이다.
ⓔ 고분자화합물은 여러 분자량으로 이루어진 집합체라 측정하는 분자량은 평균 분자량이라 하며 셀룰로오스 평균 분자량 측정에는 4가지 방법이 있다.
ⓕ 평균분자량 측정법

- 수평균분자량
$$M_n = \frac{\sum N_i M_i}{\sum N_i}$$
- 중량평균분자량
$$M_w = \frac{\sum N_i M_i^2}{\sum N_i M_i}$$
- 점도평균분자량
$$M_v = \left[\frac{\sum N_i M_i^{1+a}}{\sum N_i M_i} \right]^{\frac{1}{a}}$$
- Z평균분자량
$$M_z = \frac{\sum N_i M_i^3}{\sum N_i M_i^2}$$

- M_i는 분자량, N_i는 분자수를 의미한다.
- 평균분자량에서 관계는 $M_n < M_w < M_v$ 이다.
- 중량평균분자량과 점도평균분자량이 유사 혹은 동일하여 점도평균분자량 측정으로

중량평분자량을 구할 수 있다.
- 시료가 균일할 경우 $M_n = M_w = M_z = M_v$ 이다.

(3) 분자량 측정
① 삼투압법
  ㉠ Van't Hoff 의 법칙을 이용하며 수 평균 분자량이 얻어진다.
  ㉡ 셀룰로오스 삼투압은 질산에스테르나 초산에스테르, Cadoxen 용액을 사용하여 측정한다.
  ㉢ 삼투압법 관계식은 고분자 화합물의 경우 용질 농도가 매우 묽을 때 적용 가능하다.
  ㉣ 삼투압법 공식

$$P/C = RT/M$$

  여기서, P : 삼투압
  　　　　C : 중량농도
  　　　　M : 분자량
  　　　　R : 가스상수
  　　　　T : 정도온도

② 광산란법
  ㉠ 광산란법으로 중량평균분자량 측정이 가능하다.
  ㉡ 빛이 투명한 액체 통과시 액체가 완전히 균질하지 않으면 빛이 산란되는 틴달현상(tyndall phenomenon) 때문이며 산란 현상에 의해 입사광의 강도는 다음에 따른다.
  ㉢ 광산란법 공식

$$I = I_0 e^{-\tau l}$$

  여기서, I_0 : 입사광의 강도
  　　　　I : 통과후의 강도
  　　　　l : 통과거리
  　　　　τ : 탁도(turbidity)

③ 초원심법
  ㉠ 초원심법은 중력보다 강한 원심력을 작용하여 용질은 침강이 일어나는 원리를 이용하였다.
  ㉡ svedberg는 중력의 약 $1.0 \sim 1.5 \times 10^4$배(회전속도 10,000rpm)의 초원심기를 사용한 분자량 측정법을 제안하였다.
  ㉢ 초원심법에 의한 분자량 측정법은 침강평행법, 침강속도법이라 하여 2가지가 있다.
  ㉣ 침강평행법 : 침강과 확산의 두 속도가 평행이 되었을 때 측정하는 방법을 말한다. 침강평행법으로 중량평균분자량과 Z평균분자량을 구할 수 있으나 침강과 확산 이 두가지의 속도를 평행으로 하기 위해 5,000~20,000 rpm 으로 2~3시간 정도의 시간이 필요하다.

$$M = \frac{2RT\ln(C_2/C_1)}{w^2(1-v\rho)(x_2^2 - x_1^2)}$$

  여기서, w : 각속도
       R : 기체상수
       ρ : 용액의 밀도
       v : 무한량의 용매에 용질 1g을 가했을 때 차지하는 용질의 용적
       T : 절대온도
       C_1, C_2 : 회전축으로부터 x_1, x_2의 거리에서의 농도

  ㉤ 침강속도법 : 침강 속도를 측정하기 위해 침강평행의 원심력보다 강한 원심력이 필요하며 약 $10^5 \sim 10^6$배 정도이다.

$$M = \frac{RTS}{(1-v\rho)D}$$

  여기서, D : 확산상수
       S : 침강속도
       T : 절대온도
       R : 기체상수
       ρ : 용액의 밀도
       v : 무한량의 용매에 용질 1g을 가했을 때 차지하는 용질의 용적

④ 점도법
  ㉠ 점도법은 고분자 용액의 농도가 묽게 되면 분자량이나 중합도에 비례하는 Staudinger 의 점도법칙에 의거하고 있다
  ㉡ 점도법으로 점도 평균 분자량을 구할 수 있다.
  ㉢ 점도와 중합도간 공식

$$[\eta] = K_m \cdot P^\alpha$$

  여기서, $[\eta]$: 극한 점도(고유점도)
  　　　P : 중합도
  　　　K_m, α : 상수

< 셀룰로오스 및 유도체의 K_m, a 의 값(농도 g/100ml) >

종류	용제	$K_m \times 10^6$	a
셀룰로오스	동암모니아액	0.85	0.81
	cupriethylenediamine	1.33	0.91
질산셀룰로오스	acetone	1.10	0.91
	ethyl acetate	0.38	1.03
	ethyl butyrate	1.22	0.92

⑤ 말단기법
  ㉠ 셀룰로오스 분자의 양 말단에 있는 glucose 잔기는 중간에 있는 glucose 잔기와는 다르며 이를 정량하면 수 평균 분자량을 구할 수 있다.
  ㉡ 말단기법은 조작이 어렵고 정확도가 떨어져 거의 사용되지 않는 방법이다.

(4) 셀룰로오스의 고분자적 성질
  ① 팽윤
    ㉠ 고체가 액체를 흡수하여 외관의 균일성은 크게 변화하지 않으나 내부의 응집력이 감소되면서 용적이 증가되고 유연한 성질을 가지는 현상을 말한다.
    ㉡ 셀룰로오스는 대기 중의 습도에 따라 일정량 물을 흡착하면서 직경이 증가되는데 이러한 현상은 glucose 잔기의 수산기에 의해서이다.
    ㉢ 결정구조에서 결정 간 팽윤은 methanol, ethanol, aniline, nitrobenzene 등의 유기 액체에

의해 일어난다.
　　ⓔ 보통 액체의 극성이 높으면 셀룰로오스 팽윤도는 높으나 물의 경우보다는 낮은 편이다.
② 산, 알칼리 및 기타 염류에 의한 팽윤
　　㉠ 묽은 산이나 알칼리 용액, 염류 등에 셀룰로오스를 침지했을 때는 결정 간 팽윤을 일으키며 물에 넣었을 때의 팽윤도가 크다.
　　㉡ 셀룰로오스 결정의 팽윤은 유한팽윤과 무한팽윤으로 나누어진다.
　　㉢ 팽윤제는 셀룰로오스와 결합하여 부가화합물을 형성한다.
　　㉣ 무한팽윤시 셀룰로오스가 용해하게 된다.
　　㉤ 셀룰로오스는 알칼리 용액에 침지하면 팽윤을 일으켜 직경이 증가하고 내강이 좋아지며 길이가 감소한다. 침지 용액에는 KOH, NaOH 등이 있으며 이 경우 팽윤이 무한적으로 일어나지는 않는다.
　　㉥ 셀룰로오스를 동암모니아[$Cu(NH_3)_4(OH)_2$]용액에 넣으면 팽윤이 진행되면서 용해까지 이르는 무한팽윤이 일어난다.
　　㉦ 무한팽윤을 일으키는 용액으로 염화아연용액, 산·동암모니아 용액 등이 있다.
③ 알칼리셀룰로오스
　　㉠ 진한 수산화 알칼리 수용액에 셀룰로오스를 넣으면 셀룰로오스 분자의 결정에 팽윤이 일어나면서 알칼리 셀룰로오스가 생성된다.
　　㉡ 결정간 팽윤에 일어난 셀룰로오스의 X-선 회절도는 천연셀룰로오스와 크게 차이가 없다.
　　㉢ 알칼리셀룰로오스는 다시 원상태로 회복되지 않으며 천연셀룰로오스 보다 안정된 결정형을 가지며 일명 수화셀룰로오스라 부른다.
　　㉣ 알칼리셀룰로오스는 흡착성이 증가되고 반응성이 증가된다.
　　㉤ 알칼리의 종류에 따라 소다셀룰로오스(soda cellulose), 칼리셀룰로오스(potash cellulose), 리치움셀룰로오스(lithium cellulose) 등이 있다.
　　㉥ 팽윤은 약품에 따라 그 정도가 다르며 Li < Na < K < Rb < Cs 순이다.
　　㉦ 1844년 Mercer 는 면을 NaOH 침지하여 수세하면 염색성과 흡습성이 향상되고 광택을 내는것을 발견 이와 같은 조작을 mercer 화 또는 silket 가공이라 하였다.
　　㉧ 1892년 Cross 및 Bevan 은 셀룰로오스 17.5% NaOH 에 침지하여 얻는 알칼리셀룰로오스를 CS_2 에 녹여 Viscose 를 발명하였다.
　　㉨ 머서화(mercerization)는 알칼리 셀룰로오스를 만드는 반응으로 셀룰로오스를 일정 농도 이하에서 NaOH 용액에 침적 및 수세하여 다른 물질로 개량하며 이러한 섬유를 머서화 섬유(mercerized cellulose)라 한다. 이러한 작업을 통해 수축률이 향상되고

비결정영역 및 인장강도 등도 향상된다.

< 알칼리 농도에 따른 최대 팽윤 >

알칼리	농도(%)	최대팽윤(%)	조성
LiOH	6.8	97	$2C_6H_{10}O_5 \cdot LiOH$
NaOH	15.4	78	$2C_6H_{10}O_5 \cdot NaOH$
KOH	25.1	64	$2C_6H_{10}O_5 \cdot KOH$
RbOH	30.0	53	$3C_6H_{10}O_5 \cdot RbOH$
CsOH	30.0	47	$3C_6H_{10}O_5 \cdot CsOH$

④ 셀룰로오스 용해
  ㉠ 셀룰로오스 용제
  - schweizer(1858)에 의해 발견된 동암모니아 용액이 셀룰로오스 용제 중 가장 오래되었다.
  - Traube(1911)은 동에틸렌디아민 용액을 발견하고 셀룰로오스 점도 측정에 이용된다.
  - 셀룰로오스를 용해시켜 실모양, 필름상, 판상으로 성형하여 이용한다.
  ㉡ 셀룰로오스가 염기로서 작용
  - 셀룰로오스가 염기로서 작용시 protonic acid 를 생성하여 용해한다.
    Cell − OH + H^+ → Cell − O^+H_2
  - 황산, 인산, 질산, 염산, 3불화수소 등이 해당된다.
  - 셀룰로오스의 용해도를 증가시키는 양이온은 증가 순서로
    K < NH_4 < Na < Ba < Mn < Mg < Ca < Li < Zn 이다.
  - 용해도를 증가시키는 양이온에 대한 대(對)이온으로 I^-, CN^-, HgI_4^- 등이 있다.
  - 면 셀룰로오스는 황산 농도 55~75%에서 팽윤하면 75% 이상 용해된다.
  - 인산은 75% 이하에서 팽윤하는데 81~85%, 92~97% 농도 범위에서 용해된다.
  - 질산은 농도 60~69% 정도에서 팽윤이 일어나 69% 이상에서는 니트로화가 일어난다.
  - 염산 농도 40~42% 정도에서는 용해 속도가 빠르며 목재 펄프는 40% 이하에서도 잘 용해된다.
  - 3불화수소는 셀룰로오스를 용해시키는데 가수분해도 동시에 일어난다.

ⓒ 셀룰로오스가 산으로 작용
- 셀룰로오스는 수산기를 가져 무기 및 유기의 강염기화합물과의 반응이 용이하다.
- 셀룰로오스에 무기염기성 화합물 hydrazine($NH_2 \cdot NH_2$)을 가하면 150~200°C, 2.5~4 kg/cm^2 처리시 농도 33% 정도의 셀룰로오스가 용해된다. 또한 이 용액을 수중 방사 후 시트를 제조시 cellulose II 가 얻어진다.
- 셀룰로오스를 용해시키는 유기용매는 amineoxiderk 가 사용되며 triethylamineoxide 나 cyclohexyldimethylamineoxide 를 사용하여 셀룰로오스를 50~90°C에서 처리시 7~10% 농도의 셀룰로오스 용액을 얻는다.
- N-methylmorphorine oxide 사용하여 셀룰로오스를 110°C에서 처리시 6% 농도의 셀룰로오스 용액을 얻을 수 있다.

ⓔ 셀룰로오스가 착제로 작용
- 셀룰로오스 용제로 Schweizer(1858)가 발견한 동암모니아용액은 $Cu(NH_3)_4(OH)_2$의 화학식으로 표현되며 이온은 $Cu(NH_3)_4^{2+}$ 로서 매우 안정적이다.
- Traube 는 $[(C_6H_8O_5)_2Cu]^{2-}$ $[Cu(NH_3)_4]^{2+}$ 화학식으로 추정했다.
- 1950년 Jayme 는 금속-amine 착제 및 주석산을 포함하는 금속-알칼리 착제를 발표하였으며 주석산철나트륨을 빼고 용제로 동암모니아, 동에틸렌디아민 용액의 동(Cu) 대신 Cd, Ni, Co, Zn 등을 사용하였으나 대부분 불안정하였다.
- 셀룰로오스는 공기 중에 분해를 받기 쉬우나 용해도는 낮다.
- 주석산나트륨 용액은 수산화철 : 주석산 : 가성소다 = 1 : 3 : 6 비율로 조제하며 $(C_4H_5O_6)_3FeNa_6$로 표현된다.
- 주석산나트륨은 높은 중합도의 셀룰로오스 용해가 가능하며 셀룰로오스를 분해하지는 않아 점도 측정시 사용되기도 한다.
- 최근 사용되는 유기착제로는 5% methylamine / dimethylsulfoide 와 bis(β,γ-dihydroxypropyl)-disulfide 가 있다

ⓕ 셀룰로오스가 유도체를 생성
- Fowler(1947)은 N_2O_4에 유기용제를 가했을 시 셀룰로오스를 용해시킴을 발견하였다.
- 유기용제로 니트로화합물, 에스테르, 방향족 케톤 니트릴 및 설폰 등이 있다.
- 현재에는 N_2O_4 이외에 chloral 계, p-formaldehyde계, SO_2-amine 등이 있다.

< 셀룰로오스 용제 >

반응기구	용제
◎ 셀룰로오스가 염기로서 작용할 경우 • protonic acid • Lewis acid 작용	• 황산 75%, 염산 40~42%, 인산 81~85% or 92~97%, 질산 84%, 3불화초산 • Thiocyanic acid 의 Ca염, Sr염, $ZnCl_2$수용액
◎ 셀룰로오스가 산으로서 작용할 경우 • 무기염기 • 유기염기	• hydrazine • benzyl-triemthylammonium-oxide, N-methylmorpholinoxide 등
◎ 셀룰로오스와 착제를 형성할 경우 • 금속-amine 착제 • 주석산을 포함하는 금속-알칼리 착제 • 유기착제	• cupric ammonium, cupric ethylenediamine, cadoxene, nioxene, nioxam • 주석산철나트륨 • methylamine-DMSO, bis-β,γ-dihydroxypro-disulfide
◎ 셀룰로오스와 유도체를 형성할 경우 • N_2O_4계 • SO_2-amine 계 • Chloral 계 • Formaldehyde 계	N_2O_4 + DMSO 혹은 DMF 액체 SO_2 + 2급 혹은 3급 amine + DMSO 혹은 DMF 무수 chloral +DMSO 혹은 DMF p-Formaldehyde + DMSO

(5) 가수분해

① 산가수분해

㉠ 셀룰로오스 가수분해는 균일계, 불균일계 가수분해로 분류되며 셀룰로오스의 경우 묽은 산에서 용해되지 않으므로 불균일계 가수분해, 진한산에서는 용해되므로 균일계 가수분해로 분류된다.

㉡ 가수분해 진행시 셀룰로오스 중합도는 감소하고 환원성은 증가되며 강도는 저하된다.

㉢ 가수분해과정 중 초기 상태를 수화셀룰로오스(hydrocellulose)라 칭한다.

㉣ 불균일계 가수분해는 초기 빠르게 진행되나 점차 분해 속도가 느려지면서 정지하게 된다.

㉤ 셀룰로오스를 72% 황산이나 81~85% 인산과 같은 진한 산에는 용해되는데 셀룰로오스의 미세구조의 영향은 사라지고 glucoside 결합의 개열이 불특정하게 일어난다.

< 불균일계 가수 분해시료의 중합도와 수율 >

시료		중합도(DP_W)	수율(%)
천연셀룰로오스	Ramie	196	88
	Cotton	204	89
	Bacteria cellulose	289	96
재생셀룰로오스	Tire code	30	62
	Triacetyl cellulose 필름의 검화물	38	72
	동에틸렌디아민 재생 셀룰로오스	43	89

② 알칼리 가수분해
  ㉠ 묽은 알칼리 가수분해
   • Davidson(1934)은 온도가 높은 묽은 알칼리 용액에 의해 셀룰로오스의 분해가 환원서말단기에서부터 단계적으로 개열되는 붕괴반응(peeling off reaction)을 보고하였다.
   • Isbell(1944)은 붕괴반응을 β-alkoxy elimination 반응으로 제안하였다.
   • 셀룰로오스가 알칼리성에서 ketose 형으로 이성화되고 endiol 구조를 가진 후 4번 탄소에 glucose 결합이 β-alkoxy elimination 반응에 의해 개열되면서 셀룰로오스 환원성말단기가 개열되면서 다시 2,3-diketo 형으로 되어 벤질산전위 반응에 의해 glucoisosaccharinic acid 를 생성한다. 이러한 과정을 통해 셀룰로오스 말단기가 하나씩 탈리되고 이를 붕괴반응이라 하며 헤미셀룰로오스 역시 동일한 과정을 거친다.
   • 셀룰로오스 붕괴반응의 반대로 안정화 반응(stopping reaction)이 있으며 셀룰로오스 환원성말단기의 3번탄소의 수산기(-OH)의 탈리로 시작되며 glucosone 구조를 거쳐 벤질산전위반응에 의해 환원성말단기가 탈리되지 않아 glucometassaccharinic acid 를 포함하는 셀룰로오스를 생성하면서 바로 정지하게 된다.
   • 일반적으로 150°C 까지는 알칼리 분해가 주로 붕괴반응을 촉진시키나 이 이상의 온도에서는 알칼리 가수분해도 함께 일어나 glucoside 결합이 무작위로 개열하게 된다.
  ㉡ 진한 알칼리 가수분해
   • 진한 알칼리에 의한 분해는 산소가 관여하며 셀룰로오스 산화가 일어나게 되어 중합도가 저하되는데 이를 이용하여 셀룰로오스 중합도를 조절하는데 이용한다.
   • Entwisthle(1949)는 알칼리 용액 중에 일어나는 셀룰로오스 및 산소와의 반응에 의해 radical 반응이 기인한다고 설명한다.

- 분해의 개시반응으로 셀룰로오스 환원성 말단에 산소가 작용하면서 1번 탄소의 알데히드에서 수소가 떨어져 나가고 Gn(glucose radical 을 가지는 cellulose)을 형성한다. 연쇄 적으로 반응하면서 Gn 은 산소의 작용으로 peroxy radical 을 생성하고 이때 생성된 radical 은 셀룰로오스와 반응하여 hydroperoxide 와 Gn 을 생성한다. 이를 통틀어 연쇄 생장이라 하며 다음 단계인 자동산화반응에서는 천이금속인 Co, Mn, Fe 등이 존재하면 GnOOH 의 분해가 일어나면서 생성된 radical 이 셀룰로오스에 다시 반응하면서 Gn 을 재 생성하게 된다.

(6) 산화반응
① 염소-차아염소산염계
  ㉠ pH 에 따른 셀룰로오스와 카르복실기량의 변화는 유효염소의 소비량에 비례하며 셀룰로오스를 pH 8.2 의 차아염소산염용액으로 처리시 얻는 산화셀룰로오스를 가수분해하면 glyoxylic acid, erythronic acid, gluconic acid, arabinonic acid, cellobiouronic aicd 가 만들어진다.
  ㉡ 염소-차아염소산염계의 가수분해로 인해 생성된 산화분해물로 인하여 다양한 반응이 일어남을 알 수 있다.
    - 셀룰로오스 말단기의 C_1(1번탄소)에서의 카르복실기로 산화
    - $C_1 - C_2$(1번탄소와 2번탄소)간의 산화적 개열
    - $C_2 - C_3$(2번탄소와 3번탄소)간의 산화적 개열
    - C_6(6번탄소)위의 산화
② 이산화염소
  ㉠ 이산화염소는 표백제로 사용된다.
  ㉡ 처리조건에 따라 중합도가 저하되며 말단기에는 glucolactone 형 구조를 가진다.
  ㉢ 표백 공정중 생성되는 카르보닐기는 이산화염소에 의해 감소되며 카르복실기가 증가한다. 이러한 현상은 C_2, C_3(2번, 3번탄소)에서 카르보닐기 간이 개열되면서 카르복실기가 생성되기 때문이다.
③ 과산화물
  ㉠ 과산화수소는 고수율 펄프의 표백제나 화학펄프의 다단표백제로 사용된다.
  ㉡ 셀룰로오스를 과산화수소 처리시 C_6(6번탄소)에서 카르복실기가 생성되고 C_2-C_3 사이에 개열과 arabinonic acid 말단기가 생긴다.
  ㉢ 셀룰로오스를 과초산으로 처리하면 처리액의 pH 가 4.5~6.5 정도로 증가되면서 카르복실기가 증가한다. 이때 과초산 처리 조건은 50°C에서 5시간이다.

④ 이산화질소
　㉠ 이산화질소에 의해 산화반응이 발생시 주로 C_6(6번탄소)에서 산화가 일어나 카르복실기가 생성된다.
　㉡ 카르복실기 양이 15% 이하에서는 산화 셀룰로오스의 섬유상을 유지한다.
　㉢ 이산화질소의 농도가 높아질수록 결정 영역 내까지 반응이 진행된다.
⑤ 과요오드산
　㉠ 과요오드산에 의해 셀룰로오스가 산화되면서 C_2, C_3 가 개열되고 dialdehyde 형 구조가 생성된다.
　㉡ 산화 반응에 의해 환원성 말단기에서는 2 mol 의 formic acid 가 생성된다. 비환원성 말단기에서는 1 mol 의 formic acid 가 생성되면서 총 3mol 이 생성되며 이러한 formic acid 의 정량을 통해 낮은 중합도의 셀룰로오스의 중합도 수치를 구할수 있다.

(7) 셀룰로오스 열분해
① 셀룰로오스는 250℃이상에서 가열하면 열분해가 일어난다.
② 압력을 줄이는 상황에서 300~500℃ 가열시 levoglucosan 이 얻어 지며 수율은 45% 정도이다. 촉매로 인산을 가하게 되면 levoglucosan 수율이 낮아지고 levoglucosenone 의 수율이 증가하게 된다.
③ levoglucosan 이 계속되는 가열을 받게 되면 탄소-탄소 개열이 일어나 저분자 물질로 변한다.
④ levoglucosan 은 개환중합시 고분자화하고 탈수 및 탈 탄산 등을 거쳐 탄소 함유량이 높은 탄소가 된다.
⑤ 셀룰로오스의 열분해에서 셀룰로오스I이 셀룰로오스II보다 중량감소 시작이 10~20℃ 정도 높다.

(8) 유도체화
① 셀룰로오스 유도체
　㉠ 셀룰로오스 유도체는 주로 에스테르화와 에테르화에 의해 제조된다.
　㉡ 셀룰로오스 유도체의 치환기의 양을 나타내는 명칭을 치환도(degree of substitution ; D.S)라 한다.
　㉢ 셀룰로오스 유도체의 성질은 치환기의 종류, D.S , 원료 셀룰로오스 중합도, 중합도 분포 등에 의해 결정된다.

< 셀룰로오스 유도체 용도 >

활용부분	용도	유도체
포장	포장용 필름	acetylcellulose, 재생 cellulose
직물	섬유	acetylcellulose, 재생 cellulose
	사이즈제	carboxymethyl cellulose(CMC)
	부직포 binder	hydroxyethyl cellulose(HEC)
	도공제	nitrocellulose
플라스틱	성형	acetylcellulose, ethylcellulose, 초산-락산 cellulose
		초산-프로피온산 cellulose
사진	필름	acetylcellulose
표면	락카	nitrocellulose, acetylcellulose, ethylcellulose
	도료	CMC, HEC, methylcellulose, ethylcellulose
군수	화약	nitrocellulose
비행기	로케트 추진제	nitrocellulose
분산제	농약	CMC
화학약품	내수성 셀로판	nitrocellulose
	유화중합제	HEC
식품	유화안정제	CMC, hydroxypropylcellulose(HPC)
의약	조립제	methylcellulose, HPC
	도공제	hydroxypropylmethylcellulose, HPC
	장용제의 도공	hydroxypropylmethylcellulose
	설사제	CMC
	유화안정제	CMC
의료	인공신장의 투석막	재생 cellulose
	응급용품(붕대)	산화 cellulose
화장품	유화안정제	CMC, methylcellulose, HEC, HPC
담배	필터	acetylcellulose
제지	사이즈제	CMC, methylcellulose
	도공제	methylcellulose
석유	유정채굴용 이수제	CMC
전기	절연재료	benzylcellulose, cyanoethylcellulose
인쇄	잉크안정제	ethylcellulose
토목	시멘트 첨가제	HEC
도기	binder	methylcellulose
피혁	가공처리제	methylcellulose

② 에스테르화(Ester)
　㉠ 질산에스테르
　　• 질산에스테르(cellulose nitrate)는 목면, 목재펄프 등의 니트로화제로서 질산, 질산화합물등을 반응시켜 얻는다.
　　　Cell-OH + HNO$_3$ → Cell-ONO$_2$ + H$_2$O
　　• 에스테르화도를 나타낼 경우는 치환도를 사용한다.
　　• 화약제조를 위한 셀룰로오스는 높은 중합도와 높은 질소량을 요구하며 질소량은 약 12~13% 정도이다.
　　• 질산셀룰로오스를 최초로 공업화된 인조섬유는 에테르-알코올 혼합용제를 사용하며 1891년 발명자의 이름을 따 Chardonnet 견사라고 한다.
　　• 질소량을 구하는 공식으로 $N = (31.1 \times D.S)/(3.6 + D.S)$ 적용한다.
　　• 목면을 질산 : 초산 : 무수초산 = 43 : 32 : 25 비율로 0°C에서 처리시 해중합이 적은 3질산 에스테르가 쉽게 생성되며 3질산 셀룰로오스의 질소량은 14.14% 이다.
　　• 질소, 황산을 혼합한 경우 NO$_2^+$ 이온이 니트로화제이며 황산은 반응 과정에서 물을 제거하는 역할을 하게 된다.

< 질소량에 따른 질산셀룰로오스의 용도 >

질소(%)	용제	용도
10.7 ~ 11.2	acetone, amyl acetate, ethanol	플라스틱, 도료
11.2 ~ 11.7	acetone, amyl acetate, ethanol	도료
11.8 ~ 12.3	acetone, amyl acetate	도료, 코팅제
13.0 ~ 13.5	acetone, amyl acetate	화약

　㉡ Xanthate
　　• Xanthate 는 셀룰로오스 sodium xanthogenate(cellulose xanthate)이라 부르며 이를 얻기 위해서는 셀룰로오스를 알칼리 존재하에서 CS$_2$ 와 반응시켜 얻을 수 있으며 이러한 수용성의 셀룰로오스 유도체는 1892년 cross, bevan, beadle 에 의해 만들어졌다.
　　• 셀룰로오스를 17.5% NaOH 에 상온에서 1~2시간 정도 침지하면 알칼리 셀룰로오스 I이 제조되며 이것을 다시 셀룰로오스의 중량에 약 3배 정도로 압착한 후 분쇄하여 공기중에 산소와 산화분해하도록 노성(aging)한다. 다음 셀룰로오스 중량에 약 30% 정도의 CS$_2$ 를 감압 하에 가하면서 상온에서 2~3시간 처리시 오렌지색의 sodium xanthogenate 를 얻는다.

- 셀룰로오스 sodium xanthogenate 에 묽은 NaOH를 가하면 비스코스(Viscose)를 얻을 수 있다.
- 비스코스를 황산, 망초, 황산아연 등으로 조성된 재생용액 중에 노즐을 통하여 사출하게 되면 cellulose xanthate 가 분해되면서 셀룰로오스가 재생하는데 이를 비스코스 레이온(viscose rayon)이라 한다.
- 비스코스 레이온과 동일한 방법으로 제조하되 노즐대신 슬릿트를 사용하여 압출하면 필름이 얻어지는데 이 필름을 glycerine 등의 연화제로 처리하면 유연성이 생기며 이를 셀로판이라 한다. 셀로판의 경우 내수 처리하여 식품이나 담배 포장등에 주로 이용된다.

□ Xanthate 합성식

$$\text{Cell-OH} + CS_2 + \text{NaOH} \longrightarrow \text{Cell-O-C}\begin{matrix}\diagup\!\!\!\!S\\ \diagdown SNa\end{matrix} + H_2O$$

ⓒ 무기산 에스테르
- 황산 셀룰로오스는 셀룰로오스를 진한 황산에 용해시키면서 얻을 수 있으며 치환도 (D.S)는 0.3~0.4 정도로 황산으로 인하여 붕괴가 심하고 중합도가 낮다. 단, 알코올류나 황산암모늄이 존재하는 경우 kerosinem benzene 과 같은 불활성 용제 중 에스테르화에 의해 붕괴가 적어지고 치환도 0.45~0.56 정도의 황산 에스테르가 생성된다.
- 무수 황산의 가스나 무수 황산의 이황산탄소 용액으로 처리시 3황산 셀룰로오스가 생성된다.
- 인산셀룰로오스는 인산·황산·소량의 약산, 인산·요소 혹은 인산·옥시염화인 등이 사용된다.

ⓓ 초산 에스테르
- 초산셀룰로오스는 schutzenberg(1865)에 의해 최초로 합성되었다.
- 셀룰로오스 아세틸화는 acetic acid, acetyl chloride, ketene, 무수초산등이 사용된다.
- 초산에스테르가 공업적으로는 무수초산, 빙초산, 황산 의 혼합액으로 아세틸화 한다.
- 아세틸기의 양(A)은 A(%)=142.9 × D.S / (3.86+D.S) 로 표현된다.
- 초산에스테르 반응식은 다음과 같이 나타낸다.

    Cell-OH + CH_2=CO → Cell-$OCOCH_3$

    Cell-OH + $(CH_3CO)_2O$ → Cell-$OCOCH_3$

< 아세틸기량에 따른 초산셀룰로오스의 용도 >

아세틸기량(%)	용제	용도
29.4	물	
45.4~47.1	물, 클로르포름, 고온의 에탄올	
53.4~54.8	아세톤	플라스틱, 인조섬유, 락카
56.1~57.5		사진용 필름
60.0~62.5		인조섬유, 전기절연용

    ⓜ 혼합 에스테르
- 혼합 에스테르는 초산 에스테르보다 용해성이 우수하다.
- 초산·프로피온산 셀룰로오스(acetylpropionyl cellulose)와 초산·부틸산 셀룰로오스(acetylbutyryl cellulose)의 혼합 에스테르를 제조하는데 무수초산·프로피온산이나 무수초산·부틸산의 혼산으로 에스테르화 한다.
- 초산·프리피온산 셀룰로오스와 초산·부틸산 셀룰로오스는 플라스틱 재료로 주로 이용된다.
- 초산·프로피온산 셀룰로오스는 장약제의 코팅제로 주로 이용된다.
- anhydromaleic acid, anhydrosuccinic acid, anhydrophthalic acid 등의 이염기성 산 무수물을 $ZnCl_2$ 나 pyridine 을 촉매로 이용하여 에스테르화 하면 반에스테르가 생성된다.

③ 에테르화(Ether)
  ⓐ 메틸에테르
- 메틸에테르 제조에는 dimethylsulfate, methylchloride, diazomethane 등이 사용된다.
- 메틸에테르는 공업적으로는 알칼리 셀룰로오스에 methyl chloride 를 반응시켜 제조한다.

    Cell-ONa + CH_3Cl → Cell-OCH_3 + NaCl

- 메틸에테르화에서 에테르화 반응 속도가 C_2, C_3, C_6 의 수산기들이 다르게 나타나는데 이때 속도에 영향을 받는 요인으로 수산기의 산성도, 에테르화제의 용적, 시료 셀룰로오스의 팽윤성 등이 있다.
- 통상적으로 C_2 의 수산기의 산성도가 C_3 의 수산기보다 높아 에테르화 속도가 빠르다.

< 에테르화 glucose 잔기의 반응 속도 비 >

에테르화제	C_2	C_3	C_6
dimethylsulfite	3.5	1	2
methylchloride	5	1	2
diazomethane	1.2	1	1.5
ethlchloride	4.5	1	2
ethylene oxide	3	1	10
monochloroacctic acid	2	1	2.5

※ 3번탄소의 속도를 1로 가정한 상대적인 속도의 비를 나타낸 표이다.

- 알칼리 셀룰로오스의 당량보다 더 많은 methyl chloride 를 가하고 14kg/cm² 으로 50~100°C에서 반응시 치환도 1.6~2.0 의 메틸셀룰로오스가 얻어지며 냉수에도 녹는다.

< 치환도에 따른 메틸셀룰로오스의 용도 >

치환도	용제	용도
0.1~0.9	4~10% NaOH	필름, 사이즈제
1.6~2.0	H_2O	호료, 세제
2.4~2.8	Polar solvent	증점제, 보수제, 점결제

ⓒ 히드록시에틸 에테르

- 히드록시에틸셀룰로오스는 셀룰로오스와 ethylene oxide 나 chlorohydrin 을 알칼리 존재 하에서 반응시켜 만든다.
- 반응시 셀룰로오스의 수산기 뿐 아니라 히드록시에틸의 수산기에서도 반응이 일어나 반응정도는 mole 수로 표시한다.
- 히드록시에틸셀룰로오스는 유화중합제 및 분산제, 부직포의 결합제 등으로 사용된다.

$$\text{Cell - OH} + \text{CH}_2 - \text{CH}_2 \xrightarrow{\text{NaOH}} \text{Cell - OCH}_2 - \text{CH}_2\text{OH}$$
$$\underset{O}{\diagdown \diagup}$$

Cell-OH + ClCH₂CH₂OH → Cell-OCH₂ · CH₂OH

ⓒ 카르복시메틸 에테르
- 카르복시메틸 셀룰로오스는 일명 CMC(Carboxymethylcellulose) 라 하며 알칼리 셀룰로오스에 monochloroacetic acid 를 이용하여 만든다.
- CMC 제조 동안 부반응으로 sodium glycolate 가 생성되면 폐기물로서 비효율적이라 생성을 억제해야한다.
- 모노클로로초산(monochloroacetic acid) 반응효율을 높이기 위해 반응온도를 낮추고 가성소다(NaOH)를 과다하게 넣지 않도록 한다.
- CMC 는 셀룰로오스 에테르 유도체 중 가장 생산량이 많으며 용해용 펄프에 주로 이용된다.
- 음이온성 고분자전해질로서 냉수, 온수에 용해되어 점조한 용액으로 부패가 방지된다.
- 열이나 빛에 안정되며 유화분산성이 매우 크다.
- 일반적으로 사용되는 CMC 의 치환도 범위는 0.3~0.8 정도이며 2.0 이상에서 반복시 효율성이 극히 떨어진다.
- 의약품, 화장품, 사이즈제, 도료 등의 다방면에서 이용된다.

ⓔ 기타 에테르
- 에틸셀룰로오스의 제조시 알칼리셀룰로오스에 과잉의 ethylchloride 를 투입하고 14 kg/cm^{2}에서 교반, 90~130℃ , 6~24시간 반응시켜 제조한다. 치환도가 0.8~1.5 정도의 에틸셀룰로오스는 수용성이며 접착제나 가공식품첨가물(호료) 으로 이용되며 치환도 2.2~2.6 에서는 유기용제에 녹으며 필름이나 플라스틱 제조에 사용된다.
  Cell-ONa + ClCH$_2$CH$_3$ → Cell-OCH$_2$CH$_3$ + NaCl
- 시아노에틸셀룰로오스(cyanoethyl cellulose)는 알칼리성에서 셀룰로오스에 acrylonitrile 반응시켜 생성된다. 치환도가 낮을 경우 섬유가공재료, 호료 등에 사용되고 높을 경우는 유기용제에 용해되어 전기절연재로 이용된다. 반응 촉진제로는 NaOH 가 이용된다.
  Cell-OH + CH$_2$ = CHCN → Cell-OCH$_2$CH$_2$CN
- 벤질셀룰로오스(benzyl cellulose)는 알칼리셀룰로오스에 benzylchloride 를 반응시켜 얻으며 벤질기의 용적이 매우 커 가소화가 용이하고 흡습성이 낮아 전기 절연재료로 이용된다. 반응 후에는 NaCl 이 부산물로 나온다.

2. 헤미셀룰로오스

(1) 단리를 위한 전처리

① 시료는 wiley 분쇄기를 이용하여 분쇄를 통해 20~100 mesh 의 크기로 만든다.

② Ball mill 를 이용하여 처리시 세분화되며 헤미셀룰로오스의 추출이 용이해지나 저분자화가 일어난다.

③ 목분을 에탄올, 벤젠을 이용하여 추출한 후 수산암모늄, 초산칼륨, 에틸렌디아민 4초산 등의 수용액을 넣어 가열하면 펙틴계 다당이 추출된다. 에탄올과 벤젠은 1:2 비율로 섞어 제조한다.

④ 목재에서 헤미셀룰로오스를 정량적으로 추출하기 위해서는 탈 리그닌 전처리가 필요하며 이는 홀로셀룰로오스의 조제를 의미한다.

⑤ 홀로셀룰로오스 조제법은 염소·monoethanolamine 법, 아염소산염법, 과초산법 이 있다.

⑥ 염소·monoethanolamine 법은 빙수 중에서 염소처리와 monoethanlamine 의 뜨거운 에탄올 용액으로 추출 처리를 반복하는 방법이다.

⑦ 아염소산염법은 조작이 간단하고 대량의 시료에 한번에 적용하는 장점이 있다.

⑧ 과초산은 홀로셀룰로오스의 조제에 용이하나 탄수화물에 카르보닐기의 도입량이 다른 방법보다 많다는 단점이 있다.

(2) 단리법

① 활엽수재 헤미셀룰로오스의 단리

㉠ 홀로셀룰로오스는 24% 수산화카륨 용액으로 추출하며 추출액을 알칼리 중화에 초산을 함유한 에탄올 중에 주입하면 glucuronoxylan 침전을 얻는다.

㉡ 수산화칼륨 용액은 glucomannan 보다 자이란을 선택적으로 추출하는데 적합하다.

㉢ 자이란 추출 후 잔사를 붕산(4%)을 함유하는 24% 수산화나트륨 수용액으로 추출하고 추출액을 초산을 함유한 에탄올 속에 주입하면 glucomannan 이 침전된다.

② 침엽수재 헤미셀룰로오스의 단리

㉠ 침엽수재 목분의 홀로셀룰로오스를 24%, 수산화나트륨 수용액으로 추출하면 자이란과 함께 galactoglucomanna 이 추출된다.

㉡ 알칼리로 추출한 galactoglucomannan 은 아세틸기를 가지고 있지 않으며 아세틸기를 보유한 galactoglucomannan 을 얻으려면 DMSO 나 tetrahydrofuran 으로 팽윤한 홀로셀룰로오스를 열수로 추출한다.

㉢ larch 심재에 다량으로 있는 arabinogalactna 은 유기 용제 추출한 목분에서 냉수

추출한다.
③ 정제법
　㉠ 금속착체의 생성을 이용하는 방법
- Galillard 법은 염화칼슘 수용액과 요오드 용액을 사용하는 것으로 직쇄상의 다당이나 분자의 수가 적은 다당을 침전시켜 분리하는 방법이다.
- 자이란 정제시 mannan 함유가 낮아서 수산화바륨액의 첨가로도 침전이 생기지 않을 경우 침전할 때까지 에탄올을 넣어준다.
- 수산화바륨은 압축이상재의 갈락탄을 자이란으로부터 분리 정제하는 경우에도 사용된다.
- Fehling 액에 대한 침엽수재와 활엽수재의 자이란의 침전에서 차이가 나는 것은 자이란에 대한 치환기의 양적인 차이 때문이다.

< 금속 착체를 통한 헤미셀룰로오스의 침전 >

침전액	활엽수재		침엽수재		
	mannan	xylan	manan	xylan	galactan
Fehling 액	○	○	○	×	×
$Ba(OH)_2$ 0.03M	○	×	○	×	○ or ×
$Ba(OH)_2$ 0.05M	○	○	○	×	○

　㉡ 산성을 이용하는 방법
- 목재 자이란은 대부분 우론산 잔기를 함유하는 산성 다당이다.
- 자이란과 중성 다당인 만난계의 다당을 분리하여 정제하는 방법으로 cetylpryridinium 염, cetyltri-methylammonium염$[C_6H_{31}N^+(CH_3)_3X^-]$을 사용하는 방법이 있다.
- 이온교환체인 diethylaminoethyl(DEAE) 셀룰로오스, DEAE-sephadex 은 산성다당과 중성다당의 분리와 아세틸기를 가진 glucomannan에서 자이란을 제거하는데 이용된다.
- 헤미셀룰로오스는 종류에 따라 분자량이 달라 gel 여과법으로 정제할수 있다.

　㉢ 순도의 검정
　다당은 조성과 비선광도에 따라 각각의 특징을 나타내며 정제 과정 중 순도 향상은 이러한 조성과 비선광도에 의해 결정되나 최종적인 순도 판정은 물리학적인 방법을 사용한다.

④ 화학적 구조 및 종류
  ㉠ 주요 목재 헤미셀룰로오스

헤미셀룰로오스	수종분류	함유량(%)	용매	수평균중합도
O-Acetyl-4-D-O-methyl glucuronoxylan	활엽수재	10~35	물, 알칼리	200
Glucomannan	활엽수재	3~5	알칼리	>70
Arabino-4-O-methyl glucrunoxylan	침엽수재	10~15	물	>120
Galactoglucomannan(물 가용-)	침엽수재	5~10	물	>100
Galactoglucomannan(알칼리 가용-)	침엽수재	10~15	알칼리	>100
Arabinogalactan	낙엽송재	10~20	물	220

  ㉡ O-Acetyl-4-O-methyglucuronoxylan
   • 활엽수재에 헤미셀룰로오스 중 양적으로 가장 많은 헤미셀룰로오스가 glucuronoxylan 이다.
   • timell(1965)는 aspen재의 목분에서 알칼리로 추출한 자이란으로 분자량을 측정하여 수평균 중합도 200 을 밝혔다.
   • 우란산 잔기의 일부가 에스테르화 또는 락톤화 되어 있어 있으며 이를 확인하기 위해 NaBH$_4$로 전처리한 목분을 알칼리 추출시 자이란이 얻어지고 이 자이란을 가수분해하면 4-O-methylglucose 가 얻어지는 것으로 확인할 수 있다.
   • birch 재 자이란을 가수분해시 4-O-methylglucose, galacturonic acid 도 함께 검출된다.
   • 활엽수재 수피도 glucuronoxylan 이 주성분이다.

  ㉢ Glucomannan
   • 활엽수재에 glucomannan은 glucuronoxylan 다음으로 많은 양이 함유되어 있다.
   • β-D-Glucose 잔기와 β-D-mannose 잔기가 무작위로 1→4 결합을 하고 있다.
   • β-D-Glucose 잔기와 β-D-mannose 잔기의 비율은 보통 1 : 2 비율이며 birch재의 경우 1 : 1인 경우도 있다.
   • Aspen 재의 수피에 붕산을 함유한 알칼리로 추출을 하여 얻는 헤미셀룰로오스는 hexosan과 자이란의 혼합물이다.

  ㉣ Arabino-4-O-methylglucurnoxylan
   • 침엽수재 자이란의 함유량은 보통 galactoglucomannan 보다 낮다.
   • 활엽수재 자이란은 아세틸기를 함유하지 않으나 arabinofuranose 잔기를 가지며 우론산 잔기의 함유량도 높다.
   • 침엽수재 이상재의 화학조성은 정상재와 다르나 자이란의 함유율은 거의 비슷하다.

- ⓜ O-acetyl-galactoglucomannan
  - galactoglucomannan은 침엽수재 헤미셀룰로오스의 주성분이다.
  - 물에 가용인 galactoglucomannan 은 임의로 1→4 결합을 하는 β-D-glucose 잔기와 β-D-mannose 잔기로 구성되어 있어 있으며 두 잔기의 C_6 에 α-D-galactose 잔기가 결합되어 있다.
  - 침엽수의 압축이상재의 galactoglucomannan 함유량은 평균 9% 정도로 정상재의 1/2 수준이다. Tamarack 재의 이상재의 경우 galactoglucomannan 은 정상재와 같은 조성과 구조를 가진다.
- ⓑ Arabinoglactan
  - Arabinoglactan은 침엽수재에서는 극히 적은 량이 함유되어 있으나 Larix 속 수종의 심재는 다량으로 함유되어 있고 변재에는 거의 없다.
  - 아라비노갈락탄이 물에 쉽게 용해되는 것은 세포벽의 구성성분이 아니라 가도관의 내강에 존재하기 때문이다.
  - 주쇄는 1→3 결합한 β-D-galactose 잔기로 구성되며 C_6 에 다당류의 측쇄가 결합된다.
  - 일본잎갈나무 이외의 침엽수재에 함유되어 있으나 그 함유량이 1% 전후로 적다.
- ⓢ Xyloglucan
  - Xyloglucan은 종자 속에 다량 존재하며 전분처럼 요오드에 의하여 반응시 청색을 띤다.
  - 수평균중합도는 약 400 정도로 자이란의 약 2배정도의 수치이다.

⑤ 화학적 성질 및 반응
- ㉠ 산에 대한 거동
  - 자이란 및 arabinan 은 12% 염산과 함께 가열시 각각 자이로스, arabinose 를 거쳐 2-furaldehyde(furfural)로 변하는데 이러한 반응은 목재 및 펄프의 펜토산의 정량법 으로 사용되고 있다.
  - 환원성 말단과 비환원성 말단에 각각 중성당 잔기와 우론산 잔기를 가진 이당을 aldobiouronic acid 라 부른다.
  - 헤미셀룰로오스는 목재 중의 비결정 상태로 존재하여 셀룰로오스에 비해 산에 대해 불안정하다.
- ㉡ 알칼리에 대한 거동
  - 헤미셀룰로오스 역시 β-1,4 결합을 하고 있어 셀룰로오스와 마찬가지로 peeling 반응과 stopping 반응을 한다.
  - glucomannan 은 peeling 반응에 의해 손실되는 당 잔기는 glucoisosaccharinic acid

로 변화하고 자이란의 자이로스잔기는 xyloisosaccharinic acid 로 변한다.
- 침엽수재, 활엽수재 모두 자이로스 잔기의 C_2 에 우론산 잔기를 가지고 있으며 우론산잔기로 인해 C_2 의 카르보닐기의 전위가 방지되어 peeling 반응을 억제한다.
- Aurell(1963) 은 활엽수재 자이란을 4% NaOH, 100℃ 처리시 우란산 함량은 변하지 않고 중합도와 회수율이 저하되는데 이때 peeling 반응으로 환원성 말단기로 된 자이로스 잔기에 결합한 우론산기가 탈리됨을 발견하였다.
- 크라프트 펄프 중 자이란의 우론산 함량은 초기의 자이란에 비하여 매우 낮다.
- glucomannan 은 C_2, C_3 의 치환기를 가지지 않아 peeling 반응에 대한 저항성이 낮다. 또한 중합도가 낮아 정지 반응이 일어난다 하더라도 oligo 당으로 용출되기 쉽다.
- 알칼리 증해 중 헤미셀룰로오스의 일부는 분자상 상태로 알칼리액에 용출된다.

ⓒ 열에 대한 거동
- 헤미셀룰로오스는 다른 주요 성분인 셀룰로오스와 리그닌과 마찬가지로 열에 의해 연화된다.
- glucuronoxylan 의 중량저하 온도 개시는 200℃ 이다.
- 헤미셀룰로오스의 열분해 초기 반응은 셀룰로오스와 유사하게 glycoside 결합의 개열이며 이는 glucuronoxylan 중합도의 수치가 저하되는 것으로 확인이 된다.
- 자이로스가 자이란의 가열 잔사 중 검출되기도 하며 휘발성 생성물로부터는 3-deoxyxylosone 이 검출되기도 하는데 이 화합물은 자이로스 알칼리 처리에 의해 metasaccharinic acid 및 산 촉매에 의해 탄수화물의 2-fuardehyde 로의 분해에 있어서 의 중간체이다.
- 열분해 과정 중 자이로스의 생성은 확인이 되나 개열로 생성된 당은 재결합하기도 한다.

⑥ 다당류의 분포
㉠ 목재 전체에서의 분포
- 침엽수의 정상재는 조재가 자이란이 많으며 만재에는 glucomannan 이 다량 함유되어 있다.
- 압축이상재는 조재에 자이란, 갈락탄이 많이 함유되어 있으나 만재에는 셀룰로오스와 galactoglucomannan 이 많이 분포되어 있다.

< 목부 세포들의 다당 조성 비율(%) >

종류	유럽소나무(pinus silvestris)		자작나무(betula verrucosa)		
	수직가도관	유조직세포와 방사가도관	진정목섬유	도관	유조직세포
cellulose	56	50	51	53	14
galatoglucomannan	25	20	2	-	1
arabino-4-O-methylglucuronoxylan	17	28	46	45	84
기타	2	2	1	2	1

ⓒ 세포벽에서의 분포
- 침엽수재에서 자이란 함유율이 S_2(2차벽 중층)에서 가장 낮았고 S_1, S_3 (2차벽 내층, 외층)에서 높은 함유율을 보인다.
- 활엽수재에서 자이란 함유율은 S_2 층에서 가장 높은 함유율을 가진다.
- 1차벽에서 갈락토스 18%, arabinose 23% 정도로 높은 함유율을 가지는데 이는 펙틴의 존재 때문이다.
- 침엽수재의 이상재에서는 셀룰로오스의 40% 이상이 S_2 층에 존재한다.

< 세포벽 각 층의 다당 조성 비율(%) >

종류	M+P	S_1	S_2 외측	S_2 내측+S_3
자작나무	16.9	1.2	0.7	0
galactan	41.4	49.8	48.0	60.0
cellulose	3.1	2.8	2.1	5.1
arabinan	13.4	1.9	1.5	0.0
glucuronoxylan	25.2	44.1	47.7	35.1
가문비나무	16.4	8.0	0.0	0.0
galactan	33.4	55.2	64.3	63.6
cellulose	7.9	18.1	24.4	23.7
arabinan	29.3	1.1	0.8	0
glucuronoxylan	13.0	17.6	10.7	12.7
소나무	20.1	5.2	1.6	3.2
galactan	35.5	61.5	66.5	47.5
cellulose	7.7	16.9	24.6	27.2
arabinan	29.4	0.6	0.0	2.4
glucuronoxylan	7.3	15.7	7.4	19.4

※ M+P : 세포간층+1차벽 , S_1: 2차벽 외층 , S_2: 2차벽 중층 , S_3 : 2차벽 내층

3. 리그닌

(1) 개요

① 리그닌은 산에 의해 가수분해가 어려운 고분자 무정형 물질로 목질화된 식물 세포에 존재한다.
② 리그닌은 세포에 상호 교착하여 조직을 강고히 한다.
③ phenylpropane($C_6 - C_3$)계 구성 단위를 가지며 대부분의 리그닌이 이 단위를 가진다.
④ 탄소-탄소, 에테르 결합으로 축합한 고분자 물질로 메톡실기를 함유하고 있다.
⑤ 식물 조직에서 미변화된 리그닌을 프로토 리그닌이라 한다.

(2) 분류 및 분포

① 식물 중의 리그닌 분류
  ㉠ 리그닌은 선태류와 균류에는 존재하지 않으며 유관속을 가지는 양치식물류 이상의 고등 식물에 분포한다.
  ㉡ 리그닌은 침엽수(gymnosperm), 활엽수(dicotyledonous angiosperm), 초본류(monocotyledonous angiosperm)로 3종의 리그닌이 있으며 함유량은 침엽수 20~35%, 활엽수 20~25%, 초본은 15~20% 정도이다.
  ㉢ 침엽수 리그닌은 주로 guaiacylpropane 구조(coniferyl)이며, 활엽수 리그닌은 syringylpropane 구조(syringyl), 초본류 리그닌은 p-hydroxyphenylpropane 구조를 이룬다.

② 세포 중의 분포
  ㉠ 리그닌의 농도는 세포간층에 60~90% 정도로 세포간층에서 내부로 갈수록 줄어들다가 2차벽 내층에서 다시 증가하는 경향을 보인다. 단 농도는 높으나 세포간층이 차지하는 폭이 좁아 리그닌의 양은 적다.

< 가문비나무 가도관의 리그닌 분포 비율(%) >

분류	영역	조직 부피	리그닌 양	리그닌 농도
춘재	2차막	87	72	23
	세포간층	9	16	50
추재	2차막	94	82	88
	세포간층	4	10	60

    ⓒ 목재의 방사 세포는 가도관이나 목섬유보다 리그닌을 많이 함유하고 있다.
  ③ 정색 반응
    ㉠ 정색시약
- 정색시약은 쇄상화합물, 페놀류, 방향족 아민류, hetero 환상 화합물, 무기화합물로 대별된다.
- 쇄상 화합물 중 알코올류, 케톤류는 소량의 산 존재 하에 리그닌과 반응하여 정색한다.
- 목분을 메탄올·염산 혹은 아세톤·염산으로 처리시 적색을 나타내며 아밀알코올·황산으로 처리시 청색을 띤다.
- 페놀류 및 방향족 아민류와는 농, 청, 자의 색 등 다양하게 나타난다.
- 아진염료 계통인 새프라닌(safranine)염료는 페놀성 수산기에 의해 리그닌화 된 세포막에서는 적색을, 리그닌이 적거나 없는 조직에서는 녹색을 띤다.
- 무기 시약 정색반응에서 Maule 반응 및 cross-bevan 반응이 있으며 이들 반응은 침엽수재와 활엽수재 식별에 이용된다.
- Maule 반응은 시료를 1% 과망간산칼륨 용액에 처리한 후 다시 3% 염산으로 처리하고 암모니아수를 첨가하면 침엽수재는 황갈색~갈색을 보이며 활엽수재에서는 적자색이 나타난다.

    ㉡ 정색반응 기구
- 리그닌 정색반응으로 사용되는 것으로 phloroglucine·염산 이 있는데 이것을 Wiesner 시약이라 한다.
- Maule 반응

- cross-bevan 반응

$$H_3CO-\underset{OH}{\bigcirc}-OCH_3 \xrightarrow{Cl_2} \underset{OH\ OH}{Cl-\bigcirc-Cl} \xrightarrow{NH_2SO_3} 적자색$$

- Cross-Bevan 정색반응은 염소수로 처리하여 생성된 2,6-dichloropyrogallol 핵이 아황산나트륨에 의해 quinone 구조로 되면서 적자색을 띠게 된다.
- conifeyl 알코올형 구조의 정색반응에서는 tosylchloride 및 pyridine 처리시 N-cinnamylpyridinum 염이 생성되며 p-nitroso-N, N-dimethylanilline 과 potassium cyanide 와 반응하여 적색 화합물이 된다.
- p-Hydroxybenzyl 알코올 및 에테르형 구조 정색반응은 hydrogen bromide/chloroform 용액으로 브롬화가 되며 이것을 pyridine 또는 탄산수소나트륨으로 처리하면 황색의 quinone methide 구조를 가지게 된다.

④ 단리방법
㉠ 단리 리그닌 분류
- 보통 단리에 사용되는 시약이나 연구자의 이름을 붙여 사용한다.
- 단리법으로 불용성리그닌과 가용성리그닌을 이용한다.
- 가장 널리 사용되는 단리 리그닌은 Bjorkman 리그닌이다.

< 주요 단리 리그닌 >

단리법	명칭	특징
리그닌을 잔사로서 단리 (불용성 리그닌)	황산리그닌 염산리그닌 산화동암모니아 리그닌 과요오드산 리그닌	화학 변화를 크게 받음 화학 변화를 받음
리그닌을 용매로 단리 (가용성 리그닌)	리그노 설폰산 소오다 리그닌 티오 리그닌 염소 리그닌	화학 변화를 받음, 무기 시약을 사용한 단리법으로서 펄프 제조와 관련이 있음
	알코올 리그닌 dioxane 리그닌 페놀 리그닌 thioglycol 리그닌 아세트산 리그닌	화학 변화를 받음, 디옥산 리그닌 외에는 시약이 리그닌에 결합
	유기아민 리그닌	아민이 리그닌에 결합
	brauns 리그닌(천연리그닌) acetone 리그닌 Nord 리그닌 bjorkman 리그닌(MWL)	

ⓒ 불용성 잔사로서의 단리법
- 가수분해시 65~72% 황산, 42% 염산 등이 사용되며 산에 의해 얻어지는 리그닌을 산 리그닌이라 한다.
- 황산을 이용한 황산리그닌은 Klason 리그닌, 염산리그닌은 Willstatter 리그닌 이라 한다.
- 리그닌의 색은 갈색으로 수율은 spruce 재 22~24%, 메톡실기 양 15~16% 정도이며 beech재 에서는 24%, 메톡실기 양 19~21% 정도이다.
- 황산 리그닌은 단리시 리그닌이 변질되기도 하지만 염산 리그닌은 비교적 적다
- 산화동암모니아 리그닌은 Freudenberg 에 의해 제안되었으며 Freudenberg 리그닌이라 부른다. 탈지목분에 1% 황산 및 산화동암모니아 용액(schweizer 시약)을 수회 반복 처리하여 단리한다.
- 과요오드산 리그닌은 목분에 과요오드산나트륨수용액($Na_3H_2IO_6$)을 이용하여 단리하며 purves 리그닌이라 부른다.

ⓒ 무기시약
- 단리 리그닌은 목재 또는 목분을 칼슘, 마그네슘, 나트륨, 암모니아 등을 베이스로 한 아황산이너 중아황산염용액 으로 130~140℃ 로 가열하면 protolignin 이 설폰화되

어 수용성의 리그닌 설폰산염이 용출된다.
- 실험실에서 사용하는 방법으로 소량의 리그노 설폰산염을 단리할 때 gel 여과법에 의해 당분과 증해 약품을 분리시킨다.
- 알칼리 수용액에 의해 단리한 리그닌을 알칼리 리그닌이라 하며 가성소다나 황화나트륨에 의해 얻는 리그닌은 티오리그닌(크라프트리그닌)이라 한다.
- 티오리그닌에는 1~3% 정도의 유황이 포함되어 있다.

ㄹ) 산성 유기시약에 의한 단리법
- 건조된 spruce 목분을 10배 양의 5% 염산성 알코올을 가하고 약 6~10시간 환류가열한 후 추출액을 농축하여 물에 투입하면 수율 약 6~7% 정도의 에탄올 리그닌을 얻을 수 있다.
- 리그닌 단리에는 알코올류 외에도 dioxane, 페놀 등이 사용된다.
- 페놀 리그닌의 탄소-탄소 결합 부위는 리그닌 측쇄의 α, ortho, para 부위이다.
- dioxane 리그닌은 다이옥산이 리그닌에 결합되지 않고 당이 1.6~7.5% 정도 함유되어 있다.

< spruce 재의 methoxyl, alkoxyl 분석값(%) >

단리 리그닌	Methoxyl	기타 alkoxyl
methanol	21.5	-
ethanol	13.1	5.8
buthanol	-	19.7
iso-buthanol	9.6	16.4
amylalcohol	7.9	20.2
benzylalcohol	11.1	-

ㅁ) 중성 용매에 의한 단리법
- 프로토 리그닌의 일부는 중성의 메탄올, 에탄올, 아세톤 등에 용해된다.
- Brauns 천연리그닌(brauns native lignin ; BNL)은 목분을 물이나 에테르로 추출후 96% 에탄올을 사용하여 리그닌 당을 약 10% 정도로 단리한 리그닌이다.
- 유기용매로 아세톤과 물을 17 : 3 비율로 사용하면 아세톤 리그닌을 얻는다.
- Nord 리그닌은 목분을 목재부후균으로 처리 후 BNL 과 유사 조건으로 에탄올로 추출하는 리그닌으로 BNL 수율의 약 2배 정도이다.
- 마쇄 리그닌(milled wood lignin ; MWL)은 목분을 톨루엔에 넣어 진동식으로 볼밀을 이용하여 마쇄한 후 dioxane 으로 추출하며 전 리그닌의 당이 약 50% 정도 단리된다.
- MWL 의 추출 잔사를 dimethyl formamide, diethyl sufoxide 를 이용하여 추출시

리그닌·탄수화물 복합체(lignin-carbohydrate complex ; LCC)를 얻을 수 있다.
- MWL 과 LCC 에 공존하는 당으로 arabinose, xylose, mannose, glactose, glucose 등이 있다.
- MWL과 LCC 의 당 비율 비교 시 galactose, arabinose 비율은 MWL 이 더 많으며 mannose 는 LCC가 더 많이 분포되어 있다.

< spruce 재 MWL, LCC, 전 헤미셀룰로오스 당 조성(%) >

분류	MWL	LCC	전 헤미셀룰로오스
galactose	17	9	8
glucose	17	16	18
mannose	31	48	46
arabinose	10	4	4
xylose	25	23	24

- 마쇄 리그닌의 경우 마쇄 시간에 따라 수율이나 순도 등이 변화하는데 마쇄시간이 증가할수록 수율은 증가하나 리그닌의 순도는 떨어지는 경향을 보인다.

< 마쇄 리그닌의 시간별 수율 >

분류	MWL-1	MWL-2	MWL-3	MWL-4	MWL-5
마쇄시간(H)	24	24-48	48-96	96-144	144-216
수율	3.7	3.2	6.0	6.8	8.3
리그닌순도	96.7	93.0	91.0	90.8	89.3
페놀성수간시	4.58	3.43	3.13	2.96	2.67

⑤ 정량법
  ㉠ 직접법
   - 직접법에는 대표적으로 klason법과 willstatter 법이 있다.
   - Klason 법은 72% 황산을 이용하며 willstatter 법은 42% 염산을 이용하여 목분 중 탄수화물을 가수분해하고 리그닌을 잔사로서 정량하는 방법이다.
   - 기본 방법은 시료를 72% 황산을 20°C 에 4시간 정도 방치 후 물을 가해 희석하여 3% 정도로 만들어 준 후 냉각시켜 glass filter 로 흡인 여과하여 정량하는데 이때 glass filter 은 1G4, 1G3 를 사용한다.
   - 리그닌의 일부는 산에 용해되기도 한다.
   - 산 가용성 리그닌은 자외선 흡수 스펙트라법에 따라 205~210nm에서 최대 흡수

파장의 흡광도를 보여준다.
- 리그닌 정량시 침엽수는 0.2~0.4% 정도이며 활엽수는 2~4% 정도이다.

ⓛ 간접법
- 간접법은 펄프 제조 공정 중 탈리그닌의 정도와 표백제 사용량 등을 파악할 때 주로 이용된다.
- 화학 펄프의 탈 리그닌 정도와 표백제 사용량을 구할 때 리그닌이 소비하는 염소나 과망간산칼륨을 정량한다.
- 이때 사용되는 값은 염소가스에는 Roe 값이라 하며 절건펄프 2g 이 20℃에서 15분 정도 상압염소를 흡수한 양을 100g 단위로 환산한 염소가스의 g 을 의미하며 과망간 산칼륨 값은 Kappa 값이라 하여 전건펄프 1g 이 소비하는 0.1N $KMnO_4$ 용액의 ml 수를 기준으로 한다.
- 설파이트 펄프 중의 Roe 값 및 과망간산칼륨 값은 아래와 같이 표현한다.

$$\text{과망간산칼륨 값} = \text{Roe 값} \times 2.87$$

- 크라프트 펄프 중 리그닌 함유량과 Roe 값은 다음과 같이 표현한다.

$$\text{Roe값} = 0.158 \times \text{Kappa 값} - 0.2$$
$$\text{리그닌} = \text{Kappa 값} \times 0.15$$

ⓒ 용액 중의 리그닌 정량법
- 용액 중의 리그닌은 자외선 흡수 스펙트라법을 이용하여 간접적으로 정량된다.
- 용액 중 리그닌 정량법은 화학 펄프의 제조 중 리그닌양 증해공정의 관리에 이용된다.
- 크라프트 펄프 제조 후 용액에는 280nm 부근의 흡수대를 갖는 물질이 적어 정량값 높아 리그닌 정량할 수 있다.

⑥ 산화분해
ⓙ 알칼리니트로벤젠 산화
- 알칼리 니트로벤젠 산화는 Freudenberg(1939)에 의해 처음으로 사용되었으며 다량의 vanillin이 생성된다.
- 시료에 nitrobenzene 및 2N-수산화나트륨을 가하여 180℃ 조건으로 산화시킨다.
- 산화분해에 의해 침엽수 리그닌에서는 vanillin과 미량의 syringadehyde, p-hydroxybenzaldehyde 가 발견된다.

< spruce 재의 니트로벤젠 산화생성물 함량>

생성물	수율
vanillin	2.75
syringaldehyde	0.06
p-hydroxybenzaldehyde	0.25
5-formylvanillin	0.23
vanillin acid	4.8
syringic acid	0.02

※ 이외에도 기타 미량 생성물들이 존재한다.
- 알칼리성 니트로 벤젠 산화는 페닐에테르가 알칼리에 의해 에테르 개열이 일어나면서 페놀성 수산기가 생성된후 quinonemethide 중간체를 거치면서 분해가 진행된다.

ⓒ 접촉산화
- pear 에 의해 연구된 접촉산화는 금속 산화물을 촉매라 하여 알칼리 용액에 중 리그닌이 공기 산화분해하는 방법이다.
- 접촉산화의 촉매는 은, 구리, 수은 산화물 등이 사용된다.
- 산화 생성물은 nitrobenzene 과 유사하며 침엽수 리그닌에서는 vanillin, vanillic acid 등이 주생성물이며 활엽수 리그닌에서는 syringyl 동족체가 얻어진다.

ⓒ 과망간산칼륨 산화
- Freudenberg 에 의해 최초로 리그닌의 메틸화·과망간산칼륨 산화가 시도 되었다.
- 시료를 methyl 화한 후 열 알칼리처리를 하는데 이때 알칼리 처리 조건은 70% KOH, 120℃ 조건이다.
- 과망간산칼륨 산화법은 메틸화에 의해 페놀성 수산기를 보호해도 방향핵의 개열이 불가피하여 수율이 낮은 단점이 있다.
- 최근 Larson, miksche 등이 기존의 방법을 개량하여 과망간산염 산화를 pH 12 로 하거나 과요소산나트륨을 가하여 pH 9~10에서 5% 과산화수소 처리를 통해 수량을 증가시켰다.

⑦ 환원분해
ⓙ 수소화분해
- Harris, Adkins 등은 활엽수 리그닌을 산화동크롬을 촉매로 이용하여 250℃에서 수소화분해를 하여 4-N-propylcyclohexanol 류로 분리하였다.
- Cosia 는 birch 및 oak 재의 MWL을 산화구리크롬의 촉매 하에서 240~260℃ 수소화하여 dihydroconiferyl alcohol, dihydrosinapyl alcohol 등을 처음으로 단리하였다.

- Olcay 는 spruce 재의 MWL 을 산화구리크롬을 촉매로 활용하여 240°C 로 수소화하여 2,3-divanillybutanediol-1,4 를 단리하였다.
- Nahum 은 red spruce 재를 코발트카르보닐(cobalt carbonyl) 촉매 하에 수소화하여 biphenyl 을 단리 하였다.
- Sakakibara 는 산화구리크롬을 촉매로 200~210°C 조건으로 1시간 동안 수소화분해하여 다량의 단량체나 2량체, 3량체 등을 단리하였다.

ⓒ 티오초산분해(Raney nikel 환원반응)
- 프로토 리그닌(protolignin)을 3불화붕소(BF_3) 촉매 하에 thioacetic acid(CH_3COSH)으로 처리후 Raney nickel로 환원하고 안정화를 통해 많은 2량체를 단리 한다.

ⓒ 액체 암모니아 중의 금속나트륨에 의한 분해
- shorygina 등은 최초로 암모니아 수용액에서 금속 나트륨에 의한 리그닌 분해를 시도하여 17% 정도의 수율의 저분자량 화합물을 단리하였다.
- yamaguchi 는 가문비나무재의 프로토리그닌이나 모델 화합물을 이용하여 guaiacylglycerol, diguaiacylpropandiol, p-hydroxyphenylpropane 단위를 포함하는 β-O-4 형의 2량체를 단리하였다.

⑧ 가수분해
ⓐ percolation 에 의한 가수분해
- Nimz(1965) 는 목분을 100°C에서 가수분해하는 방법과 dioxane-물용액(50%)을 180°C에서 분해시키는 방법으로 분류되며 두 방법의 분해물은 거의 같은 화합물로 단리된다
- Nimz 는 목분을 100°C에서 연속적으로 물로 percolation(여과,삼투) 을 실시하여 2~4 량체를 단리하였다.

ⓒ Dioxane-물에 의한 가수분해
- sakakibara, nakayama 는 50% dioxane 수용액을 180°C 가열시 프로토 리그닌의 46~60% 정도가 용출됨을 발견하였다.
- 침엽수에서는 coniferyl alcohol, p-coumarylahcohol, 2-aldehyde류, vanillin, vanillic acid 를 단리하였고 활엽수에서는 syringyl 유도체를 단리하였다.

ⓒ 알코올 및 아세트산 반응
- Hibbert(1939)는 침엽수재를 20% ethanol-HCl를 사용, 환류 가열하여 guaiacyl-propane 구조를 가진 단량체를 단리하였으며 이들 단량체에는 측쇄에 케톤기를 가지고 있어 Hibbert's ketone 이나 Hibbert's monomer 이라 명명한다.
- 활엽수 리그닌은 syringyl 유도체를 얻으며 수량은 리그닌 당의 약 10% 정도이다.

⑨ 리그닌 화학구조
  ㉠ 리그닌 중의 작용기
    • 메톡실기 : 리그닌 중에 존재하는 methoxyl기는 침엽수 리그닌은 14~16%, 활엽수 리그닌은 19~21, 초본류는 14~15% 정도 분포되어 있다. 메톡실기의 정량을 통해 리그닌의 함유량을 어느정도 알 수 있다.
    • 수산기 : 페놀성 수산기는 비축합형, 축합형, 측쇄 α의 카르보닐기를 함유한 공역기, cinnamaldehyde 형 공역형 등으로 분류된다.
    • 카르보닐기 : 카르보닐기는 케톤기와 알데하이드로 분류하며 염산-hydroxylamine 으로 oxime화하여 유리된 염산을 정적하여 구한다.
    • 카르복실기 : 카르복실기는 프로토 리그닌에서는 존재하지 않으나 MWL 중 0.03~0.05 정도로 미량 존재한다는 보고도 있다.
  ㉡ 방향핵구조
    • 방향핵 기본구조는 비축합형 구조라 하며 guaiacyl핵, syringyl핵, p-hydroxyphenyl핵 들이 있다.
    • 침엽수리그닌에는 주로 guaiacyl 핵이 존재하며 syringyl핵과 p-hydroxyphenyl핵이 미량 존재한다.
    • 활엽수리그닌은 주로 syringyl핵, guaiacyl핵으로 구성되며 미량의 p-hydroxyphenyl 핵이 분포한다.
  ㉢ 측쇄구조
    • Conferaldehyde 형 및 coniferyl alcohol형의 구조는 리그닌의 정색반응으로 확인된다.
    • 글리세롤형 구조는 디옥산-H_2O 가수분해, 액체 암모니아 중 금속나트륨에 의한 분해물로부터 확인하나 그 양이 적다.
    • 리그닌의 대부분의 반응은 측쇄 α 의 수산기와 에테르에 의해 발생한다.
    • 측쇄 β 의 탄소는 다른 phenylpropane 단위와 결합에 관여한다.
    • 리그닌 측쇄는 p-hydroxybenzoic acid, vanillic acid, syringic acid, p-hydroxycinnamic acid, ferulic acid 등의 에스테르형으로 분포한다.

② 구성 단위간 결합 구조

결합 구조	특징
β-O-4 형	• 리그닌 중에 가장 높은 빈도를 가지는 결합형이다. • arylglycerol-β-aryl ether 형 구조이다.
β-5 형	• phenylcoumaran 형이나 개환형 구조를 가진다.
β-β 형	• pinoresonol 형이 대표적인 구조이다. • 침엽수 리그닌에는 적고 활엽수 리그닌에는 많이 분포되어 있다.
5-5 형	• biphenyl형 구조를 가진다.
5-O-4 형	• diphenylether 결합형 구조라 한다.
α-O-4 형	• 비환상의 benzyl-aryl ether형 구조이다.
β-1 형	• diarylpropane형 구조이다.
β-6, β-2형	• 메틸화-과망간산칼륨 산화에 의한 분해물로 추정되고 있다.
α-6, α-β 형	• 거의 존재하지 않으며 존재하더라도 미량으로 존재한다.
α-O-γ, γ-O-4 형	• 황 등에 의해 단리된다.

4. 추출성분

(1) 타닌류

① 침엽수, 활엽수를 모두 분포하고 있다.

② 고농도로 분포하는 부위는 목부, 수피, 잎, 종실 등에 분포하며 수종에 따라 차이가 있다. 아카시아속의 경우 수피에 40~50% 정도로 다량 분포되어 있다.

③ 식물 중 탄닌은 동물의 가죽을 부드럽게 하거나 섬유의 염색 등에 이용되었다.

④ 단백질이나 알칼로이드, 초산납, 석회 등에서 물과 불용성의 침전물을 만들며 $FeCl_3$에 반응하여 청색이나 녹색을 보인다.

⑤ shikmic acid 에 유래하는 가수분해형 탄닌과 flavonoid 에 속하는 축합형 탄닌으로 분류된다.

⑥ 탄닌은 유피제로 사용되며 접착제나 응집제, 도료 등에도 사용된다.

⑦ 축합형 탄닌

㉠ 산처리에 의해 농색화하며 phlobaphene 을 생성한다.

㉡ 아카시아속의 경우 수피에 40~50% 정도로 다량 분포되어 있다.

㉢ isflavonoid 의 중합체를 주성분으로 한다.

⑧ 가수분해형 탄닌

산, 알칼리, 효소 등을 이용하여 가수분해를 하였을 때 몰식자산(gallic acid)만 생성하는 것을 gallotannnin 이라 하며 hexahydroxydiphenic acid 가 생성되었을 때 이것을 탈수하여 dilactone 형의 에라그산(ellagic acid)가 생성되는 탄닌을 ellagtannin 이라 한다.

(2) 리그난류

① phenylrppane 단위로 2분자의 phenylpropanoid 가 β-β 결합을 통해 천연의 페놀성 물질을 리그난이라 한다.
② 리그난류는 분류상 수지에 속하는 것이 있어 resinol 이라고도 한다.
③ 리그난 물질로 골격 중 탄소가 1개 빠져 $C_6 - C_3 - C_2 - C_6$ 구조를 가지는 물질이 있으며 이를 norlignans 라 부른다.
④ 리그난은 배당체 또는 유리상태로 존재한다.
⑤ 리그난은 활엽수, 침엽수, 초본류 등 널리 분포되어 있다.
⑥ 리그난은 무색이며 산과 알칼리에 쉽게 이성화된다.
⑦ 살충제의 증강제 및 황산화제, 약제 등으로 사용된다.

(3) 수지

① 소나무나 삼나무, 편백 등의 수피에 상처가 생기면 나오는 점조 물질을 올레오레진이라 하며 이를 수증기증류에 의해 터펜틴유와 같은 휘발성성분을 제거하고 남은 반투명 무정형 고체를 수지라 한다. 또한 식물의 조직이나 내강, 수지도 등에 채워져 있는 물질이며 물에 용해되지 않는다.
② 소나무에서 채취한 수지는 레진(resin) 이라 하며 그중 resin acid 의 함량은 70~80% 정도를 차지한다.
③ 레진은 제지분야의 사이즈제로 사용되며 주성분은 abietic acid 이다.
④ 수지산은 열이나 산 등에 쉽게 이성화 되며 안정형인 아비에틱산으로 변화한다.
⑤ 중성의 추출성분을 처리하면 β-sitosterol 을 얻게 된다.

(4) 테르페노이드

① terpenoid 는 isoprene 구조가 2개 이상 쇄상으로 결합한 화합물이다.
② C_5의 결합 단위 수에 따라 monoterpene(C_{10}), sesquiterpene(C_{15}), diterpene(C_{20}), triterpene(C_{30}) 등으로 분류된다.
③ terpenoid 는 심재, 변재, 수피, 잎 등에 널리 분포되어 있다.

④ 침엽수에서는 monoterpene, diterpene 이 주로 많이 분포되며 활엽수에서는 그 외 triterpene 이 드물게 관찰된다.

⑤ monoterpene 은 소나무류나 꿀풀류에 주로 분포한다.

⑥ sesquiterpene 은 침엽수에 주로 분포하며 삼나무과, 소나무과, 편백나무과, 향나무과등이 있다.

⑦ diterpene 은 GGPP(geranylgeranylpyrophosphate)에서 유도된다.

⑧ triterpene 은 2분자의 FPP(farnesylpyrophosphate)가 결합에 의해 생성되며 펄프화 공정시에 수지장애를 일으키는 원인이 되기도한다.

⑨ 주성분은 α-pinene 이고 이외에 β-pinene, camphene, carene, limonone 등이 있다.

⑩ 도료의 용제로 사용되며 산처리후 α-terpineol 을 이용하여 합성 pine oil 를 만들어 직물처리제, 방향제, 방부제 등으로 사용되며 멘톨, 장뇌, 향료 합성의 원료 등으로 사용된다.

< terpenoid >

분류	isoprene 수	탄소수	대표 함유 물질
monoterpene	2	10	정유
sesquiterpene	3	15	정유
diterpene	4	20	수지, 일부 정유, chlorophyl
triterpene	6	30	수지, 콜크, 양모지, 간유, 사포닌, 스테로이드

(5) 플라보노이드류

① diphenylpropane(C_6 - C_3 - C_6) 골격을 가지며 일부의 황색 색소 화입물을 말한다.

② flavanonol 의 환원체인 leucoanthocyanidin 은 무색이며 산 처리시 탈리되어 꽃 색소인 anthocyanidin 을 생성한다.

③ 구조적으로 carbonyl 기가 환원된 것, benzo-γ-pyron 환을 포함한 것, 동환을 포함하지 않은 것 으로 분류된다.

④ 3번탄소에 이중결합이 포함되거나 carbony 기가 환원된 경우를 화학이성체라 한다.

⑤ flavone, flavanone, isoflavone, chalconem auronem catechin, leucoanthocyanidin 등으로 분류된다.

CHAPTER 03 목재해부학

01 목재의 육안적 구조

① 목재의 3단면(3방향)
  ㉠ 목재의 방사방향은 섬유방향에 직각으로 자른 방향으로 목재 벌채시 자르는 단면을 말한다. 방사단면으로는 목재의 나이테가 관찰가능하여 연령을 측정할 수도 있다.
  ㉡ 목재의 접선방향은 방사조직에 직각이며 연륜에는 평행한 방향으로 목재의 팽창이나 수축시 가장 큰 변화를 보이는 방향이다.
② 목재의 연륜 및 조만재
  ㉠ 형성층에서의 세포 활동으로 목부의 횡단면상에서 환상의 층이 발생되는데 1생장기에 나타나는 층을 생장륜이라 한다.
  ㉡ 생장륜의 경우 우기나 건기와 같은 조건에서는 형성되지만 비가 많은 다우림 지역에서는 불명확하여 판단이 어렵기도 하다.
  ㉢ 기후가 따뜻하여 생장이 왕성한 초기에는 환상의 층이 크고 세포벽이 얇게 형성되나 기온이 떨어지면서 생장이 늦어지게 되면 층이 작고 세포벽이 두껍게 형성되고 다음 단계로 생장이 불가능한 환경이 되면 생장이 멈추게 되며 이를 휴지기라 한다.
  ㉣ 기후의 변화로 층의 형성이 반복되면서 경계가 뚜렷할 경우 생장륜이 생기게 된다.
  ㉤ 세포벽이 얇고 세포의 크기가 크며 다공성을 가지면서 색의 농도가 옅을 경우 조재(early wood)라고 하거나 춘재(spring wood)라고 한다.
  ㉥ 세포벽이 두껍고 세포의 크기가 작으며 조직이 치밀하여 밀도가 높은 농색부분을 만재(late wood) 또는 하재(summer wood), 추재라고 한다.
  ㉦ 만재에서 이행이 급하면서 만재의 폭이 넓은 수종으로 곰솔, 소나무, 솔송나무, 잎갈나무 등이 있다.
  ㉧ 만재에서 이행이 완만하면서 만재의 폭이 좁은 수종으로 비자나무, 나한송, 편백 등이 있다.
  ㉨ 비정상연륜이라하여 완전한 연륜을 만들지 못하고 중간에 중단되는 경우를 불연속생장륜이라 한다. 이러한 불연속생장륜은 곤충의 침해나, 늦서리, 이상기후 등에 의한 갑작스런 기후변화에 의해 발생한다.

ⓒ 연륜폭은 수관이 크고 생장이 왕성할수록 넓으며 생장속도가 빠른 수종으로 사시나무류, 오동나무 등이 대표적이다.
ⓚ 생장륜 경계에서의 유세포 분포는 횡단면에서 관찰시 유세포는 3가지 형태로 분포하며 분포 형태에 따라 아래와 같이 분류한다.
- 산재형 : 유세포가 연륜 내에 산재하는 경우 (예 개비자나무)
- 접선형 : 만재에 주로 분포하며 접선상배열하는 경우(예 삼나무, 향나무)
- 종말형 : 유세포가 우발적으로 연륜계에 1~3개씩 드물게 관찰되는 경우(예 가문비나무, 젓나무)

③ 심재와 변재
ⓐ 변재는 수간의 외주부를 말하며 이 부분은 도관이나 가도관이 있어 수분을 이동시키고 유세포가 양분을 저장하는 부분을 말한다.
ⓑ 심재는 시간이 지나면서 유세포들이 사세포로 되면서 도관이나 가도관의 기능을 상실하고 나무의 지지 역할만 하게 되는 중앙 내부부분을 말한다.
ⓒ 침엽수에서는 심재가 변재보다 낮은 함수율을 보여주나 활엽수에서는 반대인 경우도 있다.
ⓓ 활엽수에서 심재의 함수량이 더 많은 수종으로 황철나무, 가시나무, 칠엽수, 찰피나무, 들메나무 등이 있다.
ⓔ 대부분의 변재는 담색을 띠고 심재는 농색을 띠고 있다.
ⓕ 심재에는 세포의 기능을 상실하면서 나무의 여러물질들이 세포벽에 쌓이면서 착색되기 때문에 농색을 띠는 경우가 많으며 입지적 조건이나 집적된 물질의 양에 따라 같은 수종이라도 색 농도의 차이를 보인다.
ⓖ 심재는 세포내에 색소 이외에 검(gum)물질이나 여러 물질이 쌓이면서 중량이 변재보다 더 크게되고 강도역시 더 큰 경향을 보여준다.
ⓗ 정상적으로 심재가 형성되는 나무를 심재수, 심재가 형성되지 않는 나무를 변재수라고 한다.

□ **심재수&변재수**
- 심재수 : 정상적으로 심재가 형성되는 나무
  (예 소나무, 곰솔, 참나무, 물푸레나무, 향나무, 주목, 잎갈나무, 삼나무, 밤나무, 물참나무, 느티나무, 계수나무, 후박나무, 산벚나무, 다릅나무 등)
- 변재수 : 심재가 형성되지 않고 재색이 일정한 성질을 나타내는 나무
  (예 젓나무, 가문비나무, 솔송나무, 가시나무, 단풍나무, 침엽수, 참오동나무 등)

④ 변재량 & 심재량
  ㉠ 심재량과 변재량은 대체적으로 환경적인 영향을 많이 받는다.
  ㉡ 생장이 빠른 수종일수록 변재량이 많으며 생장이 느릴수록 변재 나비는 좁게 형성된다.
  ㉢ 변재의 나비로 수종 식별도 가능하며 나비가 넓은 수종은 가문비나무가 있으며 좁은 수종으로 주목 등이 있다.
  ㉣ 변재의 연륜수로도 목재의 식별이 가능하며 아까시나무는 변재내 연륜이 약 3개 정도이며 너도밤나무의 경우 약 25개 정도이다.
  ㉤ 심재량의 경우에도 수종에 따라 고유한 심재량을 가진 수종이 있으며 연필향나무나 목련 등의 경우 심재량이 전체 재적의 약 90% 정도를 차지하고 있다.

  □ 변재량에 따른 수종 구분
   • 변재량이 많은 수종 : 젓나무, 단풍나무, 가문비나무, 물푸레나무, 너도밤나무 등
   • 변재량이 적은 수종 : 향나무, 다릅나무, 아까시나무, 뽕나무, 주목, 밤나무, 후박나무 등

⑤ 이행재
  벌목 직후 시간이 지남에 따라 원목을 관찰시 심재와 변재의 중간은 고리모양의 담색 부분이 있으나 변재와는 다른 색상을 보이며 이 부분을 변재에서 심재로의 이행부분으로 이행재(intermediate wood)라고 한다.

⑥ 목재의 목리
  목재의 목리는 생장륜이나 구성세포등의 배열상태를 말한다.
  ㉠ 축방향요소들의 배열이 장축방향과 평행일 때의 목리를 통직목리(straight grain)이라 한다.
  ㉡ 목리의 배열이 장축방향과 평행하지 않을 경우는 교주목리(cross grain)이라 한다.
  ㉢ 교주목리 중 축방향 배열상태에 따라 수간축에 나선상배열을 하는 경우 나선목리(spiral grain)이라 한다.
  ㉣ 수간축과 경사를 이루는데 그 경사가 반대방향을 교대로 연속으로 이루어지는 경우 교착목리(inter-locked grain) 이라 한다.
  ㉤ 수간축에 파상으로 배열하는 목리를 파상목리(wave grain)이라 한다.
  ㉥ 수간축에 비틀린 형태의 배열은 마치 곱슬털과 비슷하다하여 권모목리(curly grain)이라 한다.
  ㉦ 목재의 타고난 목리외에도 목재를 제재하는 경우 판목목리(plain sawed grain)과 정목목리(quarter sawed grain)이 있으며 제재시 작업자의 부주의로 연륜과 평행하지 않아

사주목리가 만들어지기도 한다.

◎ 어떤 목리를 가지냐에 따라 목재의 특징이 결정되며 사주목리나 나선목리의 경우 강도가 낮으며 교착목리, 파상목리, 권모목리 등은 건조시 건조결함이 발생할 확률이 높다.

⑦ 목재의 문양

㉠ 문양은 목재의 무늬로서 목리나 색, 세포등 특이한 배열이나 모양을 가져 아름다움이나 장식성을 가졌을 때를 말한다.

㉡ 리본무늬(ribbon figure)는 교착목리의 방사단면에 있는 띠 모양의 대상무늬를 말한다.

㉢ 얼룩문양(roe figure)은 줄무늬모양으로 교착목리와 파상목리가 조합하여 나타난다.

㉣ 파상문양(blister figure)은 접선단면에서 발생하며 물방울 모양이다.

㉤ 바이올린문양(fiddle back figure)은 파상목리에 의해 발생되는 무늬로 단풍나무류에서 주로 관찰된다.

㉥ 조안문양(bird-eye figure)은 파상문양보다 작은 문양으로 마치 새눈처럼 조이는 경우를 말한다.

㉦ 활엽수재의 나타나는 리플마크(ripple mark)가 있으며 축방향에 층계상 배열을 하며 수종에 따라 달라 목재식별에도 도움이 된다.

02 세포벽 구조

(1) 세포벽층

① 세포벽 화학 성분

목재 세포의 주체는 세포벽으로 세포벽의 주성분은 셀룰로오스, 헤미셀룰로오스, 리그닌 이 3가지이다. 그 외에도 부성분으로 유지나 회분등으로 구성되어 있는데 주성분의 경우 셀룰로오스가 골격물질이며 헤미셀룰로오스가 셀룰로오스를 고정해주는 물질이고 리그닌은 셀룰로오스와 헤미셀룰로오스를 연결해주는 물질로 이해하면 된다. 그래서 셀룰로오스는 골격물질(frame work substance), 헤미셀룰로오스를 간충물질(matrix substance), 리그닌을 충전물질(incrusting substance) 라고 한다.

㉠ 셀룰로오스(cellulose)
- 셀룰로오스는 세포벽에 가장 많은 비율을 차지한다.
- 셀룰로오스 분자식은 $(C_6H_{10}O_5)_n$ 이며 1개의 glucose 잔기를 가지고 있다.
- glucose 잔기 1개에 3개의 수산기(-OH)가 결합되어 있으며 이로 인해 물에 대한 친화력이 좋다.
- 셀룰로오스의 6탄당으로 각 탄소의 고유 번호를 매겨 한 셀룰로오스의 1번 탄소와 다른 셀룰로오스의 4번 탄소끼리 β-glycoside 결합을 하고 있다.
- 셀룰로오스의 중합도는 1000~1500 정도이며 분자량은 160,000~240,000 의 고분자 물질이다.
- 셀룰로오스의 분자들의 집합에 의해 직쇄상의 고분자라 하며 세포벽의 골격물질이 된다.
- 셀룰로오스는 세포벽에서 결정상태와 비결정상태로 존재한다.

㉡ 헤미셀룰로오스(hemicellulose)
- 헤미셀룰로오스에는 mannose, xylose, arabinose, glucose 등이 있으며 이들은 쇄상으로 결합한다.
- 헤미셀룰로오스의 분자구조는 셀룰로오스와 유사하며 수산기와 carboxyl기를 가지고 있어 셀룰로오스와 마찬가지로 친수성이다.
- 헤미셀룰로오스는 세포벽에서 비결정상태로 존재한다.

㉢ 리그닌(lignin)
- 리그닌은 목재의 세포벽에 셀룰로오스와 헤미셀룰로오스를 강고하게 하고 목부의 세포와 세포를 강하게 잡아주는 역할을 한다.

- 목재 중 존재하는 리그닌은 guaiacyl lignin, syringyl lignin 이 있으며 이들은 침엽수와 활엽수에 따라 분포 비율이 다르다.
- syringyl lignin 은 주로 활엽수에 분포하고 guaiacyl lignin 은 침엽수와 활엽수 둘다 존재한다.
- guaiacyl lignin 은 phenyl propane 기체의 methoxyl 기가 1개 결합되어 있으며 syringyl lignin 은 phenyl propane 기체에 methoxyl 기가 2개 결합되어 있다.

② 세포벽의 결정영역과 비결정영역

셀룰로오스의 분자들이 규칙적으로 배열되어 있는 부분을 결정영역(crystalline region) 또는 미셀(micelle)이라 하며 규칙적이지 않고 산란되어 있는 부분은 비결정영역이라 한다.

③ 목재 세포벽 구성

㉠ 목재의 세포벽은 크게 세포간층, 1차벽과 2차벽으로 구성되어 있으며 수종이나 환경, 조재, 만재 등에 따라서 그 구성 성분이나 비율이 다르다.

㉡ 1차벽은 세포들의 표면생장기간에 생성되며 2차벽은 1차벽 안쪽에 부가 생장기간에 만들어진다.

㉢ 세포벽 안쪽에 세포와 세포 사이에 세포간층이 존재하며 세포간층(intercellular layer) 과 1차벽은 구별하기가 어려우며 세포간층과 1차벽을 통합하여 복합세포간층(compound middle lamella)이라 한다.

㉣ 1차벽
- 1차벽(primary wall ; P층)은 세포벽 가장 바깥쪽에 있으며 얇은 층으로 세포층시원세포가 분열후 가장 먼저 생성된 세포벽으로 그 두께가 상당히 얇아 현미경으로도 관찰이 어렵다.
- 1차벽은 배열이 불규칙하여 망상구조나 그물모양으로 되어 있으나 전체적인 배열은 축방향의 직각으로 배열되어 있다.

㉤ 2차벽
- 2차벽은 2차벽 내에서도 마이크로피브릴(microfibril)의 배열이 달라 3개층 층으로 다시 구분된다.
- 2차벽은 외층(S1), 중층(S2), 내층(S3) 으로 구분되며 대부분의 수종이 이러한 분류에 따른다.
- 외층은 1차벽과 인접해있으며 전체 10% 정도를 차지하며 세포벽중 2번째로 많이 차지하고 있으며 경사각은 65~85° 정도이다.
- 중층은 세포벽 전두께의 80% 이상을 차지할 정도로 두꺼우며 축방향과 경사각이

10~30° 정도이다.
- 내층은 세포내강쪽에 가장 가까우며 전체 비율에서 가장 적은 층으로 1차벽보다도 얇으며 경사각은 외층과 동일한 수준이다.
- 세포벽은 조재, 만재에 따라 비율이 다른데 중층의 경우 만재가 더 많이 분포되어 있다.

④ 세포벽에서의 화학성분 분포
  ㉠ 셀룰로오스
    셀룰로오스는 2차벽의 중층에 가장 많이 분포되어 있으며 다음으로 내층, 외층, 복합세포간층 순서이다(세포벽에서 1차벽과 세포간층의 경우 구별이 어려워 보통 하나의 층으로 취급한다)
  ㉡ 헤미셀룰로오스
    - 전체적인 헤미셀룰로오스의 구성 비율은 1차벽보다는 2차벽에서 더 많으나 2차벽내에서는 3가지층의 비율이 거의 유사하다. 2차벽내에서는 내층, 중층, 외층 순서로 분포되어 있으며 가장 낮은 비율로는 복합간층세포이다.
    - 헤미셀룰로오스 중 arabinan과 galactan은 셀룰로오스 다음으로 많은 비율을 차지하나 2차벽에서는 차지 비율이 적으며 반대로 glucomannan은 복합세포간층에서는 낮은 수준이나 2차벽에서는 비교적 높은 수준이다.
  ㉢ 리그닌
    - 리그닌은 2차벽보다 1차벽에서 더 많은 양의 리그닌이 존재하며 2차벽에서는 거의 균일하게 분포되어 있다.
    - 조재 가도관에서 세포간층의 리그닌 농도는 2차벽보다 3~4배 많으나 분포 비율은 2차벽이 약 70% 이상 차지하고 있어 농도 및 분포의 비율을 구분하여야 한다. 이는 세포벽의 두께가 2차벽의 중층이 두껍고 복합세포간층은 매우 얇아 발생되는 현상이다.

(2) 세포벽공
  ① 세포벽의 벽공
    ㉠ 인접한 세포 상호간의 양분이나 수분등의 물질 이동을 위해 2차벽에 생긴 통로를 벽공이라 한다.
    ㉡ 벽공은 형태에 따라 단벽공과 유연벽공으로 구분된다.
    ㉢ 단벽공은 2차벽에서 세포내강으로 향하여 통로가 나 있으며 그 형태에 큰 변화가 없다.

② 분야벽공은 통로 부분에 아치 형태의 덮개와 같은 부분으로 변형되어 있는 부분을 말한다.
　　⑩ 벽공은 2개의 세포가 대응하여 있는 부분으로 이부분을 벽공대(pit pair)라고 한다.
　　⑪ 벽공대는 단벽공과 유연벽공의 형태 및 배열에 따라 유연벽공대(bordered pit pair), 반연벽공대(half bordered pit), 단벽공대(simple pit pair) 3종류로 구분된다.
　　⑦ 벽공구에서도 벽공연이 두꺼울 때 벽공실 쪽에 있는 부분을 외벽공구(outer pit aperture)라하고 세포내강 쪽을 내벽공구(inner pit aperture)라 한다. 이 부분은 침엽수 만재 가도관이나 활엽수재 섬유상가도관에서 벽공연이 두꺼울 때 관찰이 된다.
　　⑧ 유연벽공의 정면에서 관찰시 내벽공구의 윤곽이 벽공연의 안쪽에 들어 있는 경우가 있는데 이를 윤내벽공구(included pit aperture)라 하고 벽공연의 바깥쪽으로 돌출되어 있는 것은 윤출벽공구(extended pit aperture)라 한다.
　　⑨ 벽공구가 볼록렌즈와 같은 형상을 할 때에는 렌즈상벽공구(lenticular pit aperture)이라 하고 세포벽의 내표면에 존재하는 여러 벽공구가 결합되는 경우는 결합벽공구(coalescent pit aperture)이라 한다.
② 벽공대
　　㉠ 유연벽공대 : 인접한 세포들의 유연벽공들이 서로 맞대응되면서 이루는 부분으로 가도관, 섬유상가도관, 도관요소, 방사가도관과 같은 유연벽공을 가지는 세포 사이에 존재한다.
　　㉡ 반연벽공대 : 유연벽공과 단벽공 사이에 존재하는 부분으로 유연벽공이 있는 세포와 축방향유세포, 방사유세포와 같은 단벽공이 있는 세포 사이에 존재한다.
　　㉢ 단벽공대 : 단벽공을 가지는 세포 사이에 존재한다.
③ 벽공의 형성 및 구조
　　㉠ 벽공은 세포 분화 발달 과정에 생성되며 1차벽과 세포간층으로 얇게 만들어진 1차벽공역 부분이 점차 발달하여 벽공벽(pit membrane)이 형성된다.
　　㉡ 벽공벽에서 세포내강 사이의 공간을 벽공강(pit cavity)이라 한다.
　　㉢ 벽공연(pit border)은 2차벽이 아치 형태로 변형된 부분으로 벽공벽을 약간 덮고 있는 형태로 존재한다.
　　㉣ 벽공실(pit chamber)은 유연벽공에서 벽공벽과 벽공연 사이의 빈 공간을 말한다.
　　㉤ 벽공구(pit aperture)은 벽공의 개구부이다.
④ 특수 벽공
　　㉠ 맹벽공(blind pit) : 벽공 중에서 벽공이 서로 인접한 부분을 이루지 않고 세포간극을 향하여 있는 벽공을 말한다.

ⓒ 편복벽공(unilaterally compound pitting) : 인접 세포의 벽공이 2개 이상 소형의 벽공과 대를 이루는 벽공을 말한다.
　　ⓒ 사상벽공(sieve pitting) : 작은 벽공들이 여러개 집합되어 있는 벽공
　　ⓔ 분기벽공(ramiform pit) : 두꺼운 세포벽에서 단벽공의 벽공구가 분기되어 세포내강으로 향하고 합류되어 있는 벽공
　　ⓜ 선형벽공(linear pit) : 길이가 길고 가늘며 벽공의 나비들의 차이가 거의 없는 벽공구를 가지는 부분
⑤ 침엽수재 유연벽공
　　⊙ 침엽수재 가도관의 유연벽공에는 벽공벽의 가운데 torus 라는 비후부가 있고 그 주위에 얇은 부분의 margo라는 부분이 있어 가운데가 볼록한 비행접시 모양을 하고 있다.
　　ⓒ 심재화 과정에서 torus 가 벽공구 쪽으로 기울어지면서 벽공구를 막는 경우가 발생하는데 이를 폐색벽공대(aspirated pit pair)이라 한다.
　　ⓒ 침엽수재 유연벽공의 torus 는 수종마다 약간의 차이가 있는데 대표적으로 소나무는 torus 가 두껍고 삼나무의 경우는 얇은 편이다.
　　ⓔ margo는 torus 의 주변에 거미줄 형태로 분포되어 있고 분포 범위 모양은 비행접시 모양으로 퍼져 있다. margo의 틈사이로 액체가 유동되며 margo 에는 세포간층이 없다.
　　ⓜ 심재에서는 margo의 틈 사이로 심재물질이나 리그닌등이 충전되어 있는 경우도 있다.

> □ 침엽수재 가도관 torus 형태에 따른 분류
> - 소나무형 : 젓나무, 잎갈나무, 화백, 소나무, 가문비나무, 솔송나무
> - 삼나무형 : 삼나무, 편백, 은행나무, 주목, 비자나무, 향나무, 개비자나무, 측백나무

⑥ 침엽수재 반연벽공대
　반연벽공대는 가도관과 방사유세포 사이에 형성되는데 반연벽공대의 벽공벽은 두껍고 torus 와 margo 의 구별이 어렵다. 반연벽공대는 세포간층이 존재하지 않는 것이 특징이다.
⑦ 침엽수재 단벽공대
　단벽공대는 유세포 사이에 존재하며 벽공벽의 구조는 반연벽공대와 비슷하지만 세포벽들 사이에 작은 구멍이 있어 물질이 이동할 수 있는 흔적이 소공으로 존재하는 점에서 차이가 있다. 참고로 세포벽들 사이에 작은 구멍으로 물질이 이동하는 경우를 원형질연락(plasmodesm)이라 한다.

⑧ 활엽수재 벽공대

활엽수재에는 세포간 유연벽공대, 반연벽공대, 단벽공대 3종류가 존재하며 이 모든 벽공벽은 torus 나 margo의 구별 없이 단일벽으로 구성되어 있다. 이로인해 침엽수재의 벽공대의 margo의 존재로 인한 물질의 이동이 거의 불가하며 단벽공대에서만 소공으로 인한 물질이동만 가능하다.

⑨ 우상층

㉠ 우상층은 보통 소나무의 가도관에서 외층(S3)의 내면에 발생되는 돌기물을 덮고 있는 얇을 층을 말한다. 이외에도 다른 침엽수의 가도관이나 활엽수의 가도관 및 도관요소, 목섬유 등에서도 관찰된다.

㉡ 우상층은 유연벽공의 벽공연이나 내표면에 존재하기도 하지만 축방향유세포나 방사유세포에는 존재하지 않는다.

㉢ 우상층의 화학적인 구성성분은 리그닌과 셀룰로오스 이다.

□ 우상층 존재 수종
- 침엽수재 : 은행나무속, 젓나무속, 개잎갈나무속, 솔송나무속, 삼나무속, 낙우송속, 편백속, 노간주나무속, 측백나무속, 화백속
- 활엽수재 : 너도밤나무속, 아까시나무속, 주엽나무속, 단풍나무속

⑩ 베스쳐드 벽공(vestured pit)

㉠ 베스쳐드 벽공은 주로 특정 활엽수재에만 존재하는 유연벽공의 종류이다. 하지만 드물게 도관요소 이외에 가도관이나 섬유상 가도관에도 존재하는 경우가 있다.

㉡ 도관요소의 유연벽공의 벽공연에서 돌기물이 벽공실에 돌출되어 있는 모양이다.

㉢ 돌기물들은 2차벽과 연결되어 있고 그 끝이 갈라져 있는 것이 특징이다.

㉣ 돌기물이 현저하게 발달시 도관요소의 내표면까지 관찰되기도 한다.

㉤ 돌기의 크기는 일정하지 않다.

㉥ 베스쳐드 벽공은 콩과, 도금양과 등의 수종에서 존재한다.

⑪ 타일로시스

㉠ 타일로시스(tylosis)는 활엽수재 도관 내강을 폐쇄하고 있는 구조물로 횡단면에서 관찰시 반짝이는 물질을 말한다.

㉡ 횡단면에서 관찰시 거품모양으로 방사단면에서는 사다리 모양으로 관찰된다.

㉢ 타일로 시스 세포벽은 주로 셀룰로오스, 헤미셀룰로오스, 리그닌으로 구성되어 있으며 1,2차벽을 가지고 있다.

03 목재의 구성세포

1. 침엽수재 구성세포

	축방향요소	방사방향요소
가도관	축방향가도관 스트랜드가도관 수지가도관	방사가도관
유세포	축방향유세포 수직수지구 이형세포	방사유세포 수평수지구

① 축방향 가도관

㉠ 침엽수재 축방향 가도관은 변재에서 수분의 통도기능과 심재에서는 수체의 지지 기능을 가지고 있다.

㉡ 가도관은 침엽수재 구성 요소 중 90% 이상의 구성 비율을 가지고 있다.

< 침엽수재 구성 비율 (단위 : %) >

수종	축방향가도관	방사조직	축방향유세포	수직수지구
잣나무	94	6	-	-
소나무	92	7	-	1
주목	97	3	-	-
가문비나무	95	4	-	1
리기다소나무	91	8	-	4
삼나무	95	4	1	-
편백	96	3	1	-

㉢ 침엽수재의 가도관 형태는 길이가 긴 방추형을 나타내며 나비와 길이의 비가 대체로 1:100 이다.

㉣ 가도관이 만재에서는 끝이 뾰족하고 후벽이다.

㉤ 가도관은 천공판을 가지지 않는다.

㉥ 가도관의 크기는 수종이나 환경 등에 따라 다르나 대체로 길이 2~4mm, 접선방향 지름 0.02~0.04mm 정도이다.

㉦ 가도관의 길이는 조재가 만재보다 약간 길고 지름은 접선방향의 경우 차이가 크지 않으나 방사방향의 경우 조재가 더 크며 두께는 만재가 더 두껍다.

< 침엽수재 가도관의 지름과 두께(단위 : μm) >

수종	방사방향 지름		접선방향 지름		방사방향 두께	
	조재	만재	조재	만재	조재	만재
주목	31	15	28	24	2	5.5
소나무	40	23	34	36	3	5
가문비나무	46	25	35.4	34.7	2.5	5
편백	34	15	31	24	2	4.7
향나무	22	8	24	22	2	5

◎ 가도관의 크기가 큰 수종은 낙우송, 세쿼이어 등이 있으며 작은 수종으로 주목, 비자나무, 측백나무, 향나무, 노간주나무 등이 있다.

㉢ 가도관의 크기 및 환경에 따라 연륜의 이행에 차이를 보이는데 조재에서 만재의 이행이 급진적인 수종은 잎갈나무속이나 소나무속이며 점진적인 수종은 은행나무, 젓나무속, 삼나무속, 가문비나무속 등이 있다.

② 가도관벽의 특징

　㉠ 크라슐래(crassulae)
　　• 가도관의 방사단면의 벽공연에서 주로 관찰된다.
　　• 눈썹모양의 농색부로 세포간층의 밀도가 매우 높다.
　　• 열대지방의 침엽수에서 주로 관찰되며 수종으로 아가티스(agathis), 아라우카리아(araucaria) 등이 있으며 활엽수재의 도관이나 가도관에서 매우 드물게 관찰되기도 한다.

　㉡ 나선비후(spiral thickening)
　　• 나선비후는 가도관의 내강 쪽에서 2차벽을 관찰시 표면에 나선상의 돌기가 있는 경우를 말한다.
　　• 나선비후가 관찰되는 수종으로 주목속, 비자나무속, 개비자나무속, 미송속 등이 있다.
　　• 나선비후의 특징으로 비자나무속에서는 비후선이라 하여 2본씩 대칭되어 있는 형태를 띠며 솔송나무속은 비후선의 분포가 촘촘하게 배열되어 있다.

　㉢ 트라베큘래(trabeculae)
　　• 방사방향으로 가도관의 접선벽을 가로지르는 봉상물질(棒狀物質)을 말한다.
　　• 주로 침엽수재의 특징이나 활엽수재에 도관요소에 관찰되기도 한다.

　㉣ 칼리트리소이드형비후(callitrisoid thinckening)
　　• 1쌍의 비후선이 벽공벽을 가로질러 비후한 경우를 말한다.

- 향나무속, 개잎갈나무속, 장미과 등에서 관찰된다.
③ 스트랜드 가도관
- 방추형 시원세포에서 분열한 가도관모세포가 가도관으로 성숙하지 않고 횡단분열을 하여 몇 개의 단층상(strand)가 되는 경우가 있는데 이때의 가도관을 스트랜드가도관(strand tracheid)이라 한다.
- 스트랜드 가도관에서는 유연벽공이 관찰되고 유세포가 혼재하는 경우도 있다.

④ 축방향유세포
  ㉠ 섬유방향으로 관찰시 양쪽이 뾰족하며 방추형을 띠고 있으며 축방향유세포나 수지세포라고 부른다.
  ㉡ 횡단면에서 가도관보다 박벽이고 크기가 작은 부분으로 가끔 수지를 함유하여 농색물질의 세포로 보이기도 한다.
  ㉢ 주로 관찰되는 수종으로 개비자나무속, 삼나무속, 낙우송속, 나한백속, 측백나무속, 편백속 등이 있다.
  ㉣ 가끔 관찰되는 수종으로 잎갈나무속, 솔송나무속, 가문비나무속, 젓나무속, 미송속 등이 있다.
  ㉤ 축방향유세포에는 단벽공이 분포하며 말단벽의 단벽공은 접선단면에서 관찰시 염주상으로 나타나 이를 염수상말단벽이라고 하며 이는 방사유세포에서도 관찰이 된다.
  ㉥ 염수상말단벽이 존재하는 수종으로 젓나무, 향나무, 측백나무 등이 있으나 젓나무 외에는 존재하지 않는 경우도 있다.

⑤ 수지구
  ㉠ 수지구(resin canal)는 에피델리얼세포(epithelial cell)가 둘러싸고 있는 부분을 말하며 에피델리얼 세포는 유세포로 수지를 분비하는 세포이다.
  ㉡ 수직수지구(longitudinal resin canal) : 수지구가 축방향으로 배열되어 있는 부분
  ㉢ 수평수지구(transverse resin canal) : 방사방향으로 배열되어 있으면 부분
  ㉣ 정상수지구
    - 침엽수재의 정상수지구는 소나무과에만 분포하며 대표 수종으로 소나무속, 잎갈나무속, 미송속, 가문비나무속 등이 있으며 이들은 수직, 수평 수지구를 모두 가지고 있다.
    - 중국의 케텔레에리아속(keteleeria)는 소나무과로 예외적으로 수직수지구만 가지고 있다.
    - 소나무속의 에피델리얼세포는 박벽이고 수지구의 접선방향 지름이 큰데 수직수지구가 수평수지구에 비해 더 크다.

- 잎갈나무속, 가문비나무속, 미송속 들은 에피델리얼세포가 후벽이며 수지구의 접선방향 지름이 작아 소나무속과는 반대인 것이 특징이다.
- 수직수지구는 조, 만재 이행부에 만재에 걸쳐 주로 분포한다.
- 수평수지구는 방사조직 내에 분포한다.

ⓜ 상해수지구
- 나무가 상처를 받아 생기는 수지구를 상해수지구라 한다.
- 상해수지구는 상해수직수지구가 주로 발생되며 상해수평수지구는 거의 발생되지 않는다.
- 상해수지구의 에피델리얼세포는 후벽이다.

⑥ 타일로소이드(tylosoid)

심재화시 수지구를 둘러싸고 잇던 에피델리얼세포들이 파괴되면서 수지구가 폐색되는 경우를 말하며 박벽에피델리얼세포를 가진 소나무속에서 주로 관찰된다.

2. 방사조직

① 방사유세포
  ㉠ 방사유세포는 방사방향으로의 양분의 저장 및 이동 기능을 가진 세포이다.
  ㉡ 접선단면에서 관찰시 장타원형이며 원형이나 장방형 모양을 하고 있다.
  ㉢ 일반적으로 벽후(壁厚)는 가도관보다 박벽이나 젓나무속, 가문비나무속, 잎갈나무속, 솔송나무속, 미송 등에서는 비교적 후벽이다.

② 인덴쳐

방사유세포의 수평벽과 말단벽이 만나는 부분에서 수종에 따라 凹 모양의 구조가 관찰되는데 이것을 인덴쳐(indenture)라고 부른다. 주로 관찰되는 수종으로 주목속, 측백나무속, 노간주나무속 등이 있다.

③ 분야벽공
  ㉠ 방사단면에서 방사유세포와 축방향가도관의 교차지점에서 만들어지는 장방형의 부분 직교분야라고하며 이때 나타나는 벽공을 분야벽공(cross field pitting)이라 한다.
  ㉡ 분야벽공은 동일 수종에서도 개체변이가 심한 편이다.
  ㉢ 분야벽공은 반드시 조재부에서 관찰하여야 한다.
  ㉣ 침엽수재 식별에 중요한 기준이 된다.
  ㉤ 분야벽공은 모양과 분포에 따라 창상벽공, 소나무형벽공, 가문비나무형벽공, 삼나무형벽공, 편백형벽공인 5가지로 분류한다.

ⓑ 창상벽공(window like pit)
- 이 벽공의 모양은 창문모양에 가깝다.
- 벽공구가 넓은 편이다.
- 벽공연은 거의 관찰이 되지 않는다.
- 창상벽공에 속하는 수종은 대부분 소나무속이며 소나무 이외 수종중 금송속 등 극히 일부에서만 관찰된다.
- 1개의 직교분야에 1개씩 존재하며 드물게 2개가 존재하기도 한다.

ⓢ 소나무형벽공(pinoid pit)
- 창상벽공보다 그 크기가 작다.
- 모양은 렌즈상이나 타원형에 가깝고 크기는 다양한 편이다.
- 1개의 직교분야에 4~6개 정도가 있다.
- 소나무형벽공 역시 벽공연이 거의 관찰되지 않는다.
- 소나무형벽공에는 주로 리기다소나무, 테에다소나무, 방크스소나무, 백송 등이 있다.

ⓞ 가문비나무형벽공(piceoid pit)
- 벽공연은 타원형이나 원형이다.
- 벽공구가 매우 좁고 벽공구가 벽공연의 바깥으로 나오는 경우도 있는데 이때를 윤출벽공구라 한다.
- 1개의 직교분야에 4~6개 정도가 있다.
- 보통 가문비나무속에 자주보이며 그 외 개비자나무속, 잎갈나무속, 미송속 등이 있다.

ⓩ 삼나무벽공(taxodioid pit)
- 벽공연과 벽공구가 타원형이다.
- 벽공구가 벽공연의 안에 포함되는 윤내벽공구이다.
- 1개의 직교분야에 2개씩 분포하나 가끔 3개씩 분포한다.
- 관찰되는 수종으로 삼나무속, 측백나무속 등이 있다.

ⓒ 편백형벽공(cupressoid pit)
- 벽공연은 원형이나 짧은 타원형 형태이다.
- 벽공구의 크기가 벽공연보다 작다.
- 1직교분야에 2~4개가 있다.
- 관찰되는 수종으로 주목속, 비자나무속, 솔송나무속, 노간주나무속 등이 있다.

④ 방사가도관
  ㉠ 방사가도관은 방사조직 상하 가장자리에 배열되거나 방사조직 중앙부에 배열되기도 한다.
  ㉡ 소나무속의 경우 방사조직의 모든 세포가 방사가도관인 경우도 있다.
  ㉢ 방사가도관은 소나무속, 가문비나무속, 잎갈나무속, 개잎갈나무속, 미송속, 솔송나무속 등에는 항상 분포되어 있다.
  ㉣ 소나무속의 2~3엽송에는 거치상 비후가 발달하는데 톱니모양의 돌기로 소나무, 곰솔, 리기다 소나무에서 주로 보이며 수종 식별에 도움이 된다.
  ㉤ 방사가도관에 나선비후가 관찰되는데 잎갈나무속이나 가문비나무속 등의 수종의 만재부의 방사가도관에 관찰되며 미송속은 나선비후가 자주 관찰된다.
⑤ 이형세포
  축방향유세포에서 팽창이 이루어지면 결정이 함유된 세포를 이형세포(idioblast)라 하며 주로 은행나무에서 관찰된다. 일반적으로 미숙재의 경우 이형세포가 존재하지 않는다.

3. 활엽수재 구성세포

축방향요소		방사방향요소	
도관요소			
가도관	도관상가도관 주위상가도관		
목섬유	진정목섬유 섬유상가도관		
유세포	축방향유세포 방추형유세포 수직수지구	방사유세포 수평수지구	평복세포 직립세포 방형세포

(1) 도관
  ① 관공
    ㉠ 고립관공
      · 관공이 1개씩 분포하는 경우 고립관공(solitary pore)이라한다.
      · 고립관공만 분포하는 수종으로 가시나무류, 유칼리류, 아피통(apitong) 등이 있다.

ⓒ 복합관공
- 2개 이상의 관공이 있는 경우 복합관공이라 한다.
- 복합관공은 배열에 따라 분류된다.
  - 방사복합관공 : 관공이 2개에서 여러 개 붙어 있는 가장 흔한 관공
  - 집단관공 : 불규칙한 크기의 관공이 집합해 있는 경우이며 관찰되는 수종으로 뽕나무류가 있다.
  - 관공연쇄 : 고립관공이 연속으로 배열되어 있는 경우로 너도밤나무가 대표 수종이다.

② 관공 배열
㉠ 환공재
- 지름이 큰 관공이 연륜을 따라 고리모양의 환상으로 1~수열씩 배열되는 재를 환공재라 한다.
- 조재에 해당하는 지름이 큰 관공이 배열되는 부분을 공권이라 한다.
- 공권은 1~수열씩 배열되는데 배열수에 따른 수종이 있으며 1열은 음나무, 1~2열은 느티나무, 3~5열은 밤나무·다릅나무·물푸레나무 등으로 분류된다.
- 환공재 대표 수종으로 참나무속, 느티나무속, 팽나무속, 느릅나무속, 아까시나무속, 가중나무속, 음나무속, 물푸레나무속, 오동나무속 등이 있다.

□ 소관공 배열에 따른 수종
- 산재상배열 : 물푸레나무, 옻나무, 오동나무 등
- 방사상배열 : 밤나무, 잣밤나무, 신갈나무 등
- 접선상배열 : 팽나무, 느티나무, 느릅나무, 아까시나무, 음나무 등

㉡ 산공재
- 연륜에서 관공의 지름의 이행이 거의 없고 크기도 일정하면서 연륜 전체에 고르게 흩어져 있는재를 산공재(diffuse porous wood)라 한다.
- 열대산 재는 대부분 산공재이다.
- 산공재 주요 수종으로 사시나무속, 버드나무속, 자작나무속, 우리나무속, 서어나무속, 목련속, 녹나무속, 너도밤나무속, 벚나무속, 단풍나무속, 피나무속, 층층나무속 등이 있다.

㉢ 반환공재
- 조재 관공의 지름은 만재 관공보다 크며 만재는 지름 이행이 점진적이어 환공재와

산공재의 구분이 어려운 중간의 재를 반환공재(semi ring porous wood)라고 한다.
- 국내 수종으로 가래나무가 있으며 아열대산은 자단(dalbergia), 나라(narra) 등이 있다.

ⓒ 방사공재
- 지름의 크기 차이가 거의 없는 관공이 방사상으로 배열하는 재를 방사공재(radial porous wood)라 한다.
- 대표적인 방사공재 수종으로 가시나무류의 붉가시나무, 종가시나무 등과 꽝꽝나무류 등이 있다.

ⓓ 문양공재
- 지름이 작은 관공들이 그물모양이나 화염상 등의 문양을 보이는 재를 문양공재(figured porous wood) 라 한다.
- 문양공재가 나타나는 수종으로 갈매나무속, 목서속 등이 있다.

③ 천공
축방향에서 상하로 접속되어 있는 도관요소에서 세포벽면을 천공판(perforation plate)라고 하며 천공판에 소실부분이 발생이 이 구멍을 천공(perforation)이라 한다.

㉠ 단천공
- 천공판이 1개의 큰 구멍만 남고 가장자리의 천공연만이 일부가 남아 있는 것을 단천공이라 한다.
- 온대산재의 약 70% 정도는 단천공을 가지고 있다.
- 열대산 재에는 대부분 단천공을 가지고 있다.
- 단천공은 도관요소의 세포축과 완경사를 이루고 있다.

㉡ 계단상천공
- 장타원형의 모양으로 장축방향에 직각으로 세포벽이 소실되면서 계단상의 모양을 나타내는 천공을 계단상천공(scalariform perforation)이라 한다.
- 계단상천공은 가늘고 긴 공극이 평행으로 나타난다.
- 국내 수종의 약 30% 정도가 계단상천공을 가지며 대표 수종으로 자작나무속, 오리나무속, 조록나무속, 목련속, 층층나무속, 동백나무속 등이 있다.

㉢ 망상천공
- 천공판이 세포벽면에 망상모양으로 소실되어 있는 천공판을 망상천공(reticulate perforation)이라 한다.
- 망상천공을 가지고 있는 수종은 드물게 관찰되며 동백나무속에서 계단상천공을 가진 수종에 부분적으로 분포되는 경우가 있다.

㉣ 에페드로이드형천공
- 몇 개의 원형 구멍이 천공판에 떼를 이루어 배열되어 있는 경우를 에페드로이드형천공(ephedroid perforation)이라 한다.
- 보통 마황(ephedra)에서 관찰되며 국내 수종에는 거의 관찰되지 않는 천공이다.

④ 도관 벽공
㉠ 도관요소에는 많은 유연벽공이 존재하며 대부분의 수종에 torus가 없다.
㉡ 도관요소의 벽공은 도관요소 사이에 수평이동의 통로로 이용된다.
㉢ 벽공은 배열이나 그 특징에 따라 교호상벽공, 대상벽공, 계단상벽공으로 구분된다.

⑤ 도관의 벽공 종류
㉠ 교호상 벽공
- 도관요소 축에 경사방향으로 규칙적으로 배열되어 있다.
- 외형은 원형이나 타원형에 가까우며 벽공이 밀집하여 벌집모양으로 나타나기도 한다.
- 활엽수재의 대부분은 교호상 벽공이다.
㉡ 대상벽공
- 도관요소 축에 수평이나 수직으로 한 줄로 배열되는 벽공이다.
- 교호상벽공과 계단상벽공의 중간 모양으로 계단상벽공과 함께 더 많이 관찰된다.
㉢ 계단상벽공
- 사다리모양으로 가늘고 긴 벽공이 연속으로 배열되어 있다.
- 목련과나 녹나무과에서 주로 관찰된다.

⑥ 나선비후
㉠ 도관요소 안쪽 세포벽에 주로 발생한다.
㉡ 수종에 따라 나선비후의 분포정도가 다르며 도관요소의 전체에 분포하는 수종의 경우 벚나무속, 단풍나무속, 칠엽수속, 피나무속, 감탕나무속 등이 있으며 만재부 소도관에만 분포하는 수종으로 느릅나무속, 느티나무속, 팽나무속 등이 있다.

⑦ 충전물질
도관 내강에 착색물질이 존재하는데 검(gum)의 경우 녹색으로 감나무, 황벽나무, 마호가니(mahogany) 등에서 발견되며 백색, 황색, 적색, 담갈색의 초크상물질(chalky substance)가 있는데 카시아(cassia), 멀바우(intsia) 등의 외래수종에서 관찰된다.

(2) 목섬유
  ① 목섬유 크기
    ㉠ 목섬유의 크기는 목재의 성질에 영향을 주며 일반적 길이는 1~2mm 정도로 가도관보다 짧다.
    ㉡ 지름은 10~30μm, 벽후는 2~3μm 이다.
    ㉢ 벽후가 두꺼운 수종이 있는데 5~6μm 인 박달나무와 가시나무류 등이 있다.
  ② 목섬유의 종류
    ㉠ 진정목섬유
      • 길이가 길고 두께가 얇은 세포이다.
      • 단벽공을 가지고 있다.
      • 활엽수재에서 지지기능을 담당하는 세포이다.
    ㉡ 섬유상가도관
      • 섬유상가도관의 형태는 진정목섬유와 유사하다.
      • 세포벽의 내벽공구는 렌즈상모양을 주로 보이며 유연벽공이 분포하고 있다.
      • 섬유상가도관이 분명한 수종으로 오리나무, 조록나무, 산벚나무, 열대산 다수 수종등이 있다.
    ㉢ 격벽목섬유
      • 목섬유 세포내강의 축방향에 직각방향으로 격벽을 형성하는 목섬유를 말한다.
      • 격벽목섬유는 2차벽이 형성되고 난후에 원형질체가 분열하는 도중 생겨난 목섬유로 일반 목섬유와는 다르다.
      • 주로 1차벽과 세포간층으로만 구성되어 있다.
      • 격벽목섬유가 나타나는 수종으로 호랑가시나무, 누리장나무 등이 있으며 열대산 수종으로 마호가니(mahogany), 다오(dao), 티크(teak) 등이 있다.
    ㉣ 젤라틴 섬유
      • 이상재인 인장응력재에서 목화되지 않는 젤라틴층이 나타나는 경우 젤라틴섬유라 한다.
      • 인장응력재외에도 일반수종에서 졸참나무류, 아가시나무로 에서는 젤라틴섬유가 나타나기도 한다.
    ㉤ 나선비후
      • 수종에 따라 목섬유 전부 혹은 일부에서 나선비후가 나타나기도 한다.
      • 목섬유에 나선비후가 나타나는 수종으로 사철나무속, 가막살나무속, 감탕나무속, 비쭈기나무속 등이 있다.

• 목섬유의 나선비후의 발생할 확률이 매우 적은 현상이다.

> □ **특수 목섬유**
> • 섬유상가도관에 타일로시스가 형성되는 수종 중 목섬유의 내강에 실리카가 함유되는 경우가 있으며 수종으로 감람나무과, 마편초과 등이 있다.
> • 목섬유 분화가 완료시 사세포가 되는 것이 일반적이나 일부 수종에서 유세포와 유사하게 양분을 저장하는 기능을 지니는 경우가 발생하는데 이를 생재목섬유라 하고 발생 수종으로 단풍나무속, 아까시나무속, 자귀나무속 등이 있다.

(3) 축방향 유조직

① 축방향 유세포

㉠ 축방향유세포는 단벽공과 박벽을 가지며 스트랜드유세포를 가진다.

㉡ 이 세포는 양분의 저장과 이동을 담당하는 세포이다.

㉢ 방추형시원세포에서 분화되어 세포내강을 가로지르는 횡단분열을 통해 스트랜드를 형성한다.

㉣ 유세포 구성 스트랜드 수에 따라 수종이 다르며 2개는 아까시나무, 3~4개는 칠엽수, 5~8개는 가래나무, 8~수십개는 너도밤나무, 조록나무 등으로 분류되어 진다.

㉤ 스트랜드 길이에 따라 수종이 분류되는데 30~40㎛ 정도의 짧은 것은 너도밤나무, 들메나무, 감나무 등이 있으며 150~200㎛ 정도로 긴 것은 조록나무 등이 있으며 대부분의 수종은 50~100㎛ 정도를 길이를 평균적으로 가진다.

㉥ 대부분의 활엽수재에 축방향유세포가 존재하며 횡단면상으로 세포벽은 박벽이다.

㉦ 축방향유조직의 배열은 목재 식별에 중요한 요인 중 하나이다.

② 독립 유조직

도관관공의 관계없이 독립적으로 분포하는 유조직으로 배열방식에 따라 산재유조직, 독립대상유조직, 독립대상유조직안에서 다시 짧은 접선섬유조직, 망상유조직으로 분류되고 종말상 유조직 까지 총 4가지로 분류된다.

㉠ 산재유조직

• 축방향 유세포가 모인 유세포군이 목섬유 사이에 산재되어 있는 경우를 산재 유조직이라 한다.

• 관찰되는 수종으로 오리나무, 참나무속, 너도밤나무, 메밀잣밤나무속 등이 있다.

㉡ 독립대상유조직

• 축방향유조직 관공과 관계없이 동심원상이나 접선상으로 길게 연속으로 선이나

수열로 이루어진 유조직을 말하며 그 배열에 따라 다시 분류된다.
- 짧은접선상 유조직 : 접선상에 축방향조직이 방사조직에서 다음 방사조직까지 짧은 접선상으로 분포하는 유조직을 말하며 피나무속이 대표적인 수종이다.
- 망상유조직 : 독립대상으로 분포하는 축방향유조직의 간격과 방사조직 간의 간격이 동일한 유조직으로 가래나무, 조록나무 등이 있다.

ⓒ 종말상유조직
- 연륜이나 생장륜의 끝부분에 1세포나비나 여러 세포나무 층이 접선방향으로 연속하여 배열하는 유조직을 말한다.
- 종말상유조직이 관찰되는 수종으로 사시나무속, 버드나무속, 목련속, 단풍나무속 등이 있다.

③ 수반유조직
횡단면에서 축방향유조직들이 관공을 둘러싸거나 근처에 인접하여 배열되는 경우 수반유조직이라하고 어떠한 배열을 하느냐에 따라 크게 주위상유조직, 익상유조직, 연합익상유조직 3가지로 분류된다.

㉠ 주위상유조직
- 관공의 주위를 축방향유조직이 완전히 둘러싸고 있는 형태로 두께가 하나의 세포이거나 여러세포층인 유조직이다.
- 관찰되는 수종으로 녹나무과가 주로 관찰되며 녹나무속, 후박나무속, 육박나무속, 까마귀쪽나무 등이 있다.
- 주위상유조직은 다시 수반산재유조직과 모상유조직으로 분류된다.
- 수반산재유조직 : 관공 주위를 축방향 유조직이 완전하게 둘러싸지 못하고 불완전하게 둘러싸거나 인접하여 산재하는 유조직이다. 수반산재유조직이 관찰되는 수종으로 감나무, 너도밤나무 등이 있다.
- 모상유조직 : 주위상유조직과 비슷한 형태로 횡단면의 관공 바깥쪽이나 수(pith)쪽으로 편중되어 분포하는 유조직이다. 모상유조직이 관찰되는 수종으로 망개나무 등이 있다.

㉡ 익상유조직
- 관공이 중심에 있고 접선방향으로 새의 날개처럼 펼쳐져 있는 형태의 축방향유조직을 익상유조직(aliform parenchyma)라고 한다.
- 익상유조직이 관찰되는 수종으로 오동나무속, 외국수종의 이엽시속(dipterocarpus) 등이 있다.

ⓒ 연합익상유조직
- 익상유조직이 접선방향이나 경사방향으로 인접한 다른 익상유조직과 접속하면 불규칙한 띠와 같은 대(帶)가 형성되는 유조직을 연합익상유조직이라 한다.
- 연합익상유조직이 관찰되는 수종으로 팽나무속, 주엽나무속, 아까시나무속, 오동나무속 등이 있다.
- 연합익상유조직이 본래의 형태보다 두께가 두껍고 길이가 길며 연속될 시 이를 보고 수반대상유조직이라 한다.

④ 방추형 유세포
㉠ 방추형 유세포는 유세포로 분화 과정 중에 축방향유세포와는 달리 횡면분열을 하지 않는 유세포를 방추형유세포라고 한다.
㉡ 방추형유세포는 박벽이고 단벽공을 가지고 있다.
㉢ 방추형유세포는 다릅나무속, 아까시나무속, 감나무속, 오동나무속 등에서 관찰된다.
㉣ 방추형유세포는 축방향유세포와 함께 존재하는 경우가 많으며 이때의 방추형유세포는 층계상일 경우가 많다.

⑤ 에피델리얼세포와 수지구
㉠ 정상수지구
활엽수재의 정상수지구는 열대산 수종에 주로 관찰되며 온대산 수종에는 드물게 나타난다.
㉡ 수직수지구
국내 목재 중에는 정상수직수지구를 가진 수종은 거의 없으며 열대산 수종에서 주로 관찰되며 일부 콩과 수종과 마스틱시아속(mastixia), 이우시과 등이 있다.
㉢ 수평수지구
- 수평수지구는 국내 활엽수재의 황철나무에서만 관찰되며 열대산 재에는 대부분 관찰되는데 대표 수종으로 옻나무과의 캄프노스퍼마(Campnosperma), 글루타(gluta), 미얀마옻나무(melanorrhoea), 감람과(burseraceae) 등이 있다.
- 수평수지구는 방사조직내에 포함되는데 이는 침엽수재와 유사하다.
㉣ 상해수지구
- 상해수지구는 주로 상해수직수지구 형태로 관찰된다.
- 관찰수종으로 벚나무속, 참죽나무, 소태나무 등이 있다.

(4) 방사유세포
  ① 평복세포
    ㉠ 방사유세포 장축의 방사단면에서 관찰시 벽돌을 눕혀서 쌓아놓은 듯한 모양을 한다.
    ㉡ 평복세포의 길이는 50~150㎛, 높이 12~18㎛ 정도이다.
    ㉢ 평복세포를 횡단면에서 관찰시 모양은 원형이나 타원형이다.
  ② 직립세포
    ㉠ 방사유세포 장축의 방사방향에서 관찰시 벽돌을 세워 쌓아 놓은 듯한 모양을 한다.
    ㉡ 직립세포의 길이는 50~100㎛, 나비는 20~30㎛ 정도이다.
  ③ 방형세포
    ㉠ 평복세포와 직립세포의 중간형이다.
    ㉡ 축방향 길이와 방사방향 지름이 거의 유사한 정방형 세포이다.
  ④ 특수 세포
    평복세포, 직립세포, 방형세포는 일반적인 활엽수재의 방사조직을 구성하는 세포의 모양이나 수종에 따라 이 외의 형태를 보이기도 한다.
    ㉠ 초상세포
      • 접선단면에서 관찰시 다열방사조직의 주변 내부의 평복세포를 직립세포가 둘러싸고 있는 경우 초상세포라고 한다.
      • 초상세포가 관찰되는 수종으로 팽나무, 벽오동 등이 있다.
    ㉡ 타일세포
      • 방사단면에서 관찰시 평복세포사이에 높이가 평복세포와 거의 유사한 직립세포가 관찰시 이 직립세포를 타일세포라 한다.
      • 타일세포는 방사방향으로 연속하여 나타나며 원형질이 없어 내강이 빈 세포로 되어 있다.
      • 평복세포와 같은 높이의 타일세포는 Durio형이라 하고 평복세포보다 높은 타일세포는 Pterospermum 형 이라 한다.
      • 타일세포의 분포는 전체적인 것보다 부분적으로 분포하는 것이 일반적이다.
    ㉢ 유세포
      • 축방향유조직이나 방사유조직은 유세포(柔細胞)보다 크기가 더 큰 세포를 유세포(油細胞)라 한다.
      • 유세포(油細胞)는 축방향유조직이나 유세포(柔細胞)스트랜드의 앞부분이나 중간부분에 존재하며 방사조직이 가장자리에 존재한다.

ㄹ 점액세포
- 유세포(油細胞)와 모양은 비슷하나 점액을 함유하고 있어 점액세포라 한다.
- 포포나무과, 딜레니아과(dilleniaceae)의 일부 수종에서 관찰된다.

ㅁ 방사유관
- 방사조직 속에 유관을 방사유관이라 한다.
- 접선단면에서 관찰시 에피델리얼세포가 없으며 관상이 명확하여 수직수지구와는 다르다.
- 방사유관은 열대산 수종에서 주로 관찰되며 풀라이(Pulai), 마디카(jelutong) 등이 있다.

ㅂ 타닌관
- 타닌관은 방사유관과 유사한 형태로 내용물이 공기와 접촉시 산화되어 적갈색으로 변한다.
- 관찰수종으로 열대산 수종으로 육두구과(myristica) 등이 있다.

⑤ 유세포의 성분
ㄱ 변재의 유세포는 원형질 및 후형질이 존재한다.
ㄴ 유세포 후형질은 전분, 추출성분 지질 등이 함유되어 있다.
ㄷ 심재화 과정에서 원형질은 사라지고 전분은 심재물질로 전환, 페놀성 물질과 추출성분은 착색물질로 된다.
ㄹ 무기물인 결정과 실리카를 함유하는 수종도 있다.
ㅁ 결정은 대부분 수산석회로 온대산이나 열대산재에 주로 분포되며 주요 수종으로 소귀나무, 느티나무, 아까시나무, 고로쇠나무, 동백나무 등이 있다.
ㅂ 실리카는 식물체 내의 이산화규소로 작은입자들이 모여 큰 덩어리로 보이며 주로 열대산재에서 관찰된다. 대표 수종으로 옻나무과, 이우시과, 목련과 등이 있다.

(5) 방사조직
① 방사조직의 크기에 따른 분류
ㄱ 단열방사조직
- 접선단면에서 관찰시 방사조직의 유세포(柔細胞) 열수가 1열인 경우를 단열방사조직이라 한다.
- 단열방사조직만 가지는 수종으로 사시나무속, 칠엽수속, 버드나무속, 밤나무속 등이 있다.

ⓒ 다열방사조직
　　　• 접선단면에서 관찰시 방사조직의 유세포 열수가 2열 이상인 경우를 말하며 대부분의 활엽수에서 관찰이 된다.
　　　• 방사조직이 2열인 경우 복열방사조직이라하고 대표 수종으로 옻나무, 회양목, 감나무 등이 있다.
　　　• 열수가 10~20열 이상인 수종으로 너도밤나무속, 참나무속 등이 있다.
　　　• 방사조직의 열수가 과도하게 많은 경우는 광방사조직이라 하며 높이가 높아 방사단면에 호반문양을 만든다.
　　　• 대부분의 동일 활엽수 수종은 단열방사조직과 다열방사조직이 동시에 존재한다.
　② 분포방식에 따른 분류
　　ⓘ 산재방사조직
　　　크기의 차이가 없는 방사조직들이 균등하게 분포되어 있는 경우를 산재방사조직이라 하며 대부분의 활엽수 수종에서 관찰이 된다.
　　ⓒ 집합방사조직
　　　단열방사조직이나 크기가 작은 다열방사조직이 한 지점에 대량으로 있어 다른 부분과 구분되는 집합체를 집단방사조직이라 하며 대표 수종으로 오리나무속, 서어나무속, 개암나무속 등이 있다.
　　ⓒ 복합방사조직
　　　단열방사조직이나 크기가 작은 다열방사조직 사이에 크기가 넓은 광방사조직이 혼재되어 있는 경우 복합방사조직이라 하며 너도밤나무속, 참나무속, 버즘나무속, 돌참나무속 등에서 관찰된다.
　③ 구성 세포에 따른 분류
　　ⓘ 동형방사조직
　　　동일 형태의 세포만으로 구성된 방사조직으로 평복세포나 혹은 직립세포만으로 구성되면 동형방사조직이라 한다.
　　ⓒ 이형방사조직
　　　형태가 다른 세포가 혼재되어 있는 경우로 평복세포와 직립세포가 동시에 관찰된다.

(6) 가도관
　① 도관상가도관
　　㉠ 활엽수재의 가도관은 침엽수재의 비하여 길이가 짧고 벽공의 크기가 작다.
　　㉡ 활엽수재의 일부수종에서 가도관이 관찰되며 세포벽에는 유연벽공이 있다.

ⓒ 도관상가도관의 모양은 만재부의 소도관과 유사하나 환공을 가지지 않는다.
　　ⓔ 도관상가도관을 횡단면상에서 관찰시 소도관과 구별이 어렵다.
② 주위상가도관
　　㉠ 주위상 가도관은 천공이 없이 불규칙한 형태의 가도관으로 휘어져 있는 경우가 많다
　　㉡ 대표 수종으로 참나무속, 밤나무속이 있다.

CHAPTER 04 목재의 결함

01 목재 결함의 종류

① 옹이
  ㉠ 목재의 수간에 비대생장으로 남아 있는 나뭇가지의 기부를 옹이라고 한다.
  ㉡ 생육시 수간의 비대생장으로 가지의 기부가 점점 수간의 내부로 포위되어 옹이가 형성되는데 가지의 생장의 활발할시 발생되는 옹이는 산옹이라한다.
  ㉢ 나뭇가지가 고사하여 그 부분의 생장이 정지하고 수간의 비대생장으로 형성된 옹이는 죽은옹이라 한다.
  ㉣ 가지작업에 의해서 가지가 제거되면서 가지의 남은 부분이 완전 파묻히면서 수간 표면에 옹이의 흔적이 보이는데 이때를 숨은 옹이라 부른다.
  ㉤ 죽은옹이가 자연낙지에 의해 생기는 접선단면부분을 절공(節孔)이라 한다.
  ㉥ 활엽수재에 수간 둘레로 가지가 없는 곳에 부정아(adventitious bud)가 발생되면 기부가 옹이가 없는 수간의 부분 묻히는 경우가 있는데 이때 발생하는 지점을 아절 또는 눈옹이라 하며 참나무류, 너도밤나무류, 피나무류, 잎갈나무나 삼나무 등에서도 관찰이 된다.
  ㉦ 수간이 비대생장을 하는 중 숨은눈이 잠부아가 신장생장을 계속하여 잎모양의 구조를 가지는데 이때의 구조를 잎옹이라 하며 들매나무와 포플러 등의 수종이 주로 발생한다.
  ㉧ 옹이는 섬유의 방향이 산란되면서 기계적 강도를 많이 떨어뜨리고 뒤틀림이나 할렬등이 발생되기도 한다.

② 응력재
응력재는 나무가 자라는 지역이 경사지이면 편심생장을 하게 되는 경우가 있는데 이러한 편심생장이 발생하는 경우의 부분을 응력재라 한다.
  ㉠ 압축응력재
    • 압축응력재는 보통 침엽수재에서 발생되며 가지의 아래쪽부분에 생긴다.
    • 압축응력재는 만재에서의 이행이 점진적이고 조,만재의 구별이 명확하지 않다.
    • 가도관벽의 두께가 정상 가도관보다 비교적 두껍다.
    • 수종에 따라 세포간극이 리그닌이나 펙틴(pectin)으로 충만되어 있다.

- 가도관의 길이가 정상재보다 10~40% 정도 짧다.
- 세포벽이 세포간층 및 2차벽으로 구성되는데 그중 외층(S3)이 없다.
- 마이크로피브릴 경사각이 정상재보다 크다.
- 정상재보다 리그닌이 많고 셀룰로오스 함량이 적다.
- 정상재보다 섬유방향의 수축률이 매우 높고 방사방향이나 접선방향은 낮다.
- 정상재보다 비중, 경도 등이 크다.

ⓒ 인장응력재
- 보통 활엽수재에서 발생되며 가지의 윗부분에 주로 발생한다.
- 정상재보다 농색이 나타나며 식별이 어려울 때는 염화아연요드액이나 이중염색을 통해 처리하여 구별하기도 한다.
- 건조하면 밝은 은색의 광택을 내기도 한다.
- 젤라틴 섬유가 분포되어 있으며 젤라틴층이 존재하며 이로 인해 세포벽이 매우 두껍다.
- 젤라틴층은 리그닌이 거의 없고 셀룰로오스 함량이 높다.
- 젤라틴층의 결정화도는 정상재보다 높으며 마이크로피브릴 경사각은 세포축에 평행하다.
- 인장응력재의 생재함수율은 크다.
- 건조시 건조가 수월하고 섬유방향과 접선방향의 수축률이 높다.
- 압축강도가 비교적 작고 인장강도가 큰 것이 특징이다.

③ 수간 할렬
ⓐ 심렬
- 연륜과 직각방향으로 생기는 할렬을 말한다.
- 방사조직이 넓은 광방사조직을 가진 참나무류에서 주로 발생한다.
- 할렬은 1개에서 수개 발생되기도 하며 다수가 발생 시 성렬(star shake)이라 한다.
- 심렬은 입목의 생장응력에 의해 일어나며 주로 벌목에 의해 발생된다.

ⓑ 윤열
- 접선방향으로 생장륜을 따라 할렬이 발생하는 것을 말한다.
- 주로 발생되는 수종은 분비나무, 물참나무, 들메나무 등이 있다.

□ 윤열 발생 원인
- 연륜폭 차이
- 조·만재 차이
- 수간 생장응력
- 바람과 같은 물리적 작용

ⓒ 상렬
- 상렬(frost crack)은 동렬(凍裂)이라고도 한다.
- 추운날씨에 나무의 외부에서 내부로 향해 발생하는 가늘고 긴 할렬을 말한다.
- 상렬은 한랭한 기후나 수간 내에 수식재가 존재하면 발생된다.
- 발생수종으로 가문비나무, 물참나무, 느릅나무, 황철나무 등이 있다.

④ 수식재
  ㉠ 심재의 함수율이 부분적으로 높을 때가 있는데 이러한 심재를 수식재(wet wood)라 한다.
  ㉡ 수식재는 건조심재를 가진 침엽수재에 잘 발생되며 대표수종으로 솔송나무속 및 분비나무등이 있다.
  ㉢ 수식재를 가진 분비나무의 경우 방사방향이나 접선방향의 할렬이 잘 발생되기도 한다.
  ㉣ 통기성박테리아가 존재할 수 있으며 이로 인해 조직이 착색되기도 한다.
  ㉤ 함수율은 71~200% 정도이며 최고 300%까지도 있다.
  ㉥ 수분으로 겨울에 동결로 인한 할렬이 나타날 수 있으며 건조장해를 일으키기도 한다.

⑤ 취약재
  ㉠ 정상재보다 무르고 약한 성질을 지닌 목재를 취약재라고 한다.
  ㉡ 목재의 목리에 직각방향으로 충격이 가해지면 파괴되는데 이때를 취약파괴라고 한다.
  ㉢ 취약재 특징
    - 연륜폭이 매우 넓을 경우
    - 비중이 매우 높을 경우
    - 세포벽이 매우 얇을 경우
    - 목재가 너무 건조할 경우
    - 목재를 너무 고온에서 건조할 경우
  ㉣ 취심재
    - 주로 열대산재의 안쪽 발생되는 특수 재부로서 기계적 성질이 보통의 목재에 비해 떨어진다.
    - 취심재 부분은 다른 부분보다 담색으로 광택이 거의 없고 재면이 거친 것이 특징이다.
    - 압축강도 및 인장강도가 떨어지고 충격강도는 정상재의 1/3 수준이다.

PART 2 목재과학 기본문제

01 목재의 진비중(眞比重)이란?
① 목재의 비중
② 세포의 비중
③ 세포막 실질의 비중
④ 목섬유의 비중

해설   공극을 제외한 세포막 실질의 비중을 목재의 진비중이라 한다.

02 목재의 비중을 측정하기 위한 시험편은 어느 온도 조건하에서 건조시키는 것이 가장 좋은가?
① 70 - 75°C
② 100 - 105°C
③ 270 - 275°C
④ 300 - 305°C

해설   목재의 수분을 건조하기 위한 조건온도는 100~105°C 이다.

03 목재의 팽창과 수축을 최소한으로 줄이기 위한 방법 중 잘못된 것은 어느 것인가?
① 높은 온도로 처리한 나무를 사용한다.
② 될수만 있다면 가벼운 나무를 사용한다.
③ 가급적 판목재를 사용한다.
④ 수지처리한 나무를 사용한다.

해설   판목재는 접선방향으로 절단한 목재로 수축 팽윤중 접선>방사>섬유 방향으로 수축 팽윤이 커지므로 판목재가 수축, 팽윤이 가장 심하게 나타난다.

04 어떤 목재의 전건비중을 0.6으로 하면 그 목재의 실질율은?(단, 목질의 진비중은 1.5)
① 0.3
② 0.4
③ 0.9
④ 2.5

해설
- 실질률 = 전건비중 / 진비중 = 전건비중 / 1.5
- 진비중은 세포벽 중의 전공극을 제거시킨 세포벽비중으로 수종과 무관하게 일반적으로 1.5 값을 사용한다.

정답   01 ③   02 ②   03 ③   04 ②

05 목재의 함수율이 내부보다 표면이 적을때 계속하여 건조를 진행하면 표면에 생기는 응력은?
① 압축응력
② 인장응력
③ 수직응력
④ 전단응력

> **해설** 내부와 표면의 함수율 변화에 의해 응력이 발생하게 되는데 표면이 함수율이 적게되면 수축하려하고 내부는 이를 억제하려는 작용을 하게 되어 표면은 인장응력 내부는 압축응력이 발생된다. 건조가 계속 진행되면 건조 후기에 내부도 섬유포화점 이하로 건조 되어 수축이 개시되나 이미 건조 수축된 표층에 의해 제약을 받게 되는데 이때는 응력 관계가 전환되어 표면은 압축응력, 내부는 인장 응력이 발생된다.

06 전건비중이 0.50 일 때 그 목재의 최대 용적 팽윤율은?
① 8 %
② 10 %
③ 12 %
④ 14 %

> **해설** $a_v = 28 \times D_0$
> a_v : 최대용적팽창률
> D_0 : 비중, 밀도

07 목재의 비열 변이에 가장 영향이 적은 인자는?
① 온도
② 함수율
③ 화학적 조성
④ 밀도

> **해설** 비열에 가장 큰 영향을 주는 요인으로는 온도와 함수율 이며 화학적 조성 역시 영향을 준다. 밀도의 경우 목재의 강도에 영향을 주나 비열에는 큰 영향을 주지는 않는다.

08 목재의 강도를 나타낼 수 있는 가장 중요한 지표는?
① 함수량
② 비중
③ 수축과 팽창량
④ 해부학적 성질

> **해설** 함수량 역시 강도에 영향을 주기는 하나 보기 중 가장 중요한 지표이자 인자는 비중이다. 비중이 증가할수록 목재의 강도 역시 직접적으로 영향을 받아 증가한다.

09 목재의 진비중이란?
① 목재의 비중
② 세포의 비중
③ 세포벽 실질의 비중
④ 목섬유의 비중

> **해설** 세포벽 중의 미세 공극을 온전 제외한 목재 실질의 비중을 진비중이라 한다.

정답 05 ① 06 ④ 07 ④ 08 ② 09 ③

10 목재의 방사방향 수축율은 접선방향에 비해 어느 정도 인가?

① 약 10 %   ② 약 20 %
③ 약 40 %   ④ 약 60 %

해설
- 방사는 접선의 50 ~ 70 % 수준으로 약 60 % 이다.
- 수축률 접선>방사>섬유 방향 순이며 비는 10 : 5 : 1 정도이다.

11 시험재의 건조전 함수율이 40%, 시험재의 건조전 무게가 420 g 이였다 어떤 건조시간에 시험재의 무게가 350 g 이 되었다면 이때에 시험재의 함수율은?

① 약 12 %   ② 약 17 %
③ 약 22 %   ④ 약 27 %

해설 $\dfrac{건조전무게 - 건조후무게}{건조전무게} \times 100(\%) \rightarrow \dfrac{420 - 350}{420} \times 100(\%) ≒ 16.66 ≒ 17\%$

12 악기의 음향판용 목재의 성질로 적합하지 않는 것은?

① 손실 감쇠가 적어야 한다.
② 방사 감쇠가 적어야 한다.
③ 방사 감쇠는 탄성 계수에 영향을 받는다.
④ 목재의 방사감쇠는 금속보다 크다.

해설 방사감쇠가 커야 음이 잘 퍼진다.

13 진비중이 1.5, 전건비중이 0.54 인 목재의 공극율은?

① 60 %   ② 62 %
③ 64 %   ④ 66 %

해설 공극률 $= \dfrac{진비중 - 전건비중}{진비중} \times 100(\%) = \dfrac{1.5 - 0.54}{1.5} = \dfrac{0.96}{1.5} \times 100 ≒ 64\%$

14 목재의 결합수는 세포벽의 자유로운 활성기와 어떤 결합에 의하여 존재하는가?

① 수소결합   ② 공유결합
③ 이온결합   ④ 원자가결합

해설 목재의 결합수는 세포벽의 활성기에 수산기(-OH)에 수소결합한다.

15 목재 내의 수분 이동에 대한 설명으로 틀린 것은?

① 목재 내에서 자유수의 이동은 목재 표면과 내부의 수증기압 차와 같은 압력차에 의한 유동에 의하여 이루어진다.
② 건조된 목재를 침수시켰을 때에 물은 주로 횡단면을 통하여 모세관 현상에 의하여 침투한다.
③ 세포벽 내에서 결합수의 이동은 주로 목재 내의 연속된 통로를 통하여 확산에 의하여 이루어진다.
④ 세포내강의 자유수는 그 주변의 세포벽 내로 확산에 의하여 이동하여 결합수로 전환된다.

해설 　자유수가 결합수나 화학수 등으로 변화하지는 않는다.

16 단면이 2cm × 2cm 길이가 60cm 인 목재를 500kg의 하중으로 인장하였을때 길이가 60.3cm 로 늘어났다면 이때의 변형률은?

① 0.001
② 0.003
③ 0.005
④ 0.007

해설 　변형률 = $\dfrac{\text{변화한 길이}}{\text{초기 길이}} = \dfrac{60.3 - 60}{60} = 0.005$

17 다음에 열거된 목재의 강도 중에서 가장 적은 값은?

① 종압축강도
② 종인장강도
③ 전단강도
④ 휨강도

해설 　목재의 강도는 종인장강도 > 종압축강도 > 휨강도 > 전단강도 순이다.

18 평형함수율의 영향인자가 아닌 것은?

① 온도
② 습도
③ 추출물
④ 탄성

해설 　평형함수율의 경우 온도, 습도, 추출물에 영향을 받는다. 일정한 상대습도에서 평형함수율은 온도가 상승할수록 감소하는 경향을 보이며 습도가 높으면 공기중 수분량이 많아 평형함수율에 영향을 주게 된다. 세포공극에 들어 있는 추출성분은 흡습을 방해하여 섬유포화점을 저하시켜 평형함수율에 영향을 주게 된다. 탄성의 경우 목재의 물리적인 요소로 함수율에는 영향을 주지 않는다.

19 목재에 있어서 압축강도가 가장 큰 방향은?
① 방사방향
② 접선방향
③ 촉단방향
④ 섬유방향

해설 압축강도의 크기는 섬유방향>방사방향>접선방향의 크기의 수준을 보인다.

20 열전도성에 관한 설명 중 틀린 것은?
① 열의 전도성은 분자의 비열, 평균속도 및 평균 자유행로에 의하여 결정된다.
② 목재나 유리의 열전도율은 온도가 높아지면 조금씩 높아지게 된다.
③ 열전도율은 목재의 접선방향과 방사방향에 있어서 그 차이가 거의 없이 일정하다.
④ 열전도율은 목재의 함수율 증가에 따라 증가되고, 비중이 작은 목재일수록 증가정도는 더욱 커진다.

해설 목재의 함수율이 증가시 열전도도는 증가하는데 이는 물 자체의 열전도도 때문이다 하지만 비중이 작은 목재일수록 열전도도는 감소하는데 이는 목재가 다공성 물질로 공극 속의 정체된 공기의 열전도도가 낮기 때문이다.

21 박막에피테리움 세포로 싸여 있는 침엽수 수지구에서 볼 수 있는 특징은?
① 타일로시스(Tyloses)
② 타일로소이드(Tylosoid)
③ 검물질
④ 결정의 발달

해설 활엽수에는 타일로시스가 침엽수에는 타일로소이드가 에피테리움 세포로 쌓여 있는 수지구이다.

22 다음 설명 중 일반적인 열대재의 특징이 아닌 것은?
① 취약심재를 갖고 있다.
② 교착목리가 많다.
③ 대부분의 시장재는 환공재이다.
④ 도관의 천공은 단일 천공이 많다.

해설 대부분 산공재이며 단천공이다.

23 활엽수재의 식별 특징이 아닌 것은?
① 다실결정세포
② 주위상 유조직
③ 방사가도관
④ 격벽목섬유

해설 방사가도관은 침엽수재의 방사방향요소로 침엽수재 식별 특징이다.

24 다음 중 활엽수의 식별에 가장 중요한 특징이라고 생각되는 것은?
① 목섬유의 크기
② 방사가도관의 존재 유무
③ 횡단면상의 도관 배열
④ 방추형 방사조직

해설 침엽수재는 도관이 없고 가도관이 90% 이상 존재한다. 하지만 활엽수재는 도관이 약 30% 차지하면서 가도관은 일부수종에 극소량 존재한다. 보기의 문구 중 활엽수 식별에 중요한 특징은 횡단면상의 도관의 배열 및 유무이다.

25 마이크로피브릴 경사각은 목재의 수축 팽윤에 영향이 크다. 세포축에 대한 마이크로피브릴 경사각이 커지면 다음 중 목재의 어느 방향 수축팽윤이 가장 커지는가?
① 방사방향
② 접선방향
③ 섬유방향
④ 횡단방향

해설 마이크로피브릴 경사각이 커지면 섬유방향과의 각이 커지면서 섬유방향의 수축팽윤 정도가 커지게 된다.

26 환공재의 연륜폭이 넓어지면 비중의 변동은 어떻게 되는가?
① 감소한다.
② 변화가 없다.
③ 증가한다.
④ 세포길이에 따라 변한다.

해설 환공재 연륜폭이 넓어지면 세포의 질량이 증가하면서 목재 비중은 증가한다.

27 목재가 터지는 현상 중에서 건조시킬 때 일어나는 현상이 아닌 것은?
① 마구리 할렬(end check)
② 심렬(heart check)
③ 표면할렬
④ 할렬

해설 심렬은 연륜과 직각방향으로 생기는 할렬의 일종으로 입목의 생장응력에 의하여 발생하는데 벌목하는 경우 주로 발생한다.

28 침엽수재와 활엽수재의 가도관을 비교한 설명 중 틀린 것은?
① 활엽수재의 가도관이 침엽수재의 그 것보다 더 길다.
② 활엽수재 가도관의 벽공은 크기가 작다.
③ 가도관은 활엽수 중에서는 일부 수종에서만 볼 수 있다.
④ 활엽수재 가도관의 형태가 더 다양하다.

해설 활엽수재는 침엽수재의 가도관에 비해 길이가 짧고 크기가 작으며 일부 수종에서만 관찰된다. 또한 세포벽에는 유연벽공이 있다.

정답 24 ③ 25 ③ 26 ③ 27 ② 28 ①

29 침엽수에서 편심생장으로 형성 될 수 있는 이상재는?

① 압축 이상재 ② 편심 이상재
③ 인장 이상재 ④ 전단 이상재

해설 바람이 심하게 불어 한쪽으로 압축하여 성장하는 경우에도 편심생장이라 하는데 이러한 편심생장은 압축이상재에서 형성될수 있다.

30 마이크로피브릴의 배열이 10~30°의 각도를 가지며, 두께는 전체 세포막의 70~80%를 점유하는 2차 세포막의 층은?

① P층 ② S1층
③ S2층 ④ S3층

해설 세포벽의 70% 이상을 차지하며 마이크로피브릴 각이 10~30°인 2차 세포벽은 S2 층이다.

31 은행나무에서만 관찰되는 것으로 축방향 유세포가 팽창하여 생긴 것은?

① 에피데리얼세포 ② 이형세포
③ 수지가도관 ④ 방사유세포

해설 은행나무에서 축방향유세포가 팽창하면서 주위의 다른 세포와 다른 형태를 나타내게 되는데 이때의 세포를 가르쳐 이형세포라 한다.

32 소나무와 잣나무의 목재를 현미경으로 식별코자 한다. 검경해야 할 세포는?

① 가도관 ② 수지구
③ 방사가도관 ④ 목섬유

해설 소나무에는 방사가도관이 발달되어 있으나 잣나무에는 거의 없으며 가도관과 방사유세포만 구성되어 있는것이 특징이다.

33 마이크로피브릴(microfibril)과 가장 관계가 깊은 화학성분은?

① lignin ② hemicellulose
③ cellulose ④ resin

해설 마이크로피브릴은 셀룰로오스 분자의 집합체로 실모양의 구조물로 보이는 거의 대부분을 마이크로피브릴이라 한다.

34 벽공벽(Pit membrane)이 비대되어 생긴 원절(torus)이 생기는 벽공의 형태는?
① 침엽수 가도관의 유연벽공
② 활엽수 도관의 유연벽공
③ 반연벽공
④ 단벽공

해설 침엽수재에서 소나무과의 대부분의 수종은 비후한 tours를 가지며 이러한 tours를 가지는 벽공의 형태를 유연벽공이라 한다.

35 횡단면 상에서 정상적인 수지구를 볼 수 없는 수종은?
① 소나무
② 잎갈나무
③ 가문비나무
④ 전나무

해설 침엽수재 정상수지구는 소나무과에만 분포하며 이중 소나무속, 잎갈나무속, 가문비나무속, 미송이 이에 속한다.

36 Hemicellulose 를 구성하는 주요 단당류가 아닌 것은?
① Mannose
② xylose
③ erythrose
④ glucose

해설 erythrose 은 4탄당의 일종으로 생체 당질대사의 중간체로 헤미셀룰로오스의 당류는 아니다.

37 리그닌 중 가장 많은 구성 단위간의 결합형은?
① β – 5 형 결합
② β – β 형 결합
③ β – O – 4 형 결합
④ σ – O – 5 형 결합

해설 β – O – 4 형 결합은 arylglycerol-β-aryl ether 형 구조로 리그닌 중 가장 빈도 높게 존재하는 결합형이다.

38 자아란(xylan)에 대한 다음 설명 중 틀린 것은?
① 침엽수재 자아란은 알칼리에 의해 직접 추출할 수 있다.
② 활엽수재 자아란은 대부분 4 – O – methylglucuronoxylan 이다.
③ 활엽수재 자아란은 세포의 2차벽에 집중되어 존재한다.
④ 자아란 추출에는 NaOH 보다 KOH 를 사용하는 것이 효과적이다.

해설 활엽수재 자아란은 대부분 4-O-methyl-D-glucuronic acid 를 함유하고 있다.

정답 34 ① 35 ④ 36 ③ 37 ③ 38 ②

39 lignin 의 기본 구조에서 methoxyl(CH3O–)기가 많은 순서로 옳은 것은?

① 침엽수재 = 활엽수재 > 초본류
② 초본류 > 활엽수재 > 침엽수재
③ 활엽수재 > 침엽수재 > 초본류
④ 초본류 = 침엽수재 > 활엽수재

해설 리그닌 함유량은 침엽수 20~35%, 활엽수 20~25%, 초본류 10~15% 정도로 리그닌의 함유량은 침엽수가 높으나 리그닌 구조가 활엽수 리그닌이 syringylpropane 구조로 methoxyl 가 더 많아 많은 순서로 활엽수재, 침엽수재, 초본류 순이 된다.

40 다음 중 가수분해형 탄닌류의 생성과 관련이 없는 것은?

① Ellagictannin
② Gallotannin
③ Leucoanthocyanidin
④ Chebulic acid

해설 로이코안토시아닌(Leucoanthocyanidin)은 축합형 탄닌의 일종이다.

41 Cellulose 가 열분해할 때 생성되는 물질로서 방염의 효과가 있는 성분은?

① Levoglucosan
② glucoaldehde
③ glucuronic acid
④ glucose

해설 셀룰로오스 열분해시 생성되는 Levoglucosan 은 250℃에서 셀룰로오스 열분해가 시작되며 감압하에 300~350℃ 정도로 가열하면 생성되며 45% 정도의 수율을 보인다.

42 헤미 셀룰로오스의 측쇄에 가장 많이 함유 하고 있는 관능기는 무엇인가?

① 메톡실기
② 페닐기
③ 니트로기
④ 아세틸기

해설 헤미셀룰로오스는 셀룰로오스와 달리 측쇄가 다량 발생되며 측쇄에 가장 많이 함유되는 관능기는 아세틸기이다.

43 목재의 주성분 중 함유량이 가장 높은 것은?

① 리그닌
② 헤미셀룰로오스
③ 펙틴
④ 셀룰로오스

해설 목재의 주성분은 셀룰로오스, 헤미셀룰로오스, 리그닌 이 있으며 이 중 셀룰로오스의 양이 가장 많으며 다음으로 헤미셀룰로오스, 리그닌 순서이다.

정답 39 ③ 40 ③ 41 ① 42 ④ 43 ④

44 목재를 구성하는 주요 원소는?
① Na, Ca, Li, N
② B, F, Cl, Pb
③ N, H, O, C
④ Ne, S, P, Ag

해설 목재의 구성하는 주요 원소는 탄소(C), 산소(O), 수소(H), 질소(N) 이다.
탄소는 약 50%, 산소 약 44%, 수소 약 6%, 질소 약 0.06% 정도를 차지하고 있다.

45 셀룰로오스 함량에 대한 설명으로 옳은 것은?
① 일반적으로 변재가 심재보다 셀룰로오스 함량이 많다.
② 침엽수재는 변재가 심재보다 셀룰로오스(섬유소)가 많다.
③ 활엽수재는 심재가 변재보다 셀룰로오스 함량이 많다.
④ 활엽수재는 심재가 변재보다 셀룰로오스 함량이 적다.

해설 셀룰로오스 함량의 경우 침엽수재에서는 변재가 심재보다 셀룰로오스 함량이 많고 활엽수재에서는 차이가 없다.

46 세포벽에서 Arabinose 의 농도가 가장 높은 세포벽층은 다음 중 어느것인가?
① M + P 층
② M + P + S1 층
③ S1 + S2 층
④ S2 + S3 층

해설 arabinose 는 대부분의 수종에서 세포간층과 1차벽에 걸쳐 가장 많이 분포하고 있다.

47 리그닌의 기본구성단위를 표기한 것중 옳지 않는 것은?
① guaiacol
② guaiacyl
③ p-hydroxy phenyl
④ syringyl

해설 guaiacol 은 크레오소트에서 유도되는 방향성 기름이다. 리그닌 기본구조로 일명 침엽수 리그닌이라 불리는 guaiacyl, 활엽수리그닌인 syringyl, 초본류로 hydroxyphenyl 이 있다.

48 셀룰로오스의 분자량 측정 방법이 아닌 것은?
① 삼투압 측정법
② 연소법
③ 광산란법
④ 초원심 분리법

해설 측정방법으로 삼투압법, 광산란법, 초원심법, 점도법, 말단기법 이 있다.

정답 44 ③ 45 ② 46 ① 47 ① 48 ②

49 셀룰로오스 분자의 비환원성 말단기는 몇 번 탄소에 있는가?

① C1
② C2
③ C3
④ C4

해설 1번 탄소의 경우 환원성을 나타내며 이를 환원성말단기라하며 4번 탄소는 환원성을 나타내지 않아 비환원성말단기라 한다.

50 탄닌에 대한 설명으로 옳지 않는 것은?

① 탄닌이 고농도로 집적하는 부위는 목부, 수피, 잎, 열매 및 씨앗 등이며 함량은 수종에 따라 다르다.
② 탄닌 수용액은 단백질, 알칼로이드, 초산납, 석회 등과 불용성의 침전을 형성한다.
③ 탄닌은 shikimic acid에서 유래한 가수분해형 탄닌과 flavonoid 에 속하는 축합형 탄닌으로 나뉘어 진다.
④ 탄닌은 $FeCl_3$에 의하여 노란색으로 정색반응 한다.

해설 탄닌은 $FeCl_3$에 의해 청색이나 녹색을 띤다.

PART 3

목재가공

FOREST PRODUCT PROCESSING

CHAPTER 01 원목검사

1. 원목 검척

① 원목의 정의
  ㉠ 원목은 제재하지 않은 통나무를 말한다.
  ㉡ 전간재는 1본의 임목을 벌채하여 초두부 만을 잘라낸 전 길이의 원목을 말한다.
  ㉢ 재면은 원목의 표면을 종선으로 4등분한 면을 말한다.
  ㉣ 원목의 지름이란 말구지름을 말하며, 말구지름이란 수피를 제외한 최소지름을 말한다.
  ㉤ 원목의 평균지름이란 말구지름과 원구지름을 평균한 지름을 말한다.

② 원목의 구분
  ㉠ 원목은 특용재급, 1등급, 2등급, 3등급, 원주재급, 원료재급으로 구분하고 있다.
  ㉡ 국내에서 주로 생산되는 수종 및 지름분포를 고려하여 소나무류, 낙엽송류, 편백 및 삼나무류, 활엽수류 등으로 분류하고 있다.

수종군	해당 수종
소나무류	소나무, 해송, 잣나무, 스트로브잣나무, 리기다소나무, 리기테다소나무
낙엽송류	낙엽송
편백, 삼나무류	편백, 화백, 삼나무, 가문비나무, 전나무, 기타 침엽수
활엽수류	참나무, 포플러, 기타 활엽수

2. 원목의 검척 방법

(1) 개요
  ① 원목(목재)를 검척하여 실제 원목의 재적량을 파악하고 국제 무역에서나 국내 유통에서 원목의 원활한 거래를 위해서는 정량, 정성적인 자료가 필요하다.
  ② 원목 자재의 재적량을 나타내기 위해서는 국제적으로 통용되고 있고, 기본이 되는 표준단위와 검척방법을 이해하고, 단위환산을 할 수 있도록 활용되어야 한다.

(2) 원목 측정 단위
  ① 원목검척 할 때의 기본 단위는 미터법 사용하고 있다
  ② 국가별로 약간의 차이가 있어 필요시 환산 하여야 한다.
  ③ 원목의 지름 치수단위는 mm를 원칙으로 하며, 길이의 치수단위는 m로 하고, 원목의 재적단위는 m^3, 수량단위는 본으로 한다.

④ 원목 지름의 단위치수는 10mm로 하고, 길이의 단위치수는 0.1m로 하고, 단위미만 끝수는 끊어버린다.

(3) 길이단위

① 1 feet (피트)= 304.8mm
② 1 inch (인치) = 25.4mm
③ 1寸(치) = 30.3mm
④ 1尺(자) = 303.0mm

(4) 부피(체적)단위

① 보드푸트(Board Foot, 미국)
  ㉠ 1 inch × 1 feet × 1 feet = 1 Board Foot (B/F, bf, bm, BMF)
  ㉡ 1 Board Foot = 1/12 ft^3 = 0.00236m^3
  ㉢ 1,000 Board Foot = 슈퍼보드 푸트(Super Board Foot)
② 코드(Cord, 미국) : 4Feet × 4Feet × 8Feet = 128Cuf = 1Cord
③ 펜(Pen, 미국) : 1/5Cord = 1Pen
④ 규빅푸트(Cubic Foot, 영국, 말레이시아)
  ㉠ 1Feet × 1Feet × 1Feet = 1 Cubic Foot (Cuf, ft^3, cf, C/F)
  ㉡ 1 Cubic Foot = 12 B/F = 0.02831m^3
⑤ 재(才, 대한민국 ,일본)
  ㉠ 1寸(치) × 1寸(치) × 12尺(척,자) = 1才(재) = 1.41333 B/F = 3,338cm^3 = 0.0334m^3
  ㉡ 1석(일본) = 1자(尺) × 1자(尺) × 10자(척) = 83.33 재(才)
⑥ 입방척(立方尺, 일본) 또는 두(斗, 일본)
  1척 × 1척 × 1척 = 1자(尺) × 1자 × 1자 = 1입방척 = 1두 1입방척
           = 8.333사이(才) = 0.02783m^3
⑦ 석(石, 일본) : 1자(尺) × 1자 × 10자 = 10 입방척(두,斗) = 1석
⑧ 입방미터(Cubic meter, 세계 공통)
  1m × 1m × 1m = 1 Cubic meter (m^3, C/M) 1m^3 (입방미터)
           = 299.457사이(才) = 35.3165 C/F
⑨ 기타
  ㉠ 1 feet = 30.48 cm
  ㉡ 1 inch = 2.54 cm

ⓒ 1 자(尺) = 30.3 cm

ⓔ 1 치(寸) = 3.03 cm

(5) 원목 검척방법

① 말구직경자승법

㉠ 길이가 6m 미만인 경우

$$재적(m^3) = D^2 \times L \times \frac{1}{1,000,000}$$

여기서, D : 원목 지름으로서 mm 단위에 의한 수치
L : 원목 길이로서 m 단위에 의한 수치

㉡ 길이가 6m 이상인 경우

$$재적(m^3) = (D + 10 \times \frac{L'-4}{2})^2 \times L \times \frac{1}{1,000,000}$$

여기서, D : 원목 지름으로서 mm 단위에 의한 수치
L : 원목 길이로서 m 단위에 의한 수치
L': 원목 길이로서 m 단위에 의한 수치 중 1m 미만의 끝수를 끊어버린 길이

② 브레레톤법

㉠ 미국에서 사용되고 있는 브레레톤법은 양마구리면의 장직경과 단직경을 측정해서 2주 지점에서의 측정(직경)값을 이용하여 평균값을 구하여, 다시 2로 나누어 평균 중앙 직경을 산출하여 구하는 방법이며, 일명 인치 브레레톤법이라 한다.

㉡ 이 새적 방법을 동남아시아지역에서 사용할 때에는 cm나 m를 사용한다.

$$재적(m^3) = (\frac{원구 평균직경 + 말구 평균직경}{2})^2 \times 0.785 \times L \times \frac{1}{12}$$

③ 호푸스법

원목의 중앙둘레(inch)의 1/4을 제곱하여 이에 재장(feet)을 곱하여 144(단위)로 나누어 큐빅푸트 단위의 재적을 구하는 방법이며, π대신 4를 사용하여 실재적의 78.55%에 해당하는 재적이 나온다.

3. 원목 품등 검사

(1) 원목의 재종

① 특용재급은 침엽수 중 지름이 매우 크고 결점이 적어 문화재 보수나 공예품, 합판용 단판 등의 생산에 적합한 지름과 품질이 매우 우수한 원목을 말한다.

② 1등급은 지름이 '특용재급'에는 못 미치지만 지름이 크고 결점이 적어 침엽수의 경우

한옥건축 등에서 이용되는 대단면의 보구조재나 기둥구조재, 활엽수의 경우 수장용재 등의 이용에 적합한 지름과 품질의 원목을 말한다.

③ 2등급은 지름이 '1등급'에는 못 미치지만 지름이 다소 크고 결점이 적어 침엽수의 경우 규격구조재나 데크재, 수장용재, 활엽수의 경우 수장용재 등의 이용에 적합한 지름과 품질의 원목을 말한다.

④ 3등급은 지름이 '2등급'에 못 미치거나 결점이 다소 많지만 침엽수의 경우 제재 가공에 의한 이용이 가능하고, 활엽수의 경우 신탄재 등으로의 이용은 가능한 지름과 품질의 원목을 말한다.

⑤ 원주재급은 침엽수 중 지름이 '3등급'에 못 미치지만 서까래나 조경용재로 이용 되는 원주재로 생산이 가능한 지름 및 품질의 원목을 말한다.

⑥ 원료재급은 지름이 침엽수의 경우 '원주재급', 활엽수의 경우 '3등급'에 못 미치거나 결점이 많은 원목으로, 주로 가설재나 표고자목, 칩, 보드, 펄프 등의 원료로 이용이 가능한 원목을 말한다.

4. 제재목 검사

(1) 제재목의 품질과 등급 판별

① 합판 원목 규격

구분	기준
지름	말구지름 15cm 이상일 것
재정	• 합판치수 2종(3×6′ <910×1,820 mm>, 4×8′ <1,200×2,400mm>)에 적합한 치수의 길이로 자른 것. • 3′× 6′(910×1,820 mm)합판 제조용 원목 : 최소 2.0m 및 그 배수인 길이 • 4′× 8′(1,200×2,400mm)합판 제조용 원목 : 최소 2.6m 및 그 배수인 길이

② 합판 원목 품등

구분	기준
옹이	100 mm 이하
윤할 및 할렬(갈라짐)	15 % 이하
굽음	20 % 이하
썩음 등	20 % 이하
기타 결점	합판제조에 지장이 없을 정도로 경미

(2) 원목의 결점 및 측정
   ① 개요
      ㉠ 원목의 결점은 원목품등 구분의 기준 요인이므로 결점사항별 측정 방법 및 기준을 정하고 있다.
      ㉡ 측정할 때에는 결점이 여척이나 이상 팽대부분에 걸쳐 있을 때에는 당해 여척 또는 이상팽대 부분을 제외하고 그 결점을 측정한다.
      ㉢ 측정은 10mm 단위로 측정하고 10mm 미만은 버린다. 백분율의 경우 소수점 이하는 버린다.
   ② 옹이 및 할렬

분류		측 정 방 법
옹이	측정	• 면에 있는 옹이를 대상으로 실측 긴지름을 측정 한다. • 지름 10 mm 미만의 옹이는 제외한다.
	산옹이	산옹이의 지름은 그 실측 긴지름으로 한다.
	죽은옹이 썩은옹이	죽은옹이·썩은옹이의 지름은 그 실측 긴지름의 2배로 한다.
	숨은옹이	• 면이 돌출 또는 함몰 등의 이상을 나타내어 그 내부에 옹이가 숨어 있는 것으로 판단되는 경우, 그 크기는 그 원목의 산옹이, 죽은옹이 또는 썩은옹이 중 가장 큰 옹이의 실측 긴지름을 1.5배한 크기로 한다. 다만, 1.5배한 지름이 숨은옹이로 인한 돌출 및 함몰부분의 긴지름보다 작을 경우는 그 돌출 및 함몰부분의 실측 긴지름(재면의 선과 돌출 또는 함몰부분의 교차점간 거리)을 숨은 옹이의 지름으로 한다. • 옹이, 죽은옹이 또는 썩은 옹이가 없고 숨은 옹이만 있는 경우의 숨은옹이 크기는 100 mm로 한다. 다만, 숨은옹이로 인한 돌출 및 함몰부분의 긴지름이 100 mm보다 큰 경우는 그 돌출 및 함몰부분의 실측 긴 지름을 숨은 옹이의 지름으로 한다.
할렬	측정	횡단면에서 재면으로 이어진 할렬(뿌리에서 수관 방향으로 갈라짐) 을 대상으로 재면에서의 할렬길이를 측정한다
	동일 횡단면	• 동일 횡단면에 2개 이상인 경우는 가장 긴 것을 그 횡단면의 할렬길이로 한다. • 횡단면 지름의 1/2을 초과한 깊은 할렬은 그 할렬의 실측 길이를 1.5배한 길이로 한다.
	양 횡단면	각각의 횡단면에서 가장 긴 할렬만을 합계한 수치로 한다
	백분율	할렬의 길이에 대한 그 원목의 길이 비율로 한다.

③ 윤할 굽음

구분		측정방법
윤할	측정	• 횡단면에 있는 윤할(목재의 횡단면이 연륜에 따라 둥글게 갈라짐)을 대상으로 윤할의 곡선길이를 측정한다. • 횡단면 중심에서 9/10보다 외측에 있는 윤할은 제외한다.
	동일 횡단면	• 윤할이 2개 이상인 경우 각각의 윤할 곡선길이를 합한 길이로 한다. 다만, 각 윤할의 양쪽 끝과 수심을 직선으로 연결하여 윤할이 겹치는 경우는 전체 윤할 곡선길이에서 중복된 윤할 곡선길이를 제외한 길이로 한다.
	양 횡단면	양 횡단면 중 윤할 곡선길이가 더 큰 것을 그 원목의 윤할 곡선길이로 한다.
	백분율	윤할 곡선 길이에 대한 그 횡단면 둘레(원주)의 길이 비율로 한다.
굽음	측정	굽음 변의 최대 굽음 높이를 측정한다.
	두 번이상 굽은 것	• 각 굽음 높이를 합하여 1.5배 한 것을 그 원목의 굽음 높이로 한다.
	백분율	굽음 높이에 대한 원목의 지름 비율로 한다.
썩음등	측정	• 썩음 등에는 썩음, 속빔, 벌레먹음을 포함한다. • 평균지름은 최소지름과 직각지름의 평균으로 한다. • 속빔이 이상팽대부분에 걸쳐있을 때에는 그 부분을 제외 한다.
	동일 횡단면	결점이 2개 이상인 경우 각 결점의 평균지름을 평균한 것을 그 횡단면의 평균지름으로 한다.
	양 횡단면	각 횡단면의 평균지름을 합계한 것을 그 원목의 평균 지름으로 한다.
	백분율	썩음 등의 평균지름과 그 횡단면의 지름 비율로 한다.
기타결점		원목 이용가치에 따른다.

CHAPTER 02 목재건조계획관리

1. 건조 계획 수립
(1) 목재의 건조특성
㈎ 건조이론
① 건조기구
  ㉠ 목재의 수분이동은 목재의 표면수분이 증발하면서 내부수분이 외부로 이동하면서 건조된다.
  ㉡ 목재건조는 3가지 기본 메커니즘을 가지며 아래와 같다.
   • 건조 1 단계 모세관 유동
    고함수율 목재는 목재 내부에서 표층으로 수분공급이 원활하여 목재 표면이 습윤상태를 쉽게 유지하여 증발이 용이하다.
   • 건조 2 단계 결합수 확산
    목재 표층의 함수율이 섬유포화점 이하일때 내부는 아직 섬유포화점 이상으로 유지하고 있어 내부에서 모세관의 유동이 일어나고 표층에서는 확산에 의해 목재 건조가 일어난다.
   • 건조 3 단계 결합수 및 수증기 확산
    건조는 확산에 의해 이루어지며 표층과 중심층도 섬유포화점 이하에서 표층과 중심층 간에 함수율 차이가 적어지면서 건조저항이 커지게 되면서 건조속도가 낮아지게 된다.
② 수분 이동 통로
  ㉠ 침엽수재의 통도조직은 가도관과 방사가도관으로 가도관은 침엽수재에 90% 이상을 차지하고 있다. 가도관 사이에 유연벽공대가 주로 방사면에 있어 가도관 사이 유동은 접선방향으로 하게 된다.
  ㉡ 활엽수재의 경우 도관과 목섬유, 가도관 등을 가지고 있어 이들을 통해 이동이 일어나며 주로 도관에서 유체이동이 일어난다. 산공재의 도관은 연륜내에 크기와 분포가 균일한 것이 특징이며 환공재는 춘재 도관이 추재의 도관보다 큰편이다. 도관과 목섬유의 사이에는 유연벽공이 있고 도관과 유세포 사이에는 반연벽공과 단벽공이 존재하여 유체유동의 통로가 된다.

③ 수분 이동 요인
　㉠ 수분의 이동은 크게 두종류로 분류되며 첫 번째는 모세관 장력에 의해 목재 세포의 공극을 통해 일어나는 자유수의 이동이다. 두 번째는 확산으로 목재의 확산은 세포내강의 공기를 통해 수증기 확산과 세포벽을 통해 이루어지는 결합수 확산이 있다.
　㉡ 모세관 이동은 액체와 기체의 분자간 작용하는 인력의 불균형에 의해 발생된다.
　㉢ 결합수의 확산의 경우 농도경사에 의해 발생되는 분자 흐름으로 목재에서는 일종의 함수율 차이를 농도차이로 볼 수 있다. 농도가 높은 곳에서 낮은 곳으로 세포벽을 통해 확산이 일어나면서 수분이 이동하게 된다.

④ 투과성
　㉠ 투과성은 자유수의 이동정도에 의해 결정되며 이러한 자유수의 이동은 공극과 공극의 연결정도에 의해 결정된다. 침엽수의 가도관의 내강은 벽공으로 연결되어 있어 투과성이 있으나 만약 벽공폐쇄가 일어나게 되면 투과성이 거의 없어지게 된다
　㉡ Darcy 법칙
　　일반적인 목재의 유체 이동은 darcy 의 법칙에 의해 설명이 되며 투과성은 유체의 압력경사의 비로 표시된다. 다음은 darcy 법칙을 표현하는 식이다

$$k = \frac{플럭스}{압력경사} = \frac{Q/A}{\triangle P/L} = \frac{QL}{A\triangle P}$$

　　여기서, k : 투과성
　　　　　Q : 유체의 속도(cm^3/s)
　　　　　L : 유동방향 시험편 길이(cm)
　　　　　A : 유동직각방향 시험편 횡단면(cm^2)
　　　　　△P : 압력차이(atm)

⑤ 수분경사
　㉠ 목재 건조시 목재의 표면 수분이 증발하고 표면층의 함수율이 감소한다. 이때 목재 내부 수분이 표면으로 이동하면서 표면과 내부간의 함수율 차이에 의해 수분 경사가 발생된다.
　㉡ 수분경사의 경우 다음의 공식에 따라 구하게 된다.
　　수분경사 = 2(중심함수율-표면함수율)/두께 × 100 (%)

(ㄴ) 건조 속도
① 항율건조와 감률건조
ⓐ 가열기간
가열기간은 예열기간이라고도 하며 임의 온도의 목재를 정상적 건조조건에 두면 목재의 온도가 건조조건과 평형이 되는 온도에 도달하게 된다. 이때 열을 받아 목재의 온도가 열기의 습구온도에 도달할때까지의 기간으로 표면온도가 습구온도에 도달하면 증발속도는 급격하게 증가한다.
ⓑ 항률건조기간
가열기간 뒤에 목재표면에 자유수가 존재하는 동안 재면온도는 습구온도를 유지하게 되며 열기에서 목재에 전달되는 열은 수분증발에 소모되므로 목재온도는 일정한 온도에 머무르게 된다. 열의 전달속도는 일정하여 건조속도가 일정하면 항률건조를 나타내며 이 기간은 매우 짧은 편이다.
ⓒ 감률건조기간
목재의 표면함수율이 섬유포화점 이하로 떨어지게 되면 건조는 내부수분의 이동에 의해 이루어지게 된다. 목재 내부에서 수분이동이 표면 증발을 따르지 못하게 될 경우 목재 표면에 마른 곳이 발생된다. 목재에 전달되는 열량이 점차 감소되게 되고 건조속도도 저하된다. 목재에 전달된 열이 수분증발과 목재 온도 상승에 소모되면서 목재온도는 건구온도에 접근하게 되고 건조조건과 평형을 이루는 함수율에 도달하면 건조가 완료된다. 이동안의 기간을 감률건조기간이라 한다.
② 건조속도의 영향인자
ⓐ 외부 조건
• 건구온도
건구온도가 상승하면 건조속도도 증가하여 건조시간이 단축된다. 그리고 건구온도가 건조속도에 미치는 효과로 판재두께가 두꺼울수록 함수율이 낮을수록 크게 된다.
• 건습구 온도차
건습구온도차가 크게 되면 상대습도는 낮아지게 된다. 건조시 목재의 상대습도가 낮으면 건조속도가 증가하게 된다. 또한 판재 두께가 두꺼울수록 건습구온도차의 효과가 작아진다.
• 풍속
풍속은 건조실의 온도를 균일하도록 순환을 시켜주며 항률건조시 증발속도를 증가시켜 건조속도가 증가되게 된다. 풍속의 경우 판재 두께가 얇을수록 건조시간을 단축시키며 일반적인 열기건조실 풍속은 1.5~2 m/sec 정도이다.

ⓒ 목재 조건
- 목재비중

  건조속도와 비중은 반비례 관계이다. 비중이 크다는건 세포벽의 두께가 두꺼워진다는 의미로 결합수의 확산거리가 커지면서 건조가 느려지게 된다. 만약 동일 함수율일 때 비중이 크면 목재내 함수량이 많아지게 되므로 제거해야할 수분량도 많아짐을 의미한다.

- 목재두께

  건조시 목재의 두께가 두꺼우면 내부수분의 이동거리가 증가하여 결국 건조속도는 판재두께에 반비례하게 된다.

- 함수율

  대체적으로 함수율은 건습구온도차가 동일할 경우 함수율이 높을수록 건조속도는 빨라지는 경향을 보였다. 또한 함수율이 높을수록 건조속도와의 관계 그래프가 증가하는 것으로 나타났다.

- 목리방향

  항률건조기간에서는 건조속도가 판재두께나 비중이 동일하면 목리방향에는 큰 영향을 받지 않으나 감률건조기간에서는 건조속도가 목리 방향에 의한 차이가 나타났다. 온대산 목재의 방사방향의 확산이 접산방향의 확산보다 방사조직의 영향으로 약 20% 정도로 더 크게 나타났다. 그 외에도 변재가 심재보다 건조속도가 크며 수종에 따른 차이도 어느정도 보였다.

(2) 건조응력과 결함

㉠ 건조응력

① 건조응력의 경과

㉠ 목재의 수축으로 인해 치수변화가 발생하며 이는 목재의 역학적 응력에 의해서 이다. 역학적 응력의 경우 수분경사, 기계적 억제력, 목재 조직 및 세포벽 미세구조의 이방성 등 다양한 요인에 의해 발생된다. 그중 건조응력은 건조 진행 과정에서 판재의 표면이 빠른 속도로 섬유포화점 이하로 건조되고 이로 인해 수축이 발생하는 경우이다. 그러나 표층에서 발생되는 수축은 아직까지 섬유포화점 이상인 목재 내층에 의해 억제되는데 표층은 내층에 의해 인장응력 상태가 되고 동시에 내층은 표층에 의해 압축응력 상태가 된다.

㉡ 표층에 발생된 인장응력이 장시간 계속되면서 하중에 노출될 경우 크리프 현상이 발생되며 이 현상으로 응력이 이완되면서 더 이상 수축 하려는 힘이 없어 변형된

상태로 고정화 되는 데 이를 인장세트라 한다.

ⓒ 건조가 진행되면서 외층은 인장응력 내층은 압축응력이 점차 감소되다가 다음에 내층이 인장응력, 외층이 압축응력이 나타나 응력이 전환되는 시기를 응력전환기라 하며 건조후반에 이로 인해 내부 할렬이 나타나기도 한다.

② 건조응력 탐지

ㄱ 슬라이스법

슬라이스법은 응력과 변형 사이에서의 비례관계를 이용하여 건조응력을 탐지하는 방법이다. 건조 중인 목재에서 길이 1~2cm 정도의 시험편을 채취하고 절단할 슬라이스 표시를 하여 폭방향의 길이를 측정한 다음 슬라이스 절단후 순간적인 길이변화를 측정하여 절단 전보다 길이가 감소하면 인장응력 증가하면 압축응력이 작용함을 알 수 있다.

ㄴ 프롱법

- 건조응력의 탐지 방법으로 폭방향에서 횡단방향 건조응력을 측정하는 횡방향 프롱법과 섬유방향으로 발생하는 건조응력 측정을 위한 섬유방향 프롱법이 있다. 프롱법의 경우 건조응력 탐지로 가장 널리 사용되며 두께 방향의 수분경사에 의해 횡단방향으로 많이 발생하여 횡방향 프롱법이 일반적으로 사용된다.

- 측정을 위하여 시험편의 판재 끝에서 최소 42mm 혹은 건조 중의 시험재의 끝에서 30mm 정도 떨어진 지점에서 길이 12.7~25.4mm 정도 채취 한다. 이때 시험편은 측면에서 약 6mm 정도가 남도록 몇 개의 프롱을 만들게 된다. 건조가 종류후 프롱시험을 했을 때 표층이 압축응력 내층이 인장응력을 보이는 경우 표면경화라고 한다.

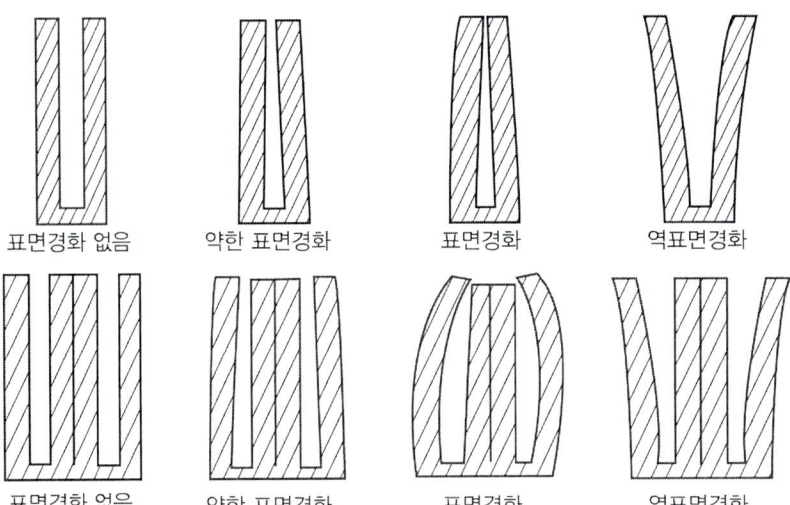

< 프롱법에 의한 표면경화 >

ⓒ 기타 방법

다른 방법으로 분할법이 있으며 분할법의 응력시편은 프롱법과 동일 방법으로 채취를 한다. 판재의 재면과 평행 방향으로 몇 등분하여 분할된 시편의 움직임을 보고 건조응력의 추정하게 된다. 건조 초기에 목재 표층에 인장응력 상태가 되므로 분할된 시편들은 분할 즉시 외층으로 휘게 된다. 하지만 시편을 방치하여 함수율이 균일해지면 분할된 시험편 중 함수율이 높은 안쪽 면은 수축이 표층보다 커지면서 다시 안쪽으로 휘게 된다.

ⓛ 건조 결함
  ① 수축에 의한 결함
    ㉠ 표면할렬
      표면할렬은 주로 판목재의 표면에서 방사조직을 따라 발생하는 목재 결함의 일종이다. 건조과정 중 표면에 발생한 건조응력이 목재의 횡단방향으로 인장강도를 초과시 발생된다. 주로 건조 초기에 발생되는 현상이나 침엽수의 경우 초기 이후에도 발생하디고 한다.
    ㉡ 횡단면 할렬
      • 횡단면 할렬은 수분이동이 횡단방향보다 섬유방향으로 더 빨리 이동되어 판재의 양끝 부분이 판재 중앙보다 빨리 건조되면서 발생되는 응력으로 할렬이 일어난다. 표면할렬과 마찬가지로 건조 초기에 발생되며 이럴 방지하기 위해 고습조건이나 횡단면 앤드코팅을 통해 피해를 줄일 수 있다. 횡단면 할렬은 판재의 두께가 두껍고 넓을수록 발생 위험이 커진다.
      • 이외에도 갈라짐(split)는 횡단면 할렬이 판재 안쪽으로 까지 진행된 결함으로 갈라짐 방지를 위해서는 잔목을 판재의 양 끝에 설치하기도 한다. 갈라짐은 생장응력에 의해 발생되기도 하며 원목을 제재 직후 발생할 수도 있다.
    ㉢ 내부할렬
      내부할렬은 방사조직을 통해 목재 내부에서 횡단방향으로 발생되는 결함이다. 목재 내부에 내부의 함수율이 높은 상태에서 고온으로 장시간 건조시 발생된다. 내부할렬을 방지하기 위해서는 섬유포화점 이하로 건조될때까지 고온에 노출시키지 않음으로서 가능하다. 내부할렬이 발생되게 되면 목재의 손실이 크며 외부에서는 감지가 어렵고 가공단계에서 파악이 가능하다. 만약 내부할렬이 심하게 진행되면 판재의 단면이 찌그러짐 발생으로 요철형태로 나타나기도 한다.

ⓔ 찌그러짐
- 찌그러짐(collapse)은 세포의 틀어짐과 같이 세포의 변화에 의해 발생된다. 찌그러짐이 심하게 발생되면 얇은 판재는 골판지 형태나 빨래판 형태가 되기도 한다. 약간의 찌그러짐 정도는 사용에 큰 무리는 없다.
- 찌그러짐의 발생은 판재 내부에 발생한 압축응력이 목재의 압축강도를 초과하거나 세포내강 자유수가 이동하면서 모세관 장력이 압축강도를 초과시 발생된다. 보통 건조 초기에 고온의 조건에서 발생하기 쉬우니 건조 목재가 약할 경우 낮은 온도조건에서 건조를 시행해야 한다.

ⓜ 윤할
윤할은 연륜과 연륜사이나 연륜을 따라 발생된다. 윤할은 입목상태나 벌채과정 중 shake와 유사하며 shake에 의해 취약하진 부분에 고온건조를 할 경우 건조응력이 역전되면서 내부에서 발생한 인장 건조응력에 의해 파괴된다. 연륜에서 시작해 방사조직을 타고 몇 개의 연륜으로 확대되기도 한다. 이를 방지하기 위해 앤드코팅을 하거나 건조 초기 저온고습 조건으로 건조를 시행해야한다.

ⓗ 수심 갈라짐
목재의 수(pith) 부분이 접선방향과 방사방향 수축률 차이로 응력이 발생하여 생기는 것으로 건조초기에 주로 발생된다.

ⓢ 기타
- 다른 건조결함으로 옹이 갈라짐과 옹이 빠짐 등이 있으며 옹이 갈라짐의 경우 옹이의 횡단면이 방사조직을 따라 횡단면 할렬처럼 나타나는 현상이며 이는 옹이 횡단면의 수축률 차이로 인해 발생된다. 옹이갈라짐은 건조 초기 낮은 습도를 적용하게 되면 발생되는데 고습조건에서 건조를 하거나 최종 함수율을 높게 정하여 조절한다.
- 옹이 빠짐은 산옹이가 건조에 의해 수축하는 양이 판재의 표면보다 크기 때문에 발생되는 일종의 수축률 차이에 의해 생긴다. 옹이가 건조될수록 실제 옹이의 구멍보다 크기가 작아져 건조 후 가공 중에 빠지게 되는 것이다. 이를 예방하기 위한 방법은 거의 없으며 최종함수율을 높게 설정할 경우 발생정도를 줄일 수는 있다.

② 틀어짐
㉠ 틀어짐 원인
틀어짐은 판재의 한쪽 면이 다른 면과 수평을 유지 않지 않거나 어느 쪽 모서리가 인접한 모서리나 면과 직각이 유지 되지 않는 것을 말한다. 틀어짐은 건조과정중에 발생되는데 수축이방성이나 생장응력에 의해 발생된다. 수축 이방성에 의한 틀어짐은 쌓기 방법에 의해 결함을 줄일 수 있으나 미성숙재나 이상재 등이 판재 내에 정상재와

혼재될 때는 예방이 어렵다. 틀어짐의 원인을 간단히 말하면 4가지로 요약되며 첫 번째는 수축이방성, 두 번째는 목재 부위간 건조차이로 인한 수축률 차이, 세 번째는 잘못된 잔적, 네 번째는 정상재와 다른 부분의 혼재이다.

ⓛ 틀어짐 종류
- 길이 굽음
 길이 굽음(bow)은 판재재면이 길이 방향으로 휜 것을 말하며 재면이 반대쪽 재면보다 길이방향의 수축이 더 클 때 주로 나타난다.
- 너비 굽음
 너비굽음(cup)은 판재의 너비방향으로 휜 것으로 재면 중 한 재면의 너비방향 수축율이 더 클 때 주로 발생된다. 보통 방사방향과 접선방향간 수축율 차이가 크거나 판재가 얇을수록 너비 굽음의 정도가 커지게 된다.
- 측면 굽음
 측면굽음(crook)은 판재의 측면이 길이 방향으로 휘는 것으로 길이굽음과 같으나 판재의 한쪽 측면의 수축율이 클 때 발생되며 너비굽음이나 길이 굽음보다 예방이 어렵다.
- 킹크
 킹크(kink)는 옹이나 심한 목리의 뒤틀림 부위에서 둔각으로 나타나는 측면굽음의 일종이다.
- 비틀림
 비틀림(twist)은 판재가 비틀리는 것으로 판재가 회전목리나, 교착목리 등의 목리를 가진 부위가 수축율이 다르기 때문에 발생된다.
- 다이아몬딩
 다이아몬딩(diamonding)은 각재의 횡단면이 건조하면서 마름모꼴로 변하는 것으로 나이테가 횡단면의 한 모서리에서 마주보는 다른 모서리를 향하며 방사방향과 접선방향의 수축률 차이로 발생된다.

2. 건조 공정

(1) 목재 건조방법의 종류

(ㄱ) 천연건조

① 천연건조

천연건조는 생재를 천연건조장에 쌓아 자연상태로 말리는 건조를 말한다. 천연건조의 경우 많은 목재를 설치비와 에너지 비용이 거의 들지 않는 경제적인 방법으로 대신 넓은 토지가 필요하다. 가장 큰 단점으로 외부의 환경에 영향을 많이 받아 인공건조보다 환경이 열악한 경우가 많다. 매월 유효천연건조일수가 다르며 여름철의 경우 30일 정도이며 상대습도나 풍속이 적당치 못할 경우 30일 이하가 될수도 있다. 월간평균상대습도가 연간평균상대습도보다 5% 이상이면서 월간평균풍속이 연간평균풍속보다 6.4km/hr 이하의 조건일 경우 2일을 공제하여 천연건조일수를 28일로 하기도 한다.

② 천연건조 장점

㉠ 인공건조와 다르게 따로 에너지가 필요 없다.

㉡ 특별한 건조장치가 필요 없어 시설 및 작업 비용이 절감된다. 예를 들어 섬유포화점 이상에서 함수율 1%를 감소시키는데 소요되는 인공건조비와 천연건조비의 차이는 약 12배 정도이다.

㉢ 건조곤란한 수종의 건조 결함을 줄일수 있으며 작업이 간단하여 특수한 기술이 필요없다.

㉣ 열기건조의 예비건조로서 그 효과가 매우 좋다. 천연건조와 인공건조를 적절히 조합하면 오히려 그 효과가 증가하며 참나무 생재 1인치를 인공건조만 할때는 4주정도 걸릴시 천연건조 후 인공건조를 병행하면 인공건조기간은 약 1 주정도로 나타났다.

㉤ 운재 전 천연건조를 통해 무게를 감소시켜 운반이 좀 더 용이해진다. 천연건조를 통해 함수율 1% 정도 감소시 부피 1m³ 당 무게 약 5.8kg 정도가 감소되게 된다.

㉥ 천연건조를 통해 함수율 25% 이하로 건조되면 변색이나 부후 등의 발생의 위험을 줄일 수 있다. 생재상태의 제재목을 운반하기 전 항변색제의 침지처리를 통해 예방하기도 하나 내부함수율이 20% 이하로 건조된 목재는 비나 고습에 의한 환경조건만 아니라면 장기간 저목해도 손상이 입을 확률이 줄어든다.

③ 천연건조 단점

천연건조는 기후나 입지조건, 수종 등 잘 맞기만 한다면 경제적 효과는 매우 크다. 하지만 건조 소요기간이 길고 기건 함수율 이하로의 건조는 어려운 것이 현실이다. 또한 기후나 주위 환경등의 영향을 많이 받고 넓은 대지면적이 필요하다는 단점이 있다.

④ 천연건조장
  ㉠ 입지 선정
    천연건조장은 재목을 쌓을 충분한 부지와 바람의 접근이 용이하고 햇볕이 잘들며 물이 지표면 위로 올라오지 않고 배수가 잘되는 곳이 좋다. 이러한 조건에 운반이 편리하도록 가공공장 근처이면서 부후나 변색의 방지를 위해 공기이동을 방해하는 방해물인 잡초나 나무 부스러기 등의 오염물질이 없어야한다. 입지는 습지보다는 약간의 고지가 좋으며 모양의 경우 정방향보다는 장방형이 유리하다. 보통 남북으로 긴 것보다 동서로 긴부지가 더 좋다. 비가오고나서 배수가 용이하지 않으면 건조가 느리고 변색 위험이 있으며 평지보다는 약간의 경사지나 고지가 좋은 이유이다.
  ㉡ 건조장 설계
    · 건조장 설계전 고려해야할 것으로 통로의 방향과 크기, 잔적의 방향, 크기, 수량, 간격, 건조할 재목의 운반 및 적재 수단 등을 고려하여 설계해야 한다. 통로는 주통로와 횡단통로를 두며 이러한 통로는 운반 및 공기의 이동을 용이하게 하는 목적으로 만든다. 주통로의 경우 남북방향으로 일치시키는 것이 좋으며 경우에 따라 주풍방향으로 일치시키도록 한다.
    · 주통로의 너비의 경우 열형 포크리프트 건조장은 최소 7.2m 정도로 하며 수적건조장은 4.8~6.0m 정도로 설계한다. 목재의 잔적 너비의 경우 여러 가지고 고려되며 1.5~4.8m 정도이나 활엽수재의 경우 2.4m 정도이며 침엽수재의 잔목은 2.4~4.8m 정도로 한다. 침엽수재가 활엽수재의 잔적보다 2배 정도로 달한다.
    · 수적용 기초의 높이는 지면에서 45cm 로 하며 지면의 배수가 잘되는 곳은 30cm 정도로 한다. 기초 지면은 배수가 잘되도록 적당한 도랑을 설치하거나 자갈이나 모래 등을 이용하여 깊이 15cm 정도로 깔아 배수가 용이하도록 한다.
⑤ 잔적 방법
  ㉠ 수평적과 경사적
    수평적은 잔목을 사용하여 재면이 수평이 되도록 쌓는 방법으로 평적이라고도 한다. 경사적은 잔목을 사용하면서 재면이 약간 경사지게 쌓는 방식으로 경사는 1/50~1/10 정도로 한다. 경사적의 전면은 하부에서 상부로 1/12 정도로 전면경사가 되도록 쌓는다. 이러한 방법은 가장 일반적이며 균일한 건조가 가능하다.
  ㉡ 수직적과 엔드 래킹
    수직적은 건조시 판재에 잔목을 끼워 거의 수직방향으로 쌓는 방식이며 엔드래킹(end racking)은 잔목을 사용하지 않고 막대기로 받쳐 판재를 X형으로 세워 쌓는 방식이다. 잔적은 수평적과 경사적에 비해 빠른 건조가 가능한 장점이 있으나 상,하부간의 함수

율 차이가 커 할렬이나 틀어짐 현상이 발생되는 단점이 있다. 수직적의 작업시간은 수평적에 비해 약 1/3 정도로 단축되며 인원도 혼자서 가능하다.

ⓒ 삼각적과 사각적

삼각적은 잔목을 사용하지 않고 목재의 끝부분 재면이 서로 접촉하여 삼각형 모양으로 쌓아 올리는 방식이다. 사각적은 잔목 사용없이 끝부분의 재면을 서로 직각으로 접촉하면서 쌓아올리는 방식이다.

ⓔ 계단적과 교호적

계단적은 잔목을 사용하여 재장이 긴 재목은 잔적 하부에 쌓고 재장이 짧은 재목은 상부에 쌓는 약간의 피라미드 모양을 띠게 된다. 교호적은 비교적 두꺼운 재목을 쌓을 때 사용하는 방법으로 잔목을 이용하지 않고 건조할 재목 사이에 인접한 재간공간 위에 다시 재목을 쌓는 방식이다.

ⓜ 층적과 실적

잔적 내부 공간 유무에 의해 나누어지는 것으로 층적은 재목의 재면이 잔목에 비해 분리되는 공간을 갖도록 쌓는 방식이며 실적은 잔목을 사용하지 않고 재목의 모든 재면이 서로 접촉하도록 쌓는 방식이다.

ⓑ 박스적

박스적은 주로 수평적과 경사적에서 잔적의 전면과 후면이 평면이 되도록 해서 잔적의 외형이 상자모양으로 되도록 쌓는 방식이다. 가능하면 동일한 재장의 재목을 쌓는 것이 용이하며 난척재의 경우 긴 재목은 측면으로 짧은 재목은 내부에 연결하여 쌓기도 한다.

⑥ 천연건조 결함

천연건조의 건조결함은 수축, 병충해, 화학적 작용 등에 의해 발생된다. 수축의 대표적인 결함으로 표면할렬, 횡단면 할렬, 스프리트, 내부할렬, 틀어짐 등이 있으며 병충해는 청변이나 부후를 말한다. 화학적 작용은 갈변 등이 있다.

⑦ 천연건조 결함의 예방

㉠ 할렬 예방
- 잔적의 폭을 넓게 한다.
- 잔적간의 간격을 좁히며 60cm 까지 가능하다.
- 재장과 주풍의 방향을 일치시킨다.
- 가급적 박스적을 한다.
- 두께 32mm 이상의 목재는 엔드 코팅을 한다.
- 항 할렬 족쇄 등의 물리적 조치를 취한다.

ⓒ 병충해 예방
- 잔적의 폭을 좁게 한다.
- 잔적 하부에 통풍이 잘되도록 한다.
- 두꺼운 잔목을 사용한다.
- 보조 통로의 폭을 넓힌다.
- 건조전 예비방부처리를 실시하여 잔적한다.
- 잔적 지붕을 하고 건조장의 청결을 유지한다.

ⓒ 틀어짐 예방
- 잔목의 간격을 좁혀 약 40cm 로 한다.
- 잔목의 두께를 같게 하고 건조할 판재의 두께도 동일하게 한다.
- 잔적 지붕을 설치한다.
- 잔적 상부에 무게감이 있는 재료로 하중을 전후면에 균등하게 준다.

ⓛ 열기건조
① 열기건조
- 열기건조는 일정공간에서 온도와 습도가 조절된 공기를 순환시켜 목재를 건조하는 것으로 천연건조에 비해 건조시간이 짧고 자본 저함수율까지 건조가 되며 살충, 살균효과가 있다.
- 열기건조의 초기 온도는 38~54℃ 정도이나 함수율이 15% 이하로 떨어지면 66~93℃ 사이에서 건조를 마감하게 된다. 수종이나 목재의 상태에 따라 온도범위는 조절을 해야한다.

② 열기건조의 재목 선별
㉠ 수종
다른 수종은 건조의 형태가 다르고 같은 잔적에 쌓지 않는다. 같은 수종이라도 환경에 따라 건조형태가 다르기도 하다

㉡ 재목의 크기
- 재목의 두께는 건조시간에 영향을 주는데 두께가 두꺼울수록 건조시간이 늘어나게 된다. 그러므로 서로 다른 두께의 재목을 같이 건조를 하게 되는 것이 매우 비효율적으로 가능하면 동일조건의 목재를 건조하는 것이 효과적이다. 또한 다른 두께의 재목을 잔적하게 되면 얇은 판재로 인해 잔목이 눌리지 않아 틀어지기가 쉽다. 같은 길이의 재목을 잔적하게 되면 길이굽음이나 측면굽음 등의 예방이 된다.
- 폭이 넓은 재목은 좁은 것에 비해 천천히 건조되므로 폭 역시 같은 크기로 하는

것이 균일한 건조에 도움이 된다. 하지만 목재의 경우 폭이 섞여 있는 경우가 많아 따로 선별하여 건조하지는 않는다.

③ 열기건조의 잔적
  ㉠ 잔적법
   - 잔적을 할 때 동일한 길이의 재목을 쌓는 것이 틀어짐을 최소화하고 생산 효율성을 높이는 방법이다. 하지만 길이가 일정하지 않을 경우는 상자형 잔적법이나 일면정렬 잔적법으로 쌓게 된다.
   - 상자형 잔적법의 경우 먼저 긴 재목을 각층에 바깥 열에 배치하고 안쪽에 짧은 재목을 교대로 비치하는 방법이며 모든 재목의 끝이 충분히 하중을 받아 틀어짐이 예방된다.
   - 일면 정렬 잔적법은 모든 재목을 한쪽 마구리에 쌓는 것으로 길이가 다르면 반대쪽이 균일하지 못하게 되어 틀어짐과 마구리할렬이 많이 발생하기 때문에 많이 사용되는 방법은 아니다.
  ㉡ 잔적크기
   일반적 잔적 크기는 폭 1.2~2.4m 높이 0.6~1.8m 정도이다. 잔적의 크기는 건조실의 크기에 따라 고려되며 폭이 2.4m 가 넘게되면 함수율의 분포가 거쳐 균일한 건조가 어렵기 때문에 가능하면 넘지 않도록 한다. 열기건조에서는 재목 사이의 간격은 건조 속도에 영향을 주지 않지만 폭이 1.2m 가 넘는 잔적을 천연건조할 때 재목 사이가 6mm 이상 간격을 두게 되면 좀 더 효율적으로 건조가 이루어진다.
  ㉢ 잔목과 받침목
   재목의 틀어짐을 방지하는 데 잔목과 받침목을 사용한다. 잔목은 잔적 폭에 맞게 길어야 하고 틀어짐 방지를 위해 균일한 두께를 가지도록 한다. 또한 잔목이 목재의 변색 피해를 주지 않게 충분히 건조된 상태이어야 한다. 잔목의 목재의 종류는 상관없으나 고밀도일수록 단단하고 오래 사용할 수 있다. 단 건조재목이 클수록 두꺼운 것을 사용하며 잔목 간격은 건조 판재의 두께가 두꺼울수록 넓게 하는 것이 좋다. 받침목은 잔적의 하중을 바닥으로 전달하고 지게차의 잔적더미를 들 수 있게 하는 목재의 받침대이다. 효율적인 공기순환을 위해 받침목은 작을수록 좋고 지면과 닿는 것은 방부, 방충처리를 하는 것이 좋다.
④ 열기건조실의 조건
  ㉠ 건조실 내부온도 와 습도를 단시간내에 조작이 가능하여야하고 유지가 용이해야 한다.
  ㉡ 건조실내 온도 및 습도가 균일해야 한다. 이를 위해 공기의 순환이 원활하여야 한다.

ⓒ 내부가 고온, 고습, 산성 가스 등에 내구성이 뛰어나야 한다. 이를 위해 순도가 높은 알루미늄을 주로 사용한다.
ⓔ 건조실은 견고하고 단열성이 우수해야한다.
ⓜ 건조실의 내화성이 크고 화재 위험이 적어야 한다.
ⓗ 건조비용이 적게 들어야 한다.

⑤ 건조실의 크기
- 건조실은 잔적하려는 목재의 크기에 의해 달라지며 높이의 경우 적재의 공간이나 송풍장치, 가열판 높이 등이 가산되어 마루에서 천장까지 대략 3m, 전체 높이는 4m 정도가 보통이다.
- 예를 들어 수용재적이 14m³ 인 건조실의 경우 폭 3m, 높이 4m, 길이 10m 정도 기준으로 되어 있으며 한 달 건조재 소요량에 대한 건조실 용량은 다음에 따른다.

$$전건조실 용량(m^3) = \frac{월 소요 건조재 재(m^3) \times 건조일수}{30}$$

(ㄷ) 제습건조
① 제습건조는 저온형과 고온형으로 분류되고 저온형은 40~50℃, 고온형은 70℃ 이하 범위에서 건조가 이루어진다.
② 제습건조 저온형의 경우 찌그러짐이나 내부할렬과 같은 결함이 적고 조작이 용이하다. 열기건조에 비해 50% 정도의 에너지 절감 효과가 있으며 품질 역시 열기 건조재에 비해 양호한 수준이다.
③ 제습건조의 단점은 증기식과 비교 시 상대적으로 건조시간이 길며 가습장치가 없으면 건조실은 함수율 조절과 응력제거 조절이 불가능하다. 또한 상대습도 40% 이하에서의 제습기의 효율이 저하되어 저함수율에서의 건조효율이 떨어지는 편이다.
④ 열기건조와 마찬가지로 제습건조 과정에서 순환하는 공기의 온도와 습도는 제어되고 목재는 증발 과정에서 순환중인 공기에 수분을 보내게 된다. 또한 흡·배기구를 통해 높아진 내부의 다습한 공기를 배출하고 외부의 신선한 공기를 넣어 습도를 유지하도록 한다.

(ㄹ) 고온건조
　① 목재를 100℃ 이상의 온도에서 건조하는 것으로 강제순환식은 건조장치 자체를 밀폐구조로 하고 장치 내를 과열증기만으로 채워 공기를 배제하고 증기압을 $1kgf/cm^2$ 이상의 조건으로 하는 과열증기 건조 방식이다. 열은 과열관에 의해 공급되고 건조실의 대기압 압력 조절은 하나의 배출구를 제외하고 밀봉되어 있다.
　② 고온건조는 열기건조보다 시간이 4~10배 정도로 단축되며 에너지 역시 25~60% 정도로 절약된다. 반면 건조조건이 강하다 보니 건조결함이나 찌그러짐 현상이 나타나는 단점이 있다.

(ㅁ) 열판건조
　① 열판건조는 1쌍의 가열판을 사용하여 판재나 단판을 가열 가압하여 건조하는 방법으로 가열온도가 일반적인 건조 온도보다 높은 121~232℃ 정도이며 압력은 $1.8~6kgf/cm^2$ 정도로 가압한다.
　② 열판건조 시스템은 건조할 목재를 기준으로 상하로 와이어 스크린, 환기 카울, 알루미늄 보호시트, 가열판 순으로 구성이 된다. 환기 카울은 증발수분의 배출이 쉽게 하기 위해 카울 뒷면에 직사각형의 홈을 내고 카울 표면에 작은 구멍을 낸다.
　③ 가열판과 목재가 직접 접착하기 때문에 열전달이 촉진되고 빠르게 가열되어 전달된 열로 목재 내부 공기가 팽창되고 목재 수분을 기화시켜 수증기와 액상 수분을 목재 표면으로 이동시키게 된다. 열판건조는 고온이 작용되어 건조되기 때문에 열열화와 할렬이 발생되기 쉬우며 이로인해 강도가 저하되기도 한다.

(ㅂ) 진공건조
　① 감압상태에서 목재를 건조하는 방법으로 일명 감압건조법이라 한다.
　② 진공건조법의 이점은 목재 내외간에 형성되는 절대 압력 차에 의해 고온을 적용하지 않고도 내부수분을 제거하는데 있다. 압력이 감소하게 되면 수증기 입자의 평균 자유거리가 공극과 비교하여 크기 때문에 목재의 투기성이 증진된다.
　③ 건조시간의 경우 열기건조의 1/2~1/5 정도로 단축되며 두꺼운 목재일수록 단축효과가 더 커진다.
　④ 이러한 장점과는 반대로 진공건조법은 장치비가 고가이고 수용재적이 적은 단점을 가진다.

(ㅅ) 고주파건조
　① 목재를 백만~3천만 사이클로 진동하는 강력한 고주파전장내에 두면 물의 분자진동에 의해 자유수가 목질보다 빠르게 100℃ 이상으로 가열되며 목재 내부 증기압은 표층의 증기압보다 높아져 내부수분이 외부로 이동하면서 건조하게 된다.
　② 고주파건조는 단시간에 건조 가능한 수종이나 투과성이 좋은 변재에 적용하기 적당하다. 재질이 우수하고 목재 내부 함수율은 표층의 함수율보다 1~2% 낮고 저함수율까지 건조 가능하다.

(2) 건조스케줄 설정
　① 목재의 건조특성
　　㉠ 물질의 건조과정 중 건조시간에 따른 함수율 변화를 나타내는 곡선을 건조특성곡선이라 한다.
　　㉡ 전체 건조기간은 가열기간, 항률건조기간 및 감률건조기간의 3단계로 나뉜다.
　　㉢ 가열기간이 종료되면 항률건조기간이 시작되며 이 기간 중에는 거의 일정한 속도로 수분이 제거 된다. 항률건조기간이 종료되고 건조속도가 점차 감소되는 감률건조기간이 시작되는 시점의 함수율을 한계함수율라 한다.
　　㉣ 감률건조기간은 건조속도 감소의 수분에 따라 감률건조 1기간과 감률건조 2기간으로 나눌 수도 있다. 이후 적용된 건조조건에 해당되는 평형 함수율까지 물질의 함수율이 도달하면 건조과정은 종료된다.
　　㉤ 목재의 경우에도 고유의 건조특성곡선을 지니며 수종과 두께 및 적용된 건조조건에 따라 건조특성곡선의 형태가 달라진다.
　　㉥ 목재의 건조속도는 수종과 두께 및 조직적 차이에 따라 크게 달라진다.
　　㉦ 해당되는 기간에 알맞지 않은 과도한 건조조건의 적용으로 지나치게 높은 건조속도가 나타나게 되면 할렬 등의 건조 결함 발생 가능성이 높아진다. 반대로 너무 약한 건조조건을 적용하게 되면 지나치게 낮은 건조속도로 인하여 건조가 지연되고 생산성이 낮아지는 문제가 발생하게 된다.
　② 열기건조스케줄의 작성
　　㉠ 건조스케줄은 여러 단계의 온도와 습도조건으로 이루어지는데, 각 단계를 시험재의 함수율 변화에 따라 변경시키는 함수율스케줄과 건조시간에 따라 변경시키는 시간스케줄로 나뉜다.
　　㉡ 건조스케줄의 함수율스케줄에서는 목재건조를 3단계로 구분한다.
　　㉢ 생재상태에서 생재함수율의 1/3이 제거된 때 까지가 1단계이고, 그 후 섬유포화점

또는 한계함수율을 의미하는 평균함수율 30%까지가 2단계, 그리고 종료까지가 3단계이다.

③ 건조 후처리
  ㉠ 함수율 균일화 처리
    • 건조실에 투입된 목재의 각 재목별 초기함수율이나 심변재율 등이 서로 다르게 되면 건조속도 역시 다르게 되어 건조 말기 각 건조재 사이의 함수율 편차가 커질 수 있다.
    • 목표함수율이 5~11%의 비교적 낮은 수준인 경우 이처럼 건조재 사이의 함수율 편차가 크게 발생되면 품질관리 상의 문제뿐만 아니라 이후 건조재를 가공할 때에도 문제를 야기할 수 있다.
    • 건조말기 건조실에 배치한 시험재 중 함수율이 가장 낮은 시험재의 함수율이 목표함수율보다 2% 낮을 때 실시한다. 예를 들어 목표함수율이 7%라면 최건시험 재의 함수율이 5%에 도달하였을 때 시작한다. 이때 건조실의 평형함수율은 최건시험재의 함수율인 5%와 동일하게 하고 건구온도는 건조스케줄 상의 최고온도를 적용한다.
  ㉡ 건조응력 제거 처리
    • 건조 후에도 건조응력이 남아 있는 재목은 톱가공 시 톱이 물리거나 가공 중 틀어지거나 또는 접착 불량 등의 문제를 야기한다.
    • 건조응력 제거 처리는 건조재를 높은 온도와 습도에 노출시켜 목재 표면층에 잔류하는 건조응력을 제거해준다.
    • 건조응력 제거 처리는 함수율 균일화 처리가 종료된 후 실시 한다.
    • 건구온도는 함수율 균일화 처리 온도보다 5~6℃ 높게 설정한다. 건조실 내 평형함수율은 목표함수율보다 침엽수재의 경우에는 3%, 그리고 활엽수재의 경우에는 4% 높게 유지될 수 있도록 습구온도를 설정한다.
    • 처리시간은 잔류 건조응력이 충분히 제거될 때까지 실시하며, 건조 대상 목재의 비중이 높을수록, 그리고 두께가 클수록 길어진다.

④ 고온건조 스케줄
  ㉠ 목재를 고온에 노출시키면 목재가 함유하고 있던 자유수가 신속하게 끓는점 이상으로 가열되어 급격히 기화되고 목재 내부 압력이 상승하고 목재 내부의 높은 증기압이 수분의 이동을 촉진하게 된다.
  ㉡ 고온건조는 건구온도 100℃ 이상의 고온의 건조에서 증기나 공기의 강제순환방식으로 건조하는 방법이다.
  ㉢ 고온을 적용하므로 기존 열기건조에 비하여 건조속도가 상승되고 소요에너지도 절약

할 수 있다.
ㄹ. 강한 건조조건으로 건조결함의 발생 가능성이 높아지고 건조실 제작을 위한 투자비용도 상승된다. 고온에 의한 재목의 변색이나 강도저하 역시 수반될 수 있다.

(3) 건조스케줄 운영
① 건조스케줄 선정
ㄱ. 단일 수종과 두께에 대한 건조스케줄은 건조가공 대상 목재의 건조특성에 따라 최적의 것을 선정해야 한다.
ㄴ. 개발된 건조스케줄 중에서 해당되는 수종과 두께의 건조스케줄을 선정한다.
ㄷ. 여러 가지 수종과 두께 및 초기함수율을 지닌 재목을 함께 건조하는 것을 혼합건조라 하는데 혼합건조는 불필요한 건조기간의 장기화, 불균일한 최종함수율 및 과도한 건조결함의 원인이 될 수 있다.

② 혼합건조의 건조스케줄 적용
ㄱ. 수종과 초기함수율은 동일하나 두께가 서로 다른 재목들을 함께 건조할 때에는 가장 두꺼운 재목의 건조스케줄을 적용한다.
ㄴ. 두께와 초기함수율은 동일하나 수종이 서로 다른 재목들을 함께 건조할 때에는 가장 건조가 어려운 수종의 건조스케줄을 적용한다.
ㄷ. 두께는 동일하나 수종과 초기함수율이 서로 다른 재목들을 함께 건조할 때에는 각수종과 초기함수율에 해당되는 건조스케줄 중 가장 건조조건이 약한 것을 적용한다.

③ 기존 건조스케줄의 조정
ㄱ. 건조속도를 높여 건조시간을 단축하려면 기존의 건조스케줄에서 먼저 습도스케줄의 함수율 등급을 한 단계 높여 초기조건을 한 단계 높은 함수율에서 변경하게 한다.
ㄴ. 함수율 등급의 상향조정에서도 건조결함의 발생 없이 안전하게 건조가 가능 하였다면 이번에는 습도스케줄의 건습구온도차 단계를 한 단계 올려 건습구온도차를 증가시킨다.
ㄷ. 건습구온도차의 상향에도 문제가 없다면 마지막으로 건구온도 단계를 한 단계 상향 조정하여 적용되는 건구온도를 높인다.

CHAPTER 03 목질재료가공

1. 원재료 준비 및 목질재료 제조
(1) 합판
㈀ 합판의 정의

합판은 목재를 얇게 절삭한 단판을 섬유방향이 상호직교 되도록 여러 매를 접착제로 접착하여 1매의 판을 만든 것이다.

㈁ 합판의 특성
① 넓은 면적의 판을 만들 수 있다.
② 강도, 수축, 팽창의 방향성이 적고 곡면가공이 가능하여 미관효과가 크다.
③ 절단, 절삭, 도장, 약제처리 등의 가공이 용이하고 제조공정이 간단하다.
④ 치수 안정성이 우수하고 무게에 비해 강도가 우수하며 할렬성이 적고 판면의 강도가 고르게 분포된다.
⑤ 가격이 싸고 큰 면적 이용의 적응성이 크다.

㈂ 합판제조
① 합판원목
㉠ 옹이나 부후와 같은 결점이 적거나 없어야 외관적 가치가 높아지며 원구와 말구직경의 차자 적을수록 좋다.
㉡ 합판은 어떠한 수종으로도 가능하다. 지름이 작은 원목은 수량이 적고 손질이 많이 필요해 효율적이지 못해 지름이 큰 우량목을 주로 사용하는 것이 경제성이 있다.
㉢ 국내산 원목으로 느티나무, 오동나무, 단풍나무, 졸참나무, 자작나무, 갈참나무, 피나무, 소나무 등이 사용되며 외래수종으로 나왕, 알몬, 메란티, 카포르, 아피통 등이 있다.
㉣ 국내산 원목 중에는 대경목이 거의 없어 인도네시아나 필리핀 등에서 생산되는 남양재를 수입하여 사용한다.
② 원목의 전처리
㉠ 원목 전처리

원목의 전처리는 원목을 연화하기위한 예비처리로 원목을 가열하며 원목에 물을 충분히 흡수 및 포화시켜 균일하게 가열하여 목질을 유연하게 하고 온도가 높으면 가소성이 증가되면서 적은 동력으로 깨끗한 단판을 얻을 수 있다.

ⓒ 원목 전처리 장점
- 비교적 양질의 균일한 단판이 얻어지고 건조시 단판내의 할렬등이 감소된다.
- 경재 및 부분적으로 단단한 마디가 있는 재질이 유연해지고 절삭할 때 칼날이 상하지 않으며, 동력의 소비량을 줄일 수 있다.
- 목재 중에 있는 해충이 가열로 인해 죽게 되므로 합판제조시 장시간 보존할 수 있다.
- 박피가 쉽고 동결재의 경우 해빙이 된다.

ⓒ 원목 전처리 단점
- 목구할렬이 생기기 쉬우며 이것을 방지하기 위해서 원목을 가열통 속에 넣고 목재와 통 속의 온도차가 40~50℃ 이하로 설정되어야 하고 상승속도는 시간당 10~15℃ 정도로 되어야 목구할렬을 방지할 수 있다.
- 가열하면 목재 섬유가 연해져 수종에 따라 단판의 표면이 평활해지지 않고 표면에 가는 털이 생기기 쉽고 재색이 변화되기도 한다.
- 단판 건조시 수축률이 증대되는 경향이 있으며 강도 및 내구력이 감소하기도 한다.

③ 단판절삭

㉠ rotary veneer lathe
- 로터리 단판은 로터리레이스(rotary lathe)에 의해 만들어지는 판목단판으로 원목을 중심으로 회전축과 평행하게 설치하여 있는 칼날에 의해 연속적으로 얇은 판을 벗겨내는 방식으로 하며 로터리레이스의 주체는 베드와 양쪽에 프레임이다.
- 로터리레이스는 원목경이 달라져도 절삭속도가 일정해야 하며 사고를 방지하는 보호 커버가 있어야 한다. 또한 균질한 단판을 얻기 위해 절삭각이 원목경에 따라 조정할 수 있는 자동변이장치를 갖추고 있어야 한다.

㉡ venner slicer
정목의 아름다운 목리를 갖는 단판을 얻을 때는 슬라이서가 필요하다. 슬라이서 절삭은 단판을 제조할 때 먼저 원목을 절단하고 절단은 플리치와 블록으로 나눈다. 플리치는 절삭면이 정목이 되도록 하며 블록은 원목의 수심을 통해 이등분하는 것이다.

④ 단판의 재단 및 건조
로터리레이스(rotary lathe)로 제단된 단판은 재단기를 사용하여 원하는 치수보다 약 15% 정도 더 크게 재단을 한다. 단판건조시 6~10% 정도가 수축되기 때문에 여유분을 두게 된다.

⑤ 조판
　㉠ 합판을 만들기 위한 최종가공으로 건조 및 재단 후 단판의 결점을 보수하고 단판으로 맞추는 작업이다. 보수와 횡 연결을 한 단판은 제품의 외관적 품질을 위해 단판구성을 생각하여 표판, 심판, 이판 등의 조합 작업을 한다.
　㉡ 단판의 결점부위는 patching machine 으로 원형 등으로 떼어내고 그곳에 건전한 단판에서 동일 크기의 단판으로 메워서 보수한다.

⑥ 접착
　㉠ 접착제
　　접착제는 합판의 종류에 따라 다르며 완전 내수성 합판에는 페놀수지나 레소시놀수지, 멜라민 수지 등이 사용되고 고도 내수성 합판에는 요소수지를 사용하는 등의 내수성 정도에 따라 적합한 합성수지를 사용한다. 비내수성 합판에는 카제인, 대두분 등의 동식물성 접착제가 사용된다. 접착제의 제조를 위해서는 접착제 혼합기를 사용하며 접착제는 산성이나 알칼리성이며 기계 내부가 부식되지 않는 물질을 사용한다. 조제된 접착제는 증량제, 물, 경화제 등을 넣어 교반기로 혼합하여 글루스프레더로 보내 사용한다.
　㉡ 접착제 조합 및 도포
　　• 단판면에 액상의 접착제를 기계적으로 균일하게 도포하는 장치를 도포기라하며 균일한 도포를 통해 접착제의 소비량을 절약할 수 있고 접착력도 높아진다. 일반적으로 얇은 단판(1.5mm 이하)에서는 양면당 300g/m²전후, 두꺼운 단판(3mm 이상)의 경우 양면당 400 g/m²전후 정도로 한다.
　　• 요소수지를 포함한 저점도로 유동성이 큰 수지는 증량제를 첨가하는데 증량제는 소맥분이 사용되며 페놀수지는 미세목분을 사용한다. 증량제를 통해 접착제의 점도를 증대시키고 도포를 용이하게 한다. 또한 단편표면의 요철이나 공극을 충전하고 열압시 수지의 유동을 억제하여 완전히 접착되는데 도움을 준다.
　㉢ 압체
　　• 접착제를 도포하고 단판은 일정수량으로 퇴적한다. 일정량으로 조합, 퇴적된 것을 압체하여 접착제가 굳어지면 접착이 완료된다. 접착에는 냉압법, 열압법 으로 분류된다. 냉압법은 상온이나 보온실에서 2~6시간 정도 압체하고 열압기는 가열압축하여 접착제가 완전 경화되면 접착이 완료되는 방법이다.
　　• 압체 압력의 경우 비중에 따라 달라지며 비중이 0.5~0.6 정도의 나왕류는 보통 8~10kg/cm² 정도로 하며 너도밤나무와 같이 비중이 높을 경우 10~15kg/cm² 정도로 한다. 접착조건의 경우 온도가 높을수록 시간은 짧아진다.

- 압착기 가압력은 합판의 크기와 게이지 압력으로 결정되며 다음과 같은 관계식을 가진다.

$$\text{게이지압력}(kg/cm^2) = \frac{\text{합판의 면적}(m^2) \times \text{압착압력}(kg/cm^2)}{\text{램의 총단면적}(m^2)}$$

ㄹ) 마무리 작업

접착이 완료된 합판은 소정의 크기로 재단하고 두께를 조정하며 표면은 평활화 처리를 한다. 합판은 소정의 크기로 재단할 때 둥근톱을 주로 사용하며 재단이 완료된 합판은 표면을 아름답게 하기 위해 scraper 과 sander 를 사용하여 마무리 가공을 한다. scraper 는 특수한 칼날로 합판 표면을 평활하게 하는 기계이다.

(2) 파티클보드

ㄱ) 파티클보드 정의

파티클보드는 목재 및 기타 식물의 섬유질 세편을 접착제를 스프레이하고 열압기로 판상으로 성형한 목질인조판을 말한다

ㄴ) 파티클보드 특징

① 크기나 비중, 강도, 외관 등이 자유롭게 설정하여 제조할 수 있다.
② 단열성이나 차음성, 난연성이 목재나 합판보다 우수하고 가공이 용이하다.
③ 방향에 의한 강도, 팽창, 수축 등의 차이가 없어 뒤틀림이 없다.
④ 원료를 집약적으로 이용할수 있고 제조공정이 비교적 간단하다.

ㄷ) 파티클보드 종류

① 파티클

파티클은 펄프용 칩과 같이 큰것에서부터 샌더의 목분과 같이 작은 것까지 모든 크기를 말하며 칩의 형태에 따라 코어보드, 칩보드, 플레이크보드 등으로 불리었으나 현재는 파티클보드로 명칭이 통일되었다.

② 플레이크

미리 결정된 치수로 절삭 및 제조를 하며 넓고 얇은 단판조각의 파티클보드로 두께가 약 0.008~0.016 inch(0.02~0.04cm) 이다. 플레이크는 기존의 파티클에 비해 제조단가가 비싼편이다.

③ 세이빙

환삭가공의 부산물로서 얇은 파티클이다. 환삭가공시 발생되는 세이빙으로 크기가 큰 세이빙은 선별하고 크기가 알맞은 것만 보드제조의 원료로 사용된다. 세이빙은 가격이 싸고 질이 좋아 미국의 경우 파티클제조원료의 3/4 이상을 차지한다.

④ 칩

길이 약 0.5~1 inch(1.2~2.5cm) 정도이며 제지공업에서 주로 사용되고 있다. 파티클보드에서는 이것을 보다 작은 파티클화하여 사용한다.

⑤ 파이버

섬유와 같은 것을 말하며 제조된 파티클보드는 파이버보드와 구별이 어렵다. 표면이 매끄러우며 가장자리 주변이 깨끗하고 흡수성이 적으며 치수변화도 비교적 적은 장점을 가지고 있다. 칩을 증해하여 디스크로 갈아 압착하여 제조한다.

⑥ 기타

그래뉼은 모양이 칩과 유사하나 크기가 매우 작으며 슬리버는 모양이 성냥개비조각과 유사하고 단면이 사각형인데 크기가 일정하지 않다. 주로 중층용 파티클에 이용한다. 그래뉼의 경우 플레이크보다 표층에서 중층으로의 수분이동이 빠른편이다. 스트랜드는 길이가 긴 세이빙으로 과거에는 파티클보드제조에 많이 이용하였으나 현재는 거의 사용되지 않고 있다.

㈜ 파티클 보드 제조

① 원료

대부분의 원료는 목재로 목재는 가격이 싼 것도 이용할 수 있으며 임지폐잔재, 공장폐재, 톱밥 등도 이용이 가능하다.

② 파티클 제조

파티클의 제조방법은 파티클의 형상이나 원료의 형태에 따라 결정되며 파이버는 보통 건식연마에 의해 조제되고 스트랜드, 칩, 세이빙, 플레이크 등은 절삭에 의해 제조되며 슬리버의 경우 절삭이나 파쇄에 의해 제조된다.

③ 접착제

㉠ 파티클 보드는 단위면적당 접착제량이 합판에 비해 적은 편이다. 그래서 접착제를 표면에 균일하게 분포시켜 접착력을 증가시킨다. 균일한 분포를 위해 주로 스프레이 방식을 사용하고 있다. 접착제 대부분 요소수지 접착제이며 외장용에는 페놀수지 접착제가 사용된다. 요소수지는 전건칩에 4~15%, 페놀수지는 4~6% 정도로 사용된다.

㉡ 접착제를 균일하게 분포해야 하는 이유는 최소의 접착제를 사용하여 적정한 품질을

가지도록 해야하기 때문이다 이는 접착제가 차지하는 원가의 비율이 높기 때문이다.
④ 성형

접착제를 첨가한 파티클은 성형판 위에 일정량 살포하여 균일한 두께의 매트를 만들게 된다 이러한 조작을 매트성형이라 하며 버치식과 연속식이 있다. 버치식은 파티클 살포기가 고정되어 있고 성형판의 왕복운동을 이용한 방식과 성형판이 고정되고 살포기가 이동하는 방식이 있다. 연속식은 연속 이동하는 성형판 위로 파티클을 기계적으로 비산시키는 방법으로 큰 파티클은 멀리날아가고 작은 파티클은 가까이 떨어지게 된다.

⑤ 압체
　㉠ 성형기에서 성형된 파티클 매트는 최종 파티클보드 두께의 20배 가량 되기도 하며 가는 파티클은 파티클 매트 아래쪽으로 모이게 되므로 성형 후 바로 냉압하여야 한다. 열압의 기능은 인접해 있는 파티클 간의 접착제를 경화시켜 압력이 제거된 후에도 파티클매트가 일정한 두께와 밀도로 유지되도록 하는 것이다.
　㉡ 열압기의 열판 두께가 두껍고 강성을 갖고 있어야 매트가 균일하고 휨이 일어나지 않는다. 열압온도는 수지에 따라 다르며 요소수지는 110~150℃, 페놀수지는 130~170℃ 정도이다.
　㉢ 매트의 평균 함수율이 증가되면 치수가 안정되고 흡수량이 작아지는 경향이 있으나 높은 함수율로 인하여 열압시간이 길어지게 된다. 매트의 평균함수율은 11~14% 정도가 적합하다.

㈑ 파티클보드 분류
① 표면, 이면 상태에 따른 구분

종류		기호	표면, 이면 상태
바탕 파티클보드	무연마판	RN	양면이 바탕 상태로서 무연마한 것.
	연마판	RS	양면이 바탕 상태로서 연마한 것.
단판붙임 파티클보드	무연마판	VN	바탕 파티클 보드의 양면에 단판을 붙임판으로서 무연마한 것.
	연마판	VS	바탕 파티클 보드의 양면에 단판을 붙임판으로서 연마한 것.
치장 파티클보드	단판처리	DV	바탕 파티클 보드의 양면 또는 단면에 치장 단판을 접착한 것.
	플라스틱 처리	DO	바탕 파티클 보드의 양면 또는 단면에 합성 수지계 시트, 필름, 합성수지 함침지, 코트지 등을 접착한 것으로 치장면을 단색으로 마무리한 무늬가 없는 것, 나뭇결 및 추상 모양을 붙은 무늬가 있는것 등이 있다.
	도장	DC	바탕 파티클 보드의 양면 또는 단면에 합성수지 도료를 인화·경화 또는 인쇄한 것으로, 치장면을 단색으로 마무리한 무늬가 없는 것, 나뭇결 및 추상 모양을 붙인 무늬가 있는 것등이 있다

② 휨강도에 따른 구분

종류		기호	휨강도
바탕 파티클 보드 및 치장 파티클 보드	18.0형	18	휨 강도가 길이·나비 방향 모두 18.0N/mm² 이상인 것.
	15.0형	15	휨 강도가 길이·나비 방향 모두 15.0N/mm² 이상인 것.
	13.0형	13	휨 강도가 길이·나비 방향 모두 13.0N/mm² 이상인 것.
	8.0형	8	휨 강도가 길이·나비 방향 모두 8.0N/mm² 이상인 것.
바탕 파티클 보드	24.0-10.0형	24-10	휨 강도가 길이 방향 24.0N/mm², 나비 방향 10.0N/mm² 이상인 것
	17.5-10.5형	17.5-10.5	휨 강도가 길이 방향 17.5N/mm², 나비 방향 10.5N/mm² 이상인 것
단판 붙임 파티클 보드	30.0-15.0형	30-15	휨 강도가 길이 방향 30.0N/mm², 나비 방향 15.0N/mm² 이상인 것

③ 접착제에 따른 구분

종류	기호	접착제	주용도
U형	U	요소 수지계 또는 이와 동등 이상인 것.	가구, 캐비닛 등에 적합하다
M형	M	요소·멜라민 공축함 수지계 또는 이와 동등 이상인 것.	건축의 마루 바탕, 지붕 바탕, 내벽 바탕 등에 적용한다
P형	P	페놀 수지계 또는 이와 동등 이상인 것.	

(3) OSB

㉠ OSB 의 정의

OSB(Oriented Strand Board) 는 얇은 목재 스트랜드(strand)에 내수성접착제를 사용하여 열과 압력을 가하여 접착시켜 만든 구조용 판넬이다. OSB는 웨이퍼보드보다 우수하고 합판의 대체재로 만들어졌으며 길이가 길고 좁은 스트랜드로 각층의 스트랜드를 서로 평행하게 배열하고 인접층간에는 합판의 교호적층구조와 같이 서로 직교하도록 만들었다.

㉡ OSB 제조공정

① 스트랜드 제조

수관부와 가지를 제거한 원목을 공장으로 운반하여 일정 길이로 제단하여 박피된 다음 침지조로 보내거나 스트랜드 제조기로 운반된다. 스트랜드 제조기의 종류로 볼록 스트랜드 가공기, 원목 디스크 스트랜드 가공기, 링 스트랜드 가공기가 있다.

② 건조

생재 상태의 스트랜드는 저장고에 저장된 다음 건조기로 보내며 스트랜드의 표면활성을 증가시켜 건조기의 출구 온도를 낮추어준다. 낮은 출구 온도는 건조기에서 나오는 스트랜드가 높은 함수율 상태를 유지하게 해주며 동시에 낮은 출구 온도는 배기조절을 통해 스트랜드에서 나오는 휘발성 화합물의 양을 줄여준다.

③ 혼합

접착제와 왁스를 스트랜드와 혼합하는 작업공정으로 표면 스트랜드와 심판의 스트랜드는 서로 다른 혼합기를 사용하게 된다. 혼합시 유화된 왁스는 접착제보다 먼저 스트랜드에 분무한다. 표판과 심판용 스트랜드에는 서로 다른 혼합비율의 수지가 사용되며 표면에 사용되는 수지는 액상이나 분말상의 페놀수지이며 심판용 수지는 페놀이나 이소시아네이트 수지를 사용한다.

④ 매트성형

판넬의 길이방향으로 스트랜드를 배열하는 회전하는 디스크와 횡방향으로 배열하는 별모양의 횡방향배향기의 조합으로 스트랜드를 배열한다.

⑤ 열압

스트랜드로 구성된 매트는 압체되고 접착제는 경화되어 구조용 판넬을 형성한다. 열압기는 매트를 치밀하게 해주고 3~5분 정도에 접착제를 경화시키기 위해 내부온도는 170~200°C 정도로 높여야 한다. 두께 팽윤을 감소시키기 위한 판넬의 경우 표면이 압체가 덜 되어야 하며 이는 판넬의 강성이 감소됨을 의미한다.

(4) 섬유판

㉠ 섬유판의 정의

섬유판은 섬유자원을 원료로 만든 개량목재로 식물섬유를 성형하여 만든 판상제품이다. 방향성이 없고 재질이 균일한 특성을 지닌 결이 없는 나무이다.

㉡ 섬유판의 분류

① 비중에 의한 분류

㉠ 연질 섬유판(Insulation Board) : 비중이 0.4 미만

㉡ 중질 섬유판(Medium Board) : 비중이 0.4~0.8

㉢ 경질 섬유판(Hard Board) : 비중이 0.8 이상

② 구성에 의한 분류

㉠ 양면 평활 보드(Smooth Tow Sides ; S-2-S)

ⓒ 편면 평활 보드(Smooth One Sides ; S-1-S)

㈃ 섬유판의 특징
　① 방향성이 작은 판재로 종, 횡방향의 수축률이 동일하고 강도차이는 10% 이내정도이다.
　② 동일 재질의 것을 대량생산할 수 있고 휨가공이 용이하며 도장 효과가 좋다.
　③ 연질 섬유판은 보온성이나 흡음성이 우수하다.
　④ 제지용으로 대부분 사용되지 않는 목재를 원료로 사용할 수 있다.
　⑤ 못이나 나사 등을 사용하기가 어렵고 경질섬유판의 절삭에서 톱날이 끼는 등의 불편함이 있다.

㈄ 섬유판의 제조
　① 원료
　　㉠ 원료의 대부분은 목재이고 볏짚 등이 소량 사용되기도 한다. 대부분의 섬유판 공장은 합판공장이나 제재공장 옆에 설치되는데 합판공장의 폐재와 제재공장의 폐재 등을 바로 이용하기 때문이다.
　　㉡ 원목은 삼나무, 편백, 피나무, 음나무 등의 침, 활엽수 관계없이 가격이 저렴한 수종을 원료로 사용하며 북미에서는 미송, 미국에서는 솔송나무 등이 주로 이용된다.
　② 조목
　　㉠ 섬유판용 펄프는 대부분 칩으로 제조되며 칩의 크기가 일정해야 한다. 보통 길이는 10 30mm 정도이며 두께는 2~5mm 정도가 적당하다.
　　㉡ 표준화된 크기의 칩보다 큰 것은 일정 메쉬의 스크린을 통과할 때 까지 파쇄하며 미세칩은 제거된다. 칩의 함수율은 50~60% 일 때 가장 적당하다.
　③ 해섬
　　㉠ 섬유판용 펄프는 고수율 펄프이며 고수율 펄프는 접착성분을 해주는 헤미셀룰로오스와 리그닌의 함량이 높다. 두꺼운 시트를 초조해야 함으로 여수도가 높은 펄프가 유용하다 해섬의 경우 일반적으로 디스크 리파이너가 대부분 사용되고 있다.
　　㉡ 디스크 리파이너를 사용하는 것으로 Asplund 법이 있다. 아스펄런드의 전처리로서 칩을 8~10기압 하에 160~180℃ 정도로 가열하여 해리기로 섬유하는 방법으로 노동력이 적고 균일한 펄프를 연속적으로 생산할 수 있다.
　④ 성형
　　㉠ 연질섬유판에 내수성을 높이기 위해 로진이나 파라핀 에멀션을 전건 펄프에 대하여 1% 정도 첨가한다. 건식 중질 섬유판에 경우 요소 포르말린 접착제를 약 10% 정도로

첨가하며 습식 경질 섬유판에 페놀 포르말린 접착제를 0.5~3% 정도로 첨가한다.
ⓛ 성형시 습식법과 건식법을 이용하며 습식법은 물에 펄프를 현탁하여 환망식이나 장막식 연속 성형기로 성형하는 방법이고 건식법은 공기를 매체로 기거 펄프를 아래로 떨어뜨려 매트로 성형하는 방법이다.

⑤ 열압
- 경질 및 중밀도 섬유판은 다단식 압착기로 열압하여 성형 건조한다. 압착은 열압시간의 단축과 보드 표면의 오염 발생을 방지하기 위해 일반적으로 3단계 열압법을 사용한다. 1단계는 압력이 급속히 높아지는 단계이며 시트 중의 수분을 압출시켜 시트의 온도를 급격히 상승시키는 원리이다. 2단계는 최고압에서 단시간 유지시킨 후 잔재 수분의 증발을 용이하게 하기 위해 압축을 해제하여 수증기를 제거를 하며 내부의 수분도 증산시킨다. 3단계는 다시 압착을 통해 시트를 더욱 견고하게 만들도록 한다. 이때 가열 온도는 목재 성분의 가소성에 필요한 185°C 를 고려하여 경질섬유판은 180~200°C, 압력 50~55kg/cm² 조건으로 하며 압체시간은 한 프레스당 7~10분 정도로하고 반경질 섬유판은 20~40분 가량 압체한다.
- 건식 열압의 경우 2단 가압을 적용하며 1단 가압시 압력은 60~80kg/cm² 으로 5~12초 정도로 하고 2단가압에는 20~40kg/cm² 으로 초기보다 낮은 압력으로 1~3분 정도로 가압하는 것이 적당하다. 건식 열압 역시 열판의 온도는 약 180~200°C 정도로 한다.

⑥ 후처리
ⓐ 열처리

경질 섬유판은 내수성과 강도 향상을 위해 후처리로 열처리 한다. 열처리의 조건은 온도 140~180°C 조건으로 2~5시간 정도로 가열 한다. 이러한 가열을 통해 휨강도는 10~20% 정도로 향상되고 흡수율은 10~30% 정도로 저하된다. 마무리로 200°C 제트기류에서 30분 간 처리한다.

ⓑ 기름담금 처리

기름을 함침시킨 섬유판을 열처리하여 기름을 경화시키면 열처리를 한 것보다 재질이 더욱 개선된다. 보통 보드를 열압처리한 다음 건성유, 톨유 등에 담가 둔다. 혹은 파라핀 에멀션을 8% 정도 분무하여 열처리 하면 강도나 내수성, 치수안정성 등이 커진다.

ⓒ 조습처리

경질 섬유판 제품은 함수율이 낮아 조습처리를 한다. 조습실은 온도는 40~60°C, 습도는 90~95% 정도로 6~8시간 정도 처리한다. 이러한 처리를 통해 두께의 팽창을 예방한다.

(ㅁ) 섬유판의 용도

① 연질 섬유판 : 포장재, 흡음판, 단열재 등

② 중질 섬유판 : 단열재, 흡음판, 건축재료, 가구, 가공용재 등

③ 경질 섬유판 : 건축, 가구, 자동차, 조선, 마루장, 장난감, 각종 상자 등

(5) 집성재

(ㄱ) 집성재의 정의

① 집성재는 판재나 소각재 등의 제재판을 사용하여 길이, 너비, 두께 방향으로 집성 접착한 재료를 의미한다.

② 원목으로 생산하기 어려운 장대재를 만드는데 판재나 각목을 접착하거나 얇은 판이나 두꺼운 판에 접착제를 발라 적층판을 만드는 것을 집성재라 한다.

(ㄴ) 집성재의 원재료

① 집성재의 원재료는 침엽수로서 삼나무, 편백, 소나무, 미국 편백류 등의 국산재 및 수입재, 북양재 등의 유용목재 수종이며 활엽수로는 참나무류, 너도밤나무류, 자작나무류, 고로쇠나무 등 이외 lauan류 를 비롯한 각종 남양재 등 다양하게 있다.

② 일반적으로 건축용 Arch 재 등에 사용되는 집성재 등의 목구조용 내력 부재에는 위의 수종 중 목구조 설계기준에 규정도니 수종이나 동등 이상의 허용응력을 가지는 수종, 주로 침엽수가 사용되고 있으며 목조선이나 차량용집성재 등에는 활엽수가 이용된다.

③ 구조용 집성재의 원재료는 품질, 치수 등이 우수해야 하며 조작용 집성재는 위 수조오이 제재, 목공 등의 분야에서 사용되는 수종의 대부분이 대상이 되고, 품질이나 치수가 비교적 저가치적인 것은 core 의 원재료로서 유효하게 사용된다.

④ 구조용 집성재의 이용 수종은 아래와 같이 분류된다.

분류	수종
침엽수A	적송, 해송, 일본잎갈나무, 나한백나무, 편백, 미송, 미국편백나무
침엽수B	삼나무, 일본젓나무, 가문비나무, 분비나무, 미국삼나무, 미국솔송나무
활엽수A	물참나무, 너도밤나무, 버드나무, 들메나무, 자작나무, 고로쇠나무, 느릅나무, 아피통
활엽수B	라왕

㈐ 집성재의 특징
① 집성재는 목재와 철근 구조 용재의 대용재료로 사용된다.
② 제재와 목공의 파생재를 이용하여 원하는 크기와 모양 제조가 가능하다.
③ 목재의 결함을 집성 접착작업을 통해 개선할 수 있다.
④ 물리적 결함이 목재보다 적게 발생한다.
⑤ 품질이 균일한 제품을 대량으로 생산할 수 있다.
⑥ 임의로 곡선형의 제품을 만들 수 있고 방충, 방부, 방화 등의 약제처리가 용이하다.
⑦ 강도의 크기, 품질을 적절히 조합할 수 있다.
⑧ 외관이 아름다운 재료를 만들고, 비교적 낮은 가격으로 생산할 수 있다.

㈑ 집성재의 제조
① 집성재에 사용되는 원료 목재는 집성 가공품에 따라 침엽수재와 활엽수재를 이용한다.
② 집성재용 원목은 강도가 강하고 변형이 적어야 한다.
③ 이상재, 마디, 구멍, 부후, 섬유 주향이 불량한 목재는 선별하여 빼도록 한다.
④ 접착을 위한 목재의 함수율은 8~15% 정도가 적당하다. 접착력의 경우 목재의 비중의 증가와 함께 직선적으로 증가된다. 압착시 압착조건은 침엽수가 5~10kg/cm^2, 활엽수가 10~15kg/cm^2 정도의 조건으로 압착한다.
⑤ 집성재의 제조공정
원목→제재→건조→조습→초벌면삭 →결점제거 → 측면 접합 및 길이 접합 → 피착면 가공 → 집성접착 → 양생 → 정형 가공 → 검사 및 포장
⑥ 접착제 도포와 조합이 완료되면 글램프 등의 체결기구를 이용하여 실내온도에서 8~24시간 동안 체결해 두면 그 동안 접착이 완료되며 이때 온도가 너무 높을 경우 접합되지 않으므로 주의해야 한다. 접착이 완료되면 1주일 정도 양생시켜두면 집성재가 완성된다.

㈒ 라미나 가공
① 황삭
라미나는 먼저 대패로 황삭을 하고 제재면의 거칠음이나 치수의 차이 건조로 인한 뒤틀림 등을 제거하여 가공을 용이하게 한다. 이러한 작업을 통해 라미나의 결점이나 목리, 심재, 변재 등의 분리가 용이해진다
② 결점 제거
옹이나 수지 주머니 등을 patching machine 으로 제거하고 이후 갈라진 틈을 메우는 작업을 한다.

③ 라미나 접합
  ㉠ 측면접합
    측면접합은 나비가 좁은 제재판을 소정의 나비가 되도록 나비방향으로 접합시키는 공정으로 edge joint 라 한다.
  ㉡ 길이접합
    - 제재판을 길이방향으로 접합시켜 소정의 길이가 되도록 하는 공정으로 end joint 라한다. 이때 길이접합의 형식은 3종류가 있으며 butt joint, scarf joint, finger joint 로 분류한다.
    - butt joint 는 접합효율이 가장 낮으며 구조용으로도 사용이 어렵다. 주로 코어접합에 사용된다. scarf joint 는 접합유효율이 가장 높아 소재의 95% 정도이지만 원목 이용률이 낮고 작업이 어렵다. 주로 장대한 구조용 집성재에 이용된다. finger joint 는 원목 이용율이 높고 강도 유효력이 finger 마다 다르나 60~80% 정도이다.

④ 집성접착
  ㉠ 접착제
    집성재용 접착제는 레조시놀 수지와 요소수지가 많이 사용된다. 접착제의 구비조건으로 접착력이 강하고 대량생산되며 가격이 싸고 내수성이나 내구성이 좋아야 한다. 집성재는 열압기를 이용한 고온가열 되지 않기 때문에 특수한 경우를 제외하고 중간온도인 40~60°C 나 상온에서 경화시키는 접착제를 주로 이용한다.
  ㉡ 접착조작
    라미나 집성접착은 접착제의 조합이나 도포, 퇴적, 압체, 경화 순으로 이루어지며 접착제의 조합은 소형 혼합기에서 이루어진다. 우수한 접착력을 얻기 위해서는 균일한 도포가 필수이다. 도포량은 접착제와 수종에 따라 다르지만 비중이 낮거나 다공질의 목재에는 다량의 접착제가 필요하다. 합성수지계 접착제는 단면에 150~250g/m² 의 양면도포를 하고 수직으로 압력을 가해 압체한다. 압체력의 경우 경량재는 5kg/cm² 전후이며 중량재는 20kg/cm² 전후로 한다.
  ㉢ 마무리 가공
    접착이 완료된 집성재는 3일 이상 실내에 방치하고 라미나 상호간의 사이의 경화된 접착으로 인해 표면이 매끄럽지 못해 보통 치수의 집성재는 띠톱이나 대패 등을 이용하여 절삭한다. 길고 큰 치수의 경우 이동식 절삭기계를 이용하여 평면상태로 하고 만곡 집성재 역시 동일하게 시행한다. 황삭된 면은 마무리용 대패와 샌더로 가공을 하게 된다.

(6) 복합재료

㉠ 시멘트 목질판

① 시멘트 목질판은 목재를 적당한 형태나 크기로 절삭하고 시멘트를 혼입하여 성형한 것으로 1920년대 독일에서 개발되었다. 목재를 가늘고 긴 목모로 절삭하고 목모와 시멘트의 중량비를 35 : 65 정도로 하여 성형한다. 목편시멘트판은 칩형태의 재료에 65~75%의 시멘트를 혼합하여 성형한 것으로 비중이 0.8 이하인 것을 보통 목편시멘트판이라 하고 0.8 이상의 것을 경질목편시멘트 판이라 하고 경질목편 시멘트 판의 경우 방화성이 매우 우수하다.

② 시멘트 목질판의 경우 연질한 것은 강도와 차음성이 높으며 시멘트 목질판의 최대 장점은 방화성능이 매우 높다는 것이다. 가연성 목구조 건물의 화재 위험이 높은 부분에는 시멘트 목질판을 사용하면 화재예방에 큰 도움이 된다.

㉡ WPC

WPC(wood plastic combination)은 목재와 플라스틱의 복합체로 목재를 플라스틱 모노머를 가압주입하여 방사선으로 조사하는 방법으로 주입전에 중합개시제를 적당량 첨가하여 가열하여 중합시킨다.

CHAPTER 04 목재접착제가공

1. 적합 접착제 선정
(1) 접착제 종류별 특성
㉠ 천연접착제
　① 카세인 접착제
　　㉠ 카세인 접착제는 주요성분이 단백질로 우유에서 추출한 카세인을 접착제로 사용한다.
　　㉡ 접착력이 우수하고 점조성이 좋은 편이나 내수성이 낮고 오염이 심한 단점이 있다. 현재 천연 접착제는 많은 용도로 이용되지는 못하고 있다.
　② 알부민 접착제
　　㉠ 주요성분은 단백질로 동물의 혈액을 건조시켜 혈분을 원료로 사용한다.
　　㉡ 알부민 접착제 역시 접착력은 좋으나 가격이 비싸다는 단점으로 많이 사용되지는 않는다.
　③ 동물 접착제
　　㉠ 주요성분은 단백질로 동물의 뼈나 가죽을 원료로 한다.
　　㉡ 접착력이 낮으며 내수성이 약하다.
　④ 콩가루 접착제
　　㉠ 콩을 원료로 하며 지방성분을 제거하고 단백질을 주요성분으로 사용한다.
　　㉡ 접착제의 원료를 구하기 쉬운편이나 내수성이 낮아 주로 합판제조용으로 사용되거나 합성수지 접착제의 증량제로 사용한다.
　⑤ 밀가루 접착제
　　㉠ 밀, 쌀, 감자, 고구마 등의 식물을 원료로 한 전분을 이용한다.
　　㉡ 합성수지 접착제의 증량제로 이용한다.

㉡ 합성 수지 접착제
　① 아미노계 목재 접착제
　　㉠ 아미노수지
　　　• 아미노 수지는 수용성으로 물에 잘 용해되며 높은 경도를 가지고 있다. 아미노 수지는 아미노기($-NH_2$)나 아민기($-NH$)를 가지고 있고 이를 알데히드와 반응시켜 얻게 되는데 요소와 멜라민을 많이 사용한다.

- 무색으로 화상의 위험성이 없으며 여러 경화조건에서도 적용이 용이하나 내수성이 낮다는 단점을 가지고 있다.

ⓛ 요소수지
- 가격이 저렴하며 수용성으로 취급이 용이하고 작업성이 좋다.
- 실온에서도 경화가 가능하여 접착력이 강하고 기름이나 열 등에 잘 견딘다.
- 경화된 접착제는 무색이며 목재를 오염시키지 않는다.
- 경화시간을 단축시킬 수 있으나 그럴 경우 외장용으로는 사용이 어렵다.
- 노화성을 가지고 있으며 저온에서는 완전경화가 어렵다.
- 내장용 합판이나 파티클 보드 접착에 많이 사용된다.

ⓒ 멜라민수지
- 내수성, 내열성, 내구성이 우수하며 온수 중에서도 충분한 접착력을 가지고 있다.
- 외장용 합판이나 집성재의 접착제로 주로 사용되며 경화된 수지는 피막이 무색이고 투명하며 목재를 오염시키지 않는다.
- 경도가 높은 편이고 광택이 있으며 침투성이 양호하다.
- 제조단가가 높고 보존성이 나쁜 단점을 가진다.
- 멜라민수지의 경우 요소수지의 성능개선제로 사용되거나 합판이나 파티클보드, 섬유판 등의 오버레이 필름용으로도 사용된다.

② 페놀계 목재 접착제

㉠ 페놀수지 접착제
- 페놀수지 접착제의 경우 접착강도, 내수성이 우수하며 내식성이나 내약품성에도 강하다.
- 고온에서 강하나 접착제의 가격이 비싼 단점이 있다.
- 접착된 목재의 두께가 얇으면 수지 표면으로 침투되어 목재를 오염시키기도 한다.
- 페놀계 접착제는 벤젠고리에 수산기(-OH)나 알킬기($-CH_3$) 등을 가지고 있는 화합물을 포름알데히드와 반응시켜 얻는다.

□ 페놀수지 접착제 제조방법 및 용도
- 수용성 페놀 수지 : 수용성 페놀수지는 알칼리를 촉매로 사용하여 제조하며 외장용 1급 합판제조시 사용한다.
- 노볼랙형(novolak) 수지 : 산을 촉매로 금속, 유리, 성형 등의 접착에 사용한다.
- 레졸형, 알콜용성 페놀수지 : 알칼리를 용매로 하며 집성재나 창틀 등의 외장용 및 수중용 접착제로 사용한다.

ⓒ 레졸시놀 수지 접착제
- 경화제가 필요 없으며 저온에서도 경화가 뛰어나다.
- 내수성, 내구성, 내후성, 접착강도가 우수하나 단독으로 사용하기 어렵고 가격이 고가이다.
- 구조용 집성재, 복합 목재재료의 접착제로 사용하거나 항공기, 유리, 등의 접착에도 이용한다.

③ 초산 비닐계 목재 접착제
ⓐ 초산비닐 에멀션 수지 접착제
- 초산비닐 수지는 포름알데히드를 사용하지 않고 제조되는 열 가역성 접착제로 초산비닐의 단량체를 과산화물에 반응시켜 만들어지는 고분자 축합물이다.
- 경화제가 필요 없으며 노화성이 없다.
- 비투과성으로 접착재료의 표면에 침출되지 않고 원액을 그대로 사용하고 조제가 용이하다.
- 수용성으로 독성이나 화재의 위험성이 없으며 흡수성이 좋은 목재나 종이는 접착속도가 매우 빠른 편이다.
- 무색, 투명하게 건조되며 목재를 오염시키지 않는다.
- 가구, 악기, 화장판, 장식판 등의 접착제로 이용한다.
ⓑ 초산비닐 용액 수지 접착제
- 초산에틸이나 메틸알코올 등의 용제에서 초산 비닐 단량체와 과산화물의 반응으로 무색, 투명한 수지상의 물질이 생성된다.
- 초기 접착력이 강하며 물에 약한 종이의 접착에도 용이하다.
- 내수성이 좋으나 외장용으로 부적합하며 인체에 유해하고 화상의 위험성이 있으며 쉽게 변형되는 단점이 있다.

ⓒ 천연 고분자 접착제
① 타닌 수지 접착제
ⓐ 접착제 자체의 점도가 매우 높으며 접착강도가 낮고 내수성이 약하다.
ⓑ 타닌과 포름알데히드 간의 결합이 불안정하고 요소, 페놀, 레졸시놀 등과 공축합하여 내수성이나 강도를 증진시킨다.
② 리그닌 수지 접착제
목재에는 리그닌이 많이 함유되어 있는데 약 20~30% 정도의 천연 고분자 페놀성 물질이다. 이러한 리그닌 수지 접착제는 밀도가 높고 치수 안전성이 좋으며 고습도에서도

잘 견딘다. 가격도 저렴하여 사용이 용이하나 접착 시 가압시간이 많이 필요하고 가압조건에서 고온의 조건이 필요한 단점이 있다.
③ 폴리우레탄 수지 접착제
  ㉠ 내수성과 내열성이 좋으며 탄성이 풍부하여 고온 경화가 가능하다. 하지만 가열시 인체 유독한 물질이 배출되는 문제가 있다.
  ㉡ 합판이나 파티클 보드의 접착이나 금속과 고무, 피혁 등과 목재의 접착에 사용한다.

(2) 접착이론
  ① 기본이론
    ㉠ 분자간인력설
      물리적 흡착, 수소결합 및 화학적 흡착에 의한 접착제와 피착제 간의 인력에 의해 접착된다는 이론을 말한다.
    ㉡ 표면에너지설
      접착 시에는 일차적으로 흡윤성이 좋아야 하고 피착체의 표면장력이 액체의 표면장력보다 커야 접착을 한다는 이론을 말한다.
  ② 보조이론
    ㉠ 기계적 접착제
      못과 같이 기계적인 작용에 의해 접착된다는 이론을 말한다.
    ㉡ 혼합확산이론
      피착제와 접착제간에 혼합확산이 진행되어 접착된다는 이론을 말한다.
    ㉢ 확산이론
      경계면을 넘어 서로 확산됨으로서 피착체와 접착제가 결합된다는 이론을 말한다.
    ㉣ 열과 압력
      열은 접착제의 흡수력, 용해력, 분산력, 습윤능력, 화학적 반응성 등을 높이고 압력은 습윤성을 높인다는 이론을 말한다.
    ㉤ 약경계층설
      접착제와 피착체의 경계간에 존재하는 접착제의 낮은 분자량의 용액 부분이나 미중합된 용액부분 때문에 약한 접착이나 접착파괴가 일어나는 이론을 말한다.
    ㉥ 기타
      경전기이론, 재료화학 및 레올로지이론 등이 있다.

(3) 접착인자
  ① 피착제인자
    ㉠ 피착제 인자의 종류
      • 수종 및 비중
      • 목재의 역학적 성질
      • 목재의 목리방향
      • 재면의 거칠음과 해부학적 성질
      • 추출성분
      • 흡윤성
      • pH
      • 수분
    ㉡ 목재는 다공성으로 목재 표면에서 기계적인 접착보다 물리, 화학적인 접착제의 흡착현상이 더 큰 영향을 준다. 목재의 접착은 목재의 표면성에 달려있으며 수종과 비중에 따라 변화된다. 보통 비중에 비례하여 접착인력이 증가된다. 하지만 비중이 큰 수종일수록 강성이 높아 응력집중에 의한 파괴가 생기기 쉽다.
  ② 접착제인자
    ㉠ 접착제인자 종류
      • 분자구조
      • 분자량
      • 표면장력
      • 농도와 점도
      • 유동성
      • 경화특성
      • 역학적 성질
    ㉡ 접착제가 경화될 때 용적변화는 접착층의 내부응력에 의해 발생되고 용적수축률이 큰 요소수지에서는 균열이 발생하거나 응력집중에 의해 접착열화가 발생하기 쉬운데 반해 에폭시 수지에서는 이러한 현상이 나타나지 않는다.
    ㉢ 접착제의 역학적 성질도 접착강도에 영향을 주는 인자로 탄성률이 높은 수지로 접착시키면 강한 전단접착력을 얻을 수 있으나 박리강도는 약하다.
    ㉣ 강성이 높을 경우 수축계수가 다른 재료를 접착시킬 때 접착층내의 응력분산에 대하여 주의해야 하며 접착제에 유연성을 부여하여 응력집중을 피하는 것이 좋다.

③ 접착조작인자
  ㉠ 접착조작인자 종류
    • 접착제 조합 및 중량
    • 도포량
    • 퇴적시간
    • 압착시간 및 가열
  ㉡ 양호한 접착력을 갖기 위해서는 균일하게 도포하여 균일한 접착층을 형성해야하며 일반적으로 롤러스프레더(roller spreader)을 사용한다. 피착제의 재면 상태나 두께, 도포장치 및 접착제에 따라 도포 정도에 차이를 보이며 만약 도포량이 부족할 경우 접착제 및 접착층이 결여되며 도포량이 많을 경우 접착층의 수분이동으로 접착력이 감소하므로 적정량의 도포가 필요하다.
  ㉢ 접착제를 도포 후 열압까지의 시간을 퇴적시간이라 하며 이 시간동안 용제의 휘발, 수지의 침투, 이동, 발열, 반응 등이 진행되게 된다.
  ㉣ 압착은 접착제의 이동 촉진과 고화를 위한 조작으로 압력과 시간 및 온도에 의해 결정된다. 압력은 저비중재 7~10kg/cm^2, 고비중재는 10~15kg/cm^2 기준이나 접착제 종류 및 배합에 따라 차이가 있다.

2. 접착제 합성

(1) 접착제의 합성
  ① 소수지 접착제(Urea resin adhesive)의 합성
    ㉠ 요소와 폼알데하이드의 반응
      • 요소와 폼알데하이드의 반응은 매우 복잡하게 진행되나 크게 2단계의 반응으로 진행된다.
      • 1단계는 주로 염기성하에서 일어나는 부가반응으로 요소에 메틸올기가 부가하여 모노-메틸올 요소, 디-메틸올 요소 및 트리-메틸올 요소가 생성되는 단계이다.
      • 2단계는 산성하 에서의 축합반응으로 메틸올화 요소의 메틸올기간에 일어나는 디메틸렌 에테르 결합이나 메틸올기와 아민기간의 메틸렌 결합에 의해 분자량이 증대되는 단계이다.
      • 요소와 폼알데하이드의 반응속도는 pH에 의해 크게 좌우되며 부가반응 속도는 pH 5~8에서 최소이고, 축합반응 속도는 강산성일수록 크다. 따라서 요소수지의 경화는 메틸렌화 반응이 메틸올화 반응속도 보다 큰 pH 5 이하의 산성 하에서

행한다.
- ⓒ 요소수지 접착제의 합성
  - 요소수지를 합성하기 위해서는 먼저 수지의 조성 즉 폼알데하이드/요소의 몰비를 결정해야 한다.
  - 일반적으로 수지 조성은 초기 부가반응 시에는 몰비 1.2~2.0으로 다소 높게 설정하지만 최종 몰비는 1.0 전후로 조정하여 제조하는 경우가 많다.
- ⓓ 멜라민·요소 수지
  - 멜라민·요소 수지의 합성법에는 크게 3가지 방법이 있다.
  - 요소수지와 멜라민수지를 각각 별도로 제조하여 혼합하는 방법
  - 메틸올화 요소 또는 메틸올화 멜라민에 멜라민이나 요소를 첨가하여 제조하는 방법
  - 요소, 멜라민, 폼알데하이드를 동시에 반응시켜 제조하는 방법
② 페놀수지 접착제(Phenol resin adhesive)의 합성
- ㉠ 산성 하에서 폼알데하이드/페놀의 몰비를 1이하로 반응시켜 합성하는 노볼락(Novolac)형 페놀수지는 메틸렌 결합이 주체가 되는 수지이나, 수지계내에 활성반응기가 없기 때문에 그 자체만으로는 경화하지 않는다. 따라서, 헥사메틸렌테트라아민이라는 경화제를 첨가하여 경화시키는 수지로 주로 성형재료에 많이 이용되고 있다.
- ㉡ 페놀에 대한 폼알데하이드의 몰비를 1이상으로 하여 알칼리성하에서 반응시켜 제조하는 레졸(Resol)형 페놀수지는 메틸올화 페놀 및 메틸렌 결합으로 연결된 저분자의 화합물이 혼합된 수지로, 구조용 합판의 제조에 주로 사용되며, 가열하여 경화시킨다.

(2) 접착제 제조 및 조합
① 접착제의 조성과 혼합기
- ㉠ 일반적으로 접착제액은 주제(수지 류)에 대해 경화제(Hardener), 충전제(Filler), 증량제(Extender), 희석제 및 그 밖의 첨가물을 조합, 혼합하여 피착재에 도포한다.
- ㉡ 수지의 구입이나 제조 시에는 성상(주제의 점도, 비중, pH, 불휘발분 등)을 검토하여야 하고, 구입 후에는 직사광선이 들지 않는 서늘한 곳에 보관하여 수지 성상의 변화를 최소화하고 가능하면 신속히 사용하는 것이 바람직하다.
- ㉢ 각종 첨가물이 혼합된 수지액이 균일하지 않으면 제품의 성능도 안정화 되지 못한다.
- ㉣ 균일한 수지액을 만들기 위한 혼합방식에는 단속식과 자동 계량 혼합형이 있다.
- ㉤ 단속식은 글루믹서를 사용하여 주제(수지류 등)와 각종 첨가물을 순서에 따라 첨가하고, 수지액이 균일하게 되도록 교반과 기포를 제거하여 도포공정으로 보낸다.
- ㉥ 자동 혼합방식은 주제와 경화제를 정량펌퍼로 압송·연속 교반하므로 경화제는 액상으

로 사용한다.
② 접착제 도포
　㉠ 도포량
　　• 혼합에 의해 균일한 접착제액이 완성되면 접착제를 피착재의 접착하려는 표면에 가능 하면 균일한 양이 되도록 이동시켜야하는데 그 이동양을 도포량이라 한다
　　• 집성재나 합판과 같이 피착재의 단위면적을 알기 쉬운 재료에 대한 도포량 (g/m^2)은 단위면적 (m^2)에 대한 수지량 (g)으로 나타내며, PB나 MDF와 같이 표면적을 구하기 곤란한 소재에 대해서는 수지율(%)로 전건소재중량 (g)에 대한 수지 고형분의 양 (g)을 백분율로 나타낸다.
　㉡ 접착제 도포기
　　• 접착제 도포의 좋고 나쁨은 작업성과 생산성에 영향을 준다.
　　• 표면이 일정한 면적을 가지고 있으며, 평면 형상의 피착재에는 롤코터(Roll coater), 익스트루더(Extruder), 커텐코터(Curtain coater)가 주로 사용되며, 삭편이나 섬유 및 핑거조인터의 도포에는 스프레이코터(Spray coater)가 사용된다.
　　• 주제와 경화제가 분리되어 있는 2액형의 수지 도포 시에는 각각 분리하여 도포한 후 가압에 의해 혼합되는 분리도포(Honeymoon) 방식도 있으며, 이 방법은 수지의 사용 시간을 길게 연장할 수 있는 장점이 있다.
　　• 현장접착과 같이 소규모의 도포작업에는 붓, 헤라, 헨드롤러, 핸드건 등도 사용된다.
　㉢ 롤코터 (글루스프레더 : Glue spreader)
　　• 롤러에 부착된 수지가 피착재로 전이되도록 하여 도포하는 장치로 도포롤과 닥터롤간의 간격을 조정하여 도포량을 조절한다.
　　• 도포롤은 일반적으로 고무제이며, 단판, 라미나용에는 돌기 부착 롤을, 얇은 단판·시트 등에는 돌기가 없는 롤을 사용한다.
　　• 도포량을 적게 할 경우는 경도가 낮은 고무를 반대로 많게 할 경우는 경도가 높은 고무를 사용한다.
　㉣ 익스트루더(Extruder)
　　접착제가 노즐을 통해 국수모양으로 흘러내리고 그 아래 피착재가 일정한 속도로 이동하면서 도포하는 장치로 주제와 경화제를 각각 따로 흘러내리게 하면 분리도포 익스트루더가 된다.
　㉤ 커텐 코터(블로 코터 : Blow coater)
　　노즐이 아니라 간극이나 미세한 긴구멍(slit : 0.3 ~ 1 mm)으로 부터 수지액을 막상으로 흘려 일정속도로 통과하게 하여 피착재면에 도포하는 장치로 커텐과 같은 형상이

연속적으로 이어지기 위해서는 첨가물의 입도가 미세하면서 균질하여야 하고 고점도의 수지액에는 적용이 곤란하다.

ⓑ 스프레이 코터(Spray coater)
- 면의 형상이나 라미나와 같이 피착재가 일정한 형상이 아닌 재료에는 롤코터 등의 도포기를 적용할 수가 없다.
- 파티클, 섬유, 핑거조인터 가공재에는 수지액을 압력이나 공기를 이용해서 미립화하여 분사하는 스프레이 도포기를 사용한다.
- 수지액을 공기로 무화하는 에어 스프레이(Air spray)와 수지액을 고압펌퍼로 가압(40~80 kgf/cm^2)하는 에어레스 스프레이(Airless spray)가 있다.

ⓢ 핫멜트의 애플리케이터 (hot melt applicator)
- 핫멜트 접착제의 경우에는 도포장치에 가열장치가 부착되어 먼저 수지를 용융시킨 다음 피착재면에 도포하는 장치로 롤 도포, 노즐 도포가 있다.
- 핫멜트 접착제의 용융온도는 수지의 조성성분에 따라 차이가 있으며 160~200°C가 일반적이다.
- 가구의 마구리면 접착이나 단판의 폭·길이 방향 접착에 주로 이용되고 있다.

3. 접착제 성능 평가

(1) 접착제 물성

① 비중

㉠ 접착제의 비중 또는 밀도는 비중컵법이나 비중병법에 의해 측정한다.

㉡ 비중의 측정은 먼저 비중컵의 무게를 측정하고(W1), 온도 23±2°C의 물을 비중컵에 채우 고, 뚜껑을 하여 뚜껑의 구멍으로부터 흡출한 물을 닦아내고 무게를 단다(W2). 다시 시료를 거품이 들어가지 않도록 주의하면서 비중컵에 채우고, 뚜껑을 하여 뚜껑의 구멍으로부터 흡출한 여분의 시료를 닦아 낸 후 비중컵의 무게를 단다(W3). 이때 시료와 비중컵은 미리 온도 (23±2)°C로 유지하면서 동일 시료로 3회 측정을 한 후 다음 식에 의해 산출한다.

㉢ SG = W3–W1/W2–W1

여기서, SG : 비중
W1 : 비중컵의 무게(g)
W2 : 물을 넣은 비중컵의 무게(g)
W3 : 시료를 넣은 비중컵의 무게(g)

② pH
　㉠ 접착제의 pH는 접착제의 저장안정성, 경화 후 접착층의 내구성과 밀접한 관계가 있다.
　㉡ pH 측정 시료는 아미노계 수지나 페놀계 수지는 수지를 그대로 사용한다. 초산비닐 에멀션 수지는 수지와 동량의 증류수로 희석하여 23±2℃에서 pH 측정기로 계속해서 측정된 3회의 결과가 pH계의 정밀도 이내의 범위에서 일치할 때까지 측정한다.
　㉢ 측정값의 평균을 구하여 소수점 이하 첫째 자리까지 표시하고 결과에는 희석의 유무를 기록한다.

③ 점도
　㉠ 점도는 수지의 불휘발분, 평균분자량에 관련되며 점도 변화는 저장안정성의 척도가 된다.
　㉡ 접착제 시료 약 500mL를 기포가 혼입 되지 않도록 비커에 넣고, 23±0.5℃를 유지하는 항온수조에 비커를 장치한 후 시료의 온도가 23±1℃를 유지되도록 한다.
　㉢ 점도는 회전식 점도계에 가드(guarder)와 스핀들(spindle)을 부착하고 스핀들의 회전수와 스핀들 번호의 조합에 따라 점도 측정시의 눈금판의 20~100% 범위에 들어가는 것을 선정한다.
　㉣ 점도는 점도계에 첨부되어 있는 환산 승수에 2회 이상 측정한 점도계의 지시 값의 평균을 곱하여 mPa·s 또는 Pa·s, 포이즈(P) 또는 센티포이즈(cP=P/100)) 로 나타낸다.

④ 불휘발분
　㉠ 불휘발분은 접착제를 가열하여 휘발성 물질을 제거하고 남는 중량으로 실제로 접착력을 발휘하는 물질이다.
　㉡ 수지에 따른 불휘발분 측정 조건은 다음과 같다.

수지	시료 채취량(g)	온도(℃)	시간(분)	구하는 시험 값
아미노계	약 1.5	105±1	180±5	유효 숫자 2자리
페놀계	약 1.5	135±1	60±2	유효 숫자 2자리
에멀션형	약 1.0	105±2	60±5	유효 숫자 3자리
그 밖의 수지	약 1.0	105±1	180±5	유효 숫자 3자리

⑤ 저장안정성
　㉠ 뚜껑이 있는 약 500 mL의 투명 용기에 수지 500 mL을 취한 다음 뚜껑을 닫는다.
　㉡ 뚜껑을 닫은 상태에서 요소나 요소멜라민수지는 70±2℃에서 10시간, 페놀수지는 접착제를 60±2℃에서 15시간, 그 밖의 접착제는 50±2℃에서 20시간 항온조에서

유지한다.

ⓒ 다음 층 분리의 유무, 굵은 입자의 발생 상태, 색조의 변화 및 도포성을 육안으로 조사한다.

⑥ 요소수지 보전성

ⓐ 직경 18 mm 시험관에 수지 10 g을 넣어 70±2°C의 항온 중탕액에 시료면이 2 cm까지 잠기도록 하고 이때를 개시시간으로 한다.

ⓑ 약 10분 후 마개를 닫고 개시시간으로부터 1시간 마다 시험관을 기울여 시료가 유동하지 않을 때까지의 시간을 측정하여 보존성으로 평가 한다.

⑦ 요소수지 겔화시간

ⓐ 시료와 시험관 등 기기의 온도를 25±0.5°C로 조절하고, 바깥지름 18 mm의 시험관에 수지 10 g과 경화제를 첨가하여 유리막대로 잘 혼합하고 이때를 개시시간으로 한다.

ⓑ 시험관을 25±0.5°C의 항온 중탕액에 시료면이 2 cm까지 잠기도록 한다.

ⓒ 이 시료를 가끔 유리막대로 저으면서 유리막대에 부착된 시료가 길게 실처럼 늘어지지 않고 끊어져 올라올 때까지의 시간을 2회 측정하고 평균 시간(분)을 겔화시간으로 한다.

⑧ 요소수지의 유리 폼알데하이드

ⓐ 마개 달린 삼각 플라스크 (200~300 mL)에 폼알데하이드가 약 0.3 g 포함하도록 시료의 양을 정확히 취하고 물 50 mL를 가한 후 흔들어 준다.

ⓑ 메틸레드-메틸렌블루 지시약 2방울을 가하고 0.1 N 염산 또는 0.1 N 수산화나트륨 용액으로 중화한 후, 염화암모늄 용액 10 mL 및 1 N 수산화나트륨 용액 10 mL를 가하여 마개를 막은 후 흔들어 주면서 25°C에서 30분간 방치한 후 1 N 염산으로 적정한다.

ⓒ 종말점은 지시약이 녹색-회색-회청색-적자 색으로 변색하므로 회청색으로 변한 점으로 정한다. 또한 바탕 시험을 실시한다.

ⓓ 다음 식을 이용하여 유리 폼알데하이드를 구한다.

$$0.045 \times \frac{\text{바탕시험에 사용된 } 1N \text{염산소비량} - \text{시료에 사용된 } 1N \text{염산소비량}}{\text{시료의 무게}} \times 1N \text{염산의 농도계수}$$

CHAPTER 05 목질재료 표면가공

1. 목제품 표면 도장

(1) 목질소재 전 처리

① 표면연마

  ㉠ 손연마는 연마 블록에 연마지를 감아 가볍게 연마한다.

  ㉡ 기계연마의 종류는 휴대가 가능한 포터블 샌더와 기계식 벨트 샌더가 있다.

② 연마지 사양 결정

  ㉠ 연마지립에 따른 종류와 용도

   • 연마용 지립으로 천연재료를 사용하는 종류로는 경석(F)과 석류석(G)이 있다.

   • 경석은 다공질의 재질로서 모오스경도가 6~6.5 정도로 일반적으로 손연마용으로 사용되며, 목재의 연마와 도막의 연마에 주로 사용된다.

   • 석류석은 예리한 파쇄면의 재질로서 모오스도가 6~8 정도이며, 손연마와 기계연마 모두에 적합하다.

  ㉡ 지립의 밀도에 따른 종류와 용도

   • 연마지 면적에 대한 지립의 면적비율에 따라서 다음의 세 가지 종류로 구분되어진다.

   • 오픈 코트(Open coat)는 지립의 면적이 50%정도로 눈메움이 적어 목재의 초벌연마에 적합하다. 목분이 많이 발생하는 거친 연마나 샌딩실러 도막의 연마와 수지분이 많은 목재연마에 적합하다.

   • 미디엄 코트(medium coat) : 지립 면적이 70%정도로써 오픈 코트에 비하여 눈메움이 많고 중간 정도의 연마공정에 사용된다.

   • 클로우즈 코트(Close coat) : 지립 면적 100%에 가까운 정도이며, 눈메움이 많아서 마무리 연마에 적합하다.

③ 연마기의 구조

  ㉠ 목재를 연마하는 기계식 벨트샌더는 크게 두 가지로 구분할 수 있다. 첫 번째는 Drum방식의 샌더이고, 두 번째는 Pad방식의 샌더이다.

  ㉡ Drum방식의 샌더는 연마하고자 하는 면을 모두 동일한 두께로 만들고자 하는 연마기계이고, Pad 방식의 샌더는 연마하고자 하는 면의 전체를 동일한 두께가 아니더라도 동일한 양만큼 연마를 하는 샌더이다.

  ㉢ 연마설비의 조정을 할 수 있는 요인은 다음과 같다.

- 이송 컨베이어의 이송 속도
- 연마벨트의 회전속도
- 연마지의 입도 및 지립의 종류
- 이송부와 연마벨트의 사이의 간격

④ 연마설비 작업 조건
　㉠ 이송 컨베이어의 이송 속도
- 목재를 이송하는 이송컨베이어의 속도에 따라서 연마되는 재료의 표면품질에 영향을 준다.
- 목재의 비중이 클수록 이송속도를 낮추는 것이 좋은 평활도를 얻는데 도움이 된다.
- 비중이 낮은 무른 재질의 목재의 경우에는 이송컨베이어의 속도를 빠르게 조정할 필요가 있다.

　㉡ 연마벨트의 회전속도
- 연마벨트의 회전속도는 일반 적으로 800~1,200rpm 정도로 설정되는데 이러한 회전속도를 800rpm 미만으로 낮게 설정을 하게 되면 연마되는 목재와의 접촉 면적이 이송컨베이어를 늦추는 것과 같은 효과를 낸다.
- 회전속도를 높이게 되면 접촉 면적이 작아지게 된다.

　㉢ 연마지의 입도 및 지립의 종류
- 연마지의 종류는 지립(연삭재)의 종류와 입도에 따라서 구분되어진다.
- 연마지의 지립의 종류에도 천연지립과 인공지립으로 구분되는데, 일반적으로 천연지립은 인공지립에 비해 경도가 낮다.

　㉣ 이송컨베이어와 연마벨트의 사이의 간격
- 수평으로 이동되는 이송컨베이어와 수직으로 회전하는 연마벨트사이의 간격은 연마 깊이에 영향을 받는다.
- 이송컨베이어와 연마벨트의 사이의 간격이 연마하려는 목재보다 너무 작으면 많은 연삭량에 의해 연삭벨트에 부하가 발생한다.
- 적정한 이송컨베이어와 연마벨트의 사이의 간격은 목재의 두께보다 0.05mm ~ 0.1mm정도 낮게 한다.

(2) 도료의 종류 및 특성
㈀ 도료의 구성
　① 도료는 각종 원재료를 혼합하여 만들며 도막요소와 도막 조요소로 분류된다. 도막요소는 도막을 형성시키는 요소로 주요소, 부요소, 염료, 안료 등으로 분류되며 도막조요소는

그 자체가 고화되어 막으로 되는 것으로 건성유, 보일유, 변성건조유, 천연수지, 합성수지, 섬유소유도체, 고무유도체 등이 사용된다.
② 도막부요소는 주요소의 막형성을 도와 성질을 개선시키기 위하여 첨가하는 재료로 수지, 가소제, 건조제, 경화제, 분산제, 결합제 등이 해당된다. 이 외에 염료는 도막에 투명성의 색을 부여하기 위하여 그리고 안료는 불투명성의 색을 부여하기 위하여 사용되어진다.
③ 도막조요소는 도막요소를 용해시키는 용제와 적당한 점도로 희석시키는 희석제로 구성된다.

ⓒ 도료의 종류
① 도막요소와 희석제의 의한 분류
㉠ 수성도료 : 비닐에멀션도료, 밀크카제인수성도료, 카제인규산소다수성도료, 금속수성도료
㉡ 유성도료 : 보일유, 아마인유, 페인트, 유성니스, 유성에나멜
㉢ 섬유소도료 : 니트로 셀룰로스래커, 아세틸셀룰로오스 도료, 벤질셀룰로오스 도료
㉣ 천연수지도료 : 락니스(lac varnish), 댐머니스(damer varnish)
㉤ 합성수지도료 : 프탈산수지, 아미노알키드수지, 폴리우레탄수지 등
㉥ 옻칠도료 : 칠, 캐슈우수지
② 건조의 성질에 의한 분류
속건성도료, 지건성 도료, 상온건조도료, 소부건조도료
③ 도장 수단에 의한 분류
쇄모용 도료, 분무용 도료, 정전도장용 도료
④ 도막의 형상에 의한 분류
투명도료, 불투명도료, 무광택도료, 다채 도료
⑤ 물리, 화학적 성질에 의한 분류
방수도료, 방화도료, 내열도료, 시온도료, 형광도료, 전기절연도료, 방곰팡이 도료, 방음도료
⑥ 대피도물에 의한 분류
목재도료, 금속도료, 콘크리트도료, 피혁도료, 선저도료

(3) 도장(칠) 메커니즘
① 도장재료 특징
㉠ 목재의 함수율

- 도막형성상태 및 도장의 내구성면에서 목재의 함수율은 보통 8~15% 사이가 적당하다. 15% 이상의 고함수율 목재의 경우 도막의 부착성 저하 및 도장이나 도막내구성에 안좋은 영향을 주게 된다.
- 폴레우레탄 수지계 도료는 수분과 반응하기 쉬워 고함수율의 목재에서는 사용할 수가 없다.

ⓒ 조·만재
- 조만재는 비중차이가 있는데 만재가 더 비중이 크다.
- 도료의 침투는 조재가 만재보다 빨리 진행 된다.
- 세포막의 두께 차이에 의해 광택에도 차이가 생긴다.

ⓒ 심·변재
- 통나무의 횡단면에는 내측과 외측의 재색이 다르다.
- 내측의 강한 농색 부분이 심재이고, 이를 둘러싸고 있는 백색 또는 담색의 연한 부분이 변재이다.
- 심변재의 도료 침투성의 차이가 크며 침전물질이 없는 변재에는 도료가 깊게 잘 침투한다.

ⓔ 목재 추출성분
- 추출성분이 다량으로 존재하는 목재는 도장된 도료의 건조를 늦추는 역할을 한다.
- 경화 후 도막에 침투하여 도막의 내구성 저하 및 변색을 가져올 수 있다.
- 목재의 추출성분에 의한 장해를 줄이기 위해서는 수지차단용의 폴리우레탄 우드실러를 도포한 후 마무리 칠을 하는 것이 좋다.

② 소지조정
ⓐ 소지검사
소지검사는 목공장에서 가져온 목재의 평탄도와 흠 정도를 검사하고 이상이 있을 경우 소지연마나 온찜질등의 작업을 통해 제거하도록 한다.

ⓑ 결점제거
공정에서 두께가 고르지 못하거나 결점이 있는 합판은 초기에 제거가 되고 일반목제품의 도장에서는 할렬을 매목이나 기타 방법으로 보수하게 된다. 수지는 미네랄스트리트, 가솔린 등의 용제로 닦아내고 수지가 나올 염려가 있는 마디는 레키니스로 수지막음처리를 하며 홈이나 구멍은 물로 갠 톱밥으로 채우거나 밀납, 로진니스 등의 혼합물로 채우도록 한다.

ⓒ 소지연마
소지연마는 연마포자 등의 연마재를 사용하여 대패자국이나 반대면의 요철 등을

없애 재면을 평활하게 하는 작업을 말한다. 가장 일반적으로 사용하는 방법은 샌딩이라 하며 샌딩의 방식은 드라이샌딩(dry sanding)과 웨트샌딩(wet sanding)이 있다. 드라이샌딩의 경우 건조한 상태 그대로 연마하는 방식이며 웨트 샌딩은 물이나 기타 액체를 도포하여 연마하는 방법이다.

③ 표백 및 착색
  ㉠ 표백
    표백법에는 과산화수소, 과산화나트륨, 과황화나트륨 등의 이용하여 산화표백이나 차아염소산소다, 차아염소산칼륨 등을 이용한 환원표백 이 있으며 침지나 도포, 가스, 훈증 등을 이용한 표백 방법이 있다. 표백은 착색눈막이의 색채효과의 강조나 변색부분의 탈색 등의 목적으로 표백을 한다.
  ㉡ 착색
    착색은 목재 표면에 색을 부여하거나 목재의 빛깔을 강화하는 작업이다. 착색의 원리는 목재성분의 정색을 이용하는 방법과 염료나 안료 등으로 착색하는 방법이 있다. 목재의 착색에는 도막착색과 생지착색으로 분류되고 생지착색은 주로 염료를 이용하여 목재의 생지를 염색하는 방법이며 목재에 잘 침투하여 투명도가 높다. 도막착색은 도료 및 안료를 함유한 일종의 착색니스를 사용하여 중간도장이 끝난 면에 피막을 만들어 착색하는 방법이다.

④ 초벌칠
  초벌칠은 적당한 도료를 소지에 직접 도포하여 튼튼하고 우수한 도장의 기면을 만드는 작업으로 워시코트(wash coat)라 한다. 워시코트는 도료로는 투명하고 다음 공정에서 도포되는 눈막이제나 중간칠, 마무리칠과 친화성이 좋다. 또한 목재면에서 습윤과 침투성이 중요한 문제가 되므로 불휘발분이 3~5%나 5~8% 정도로 점도가 낮은 것으로 한다.

⑤ 샌딩시일러
  샌딩실러(sanding sealer)는 래커샌딩실러와 폴리우레탄샌딩실러가 있으며 래커의 투명도장의 중간칠 용으로 사용되며 래커의 도장두께가 작은 점을 보충하기 위한 것이다. 니트로셀룰로스래커에 연마성이 좋은 말레산수지를 혼합하고 투명성안료를 섞은 일종의 클리어래커가 래커샌딩실러이며 이것은 부착성이나 연마성이 좋지만 너무 두꺼울 경우 부착성이 낮아지고 충격성도 나빠지면서 벗겨지기 쉽다.

⑥ 눈막이
  ㉠ 눈막이제 구성
    눈막이는 호두나무나 참나무등과 같이 개공을 가진 목재의 공극을 메우고 평활한 표면을 만들기 위해 하는 작업으로 이를 통해 마무리칠도료의 침투를 막고 나무의

무늬와 재색을 강조하는 등을 위해 한다. 눈막이제의 구성은 충전제, 전색제, 결합제, 희석제, 착색제 등으로 구성되어진다.

ⓒ 눈막이제 종류

눈막이제는 전색제의 종류에 따라 수성, 유성, 합성수지 로 분류된다. 수성눈막이제의 경우 안료나 풀 등이 주성분으로 한다. 유성눈막이제는 건성유나 유성니스 등을 사용한 것으로 가격이 비싸고 건조가 늦으나 수성보다는 우수한 성질을 보여준다. 합성수지눈막이제는 합성수지막료클리어를 이용하며 가격이 고가이지만 매우 튼튼하다.

ⓒ 눈막이조작

솔이나 주걱, 포 등을 이용하여 손작업, 분무법, 침지법, 기계눈막이법 등의 방법으로 작업을 시행한다.

⑦ 도료의 도포

눈막이 공정 다음에 도포작업이 행해지며 도포에는 초벌칠, 중간칠, 마무리칠 등의 공정이 있다. 도료의 종류에 따라 도포공정과 도포회수가 달라지며 도포시에는 분무기, 커튼 플로우코우터, 로울코우터 등의 장치가 이용된다.

⑧ 건조

건조방법은 도료의 종류에 따라 다르나 강제건조장치로 열풍순환식과 적외선식으로 분류하고 건조온도는 보통 40~50℃ 정도에서 건조시킨다.

⑨ 표면마무리

표면 마무리 가공을 하지 않을 경우도 있으나 고급재일 경우 버핑처리나 왁스처리를 통해 마무리하기도 한다.

(4) 도장의 방법 및 기술

① 도장방법

㉠ 롤코터

목질 바닥재, 염화비닐 타일과 같은 평판, 긴염화비닐 바닥재와 같은 시트물의 도장에 적절하다. 도장 도막의 두께는 일반적으로 얇은 막으로 한다.

㉡ 커텐 플로우 코터

평판의 두꺼운 도막을 원할 때 사용하고 있다. 도막은 매우 평활하며 두께감과 경면 마무리를 얻을 수 있다. 도장 시 커텐의 막조각이나 거품이 일으키지 않는 설계가 요구된다.

㉢ 스프레이

입체물에 도장할 경우에 이용된다. 에어 스프레이, airless spray가 있지만 도착효율이 좋지 않아 도료의 로스가 나온다. 또 점도 조절에 있어 신나를 사용하기 때문에 세팅(신나를 없애주는 장치)에 의해 신나를 완전하게 휘산 시킨 후 UV조사할 필요가 있다.

② 경화방법
- ㉠ UV도료는 자외선을 조사함으로써 경화되어 도막이 된다.
- ㉡ UV조사에는 통상, 고압 수은 램프가 이용된다.
- ㉢ UV도료에는 그 반응 메카니즘에 의해, 래디칼 중합 타입이나 양이온 중합 타입 등으로 나눈다.
- ㉣ 최근에는 래디칼 중합 타입으로 불포화 폴리에스텔, 아크릴레이트계의 올리고머도 래디칼 중합으로 반응을 진행한다.

③ 도장설계
- ㉠ 도장의 디자인 : 경화방법, 요구물성 등에 따른 도료의 설계 및 선정, 도장법의 선택, 라인스피드의 결정, 인원배치 등
- ㉡ 소지조정 : 소지의 결점보수에 의해 도장에 적합한 소지조성
- ㉢ 소지착색 : 염료를 사용하여 소지의 색맞춤
- ㉣ 눈메꿈,눈메꿈 착색 : 눈메꿈제로 도관구멍을 메우거나 평활히 하고 도관의 착색
- ㉤ 착색 건조 : 착색도장 후 하도와의 부착을 위해 건조(IR/UV건조)
- ㉥ 밑칠(하도) : 밑칠도료의 도장 및 건조
- ㉦ 중간칠(중도) : 샌딩실러 또는 색상부여용 도료의 도장 및 건조
- ㉧ 도막연마 : 중도도장후의 도장의 불균일, 요철부의 제거 및 평활한 도막조성
- ㉨ 마감칠(상도) : 마감칠용 도료의 도장 (미세한 흠, 요철부 제거/광택)

CHAPTER 06 목재보존가공 계획관리

1. 목재의 열화 특성

(1) 목재부후균

① 부후균
  ㉠ 부후균이 분비하는 효소에 의해 목재 세포벽의 구성성분인 셀룰로오스, 헤미셀룰로오스, 리그닌 등이 분해되는 현상을 말한다.
  ㉡ 목재부후균은 담자균류, 자낭균류, 불안전균류를 포함하는 진균류에서 발견된다.
  ㉢ 부후균은 환경조건이 충족되면 포자가 발아하여 균사(hypha)가 만들어지고 세포벽 구성 당류를 분해 흡수하여 생장을 계속한다.
  ㉣ 목재 부후가 진행되면 목재의 물리, 화학적으로 변화를 받아 조직이 파괴되고 강도가 저하된다.
  ㉤ 부후 결과 부후목재는 흰색, 회색, 갈색 등을 띠며 반점을 나타내기도 한다.
  ㉥ 목재부후는 빛깔에 따라 갈색부후균, 백색부후균, 연부후균으로 분류된다.
  ㉦ 부후균은 초기에는 콜로니화 단계로 피해가 거의 나타나지 않지만 중간단계부터는 재색과 조직의 변화가 보이게 되나 목재의 형태를 가지고 있다. 하지만 중간단계부터 화학적, 물리적 변화로 강도가 많이 떨어지게 된다. 최종단계에서는 목재가 부서지게 되어 갈색이나 백색을 띠게 된다.

② 원핵균류의 부후 방식
  ㉠ 세균에 의한 부후 방식으로 세포벽을 분해 공격하는 모양을 따라 3가지로 분류된다.
  ㉡ 터널형 : 목재 세포의 장축에 평행하게 분포하는 것으로 목재세포벽을 분해하면서 2차벽에 미로상의 터널을 만든다.
  ㉢ 공동형 : 목재세포의 장축과 평행하게 존재하며 세균의 분해흔적이 다이아몬드형태의 공동을 띤다.
  ㉣ 침식형 : 세포가 독립적으로 세포내강으로 침투하는 모양으로 펙틴을 많이 함유한 벽공연에서 침투가 빈번히 이루어진다.

③ 진핵균류의 부후 방식
  ㉠ 목재부후 균은 대부분 진균류이며 목재부후균의 90% 이상은 담자균류이다.
  ㉡ 진균류에 목재부후균는 3가지로 분류되는데 갈색부후균, 백색부후균, 연부후균이 있다.

ⓒ 부후균의 균사는 목재세포벽을 분해하는 능력이 있지만 분해가 쉬운 저분자 탄수화물이 많은 방사조직에서 증식하는 경우가 대부분이다.
ⓓ 부후균이 목재로 침투할 때는 균사와 포자에 의해 이루어진다.
ⓔ 갈색부후균
- 목재세포벽 구성성분인 셀룰로오스와 헤미셀룰로오스는 비슷한 비율로 분해된다.
- 리그닌도 분해는 하지만 완전분해되는 것은 거의 없으며 리그닌 고유의 색인 갈색으로 인하여 목재 탄수화물이 분해 후 갈색을 나타내게 된다.
- 갈색부후균은 대부분 담자균류에 속한다.
- 갈색부후균의 대표 부후균으로 coriolus versicolor, gloeophyllum sepiarium, coniophora puteana, lentinus lepideus, tyromyces palustris 등이 있다.
- 갈색부후균은 세포벽 중 2차벽 중층(S_2)의 분해가 집중적으로 일어나고 다음으로 외층(S_1)이, 내층(S_3)은 분해되나 잔존한다.
ⓕ 백색부후균
- 백색부후균은 셀룰로오스, 헤미셀룰로오스, 리그닌을 동시에 분해한다.
- 백색부후균으로 부후가 진행된 목재는 외관이 하얗게 변화하여 백색부후라 한다.
- 목재 당류인 셀룰로오스와 헤미셀룰로오스를 분해하여 활동에너지를 얻는다.
- 대표적인 백색부후균은 trametes versicolor, phanerochaete chrysosporium, pleurotus ostreatus 등이 있다.
- 목재의 세포내강에서 주로 성장하며 초기 균사가 다수 존재한다.
ⓖ 연부후균
- savory(1954)가 자낭균류의 chaetomium globosum 에 부후된 목재가 기존 부후와 다르다는 점을 발견하고 연부후라 명명했다. 이러한 연부후균은 자낭균류와 불완전균에 의해 일어난다.
- 연부후균은 탄수화물을 분해하며 일부 리그닌의 탈메톡실화를 일으킨다.
- 목재는 표면이 종횡으로 할렬이 발생하며 부후가 표면에서만 일어난다.
- 연부후균은 고함수율 조건에서 잘 발생한다.
- 다른 균류에 비해 pH 범위가 넓은 편이다.
- 세포벽이 두꺼운 추재의 부후가 더 빠르게 진행되며 춘재는 그 이후에 진행된다.
④ 목재부후균 생육 조건
㉠ 공기
- 목재 부후균은 호기성균으로 부후가 일어나기 위해 목재용적의 20% 이상의 산소가 필요하다.

- 이산화탄소의 양이 80% 이상이 되면 부후균의 발육이 정지되게 된다.
- 목재부후균은 산소농도가 증가하면 균의 성장속도가 빨라져 부후속도도 함께 빨라진다.

ⓒ 수분
- 부후가 발생하는 시점은 자유수가 존재하는 섬유포화점이상의 고함수율이다.
- 목재 부후균이 생육하는데 필요한 함수율은 40~80% 정도로 백색부후균은 갈색부후균보다 더 높은 함수율이 필요하다.
- 함수율이 20% 이하일 경우 대부분의 부후균의 발육은 정지된다.

< 균에 따른 최적 함수율 >

분류	함수율(%)
wood-decay fungi	25~32
xylobolus frustulatus, schizophyllum commune	16~17
antrodia sinuosa	26

ⓒ 온도
- 부후균 생존가능 온도는 0~50℃ 범위이며 활동 적정온도는 25~30℃ 이다
- 온도 범위에 따라 저온균(24℃이하), 중온균(24~32℃), 고온균(32℃이상)으로 분류된다.

< 온도에 따른 목재부후균 분류 >

저온균	중온균	고온균
· serpula lacrimans · phellinus pini · heterobasidion annosum · hirschioporus abientinus · phaeolus schweinitzii	· meruliporia incrassata · neolentinus lepideus · schizophyllum commune · trametes versicolor · trametes versicolor · phellinus igniarius	· gloeophyllum trabeum · gloeophyllum sepiarium · lentinus strigosus · trametes hisuta · gloeophyllum striatum

ⓔ 기타
- 부후균은 균이 살기위한 영양소가 필요하며 그 에너지원으로 표면의 전분이나 목재 세포벽의 셀룰로오스 및 헤미셀룰로오스를 이용하기도 한다.
- pH 의 경우 중성은 4~6 범위정도에서 적합한 생육 환경을 가진다.

(2) 목재가해해충
① 곤충의 특징
㉠ 목재해충은 유충기에 성장을 위한 양분을 얻기 위해 목재에 피해를 입힌다.

ⓒ 목재 가해 해충은 대표적으로 딱정벌레목, 벌목, 나비목, 하루살이목, 흰개미목으로 5개목으로 분류된다.
ⓒ 곤충은 불완전변태와 완전변태로 나누어지며 불완전변태는 진화가 덜된 곤충이 알에서 약충, 성충으로의 3단계 변이를 보이며 완전변태는 알에서 유충, 번데기, 성충의 4단계를 변이를 가진다.
② 곤충은 외부형태에 머리, 가슴, 배 3부분으로 구분된다.

② 벌채후 가해 해충의 특징
  ㉠ 목재 가해 해충들은 환경이나 조건에 의해 다양하며 가해 상황에 따라 다르며 가장 큰 요인은 함수율이다.
  ㉡ 벌채 직후의 목재에는 주로 하늘소과, 긴나무좀과, 바구미과, 통나무좀과 등이 가해를 한다.
  ㉢ 성충이 수피를 천공하여 구멍을 만들어 산란하는 것으로 나무좀과, 긴나무좀과, 개나무좀과 등이 있다.
  ㉣ 동남아에서 수입되는 나왕재 등은 직경 1mm 정도의 구멍이 관찰되며 핀홀이라 부른다. 이것은 암브로시아나무좀의 피해 흔적으로 수입재의 경우 가스훈증으로 해충을 사멸한다.
  ㉤ 긴나무좀과는 생재의 변재부에 피해를 주며 일부 긴나무좀은 건조재에서 피해를 주기도 한다.
  ㉥ 왕바구미는 수피에 조그마한 구멍을 뚫어 산란하며 부화된 유충은 목재 내부까지 가해를 한다.
  ㉦ 천공성 해충은 딱정벌레목에 속하는 하늘소과, 비단벌레과, 바구미과, 송곳벌과 등이 있다.

  ▫ **벌채 후 목재 가해 해충 방지 방법**
  • 박피를 통해 곤충의 산란을 방지한다.
  • 양지 바른 장소나 수중에 저목하며 빨리 제재 하도록 한다.
  • 약제처리를 신속하게 행한다. 벌채 후 목재는 주로 낙차식 주입법(boucherie process)의 방법을 이용하며 이 방법은 생재상태 원목의 변재부에 수용성 방부제를 중력을 이용하여 주입하는 방법이다.

③ 벌채후 가해 해충 종류
  ㉠ 하늘소과
    • 하늘소과는 성충이 시피 아래에 산란하여 유충이 되면 인피부와 변재부에 피해를 준다.
    • 하늘소과는 수피에 알을 낳으며 유충이 부화하면 수피를 통해 내부로 침입하게 된다.
    • 피해정도는 변재부에 국한되나 심할 경우 심재부도 피해를 입는다.
    • 하늘소과의 피해를 줄이는 방법으로 수피를 제거하거나 살충제를 분무한다.
  ㉡ 긴나무좀과
    • 벌채직후 목재를 가해하며 가루나무좀보다 먼저 공격한다.
    • 가루나무좀보다 크며 크기는 다양한편이다.
    • 피해형태는 가루나무좀과 유사하나 그 크기가 더 큰 원형을 보인다.
    • 성충은 알을 낳으려고 목재에 구멍(pin-hole)을 만들며 활엽수재의 도관직경에 영향을 받지 않아 가루나무좀과 차이를 보인다.
  ㉢ 나무좀과
    • 나무좀과는 열대활엽수재나 온대 침엽수재에 주로 피해를 입히며 생재상태나 벌채 직후 목재에 피해를 준다. 가끔 건조목재에도 피해를 주기도 한다.
    • 목재 내에 터널형으로 피해를 준다.
    • 터널형인 갱도에 변색균이 관찰되기도 하며 부화하는 유충의 주요 양분이 된다.
    • 해충의 배설물이 관찰되지 않는다.
  ㉣ 바구미과
    • 바구미과는 분비나무, 가문비나무, 편백나무, 삼나무 등의 수종에서 벌채 직후 목재 수피에 구멍을 만들어 산란한다.
    • 유충은 인피부를 먹으며 심재까지 피해를 준다.
    • 하늘소과와 피해 형태가 유사하다.
    • 부후된 목재에서 자주 관찰되는데 성충은 오랫동안 생존한다.
④ 건조목재의 해충의 특징
  ㉠ 건조목재에 침입하는 해충으로 직접 목재를 공격하여 이것을 양분으로 섭취하는 해충이다.
  ㉡ 대표 해충으로 빗살수염벌레과, 하늘소과, 가루나무좀과 등이 있다.
  ㉢ 원목 무역 증가로 북아메리카 기원인 Lyctus brunnens 해충은 전세계에 분포되어 피해를 주고 있으며 성충 발생은 5~9월로 활엽수의 변재부분이 주로 피해를 입는다.

ㄹ 졸참나무, 나왕재 등은 가루나무좀과에 의해 피해를 입는다.
ㅁ Anobium punctatum 해충의 경우 여름시기에 주로 발생되며 침엽수재의 변재나 심하면 심재까지 피해를 입는다.
ㅂ Hylotrupes bajulus 해충의 경우 7~9월에 성충이 발생하며 피해부분은 Anobium punctatum 과 유사하게 침엽수재의 변재나 심재 부분이다.

⑤ 건조목재 해충의 종류
  ㉠ 빗살수염벌레과
    - 주로 온대지방에 분포한다.
    - 건축구조재나 가구재 등에 피해를 준다.
    - 대표 해충으로 Anobium punctatum 으로 백색의 타원형 알을 가지는데 길이가 0.3mm 정도라 육안으로 확인이 가능하다.
    - 부화후 갱도를 만들어 목재에 망상 터널을 만든다.
    - 빗살수염벌레과로 소나무, 편백, 녹나무 등에 피해를 주는 것으로 Nicobium oastaneum, Xestobium rufovillosum 이 있다.
    - Ernobius mollis 는 적송이나 곰솔의 건조목재나 고사목에 피해를 준다.
  ㉡ 개좀나무과
    - 개좀나무과는 대나무나 나왕재를 피해를 준다.
    - 대표 해충으로 Dinoderus minutus 가 있으며 체장은 2.5~3.5 mm 정도이다.
    - 대나무 절단면 갈라진 틈으로 침투하며 섬유방향으로 구멍을 뚫어 산란한다.
    - 유충은 목재 중의 저장전분을 이용하여 성장한다.
  ㉢ 하늘소과
    - 하늘소과는 생재상태의 목재나 벌채목에도 피해를 주며 일부 종은 건조목재에 피해를 주기도 한다.
    - 하늘소과 중 건조목재에 피해를 주는 해충은 Hylotrupes bajulus 가 있다.
    - Hylotrupes bajulus 는 주로 변재부에 피해를 주며 심할 경우 심재부에도 피해가 발생되며 온대지방에서 주로 나타난다. 특이하게 수피를 필요로 하지 않으며 목재 표면의 틈새에 산란을 하며 유충 발생 적정온도는 28~30℃, 함수율 26~50% 정도이다.
    - 해충의 배설물은 해충에 의해 만들어진 갱도에서 목분과 결합하여 프라스(frass)라는 물질을 만들고 그 형태는 일정하지 않다.
  ㉣ 가루나무좀과
    - 현재 가루나무좀과는 열대, 온대, 아열대에 광범위하게 퍼져 있다.

- 성충은 3~8mm 정도로 유관으로 확인이 가능하며 5~6월 경에 많이 발생된다.
- 가루나무좀과의 적정 함수율은 7~섬유포화점(%) 까지 이나 16% 일 때 산란하기 가장 적당하다.
- 유충 상태일 때 목재 내부로 갱도를 만들며 피해를 주며 표면에는 나타나지 않는다.
- 가라나무좀과도 프라스라는 목분과 배설물의 결합 물질이 나타난다.
- 피해 확인 방법으로 요오드를 이용한 정색반응으로 전분반응으로 보라색을 나타내면 피해를 받은 것이다.
- 가루나무좀과는 목재 표면에 노출된 도관을 통해 4~6mm 의 산란관을 집어넣어 약 1~4개 정도의 알을 낳는다.

⑥ 습윤목재의 해충
  ㉠ 함수율이 높거나 고함수율 때의 목재를 가해하는 대표 곤충은 흰개미이다.
  ㉡ 흰개미는 주로 목재의 탄수화물인 셀룰로오스나 헤미셀룰로오스를 에너지원으로 사용하며 리그닌은 배출한다. 이때 하등 흰개미의 경우 셀룰라아제를 분비하지 않아 소화시 후장에 공생하는 원생동물에 의존하여 에너지를 얻는다.
  ㉢ 서식 지역으로 열대나 아열대 등 기후가 따뜻한 지방에 주로 분포하며 온대지방에서도 관찰되고도 한다.
  ㉣ 흰개미는 2,000 종 정도로 하등흰개미와 고등흰개미로 분류된다.
  ㉤ 하등흰개미는 mastotermitidae, kalotemitidae, termopsidae, hodotermitidae, rhinotemitidae 등이 있으며 고등흰개미는 termitidae 등이 있다.
  ㉥ 흰개미는 추위에 대한 저항성이 강한편이나 겨울이 되면 땅속으로 이동한다.

(3) 목질변색
  ① 목질변색
    ㉠ 목질변색이 발생하면 미적인 가치나 재산적 가치가 감소하게 된다.
    ㉡ 변색원인
      - 벌채나 제재시 목재 내부에 함유된 화학물질이 표면이나 내부에 발생하여 변색되는 경우
      - 화학약품들이 목재와 접촉되어 변색하는 경우
      - 목재에 표면이나 내부에 균사에 의해 변색되는 경우
      - 부후에 의해 발생되는 재색의 변화
    ㉢ 목재 변색에 관여하는 화학적 물질로는 페놀성 물질에 의해 주로 일어난다.
    ㉣ 가시나무, 밤나무 등은 철분이 타닌과 반응하여 흑색으로 변색되기도 한다.

② 표면오염균
　㉠ 표면오염균은 변재비율이 높거나 건조되지 않은 제재목 및 도관에서 자주 발생한다.
　㉡ 표면의 전분이나 단당류를 이용하여 생육을 한다.
　㉢ 표면은 솔질이나 대패질등의 작업을 통해 제거가 가능하다.
　㉣ 대표 표면변색균은 *aspergillus* 속, *fusarium* 속, *glocladium* 속 등이 있다.

< 표면변색균 종류 및 색 >

종류	색
aspergillus, rhizopus	흑색
fusarium	붉은색, 자주색
glocladium, trichoderma	녹색
monilia	오렌지색
penicillium	녹색

　㉤ 표면오염균은 표면의 도관이나 방사조직을 통하여 침투한다.
　㉥ 오염으로 인한 강도에 영향은 거의 없으나 상품가치 하락 및 인체건강에 피해를 주기도 한다.

③ 변재변색균
　㉠ 표면에 변색을 일으키는 균으로 부후나 강도 변화에는 영향을 주지 않는다.
　㉡ 대부분의 변색균은 자낭균류나 불완전균류 속하며 일부 종류는 접합균류에 속한다.
　㉢ 성숙한 변재변색균의 균사는 일반적으로 갈색으로 보이나 목재 콜로니 형성시 빛의 산란으로 인해 청색 혹은 흑색을 띠기도 하며 기타 여러 색을 띠기도 한다.
　㉣ 변색균의 발생원인으로 벌목 중의 상처나 곤충이 매개로 한 전파에 의하여 발생된다. 이때 매개가 되는 곤충으로 수피나무좀과 암브로시아나무좀 등이 있으며 포자가 공기 중으로 전파되기도 한다.
　㉤ 변색균은 침·활엽수 모두 발생한다.
　㉥ 자주 발생되는 수종으로 해송, 소나무, 가문비나무, 라디에타소나무, 너도 밤나무 등이 있다.
　㉦ 에너지원은 목재의 당, 전분, 단백질 등이며 세포벽의 물질은 거의 사용하지 않아 심재까지는 침투하지 못한다.
　㉧ 변재균을 방지하기 위해 사용되는 살균제로 가장 많이 사용되는 것은 sodium pentachlorophenate(Na-PCP)이다.
　㉨ 변재변색균 살균제로 TCMTB(2-thiocyanomethylthiobenzothiazole), IPBC(3-iodopropanyl butyl carbamate) 등이 있다.

ⓩ 청변균의 예로 Aureobasidium pullulans 가 있는데 목재에 가장 많이 발생되는 불완전 균류이다.
- cladosporium herbarum : 콜로니로 녹색을 가지며 섬유나 도장면에 발생된다.
- alternaria alternate : 포자는 갈색으로 다수 격벽을 가지는 균사체로 구성된다.
- stemphylium spp : 다수 격벽으로 구성된 유벽의 포자를 가진다.

(4) 기상열화
① 광선이나 수분, 오염물질, 열, 기계적 마모 등 비생물학적인 인자들에 의해 물리, 화학적인 열화를 받는 현상을 기상열화나 풍화라 한다.
② 기상열화는 생물학적 열화에 비해 열화속도가 느리며 피해정도도 표층에만 국한된다.
③ 기상열화에 의해서는 목재의 구조적이나 물리적으로 큰 피해를 받지는 않는다.
④ 목재의 광열화
　㉠ 목재가 야외 노출시 자외선에 의해 목재조직 중 연하거나 약한 조재부에서 열화의 정도가 심하게 발생된다.
　㉡ 만재의 경우 조재보다 강하여 열화의 진행이 느리다.
　㉢ 자외선에 의해 목재 세포들이 분리되어 차후 요철(凹) 부분이 발생하기도 한다.
⑤ 풍화에 의한 열화
　㉠ 강수에 의한 열화작용으로 광산화반응에 의한 촉매작용, 뒤틀림, 할열, 박리발생, 저분자화된 가용성분의 용탈 등이 있다.
　㉡ 바람에 의해서 토사, 먼지 등의 이동에 의한 물리적 작용이 있다.
　㉢ 공기중의 산소나 오존에 의한 산화작용이 있다.
　㉣ 온도 변화에 의한 광산화작용, 동결 및 해동에 의한 미소 할열 발생등이 있다.
　㉤ 대기오염 물질로 산성우에 의한 광산화작용이나 셀룰로오스의 가수분해 등이 있다.
⑥ 목재의 광산화 반응
　㉠ 셀룰로오스는 태양에 의해 알콜성 수산기가 빛을 흡수하여 카보닐기로 변성된다.
　㉡ 헤미셀룰로오스는 리그닌 분해에 따라 점진적으로 변성된다.
　㉢ 리그닌은 카르보닐기, 페놀기 등의 광흡수기가 들뜬 상태가 되면서 리그닌이 저분자화 된다.

2. 보존 전처리 기술

(1) 전처리

① 인공적 가공

   ㉠ 수피
- 수피는 약액의 침투를 방해하는 요인으로 조제시 처리를 해야한다. 단 제재목이나 각목에서는 실시하지 않는다.
- 박피 작업은 봄에 하는것이 유리하며 처리는 표면에 2cm 이상의 내피를 제거해야 한다.
- 현재는 생산성을 위해 기계적 박피를 주로 하나 목질부의 손상을 입히는 단점이 있다.

   ㉡ 치수조정 및 에징, 보링
- 목재는 일정 크기로 가공하거나 무처리 부분의 폭로를 예방하고자 에징 및 보링 작업을 한다.
- 에징은 침목의 타이플레이트(tie plate)를 얹을 부분을 평편하게 절삭하는 것을 말한다.
- 보링은 침목의 스파이크(spike)를 박을 곳이나 전봇대의 전선을 매기 위한 가로대는 나무토막인 완목에 천공하는 것을 말한다.

   ㉢ 할렬방지
- 처리전 목재를 적재 시 횡단면 할렬이 발생하는데 활엽수재가 침엽수재보다 더 심하게 발생된다.
- 할렬방지로 'S'형, 'C'형 안티체킹, 철제기구, 강제링, 강제밴드 등을 부착시킨다.

   ㉣ 인사이징
- 목재의 표면에 끌(incisor)을 이용하여 간격을 두고 상처를 내는 것으로 약제를 고르게 주입하기 위해서이다.
- 인사이징 처리 전 목재의 용도 및 강도를 보고 끌의 모양, 크기, 깊이, 밀도를 고려하여 선정한다.
- 침투성이 좋은 수종은 2000~3000개/m^2, 좋지 않을 경우 4000~5000개/m^2 정도로 실시한다.

② 건조

   ㉠ 천연건조
- 수용성 방부제로 처리한 목재는 처리 후 다시 수분을 흡수하기 때문에 천연건조가 유리하다.

- 건조에 의한 목표 함수율은 30% 전후이다.
- 처리된 목재의 적재요령은 입지조건 및 통풍 등을 고려하여 정자식(井字式), 1×9식, 2×9식 쌓기를 한다.
- 침엽수재 및 마룻바닥 용재는 최조 1개월, 활엽수는 4개월, 침목 및 전봇대는 3~6개월 방치한다.
- 처리재는 지면에서 40cm 띄워야 한다.
- 건조시 표면경화가 발생하여 약제침투를 방해할 수도 있다.

ⓒ 인공건조
- 볼턴법(boultonizing)
  - 목재를 크레오소트유나 유상방부제로 가열하면서 진공하에 목재의 수분을 탈수하는 방법이며 일명 볼턴법(boultonizing)이라 부른다.
  - 크레오소트유의 유지 온도는 90~105°C 정도 이며 배기 감압도는 550mmHg 이상, 8~15시간, 탈수량은 시간당 약 20kg/m³ 이다.
- 스티밍 앤드 배큠
  - 스타밍 앤드 배큠은 스팀처리라고도 하는데 목재를 주약관에 넣어 증기를 넣어 목재 내부까지 온도를 높인 후 감압시켜 목재 내부에서 증발되는 수분을 응축 탈수하는 방법이다.
  - 1회 사이클시 작업조건은 스팀압력은 1 kg/cm², 온도는 약 118°C, 스팀시간 최저 2시간, 감압도 600mmHg 이며 감압건조시간은 2시간이다.
  - 함수율 30% 이하로 건조시 4~6 사이클을 반복한다.
  - 약제는 크레오소트유, 유상방부제를 사용하며 수용성방부제도 가능하다.
- 훈기건조
  - 유기용제를 대기압이나 감압하에서 비등시켜 발생되는 증기를 목재를 가열하여 목재 중의 수분을 증발시켜 수분을 분리시키는 방법이다.
  - 사용하는 유기용제는 크실롤(xylol), 석유등으로 100~150°C 끓는점을 갖는 것으로 사용한다.
  - 훈기건조법은 건조시간이 단축되고 할렬이 적은 것이 특징이나 처리비 및 장비가 비싸다는 단점이 있다.

(2) 상압법
① 상압주입법
㉠ 상압주입법에는 도포법, 살포법, 침지법, 확산법, 온냉욕법 있다.

ⓒ 상압법은 목재 표면에 가까이 침투되고 처리량이 제한되는 단점이 있으나 처리기구가 단순하다는 장점이 있다.
② 상압주입법의 종류
　㉠ 도포법
　　• 목재에 흡수되는 약제의 양이 적고 침투되는 깊이도 표면에 한정되어 있다.
　　• 도포의 영향인자는 횟수, 약제종류, 함수량, 수종, 처리면의 각도 등 다양하다.
　　• 처리전 목재 표면을 톱밥이나 먼지 등을 제거해야하며 1회 도포로 흡수량이 적어 3~4회 나누어 반복 도포한다.
　　• 흡수량은 유용성 방부제는 100~200g/m², 수용성 방부제는 200~300g/m² 정도이다
　　• 도포법은 주로 건축재나 마룻바닥, 창틀, 베니어판 등에 사용한다.
　㉡ 살포법
　　• 약액의 침투상태나 영향인자는 도포법과 유사하나 처리기구를 분무기를 사용한다.
　　• 분무기는 소형이며 노즐에서 나오는 입자가 가늘수록 흡수가 용이하고 손실량이 적다.
　　• 살포법은 주로 유용성 방부제를 사용한다.
　　• 살포법은 도포법에 비해 작업능률이 매우 높다.
　㉢ 침지법
　　• 목재를 처리조에 담가 일정 시간동안 두어 목재에 약액을 침투시키는 방법이다.
　　• 침지법은 시간과 약제에 따라 흡수량이 다르다.
　　• 침지법 영향인자로 약액의 점도, 목재 모세관, 변재, 심재, 함수량 등이 있다.
　　• 침지법에서의 약제 흡수량

$$\log Q = a\log t + \log b$$

　　여기서, Q : 흡수량
　　　　　　t : 침지시간
　　　　　　a, b : 약액과 목재에 의해 결정된 상수
　　• 목재 면이 거친면이 평활한 면보다 흡수량이 많다.
　　• 약액은 변재보다 심재에 침투가 쉽다.
　　• 약제의 표면장력이 작은 경우 흡수량이 적어진다.
　　• 침지법에 의한 약액의 침투깊이

$$p = C(\sigma/\eta)^{1/2}$$

여기서, p : 침투깊이
C : 상수
σ : 표면장력
η : 점도

ⓔ 온냉욕법
- 목재를 약액에 담가 가열하면 목재 중의 공기가 팽창하여 내부 압력이 높아져 목재의 외부로 빠져나가게 된다. 다음 공기를 빼낸 후 가열된 목재를 차가운 약액으로 옮겨 냉각시키면 처리재 안에 남은 공기가 함께 냉각되면서 수축된다. 이때 목재 내에 빠져나간 공기의 공간과 압력차이로 인해 약액이 목재 내로 빨려들어가게 되는 원리이다.
- 온냉욕법의 흡수량은 대략 50kg/m³ 정도로 상압주입법 중 가장 많은 흡수량을 보인다.
- 온냉에서의 약액의 온도는 대략 80℃ 정도이며 크레오소트유를 사용할 때는 110℃ 정도를 설정한다. 냉욕에서의 온도는 수용액은 실온으로 하며 크레오소트유는 35~50℃ 가 좋으나 점도 변화가 심하므로 조절에 주의가 요구된다.
- 약액은 온욕에서 대략 1/3 정도가 흡수되고 냉욕에서 2/3 정도가 흡수된다.

ⓜ 확산법
- 확산법은 생재목재나 고함수율목재에 사용하는 방법으로 목재 표면에 고농도의 수용성 약제를 발라 건조되지 않게 비닐시트를 덮어 수주간 방치시켜 확산현상에 의해 약제를 침투시킨다.
- 목재의 수분은 50% 이상에서 사용하며 가압없이도 내부 깊숙이 침투된다.
- 확산법의 종류로 오스모스법(osmose), 붕대법(bandage), 천공법(bored holes), 이중확산법(double diffusion) 등이 있다.

(3) 가압법
① 가압법
㉠ 약제 처리법 중 가장 효과적인 방법으로 약제를 더 깊고 균일하게 침투시킬 수 있으며 흡수량도 조절이 가능하다. 하지만 완벽하게 내부 깊이 까지 침투시키는 것은 불가능

하다.
    ⓒ 가압주입법은 침목이나 항만용재, 교량재, 토목용재 등에 주로 사용된다.
    ⓒ 가압주입의 목재 함수율 조건은 대략 30% 이하이다.
    ② 가압법은 전배기, 관내 약액 채우기, 방부액 가압, 액 배출, 후배기 등으로 진행된다.
    ⓜ 가압처리 시 압력은 7~10kg/cm², 30분~2시간 정도로 가압한다.
    ⓑ 목재의 방부제의 희석하여 사용하는데 가압처리시 수용성 방부제는 약 2~5% 정도로 희석하여 사용하게 된다.
② 가압법 설비
  ㉠ 주입관
    • 주입관에서 관내 내압은 상압 10~15kg/cm² 정도로 한다.
    • 주약관의 크레오소트유는 80℃ 정도로 유지해야 한다.
  ㉡ 탱크류
    • 저장탱크 : 크레오소트유, 중유 등이 쓰이는 공정에서 주로 사용되며 수용성 방부제를 사용 시 필요하지 않다.
    • 혼합탱크 : 방부제의 용해에 사용되며 수용성 방부제를 사용하는 공정에는 반드시 필요하다. 그 외 가열 파이프 및 교반 장치 등의 설비도 필요하다.
    • 작업탱크 : 1회 처리에 필요한 약액을 저장하는 탱크로 처리 후 잔액을 회수하는 데에도 사용된다.
  ㉢ 가공관
    • 가공관은 탱크로서 주약관 위에 설치하여 송입할 방부제의 예비 가열조로서 뤼핑 탱크라고도 한다.
    • 내압은 5~10kg/cm² 이며 가열관은 다단으로 주약관보다 다 많이 행하게 된다.
  ㉣ 계량 탱크
    • 가압주입법에서 필요한 탱크로 주약관 내에 약액이 저장되어 가압펌프를 통해 주약관 내의 목재로 압입되는 약액량을 측정한다.
  ㉤ 펌프류
    • 진공펌프 : 주약관 내를 진공으로 만들어주며 펌프 형식으로 피스톤형과 스크루형 등이 있다.
    • 공기압축펌프 : 뤼핑법에 사용되며 작업탱크와 주약관 사이의 통로로 사용된다.
    • 액압입펌프 : 관 내의 목재에 약액을 송입하는데 사용되며 펌프 형식으로 플런저형, 스크루형 등이 있다.
    • 액송펌프 : 탱크로부터 주약관이나 탱크에서 다른 탱크로 단시간에 많은 액을 이송시

가동하는 펌프로 워싱턴형이 있다.
- ㉥ 배관 및 밸브, 콘덴서
  - 콘덴서는 펌프류에 물이 응축되지 않도록 하거나 볼턴법 등에서 전처리시 탈수를 위한 응축에 사용된다.
  - 배관 및 밸브는 약액을 이송시키거나 잠그는 장치이다.
- ③ 가압법 종류
  - ㉠ 충세포법
    - 목재세포를 약제로 채우는 것을 말하며 1838년 베델이 발명한 방법으로 그 이름을 그대로 따서 베델(bethell)법이라 하고 가압법 중 가장 많이 사용되고 있다.
    - 염화아연 방부제를 사용하는 경우에는 그 이름을 버닛법(burnett process)라 한다.
    - 세포내강과 세포 간극 등에 방부제를 가득 채우는 것, 방부제를 고르게 침투시키는 이점이 있다.
    - 목재를 실린더에 넣고, 공기를 빼내 약제가 스며들게 하고, 방부제를 실린더에서 꺼낸 후, 다시 공기를 빼낸 다음, 온도를 내리고 목재를 꺼내는 과정으로 진행된다.
  - ㉡ 공세포법
    - 공세포법은 세포내강만 방부제로 피복시킨 후 과잉의 방부제를 회수하는 경제적인 방법이다.
    - 공세포법에는 뤼핑법과 로리법 두 가지가 있다.
    - 뤼핑법에는 공기압입을 하나 로리법에는 하지 않는 차이점이 있다.
  - ㉢ 뤼핑법
    - 1902년 독일에 막스 뤼핑이 시초로 그의 이름을 따서 뤼핑법이라 한다.
    - 뤼핑법의 경우 공기압입, 관내 약액 채우기, 방부액 가압, 액 배출, 후배기 순이다.
    - 후배기에서는 방부제의 회수 과정 중 가장 많은 양의 약액이 회수된다.
    - 뤼핑법 조작으로 공기압축은 9~10kg/cm^2, 60~80°C 크레오소트유를 관내 주입한다. 후배기는 압력을 500mmHg 정도로 하여 주입량의 약 60% 정도가 회수된다.
  - ㉣ 로리법
    - 1906년 쿠스벳 로리가 미국에서 시작한 방법으로 충세포법과 공세포법의 중간적인 침투정도를 보이는 방법으로 일명 반세포법이라고도 한다.
    - 로리법의 경우 관내 약액 채우기, 방부액 가압, 액 배출, 후배기 순이다.
    - 방부제는 크레오소트유를 사용하며 방부제의 회수량은 뤼핑법보다 낮은 40% 정도이다.
    - 뤼핑법과 비교시 장점은 설비가 덜 들어 비용이 싸다는 것이다.

< 각종 처리 방법의 주요 장·단점 >

구분	장점	단점
가압법	• 처리액의 손실이 적다. • 흡수량이 많다. • 효과가 크다.	• 설비가 고가이다. • 경비가 많이 소요된다.
온냉욕법	• 가압법과 유사한 흡수량을 보인다. • 처리 손실량이 적다. • 고함수율 목재에 가능하다.	• 가열에 의한 화재위험이 있다. • 목재의 할렬 등을 초래한다. • 약제량이 다량 필요하다.
침지법	• 처리액의 손실량이 적다. • 흡수량을 시간으로 조절가능하다. • 처리가 간편하다.	• 약액에 이물질이 섞기기도 한다. • 부분적 처리가 어렵다. • 이미 설치된 목재에는 처리가 불가능하다.
확산법	• 장치가 불필요하다. • 심재처리가 가능하다.	• 약제분포의 경사가 크다. • 장시간의 처리시간이 요구된다. • 건조재에는 부적당하다.
도포법	• 약액이 소량 요구된다. • 처리 범위를 한정시킬 수 있다.	• 노동력이 많이 소모된다. • 처리 손실량이 많다. • 목재면의 좁은 틈사이 처리가 어렵다.

(4) 방부처리의 영향인자

① 목재의 특징

㉠ 침·활엽수
- 활엽수재의 경우 침투에 주요한 요소는 물관으로서 환공재보다 산공재 쪽이 균일한 침투가 이루어지며 환공재에서 추재보다 춘재 쪽의 침투가 더 용이하다.
- 침엽수재의 경우 헛물관에 초기 침투가 보이며 세포간극에 의한 침투는 적다. 목부유조직, 방사유조직 등의 침투는 거의 없으나 예외적으로 적송이나 흑송 등의 방사조직에서는 비교적 침투가 용이하다.

㉡ 벽공
- 물의 이동에 있어 세포벽을 통하지는 않으나 반드시 문공대를 통과해야 하므로 세포벽 내에 관들이 작으면 유동침투가 일어나기 힘들다.
- 세포 상호간의 벽공대도 유동침투에 중요한 요소로 벽공막의 존재하는 공극의 크기가 클수록 잘 침투된다.
- 침엽수 헛물관의 중벽공대 존재하는 폐쇄막은 물을 투과시키는 공극이 있으나 벽공의 폐쇄시 물의 유동침투가 방해되며 심재의 경우 변재보다 심재화로 인해 벽공의 폐쇄빈도가 높다.

ⓒ 심, 변재
- 변재는 심재보다 혹은 생재는 건조재보다 침투가 용이한데 이러한 이유로 심재는 벽공이 폐쇄되어 있으나 변재는 그렇지 않으므로 건조에 따라 폐쇄되는 비율에서 차이가 난다.

ⓔ 비중
- 비중의 경우 비중이 높더라도 세포조직에 통과 가능한 개구부가 없는 경우도 있어 공극률과는 직접적인 관계에 있지는 않다.

ⓜ 함수율
- 섬유포화점 이하에서는 목재의 함수율이 증가 시 목재 다공성과 공극률을 감소시켜 목재의 침투성을 저지한다.
- 섬유포화점 이상에서는 함수율이 증가하여도 실제 약액의 침윤에는 거의 변화가 없다.
- 목재의 약제 주입량을 균일하게하기 위해서는 목재 함수율을 약 30% 정도로 조정하는 것이 효율적이다.

② 약제의 특징
ⓐ 점도
- 약제의 점도는 목재 내에서의 침투 시 큰 영향을 미치는데 점도가 높을수록 약제의 침투가 어렵다.
- 액체의 흐름은 포아즐(poiseuille)식에 따르며 가압처리 시 약제의 점도, 압력, 침투깊이 등은 다음의 공식에 따른다.

$$X^a = bp/\eta$$

여기서, X : 침투깊이
   p : 압력
   η : 점도
   a, b : 상수

- 약제의 점도는 표면처리시 점도가 높으면 표면에 많이 부착되는 장점이 있는 반면 내부로의 침투는 늦어지는 단점이 있다.

ⓒ 표면장력
- 표면장력은 모세관의 상승높이와 연관되어 표면장력이 높을수록 액체는 목재 내로 깊이 침투하게 된다.
- 표면처리시 표면에 빠르게 흡수시키기 위해서는 표면장력이 작은 것이 효과적이므로 도포, 살포 처리 등에서는 표면장력이 작은 것이 유리하나, 장시간 침지하는 침지법과 같을 경우에서는 표면장력이 높은 것이 침투성을 증가시키므로 효과적이다.

ⓒ 액체 중의 미립자와 기체
목재내의 도관이나 벽공등의 이동통로에서 미립자에 의해 유동이 방해되거나 혹은 폐쇄 현상으로 약제의 유동이 방해되기도 한다.

ⓔ 약제의 종류와 반응성
- 약제의 종류에 따라 침투성이 다르고 같은 약제라도 수종에 따라 약제가 목재와 반응하여 침투성에 영향을 주기도 한다.
- 플루오르화나트륨은 물과 유사한 흡수량이 나오며 비산나트륨 등은 20%, 붕산은 40% 정도의 흡수량을 감소시키기도 한다. 약제들은 목재에 침투해 가는동안 목재성분과 반응하거나 화합물의 변화로 인해 침투가 저지되기도 한다.
- 구리화합물이나 크롬화합물의 경우 셀룰로오스나 리그닌과 흡착되기가 쉬워 침투깊이에 영향을 받기도 한다.

ⓜ 용매의 종류
- 목재처리 용매의 종류에 따라 약제의 분산 정도에 영향을 주어 목재 중의 침투에 관여하기도 하며 목재 내 액의 통도에서 용매의 극성에 의해 세포벽을 팽윤시켜 세포벽의 모세관 벽공의 지름을 작게하여 침투를 방해하기도 한다.
- 비극성용액의 경우 모세관의 팽윤에 관여하지 않아 극성을 가진 액체보다 비극성의 액체가 약액을 침투시키기 용이하다.

(5) 목재의 가소화
① 목재의 가소화
㉠ 목재는 여러 형태로 변형시켜 만드는 소성가공이 매우 어려운 재료이다. 이러한 성질을 개량하여 목재를 어느정도 소성 가공하도록 만드는 것이 목재의 가소화이다.
㉡ 습윤재를 마이크로웨이브로 가열 후 소성가공하는 방법이 있으며 화학가공을 이용하여 영구적 가소화를 하는 방법도 있다.
㉢ 암모니아에 의한 가소화는 액체암모니아, 암모니아가스, 암모니아수 등이 있다.
㉣ 목재의 가소화 주요 요인은 수분과 열이다. 이때 가소화시 온도가 너무 고온으로

올려 가소화하게 되면 중량감소나 열분해 현상등에 의해 기계적 성질의 저하등이 발생하므로 열분해가 되지 않는 온도 범위내에서 가열화를 해야하며 160°C 이다.
- ⓜ 소성가공에 있어 용이한 수종으로는 침엽수재보다는 활엽수재가 적당하다. 이는 변형의 크기로 볼 때 뽕나무, 느릅나무 등의 수종의 변형율이 20% 이상이며 침엽수재에서 삼나무나 편백 등은 3~10% 범위의 변형률을 보이기 때문에 활엽수재가 더 용이하다.
- ⓑ 목재의 가소화를 위한 물질로 요소, 티오페놀, 디페닐아민, β-나프톨 등이 목재에 가소성을 부여할 수도 있다.

② 액체 암모니아에 의한 가소화
- ㉠ 액체 암모니아를 이용 시 냉각시킨 암모니아에 기건이나 전건의 활엽수를 침지시켜 액체암모니아가 충분히 침투되면 목재를 원하는 형태로 굽혀 클램프 고정 후 암모니아를 증발시킨다.
- ㉡ 액체 암모니아에 의한 가소화는 수종에 대한 구별은 없으나 비중이 작은 목재 가소화시 압입변형등이 일어나기 쉬워 비중이 크고 목리가 통직한 활엽수재가 좋다.
- ㉢ 작업시 반응장치에 목재를 넣고 냉각 및 감압을 실시하는데 감압, 가압 주입으로 가소화처리 소요 시간을 줄일 수 있다. 이러한 가소화 처리를 더 효율적으로 하기 위해 미리 세포벽의 공기들을 암모니아수나 탄산가스 등으로 치환해두기도 한다.
- ㉣ 가소화 과정 중 마지막에 암모니아를 증발시키고 나면 목재가 변형된 상태로 고정이 되며 목재를 다시 물속에 넣어 암모니아를 물에 용출시킨다.

(6) 치수안정처리
① 치수안정화
- ㉠ 치수안정화를 위해서는 표면의 피복처리부터 화학적 수식반응을 통하는 등 여러 가지 방법이 있다.
- ㉡ 치수안정화는 목재 수분 변화로 인한 수축, 팽윤등의 현상을 최소화하기 위한 처리를 말한다.
- ㉢ 치수변화는 목재의 접선방향과 방사방향으로 크게 나타난다.
- ㉣ 수축, 팽윤의 현상을 최소화하게 되면 할렬을 방지할 수 있다.
- ㉤ 목재를 보존하기 위해 치수안정화처리를 하나 고유의 음질을 유지시키기 위해 치수안정화 처리를 하기도 한다.
- ㉥ 직교적층은 단판의 직교는 기계적인 교착으로 인해 인접한 단판의 길이 방향의 팽윤이 적어 측면팽윤이 억제되고 이에 따라 흡윤성이 감소된다. 판면방향의 팽윤은 길이방향의 팽윤보다 약간 큰 정도로 치수 안정성이 크게 되며 두께방향으로는 팽윤이 약간

증가되고 수축 및 팽윤이 반복됨에 따라 미세한 표판이 할렬된다.
　ⓢ 피복처리는 수분과의 접촉을 물리적으로 방해하는 피복처리를 통해 습기가 통과하지 않도록 하는 방법이다.
　ⓞ 흡습성감소처리는 목재 내의 친수성기인 히드록시기(-OH)를 보다 극성이 적은 기로 대치하면 흡습성이 감소되어 치수안정화가 된다.
　ⓩ 가교결합은 목재의 분자단립구조 사이의 화학적 가교결합형성이 이론적으로는 치수안정에 가장 효과적인 방법이다. 이때 포름알데히드를 이용하여 처리한다.
　ⓒ 용적 처리에는 염류처리와, 당처리, PEG처리, 왁스처리, 합성수지 처리 등이 있다.
② 치수안정 평가
　㉠ 항팽윤효율(ASE : Anti swelling Efficiency)은 일반적으로 접선방향이나 방사방향의 팽윤율을 측정하여 아래와 같이 계산한다.

$$ASE = 100(S_C - S_T)/S_C$$

　　여기서, S_C : 무처리재의 용적팽윤(수축)률
　　　　　　S_T : 처리재의 용적팽윤(수축)률
　㉡ 항흡습률(MEE : Moisture Excluding Efficiency) 평가는 아래와 같다.

$$MEE = 100(M_C - M_T)/M_C$$

　　여기서, M_C : 무처리재 흡습율
　　　　　　M_T : 처리재 흡습율
　㉢ 항흡수효율(RWA : Reduction in Water Absorptivity) 평가는 아래와 같다

$$RWA = 100(W_C - W_T)/W_C$$

　　여기서, W_C : 무처리재 흡수율
　　　　　　W_T : 처리재의 흡수율
　㉣ 비용적 효과(B : Bulking coefficient) 평가는 아래와 같다.

$$B = 100(V_T - V_C)/V_C$$

여기서, V_C : 무처리재의 전건용적(cm^3)
V_T : 처리재의 전건용적(cm^3)

ⓜ 폴리머 함침량(PL : polymer retention) 평가는 아래와 같다.

$$PL = 100(W_T - W_C)/W_C$$

여기서, W_C : 무처리재 전건중량(g)
W_T : 처리재 전건중량(g)

$$PL = 100(1+B)D_T - D_C/D_C$$

여기서, B : 비용적효과(용적)
D_T : 무처리재 밀도
D_C : 처리재 밀도

ⓗ 상대효율(RE : Relative Effectiveness)에서 ASB 는 처리효과를 비교하는 척도가 되며 비용적 효과가 높으면 RE 가 낮아지고 가교처리의 경우는 RE 가 높게 나타난다.

$$RE = ASE/PL$$

③ 치수안정화처리방법
  ㉠ 목재의 PEG 처리
    • PEG 는 polyethylene glycol 라하며 분자량 1000~1500 정도이다.
    • PEG 약제는 20~30% 정도의 수용액이 가장 일반적이나 이 범위에 한정할 필요는 없으며 분자량을 3000 이하의 범위로 하는 것은 목재의 세포벽내에 침투가 용이하게 되기 때문이다.
    • 약제는 상온이나 80℃이하의 온도 범위에서 조절한다.
    • PEG 처리는 목재의 함수율이 높을수록, 시간을 오래할수록 폴리머 함침량을 크게 할 수 있으며 처리 후 고온건조시 할렬의 발생률이 매우 낮아진다.

- 약제 처리후 PEG 의 용출을 막기 위해서는 2차적인 작업을 해야하는데 polyurethane 수지로 도장하는 마무리 작업을 해준다.
ⓒ 페놀수지 처리목재
- 페놀수지 처리목재는 compreg 라 하며 페놀수지 처리재로서 가장 일반적인 것이다.
- 처리재의 수지경화시 압축에 따라 높은 비중과 강도를 갖게 되며 이러한 목재는 강화목재라고 한다.
- 페놀수지 처리시 단판의 함수율 2% 이하로 건조시키고 단판을 감압한 후 resol 형 페놀수지 초기 축합물의 물, 메탄올, 에탄올 용액 등을 도입시켜 주입한다. 주입 후 수지액을 빼고 수증기로 가열하여 진공건조 시키면 목재 중 수지가 반응을 일으키게 된다. 건조된 함침단판은 처리관에서 꺼내 적층하고 열판에서 약 140°C, 100~200kg/cm^{2}정도로 압축 경화시킨다.
ⓒ 목재의 아세틸화
- 무촉매 아세틸화
목재를 기건시킨 후 진공건조시켜 전건상태로 두고 감압하에 xylene 의 혼합시약을 주입시킨 후 방치하여 약제가 골고루 침투하도록 한다. 아세틸화 반응이 일어나면서 생성물은 대략 20% 정도의 아세틸화율을 보이지만 상당한 치수안정화의 효과를 가져온다.

$$Cell\text{-}OH + (CH_3CO)_2O \rightarrow Cell\text{-}O\text{-}COCH_3 + CH_3COOH$$

- 초산염 촉매법
목재를 가열한 15% 초산칼륨 수용액에 침지시킨 후 건조시켜 함수율 5% 이하까지 진행시킨 후 무수초산을 이용하여 아세틸화 반응을 일으켜 치수안정화 효과를 가진다. 이 방법 역시 무촉매 아세틸화와 동일하게 목재 강도 저하를 일으키지 않아 매우 효과적이다.
- 기타 약품
목재의 형태 유지를 위해 다른 물질로 공극을 약품으로 치환하는 것으로 설탕이나 알코올과 같은 다양한 약품을 사용하기도 한다.
ⓔ WPC
- 목재에 단량체를 주입하여 가열하거나 방사전 조사 등을 통해 중합시켜 만든 복합체로서 다양한 분야에서 사용되고 있다.

- 복합재료의 대표적인 것으로 목재, 플라스틱 복합체인 WPC(wood plastic composites)라 한다.
- 제조시 목분과 첨가제가 용융된 열가소성 수지와 혼합하여 제조한다.
- 목재 플라스틱 복합재는 목재세포내로 플라스틱 성분을 주입하여 만들거나 목재분말과 플라스틱 원료를 섞어 만드는 것으로 크게 2가지 방법이 있다.
- 제조전 목재를 건조하여야하며 이는 목재의 수분이 복합체의 표면성질에 좋지 않은 영향을 주기 때문이다.
- 플라스틱의 용융을 위해서는 온도를 200°C 이상으로 가열하지 않으며 이는 플라스틱의 휘발성 물질의 방출을 막기 위해서이다.
- 사용되는 목재는 목섬유보다 목분을 이용하며 톱밥과 같은 형태로 파쇄를 시킨다. 이때 목분의 크기는 20~120mesh 범위이다.
- WPC 제조시 사용되는 플라스틱은 대표적으로 폴리에틸렌(PE), 폴리염화비닐(PVC), 폴리프로필렌(PP) 등이 사용된다.
- 복합재는 목재가 대략 50~60% 의 비율을 차지하며 나머지는 플라스틱이 차지한다.
- 제품의 성능 및 공정 개선을 위해 사용되는 첨가제가 있으며 종류로는 결합제, 왁스, 윤활제, 안료, 산화방지제 등이 있다.

ⓜ WPC 화 평가
- 중량 증가율은 목재가 처리 후 얼마나 증가했는지를 보여주는 지표로서 아래와 같이 구한다.

$$PL = 100(W_T - W_C)/W_C$$

여기서, W_C : 무처리재 전건중량(g)
　　　　W_T : 처리재 전건중량(g)

- 전중합률(TC : Total conversion)은 함침된 모노모량과 투입된 모노모량의 비로 구한다.

$$TC = 100 \times \frac{투입된\,monomer량(g)}{함침된\,monomer량(g)}$$

- 이론 최대 폴리머(TML : theoretical maximum polymer loading)

$$TML = 100 \times (\frac{1-D_C}{D_W})(\frac{D_M}{D_C})$$

여기서, D_C : 무처리재 밀도
  D_M : monomer 밀도
  D_W : 목재 밀도(1.46g/cm^2)

- 폴리머 충전효과(EPL : effectiveness of polymer retention)

$$EPL = PL/TML \times 100$$

여기서, PL : 목재증가율
  TML : 이론최대폴리머

- 세포벽(RW)과 세포내강(RL)의 폴리머 함량

$$RW = B \times (\frac{D_M}{PL \times D_C})$$

$$RL = PL - RW$$

ⓑ 무처리 압축목재

무처리 압축목재는 수지처리 압축목재와 같이 수지가 경화되어 단단해지면서 치수안전성을 가져오나 충격에 대한 저항성이 약하여 이러한 충격과 같은 물리적 작용에 저항성이 요구되는 경우 수지 처리 없이 그대로 압축시켜 제조한 목재를 말한다. 이때 무처리 압축목재를 Staypak 라 하며 고온, 고압하에서 진행한다.

3. 목재보존제 종류 및 특성

(1) 보존제

① 목재 보존제

㉠ 목재 보존제는 목재를 보존하는데 있어 균류나 해충 등의 생물열화에 저항성을 부여하는 화합물질을 말한다.

㉡ 목재 보존제는 화학적 성질로 분류하여 무기화합물과 유기화합물로 분류되며 용해성으로 수용성 보존제, 유상보존제, 유용성 보존제로 분류된다.

㉢ 수용성 보존제는 값비싼 용매를 사용없이 목재 표면을 청결하게 도장할 수 있다.

㉣ 유용성 보존제는 용탈을 방지하는 장점이 있으며 표면장력이 낮아 목재 내 약제 침투가 용이하다.

㉤ 유상 보존제는 보존효력이 있으나 처리재의 오염을 유발하기도 한다.

< 목재 약제 종류 >

수용성 약제	크롬, 구리, 비소화합물계 목재 방부제(CCA) 암모니아성 구리, 비소 화합물계 방부제(ACA) 산화크롬, 구리화합물계 방부제(ACC) 크롬, 구리 붕소 화합물계 방부제(CCB) 크롬, 불화구리, 아연계 화합물계 방부제(CCFZ) 알킬암모늄 화합물계 방부제(ACC, quats) 구리, 알킬 암모니움 화합물계 방부제(ACQ) 구리, 붕소, 아졸 화합물계 방부제(CUAZ)
유상약제	크레오소트, 콜타르 크레오소트, 각종 석유류
유용성 약제	페놀계 화합물, PCP, 나프텐산 금속염, 유기요드계 화합물 퀴놀린계 방균제, 유기주석 화합물

② 단일 보존제

㉠ 단일 보존제로 구리화합물, 아연화합물, 비소화합물, 붕소화합물, 불소화합물, 크롬화합물, 페놀계 화합물 등이 있다.

㉡ 구리화합물은 수용액는 Cu^{2+} 인 2가가 더 안정적이다.

㉢ 황산구리는 무기정착형 보존제의 주요 성분으로 사용된다.

㉣ 황산구리에 칼슘, 마그네슘 등의 중탄산염의 수용액에 용해되면 침전이 일어나게 되어 이러한 성분으로 처리한 목재의 경우 토양에 닿게 도면 내후성이 감소한다.

㉤ 아연화합물은 목재의 착색이 일어나지 않으나 방부효력이 구리화합물보다 떨어진다.

㉥ 비소화합물은 방충제로 배합되며 정착형 보존제의 성분이다.

㉦ 불소화합물은 비교적 끓는점이 낮으며 착염을 생성하기 쉽다.

◎ 크롬화합물은 부후균이나 곤충에 대한 방부 효력은 없으나 정착제로 혼합물로 쓰인다.
③ 정착형 보존제
  ㉠ 정착형 보존제는 수용성 보존제가 목재에 잔존하여 생물열화등에 대한 저항성을 가지도록 안정한 화합물로 변환시키는 것을 말한다.
  ㉡ 정착형 보존제 정착법
    • 목재의 환원성을 이용하여 난용성으로 변화시킨다.
    • 목재 내 중합이나 축합 반응을 촉진시킨다.
    • 목재의 조성분과 화합시킨다.
    • 착염성분의 휘산을 이용한다.
    • 목섬유의 표면에 피막을 형성시킨다.
  ㉢ CCA(chromated copper arsenate)
    • 크롬, 구리, 비소의 세 가지 화합물로 만든 보존제이다.
    • CCA 계 보존제는 나라별로 그 성능과 화학적 조성이 약간씩 다르다.
    • 방부효력이 크고 물에 용탈되지 않는다.
    • 금속에 부식성이 없고 상온에서 화학적으로 안정적이다.
    • 주로 교량재, 길가 표지판, 현광용 목재 등으로 사용된다.
  ㉣ ACA(ammoniacal copper arsenite)
    • 구리화합물과 비소화합물을 암모니아가스나 용액과 함께 초산에 용해시켜 만든 보존제이다.
    • 방부효력은 좋으나 암모니아가 구리합금을 부식시키는 단점이 있다.
    • 가열에 의해서도 성질이 변화하지 않는다.
  ㉤ FCAP(fluor chrome arsenate phenol)
    • 불소, 크롬, 비산염, 페놀류로 구성된 화합물로 배합된 보존제이다.
  ㉥ ACC(acid copper chronate)
    • ACC 보존제는 최초의 정착형 보존제이다.
  ㉦ CZC(chromated zinc chloride)
    • 염화아연의 부식성과 용탈성을 개선하기 위해 개발된 보존제이다.
④ 유상 보존제
  ㉠ 유상보존제는 목타르, 콜타르, 크레오소트유가 속하며 크레오소트유가 대표적인 유상 보존제이다. 크레오소트유는 콜타르 증류로 얻는데 석탄 건류에서 1000℃ 이상에서 얻어지면 고온타르라하고 600℃ 쯤에서 얻어지면 저온타르라 한다.
  ㉡ 고온건류의 주성분은 방향족 탄수화물이며 타르산, 염기를 함유하고 있어 물보다

무겁다.
ⓒ 저온타르는 방향족 화합물을 소량 함유하고 있으며 지방족 화합물도 포함하고 있다
ⓔ 크레오소트유
- 크레오소트유는 석탄을 건류시 생성되며 페놀(phenol), 크레졸(cresol), 나프탈렌(naphthalene), 나프톨(naphthol), 안트라센(anthracene) 등이 있다.
- 크레오소트유는 고온에서 휘발성 성분이 소실되면서 방부효력이 저하된다.
- 방충 및 해충에 대한 저항성을 가지게 하나 가장 중요한 성능은 방균제이다.
- 침투성이 좋고 내후성이 강하며 값이 싼편이다.
- 전봇대와 같이 야외 토양과 접하는 목재의 보존제로 주로 사용된다.
- 물에 불용성이라 용탈현상이 일어나지 않는다.

ⓜ 목타르
- 목재를 열분해하여 얻을수 있는 흑색의 유상액이다.
- 목재 열분해시 유출되는 액의 상층은 정유 및 기타 성분이, 중층에는 목초액, 하층에는 유상성분이 분리된다.

ⓗ 비소함유 크레오소트유
- 크레오소트유의 효력을 높여 흰개미에 대한 피해를 줄이기 위해 비소를 함유한 크레오소트유를 말한다.
- 아비산(As_2O_3)과 크레오소트유를 혼합하여 만든 약제로 아비산은 약 0.4% 정도 함유된다.

⑤ 유용성 보존제
ⓐ 경유, 중유, 등유 및 석탄계 용매 등의 유기용제를 이용하여 용해시킨 것을 유용성 보존제라 한다.
ⓑ 유용성 보존제는 살균성 및 방균력이 높은 것도 존재하나 인체에 유해한 독성을 가진 성분도 있다.
ⓒ 공기중에 오래동안 방치하면 빛이나 산소에 의해 산화, 분해되어 방부효력이 떨어진다.
ⓓ 유용성 보존제의 종류로 클로로페놀, 나프텐산 금속염, 유기주석 화합물, 8-옥시퀴놀구리 등이 존재한다.
ⓔ chlorophenol 류에서 가장 많이 쓰였던 것은 PCP(pentachlorophenol)였으나 현재 인체 유해한 성분으로 그 사용이 거의 중지되어 있다.
ⓕ nitrophenol 류에 의해 처리된 목재는 황색을 띠게 되는데 알칼리 금속염이 되면 착색이 두드러지게 된다.
ⓖ naphthenic acid 금속염은 금속염이 방부효력을 지니고 있으며 약제의 대부분이 나프텐

산구리를 함유하고 있다. 용탈에 대한 저항이 매우 큰 것이 특징이다.
- ⓒ 유기주석 화합물은 방부효력이 높고 열에 대해 안정하나 야외 노출시 햇빛에 의해 약간 분해되는 현상을 보인다. 이 보존제는 목재를 착색하지 않고 도장이 가능하며 연소를 지연시키는 효과도 있다.
- ㉢ 8-oxiquinol 구리는 저독성에 냄새가 거의 없어 인체에는 피해가 거의 없다. 온실용재에 처리하며 과일상자나 포장재 등에 사용된다.

(2) 목재 방충제
  ① 목재 방충제
    ㉠ 살충작용이나 해충의 생육에 방해가 되는 환경을 만들어 목재로부터 기피하는 작용을 형성시키는 것이 목재 방충제이다.
    ㉡ 목재 방충제는 잔효성이 커야된다.
    ㉢ 구제와 예방 능력 및 방부, 방충 효력이 커야된다.
    ㉣ 저독성으로서 인체 무해해야한다.
  ② 유기인계 방충제
    ㉠ 유기인계 방충제는 에스테르형을 가지며 가수분해되기 쉽다.
    ㉡ 유독성분이 많아 저독성으로 주로 만들게 된다.
    ㉢ 유기인계 방충제로 폭심, 스미티온, 클로로피리포스, 다이아지논(diazinon) 등이 있다.
    ㉣ 폭심(phoxim)
      • 상온에서 담황색으로 지방족 탄수화물에는 녹지 않으나 알코올이나 케톤에 잘 녹는다.
      • 목재의 방충제로 대략 1% 정도의 용액이 사용된다.
    ㉤ 스미티온(sumithion)
      • 스미티온의 일반명은 fenitrothion 으로 황갈색의 유상액체로서 물에 거의 녹지 않는다.
      • 지방족 탄화수소에 약간 녹으며 알코올, 에스테르류, 케톤류, 식물성 기름 등에 녹는다.
      • 수입재의 방역용이나 벌채 직후 통나무의 방에 사용된다.
    ㉥ 클로로피리포스(chloropyrifos)
      • 노랑과 주황의 색을 띠는 유상의 액체로 아세톤, 벤젠, 크실렌 등의 용액에 잘 녹는다.
      • 흰개미 방제의 용도로 주로 토양처리제로서 이용된다.

③ 유기염소계 방충제
  ㉠ 유기염소계는 방충제의 성능이 좋으며 적용 범위가 넓고 값이 싸다.
  ㉡ 독성이 많아 인체 유해하다는 단점이 있다.
  ㉢ 1970년대 이후 유기염소계 방충제의 사용이 금지 되어 있다.
  ㉣ 주요 유기염소계 방충제로 DDT, BHC, aldrin, heptachlor, chlordane 등이 있다.
④ 유기주석계 방충제
  ㉠ 유기주석계 방충제는 R_3SnX, R_4SnX 등으로 표시되는 화합물로 독성이 있다.
  ㉡ 현재 사용되는 약제의 유효성분은 대부분 triphenyl 주석화합물이다.
⑤ pyrethroid
  ㉠ 모기향으로 널리쓰이는 물질로 인체 독성이 낮은 편이며 살충력이 강하다.
  ㉡ 페르메트린(permethrin)은 실온에서 다갈색의 점성 액체이며 크실란, 메틸클로로포름 등에 잘 녹으며 야외에서의 햇빛, 열, 토양 등에도 안정적이다.
  ㉢ 데카메트린(decamethrin) 약제가 백색결정상으로서 톨루엔, 크실렌, 벤젠, 아세톤 등에 잘 녹으며 에탄올에는 녹지 않는다. 열이나 빛에 안정적이다.
⑥ 훈증제
  ㉠ 가스형태의 살충제나 살균제 등을 훈증제라고 한다.
  ㉡ 목재에 대한 침투성이 좋아야 하며 구제 후 약제가 완전히 제거 되야한다.
  ㉢ 훈증제로 methyl bromide, methylene dibromide, chloropicrin, sulfurilfluoride, 이산화탄소, 청산가스 등이 있다.
  ㉣ 훈증제는 끓는점이 낮을수록 침투성이 크고 흡창성은 작다.
  ㉤ methyl bromide
    • CH_3Br 의 구조식을 가지며 무색의 액체로 유기용제에는 쉽게 녹고 알칼리에서는 분해가 일어난다.
    • 살충처리시 16~24시간 정도 처리하며 액량은 약 30~50g/m^3 정도 사용한다.
  ㉥ methylene dibromide
    • CH_2BrCH_2Br의 무색 액체로서 에테르 및 유기용제 등에 잘 녹으나 물에서는 용해도가 낮다.
  ㉦ sulfurilfluoride
    • SO_2F_2는 연소되지 않으며 건축물에 주로 쓰인다.

(3) 목재 난연제
  ① 목재 방화제
    ㉠ 목재 방화제는 목재가 공기 중에 산소와 반응하여 열과 빛으로 타는 연소 현상을 방지하는 약품이다.
    ㉡ 목재의 연소에는 가연물인 목재, 산소, 열 등의 주요 3요소가 필요하다.
    ㉢ 방화제는 목재에 주입처리하거나 혼합처리하는 방화약제와 표면처리에 사용하는 방화도료나 피복 등이 있다.
    ㉣ 단일방화제로는 그 효과가 떨어져서 여러 약제를 배합하는 혼합방화제를 사용하기도 한다.
    ㉤ 방화도료는 목재 연소를 지연시키며 역할을 하는데 일종의 막이 생기면서 열이나 공기 등을 차단하게 된다.
    ㉥ 목재 난연제의 원소 방화작용의 효과는 Br, I, Cl, F 순이다.
    ㉦ 난연제의 구비요건
      • 방염효과 및 내후성이 우수해야한다.
      • 목재의 물성에 영향을 주지 않아야 한다.
      • 침투성 및 작업성이 양호해야한다.
      • 독성 및 착색이 적어야 한다.
      • 가격이 싸야 한다.

< 목재 난연제의 원소 및 특징 >

인(P)	착화나 연소단계에서는 효과가 없고 분해과정에서 효과가 발휘한다. 인은 탄소의 가스를 방지하여 열전달을 막아 주게 된다.
브롬(Br)	착화와 연소를 효과적으로 저지한다. 질량이 커서 고밀도 가스를 형성하여 산소나 열이 접촉하는 것을 막아준다. 하지만 목재의 기계적 성질과 내구성 등을 떨어뜨리기 때문에 사용량에 주의를 요한다.
안티몬	보통 Br, Cl 등의 할로겐원소와 함께 혼합약제로 이용되는데 이는 가열시 수분분리의 효과가 있으며 단일로 사용 시 효과가 없다.
비스마스	Sb 보다 효과는 적으나 방화효과가 있다.
질소(N)	인과 할로겐원소와 함께 사용하면 그 효과가 극대화되며 연쇄적인 연소를 방지한다.
붕소(B)	불활성 탄화층을 형성하여 산소나 열의 전달을 차단한다. 보통 알칼리 금속과 함께 사용하면 그 효과가 극대화된다.
알칼리 금속	착화, 연소 등의 현상을 저지하며 연소 억제 작용의 효율은 Li, Na, K, Cs 순서 이다.

② 단일 방염제
　㉠ 단일방염제는 무기방화제와 인을 함유하고 있는 유기방염제, 할로겐을 함유하는 방염제 등의 다양한 난연제가 존재한다.
　㉡ 암모늄염의 종류로 브롬화암모늄, 붕산암모늄, 염화암모늄, 황산암모늄 등 다양하게 존재한다. 암모늄염은 가열시 암모니아가 발생되며 목재연소를 지연시키게 된다.
　㉢ 알칼리염은 탄산칼슘, 탄산나트륨 등 발염을 저지하기는 하지만 착화에는 효과가 없다. 인산나트륨, 인산칼륨 등은 방염효과는 있으나 흡습성이 있어 혼합약제로 사용된다.
　㉣ 할로겐을 함유하는 할로겐화합물은 브롬화합물이 가장 좋은 방염효과를 가지는데 그 외에도 염화파라핀, chlorendic acid 등이 존재한다.

③ 혼합 방화제
　㉠ 혼합방화제는 단일방화제의 효과가 적어 두 종류 이상의 혼합약제를 사용하는 경우를 말한다.
　㉡ 붕사, 붕산, 황산암모늄, 크롬화염화아연, 브롬화암모늄, 술파민산암모늄, Minalith, pyresote 등이 있다.
　㉢ 브롬화 암모늄은 착염시간이 길어지게 한다.
　㉣ 인산암모늄, 붕산·붕사 혼합물, 인산, 술파민산 등은 방화성능이 좋고 흡습성도 적다.

④ 방화도료
　㉠ 방화도료는 가열시 탄소의 단열층이 형성되어 목재 내부의 열전달을 늦추어 연소를 지연시켜 보호하는 난연도료와 가열에 의해 도막이 발포하여 공기와 화염을 차단하는 발포성 방화도료가 있다.
　㉡ 난연성도료로는 규산나트륨, 붕사, 붕산 등을 함유한 수용성 도료나 염화파라핀이나 염화고무와 같은 비수용성 도료 등이 있다.
　㉢ 발포성 방화도료의 발포제로는 요소, dicyandiamide, mellaminem glcine 등과 질소화합물과 같은 무기방화제 등이 있다.
　㉣ 발포성 방화도료는 수용성계와 비수용성계로 분류된다.
　㉤ 수용성계 발포제는 가소화 초산비닐알코올, dicyandiamide, 인산암모늄 등의 무기염을 조합한다.
　㉥ 비수용성 발포제로는 염화파라핀, 염화고무, 폴리인산, 아민수지, 암모늄염 등을 조합한 것들이 있다.

⑤ 방화피복재료
  ㉠ 방화피복재료는 열전달을 막고 공기의 공급을 차단하는 기능을 가지며 알루미늄, 구리, 철 등으로 목재를 피복하는데 얇은 금속박 형태를 사용하게 된다.
  ㉡ 석고나 글라스울, pearlite 등의 불연성 무기재료들은 내화, 내열성은 좋으나 가열이 지속되면 피복면에 균열이 발생되어 이러한 균열을 막기위해 수지가공처리를 통해 강도를 높여준다.
⑥ 발수제
  ㉠ 옥외에서 사용중인 목재는 대부분 수분의 흡수나 흡착에 따라 목재내 함수율 변화와 이에 따른 치수불안정으로 손상되기 쉽다. 외장용 목재의 표면은 반드시 발수처리를 하여 목재 내로 수분 침투를 억제해 주어야 한다. 이러한 목적으로 사용되는 발수도료는 발수 담당요소와 용제, 페인트 희석제의 3가지로 구성된다. 발수 역할을 하는 약품은 파라핀 왁스가 있으며 이는 목재 내로 수분의 흡수를 줄이며 동시에 기상열화에 의한 표면침식을 예방한다.
  ㉡ 발수도료는 외장용 목재를 보호하며 단독으로 사용하기보다 페인트 등의 도장 전 목재의 치수안정을 위한 전처리로 많이 사용된다. 전처리는 수분의 목재내 침투를 차단하여 목재의 팽윤과 수축을 감소하고 페인트 도막에 발생되는 응력을 최소화하여 도막의 내구성을 증가시키기도 한다.
  ㉢ 방부성 발수도료를 사용시 발수도료에 보존제 성분이 함유되어 일반적인 발수도료와 다르게 부후균이나 변색균, 표면 오염균을 예방할 수도 있다.

4. 보존처리공정 관리
(1) 목재보존처리 방법 및 특성
㉠ 목재의 사용환경 구분
  ① H1 사용환경
    ㉠ 사용환경은 건조한 실내조건이다.
    ㉡ 적용대상은 비나 눈을 맞지 않기 때문에 부후, 흰개미피해의 우려는 없으나, 건재해충에 대한 방충성능과 변색 오염균에 대한 저항성이 필요로 하며 가구, 벽체 프레임, 천장재, 천장 판넬 및 플로어링 등이다.
  ② H2 사용환경
    ㉠ 사용환경은 비와 눈을 맞지는 않으나 결로(結露)의 우려가 있는 조건이다.
    ㉡ 적용대상은 내장재로 습한 곳에 사용되는 벽체 프레임, 지붕재, 플로어링 등이 포함된다.

③ H3 사용환경
  ㉠ 사용환경은 야외에서 눈비를 맞는 곳에 사용하는 목재로 내구성이 요구되며 부후, 흰개미 피해의 우려가 있는 조건이다.
  ㉡ 적용대상은 야외 또는 습윤에 항상 노출되는 경우로 땅과 접하지 않아도 장기간 견디어 주기를 기대할 때 또는 야외이거나 습윤에 수시 노출되는 경우로 장기간의 효과를 기대할 때 사용되는 목재로 토대용 목재, 담장, 방음벽, 야외접합부재, 금속피복재, 파고라, 놀이시설, 야외용 의자, 통나무 등 지상부의 조경용재, 농용재, 건축구조물 부재 및 외벽재 등이 포함된다.

④ H4 사용환경
  ㉠ 사용환경은 토양 또는 담수(淡水)와 접하는 곳 등에 사용되는 목재로 부후, 흰개미 피해의 우려가 있는 곳에서 고도의 내구성이 요구되는 조건이다.
  ㉡ 적용대상은 냉각탑재와 같이 항상 물과 접하는 목재, 오니처리장의 교반용재, 전주, 펜스지주목, 항목, 조경시설재, 철도침목, 담수잔교, 옹벽용재, 토사방지사방용재, 강널말뚝 등이 포함된다. 다만 크레오소트로 처리된 목재는 사람과 직접 접촉이 되지 않는 철도침목, 항만공사 등 산업재로만 사용해야 한다.

⑤ H5 사용환경
  ㉠ 사용환경은 바닷물과 접하는 곳 등에서 사용되는 목재로 해양천공충에 대한 고도의 내구성이 요구되는 조건이다.
  ㉡ 적용대상은 부두의 항목용재, 선박용 부교 및 잔교, 해안 토사유출방지 옹벽재 등이 포함된다. 다만 크레오소트로 처리된 목재는 사람과 직접 접촉이 되지 않는 철도침목, 항만공사 등 산업재로만 사용해야 한다.

㉡ 건조 및 함수율 관리
  ① 목재의 건조
    수용성 방부제는 처리재가 다시 수분을 흡수하여 고함수율의 목재가 되므로 일반적으로 천연건조가 유리하다. 처리재의 적재요령은 입지조건을 고려하고 통풍 등을 고려하여 목재를 적재하도록 한다. 목재의 수종이나 용도, 처리할 약재 등을 선별하여 적재한 후 관리하도록 한다.
  ② 목재의 함수율
    ㉠ 목재의 함수율은 강도나 수축 등의 모든 성질에 관여되며 목재를 가공할 때 함수율이 제품의 품질을 파악하는데도 도움이 된다. 목재를 가공하여 좋은 제품을 만들기 위해서는 함수율을 파악하고 관리하는 것이 매우 중요하다.

ⓒ 방부처리 전 목재의 함수율은 평균 30% 이하가 되도록 한다. 방부처리 후 목재함수율은 인공열기 건조를 한 것으로 25% 미만은 건조제품으로 그 이상은 비건조제품으로 한다.

ⓒ 침윤도, 흡수량
① 침윤도와 흡수량
- 목재의 침윤도는 목재 내 침투정도를 나타내는 것으로 시험편의 단면적에 대한 정색면적의 비율로 파악한다. 흡수량의 경우 처리목재의 단위 재적 당 함유된 방부제의 유효성분량이다.
- 목재가 균과 해충에 발생을 제어하기 위해서는 최소한의 약제가 목재에 함유되어 있어야 품질 관리가 가능하다.

< 침윤도 적합 기준 >

사용환경범주	구분		적합기준	
	재종	측정부위	측정부위의 침윤도(%)	재면으로부터 침윤깊이(mm)
H1	-	-	BB:변재의 90 이상	IPBC, IPBCP, AAC: 1 이상
H2	변재	변재부분의 전층	80 이상	-
	심재	재면에서 10mm 까지	50 이상	5 이상
H3	변재	변재부분의 전층	80 이상	-
	심재	재면에서 10mm 까지	80 이상	8 이상
H4	변재	변재부분의 전층	80 이상	-
	심재(두께 90mm 이하 제재)	재면에서 10mm 까지	80 이상	8 이상
	심재(두께 90mm 이상 제재)	재면에서 15mm 까지	80 이상	12 이상
H5	변재	변재부분의 전층	80 이상	-
	심재(두께 90mm 이하 제재)	재면에서 15mm 까지	80 이상	12 이상
	심재(두께 90mm 이상 제재)	재면에서 20mm 까지	80 이상	16 이상

< 흡수량 적합기준 >

사용환경 범주	사용 목재방부제 방부제 명	기호	흡수량 적합기준 (구성 주성분으로서 흡수량 기준)
H1	붕소 화합물	BB	적합기준 없음.
	유기요오드계 화합물	IPBC	
	유기요오드.인계 화합물	IPBCP	
	알킬암모늄화합물	AAC	
H2	구리·알킬암모늄화합물	ACQ	1.3kg/m³ 이상
	크롬.플루오르화구리.아연화합물	CCFZ	4.0kg/m³ 이상, 12.0kg/m³ 이하
	산화크롬.구리화합물	ACC	4.5kg/m³ 이상, 16.0kg/m³ 이하
	크롬.구리.붕소화합물	CCB	4.5kg/m³ 이상, 16.0kg/m³ 이하
	나프텐산구리	NCU	구리로서 유제(油劑)는 0.4kg/m³ 이상, 유제(乳劑)는 0.5kg/m³ 이상
	나프텐산아연	NZN	아연으로서 유제(油劑)는 0.8kg/m³ 이상, 유제(乳劑)는 1.0kg/m³ 이상
	구리.아졸화합물	CUAZ-1	1.3kg/m³ 이상
		CUAZ-2	0.5kg/m³ 이상
		CUAZ-3	0.96kg/m³ 이상
	구리.붕소.사이크로헥실다이아제니움디옥시-음이온화합물	CB-HDO	2.0kg/m³ 이상
H3	구리·알킬암모늄화합물	ACQ	2.6kg/m³ 이상
	크롬.플루오르화구리.아연화합물	CCFZ	6.0kg/m³ 이상, 18.0kg/m³ 이하
	산화크롬.구리화합물	ACC	6.0kg/m³ 이상, 24.0kg/m³ 이하
	크롬.구리.붕소화합물	CCB	6.0kg/m³ 이상, 24.0kg/m³ 이하
	나프텐산구리	NCU	구리로서 유제(油劑)는 0.8kg/m³ 이상, 유제(乳劑)는 1.0kg/m³ 이상
	나프텐산아연	NZN	아연으로서 유제(油劑)는 1.6kg/m³ 이상, 유제(乳劑)는 2.0kg/m³ 이상
	구리.아졸화합물	CUAZ-1	2.6kg/m³ 이상
		CUAZ-2	1.0kg/m³ 이상
		CUAZ-3	0.96kg/m³ 이상
	구리.붕소.사이크로헥실다이아제니움디옥시-음이온화합물	CB-HDO	3.0kg/m³ 이상
	테부코나졸.프로피코나졸.3-요오드-2-프로페닐부틸카바메이트	Tebuconazole, Propiconazole, IPBC	0.23kg/m³ 이상

사용환경 범주	사용 목재방부제 방부제명	기호	흡수량 적합기준 (구성 주성분으로서 흡수량 기준)
H4	크레오소트유	A	80.0kg/m³ 이상
H4	구리·알킬암모늄화합물	ACQ	5.2kg/m³ 이상
H4	크롬.플루오르화구리.아연화합물	CCFZ	8.0kg/m³ 이상, 24kg/m³ 이하
H4	산화크롬.구리화합물	ACC	9.0kg/m³ 이상, 24kg/m³ 이하
H4	크롬.구리.붕소화합물	CCB	9.0kg/m³ 이상, 24kg/m³ 이하
H4	구리.아졸화합물	CUAZ-1호	5.2kg/m³ 이상
H4	구리.아졸화합물	CUAZ-2호	2.0kg/m³ 이상
H4	구리.아졸화합물	CUAZ-3호	2.4kg/m³ 이상
H4	구리.붕소.사이크로핵실다이아제니움디옥시-음이온화합물	CB-HDO	4.0kg/m³ 이상
H5	크레오소트유	A	170.0kg/m³ 이상

② 발색시약

목재에 침윤정도를 보기 위해 발색시약인 디페닐카르보노히드라지드와 이소프로필알콜 이용하며 크롬이 함유된 방부목재의 경우 준비된 약제를 도포하거나 분무하면 침윤부분이 담적갈색이나 적자색으로 발색된다. 구리가 함유된 방부목재의 경우 크롬아즈롤과 초산나트륨을 이용한 약제를 도포하거나 분무하면 침윤부분이 농청색으로 정색된다.

(ㄹ) 처리제품 표지방법

구 분	종 류		기 호
수용성 목재방부제	구리.알킬암모니움화합물계	1호	ACQ-1
		2호	ACQ-2
	크롬.플루오르화구리.아연 화합물계		CCFZ
	산화크롬.구리화합물계		ACC
	크롬.구리.붕소화합물계		CCB
	구리.아졸화합물계	1호	CUAZ-1
		2호	CUAZ-2
		3호	CUAZ-3
	구리.붕소.사이크로헥실다이아제니움디옥시-음이온화합물계		CB-HDO
	붕소.붕산화합물계		BB
	알킬 암모니움 화합물계		AAC
유화성 목재방부제	지방산 금속염계		NCU
			NZN
유용성 목재방부제	유기요오드화합물계		IPBC
	유기요오드.인화합물계		IPBCP
	지방산 금속염계		NCU
			NZN
	테부코나졸.프로피코나졸.3-요오드-2-프로페닐부틸카바메이트		Tebuconazole, Propiconazole, IPBC
유성 목재방부제	크레오소트유	1호	A-1
		2호	A-2

(ㅁ) 시설기준

① 공장 시설

㉠ 공장부지, 건물, 제조시설, 통로 등은 작업효율, 작업자의 안전, 위생관리 등을 고려하여 충분히 확보되어야 하며 또한 제조시설은 공간을 적절히 배치하여 폐기물, 분진, 배기, 폐수 등 환경오염의 원인이 되지 않도록 한다.

㉡ 옥내외 작업장(보관장소, 통로, 운반로, 주차장 및 제품의 상차장)에는 폐액 등이 지하로 스며들지 않도록 방수콘크리트 또는 합성수지로 포장을 한다.

㉢ 방부제를 취급하는 시설(주약관, 저장탱크, 계량탱크, 용해탱크, 회수탱크, 계량기

등)주변은 방부제의 외부 유출을 방지하기 위한 차단벽이나 도랑을 설치하여야 하며, 물매를 주어서 집수가 가능하게 하고, 이를 회수할 수 있는 시설을 갖추어야 한다.

② 작업장 시설
　㉠ 작업장의 면적은 필요한 설비의 설치 및 작업을 하는데 불편이 없을 정도로 넓어야 한다.
　㉡ 작업장내에 고농도 오염구역(주약관, 저장탱크, 계량탱크, 용해탱크, 회수탱크, 계량기 등)은 백색으로, 저농도 오염구역(임시보관장소, 양생장 또는 양생촉진시설 등)은 밝은 황색으로, 비오염구역(방부처리하지 않은 목재 및 양생완료 목재 취급장소)은 밝은 녹색으로 작업구역별로 선을 그어 구분하고, 작업장별로 사용기기 및 작업도구 등을 구분하여 사용한다.
　㉢ 작업장의 바닥은 폐액이 지하로 스며들지 않도록 방수콘크리트 또는 합성수지로 포장하고 배수가 용이하도록 하는데 주의를 기울여야 한다.
　㉣ 작업장의 조명과 환기 장치가 적절하게 설치되어야 한다.
　㉤ 유해분진, 증기, 냄새 등을 배출하는데 적절한 배기시설이 필요하다.
　㉥ 유성 또는 유용성 방부제를 취급하는 시설 주변에는 고온 가스의 인화 폭발사고 등에 대한 대비를 철저히 하여야 한다.
　㉦ 작업장에는 항상 손을 씻을 수 있는 세면대가 있어야 한다.

③ 목재 및 방부처리 보관 시설
　㉠ 재료의 반입과 반출이 용이하도록 하여야 한다.
　㉡ 실내 보관 장소는 공기의 순환이 잘 되도록 환풍기 등 환기시설을 설치하여야 한다.
　㉢ 하역작업이 용이하도록 공간의 여유가 있어야 한다.
　㉣ 제품보관시설의 바닥은 지게차 등 장비의 통행이 용이하도록 견고히 시공되어야 한다.
　㉤ 제품보관은 종류별, 처리(제조)연월일별로 구분해서 보관할 수 있도록 하여야 한다.

④ 양생시설
　㉠ 방부제 주입처리가 종료된 목재의 양생시설은 비와 눈을 피할 수 있는 지붕을 반드시 설치하여야 한다.
　㉡ 작업장의 바닥은 폐액이 지하로 스며들지 않도록 방수콘크리트 또는 합성수지로 포장하고 배수가 용이하도록 시설하여야 하며 바닥에는 배수구를 설치하여 폐액을 회수할 수 있는 시설을 설치하여야 한다.

(ㅂ) 양생
  ① 양생기간
     ㉠ 처리 후 자연양생공정으로는 3주 이상의 양생기간을 거쳐야 한다.
     ㉡ 목재용 인공열기건조 또는 증기 양생실을 이용하여 촉진양생을 할 수 있다.
     ㉢ 촉진양생 중에는 처리목재의 표면과 내부의 습도에 차이가 심하면 표면의 약액이 빨리 양생되므로 다습한 상태에서 건조하여야 한다. 건조온도는 55℃ 이상 60℃ 이하를 유지하면서 촉진양생 공정으로 3일 이상의 양생기간을 가져야 한다.
  ② 임시 보관 장소 및 양생장소
     ㉠ 임시보관 장소 및 양생장소는 비와 눈을 피할 수 있는 지붕을 설치하여야 하고, 지면은 물매를 주어 폐액이 배수구와 집수정으로 흘러들게 하여 최종적으로 경사구를 통해 자동적으로 한 곳에 모이도록 한다.
     ㉡ 임시 보관 장소는 8시간 생산량을 수용할 수 있는 면적이 필요하다.
     ㉢ 양생장소는 3주간 생산량을 수용할 수 있는 면적이 필요하다. 이때 면적 $1m^2$는 목재 $3m^3$를 양생하는 것을 기준으로 한다.

(ㅅ) 환경오염방지
  ① 발생원
     ㉠ 발생원은 목재보존제로 유해물질을 가지고 있어 환경오염을 일으키게 된다.
     ㉡ 약제는 약제 그 자체와 분해물로 나누어지며 약제는 고유의 성질을 기재되어 있기에 유해정도를 알 수 있으나 분해물은 알기가 어렵다.
     ㉢ 존재 형태에 따른 분류는 고유한 약제와 약제가 사용되는 목재 및 건축물로 분류된다.
     ㉣ 약제의 존재장소에 따라 목재 건축물, 목재 가공공장, 저목장 제재소 등의 공장, 폐재 처리장 등으로 분류된다.
     ㉤ 오염되는 환경에 따른 분류로 대기환경, 수질환경, 토양환경으로 분류된다.
  ② 주체
     유해물질의 피해를 받는 주체는 인간이나 직접적인 것과 간접적인 것으로 분류된다 간접적이란 인간에게 있어 유용한 동·식물이 피해를 받는 것으로 동·식물의 피해로 인해 인간에게도 간접적 피해를 오는 것을 말한다. 여기서 주체의 정의는 인간과 인간에게 정신적으로 혹은 경제적으로 이익을 제공하는 동·식물들을 말한다.
  ③ 환경
     ㉠ 환경에는 대기환경, 수질환경, 토양환경으로 분류된다.
     ㉡ 대기환경

- 약제로 인해 발생된 유해물질은 대기 중에 도입되면 호흡과 함께 체내의 세포, 조직, 기관 등을 약화시켜 신체기능에 문제를 일으킨다.
- 피해를 주는 주요 대기오염물질은 불소, 비소, 납, 아황산가스 등이 있다.
- 대기오염의 정도는 식물이 그 피해가 민감하여 환경파괴를 알리는 지표가 되기도 한다.

ⓒ 수질환경
- 모든 생물은 물을 흡수하며 생명을 유지하므로 물이 오염되면 흡수한 생물은 피해를 받게 된다. 오염물질은 물을 따라 흘러 멀리까지 퍼지기 때문에 오염범위가 매우 넓다.
- 물의 오염은 물의 흐름이 적은 연못이나 호수 등의 폐쇄구역에서 바다와 같이 개방된 지역보다 그 오염피해가 쉽게 발생된다.
- 지하수의 경우 오염물질의 위험에 크게 노출되어 있으며 오염물질이 지하수로 침투 시 정화되는데 오랜시간이 소요된다. 또한 오염 정도를 측정하는데 어려움이 있고 오염물질이나 오염양 등에 대한 정보를 얻기 어려워 대책 수립에도 어려움이 있다.
- 수질환경의 개선을 하는데 있어 점토와 같은 무기물질이 중요한 역할을 하게 되는데 점토는 단위무게 당 표면적이 넓으며 화학물질에 흡착하는 성질이 탁월하여 물 속에 오염물질에 흡착시켜 침강시킴으로서 오염의 확산을 막는다. 작은 미립자와 같은 점토는 바다까지 흘러가게 되어 염류에 의해 응집되면서 큰 입자가 되어 침강하게 된다.

ⓓ 토양환경
- 토양은 토양에 다양한 미생물이 존재하면서 스스로 정화할 수 있는 능력을 가지고 있으나 정화능력이 완만하여 오염정도가 심할시 자정능력을 상실하기도 한다.
- 토양이 오염되면 식물에까지 피해를 주면서 식물을 섭취하는 동물이나 인간에게도 간접적인 피해를 주게 된다.
- 토양오염은 각종 유해물질을 장기간동안 축적하는 축적성 오염으로 주로 카드뮴, 구리, 비소, 수은, 납 등 중금속을 고정하는 특성이 있으며 이러한 오염이 진행되면 제거하는데 매우 어려움이 있다.
- 토양에 미세입자가 많을수록 오염물질이 남아 오염시키기 쉽다.
- 토양의 오염물질 결합 방법은 다음과 같다.
  - 물에 녹지 않는 오염물질의 경우 토양입자사이에 남게 되는 경우가 있다.
  - 토양 자체는 마이너스 전하를 띠고 있어 플러스 전하를 가진 오염물질과의 정전기적 결합을 한다.

- 토양에는 부식물질 유기물이 포함되어 있어 금속이나 중금속등의 고분자물질과 결합하기도 한다.
- 토양에 철과 암모늄의 수산화물이 존재하여 고분자 유기물이나 마이너스 전하를 띠는 물질이 결합되기도 한다.

(ㅈ) 안전관리
① 약제의 성질
㉠ 무해한 약제의 경우 오염의 걱정이 있으나 병충해와 같은 약제는 독성이 있어 동물이나 식물에 피해를 주게 된다.
㉡ 약제는 독성이 있으면 소량이어도 피해를 주게 되며 시간이 지나면서 그 성질이 변하여도 여전히 위험하므로 사용 전 안전성의 여부를 충분히 검토하고 사용해야 한다.
㉢ 약제가 분해나 변질에 용이한지를 살펴보아야 하는데 보존제의 경우 유독성이라도 사용 후 변질 및 분해로 인하여 독성이 약화되면서 오염 정도 역시 약화되므로 이러한 약제의 종류에 대한 분류가 필요하다.
㉣ 독성이 강한 약제라도 CCA 계와 같은 방부제는 목재 내부에 강하게 고정되어 빠져나가지 않아 환경오염 위험을 적게 하기도 한다.
㉤ 사용한 약제는 기화되기 쉬운 종류도 있다.
㉥ 물에 용해되기 쉬운 약제의 경우 빗물에 의해 목재에서 용탈되어 토양이나 하천을 오염시키기도 한다.
㉦ 토양에 흡착되기 쉬운 성질의 오염물질은 빗물에 의해 흘러나와 토양에 흡착되어 제거하기가 어렵다.

② 약제의 취급
㉠ 약제는 취급에 따라 오염의 정도를 조절할 수 있는데 유기염소계 방충제의 경우 토양이나 수종에서 장기간 잔류하거나 공기 중에 증발하여 공기오염을 일으키기도 한다. 또한 산화분해도 잘 일어나지 않아 바다나 토양 등 넓은 영역에 오염을 일으킨다. 환경은 파괴되면 회복에 어려움이 많으므로 사전 예방 대책이 요구된다.
㉡ 약제의 취급에 있어 예방 대책은 다음과 같다.
• 약제를 운반할 때 흘리지 않게 하기 위한 설비 및 장치가 필수적이다.
• 남은 폐재를 소각시키지 말아야 하는데 소각시 목재내 포함된 약제가 기화되면서 피해를 주게 된다.
• 폐재를 호수나 바다에 버리지 않아야하는데 이는 약제가 유출되면서 수질오염을

야기하기 때문이다.
- 폐재를 땅위나 속으로 버리거나 방치하지 말아야하는데 빗물에 의해 약제가 흘러나오면서 토양을 오염시키기도 한다.

③ 환경오염의 대비책
  ㉠ 약제가 목재 중에 정착되는 성질을 가진 약제를 개발 및 사용하여 약제가 외부로 흘러나가지 않도록 처리한다.
  ㉡ 약제를 과도하게 사용하지 않으며 최소량만 사용한다.
  ㉢ 약제를 대기, 수계, 토양계 등 환경에 노출시키지 않는다.
  ㉣ 약제를 토양에 방출시 작은 범위로 한정시키고 물에 접촉하지 않도록 조치를 취한다.
  ㉤ 무해한 약제 및 연소시 완전연소되는 약제를 개발한다.
  ㉥ 사용자의 주의를 요한다.

(2) 목재보존처리 설비 및 공정
 ① 가압용 약제주입장치
  ㉠ 주약관 : 가압보존처리공장에서 주약관은 목재와 약액을 넣고 가압처리를 수행하는 원통형의 처리장치를 말한다.
  ㉡ 탱크류 : 가압보존처리공장에서 탱크류는 주로 약제의 저장탱크가 있고, 약제의 농도 등을 조정하거나 혼합하는 혼합탱크, 처리 시 주약관에 유입될 약제를 임시저장하고 처리 후 잔여약제를 회수하는 역할의 작업탱크 등이 설치되어 있다.
  ㉢ 펌프류 : 펌프류는 주약관 내의 압력을 조정하는데 사용하는 진공펌프와 가압펌프, 약액유입/회수 등에 사용되는 송액펌프 등이 있다.
  ㉣ 측정장치 : 가압보존처리공장에는 보존처리 시 진공 또는 가압의 수준을 측정하는 진공/압력 측정용 계기, 탱크 내에 약제 용량을 측정하는 측정 장치, 온도계, 처리과정의 압력 등을 연속 기록하는 기록계, 약제의 농도를 측정하는 농도측정기 등 다양한 측정 장치가 사용될 수 있다.
 ② 전가공
  ㉠ 박피
   - 수피는 목재조직과 달리 약액의 침투성이 매우 저조함으로 처리 전에는 반드시 수피를 제거하도록 한다.
   - 수피를 제거하는 데는 기계적 박피 또는 고수입박피법 등 여러 가지 공법이 이용될 수 있다.

ⓛ 프리보링과 프리커팅
- 목재의 조직은 매우 치밀한 망상구조로 이루어져 있음으로 가압처리를 하여도 목재 표면에서 깊게 침투되기가 어렵다. 특히 변재부위 에는 침투성이 양호하지만 심재부위에는 비교적 약액 침투성이 매우 어려운 특성을 지닌다.
- 보존처리 후에 방부목재에 홀가공 또는 절단작업을 실시할 경우, 약액이 침투되지 않은 내부부위가 노출되는 현상이 발생하여 목재를 사용하는 과정에서 목재부후, 균이나 해충 등의 피해 우려가 매우 커지는 현상이 발생할 수 있다.
- 보존처리공정에 투입하기 전에 미리 용도에 적절한 치수로 마무리하고, 필요한 홀가공이나 기타 절삭가공을 실시하여 목재보존제가 처리되지 않은 부위가 외부 노출이 되는 우려를 차단시키는 작업이라 할 수 있다.

③ 인사이징
ⓐ 인사이징에 사용하는 칼날의 종류와 장치
- 칼날의 두께는 원칙적으로 깊이 10mm 이상, 폭 10~15mm 및 두께 2~4mm이다.
- 목재의 방부·방충처리 기준에서 정하는 인사이징기의 기준은 다음과 같다.
  - 처리가능 치수는 최소한 두께 4cm 제재 처리가 가능한 것.
  - 수종 및 칼날에 관계없이 언제나 깊이 10mm 이상 얻어지는 것.
  - 칼의 교환 및 칼의 밀도 변경 등의 조작이 용이한 것.
  - 목재의 치수 차이가 있는 것과 약간의 둥근모가 있는 것이라도 양호하게 가공되는 것.

ⓛ 칼날이 장착된 인사이징 방법
- 일반적으로 칼날이 장착된 인사이징처리를 하면 목재표면에 많은 상처가 나게 되어 약액의 침윤도가 증가하고 동시에 약제의 보유량 역시 증대되는 효과가 있어 난주입성 수종의 경우에는 매우 유용한 처리방법이 된다.
- 장착된 칼날의 수가 많으면 목재에 많은 상처를 주게 되어 약액의 침윤도 및 보유량은 증가되나 강도감소가 발생할 수 있다.

ⓒ 칼날을 사용하지 않는 인사이징 방법
산업체에서 흔히 사용되는 방법은 아니지만 사용가능한 인사이징 처리는 레이저를 이용하거나 물을 이용하여 고압 분사하여 목재에 상처를 주어 인사이징효과를 추구하는 방법들이 소개되고 있다.

CHAPTER 07 고형에너지 가공

1. 목재펠릿

(1) 목재 연료

① 산업이 고도화되면서 수송과 저장이 좋고 취급이 간단하며 열량이 높은 석탄이나 석유가 주로 사용되고 있으나 석탄과 석유는 화석자원으로 매장량의 한계가 있고 앞으로 고갈될 것으로 예상되는 자원이다.

② 최근에는 나무를 이용한 목질연료가 주목받고 있다. 목재 자원은 벌채를 하여 이용한 후 다시 조림을 통해 영속적으로 생산이 가능한 재배자원이다. 에너지 자원으로서의 의미가 크다.

(2) 목재 연료의 이용 및 방법

① 선진국에서는 목재를 부가가치가 높은 가공산업의 발달로 가공후 발생되는 폐재를 다시 연료로 사용한다. 목재는 공장용 스팀이나 전기의 일부 혹은 전부를 생산하는 방향으로 추진중이며 후진국에서의 경우 목재를 채취하여 취사나 난방용으로 주로 이용하고 있다.

② 목재 연료의 이용 방법으로 직접 보일러에 연소하는 방법과 가스화하여 이용하는 방법, 탄으로 만들어 탄소의 함량을 높여 이용하거나, 목재의 다당류를 산이나 효소를 이용하여 가수분해를 통해 고급연료로서 이용하는 방법 등으로 광범위하게 이용된다.

(3) 목재 연료의 특징

① 목재는 산화 가능한 원소의 양이 약 56% 정도로 탄소가 50%, 수소가 6% 정도이다/ 간편한 연료인 석탄과 경유의 탄소와 수소의 함량의 경우 석탄은 80% 정도이며 경유는 90% 이상이다.

② 탄소와 수소의 함량에 비례하여 연료의 열량이 증가되는데 전건목재의 평균 열량의 경우 4800 kcal/kg 이고 수피가 4200 kcal/kg 정도이다. 침엽수의 경우 활엽수재보다 약 5% 정도 높은 열량을 보유하고 있다.

2. 숯

(1) 제조방법 및 특성

① 숯 제조

㉠ 나무나 톱밥 등의 탄재를 숯가마에서 열분해시켜 고정탄소를 얻는 것을 제탄이라 한다. 숯은 연료용, 농업용, 무연탄, 코크스 가루 등의 점결제로 뭉쳐 만든 가공탄으로 공업용 가스발생, 활성탄 등의 원료가 된다.

㉡ 열분해 과정에서 발생되는 가스는 숯가마의 탄화온도 400~500℃로 유지하기 위해 유입된 산소에 의해 산화되어 소모되고 때로는 목가스를 냉각시켜 부산물로 사용하기도 한다.

㉢ 숯의 제조는 한곳에서 한번 제탄을 하는 원시적인 제탄법이 있고 반복하여 제탄하는 반영구적인 장치고 있다. 연속적으로 제탄도 가능하다.

② 축요 제탄법

㉠ 숯가마를 만들어 제탄하는 방법으로 점토, 흙, 벽돌, 철판 등을 사용하여 가마를 축조한다. 이때 가마는 흑탄 가마법과 백탄 가마법으로 분류된다.

㉡ 흑탄 가마법은 탄화가 끝나면 숯가마의 아궁이를 막아 불을 끄는 방법으로 요내 소화법이라고도 한다. 흑탄의 수탄율은 15~20% 정도이고 탄화 최고 온도는 500~700℃ 정도이다.

㉢ 백탄가마법은 탄화 후에 정련을 하여 붉게 타는 숯을 가마 밖으로 끌어 내어 재를 덮어 불을 끄는 방법으로 요외 소화법이라 한다. 백탄의 수탄율은 10~15% 정도이고 탄화 최고 온도는 1000℃ 정도이다.

③ 평요 제탄법

수분이 많은 톱밥이나 수피 등을 원료로 하여 천장이 없는 장방형의 평요로 바닥에 배연도를 만들어 높은 연돌에 연결하여 연기를 뽑아내는 방법으로 수탄율은 10~20% 정도이고 탄화온도는 200~300℃ 정도이다. 평요제탄법으로 활성탄 제조용 숯을 만든다.

④ 퇴적 제탄법

유럽에서 사용해오던 방법으로 탄재를 세로나 가로로 쌓고 그 위에 수피로 덮어 다시 바깥쪽을 흙으로 덮어주어 공기의 이동을 제한시키고 배연구를 설치하여 목재를 탄화시키는 방법이다. 이때 제탄법에는 숯가마가 필요하지 않다. 품질은 낮으나 건류탄보다는 양호한 수준이다. 유럽에서는 마이라법(meiller법)이라 하며 수율은 대략 15% 내외이다.

⑤ 무개제탄법

가장 원시적인 방법으로 평지나 오목한 곳에 주로 가지를 쌓고 연소시켜 순차적으로 원재료를 쌓아 불완전 연소로 탄화시켜 흙으로 소화시킨다. 품질은 낮은 편이며 수탄율도 10% 내외이다.

⑥ 갱내제탄법

목탄과 타르를 동시에 얻기 위해 땅속에 깔대기 모양의 굴을 파고 탄재를 넣고 상부를 흙으로 덮어 밑에서부터 점화시키면서 적당한 구멍을 통해 하부로부터 통풍시켜 탄화하는 방법으로 품질이 낮고 수탄율도 낮다.

(2) 목탄의 특징

① 목탄은 전기저항은 자유전자에 의해 전기전도도가 클수록 감소된다. 탄소 결정의 크기와 배열이 불규칙해 주위의 원자결합의 흐트러짐이나 미분해성분의 존재로 인해 탄화온도가 낮을수록 전기저항이 현저하게 증가된다.

② 목탄의 발열량은 500~600°C에서 가장 발열량이 많고 7000~8000 cal/g 정도이며 백탄보다는 흑탄이 조금 더 많다.

③ 목탄의 비중은 탄화온도가 높을수록 크며 보통 1.4~1.9 정도이다. 흑탄은 평균 1.58, 백탄은 1.66 이다.

④ 목탄의 비표면적의 경우 백탄이 가장 낮은 200~250m^2/g 이고 다음으로 흑탄은 350~400m^2/g, 활성탄은 1500~2000m^2/g 정도이다

⑤ 탄화온도가 높을수록 수소와 산소의 함량이 낮아지며 착화점은 탄화온도가 높을수록 높아진다.

⑥ 흑탄의 경우 백탄에 비해 탄질이 연하고 불붙기가 쉽고 빨리 고온이 된다. 백탄의 경우 숯 표면에 재가 묻어 회백색을 띠고 경질로서 두드리면 금속음이 난다. 불붙기는 어려우나 불이 붙으면 화력은 오래간다.

PART 3 목재가공 기본문제

01 천연 건조시 잔적 할 때 잔적의 폭을 좁게하는 것은 어느 결함을 예방하기 위해서인가?
① 표면할렬
② 윤할
③ 청변균
④ 뒤틀림

해설 뒤틀림의 예방을 위해 잔목의 간격을 좁혀 약 40cm 로 한다. 혹은 잔목의 두께를 같게 하고 건조할 판재의 두께도 동일하게 하는것도 뒤틀림의 예방법 중 하나이다.

02 두께가 5cm 인 재목의 표면함수율이 15% 이고, 목재의 중심 함수율(core moisture content) 이 45% 인 경우 수분경사 (%/cm)는?
① 12
② 15
③ 30
④ 60

해설 수분경사는 목재의 표면이 중심보다 먼저 증발되면서 내부 수분이 표면으로 이동되면서 표면과 내부간의 차이가 발생하는 것을 말하며 풀이는 아래와 같다.
수분경사 = 2(중심함수율-표면함수율)/두께 × 100 (%) = 2(0.45-0.15)/5 × 100 = 12

03 집성재의 특징에 해당되지 않는 것은?
① 목공의 파생재를 사용하게 됨으로 요구하는 형상의 재료를 만들 수 없다
② 할렬 등의 목재 특유의 결점을 제거, 분산시킬 수 있다
③ 외관상 아름다운 재료를 만들 수 있다
④ 우수한 목구조 부재를 만들 수 있다

해설 집성재의 경우 원하는 크기와 모양으로 제조가 가능하다

04 목재에 접착제를 도포한 후 압력을 가할 때까지의 시간은?
① 가사용시간
② 퇴적시간
③ 저장수명
④ 예열시간

해설 접착제를 도포후 열압까지의 시간을 퇴적시간이라 하며 이 시간 동안 용제의 휘발, 수지의 침투, 이동, 발열, 반응 등이 진행되게 된다.

정답 01 ④ 02 ① 03 ① 04 ②

05 다음 중 천연건조의 장점으로 틀린 것은?
① 건조소요기간이 짧다.
② 열에너지가 절약 된다.
③ 특별한 건조장비가 필요 없다.
④ 작업이 비교적 간단하고 특수한 건조기술이 덜 요구된다.

해설 천연건조는 자연건조로 건조소요기간이 상대적으로 길다.

06 화학적 개질을 통한 치수안정화 처리방법이 아닌 것은?
① 흡습성감소처리   ② 가교결합
③ 수지처리압축목재   ④ 용적처리

해설 치수안정화 처리 방법으로 흡습성감소처리, 가교결합, 용적처리 등이 있으나 수지처리압축목재의 경우 고밀도화 목재에 속하며 치수안정화 효과도 가지나 화학적 개질에 의해서는 아니다.

07 파티클보드의 기계적 성질에 대한 설명으로 틀린 것은?
① 파티클보드의 비중이 증가함에 따라 강도적 성능은 증가한다.
② 접착제 첨가량이 증가함에 따라 박리강도는 증가한다.
③ 파티클보드의 기계적 성능은 소재나 합판에 비하여 우수하다.
④ 파티클보드내 함수율이 증가함에 따라 휨강도적 성능은 감소한다.

해설 파티클보드는 작은 목재조각으로 제조하여 접착제를 가한 다음 인공적으로 만든 제품이며 합판은 목재를 판으로 깎아 접착제를 발라 나무의 결과 결이 엇갈리게 여러 겹으로 붙인 제품으로 합판의 기계적 성능이 파티클보드보다 뛰어나다

08 목재를 건조했을 때 내부와 외부의 응력이 다르므로 생기는 현상을 무엇이라 하는가?
① 찌그러짐   ② 내부할열
③ 표면 경화   ④ 뒤틀림

해설 목재 건조시 내부가 빨리 건조되고 내부는 차후에 건조되면서 서로간의 응력이 달라 생기는데 표면은 압축응력, 내부는 인장응력이 발생되는데 이때를 일컬어 표면 경화라고 한다.

정답 05 ① 06 ③ 07 ③ 08 ③

09 집성재의 장점이 아닌 것은?
① 작은 재료로 임의의 크기와 형상을 지닌 재료를 만들 수 있다.
② 라미나를 조합시켜 임의의 강도를 지니는 재료를 만들 수 있다.
③ 옹이, 할열 등의 결점을 분산 제거시킬 수는 없다.
④ 각 부분이 균일하게 건조되어 비틀림 등의 결점을 피할 수 있다.

해설　옹이나 할열은 목재의 결함이며 이들은 집성 접착 작업등을 통해 개선이 가능하다.

10 목재를 천연건조할 때 할열 방지를 위하여 유의하여야 할 사항은 기술한 것 중 옳지 않은 것은?
① 판재의 재간 간격을 넓게 한다.
② 목재의 잔적폭을 넓게 한다.
③ 바람, 비, 햇볕에 대한 피복을 많이 한다.
④ 엔드코팅을 한다.

해설　과도한 피복은 오히려 건조를 방해한다.

11 요소수지 접착제의 단점으로 옳은 것은?
① 가사용 시간이나 경화시간이 온도에 의하여 영향 받는 일이 많다.
② 수용성으로서 작업이 양호하고 취급이 용이하다.
③ 임의로 증량이 된다.
④ 목재를 오염하는 일이 적다.

해설　요소수지의 단점으로 저온에서는 경화가 어렵다.

12 파티클의 함수율 및 수분분포에 관한 설명으로 틀린 것은?
① 수분이 표층에서 중층으로 이동하는 속도는 그래뉼매트가 플레이크 매트보다 빠르다.
② 매트의 평균함수율이 증가하면 치수가 안정되고 흡수량이 작아지는 경향이 있다.
③ 표층 함수율을 높이면 두께 팽윤율이 감소되고 열압시간이 단축된다.
④ 수분이 중간부분에서 표층부분으로 이동하는 속도는 그래뉼매트가 플레이크 매트보다 약간 빠르다.

해설　동일조건에서 표층의 함수율이 높아지면 열압시간이 늘어난다.

13 집성재를 만들 때 가하는 가압 압력은?
① 5 ~ 15 kg/cm²
② 30 ~ 45 kg/cm²
③ 50 ~ 60 kg/cm²
④ 60 ~ 70 kg/cm²

해설 침엽수가 5~10kg/cm², 활엽수가 10~15kg/cm² 정도의 조건으로 압착한다.

14 목재 사업장에서 사용하는 기계 중 가장 위험성이 높은 기계는?
① 둥근톱
② 대패
③ 숫돌
④ 띠톱

해설 둥근톱은 인력으로 목재가공시 회전톱날부분과 신체접촉에 따른 재해 발생 위험이 높다. 그래서 허리부상예방, 톱날접촉 예방을 위한 장치들이 많이 있다.

15 목탄과 활성탄이 그 특성에서 차이가 나는 점은?
① 크기
② 외형
③ 내부표면적
④ 색깔의 농담

해설 목탄과 활성탄은 내부표면적에서 많은 차이가 나며 활성탄이 목탄의 최대 10배 정도 차이가 난다.

16 목재 건조시 발생하는 표면 할렬은?
① 주로 건조 중에 형성된다.
② 주로 건조 초기에 형성된다.
③ 주로 건조 후반에 형성된다.
④ 주로 건조 최종기에 형성된다.

해설 건조시 목재의 표면이 먼저 건조되면서 표면 할렬이 발생되기도 한다.

17 particle 의 성형을 위한 분배기구가 아닌 것은?
① throwing mechanism
② air distributions
③ roller spreader
④ curtain flower

해설 롤러스프레더(roller spreader)는 균일한 접착력을 위해 균일한 접착층을 형성하도록 할때 사용한다.

정답 13 ① 14 ① 15 ③ 16 ② 17 ③

18 인공건조 후 건조재의 수분경사가 심할 때는 어떤 처리를 하는가?
① 이퀄라이징
② 컨디셔닝
③ 프롱테스트
④ 엔드 코팅

해설 함수율 균일화 처리(equalizing treatment)는 재목의 함수율 편차가 심할 경우 실시한다.

19 배기카울은 어느 건조법에 사용하는 기구인가?
① 고온건조
② 열판건조
③ 고주파건조
④ 제습건조

해설 열판건조시 와이어 스크린, 배기 카울(환기카울), 알루미늄 보호시트, 가열판 순으로 구성된다. 배기 카울은 증발수분의 배출이 쉽게 하기 위해 설치된다.

20 합판의 흡습성에 관한 기술 중 틀린 것은?
① 흡습성은 평형함수율의 변화로 나타내지 않는다.
② 구성하는 단판의 수종에 따라 차이가 그다지 크지 않다.
③ 접착층의 존재와 열압조건의 영향을 받는다.
④ 흡습속도는 주위의 조건과 온도에 영향을 받는다.

해설 염화철 용액에서는 암청록색을 띠며 메탄올, 에탄올, 에테르에 용해되며 분해를 위해서는 묽은산 등을 이용한 가수분해 방법등이 있어 쉽게 분해되지는 않는다.

21 파아티클 보드의 제조는 목재 자원의 집약적 이용과 목재의 특성을 살려서 만든 것이다. 그 특성에 맞지 않는 것은?
① 목적 하는대로 크기, 비중(강도)을 자유로이 할 수 있다.
② 방향에 의한 수축팽창의 차가 거의 없다.
③ 단열성, 방음성이 합판보다 높다.
④ 가공이 어렵다.

해설 원목으로 목재 생산후 남은 폐잔재를 부수어 만든 합판으로 일반 목재처럼 방향성이나 길이를 고려할 필요 없이 원하는 형태의 목재를 생산할수 있어 가공이 더욱 수월하다.

22 천연건조할 때 앤드 코팅(end coating)의 주요 목적은?
① 횡단면 할렬 방지
② 표면 할렬 방지
③ 내부 할렬 방지
④ 표면 경화 방지

해설 횡단면 할렬의 경우 수분이동이 횡단방향보다 섬유방향이 빨라 발생되며 이를 방지하기 위해 고습조건이나 횡단면 앤드코팅을 통해 예방한다.

23 다음 중 집성재 제조시 접착을 위한 목재의 적정 함수율은?
① 0 ~ 4 %
② 4 ~ 8 %
③ 8 ~ 15 %
④ 15 ~ 23 %

해설 접착을 위한 목재의 함수율은 8 ~ 15 % 정도가 적당하다.

24 목재접착시 일반적으로 사용되고 있는 목질재료의 적정 함수율은?
① 2 - 5 %
② 8 - 15 %
③ 20 - 25 %
④ 25 - 28 %

해설 목재 접착시 목질재료의 적정 함수율은 8~15% 기준으로 하고 있다

25 목재건류에서 얻을 수 있는 기체 연료는?
① 메탄
② 부탄
③ 펜타코산
④ 헥산

해설 공기를 차단, 가열하여 열분해를 이용해 얻는 목가스의 종류는 메탄이다.

26 원목 측정 단위에 대한 내용으로 틀린 것은?
① 원목 검척의 기본 단위는 미터법이다.
② 원목의 지름 치수 단위는 cm 이다.
③ 원목의 길이 치수 단위는 m 로 한다.
④ 원목의 수량 단위는 본으로 한다.

해설 원목의 지름 치수단위는 mm를 원칙으로 한다.

정답 22 ① 23 ③ 24 ② 25 ① 26 ②

27 합판 원목 품등의 옹이 기준은?

① 10mm 이하 ② 50mm 이하
③ 100mm 이하 ④ 1000mm 이하

해설 제재목 검사에서 합판 원목 품등 옹이의 기준은 100 mm 이하이다.

28 집성재에 대한 설명으로 옳지 않은 것은?

① 옹이와 할렬을 분산 및 제거시킬 수는 없다.
② 작은 재료로 임의의 크기와 형상을 지닌 재료를 만들 수 있다.
③ 라미나를 조합시켜 임의의 강도를 지니는 재료를 만들 수 있다.
④ 각 부분이 균일하게 건조되어 비틀림 현상을 방지할 수 있다.

해설 집성재는 판재나 소각재 등의 제재판을 이용하여 집성 접착한 재료로 옹이와 할렬을 제거할수 있다.

29 다음 설명에 해당하는 용어는?

◎ 건조 과정에서 목재의 세포가 응력에 의해 발생하는 결함이다.
◎ 고함수율의 목재를 고온에서 급속 건조시키면 목재 표면에 요철이 생겨 빨래판 모양으로 변형된다.

① 뒤틀림 ② 표면할열
③ 찌그러짐 ④ 다이아몬딩

해설 찌그러짐(collapse)은 세포의 틀어짐과 같이 세포의 변화에 의해 발생하는데 얇은 판재에 심하게 발생시 골판지 형태나 빨래판 형태가 나타난다. 보통 건조 초기에 고온의 조건에서 발생하기 쉬우므로 건조할 목재가 약할 경우 낮은 온도조건에서 건조하도록 한다.

30 파티클보드 제조 시 매트의 함수율 및 수분분포에 대한 설명으로 옳지 않은 것은?

① 매트 평균함수율은 11~14% 정도가 가장 적절하다.
② 매트의 평균함수율이 증가하면 치수가 안정되고 흡수량이 작아진다.
③ 매트의 표층함수율을 높이면 두께 팽윤율이 감소되고 열압시간이 단축된다.
④ 매트의 평균함수율이 증가하면 높은 함수율로 인하여 열압시간은 줄어든다.

해설 매트의 평균함수율이 증가되면 치수가 안정되고 흡수량이 작아지는 경향이 있으나 높은 함수율로 인하여 열압시간이 길어지게 된다.

31 목재를 천연 건조할 때 할렬 방지 대책으로 옳지 않은 것은?
① 엔드코팅을 한다.
② 목재의 잔적 폭을 넓게 한다.
③ 판재의 재간 간격을 넓게 한다.
④ 잔적지붕이나 차풍판을 설치한다.

해설 판재의 재간 간격을 좁게 하도록 한다.

32 셀룰로오스를 주로 분해하고 리그닌을 남기는 목재 부후균은?
① 갈색부후균
② 백색부후균
③ 녹색부후균
④ 흑색부후균

해설 갈색부후균은 당류만 주로 분해하고 리그닌을 남기는 부후균으로 리그닌 고유의 색인 갈색을 띠게 되어 갈색부후균이라 칭한다.

33 크레오소트유에 대한 설명으로 옳은 것은?
① 수용성으로서 비소화합물계의 방부제이다.
② 석탄을 고온 건류할 때 발생하는 콜타르를 증류하여 만든 것이다.
③ 처리목재는 도장, 접착성이 좋다.
④ 방부효력은 있으나 침투성, 내후성이 낮고 가격이 비싸다.

해설 크레오소트유
· 유상방부제이다.
· 피부접촉시 인체 유해하다.
· 가압주입법에 주로 사용
· 석탄을 고온 건류할 때 발생하는 콜타르를 증류하여 만든 것이다.
· 가격이 저렴하다.
· 실외용 목재 처리에 사용

34 뤼핑법(Rueping process)에 대한 설명으로 틀린 것은?
① 약제회수가 적다.
② 공기압을 가한다.
③ 약재를 깊고 균일하게 침투시킨다.
④ 약회수가 많아 경제적이다.

해설 뤼핑법은 약품의 회수가 가장 많은 방법 중 하나이다.

35 목재의 가소화 처리 설명으로 옳은 것은?
① 열처리나 다양한 화학약품 처리를 통해 목재의 강도를 증가시키는 처리
② 열처리나 다양한 화학약품 처리를 통해 목재의 내후성을 증가시키는 처리
③ 열처리나 다양한 화학약품 처리를 통해 목재를 구부리는 처리
④ 열처리나 다양한 화학약품 처리를 통해 목재의 연소성을 감소시키는 처리

해설 목재 가소화는 목재의 성형 가공성 개선을 위해 끓는 물, 증기, 화학처리 등으로 목재를 연화하는 작업이다.

36 약제주입처리법 중 목재 내 약액의 주입효과를 순서대로 나열한 것은?
① 가압법 > 도포법 > 온냉욕법
② 가압법 > 온냉욕법 > 도포법
③ 도포법 > 가압법 > 온냉욕법
④ 도포법 > 온냉욕법 > 가압법

해설
• 가압법 : 압력을 주어 강압적으로 주입하는 방법으로 주입효과는 가장 좋다.
• 온냉욕법 : 온도차를 이용한 분산으로 가압법보다는 주입효과가 낮다.
• 도포법 : 표면에 발라서 스며들게 하는 방법으로 목재 깊게는 주입이 어렵다.

37 목재 방부제로서 갖추어야 할 조건 중 가장 옳은 것은?
① 금속의 부식성이 있어도 흡습성이 적고 방부효력이 있으면 상관 없다
② 접착, 도장 등에 영향을 주더라도 방부효력이 크면 좋다
③ 방부 효력도 크고 화재 위험도 없어야 한다
④ 악취가 심하지만 방부, 방충효력을 함께 지니면 좋다

해설 목재방부제는 인체무해하고 환경에 피해를 주지 않으면서 효과가 클수록 좋다.

38 다음 방화제 중 소염가스의 발생으로 방화 효과를 얻을 수 있는 약제는?
① 안티몬
② 탄산칼륨
③ 황산암모늄
④ 알루미늄

해설 안티몬은 단독으로 사용하거나 할로겐물질인 브롬, 염소 등을 포함한 화합물과 함께 사용하기도 하는데 소염가스의 발생으로 방화효과를 가진다.

39 일반적인 목재부후균의 생육최적 온도 범위는?
① 5 ~ 14℃
② 15 ~ 20℃
③ 25 ~ 30℃
④ 30 ~ 35℃

해설 목재부후균 생육 조건에서 온도는 대략 28~33℃가 적당하다.

40 방부처리 목재의 내용연수 또는 내구성에 영향을 미치는 요인으로 가장 거리가 먼 것은?

① 방부제 흡수량
② 방부처리 목재의 함수율
③ 방부제 침윤도
④ 방부처리 목재의 사용환경

해설 방부처리된 목재의 함수율은 상온에서의 일반적인 함수율이므로 목재의 강도에 큰 영향을 주지 않는다.

41 한국산업규격에 등록되어 있지 않은 목재방부제는?

① 크롬·구리·인화합물계방부제(CCP)
② 구리·아조화합물계 방부제(CUAZ)
③ 구리·알킬암모늄화합물계 방부제(ACC)
④ 크레오소트유

해설 CCP 의 경우 한국산업규격에 등록되어 있지 않다

42 표면오염균에 의한 생물학적 목재변색에 대한 설명으로 틀린 것은?

① 가해에 의해 변색된 목재의 색은 이들이 분비하는 효소와 가해된 목재성분간의 반응에 의해서 결정된다.
② 가해에 의해 목재강도는 저하되지 않으나 변색에 의해 목재의 미적가치가 저하되면서 목재의 상품가치가 떨어지기 때문에 변색은 반드시 예방되어야 한다.
③ 목재 유세포내 저장물질을 영양원으로 하기 때문에 상재부는 가해하지 않는다.
④ 대표적으로 Aspergillus 속, Penicillium 속 이 있다.

해설 표면 오염균은 목재 표면의 전분이나 단당류를 이용하기 때문에 목재성분간의 반응이나 분비효소 등과는 상관이 없다.

43 건조된 소나무로 만든 책장을 지하실에 두었다. 이 책장에 우선적으로 발생 가능한 생물열화로 추청되는 것은?

① 연부후균
② 백색부후균
③ 갈색부후균
④ 변재변색균

해설 소나무는 침엽수로 침엽수에 가장 잘 반응하는 부후균은 갈색부후균이다.

44 다음 방부처리 방법 중 상압식 주입법이 아닌 것은?
① 도포법
② 분무법
③ 온냉욕법
④ 충세포법

해설 도포, 분무, 온냉욕법은 상압에서 실행하는 작업들이다. 충세포법은 가압처리법 중 하나로 베델법이라고 부른다.

45 파티클보드용 파티클을 제조하기 위한 기기로 가장 적합한 것은?
① Disk refiner
② Drum barker
③ Hammer mill
④ Wood grinder

해설 해머밀(hammer mill)은 처리능력이 크고 연속 운전이 가능하며 분쇄입도가 안정적으로 파티클 제조에 이용된다.

46 집성재 제조용 원료 목재에 대한 설명으로 옳지 않은 것은?
① 비중이 높은 목재일수록 목부 파단율은 감소된다.
② 수지나 정유를 다량 함유한 목재는 접착이 잘 되지 않는다.
③ 제재판의 함수율이 높으면 접착제 중의 용제가 잘 확산되지 않는다.
④ 코어재로 사용하려는 목재를 건조 시 비틀림 정도는 크게 중요하지 않다.

해설 코어재는 원목 및 가구 등 제작에도 많이 사용하며 건조시 비틀림 관리가 매우 중요하다.

47 목재의 접착조작에 대한 설명으로 옳은 것은?
① 가능한 접착제 사용량을 늘려야 균일한 접착층 형성이 가능하다.
② 접착 조작은 접착제 조합-피착재 조정-압체-도포-퇴적의 순서이다.
③ 목재 접착에서 퇴적은 대부분 개방퇴적으로 실내온도와 습도를 고려하여야 한다.
④ 접착제 도포량의 결정은 접착제의 성질, 피착제의 상태, 도포장치 등에 따라 결정된다.

해설 접착제 도포량은 균일하게 접착층을 형성할수 있도록 도와주는 도포장치와 피착재의 표면 및 공극의 상태, 접착제 자체의 성질, 외부 환경 등에 의해 결정된다.

48 합판을 제조한 후 뒤틀림이 발생하는 주요 원인이 아닌 것은?
① 가압시간이 너무 짧음
② 구성 단판이 대칭이 아님
③ 구성 단판의 두께가 서로 다름
④ 구성 단판의 함수율이 서로 다름

해설 가압시간이 짧을 경우 합판 변형에 큰 영향을 주지는 않는다. 단 과도한 가압의 경우 짧은 시간으로도 영향을 줄 수 있다.

정답 44 ④ 45 ③ 46 ④ 47 ④ 48 ①

49 침엽수재 건조 후 컨디셔닝 처리를 할 때 목표함수율을 8%로 할 경우 평형함수율로 가장 적절한 것은?

① 5% ② 8%
③ 11% ④ 13%

해설 컨디셔닝 처리를 할 때 목표함수율을 8%로 할 경우 평형함수율은 목표함수율보다 다소 높게 설정하는데 침엽수종은 3%, 활엽수종은 4% 높게 설정한다. 목표함수율 8%에서 침엽수재 조건에서는 11%로 설정하도록 한다.

50 파티클보드에 대한 설명으로 옳지 않은 것은?

① 파티클 길이가 두께에 비하여 큰 재료가 제작에 유리하다.
② 폐목질 자원 등을 기계적으로 피쇄 및 삭편화하여 제작한다.
③ 경제적인 제조를 위하여 포플러나 사시나무류는 잘 사용하지 않는다.
④ 파티클보드 원료는 가급적 원료수종의 비중이 낮고 압축도가 1보다 큰 것을 주로 사용한다.

해설 파티클보드의 원료는 목재이고 가격이 싼 임지폐잔재, 공장폐재, 톱밥 등도 이용이 가능하다. 주로 사용되는 수종으로 사시나무, 포플러, 북미산 미송 등이 사용된다.

정답 49 ③ 50 ③

PART 4

종이제조

FOREST PRODUCT PROCESSING

CHAPTER 01 펄프

1. 펄프의 종류

(1) 펄프의 원료

① 펄프 원료 특징
  ㉠ 펄프는 셀룰로오스 섬유로 구성된 식물은 대부분 펄프 원료로 이용되며 목재 이외에도 면, 대마, 황마, 아마, 삼지닥나무, 닥나무, 짚, 대나무 등도 펄프원료로 이용된다.
  ㉡ 공업원료로서의 펄프원료의 요건은 풍부한 물량, 운반 및 저장의 용이, 저렴한 가격, 우수한 품질을 갖추어야 하며 상세 요건은 다음과 같다.
    • 셀룰로오스 함량이 높아야 한다.
    • 수지나 협잡물 및 추출성분이 적어야 한다.
    • 섬유의 길이가 길고 부드럽고 질겨야 한다.
    • 섬유는 산과 알칼리에 대한 저항성이 강해야 한다.
    • 내후 및 내충성등에 강해야 한다.
    • 섬유의 재색이 백색에 가까워야 하며 심·변재의 차이가 적을수록 좋다.

② 펄프의 분류
  ㉠ 원료에 의한 분류
    펄프는 원료가 되는 식물에 의해 분류되며 펄프는 목재펄프, 대나무펄프, 갈대펄프, 탈묵 펄프, 에스파르토 펄프, 린터펄프, 인피펄프, 케나프 펄프 등 다양하며 목재펄프는 다시 침엽수펄프, 활엽수펄프 등으로 분류된다. 현재는 생산되는 펄프의 약 90% 정도가 목재를 원료로 한다.
  ㉡ 제조방법에 의한 분류
    • 기계적 처리에 의해 제조되는 경우는 기계펄프(mechanical pulp)라 한다.
    • 화학적 처리에 의해 제조되는 경우는 화학펄프(chemical pulp)라 한다.
    • 화학적 처리 이후 기계적 처리를 하는 경우 반화학펄프(semichemical pulp)라 한다.
    • 표백유무에 따라 표백펄프, 미표백 펄프로 분류한다.
    • 고지에 탈묵제를 투입하여 처리하는 경우 탈묵 펄프라 한다.
  ㉢ 용도에 의한 분류
    • 펄프는 섬유를 종이와 판지를 이용하는 제지용 펄프가 있다.
    • 펄프의 주성분인 셀룰로오스를 용해하여 인조섬유와 셀로판 등으로 재생 혹은 이용

하는 용해용 펄프(dissolving pulp)로 분류한다.
ⓔ 기타 분류

펄프의 증해에 사용되는 약품의 이름을 이용하여 소다펄프, 아황산펄프 등으로 분류하기도 한다.

(2) 펄프의 제조

① 조목 공정

㉠ 펄프 및 종이에 가장 중요한 원료는 목재로서 공장에 조목이란 공장에 들어오는 펄프용재를 펄프화하는 공정적 조작처리를 쉽게 하기 위해 가공하는 전처리 단계로 목재의 절단, 수피제거, 칩핑 등의 기계적 처리를 말한다.

㉡ 쇄목 펄프에 사용되는 원목은 쇄목기로 보내며 화학펄프용 칩은 치퍼로 가공, 펄프용재의 수피는 펄프화 전 제거를 위해 드럼박피기, 링 박피기, 수압 박피기 등을 사용한다.

㉢ 화학펄프용 칩은 약품의 침투가 용이하도록 일정한 크기로 절단하며 길이는 12~25mm, 두께는 2~5mm 정도의 크기로 만든다.

② 원목의 저장

펄프 공장에서 원목을 저장하기 위해 저목장을 설치하며 원목을 저장하는 목적은 계절적 여건에 의해 원목이 일정하게 공급되지 못하는 경우 생산에 지장이 없게 하기 위한 방편이다. 펄프 용재의 함수율을 균일하게 하여 증해시 좀 더 수월하게 하기 위한 목적도 있다.

③ 박피

㉠ 박피
- 박피작업은 원목에 있는 수피 부분을 제거하는 작업으로 수종에 따라 다르나 평균적으로 10~15% 범위의 수피율을 가지며 직경이 작을수록 수피율이 높다.
- 수피로 인하여 증해과정중 화학약품의 소비량이 증가하고 펄프내 반점등이 형성되면서 펄프의 품질을 저하시키는 작용을 하기 때문에 제가해야 한다. 하지만 펄프의 용도에 따라 수피제거를 하지 않는 경우가 있으며 이는 반점등이 문제가 되지 않는 판지용 크라프트 펄프나 섬유판 등이 있다.
- 박피작업의 방법으로 인력박피, 기계박피, 화학적 박피가 있으며 인력박피는 능률이 떨어지며 인건비가 상승해 현재는 거의 사라졌으며 화학적 박피는 약품의 위험성으로 인해 거의 사용되지 않아 대부분의 박피작업은 기계적 박피를 사용한다.

ⓛ 박피기 종류
- 박피기는 드럼박피기, 포켓박피기, 회전칼날박피기, 수압박피기가 대표적이며 원목과 원목의 마찰을 이용한 것을 드럼박피기와 포켓박피기이며 고압수를 분사하는 방법은 수압박피기, 회전하는 칼을 이용하는 것을 회전칼날박피기라 한다.
- 드럼박피기 : 회전하는 드럼내부에 원목을 넣어 원목과 원목의 마찰 및 충격을 이용하여 수피를 제거하는 방식이다. 수압박피기에 비해 소비동력이 적고 곡재나 반할재 등의 박피가 가능한 특징을 가진다. 하지만 원목의 양끝이 뭉개지거나 작은 수피의 경우 제거하기 곤란한 단점을 가지고 있다. 드럼박피기의 투입가능한 용량은 50~60% 정도가 적당하며 드럼박피기도 롤러지지, 수압지지, 체인지지 드럼박피기로 분류된다.
- 포켓박피기 : 포켓박피기는 일정 크기의 포켓속에 원목을 투입하여 하부에서 스크류를 회전시켜 박피하는 방법으로 단일 포켓형과 연속식 다단 포켓형이 있다. 목질부의 손실이 적어 드럼박피기와 비교시 원목의 파손이 적다 하지만 원목을 일정 크기로 절단하여 넣어야하는 단점이 있어 원목 길이의 제약이 없는 드럼박피기가 더 많이 사용된다.
- 회전칼날박피기 : 회전하는 칼이 직접 원목의 수피를 눌러 박피하는 방식을 말하며 메카니칼링형 박피기와 커터헤드형 박피기가 있다.
- 수압박피기 : 노즐을 통해 고압의 물을 수피면으로 분사하여 박피하는 장치로 수압은 보통 50~100 kg/cm^2 이며 종류에 따라 그 이상의 압력을 사용하기도 한다. 원목을 1본씩 박피하므로 대경목에 유리하며 고압펌프로 인해 동력 소모가 많은 단점이 있고 설치비나 유지비가 많이 든다. 다른 박피기에 비해 목재의 표면을 깨끗하게 박피하고 손상이 적은 것이 장점이다.

④ 치핑
㉠ 치핑
- 화학약품을 이용하여 목재내에 약품이 균일하게 침투하도록 목재를 칩으로 만드는 작업을 말한다. 칩의 크기는 섬유방향 길이가 10~25mm, 두께가 4mm 정도가 표준이며 치핑 후 5% 미만의 미세 톱밥과 10% 미만의 30~45mm 정도의 큰 칩이 발생된다.
- 만약 펄프화중 칩 외에 톱밥이 섞이게 되면 강도의 저하와 협잡물등으로 인해 약액의 순환에 방해가 되므로 스크린을 통해 톱밥 및 큰 칩을 제거하도록 한다. 일반적으로 칩스크린을 이용하여도 1% 정도의 톱밥이나 큰 칩이 함유되어 있다.

㉡ 치핑의 종류
- 디스크치퍼 : 일반적으로 공장에서 칩제조시 많이 사용되며 회전하는 디스크의

표면에 칼날이 방사상으로 있어 목재를 디스크면과 축에 45° 각도로 칩을 깎아내는 장치이다. 디스크 사이즈는 직경 400mm~4450mm 정도로 다양한 사이즈가 있으며 이는 공정조건에 맞추어 설계하게 된다. 만든 칩의 두께의 경우 칩 길이의 15~20% 정도이나 밀도가 높은 수종일수록 두꺼워진다.

- 드럼치퍼 : 드럼치퍼는 섬유방향과 평행하게 칩을 깎는데 섬유를 직각으로 절단하는 것보다 절단 효율이 좋고 섬유에 손상이 적어 강도가 높은 섬유를 얻을 수 있다. 드럼의 바깥쪽에는 드럼축과 평행한 10~20줄의 슬리트가 있으며 여기에 칼날이 있어 목재를 깎게된다. 드럼 치퍼의 경우 디스크치퍼에 비해 소음이나 동력이 적고 톱밥도 적으며 균일한 칩의 크기를 얻을 수 있으며 특히 섬유 손상이 적은 것은 장점이나 칩의 용적이 보통칩보다 10% 정도 부피가 커서 증해기의 효율을 감소시키게 된다. 또한 칩의 형태가 평평하여 가교현상이 일어나기 쉽다.

ⓒ 칩스크린
- 칩스크린은 일정한 크기의 직경을 가진 망으로 칩을 선별하는 작업으로 망의 형태는 원형, 타원형, 사각형, 그물망향 등이 있다.
- 칩스크린의 망의 직경은 굵은 망 30~45mm, 가는망 5~6mm 정도를 사용하며 망의 설치는 굵은 망을 위에 가는 망을 아래에 설치해 굵은 망을 통과하여 가는망에 남는 칩을 이용하여 펄프화 공정을 진행한다.
- 칩스크린의 종류로는 구조상 동요형, 진동형, 회전형 세 가지로 분류된다. 동요형과 진동형은 진동을 통해 칩을 선별하고 회전형은 말 그대로 원통형 스크린이 회전하여 칩을 분리한다.

ⓔ 칩의 저장
- 목재칩의 경우 야외에 쌓아두고 저장하며 이때 문제가 발생하는데 쌓아둔 목재칩 내부 온도가 상승하면서 수분이동 및 구성성분의 변화가 발생하게 된다. 야외 저장시 미세분의 증가, 칩의 중량 감소로 인한 수율의 저하, 셀룰로오스의 분해, 변색으로 인한 백색도 감소, 증해 및 표백공정에서의 약품 소요 증가 등이 있다.
- 야외 저장시 칩은 1개월 당 약 1% 정도의 중량감소를 보이며 미세분은 저장전보다 5~8% 정도 증가한다. 칩내부 온도의 경우 생물학적, 화학적 요인으로 산화에 의해 열이 발생하게 되며 이때 대략 1g 당 4.8 kcal 의 열량이 방출된다. 이때 목재의 손실은 20~50℃에서 많이 일어나는데 이는 목재균이 활동하는데 가장 적절한 온도이기 때문이다. 목재균을 방지하기 위해 온도의 조절이 필요하다.

(3) 펄프의 종류

㈀ 기계펄프

① 쇄목펄프

㉠ 쇄목 펄프 특징
- 쇄목펄프는 통나무를 회전하는 쇄목석에 갈아서 만든 펄프로 기계펄프 중 가장 오래된 방법이며 펄프제조시 목재 성분 중 수용성 성분만이 제거되어 수율이 95% 이상으로 높으나 펄프의 품질이 좋지 않은 단점을 가진다.
- 목재를 기계적으로만 처리하기 때문에 전력을 많이 소비하며 압력을 가해 갈기 때문에 장섬유가 적고 단섬유나 섬유 부스러기 들이 많이 함유되어 있다.
- 쇄목펄프는 리그닌을 다량 함유하고 있어 빛이나 열에 의해 변색이 쉬운 단점이 있다.
- 불투명도, 인쇄 적성이 좋아 신문용지로 주로 이용되어 왔으나 현재에는 그 사용량이 감소되고 있는 추세이다.

㉡ 쇄목펄프 제조공정
- 쇄목펄프는 마쇄, 조선, 정선, 목편의 재해리, 탈수 등의 공정순으로 진행된다.
- 원목은 박피하여 쇄목기의 포켓크기에 맞추어 절단하여 쇄목실로 보내진다. 쇄목실에서 부적당한 목재를 선별하고 쇄목기로 투입한 후 회전하는 스톤실린더에서 원목을 섬유화한다.
- 쇄목기(grinder)는 원목의 공급방식이나 가압방법에 따라 종류가 다양하다. 연속식 쇄목기로서 체인형 쇄목기(chain grinder), 링형 쇄목기(ring grinder)이 있으며 단속식 쇄목기로서 포켓형 쇄목기(pocket grinder), 매거진형 쇄목기(magazin grinder)로 분류된다. 포켓형의 경우 일반적으로 3포켓형이 많이 사용되고 있다.

㉢ 쇄목펄프의 영향인자
- 마쇄 압력은 증가시 생산량이 증가하나 미세한 목편의 수가 증가하면서 펄프의 강도가 저하되는 단점이 있다.
- 마쇄 온도는 펄프의 영향을 크게 주며 특히 목재와 쇄목석의 접촉하는 부위의 온도가 중요한데 온도가 높아지면 마쇄량이 증가하고 동력량이 감소하는 장점 및 펄프 강도가 증가한다.
- 쇄목석의 회전속도는 증가시 일반적으로 펄프의 강도가 감소된다.
- 마쇄농도는 냉각수를 이용하여 조절하며 마쇄 후 지료 농도는 2~8% 정도이다. 지료의 농도가 높을수록 동력 소비량이 증가하며 마쇄율이 감소된다.
- 쇄목기는 연속식 쇄목기인 체인형쇄목기, 링형 쇄목기가 있으며 단속식 쇄목기로

포켓형쇄목기, 메거진형 쇄목기 등이 있다.
- 쇄목석은 초기 사암을 이용한 천연석을 사용하다가 품질상 문제로 인조스톤을 개발 사용하고 있다. 북미에서 발달된 세라믹 스톤은 천연석이나 시멘트 스톤에 비해 스톤의 입자경도 및 조직을 선택하고 목립 주기와 수명이 길고 강도가 좋은 장점이 있다.
- 기계펄프는 원목으로 재색이 희고 강도가 우수한 것이 좋아 침엽수가 주로 이용되는데 가문비나무나 전나무가 펄프 품질 및 생산성이 좋아 선호되는 수종이다. 활엽수의 경우 비중은 높으나 펄프화시 강도가 낮고 재색이 나빠 사용에 제한이 많다.
- 목재의 함수율의 경우 높을수록 마쇄가 용이하며 마쇄 함수율이 40~45% 정도가 가장 최적이며 30% 정도가 최저라고 평가한다.

<마쇄 조건에 의한 펄프의 영향인자>

영향인자	상세조건
원목	수종, 수령, 함수율, 부후정도 등
쇄목석	연마립 종류, 크기, 종류 등
살수기	물의 유속, 수압, 수온, 노즐수 및 크기 등
쇄목석 목립상태	목립빈도, 목립형태, 목립정도 등
작업환경	마쇄압력, 온도, 농도, 쇄목석의 속도 등

② 리파이너 기계펄프
  ㉠ 리파이너 기계펄프 특징
   - 리파이너 기계펄프(refiner mechanical pulp : RMP)은 쇄목기 대신 리파이너를 사용하여 목재 칩을 펄프화를 통해 얻는 펄프로서 쇄목펄프와는 다르게 곡재나 폐재 등으로도 칩을 만들어 사용할 수 있다.
   - 리파이너 기계펄프의 경우 원료비가 쇄목펄프보다 적으나 리파이너의 가격이 고가이며 동력이 많이 드는 단점이 있다.
   - 쇄목펄프에 비하여 미세섬유가 적고 고해정도가 높아 전체적인 강도가 더 좋은 편이다. 특히 인열강도의 경우 약 30~40%, 습지강도는 50% 정도로 높은 수치를 나타내고 있다.
  ㉡ 리파이너
   - 리파이너를 이용하여 섬유화하는 것을 리파이닝이라 한다.
   - 리파이너는 칩과 물을 함께 보내 전단력에 의해 칩을 분쇄하며 1차 리파이닝에 의해서는 주로 칩을 단섬유화하고 2차 리파이닝을 통해 단섬유를 피브릴화하여

섬유간의 결합능력을 높인다.
- 리파이너는 한쪽만 회전하는 싱글 디스크 라파이너와 양쪽 디스크가 모두 회전하는 더블 디스크 라파이너가 있다

③ 열기계펄프
  ㉠ 열기계펄프 특징
   - 열기계펄프(thermo mechanical pulp : TMP)는 리파이너 기계펄프화법에서 변화된 방법으로 초기 리파이너 기계펄프법에서 섬유판 제조용인 아스플룬드(Asplund)법을 조합시킨 것으로 1차 리파이닝을 증기 가열 리파이닝 형식으로 변경한 것이다. 이때 리파이닝 전 짧은 시간 비교적 낮은 압력과 온도에서 목재의 리그닌 성분을 연화시킨 후 리파이닝 처리를 하므로 섬유장 보존력이 좋고 강도 특성이 뛰어난 펄프를 얻을 수 있다.
   - 기계펄프에서의 단점은 마쇄 중 섬유의 절단이 일어나 미세섬유가 많아져 종이의 강도가 약해지는 것이지만 이러한 섬유의 절단을 방지하고 마쇄동력을 감소시키기 위한 방안으로 개발된 것이 열기계펄프이다.
   - 열기계펄프의 경우 미세섬유의 양이 적은만큼 장섬유가 많은 것이 특징이며 이로인해 강도가 기존의 기계펄프에 비해 높다.
  ㉡ 열기계펄프 제조방법
   열기계펄프는 섬유판 제조를 위해 1930년대 개발된 아스플런트(Asplund)법을 기본으로 하며 초기 목재 원료인 칩을 리파이너 마모 방지를 위해 세척기를 이용하여 이물질을 제거하고 프리히터(preheater)라는 곳으로 이송된다. 프리히터에서 약 110~130°C 정도의 온도에서 1차 리파이너로 리파이닝을 실시하고 이때 리그닌이 연화되면서 적은 동력의 리파이닝으로 섬유의 손상이 적게 작업이 이루어진다. 1차 리파이닝 완료 후 상온의 2차 리파이너로 보내져 리파이닝을 재실시한다. 여기서부터는 기계펄프와 유사하게 클리너와 스크린을 이용하여 크기만 맞추어 선별작업이 이루어지게 된다.

④ 화학쇄목펄프
  ㉠ 화학 쇄목펄프의 특징
   - 화학쇄목펄프(chemi groundwood pulp : CGP)라 불리우며 목재를 가볍게 약액으로 전처리하고 다음 기계적인 처리를 통해 펄프화한 것으로 수율이 85~95%정도로 높다.
   - 처리 시 통나무를 이용하는 통나무화학쇄목펄프가 있으며 칩을 사용하는 칩화학쇄목펄프도 있다.

- 통나무쇄목펄프의 경우 쇄목펄프에 비해 공정 설치비가 많이 들고 통나무 내부까지 약액을 침투시키는데 어려움이 있어 수종에 따라 그 적용범위가 제한되어 있다. 현재에는 공정자동화의 발달등으로 관리가 쉬운 목재칩을 사용하는 것이 여러모로 유리하여 통나무쇄목펄프는 거의 발달 및 사용이 되고 있지 않다.
- 칩화학쇄목펄프의 경우 칩을 냉소다(NaOH)나 중성아황산나트륨을 이용하여 단시간안에 처리를 통해 연화시킨 후 리파이너로 펄프화한 것을 말한다. 전체적인 과정은 반화학펄프와 유사하나 약액처리를 가볍게 하고 증해조건을 약하게 하여 펄프수율이 높은 것이 특징이다.

ⓒ 화학쇄목펄프 제조방법

주로 사용하는 칩화학쇄목펄프를 기준으로 냉소다 화학쇄목펄프는 칩을 냉소다에 침지하여 목재섬유의 일차벽과 이차벽을 팽윤시킨 다음 리파이닝을 통해 1차벽을 파괴하고 2차벽이 섬유 표면에 노출되도록 하여 섬유의 피브릴화가 일어난다. 이러한 공정은 침엽수보다 활엽수가 더 용이하며 중성아황산염 화학쇄목펄프 공정도 이와 유사하다.

⑤ 화학열기계펄프

㉠ 화학열기계펄프 특징
- 화학열기계펄프(chemi thermomechanical pulp : CTMP)는 리파이닝 전처리에서 약품을 이용한 화학적 처리와 가열처리를 동시에 하는 공정이다. 이는 열기계펄프의 공정에 칩에 약품처리를 하는 공정을 추가하였다고 생각하면 된다. 약품과 열에 의한 목재의 연화가 더욱 효율적으로 이루어지면서 펄프의 품질이 향상된다.
- 화학열기계펄프는 열기계펄프에 비해 요구되는 동력소비량이 적으며 펄프의 강도도 높은 것이 특징이다.

ⓒ 화학열기계펄프 제조방법

화학처리에서는 아황산나트륨을 사용하는데 아스플런드 디파이브레이터 화학쇄목펄프 제조장치에서 증해부분을 기존 사용하던 화학쇄목펄프에서 개조하여 화학열기계펄프용으로 전환시켜 사용하는 것으로 장치를 압축 개방함에 따라 약품의 흡수와 침투 효과가 큰 것이 장점이다. 기존의 열기계펄프보다는 동력소비량이 적으며 강도적인 측면이 향상되는 장점이 있으나 백색도나 불투명도 같은 측면점 약간 낮은 결과를 보인다.

(ㄴ) 반화학펄프
① 반화학 펄프 특징
㉠ 반화학펄프(semi chemical pulp : SCP)는 목재칩을 화학약품을 이용하여 전처리하고 기계적처리를 통해 섬유화한 것으로 화학쇄목펄프와 공정이 유사하나 화학쇄목펄프보다 약품처리를 강하게 하고 공정이 간단한 것이 특징이다. 펄프의 수율은 대략 65~85% 범위로 화학쇄목펄프보다는 낮은 수준으로 보통 화학펄프와 기계펄프의 중간수율이라 평가한다.
㉡ 주로 활엽수에 사용되나 일부 침엽수에도 사용하지만 침엽수에는 리그닌이 많아 활엽수보다 약품이나 전력소비가 많아진다.
② 반화학펄프 제조방법
㉠ 산성아황산염 반화학펄프
산성아황산염 반화학펄프(acid sulfite semi chemical pulp : ASCP)은 증해액으로 주로 Na-base 산성아황산염을 사용하며, Ca-base 를 사용하기도 한다. 최고 온도는 120~130°C 정도가 적정조건이나 수종에 따라 조금씩 다르다. 펄프의 수율은 65~73% 정도로 활엽수재의 반화학펄프는 표백하지 않고 침엽수재 화학펄프의 대용으로 사용하기도 하며, 중성아황산염법에 비해 약품 사용량과 리파이닝 전력이 적다는 장점이 있다.
㉡ 중아황산염 반화학펄프
중아황산염 반화학펄프(bisufite semi chemical pulp : BSSCP)는 Mg-base 의 bisulfite 증해액을 사용하며 중성아황산염 반화학펄프보다 약품사용량이 적고 증해조건이 완화시키며 동력량이 적고 약품회수가 용이한 여러 장점이 있다. 하지만 증해가 산성에서 이루어지다보니 헤미셀룰로오스가 가수분해되면서 중성아황산염 반화학펄프에 비해 강도가 떨어진다는 단점을 가진다.
㉢ 중성아황산염 반화학펄프
중성아황산염 반화학펄프(neutral sulfite semi chemical pulp : NSSP)은 아황산나트륨 용액에 탄산나트륨 및 중탄산나트륨 등을 혼합하여 증해액으로 사용하는데 공업적으로는 용해성으로 인해 Na-base, NH_4-base 에 주로 한정되어 있다. 다른 base도 사용이 가능하다. NH_4-base 의 경우 값이 싸며 회수폐액의 연소 처리가 쉽고 잔유물이 매우 적은 등의 장점이 있어 주로 사용된다. 활엽수가 원료로 이용되나 침엽수에서도 일부 사용되고 있으며 증해조건의 변경으로 골판지에서 신문용지까지 배합이 다양하다. 이때 pH 유지를 위해 Na_2SO_3 용액이 사용되며 그 투입량이 용도에 따라 다르다.

<용도에 따른 펄프수율과 Na_2SO_3 투입량>

종류	펄프 수율(%)	Na_2SO_3 투입량(%)
골판지용	70~80	12~16
신문용	80~90	8~12
표백용	60~70	16~20

ⓔ 크라프트법 반화학펄프
- 크라프트 반화학펄프(kraft semi chemical pulp : KSCP)는 펄프의 수율이나 강도가 중성아황산염 반화학펄프만큼의 수준이나 펄프의 착색이나 악취 등 대기오염 문제를 가지고 있다.
- 중성아황산염 반화학펄프에 비해 펄프의 리그닌량이 많아 색이 검거나 어두우며 강도도 떨어져 많이 이용되는 방법은 아니지만 크라프트 펄프 공정이 있는 공장의 경우 실시하기 쉬우며 리파이너용으로 침엽수 수율이 55~65%, 활엽수는 60~70% 정도의 수준이다.

ⓜ 알칼리성 아황산염 반화학펄프화법
Na_2SO_3 및 가성소다 등의 증해액으로 칩을 증해하고 pH가 약 9~12가 되도록 조절한다. 침엽수는 펄프화하면 강도가 강한 펄프를 얻는데 크라프트법과 비교하면 6~10% 정도의 수율을 높일 수 있다.

ⓑ 무황반화학펄프
무황반화학펄프는 대기오염을 어느정도 완화할 목적으로 만든 방법으로 탄산나트륨 용액을 사용하여 증해할 때 냄새공해가 거의 없다는 것이 가장 큰 장점이다. 약품회수가 쉽기도 하지만 펄프색이 일반적인 방법보다 검거나 어둡다는 점과 흑액의 점도가 높다는 것이 단점이다.

(ㄷ) 화학펄프
① 크라프트 펄프
㉠ 크라프트 펄프화 특징
- 크라프트 펄프화법은 아황산펄프화법보다 약품회수과정이 용이하고 경제적이며 수종의 제한이 없다는 장점이 있다 또한 강도가 높은 종이를 생산할 수 있고 ClO_2를 이용하여 고백색도를 얻는 특징으로 인해 대부분의 화학펄프는 크라프트 방법으로 생산되고 있다.
- 크라프트 펄프화법의 증해액 조성은 가성소다와 황화나트륨의 농도로 표시되며

약품의 농도는 g/l 단위로 표시한다.
- 크라프트펄프화법은 목재내 리그닌을 제거하는 과정을 우선으로 한다.
- 유효알칼리량이 증가하게되면 인열강도가 약간 증가되며 그 외 인장강도 및 파열강도는 약간 감소되는 경향을 보인다.
- 증해온도가 180°C 이상에서의 높은 온도에서는 증해시 강도가 현저하게 감소된다.

ⓒ 크라프트펄프화 주요 용어
- 총약품 : 용액 중에 존재하는 총 Na 염
- 총알칼리 : $NaOH + Na_2S + Na_2CO_3 + 1/2Na_2SO_3$
- 활성알칼리 : $NaOH + Na_2S$
- 유효알칼리 : $NaOH + 1/2Na_2S$
- 황화도 : 활성알칼리나 총알칼리에 대한 Na_2S 의 백분율
- 활성도 : 총알칼리에 대한 활성알칼리의 백분율
- 가성도 : 활성알칼리에 대한 NaOH 의 백분율
- 스멜트 : 흑액을 연소하여 얻은 무기용융물로서 주로 $NaCO_3$, Na_2S 로 구성된다.
- 흑액 : 증해폐액으로 회수로에서 연소되기 전까지의 흑색의 액을 말한다.
- 녹액 : 흑액을 연소시켜 얻는 스멜트를 물에 용해시켜 얻는 녹색의 액으로 주성분은 Na_2SO_3, Na_2S 이다.
- 백액 : 녹액을 가성화시켜 얻은 액으로 증해액으로 사용된다.

ⓒ 크라프트펄프화 공정
- 크라프트펄프화 공정은 크게 증해, 펄프 세척, 약품회수 등으로 이루어진다.
- 증해과정은 증해기에서 칩충전을 통해 증해액을 넣고 증해기 내부 공기나 비응축 가스를 제거를 하여준 후 가열 및 증해를 하고 완료가 되면 배출을 하게된다. 이때 단속식 증해에서는 증해기를 칩으로 충전하고 칩무게의 3~4배정도의 증해액을 넣고 칩이 잠기도록 한다. 이후 가열을 통해 온도를 높이고 약 105°C 정도가 되면 증해를 중단하고 압력밸브를 통해 배기를 시키게 된다. 이러한 작업은 압력이 증가함으로서 온도상승을 촉진하고 공기중의 산소와 셀룰로오스가 산화되어 분해되는 것을 방지하기 위한 작업이다. 연속식 증해에서는 칩을 증기처리 용기에서 전처리하고 칩내 공기를 제거시키는데 이후 처리된 칩을 약 110~120°C 정도에서 증해액의 균일한 침투를 돕도록 한다. 증해가 완료된 후 폐액을 저압용기로 배출하고 증기 전처리에 사용하는 증기를 다시 사용하게 된다. 이때 펄프의 기계적 손상을 줄이기 위해서 펄프가 저온으로 블로탱크에 배출할 수 있도록 냉각된 하부의 희석액으로 치환하도록 한다.

- 증해된 펄프는 브라운스톡세폭공정을 통해 잔류 폐액과 분류하게 된다. 세척된 펄프는 정선과 제진과정을 거치고 표백작업공정으로 넘어가게 되며 흑액은 회수공정으로 보내진다.
- 약품회수의 경우 크라프트펄프화에서 발생되는 폐액을 처리하고 약품을 다시 회수하는 공정이다. 회수과정에서 연소를 시키는데 이때 황화합물은 연소되고 나트륨이나 마그네슘등이 약품회수의 주요 회수대상이다. 칼슘 등과 같이 값이 싼 약품의 회수에 큰 의미는 없다. 약품회수 과정을 통해 대기 및 수질오염의 감소 효과도 볼 수 있다.
- 약품회수는 흑액을 농축시켜 연소시키면 무기물 용융물질인 스멜트가 생성된다. 이때 이것을 물에 녹이면 녹액을 만들게 되고 다시 녹액을 가성화시켜 다음 증해시 사용이 재사용할 수 있는 백액을 만들게 된다.

② 크라프트 펄프 증해 영향인자

㉠ 수종 및 목재
- 목재의 수종에 따라 조성분 및 함량의 차이가 있어 펄프 생산시 수율과 품질에 차이가 있게 된다. 침엽수의 경우 비중이 높은 수종이 낮은 수종에 비해 추재비율이 높아 펄프 수율에서도 더 효율적인 모습을 보인다. 하지만 두꺼운 세포벽이 많아 거친 펄프가 만들어져 펄프 자체의 밀도는 낮게 된다.
- 침, 활엽수에 상관없이 심재가 변재보다 수율이 낮은 편인데 이는 심재의 추출물 함량이 높기 때문이다. 펄프의 특징을 보면 심재는 변재보다 추재가 적어 펄프의 인장강도나 파열강도는 높은편이나 인열강도가 낮은 특징을 보인다.
- 활엽수의 경우 침엽수보다 공정에 더 용이하다. 이는 증해액의 침투 정도의 차이 때문인데 활엽수는 레진에 의한 방해가 적어 증해 약품이 적게 들고 증해 시간 및 공정조건이 낮은 장점이 있다. 또한 비중이 대체적으로 높아 수율도 높다. 펄프강도는 대체로 침엽수보다 낮은 편이다.
- 인장이상재는 정상재보다 수율이 높으나 헤미셀룰로오스의 양이 많아 두꺼운 세포벽이 있는 섬유로 인해 펄프의 강도도 낮은 편이다.
- 압축이상재는 수율이 낮으나 펄프의 강도는 정상재보다 높은 편이다.

㉡ 목재칩
- 목재칩의 크기와 그 상태는 크라프트펄프법에 많은 영향을 주는데 이는 증해액의 침투정도와 관련이 된다. 증해액의 목재 침투는 모세관이동이나 확산에 의해 이루어지는데 만약 칩의 두께가 크면 탈리그닌화에 도달하기 위한 온도나 시간 등이 늘어나면서 공정상 어려움이 발생하기도 한다. 두께가 적을수록 균일성과 정선수율이

증가된다.
- 칩의 두께가 3mm 일 때 정선수율이 가장 높아 일반적으로 칩의 두께는 3~5mm 정도가 가장 이상적이다. 그렇다고 너무 작은 칩이 다량 있을 경우 용액의 흐름을 방해하거나 칩스크린을 막는 경우가 있어 너무 작은 것도 좋지 않다.

ⓒ 알칼리량
- 목재의 탈리그닌화는 알칼리량에 의해 많은 영향을 받으며 목재의 화학적 조성분에 따라 적정 알칼리의 량이 달라지게 된다. 적정알칼리량을 맞추어주면 탈리그닌의 효율이 가장 극대화되게 되는데 침엽수의 경우 일반적으로 유효알칼리 16% 정도로 하고 활엽수는 12% 정도로 한다.
- 목재의 펄프화 과정에서 유효알칼리량을 증가시키면 수율이 감소하게 된다. 침엽수의 경우 1%의 유효알칼리를 증가시 수율은 대략 0.15% 정도가 감소하게 된다. 이렇게 유효알칼리에 비해 수율의 감소가 적은 것은 침엽수에는 글루코만난의 재흡착이 증가하면서 자이란의 재흡착은 감소하기 때문이다.

ⓔ 황화도
황화도는 활엽수에서는 20%, 침엽수에서는 25~30% 정도의 수준으로 조절하여 사용한다. 황화도의 경우 일정수치 이상에서는 증가시켜도 그 효율이 비례하여 증가하지 않는다.

ⓜ 증해온도 및 시간
증해 온도에 따라 탈리그닌화 속도에 차이를 보이며 침엽수의 경우 최고 온도 170~180℃ 정도에서 효율적이나 그 이상에서의 경우 셀룰로오스의 침해로 펄프점도가 떨어지고 수율이 적어지게 된다. 그래서 180℃ 이상에서의 온도로 증해하려고 할 때는 사전에 증해액이 칩에 고르게 침투해야 하며 두께가 얇은 칩을 이용하여야 한다.

ⓗ 액비
증해액의 양의 경우 칩 표면을 충분히 적실 수 있는 양이 요구되며 단속식 증해기에서는 약액으로 75% 정도 채워져야 증해가 진행될 수 있으며 칩 내 수분과 리그닌이 용출되면서 약액의 높이가 쌓여진 칩의 높이보다 높아지게 된다. 약품의 농도를 높게 유지하기 위해서는 액비를 낮게 유지하는 것이 유리하며 이러한 작업을 통해 증해시간이나 온도 등의 공정 조건을 낮출 수가 있다. 약품농도가 증가하게 되면 동일 탈리그닌 수준에서 수율이 감소되므로 액비 역시 일정 범위에서 조절해야하며 가장 효율적인 범위로 3.5~4.5 : 1 정도이다.

③ 아황산 펄프
  ㉠ 아황산 펄프의 특징
    • 아황산 펄프화법(sulfite pulping ; SP)는 표백을 하지 않아도 높은 백색도를 가지는 펄프이나 그 사용이 가능한 수종이 한정적인데 페놀성분이나 탄닌류를 함유한 수종에서는 증해가 곤란하다.
    • 생산된 펄프는 크라프트법에 의하여 생산되는 것보다 강도가 떨어진다.
    • 아황산펄프의 제조 시 중아황산염으로는 염기성분으로 Ca 가 주로 사용되었으나 지금은 가용성 염기인 Mg, Na, NH_3 등이 많이 사용되고 있다.
  ㉡ 증해시 리그닌의 반응
    • 목분을 중성이나 약산성의 아황산의 용액으로 처리하면 리그닌이 불용성인 상태로 리그닌 설폰산염이 되나 처리 목분을 세정한 후 열수 처리 시 낮은 설폰화도의 리그닌 설폰산염이 용출되기도 한다.
  ㉢ 탄수화물의 용출
    증해 초기 아라비노오스가 용출되고 그 후 자이란과 글루코만난이 용출된다. 자이란은 크라프트법보다 용이하게 용출된다. 펄프의 수율은 헤미셀룰로오스와 리그닌의 용출 속도에 크게 관련되며 탈리그닌을 우선적으로 진행시키고 헤미셀룰로오스의 용출을 줄이므로서 펄프 수율을 높이게 된다.
  ㉣ 추출성분의 증해 장해
    증해에 있어 가장 큰 결점은 수종이 제한이 있다는 것이다. 산성 아황산의 증해시 일부 수종의 추출성분은 증해를 곤란하게 하기도 하는데 소나무의 경우 심재는 증해가 곤란하다. 이는 약액의 침투가 불량한 것도 있으나 심재 중에 존재하는 페놀성 성분이 산성 증해시 리그닌과 축합이 용이하여 이로인해 설폰화가 방해되면서 리그닌이 불용성인 상태로 잔류하면서 펄프화가 일어나지 않게 된다.
④ 아황산 펄프화법의 종류 및 공정
  ㉠ 산성 아황산 펄프화법
    • 용해용 펄프의 제조를 위해 가능한 펄프 중 α 셀룰로오스의 함량을 높이고 헤미셀룰로오스의 함량을 줄이는 것이 관건이다. 따라서 보통의 산성 아황산 펄프화법의 증해온도는 150°C 이상의 온도에서 실행한다. 높은 온도에서는 헤미셀룰로오스의 결합길이가 감소되면서 표백 공정의 알칼리 추출단에서 이들의 제거를 좀 더 효율적으로 하게 된다.
    • 산성 아황산 펄프는 백색도가 매우 높고, 고해 및 표백성이 좋다. 하지만 중아황산이나 알칼리성 아황산법에 비해 펄프의 강도가 낮으며 수종의 제한이 많이 되는 단점을

가진다.
ⓛ 중아황산 펄프화법
- 중아황산법은 약액 조성이 유리산과 화합산의 비율이 거의 비슷하며 증해액 제조시 pH 범위가 3~5 로서 대부분 중아황산 이온이 차지하면서 유리 아황산은 거의 존재하지 않는다. 이러한 특성으로 용해성이 낮은 Ca 염기는 거의 사용할 수 없으며 주로 가용성 염기인 Na^+, Mg^{2+}, NH_3^+ 등이 사용된다.
- 중아황산 증해시 유리아황산이 없어 산성도가 낮으며 증해액의 온도의 경우도 산성 아황산 증해 경우보다 높은 조건에서 실시된다. 수종제한의 경우 아황산펄프화법에 비해 적은 편이다.

ⓒ 알칼리성 아황산 펄프화법
알칼리성 아황산 펄프화법은 증해약품이 아황산나트륨이나 가성소다를 주로 사용하며 증해는 크라프트법과 유사하다. 아황산 펄프법중 수종에 대한 제함이 없는 방법으로 악취가 나지 않는 것이 큰 장점이다.

ⓔ 다단 아황산 펄프화법
- 가용성 염기의 사용은 초기 증해액의 pH 범위가 광범위하고 과정중 변화가 가능한 장점이 있다. 다단 아황산 증해법의 이점은 이전의 방법보다 완전한 탈리그닌이 가능하고 표백이 용이하며 펄프의 수율이 증가하고 수종의 선택범위가 넓다는 것에 있다.
- 다단 아황산 펄프화법중 2단 아황산 펄프화법이 사용될 때는 1단계에서 산성이나 중아황산으로 처리하고 다음 단계에 중성 아황산으로 처리하는 것이다.

㈃ 탈묵펄프
① 탈묵 펄프 특성
㉠ 탈묵펄프(deinked pulp ; DIP)는 천연펄프에 비해 가격이 싸지만 강도나 광학정 성질등 다른 특성에서 비교적 떨어진다는 단점이 있다.
ⓛ 탈묵펄프는 일종의 재생펄프로 건조와 습윤 과정을 여러번 거친 섬유로 이러한 과정에서 섬유의 건조시 각질화가 발생하여 강도적 성질에 영향을 주게 된다. 각질화로 인해 섬유의 세포벽의 팽윤 능력이 감소되어 섬유간의 결합력이 떨어져 기계적, 강도적 성질이 낮아지게 된다.
ⓒ 인쇄시에도 약해진 섬유간 결합 강도에 의해 옵셋인쇄시 점도가 높은 옵셋잉크에 의해 표면에 뜯김현상이 발생되어 인쇄적성 역시 좋지 않아 진다. 또한 재생펄프로서 이전에 섬유에 부착된 잉크입자로 백색도가 낮아져 품질로서의 가치도 낮아지게

된다.
② 탈묵 공정
- ㉠ 해리단계

  온수나 백수에 고지를 넣고 기계적 힘을 가하여 섬유를 해리한다.
- ㉡ 탈묵단계

  기존의 펄프에 결합되어 있는 잉크를 분산시켜 부상단계나 세척단계를 통해 잉크를 제거하도록 한다.
- ㉢ 제진단계

  고지에 함유된 이물질을 스크린이나 클리너를 이용하여 제거한다.
- ㉣ 표백단계

  고지 자체의 낮은 백색도와 처리공정 중 사용되는 가성소다에 의해 백색도가 더욱 낮아지므로 과산화수소 등과 같은 표백약품을 넣어 백색도를 높인다.

③ 탈묵법
- ㉠ 세척법

  세척법은 지료에 분산제와 세척제, 알칼리제 등의 탈묵 약품을 첨가하여 잉크를 섬유로부터 분리하여 희석과 농축과정을 반복 시행하여 잉크를 제거하는 방법이다. 이때 중요한 것은 잉크입자의 크기가 섬유 매트에 걸리지 않고 물과 함께 빠져나가도록 분산시켜 크기를 작게 해야하며 이때 사용되는 약품이 분산제이다.
- ㉡ 부상법

  부상법은 지료내 분산된 잉크입자를 물리적, 화학적 방법을 이용하여 기포표면에 부착시켜 부상시킨 후 표면에서 제거하는 방법으로 분산제나 무기약품을 투입하여 잉크를 섬유에서 분리하는데 까지는 세척법과 동일하나 포집제를 첨가하여 분산된 잉크입자를 뭉치게 하여 표면을 소수성으로 만들고 공기방울에 잉크가 붙도록 하여 표면으로 떠오르게 하여 제거하게 된다.

④ 탈묵 약품
- ㉠ 가성소다

  가성소다는 섬유에서 잉크의 분리를 촉진시키며 섬유가 팽윤되면서 섬유와 잉크 사이에 전단력이 발생하여 결합력이 약해지게 되어 잉크가 분리되게 된다. 하지만 가성소다로 인해 pH가 높아짐에 따라 백색도가 감소하는 단점이 있다.
- ㉡ 과산화수소
  - 과산화수소는 알칼리 조건에서 탈색을 유도하는데 주로 가성소다와 반응하여 퍼하이드록실 음이온을 발생시켜 이것이 표백작용을 하게 된다. 만약 첨가하려는 재생펄

프현탁액 내에 가금속이온이 존재할 경우 과산화수소의 분해가 일어나므로 과산화수소의 효율을 위해서는 금속이온을 제거해야주어야 하며 킬레이트제나 규산소다를 첨가하여 줄일 수 있다.

- 다음은 과산화수소와 가성소다의 반응식이다.

$$H_2O_2 + NaOH \rightarrow HOO^- + Na^+ + H_2O$$

ⓒ 킬레이트제

킬레이트제(chelants)는 금속이온과 반응하여 금속이온을 제거하여 과산화수소의 분해를 막아주며 DTPA(diethylenetriamine pentaacetic acid)와 EDTA(ethylene diaminetetra-acetic acid) 2종류가 존재한다.

ⓔ 규산소다

규산소다(Na_2SiO_3)는 탈묵시 사용되는 약품 중 하나로 강알칼리성을 가지며 규산소다 만으로도 어느정도 탈묵효과를 나타내기도 한다. 그 외에도 금속이온을 불활성시켜 과산화수소의 반응을 돕거나 잉크를 분산시켜 섬유로의 재침전을 방지하는 역할을 한다.

ⓜ 응집제

레이져프린터에서 사용되는 토너의 경우 열가소성수지 바인더로 구성되어 이러한 잉크가 있는 종이를 재 펄핑시 일반적인 세척법이나 부상법으로는 제거가 어렵다. 이러한 문제를 해결하기 위해 응집제를 이용하여 잉크 사이에 반발력을 감소시켜 서로 응집되도록 하고 온도를 50°C 이하로 낮추면 응집물이 단단해지면서 제거가 가능해진다.

ⓗ 분산제

분산제는 세척법에 의한 탈묵공정에서 사용되며 펄핑 중 분리된 잉크를 친수성 상태로 분산시켜 세척고정에서 잉크를 쉽게 제거되도록 도와준다.

ⓢ 계면활성제

계면활성제는 친수성기부분과 소수성기 부분이 있으며 친수기는 물과 결합하고 소수기는 기름부분과 결합하여 계면에너지를 감소시켜 세척작용을 용이하게 한다. 계면활성제의 종류로 비이온성, 음이온성, 양이온성, 양쪽이온성 총 4가지로 분류된다.

㈜ **기타 펄프**
① 생물학적 펄프

생물학적 펄프화법은 미생물이 분비하는 효소를 이용하여 목재의 리그닌을 분리시키는 방법으로 보통 목재가 미생물에 의해 부후하게 되는데 부후된 목재의 색이 백색이나 갈색 등으로 분류된다. 이때 목재 성분의 분해로 일어나는 갈색부후는 선택적으로 탄수화물 성분을 분해하는데 백색부후는 리그닌을 포함하는 목재성분해하는 특징을 보인다. 이러한 특징을 이용하여 리그닌 분해효소를 목재의 탈리그닌 반응에 이용하는 것을 생물학적 펄프화라고 한다. 백색부후균은 리그닌을 분해시키지만 동시에 셀룰로오스와 헤미셀룰로오스도 분해하므로 펄프화시 리그닌을 선택적으로 분해하는 균이 필요하다. 현재는 이러한 목적의 연구가 이루어지고 있다.

② 폭쇄 펄프

폭쇄법은 마소나이트법(masonite) 이라 하여 섬유판 제조법의 일종으로 고온고압의 증기로 처리하여 대기 중에 급격히 방출시켜 칩을 해리하는 방법이다. 목재를 200°C이상의 고온 및 고압에서 단시간 처리 후 상압으로 돌려 섬유상으로 해리시켜 펄프화 하는 방법으로 목재당화의 전처리 및 목질계 원료를 사료로 사용하기 위해 고안된 방법이다. 온화한 조건에서 폭쇄가 이루어지면 제지용 펄프가 생산이 가능하나 폭쇄 처리 조건이 약하면 펄프화가 되지 않고 너무 강하면 펄프의 백색도가 떨어져 공정 조절이 매우 어렵다.

③ 홀로펄프

홀로펄프화법은 미국에서 개발된 방법으로 리파이너 처리를 통한 목재의 세편화나 이산화염소를 사용한 산화처리 및 알칼리 처리 등의 3단계 처리로 이루어지는 펄프화법이다. 펄프의 수율은 크라프트 펄프화법보다 높으며 헤미셀룰로오스의 함량이 높아 이를 원료로 한 종이는 불투명도나 치수 안정성이 좋지 않은 단점을 가진다.

④ PFP 법

PFP(pollution free pulping process) 법은 홀로펄프화법의 이산화염소 대신 연소를 하여 증해폐액과 표백폐수를 함께 회수하여 증해와 표백 공정에 사용하는 모든 약품을 재사용하도록 고안된 방법이다. 공장에서 배출되는 것이 전혀 없는 무공해펄프화법으로 환경적인 측면에서는 좋으나 펄프의 품질이나 경제적인 측면에서 그 효율이 떨어진다는 단점이 있다.

⑤ 질산펄프

㉠ 이미 오래전부터 알려진 방법으로 목재를 100°C 이하에서 질산을 이용하여 산화시켜 변질된 리그닌을 알칼리로서 추출하는 방법이다. 세계 2차대전 중 독일에서 용해용펄

프를 제조할 목적으로 공업화된 적도 있다. 질산 펄프화법의 탈리그닌은 염소펄프의 경우와 유사하며 리그닌의 방향핵에 nitro 기가 친전자적 치환을 유도하고 nitro화를 진행시키게 되면서 리그닌의 측쇄가 절단되게 된다. 이어 phenyl ether 결합도 개열되게 된다. 이렇게 질산을 이용하는 공법으로 Delbay법, Reyerson법, Desforges-McLaughlin 법 등이 있다.

ⓒ 질산펄프화법은 내압 증해장치가 별도로 필요 없어 공정의 단가를 낮추는 장점이 있고 펄프의 수율이나 품질은 아황산 펄프와 유사한 수준이다. 증해시 악취발생도 적은 장점이 있으나 질산이 고가이고 약품사용량이 많은 단점을 가진다.

⑥ 하이드로트로픽 펄프화법

하이드로트로픽현상(hydrotropy)은 물에 불용인 유기화합물이 유사한 화학구조와 친수성기를 가지고 있는 화합물의 고농도 수용액에서 용해되는 현상을 말한다. benzen sulfonate, cymene sulfonate 등의 Na 염의 진한 용액은 탄화수소나 알콜, 펙틴질, phenol amine 류를 잘 용해시키는 것이 그 예이다. 이러한 현상을 이용하여 탈리그닌을 진행하는 하이드로트로픽 펄프화법이다. 활엽수재의 칩을 저온의 xylene sulfonate-Na수용액을 사용하여 고온 처리하면 대략 40~65% 정도의 펄프 수율을 보여준다. 이러한 펄프는 수율이나 강도는 크라프트보다 떨어진다.

2. 표백 및 정선

(1) 표백 공정 및 특성

① 펄프 표백 원리

㉠ 펄프는 기계적인 방법과 화학적인 방법으로 착색이 되어 있는데 이러한 착색의 원인은 펄프화중 제거되지 않은 잔존 리그닌과 일부 수지 및 탄수화물의 산화물에 의해서이다.

㉡ 펄프의 표백은 수율 및 강도의 손상 없이 잔존하는 리그닌과 산화된 리그닌을 제거하여 높은 백색도를 얻기 위한 공정을 말한다. 이러한 과정중 일부 추출물과 헤미셀룰로오스가 제거되기도 한다. 공정 중 티눈이나 먼지도 함께 제고되어 깨끗한 펄프를 얻는 의미도 가지고 있다.

㉢ 펄프표백에서 고려되어야할 것은 수율이나 백색도, 강도 및 표백의 경제성, 백색도의 안전성 등이 있다.

㉣ 표백시 사용되는 대표적인 산화제로 염소, 이산화염소, 차아염소산염, 과산화수소, 산소 등이 있으며 세척단계에서는 오존이나 염소산염, 차아염소산염, 과망간산염,

과초산 등이 있다.
　㉢ 공정 중 각 단계에서 온도, 시간, 농도, pH 등의 조절이 필요하며 잔존 표백제는 셀룰로오스의 산화분해를 촉진하거나 공정장치를 손상시키기도 하며 공해를 유발하므로 적정량을 투입하는 것도 중요하다.

② 리그닌 착색
- 표백공정에서 표백하려는 것은 주로 리그닌으로 목재성분에서 리그닌은 대략 25~30% 정도를 차지하며 페닐 프로판 단위 구조를 가지고 있다. 리그닌은 자외선 흡수가 280nm 로서 시각으로는 색이 감지되지 않는다. 그러나 리그닌이 펄프화 중 산화되면서 색이 감지되는데 퀴논과 퀴노이드, 칼콘, 자유라디칼, 금속 착화합물 등의 발색단을 형성하게 된다. 이로인해 가시광선 영역의 파장을 흡수하게 되면서 색을 띠게 된다. 그래서 발색단이나 잔존리그닌을 제거거나 표백을 통해 리그닌을 환원과 약간의 산화로 처리하게 된다.
- 화학펄프에서 착색에 대한 기여율은 리그닌이 80~95% 로서 대부분을 차지하고 다음으로 탄수화물 5~15%, 추출물 1~2% 정도이다.

③ 리그닌 정량
　㉠ 카파값 및 Klason 리그닌
　　리그닌에 의해 소비되는 과망간산이온의 소비량을 통해 리그닌을 정량하는 것으로 간접적인 방법의 일종이다. 그리고 72%의 황산을 이용하는 Klason 리그닌 카파값과 다음의 관계식을 가진다.

$$\text{Klason lignin}(\%) = 0.15 \times \text{kappa 값}$$

　㉡ 과망간산칼륨
　　과망간산칼륨값은 4가지로 분류되며 이때 용액기준은 25ml, 40ml, 75ml, 100ml 를 사용하며 같은 펄프라도 적용량에 따라 값이 달라진다.

$$\log(\text{kappa no.}) = 0.837 + 0.0323(40\text{ml kappa No.})$$

　㉢ Roe 값
　　25°C에서 15분간 100g 의 전건펄프가 소비하는 가스상의 Cl_2 의 g 로 표시하게 된다.

$$\text{KP Roe 값} = 0.158 \times \text{kappa 값} - 0.2$$
$$\text{SP Roe 값} = 0.199 \times \text{kappa 값} + 0.1$$

② 염소값

염소값은 Roe값과 유사한 방법으로 측정하며 차아염소산염의 산화에 의해 생성되는 ClO_2는 제외된다.

$$\text{염소값} = 0.9 \times \text{Roe 값}$$

(2) 표백 기작

① 염소

염소와 리그닌은 반응속도가 빠르며 방향핵 치환, 친전자 치환, 지방족 치환 및 부가, 산화반응을 일으키면서 알칼리 용액에 용해 가능한 화합물을 생성한다. 펄프에 실제적으로 요구되는 양은 펄프의 증해방법이 다양화되면서 각기 다른 염소량이 투입되며 아황산펄프는 2~6%, 크라프트 펄프는 3~8%, 반화학펄프는 10~15% 정도 적용된다. 만약 투입되는 염소량이 적을시 투입 다음 단계에서의 회복이 어렵고 과잉의 경우는 염소화합물의 생성이나 셀룰로오스의 카르보닐기 형성으로 섬유의 손상이 발생된다. 만약 이러한 손상이 발생할 경우는 염화암모늄과 같은 약품을 첨가하여 보안하기도 한다.

② 알칼리

㉠ 알칼리의 시약은 NaOH, Ca(OH)$_2$ 가 사용되며 이 알칼리는 염소나 이산화염소 등과 반응하여 염소화나 산화반응을 일으키고 그로 인하여 생성된 리그닌의 분해물이나 유기염소화합물, 유기산화물, 수지 등을 중화 및 용해, 제거하여 다음 단계에서의 반응을 좋게 하고 목재 섬유의 손실을 줄이는 장점이 있다. 이외에도 표백제의 절감과 펄프의 백색도나 강도가 개선된다.

㉡ 알칼리 처리시 온도에 따라 셀룰로오스에 영향을 달리 주게 되는데 저온처리시 섬유는 부드럽고 흡수성이 좋아지며 여과성 등이 향상된다. 고온처리를 하게 되면 셀룰로오스의 함량을 높이게 된다. 그래서 보유되는 셀룰로오스 양을 높이기 위해 아황산펄프시 고온처리가 적용되며 나머지 펄프에는 저온처리로 적용하여 그 효율을 높인다.

③ 이산화염소

㉠ 이산화염소(ClO_2)의 경우 불안정한 물질로 열이나 빛 등에 노출되면 산소와 염소를

생성하면서 폭발하게 된다. 이러한 반응성을 이용하여 리그닌에 산화제로서 셀룰로오스와 반응하지 않는 장점이 있는 표백시약이다. 또한 목재 내 레진 성분을 제거하는데도 효과가 있다.
- ⓒ 이산화염소 기체의 경우 녹색을 띤 황색가스로 인체에 유해한 독성을 가지고 있으며 부식성이 강해 취급에 주의가 필요하다.
- ⓒ 이산화염소의 경우 표백 중에 전자를 5개 정도를 받게 된다.

④ 차아염소산염
- ⓐ 표백 약품 중에서 최초라 사용된 것으로 1880~1920년대 까지 사용되었으며 차아염소산칼슘은 스케일링 현상으로 차아염소산나트륨으로 대체되어 사용되고 있다.
- ⓒ 차아염소산염은 리그닌에 대한 공격성이 강하지만 공정에 따라 리그닌을 제거한 후에도 셀룰로오스 분해 현상이 일어나기도 한다. 이러한 현상은 차아염소산염 처리 중 과잉의 알칼리가 존재하게 되면서 다시 차아염소산으로 되어 셀룰로오스를 공격하게 되므로 적절한 알칼리도 조절이 필요하다.

⑤ 과산화물
- ⓐ 과산화물 중에서도 과산화수소는 물에 약 산성으로 작용되고 만약 공정 중의 pH가 낮을 경우 가역반응으로 부반응을 일으키기 때문에 표백시 pH 는 9 이상으로 조절해야 한다.
- ⓒ 과산화수소의 경우 화학펄프보다 기계펄프에 주로 이용되는데 화학펄프에서는 최종단계에서 백색도의 안정성을 위해 주로 사용된다. 기계펄프는 다량의 리그닌을 포함하고 있어 리그닌에 의해 소모되는 양까지 고려하여 첨가하게 된다.

⑥ 하이드로 설파이트염
- ⓐ 하이드로 설파이트염으로 MS_2O_4, 아이티온산염, 차아황산염, Hydrosulfite, Dithionite 등이 있으며 리그닌의 보존 표백에 효과가 있어 리그닌이 많이 있는 기계펄프의 표백에 주로 이용된다.
- ⓒ 하이드로 설파이트는 펄프 현탁액 중 일정 산소가 존재하는 경우 중아황산 나트륨을 생성하여 환원력을 감소시키기도 한다.

⑦ 산소표백
- ⓐ 산소는 초기 표백단계에서 중간이나 끝단에서 사용되었는데 리그닌의 함량이 적은 끝단의 표백에서는 점도의 감소가 심하게 일어난다. 표백을 첨가하는 전건펄프에 농도에 따라 넣는 양이 달라지며 펄프 고형분의 농도가 높을수록 탈리그닌이 잘 일어나게 된다.
- ⓒ 산소표백 과정에서 액체나 기체, 고체의 3가지 모델로 존재하는데 산소가 기체와

액체의 중간층을 통과하여 섬유를 둘러싸고 있는 액체막을 통과하면서 분산된 후 마지막으로 섬유벽내로 분산 침투되어야 반응을 하는데 산소의 이동 속도가 결국 전체 반응속도를 결정하게 된다.

⑧ 오존표백
  ㉠ 오존의 경우 펄프 내 잔존 리그닌과의 높은 반응성을 보이나 오존이 물에 대한 용해도가 낮아 리그닌과 접촉시키는데 큰 어려움이 있다. 그리고 오존은 불안정한 물질로서 물과 반응하여 활성산소로 전환되기도 한다.
  ㉡ 오존 표백의 경우 다른 약품과 비교시 점도를 현저하게 낮추는 결과를 보여준다. 또한 오존이 섬유와 반응하면서 가수분해나 산화반응이 일어나 셀룰로오스의 손실이 발생하기도 한다. 이처럼 오존은 반응성이 높으나 안정성이 낮은 관계로 조절이 매우 중요하다.

⑨ 다단표백
  ㉠ 단일 표백제를 사용하여 높은 백색도를 얻기 위해 공정을 수행하면 일정수준으로의 백색도 및 반응속도가 나타나지만 한계점을 가지고 있고 섬유의 손실을 가져오기도 한다. 이를 개선하여 보다 높은 백색도를 가지고 경제성을 가지게 하기 위해 다단표백을 사용하고 있으며 표백단계에서의 순서 펄프의 종류와 요구하는 백색도에 따라 차이가 있다.
  ㉡ 다단표백의 경우 크라프트 펄프가 아황산펄프보다 더 많은 단계가 요구된다.
  ㉢ 고백색도의 경우 단계가 많아지고 5~6단계정도이며 저백색도가 요구될 경우 2~3단계 정도가 요구되기도 한다.

<펄프 표백 약어>

표백단	의미	약어	의미	약어	의미
C	염소화	D	이산화염소	D1	1차 증백
H	치아염소산염	O	산소	Y	하이드로아황산
E	알칼리 추출	D0	초기 탈리그닌화	P	과산화물
PO	산소-과산화물	Q	킬레이트화	X	효소
Pa	과초산	N	중화	Z	오존

(3) 표백제의 종류
  ① 표백제의 종류
    ㉠ Cl_2, ClO_2, $NaOCl$, O_2, O_3, H_2O_2, H_2SO_5 등의 산화제

ⓛ $Na_2S_2O_4$, ZnS_2O_4 등의 환원제

　　　ⓒ Xylanase 등의 효소

　　　② NaOH 등의 알칼리

　　　ⓜ EDTA, DPTA 등의 금속이온 봉쇄제

　② 표백제의 기능 및 특징

　　　㉠ 염소는 리그닌의 산화 및 염화의 기능이 있으며 경제적이고 효율적인 탈리그닌이 가능하다. 하지만 유기염소를 형성하고 강한 부식성이 단점이다.

　　　㉡ 이산화염소는 리그닌의 산화 및 탈색, 셀룰로오스 붕괴 보호 등의 기능이 있다. 펄프 강도의 저하가 없으나 비용이 고가이고 유기염소가 생성되기도 한다.

　　　㉢ 차아염소산은 리그닌의 산화 및 탈색의 기능이 있다. 제조가 용이하고 비용이 적게 들지만 펄프 강도가 저하되는 단점이 있다.

　　　㉣ 오존은 리그닌의 산화 및 탈색의 기능이 있다. 염화물 없이 배수가 가능한데 펄프강도 저하의 가능성이 있다.

　　　㉤ 과산화수도는 리그닌의 산화 및 탈색의 기능이 있다. 취급이 용이하고 투자비가 낮으나 약품비가 높게 들고 펄프 강도의 저하 가능성이 있다.

　　　㉥ 수산화나트륨은 염화리그닌의 가수분해 기능이 있다. 효율적이고 경제적이지만 펄프의 암색화 가능성이 있다.

　　　㉦ EDTA, DTPA 는 금속이온의 제거 역할을 하는데 퍼옥사이드의 선택성 및 효용성 개선의 장점이 있지만 높은 약품비 및 투자비가 단점이다.

(4) 정선

　① 펄프 폐액의 회수

　　약품회수와 관련되는 폐액은 펄프폐액으로 주성분은 증해약품이나 목재성분의 혼합물로 되어 있다. 이러한 폐액은 증해기 배출액과 세척폐액 을 합친 것을 말하며 농축이나 연소 등의 과정을 거쳐 약품 및 유용물질을 회수하게 된다.

　② 크라프트펄프 폐액

　　크라프트 펄프 폐액의 경우 농축, 흑액의 산화, 연소, 녹액 제조, 가성화 등에 의해 백액으로 만드는 등의 공정을 통해 약품회수나 환경오염물질의 감소 효과를 보게 된다. 단 연소과정에서는 주요 약품 중 황화합물이 연소되기도 한다. 나트륨이나 마그네슘의 경우 주요 회수대상이며 가격이 다른 약품에 비해 고가인편이다. 칼슘의 경우는 가격이 낮아 회수가 되더라도 큰 효율은 없는 편이다.

③ 폐액 회수 공정
　㉠ 흑액의 산화
　　흑액의 산화로 인해 악취가 줄고 황을 티오황산염으로 전환시켜 황화수소가스 분해에 안전성을 지니게 된다. 수지 함량이 많은 목재의 경우 펄프 폐액에서 거품발생이 많다 거품제거 장치가 별도로 필요하기도 하다.
　㉡ 증발 및 농축
　　• 흑액의 고형분 농도는 대략 12~18% 수준이나 이것을 약 60% 수준까지 농축하여 연소를 시키는 방법이다. 고형분의 농도가 높아질수록 약액과 이것을 제거하기 위한 증기온도 사이에 차이가 발생하게 된다. 이러한 현상을 비등점 상승이라고 한다.
　　• 펄프에 포함되어 있는 물을 증발시키는 장치로 접촉증발기와 다중 효용증발기 등이 있다.
　㉢ 회수로
　　• 회수로는 약액 고형물에서 잔류수분의 증발, 최대연소율로 유기성분의 연소, 증기발생을 위한 열공급이나 산화된 황화합물을 황화물로 환원, 연소산물을 화학적 변화를 최소화 등의 조건을 만족시켜야 한다.
　　• 회수로에서 불완전연소의 경우 탄소와 일산화탄소를 발생시켜 탄산염과 티오황산염을 황화물로 전환시켜주는 환원제 역할을 한다.
　㉣ 가성화
　　• 스멜트를 녹액으로 만들고 찌꺼기를 제거하여 생석회와 반응시켜 백액을 만드는 과정을 말한다. 즉 탄산나트륨을 수산화나트륨으로 전환시키는 것을 말하며 일반적인 가성화 반응은 석회와 물이 반응하면서 수산화칼슘이 형성되고 수산화칼슘과 탄산나트륨과의 반응으로 수산화나트륨이 생성된다.
　　• 가성화에서 가성화율은 반응의 정도를 말하며 가성화율을 증가시키기 위해서 회수공정 중 불활성 탄산나트륨을 줄이는 것이 좋다.
　　• 가성화의 영향인자로 온도, 유동속도, 활성도, 황화도, 녹액 강도의 균일성 등이 있으며 석회의 첨가율이나 소성방법 등이 있다.
　㉤ 소성화
　　• 소성화는 탄산칼슘을 생석회로 전환시키는 것으로 탄산칼슘의 건조, 온도상승, 흡열반응이 완료되기까지의 온도 유지로 크게 3단계로 분류되며 탄산칼슘을 생석회와 이산화탄소로 분해하는 것이 가장 이상적이다.
　　• 소성화반응을 통해 90% 이상의 생석회를 얻을 수 있으나 불순물이 많은 상황에서

온도를 높이게 되면 유리상의 입자가 형성되면서 덩어리 상태로 배출된다.
- 효율적인 공정을 위해서 길이와 지름의 비가 30 이상인 회전식 석회로를 사용해야 한다.

CHAPTER 02 제지

1. 지료조성

(1) 슬러리화

① 슬러리화 공정

㉠ 건조 포장 펄프의 전형적인 슬러리화 공정은 베일처리 공정 → 펄퍼공정 → 디플레이커 (고속 슬러리화 기기) → 리파이너 공급 체스트로 구성되어 있다.

㉡ 회분식 작업에서는 펄퍼가 6~8%의 농도에서 작동하고 펄프는 밖으로 배출될 동안 4~5%의 농도로 희석된다.

㉢ 조성 시스템의 첫 번째 단계는 포장펄프 (baled pulps)의 베일 처리 (bale handling)이다.

㉣ 펄퍼에서 포장펄프를 슬러리화 하는 것이다. 물과 마른 펄프 묶음은 펄퍼로 투입되고, 펄퍼 로터 (rotor)는 펌핑 가능한 슬러리 (slurry)로 만들기 위한 강력한 분해력을 만들어 낸다.

㉤ 현재 원료의 펄퍼는 수직 펄퍼이고 파지의 펄퍼는 수평 펄퍼가 주로 쓰이고 있다.

② 슬러리화

㉠ 슬러리화의 첫 번째 목적은 펄프 탈수와 건조공정에서 만들어진 섬유결합을 해체하여 펌핑 가능한 슬러리로 만드는 것이다. 또 다른 목적은 눈에 보이는 작은 파편(flakes)이나 섬유 다발(bundle)이 없도록 섬유 슬러리로 슬러리화 하는 것이다.

㉡ 펄프의 건조방법, 건조상태는 슬러리화 조건에 가장 많은 영향을 미친다. 침엽수 펄프는 활엽수 보다 슬러리화 하기가 더 쉽고 습건조 펄프는 증발 건조된 펄프보다 슬러리화 되기 쉬우며, air-dried(90% 건조) 펄프는 never-dried(미건조), wet-lapped (50% 건조) 펄프 보다 슬러리화가 어렵다.

㉢ 일반적으로 에너지 소비는 5~7%의 농도로 50℃이상의 고온에서 펄프화하면 최소화 할 수 있다.

③ 수직 펄퍼

㉠ 수직 펄퍼의 로터 (rotor)는 탱크 아래에 위치한다. 탱크의 수직과 원통 부분은 전형적으로 배트 (vat)내의 섬유 슬러리의 순환을 최적화하기 위해 차폐장치가 되어있다.

㉡ 중력이 베일 (bale)들이나 종이/판지 시트가 로터에 침착되는 것을 돕는다는 점에서 수직 펄퍼의 효율은 수평 펄퍼보다 우수하다.

④ 수평 펄퍼
  ㉠ 수평 형태의 펄퍼로서 로터는 탱크의 옆쪽 벽면에 위치한다. 작은 수평 펄퍼는 한 개의 로터를 가지나 큰 규모의 수평 펄퍼는 2개의 로터를 가진다.
  ㉡ 펄프를 슬러리화 하거나 파지를 분해할 때에 수평펄퍼는 수직펄퍼보다 효율이 떨어진다.
⑤ 펄퍼 로터
  ㉠ 로터 임펠러의 형태는 목표로 하는 슬러리화 농도에 달려 있다.
  ㉡ 저농도의 펄퍼 (6%)는 전형적으로 쉐딩(shedding) 날개가 장착된 낮은 높이의 임펠러를 가진다. 또한 높은 농도의 펄퍼(>10%)는 높은 스크류 형태의 로터를 가진다.
  ㉢ 중간 농도의 펄퍼 (6%~10%)는 중간 높이의 임펠러를 가진다.
⑥ 디플레이킹 공정
  ㉠ 디플레이킹의 목적
    · 디플레이킹은 디플레이커라는 보조 펄퍼를 이용하여 남아있는 박편이나 섬유다발을 부수고, 외부의 섬유를 피브릴화 시키고, 섬유를 젖게 하며 유연하여 펄프의 슬러리화를 보다 완벽하게 할 수 있도록 하는 공정이다.
    · 펄퍼의 용량이 제한되고 섬유의 적절한 분산이 되지 않을 때 대용량의 펄퍼를 설치하는 대신에 디플레이커 (deflaker)가 펄퍼의 슬러리화 용량을 증가시키는데 사용되기도 한다.
  ㉡ 디플레이커 원리
    · 디플레이커는 더 조밀한 플레이트와 넓은 갭 간극으로 작동되는 보조 펄핑 장치이다.
    · 보통 갭 간극은 대략 0.5mm정도이고 원주 속도는 대략 40m/s 정도이다.
    · 섬유가 디플레이커의 필링을 통과할 때 섬유는 몇 번씩 이동방향과 속도가 빠르게 바뀌기 때문에 강한 수력 학적 전단 응력을 받게 된다.

(2) 고해
  ① 고해
    본디 펄프에 아무런 가공을 하지 않고 종이를 만들면 현재 종이의 강도나 품질보다 현저히 떨어진다. 가공전 펄프는 섬유가 강직하고 표면적도 적어 섬유간 결합력이 약하여 그러한데 고해를 통한 기계적 처리를 통해 섬유의 구조가 변하도록 하면서 품질향상을 도모한다.
  ② 고해의 1차 효과
    ㉠ 섬유 외층의 제거

섬유의 외층인 1차벽과 2차벽 외층이 내부의 2차벽 중층을 팽윤을 억제하고 있는데 앞의 섬유층을 제거해야 섬유의 팽윤이 촉진하게 된다. 섬유의 팽윤을 통해 섬유끼리의 결합이 발생하는데 1차벽은 펄프의 증해나 표백과정에서 대부분 제거가 되지만 2차벽 외층과 남은 1차벽들은 고해 초기의 공정에서 대부분 제거가 된다.

ⓒ 내부피브릴화

내부피브릴화는 섬유 내부에 수소결합이 끊어지면서 내부 구조가 풀어진 상태를 말하며 외적으로는 그 형태에 큰 변화가 없다. 고해시 물이 섬유내로 침투하면서 피브릴이 풀리거나 피브릴층이 벌어지면서 섬유가 팽윤되고 유연해지면서 섬유간의 결합이 쉽게 이루어지게 된다.

ⓒ 외부피브릴화

내부피브릴화와 다르게 섬유와 외부 구조가 변하면서 섬유축 방향으로의 할열이나 외층 피박이 제거되는 등의 현상에 의해 내부에 상대적으로 큰 피브릴들이 섬유내에서 외부로 나오면서 마이크로 피브릴이 바깥으로 노출되는 것으로 섬유의 외부 표면적이 증가하고 섬유간 결합 능력이 커지게 된다.

ⓔ 섬유의 절단 및 미세 섬유화

고해시 섬유 외층의 제거 뿐 아니라 섬유가 절단되고도 한다. 절단에 의해 생성되는 미세섬유는 섬유와 섬유사이에 가교역할을 하면서 종이의 강도를 높여주는데 반해 초지기에서의 공정에서는 습부에서 탈수성을 악화시키는 단점을 가지기도 한다. 또한 입자 표면에 첨가 약품을 소진하기도 하여 약품 소비량을 늘리기도 한다.

ⓜ 목재 화학 조성분의 용해

헤미셀룰로오스와 리그닌은 무정형 물질로 고해에 의해섬유의 구조가 풀릴 경우 일부가 물에 용해되기도 한다. 헤미셀룰로오스의 경우 섬유간 접착제와 같은 역할을 하므로 종이 강도에 영향을 주게 된다.

③ 고해에 의한 종이 품질의 변화

㉠ 종이의 지합(섬유 분포의 균일성)은 고해도가 높을수록 좋아지는데 균일하기 위해 섬유의 길이가 짧아져 응집성이 적어지고 미세섬유가 증가하기 때문이다. 즉 고해도가 올라갈수록 종이가 점점 치밀한 구조를 가지게 되는데 이러한 결과로 종이의 밀도가 높아지며 두께가 얇아지게 된다. 구조가 치밀하여 공기가 통하는 정도인 투기도가 낮아지고 평활도가 높아진다.

㉡ 고해가 많이 될수록 불투명도가 떨어지며 치수안전성이 나빠지는 단점을 보인다. 이러한 이유들로 원하는 종이의 품질에 따라 각 펄프들의 고해도가 달라지게 된다.

④ 고해도
  ㉠ 고해의 결과를 나타내는 지료로 섬유의 물성변화나 섬유의 형태를 나타내는 일종의 값을 이야기 한다. 고해도를 측정하는 기준 중 가장 많이 쓰이는 방법은 여수도 측정이며 그 외에도 탈수성 및 섬유장 분석 등이 있다.
  ㉡ 여수도
    • 일정조건하에서 섬유 현탁액의 탈수성을 측정한 값으로 캐나다 표준 여수도(canadian standard freeness ; CSF)법과 쇼퍼 리글러(schopper riegler ; SR)법이 있다. 미국이나 캐나다, 일본은 CSF 법을 주로 사용하고 유럽의 경우 SR 을 주로 사용하고 있다.
    • 규정 용량은 1000ml 의 용량의 펄프 현탁액을 준비하여 스크린을 통과 시키면서 통과한 물은 아래의 용기에 받아 측면에 관으로 탈수속도가 일정 수치 이상으로 빠르게 탈수되면 측면의 유출관으로 물이 빠지게 되는 원리이다. 측면의 유출관으로 나온 물을 측정한 값을 여수도라 하며 일정한 정보를 얻기 위해 시료의 농도와 온도를 유지해주어야 한다.

⑤ 고해 영향 인자
  ㉠ 지료인자
    • 침엽수와 활엽수는 형태적인 특징이 달라 고해에 대한 작업 조건도 서로 다르다. 활엽수는 침엽수보다 섬유의 길이가 짧고 폭이 좁은 편이라 고해의 회전 용적이 작아 응집을 일으키는 성향이 침엽수에 비해 적은 편이다.
    • 고해를 위한 바(bar)와 홈의 넓이의 경우 활엽수의 섬유가 짧고 얇기 때문에 좁은 것을 쓰고 고해강도도 침엽수보다 대체로 약한 편이어서 약하게 처리하여야 효과적은 여수도와 펄프 강도를 얻을 수 있다.
    • 침엽수의 경우 물리적 강도를 향상시키고 지합을 개선하기 위해 높은 고해 강도로 처리하여 섬유벽을 제거하고 길이를 절단하는 것이 일반적이다.
  ㉡ 고해온도
    고해 시 소비하는 동력으로 인해 많은 에너지가 열로 변화되면서 지료의 온도가 올라가게 된다. 고해의 진행정도는 온도가 올라 갈수록 느려지게 되는데 셀룰로오스 섬유가 온도 상승에 따라 수축이 일어나면서 섬유가 경직되고 절단이 일어나기 쉽다. 반대로 온도가 낮을 경우 섬유의 유연성이 나아지면서 섬유의 팽윤이나 피브릴화에 유리하게 된다.
  ㉢ 고해농도
    고해 농도의 경우 농도가 올라갈수록 섬유와 섬유간의 마찰에 의한 팽윤과 피브릴화가

잘 일어나게 된다. 하지만 너무 고농도의 경우 섬유의 꼬임이나 뒤틀림이 심하게 되므로 종이의 용도에 따라 농도도 달리해주어야 한다. 최종 제품의 종이의 밀도가 높아지게 되면 강도가 증가하게 되고 신장률이 커지기 때문에 크라프트지나 컵원지 등의 생산에 유리하나 불투명도가 떨어지고 치수안정성이 나빠 인쇄 용지에는 적합하지 않게 된다.

ⓔ pH

pH가 산성에 가까울수록 섬유의 절단이나 분쇄가 잘 일어나 섬유장이 짧아지고 미세섬유가 증가하는 현상을 보이며 알칼리성에 가까울수록 팽윤이 촉진되면서 피브릴화가 잘 일어나게 된다. 고해의 경우 알칼리성에 가까울수록 고해동력도 절감되며 종이의 강도도 높아지게 된다.

ⓜ 첨가제

규산소다의 경우 섬유의 팽윤제로서 예전부터 사용되었으며 갈락토만난이나 천연검류가 특수지에 사용되고 있다. 최근 셀룰라제와 같은 효소가 나타나면서 도관을 팽윤시켜 고해동력을 절감하고 탈수성을 향상시키는데 이용되고 있다.

⑥ 고해에서의 리파이너 영향인자

㉠ 바의 폭

바의 폭의 경우 좁으면 좁을수록 플레이트에 배치되는 바의 수가 많아지게 되고 고해능력이 향상되고 되면서 동력도 절감이 된다. 일반적으로 활엽수용은 2~3mm, 침엽수용은 3~5mm 정도의 폭을 많이 사용하며 바의 폭과 홈의 폭의 비율은 1:1 정도로 하나 용도나 목적에 따라 그 비율을 달리하기도 한다.

㉡ 홈의 폭과 길이

홈의 폭이 좁고 깊이가 얕을수록 플레이트 수명이 짧아지지만 고해가 잘돼 처리 유량이 줄어들게 된다. 침엽수의 경우 응집성이 강해 홈이 3mm 이하가 되면 통과 유량이 적어지게 되고 반대로 깊어지게 되면 유량이 커지는 대신 무부하 손실이 증가하게 된다.

㉢ 바의 각도

바의 각도가 커지면 고해효과가 증대되며 처리용량이 커지고 내부압력도 높아지게 된다. 반면 이러한 높아진 용량을 진행시키기 위해 에너지량이 많아져 에너지 효율은 떨어지게 된다. 각도가 적어지면 단위 접촉면적이 좁아지기 때문에 고해 강도는 높아지고 섬유의 절단이 잘 일어나게 된다. 일반적으로 지합을 중시하는 경우 바의 각도는 10~20°로 한다.

② 플레이트 재질

플레이트의 일반적인 재질은 니 하드(Ni-Hard)라는 니켈크롬 백주철과 스테인레스강이다. 니 하드의 경우 경도가 높고 마찰계수와 내마모성이 좋아 고해에 효과적이다. pH 에 경우 내식성이 탄소강이나 스테인레스강의 중간으로 중성이나 알칼리성 지료에는 큰 문제가 없으나 pH 5.5 이하의 산성에서는 부식이 일어난다. 스테인레스강의 경우 단섬유용으로 바의 폭이 좁아 사용되고 대부분의 성능이 우수하나 고가인 것이 단점이다.

◎ 회전수

회전수 역시 섬유 절단에 영향을 주며 회전수가 낮아지면 섬유의 절단이 많이 일어난다. 반면에 리파이너의 처리용량이 줄어들게 되어 공정의 효율을 위한 정적 회전수를 설정해야 한다.

(3) 충전제

① 충전물

㉠ 충전물은 종이의 백색도와 불투명도, 광택도, 평활성, 인쇄 적성을 향상시키는 물질로 백색의 미립분말이다.

㉡ 충전물로 주로 사용하는 물질은 활석, 백토, 탄산칼슘, 이산화티탄등이 있으며 국내는 활석과 중질탄산칼슘을 주로 사용한다.

② 충전물의 특징

㉠ 충전물의 평균입경은 대체로 $1\mu m$ 이며 굴절률은 이산화티탄을 제외하면 1.5~1.6 정도의 값을 가진다.

㉡ 입도가 작을수록 광산란이 좋아지는데 충전물의 함량이 높아질수록 종이의 백색도가 증가함을 의미한다. 하지만 함량이 높을수록 단점이 발생되는데 섬유간 수소결합 형성에 방해를 주어 종이의 강도적 특성에 영향을 준다. 대체로 인장강도, 파열강도, 내절도, 강성도 등을 감소시킨다.

③ 탄산칼슘

㉠ 천연석회석을 회화로에서 가열하여 이산화탄소와 유기불순물을 날려 보낸 뒤 남은 산화칼슘을 물과 반응시켜 소석회를 만든다.

㉡ 소석회로부터 탄산칼슘을 제조하는 방법은 일반적으로 탄산화 공정, 라임 소다 공정, 그리고 염 형성 공정 등 3가지가 있다.

- 탄산화 공정 : $Ca(OH)_2 + CO_2 \rightarrow CaCO_3 + H_2O$
- 라임 소다 공정 : $Ca(OH)_2 + Na_2CO_3 \rightarrow CaCO_3 + 2NaOH$

· 염 형성 공정 : Ca(OH)$_2$ + 2NH$_4$Cl → CaCl$_2$ + 2NH$_3$ + 2H$_2$O

　　ⓒ 탄산칼슘은 입방체나 바늘모양의 결정으로서 많은 결정들의 표면에서 빛이 반사되거나 굴절되기 때문에 불투명도가 우수하다.

　　ⓓ 탄산칼슘은 일반적으로 석회석을 물리적 방법으로 직접 분쇄하여 제조하는 중질탄산칼슘과 화학적으로 처리하여 제조하는 경질탄산칼슘의 두 종류로 구분된다.

④ 탈크(Talc)

　　ⓐ 중성초지에 있어서도 활석을 충전물로 전량 사용하거나 또는 탄산칼슘과 병용하는 방법도 가능하다.

　　ⓑ 제지공업에서 사용되는 활석의 품질규격은 백색도, 경도, 그리고 입도의 3가지로 요약되는데 백색도와 경도는 선천적인 원광 자체에 큰 영향을 받지만 입도는 가공방법에 의하여 좌우된다.

⑤ 이산화티탄

　　ⓐ 일미나이트 광석을 황산으로 처리하거나, 탄소 존재 하에서 티타늄 광석을 염소화시킴으로서 만들어지는데 루타일, 아나타제, 그리고 브루카이트라는 3가지 형태의 결정이 얻어진다.

　　ⓑ 상용되는 충전제 중 굴절률이 가장 크고 (루타일 2.76, 아나타제 2.52), 입자크기도 사용하기에 적합하지만 무엇보다도 산이나 알칼리에 대해 극히 우수한 안정성을 갖는다.

　　ⓒ 이산화티탄은 우수한 충전제이지만 고가이기 때문에 다른 충전제들과 5~25% 정도로 혼합하여 사용한다.

(4) 첨가제

(ㄱ) 종이 첨가제 이론

① 종이의 주된 원료는 펄프이나 종이의 품질은 단순히 펄프만으로 제조되는 것이 아니라 초지공정의 효율성과 생산성을 높이기 위해 다양한 종류의 첨가제가 사용이 된다.

② 종이의 품질 특성을 변화시키기 위해 사용되는 기능성 첨가제가 있으며 공저의 효율을 높이기 위해 첨가되는 공정 조절제가 있다.

③ 종이의 내수성 향상을 위해 사용되는 첨가제로 사이즈제가 있으며 광학적 특성과 표면의 품질 개선을 위해 사용되는 것으로 충전물이 있다. 또한 건조지력증강제와 습윤지력증강제 등은 초지과정에서 공정을 효율적으로 하는데 도움을 주나 지필에 잔류되어 종이의 품질 변화를 유발시키기도 하여 첨가량의 조절이 필요하다.

④ 탈수촉진제, 보류향상제, 소포제 등은 공정의 효율성을 높이기 위해 사용되는 공정 조절제

로 분류된다.
⑤ 충전제 외에는 대부분 전건펄프중량에 5% 이하로 첨가하나 가격이 비싸 종이 제품 원가에 영향을 주기도 한다. 또한 종이의 용도에 따라 다양한 종류의 첨가제가 들어가 그 효율과 특성을 잘 파악하여야 한다.

(ㄴ) 보류 및 보류향상제
① 보류
㉠ 보류의 정의
보류는 헤드박스 내의 지료조성분이 지필에 잔류되어 어느정도 제품으로 되는 정도를 말한다. 지필에 잔류되는 기작은 지층에 의한 기계적 여과작용과 응집으로 이해 보류가 되게 되며 보통 장섬유는 섬유장이 와이어 눈금보다 크기 때문에 보류가 되게 된다. 하지만 그보다 크기가 작은 미세섬유의 경우 화학적 처리에 의해 장섬유나 미세섬유간의 응집으로 크기가 증가되면서 지필에 잔류하게 된다.
㉡ 보류의 분류
지필에 잔류되는 비율을 계산하는 것을 보류도라 하며 보류도에는 총괄보류도와 일과보류도로 분류된다.
㉢ 총괄보류도
투입되는 물질에 대한 제품으로 만들어지는 물질의 비율로 만약 1톤의 원료를 투입하고 0.95톤 의 제품이 생산되었다면 총괄보류도는 95% 가된다. 나머지는 공정 중 슬러지나 공장폐수로 배출되게 되며 만약 총괄보류도가 낮다면 투자대비 수익이 낮아지므로 점검해야할 요인이 된다.
㉣ 일괄보류도
지료를 사출하는 헤드박스에서 조성분 가운데 쿠우치에 잔류된 조성분의 비율을 말한다. 만약 시간당 1톤 정도의 원료가 헤드박스에서 사출되었는데 0.8톤의 원료가 쿠우치를 거쳐 프레스로 가게되었다면 와이어 파트에서 보류되지 않은 0.2톤은 백수계로 들어가 재순환되게 된다. 이때 일괄보류도는 $0.8 \times 100/1 = 80\%$ 를 보이게 된다. 또한 백수계로 포함되는 섬유는 대부분 작은 미세섬유들이 대부분이며 장섬유의 경우 10% 미만의 비율을 차지한다.
② 보류향상제
㉠ 보류 향상제는 지료속의 미세섬유들이 백수계로 가는 것을 방지하여 보류를 향상시키기 위한 첨가제로서 미세분을 서로 응집시키는 역할을 한다.
㉡ 보류향상제로 사용되는 물질로는 폴리아크릴아미드(polyacrylamide ; PAM)을 주로

사용하며 그 외에도 PEI(polyethylene imine), poly-DADMAC(diallyldimethyl-ammonium chloride), PEO(Polyethylene oxide) 등도 널리 사용된다. PEO 의 경우 전하를 띠지 않는 비이온성 고분자 보류향상제의 일종이다.
ⓒ 미세분의 대부분은 음전하를 띠고 있어 양전하를 띠는 염이나 양이온성 고분자물질이 보류향상제로 주로 사용되며 경우에 따라서는 음이온성 고분자물질을 사용하기도 한다. 주로 사용하는 양이온성 고분자물질은 알람(alum)이라는 물질을 주로 사용하며 +3가, +4가로 나타난다.

③ 보류기작
　㉠ 단순전해질기작
　　알람과 같은 단순 양이온 지료조성분은 주위의 형성된 전기이중층으로 압축되어 입자 사이에 정전기적 반발력을 저하시키면서 반데르바알스 힘에 의해 응집을 유발하는 원리이다. 이때 + 이온의 원자가가 클수록 미세분의 보류도도 함께 증가된다. 하지만 응집체 자체 결합력은 약해서 교반속도가 너무 강할 경우 응집체가 파괴되면서 보류도가 저하되기도 한다.
　㉡ 패치기작
　　입자들이 표면에 흡착되면서 패치를 형성하게 되는데 이는 고분자전해질이 분자량이 낮고 전하밀도가 높기 때문이다. 음과 양으로 하전된 부분 사이에 정전기적 인력이 작용하면 교질입자의 응집이 발생되면서 응집체가 형성되게 된다.
　㉢ 가교결합
　　고분자 전해질은 분자량이 크고 전하밀도가 낮을 때 입자에 흡착된 고분자의 일부분이 전기이중층의 외부로 노출되면서 다른 입자를 측합하기도 한다. 한 고분자가 두 개 입자 사이에 가교를 형성하면서 응집체는 전단력에 의해서도 쉽게 파괴되지 않는 모습을 보여주면서 보류효과가 높아지게 된다. 하지만 만약 강한 전단력에 의해 이러한 가교결합이 파괴되면서 응집체가 무너지면 다시 원상태로 회복하지는 못하는 단점이 있다.
　㉣ 이중고분자
　　이중고분자에 의한 보류는 강한 양이온성의 저분자량 고분자 전해질과 지료가 만나 입자 표면에 패치를 형성하고 바로 다음 단계로 고분자량의 음이온성 고분자전해질을 넣어 가교결합을 형성하여 보류도를 향상시키는 원리이다. 이러한 방법은 형성된 응집체가 전단력에 대한 저항성이 강해 높은 교반속도에서도 응집체가 잘 파괴되지 않는 장점을 가진다. 이로인해 보류도 역시 상승하는 효과를 가진다. 하지만 과도한 응집에 의해 지합이 저하되고 두 종류의 고분자 물질을 투입해야하여 원가면에서 경제적이지 못한 단점을 보인다.
◎ 마이크로파티클
- 고분자전해질을 이용한 보류향상제의 경우 보류도가 증가할수록 지합은 나빠지고 진공박스에서 탈수성이 저하되는 문제점을 발생된다. 최근 이러한 문제를 해결하기 위해 고분자 전해질과 강한 이온성을 가지는 마이크로파티클을 사용하게 되었다
- 마이크로파티클의 경우 양이온성 폴리아크릴 아미드와 벤토나이트를 사용하는 방식과 양성전분과 콜로이드상 실리카를 사용하는 방식 등이 있다. 사용하는 물질은 달라도 기작은 거의 동일하며 고분자 물질로 지료조성분을 먼저 응집시키고 강한 전단력으로 파괴시킨다. 이때 고분자 전해질과 반대 전하를 가진 미립의 마이크로파티클을 넣어 지료 조성분의 순간적인 재응집을 유도하는 원리이다.

㉢ 사이즈제
① 사이즈제
㉠ 종이는 기본적으로 셀룰로오스로 구성된 친수성기로 물을 잘 흡수하는 성질을 가지고 있다. 이러한 성질을 개선하기 위해 종이에 내수성을 부여하기 위해 사용하는 물질을 사이즈제라 하고 공정은 사이징이라 한다.
㉡ 친수성의 셀룰로오스 표면을 소수성으로 변화시키기 위해 소수성 물질로 종이 표면을 도피한다.
㉢ 사이즈제 효과 증진시키기 위해 다음과 같은 주의가 필요하다.
- 사이즈제가 지필 형성과정에 백수로 유출되지 않도록 사이즈제의 보류도를 높여야 한다.
- 사이즈제가 종이 표면에 균일 분포하여야 한다.
- 사이즈제의 소수성 부분이 외부로 노출되도록 배향시켜야한다.
- 배향된 사이즈제의 위치가 쉽게 바뀌지 않도록 섬유 표면에 강하게 고착시켜야한다.
② 로진사이즈제
㉠ 로진사이즈제
- 로진은 소나무의 생송지에서 얻어지는 것으로 레진산과 기타 지방산의 혼합물로 무정형이다. 온도 약 75℃ 이상에서 용융하고 투명한 황갈색으로 물에 녹지 않으며 알칼리에 의해 검화되어 용해되는 물질이다.
- 로진의 경우 약 80% 이상이 레진산으로 abietic acid 형과 pimaric acid 형으로 분류되며 분자구조는 측면에서 3개의 6각형 고리구조를 가지고 소수성과 하나의 친수성 카르복실산으로 구성되어 있어 물에 용해되지 않는다. 이러한 특징으로 내첨사이즈

제로 활용하기 위해 물에 용해되도록 알칼리로 검화시키거나 분산시켜 로진입자를 계면 활성제나 분산제를 활용하여 이용하게 된다.

ⓒ 검화로진 사이즈제

검화로진 사이즈제는 로진을 150℃ 정도로 가열하여 NaOH, KOH, Na_2CO_3 수용액에 반응시켜 비누화한 로진 사이즈제를 말한다. 검화로진은 고형분에 따라 페이스트상, 액상, 파우더상으로 분류되며 페이스트상은 검화 레진산을 약 80% 함유한 점성이 매우 강한 로진 사이즈제이다. 파우더상은 100% 검화된 레진산을 건조한 것으로 운반에 매우 용이하며 액상의 경우 고형분이 35~60% 정도로 온수에 의해 쉽게 희석되는 장점을 가진다.

ⓒ 분산로진 사이즈제

- 분산로진 사이즈제는 검화시키지 않은 레진산을 에멀션화하여 제조한 로진사이즈제이다. 입자의 직경이 0.05~1㎛ 정도로 작다. pH 6 이하의 산성으로 검화로진에 비해 2배정도 높은 사이징 효과를 가지며 종이의 강도에 영향을 크게 주지 않는 장점을 가진다.
- 분산로진은 지료 속 입자 형태로 존재하여 섬유에 정착된 다음 건조부에서 녹아 종이 표면에 퍼짐으로서 그 성능이 발휘되게 된다.

③ 알람

ⓐ 제지용 알람은 알루미늄 설파이트를 의미하며 화학식으로 $Al_2(SO_4)_3 \cdot nH_2O$ 이다. 화학식에서 결정수 n 의 경우 14~18 정도의 범위를 가지나 공업용 알람은 14개의 결정수를 가진다.

ⓑ 제지용 알람의 고형분 48.5% 의 액상으로 공급되며 1% 용액의 pH 3.5 정도이다. pH 범위에 따라 알루미늄 이온의 형태가 달라지는데 pH 5~9 정도에서는 $Al(OH)_3$가 침전물 형태로 존재하고 pH 가 매우 낮은 경우 Al^{3+}, pH 가 높을 경우 $Al(OH)_4^-$ 형태로 존재하게 된다.

④ 중성사이즈제

ⓐ 만약 종이에 내수성을 부여하기 위해 로진과 알람을 사용하게 되면 지료의 pH 를 산성에 가깝게 유지를 해야 한다. 하지만 산성 조건에서 제조된 종이는 강도나 내구성이 약하고 충전제로 충전이 어려운 단점이 있다. 또한 산성상태에서 오랫동안 공정을 하게 되면 기계에 부식도 촉진되어 관리에 어려움을 가진다. 이를 개선하기 위한 것이 중성이나 알칼리성 사이즈제이며 대표 물질로 AKD(alkyl ketene dimer), ASA(alkenyl succinic anhydride)가 있다.

ⓑ AKD, ASA는 셀룰로오스와 공유결합을 형성하여 셀룰로오스 표면에 소수화를 하기

때문에 일종에 반응성 사이즈제 이다. 이러한 반응을 통해 섬유표면에 정착되어 알람을 사용하지 않고 종이에 내수성을 부여하게 된다. 이들의 경우 내수효과가 우수해 섬유 대비 0.05~0.15% 정도만 첨가하고 있다.

ⓒ AKD 와 ASA 의 특징

구분	AKD	ASA
원료	동물성지방	석유
상온상태	고체	액체
가수분해속도	느림	빠름
안정성	안정	불안정
반응속도	느림	빠름

㉣ 지력 증강제

① 건조지력 증강제

㉠ 건조지력 증강제 특징

원래 종이의 강도는 섬유간 수소결합에 의해 결정되며 이를 증가시키기 위해 고해도에 변화를 주게 된다. 하지만 고해도를 증가시켜 섬유가 유연해지고 강도적인 측면중 인장강도나 파열강도, 내절도 등의 다양한 강도가 증가되지만 반대로 인열강도나, 불투명도 등 감소되는 특징이 발생된다. 건조지력 증강제는 이러한 반대되는 특징을 보이는 강도를 증가시키는 첨가제이다. 건조지력 증강제는 천연고분자 물질과 합성고분자 물질로 분류되며 천연고분자에는 양성전분과 검(gum)이 있고 합성고분자에는 아크릴 아미드가 대표적인 물질이다.

㉡ 양성전분

양성전분은 섬유와 섬유 사이 수소결합을 만들어 종이의 강도를 증가시키게 된다. 양성전분의 경우 첨가량이 증가할수록 강도도 비례하여 증가한다. 하지만 2% 이상에서는 탈수성이나 보류도를 저하시키는 단점이 있어 일정비율에 맞추어 투입하고 있다. 주로 크라프트지나 라이나지, 백판지, 옵셋용지 등에서 사용되고 있으며 옵셋용지에서는 인쇄시 나타나는 뜯김 현상을 해결하여 준다.

㉢ 폴리아크릴 아미드

폴리아크릴 아미드 역시 셀룰로오스 수산기와 수소결합을 만들어 종이의 강도를 상승시키는데 분자량이 일반 보류향상제보다 낮다. 이때 형성되는 수소결합은 섬유간의 수소결합보다 강해 종이의 강도를 증가시키는데 매우 효과적이며 보통 펄프 대비 0.5% 미만으로 첨가한다.

② 습윤지력 증강제
  ㉠ 습윤지력 증강제 특징
    · 습윤지력 증강제는 종이가 제조되는 동안 수분을 함유하고 있는 동안의 습윤강도를 증가시키기 위해 사용되는 첨가제이다. 이러한 지종의 경우 여과지, 종이수건, 사진인화지 등의 다양한 특수지에 사용되며 보통 종이가 물과 접촉 시 습윤강도가 약해지는데 이러한 것을 방지하기 위해서이다.
    · 습윤지력 증강제를 사용하면 습윤지력이 건조지력에 비해 15% 이상이 될 때 습강지라고 분류한다.
    · 습윤지력 증강제는 수용성이어야 하고 음전하를 띤 섬유에 쉽게 정착되도록 양이온성을 띠는 것이 좋다.
    · 습윤 지력 증강제의 종류로 요소-포름알데히드, 멜라민-포름알데히드 등이 있으며 이들은 가격 대비 성능이 좋으나 산성조건에서만 사용되는 단점을 가진다.
  ㉡ 요소-포름알데히드 수지
    요소-포름알데히드 수지는 가열을 받으면 축합반응을 일으켜 섬유 표면에 삼차원 망상구조로 변화되면서 섬유가 팽윤되지 못하도록 잡거나 섬유간 결합을 보호하여 습강효과를 보이게 된다. 요소-포름알데히드 수지의 경우 가격은 저렴하나 습강효과가 다른 습강제에 비해 떨어진다.
  ㉢ 멜라민-포름알데히드 수지
    멜라민=포름알데히드 수지는 수지에 메틸올기와 질소가 결합도니 수소원자의 사이에 결합이 발생되면서 습강효과를 발휘한다. 이 수지는 요소-포름알데히드 수지보다 작용기의 수가 많아 단위 첨가량당 습강효과가 좋다. 주로 지폐용지나 함침지의 제조에 사용되며 수지의 첨가량이 증가할수록 습강효과가 증가하나 일정량 이상이 되면 변화가 거의 없다.
  ㉣ 에폭시화 폴리아미드 레진
    에폭시화 폴리아미드 레진은 중성이나 알칼리 초지용 습윤지력 증강제로 pH 6~8 정도에서 주로 효과를 나타낸다. 강한 양전하로 되어 있으며 음전하를 띠는 섬유에 정전기적 인력에 의해 흡착된다. 흡착되는 양은 섬유의 표면적이나 음전하량에 따라 달라지며 섬유 비표면적이 넓거나 음전하가 강할수록 더 많은 레진이 흡착되게 된다. 현재 에폭시화 폴리아미드 레진은 화장지나 종이수건, 포대용지, 골판지, 사진인화지 등 광범위하게 사용되고 있다.

(5) 지료 분배
  ① 저장조
    ㉠ 저장조의 기능은 크게 2가지이며 첫 번째로는 비터와 같은 단속식 설비를 사용하여 단속공정을 연속공정으로 전환시키는 역할이며 두 번째로는 원질조성부의 문제가 발생시 초지기를 중단시키지 않고 일정 시간동안 공정이 가능하도록 원료를 공급하는 역할을 한다. 일반적으로 저장조는 약 30분 정도 공정 진행을 가능하도록 갖춘다.
    ㉡ 저장조의 구조는 지료가 균일한 농도로 유지할 수 있도록 교반시키는 교반기가 있어야 한다. 대부분의 경우 콘크리트로 시공하나 소형 저장조인 경우는 스테인레스 스틸이 사용되기도 한다. 내부 벽면은 섬유의 부착이 발생하지 않도록 수지나 유리, 타일 성분으로 평활하게 시공하도록 한다. 바닥은 출구쪽으로 약간 경사지게 하여 차후 세척이 용이하도록 설계한다.
  ② 지료 혼합
    ㉠ 균일한 지료의 혼합은 일정한 종이 품질 생산을 위해 필요하며 혼합하기 위한 공정 설비로 기계식, 전자식, 단계식 3가지로 분류가 된다.
    ㉡ 기계식의 경우 펄프 슬러리와 첨가제를 일정 비율로 혼합하며 가장 널리 사용되는 방법이다.
    ㉢ 전자식은 유량계, 농도조절기, 수위측정기 등을 이용하여 혼합조로 원료를 보내 유량 비율을 조정하며 단계식 혼합공정은 혼합조에 지료조성분을 순차적으로 투입하여 수위변화를 측정하고 혼합비율을 조절하는 방식이다.
  ③ 농도 조절
    ㉠ 농도조절의 경우 생산하는 지종의 평량산출과 공정 제어 등의 기본 정보가 되는데 만약 지료의 농도가 높을 경우 희석수를 투입하여 원하는 농도를 맞추는 등의 공정이 이루어진다.
    ㉡ 지료의 농도를 정확하게 측정하기 위해 유동중인 펄프 현탁액에서 일정량을 추출하여 지료를 여과하고 전건무게를 측정하고 그 비율로 농도를 산출하게된다. 하지만 지료의 경우 연속적으로 운반 및 만들어지기 때문에 이러한 지료의 흐름 특성을 이용하여 농도를 측정하는 경우 지료의 농도가 2~4% 범위에 있을 때 활용이 가능하다.
  ④ 파지처리 시스템
    ㉠ 파지는 초지기의 습부나 건부에서 발생되는 제품화가 되지 않은 종이를 의미하며 초지공정으로 다시 넣어 원료로 활용하게 된다.
    ㉡ 원칙상 파지의 발생이 적을수록 좋으나 공정중 파지가 발생되므로 이를 효율적으로 처리하기 위한 장치를 파지처리 시스템이라 한다.

ⓒ 보통 파지가 발생되는 종류는 습부파지와 건부파지로 습부의 경우 초기 헤드박스에서 분사되는 지필이 주행 중 끊어지는 지절현상이 발생되면 바로 다시 해리하여 사용하나 건부파지의 경우 사이즈 프레스나 캘린더 부분에서 주로 발생되며 이미 건조된 종이라 습부파지보다 더 많은 양의 동력이 소비된다.

2. 제지 공정

(1) 제지 공정 설계

㉠ 초지 진행순서

① 초지기는 지료 도입부에서 압착부까지를 습부, 수분을 건조시키는 부분을 건부로 구분한다.

② 펄프 원료를 섬유로 분리하도록 고해기에서 농도 3~6% 정도로 고해하여 피브릴화한후 혼합조로 보내고 첨가제를 투입하여 머신체스트에 저장한다.

③ 머신체스트에서 지료는 0.2~1.5% 정도의 농도로 백수를 이용하여 희석한다.

④ 클리너와 스크린 등을 이용하여 이물질을 제거하고 헤드박스로 보낸다.

⑤ 헤드박스에서 슬라이스를 통해 지료를 와이어 상으로 사출한다.

⑥ 와이어상으로 일정하게 사출된 지료는 즉시 탈수되면서 압착부로 보내진다.

⑦ 압착 작업을 거친 지필은 건조부로 보내져 남은 수분을 더 건조시켜 종이로 변화된다.

㉡ 헤드박스

① 플로우 스페레더

지료가 헤드박스 폭에 걸쳐 균일한 농도와 속도를 가지게 하는 장치로 플로우 스프레더(flow spreader), 디퓨저형(diffuser), 브랜치형(branch), 크로스 플로우형(cross flow), 테이퍼드 인렛 매니폴드 형(tapered inlet manifold) 등이 있다.

② 다공롤

밀폐 공기압형 헤드박스에서 속이 비어있고 구멍이 있는 다공롤을 사용하며 지료의 흐름을 고르게 하고 섬유의 응집을 방지하는 역할을 한다. 구멍은 직경 2~4cm, 롤의 회전속도는 6~15rpm 정도이다.

③ 슬라이스

헤드박스의 슬라이스는 오리피스형과 노즐형으로 분류되며 슬라이스의 형태와 여는 정도에 따라 사출된 지료의 두께가 결정되며 헤드박스 압력에 따라 사출속도가 결정된다.

㉢ 헤드박스 종류
① 개방형 헤드박스

개방형의 경우 말 그대로 지료가 대기로 노출되어 있으며 헤드박스내에 지료의 높이를 통해 압력과 슬라이스의 사출속도를 조절하게 된다. 빠른 압력의 변화를 주기 힘들며 주로 저속 초지기에 이용되고 있다.

② 밀폐형 헤드박스

밀폐형은 헤드박스를 밀폐하고 안의 지료의 높이를 일정하게 유지하면서 에어챔버의 공기압을 조절하여 지료의 사출속도를 조절한다. 밀폐형의 경우 개방형과 마찬가지로 다공롤을 통한 지료분산이 한계가 있어 다공롤 대신 다공판이나 튜브뱅크를 이용하기도 하며 난류 발생을 통해 지료가 전단 분산되도록 돕는 하이드롤릴 헤드박스가 있다. 제지공정에서 계속된 공정속도의 증가로 쌍망초지기에서는 대부분 하이드롤릴 헤드박스가 이용되고 있다.

㉣ 와이어부
① 장망초지기
㉠ 장망초지기에서 장망부의 구성요소로 포밍보드가 있으며 이는 브레스트롤과 포일어셈블리를 연결해주는 기능을 하며 사출지료가 충돌하는 지점에서 와이어를 지지하고 초기탈수를 위한 장치로 재질은 세라믹이다.
㉡ 브레스트롤은 헤드박스에 가까이 있는 롤로 와이어를 지지하는 역할을 해주며 테이블 롤은 현재 초지기의 속도 증가로 탈수를 위한 탈수 요소로 이용된다. 제지공정 속도 증가로 테이블 롤의 지료 점핑현상이 발생되었으나 이를 개선하기 위해 하이드로포일이 개발되어 이용하고 있다.
㉢ 쿠우치 롤은 다수의 구멍이 뚫린 원통형 롤로 롤 내부에 고진공 흡입박스가 있다.
② 쌍망초지기
㉠ 갭포머

갭포머는 2장의 와이어로 이루어진 공간에 지료를 사출하여 양쪽 방향으로 탈수하는 장치로 2장 와이어의 장력에 발생되는 압력이나 기타 탈수 요소로 이루어지며 롤포머와 블레이드 포머가 있다. 롤포머의 경우 와이어의 수명이 길고 양면성이 감소, 인쇄적성이 개선되는 장점이 있으나 핀홀 발생 및 내부결합강도 저하와 보류도가 감소하는 단점을 가진다. 블레이드 포머는 롤포머보다 지합이 좋으나 보류도가 낮은 단점이 있다.

ⓒ 하이브리드 포머

하이브리드 포머는 기존의 단점을 보완하기 위해 장망초지기에 블레이드 포머와 롤퍼머의 혼합 방식으로 순수한 쌍망초지기에 비해 스트리크가 감소되고 보류도가 향상되는 등의 장점을 가진다.

⑩ 백수 회수 시스템

백수는 펄프화나 초지공정에 탈수된 여과액으로 백수내에는 펄프 섬유와 지료성분등이 함유되어 있다. 와이어의 전반부에서 탈수된 백수는 와이어 파트에 모아 바로 재순환되어 사용된다. 부족한 와이어 파트의 백수를 보충하거나 지료 조성의 희석수로 사용되며 일부는 배출되기도 한다.

ⓑ 파지 처리 시스템

파지는 공정중에 발생되는 습지필이나 종이로 습운지는 물을 많이 함유한 상태인 포밍이나 프레스 단계에서 주로 발생되며 종이는 드라이어나 캘린더 및 와이어 등의 마무리 단계에서 발생된다.

ⓐ 압착

압착은 물기가 있는 습지필의 수분을 압력을 통해 최대한 줄여 건조부로 주는 단계로 압착부에서 습지필의 수분을 줄일수록 건조부에서의 스팀 소요량이 줄어들어 전체 에너지 소비량을 줄일수 있다. 보통 프레스를 통해 습지필의 수분 1% 정도를 줄이게 되면 스팀 소요량이 약 4% 정도 줄어들게 된다.

ⓞ 건조 공정

① 건조 공정

압축공정만으로는 지필에 수분이 다량 남아 있고 이를 종이화하기 위해 열을 이용하여 제가하는 공정을 건조 공정이라 한다. 건조부는 다수의 실린더를 이용하여 지필과의 접촉을 통해 수분을 수증기화하여 외부로 배출하게 된다.

② 건조부 구성

건조부는 건조실린더와 펠트롤이 상하 2열로 교호하여 위치하고 있으며 지필이 상하 교대로 실린더를 감싸면서 지나가고 실린더와의 접촉면적을 넓게하고 더욱 밀착시키기 위해 드라이어 패브릭이나 펠트를 이용한다.

③ 응축수 처리

건조실린더의 내부는 스팀으로 인해 응축수가 발생하게 된다. 실린더의 회전으로 이러한 응축수가 실린더 내벽으로 타고 오르다가 원심력으로 내벽에 완전 밀착되기도 한다. 응축수로 인한 하나의 층이 발생되며 스팀의 열전달효율이 감소하여 건조가 원활하지 못하게 된다. 응축수의 제거를 위해 사이폰을 이용하며 사이폰은 고정형과 회전형으로 분류된다. 고정 사이폰은 일정 위치에 고정시켜 회전하지 않는 사이폰이며 회전사이폰은 건조실린더와 동일 속도로 회전하는 장치이다.

CHAPTER 03 > 종이가공

1. 종이 도공
(1) 표면처리
  ① 도공의 개요
    ㉠ 도공 처리는 종이의 표면에 존재하는 공극을 채우게 된다. 도공 처리는 건조와 초광택 처리 후에 인쇄에 적합한 평활하고 균일한 종이 표면을 만들어 준다.
    ㉡ 도공 원지는 보통 특정한 도공액에 대한 종이 표면의 내수성을 조절하기 위하여 도공 작업 전에 사이즈 처리된다.
  ② 안료의 조건
    ㉠ 백색 안료는 도료에서 가장 많은 함량을 차지하는 구성성분으로 도공공정과 도공지의 품질에 가장 많은 영향을 주기 때문에 도공의 목적에 적합한 백색 안료의 선정이 매우 중요하다.
    ㉡ 종이도공에 사용되는 이상적인 안료는 다음과 같은 특성을 가진다.
      · 화학적인 안정화와 물에 낮은 용해성
      · 높은 빛 반사율과 굴절율
      · 높은 백색도과 불투명도
      · 낮은 불순물 함량
      · 적정한 입자크기 및 입자크기 분포
      · 낮은 바인더 요구량
      · 수용성 슬러리로서 좋은 유동성
      · 우수한 분산성 및 광택도
      · 다른 도공액 성분과의 우수한 상용성
      · 낮은 밀도와 마모성
      · 낮은 물 흡수성
      · 저렴한 가격
  ③ 안료의 분류
    ㉠ 종이도공에 사용되는 안료는 여러 방법으로 분류할 수 있지만 도공액에 사용되는 양에 따라 주안료, 특수안료, 부가안료로 분류할 수 있다.
    ㉡ 도공액에 가장 많은 비중을 차지하는 안료는 주안료로 분류할 수 있고 주안료만큼

사용량이 높지만 용도가 제한되어 있는 안료는 특수안료로 분류할 수 있다.
ⓒ 부가안료는 사용량이 낮은 안료는 나타내는데 대개 10% 이하로 사용된다.
ⓔ 사용량 기준으로 분류한 안료는 다음과 같다.

분류	안료 종류
주안료	백토, 중질 탄산칼슘, 활석
특수안료	석고
부가안료	경질 탄산칼슘, 소점토, 플라스틱 피그먼트, 이산화티탄

④ 안료의 종류 및 특징
  ㉠ 백토(Clay)
  • 백토는 안료 뿐만 아니라 충전제로 사용되는 정제점토의 총칭이다.
  • 백토는 지역에 따라 유럽에 분포하는 일차 백토와 아메리카에 분포하는 이차 백토로 구분된다.
  • 일차 백토는 이차 백토에 비해 상대적으로 입자가 크나 형상계수가 크기 때문에 더 넓은 판상형태를 나타낸다.
  • 백토는 구조가 판상을 나타내기 때문에 도공지의 광택도 향상효과가 우수하나 모서리 부분은 금속이온과 이온 교환에 의해 점도가 급속히 상승할 수 있다. 따라서 백토 사용 시에 분산제를 적절하게 사용하여야 한다.
  • 백토는 육각 판상형이기 때문에 도공지 표면의 평활성이나 높은 광택도 발현이 우수하나 탄산칼슘에 비해 가격이 높고 블레이드 코팅 시에 도공지 표면에 스크래치나 스트릭 등의 문제를 발생시키는 단점이 있다.
  ㉡ 탄산칼슘
  • 천연으로 산출되는 석회석, 방해석, 대리석 등의 주성분인 탄산칼슘은 알칼리성 안료의 대표적인 것으로 종이도공에 널리 사용되고 있다.
  • 탈산칼슘은 활석과 더불어 국내에 다량 매장되어 있으며 가격도 저렴하고 백색도와 불투명도 향상효과도 우수하다.
  • 탄산칼슘은 분쇄형(중질탄산칼슘, GCC)와 침강형(경질탄산칼슘, PCC)로 구분된다.
  • 중질탄산칼슘을 안료로 사용할 경우 유변학적으로 사용이 유리하기 때문에 도공액의 농도를 높일 수 있다. 또한 조업성이 좋아지고 건조에너지를 절약할 수 있을 뿐만 아니라 바인더 요구량이 낮은 장점이 있다.
  • 경질탄산칼슘을 사용하게 되면 백색도 향상에 유리한데 특히 종이 색상 중 b값을

감소시켜 백색도를 높이게 된다. 빛 산란이 증가하여 불투명도를 높이고 종이의 벌크를 향상시킨다. 또한 커버리지가 우수하고 인쇄적성이 향상된다.
ⓒ 활석
- 활석은 탈크로 불리우며 우리나라와 중국에 다량 산출되고 있는 국내에서 가장 일반 적인 안료이다.
- 충전제나 안료 이외 특수용도로서는 초미세입자화하여 피치콘트롤제로서도 사용되고 있다.
- 활석은 작게 분쇄하면 불규칙한 윤곽을 가지는 소형의 판상입자가 된다.
- 판상의 활석은 층상구조를 가지고 있어 제지용으로는 좋지 않다. 순수한 탈크는 대단히 희귀하여 불순물의 정도에 따라 최종 분말제품의 백색도와 경도가 결정된다.
ⓓ 이산화티탄
- 이산화티탄은 결정형이 정방정계인 아나타스(Anatase)와 루틸(Rutile), 육방정계인 블루 카이트(Brookite)의 3종류가 있으나 아나타스 및 루틸이 주요한 요소이다.
- 이산화티탄의 백색도는 대단히 높고 굴절율 또한 크기 때문에 불투명화 능력이 대단히 크다.
- 이산화티탄은 다른 안료에 비해 고가이기 때문에 사용하기 어려운 점도 있으나 소량의 첨가로 고백색도, 고불투명성을 얻을 수 있으므로 고품질의 특수지나 고급 인쇄용지 등에 사용되는 경우가 많다.

(2) 도공액 제조 및 물성
  ① 도공액의 조제
    ㉠ 도공층의 주요 구성성분은 하나 혹은 그 이상이 안료 혼합물이다.
    ㉡ 안료 입자들 상호 간과 도공원지와의 결합을 위해 바인더를 사용한다.
    ㉢ 도료 배합의 성분은 안료, 바인더 및 첨가제와 같이 세 가지 범주로 구분한다.
    ㉣ 바인더의 사용 목적은 안료 입자를 종이 표면에, 그리고 안료 입자 간에 서로 확고하게 결합시키는 것이다. 도공용 바인더는 불용성과 수용성 바인더로 구분할 수 있다.
  ② 도공액의 배합비
    ㉠ 도공액의 농도는 60-65% 수준을 나타내는데 가능하면 도공액의 농도를 높게 유지하는 것이 도공지의 고품질을 발현하는데 유리하다.
    ㉡ 일반적인 도공액의 배합비는 안료 100 pph를 기준으로 바인더(주, 부바인더 포함) 11-12 pph, 첨가제(윤활제, 내수화제, 형광증백제 등) 1-2 pph이다. 여기서 pph는 part per hundred 의 약자로 물질 농도의 단위로 100분의 1을 말한다.

ⓒ 안료의 배합비는 주로 중질 탄산칼슘과 백토로 결정되는데 도공지의 광택도, 백색도, 생산원가 등을 고려하여 두 안료의 배합비를 조절하게 된다.

ⓔ 바인더는 주로 라텍스, CMC, PVA가 주로 사용되는데 라텍스는 주 바인더의 역할을 수행하고 CMC는 증점제로 활용된다.

ⓜ 첨가제는 안료나 바인더에 비해 매우 낮으나 도공공정의 조업성, 생산성과 도공지의 품질에 직접적인 영향을 줄 수 있기 때문에 이들 간의 배합비를 적절하게 조절하는 것이 매우 중요하다.

③ 단속식 또는 연속식 조제 시스템

ⓐ 도공액은 단속식, 연속식 또는 반연속식 시스템으로 조제된다.

ⓑ 단속식은 도공액 비율이 별로 변하지 않고 도공액 시스템의 부피가 비교적 클 때 선호되는 방법이다. 단속식의 장점은 도공기에 공급되기 전에 도공액의 품질을 검증하기 쉽다는 것이다.

ⓒ 연속식의 중요한 장점은 도공액을 필요한 시점에 공급한다는 것인데, 지종 교체가 신속한 장점이 있지만 도공기 청소 시에 최소한의 도공액만을 버려야만 한다.

④ 도공액의 점도 측정

ⓐ 산업용 점도계는 크게 세 가지 형태로 구분된다. 첫 번째 형태는 Brookfield 점도계와 같이 회전 장치로 구성된 것 두 번째 형태는 Ford-cup 배열에 의한 특징을 가지는 장치이고 세 번째 형태는 어떤 의미에서 Glen Greston 낙구 장치에서와 같이 방해물 주위의 흐름으로 이루어진 장치이다.

ⓑ 도공액의 점도를 측정할 때는 주로 저전단 점도와 고전단 점도를 측정한다.

ⓒ 도공액의 혼합, 분산, 저장, 이송과 같은 공정에서는 저전단 점도가 중요하며 주로 회전형 점도계인 Brookfield 점도계를 사용하여 측정한다.

ⓓ 에어나이프, 로드 코팅공정과 같은 고전단점도를 측정할 때는 회전형 점도계를 사용한다.

ⓔ 회전형 점도계보다 더 높은 고전단 조건하 도공액의 점도를 측정할 때는 모세관 점도계를 사용하여야 한다.

⑤ 도공액 기타 특성

ⓐ pH

일반적인 도공액의 pH는 8.0-8.5이다. 그러나 라텍스나 합성증점제를 사용할 경우 pH가 조금더 높은 것이 좋다.

ⓑ 보수도

- 보수도는 원지 표면에 도공액이 접촉했을 때 도공액의 물을 도공층에 잔류시키는

특성을 일컫는데 보수도가 높을수록 도공액의 농도가 안정된다.
- 도공액의 농도가 높아지게 되면 도공액의 물이 원지로 흡수가 많이 일어나면서 도공층의 바인더 함량이 불균일해진다.

ⓒ 미분산물질 함량

일정한 메쉬를 가지는 스크린에 잔류하는 물질의 함량을 미분산물질 함량이라고 하는데 사용되는 스크린의 메쉬는 사용되는 표준법에 따라 다소 차이가 있다.

ⓔ 박테리아 함량
- 도공액의 박테리아 함량이 높으면 도공공정의 조업성에 악영향을 줄 수 있다.
- 도공지가 식품포장용으로 사용될 경우 도공액의 박테리아 함량은 매우 낮아야 한다.
- 도공공정의 조업성 뿐만 아니라 도공지의 품질 관리 측면에서도 박테리아 함량을 매우 낮게 유지하는 것이 중요하다.

(3) 도공 기계 및 방법

① 도공설비

ⓐ 종이의 도공설비를 코터(coater)라 일컫는데 종이의 양면을 동시에 도공할 수 있을 뿐만 아니라 다양한 종류의 단면 도공을 할 수 있다.

ⓑ 코터는 도공액을 바르는 장치, 종이로 전이된 도공액을 깎는 장치, 도공액을 건조하는 장치로 구성되어 있다.

ⓒ 종이의 양면을 동시에 도공할 수 있고 지종에 따라서 단면 도공만을 할 수도 있다.

ⓓ 코터 장비 특징
- 종이 표면 전체에 도공액의 균일한 적용
- 도공량 혹은 두께를 조절하기 위한 도공층의 계량 혹은 증감
- 표면의 평활화 및 균일화

ⓔ 도공액을 바르는 방법은 롤, 파운틴(fountains), 범람닙(flooded nip)이 있다.

ⓕ 롤 어플리케이션은 원지가 두 개의 롤사이로 통과하면서 도공액이 원지로 전이되고 노즐 어플리케이션은 바로 노즐을 통해 도공액이 원지로 전이되게 된다.

② 코터의 종류

ⓐ 블레이드 코터

지필에 충분한 도공액이 전이되고 과량의 도공액은 금속 블레이드(blade)를 사용하여 제거한다. 일부 장치에서는 블레이드 선단이 블레이드의 배향과 동일한 각도로 사면(bevelled)을 형성하고, 선단은 도공액의 박막 위를 주행하면서 도공액을 깎으면서 평활 기능을 수행한다.

ⓒ 에어나이프 코터(air-knife)

　　　에어나이프 코터에서는 원지가 도공액 통 안에서 운전되는 롤 에플리케이터로부터 도공액을 전이하였다. 이 후 다음 시트는 백킹 롤 위를 지나면서 예리한 공기 분사가 전폭에 걸쳐 시트에 쏘아져 도공층을 균일하게 하고 과량의 도공액을 불어낸다. 이러한 장치에는 공기 분사가 적절한 각도로 배향되어 초지기의 전폭에 걸쳐서 균일한 세기의 공기가 적용되는 것이 중요하다.

　　ⓒ 로드 코터

　　　로드코터에서는 에플리케이터 롤로부터 도공액이 원지로 전이되고 이 후 지필의 운행에 반대 방향으로 회전하는 소경 롤이나 와이어가 감겨있는 로드에 의해 도공량이 조절되고 평활 기능이 이루어진다.

　　ⓔ 캐스트 코터

　　　캐스트 코터는 고캘린더링과 고평활성을 갖는 도공지 제조에 사용된다. 여기에서는 도공액이 전이된 습지필을 건조 단계 동안 통상 양키 실린더 혹은 기계광택 실린더로 불리는 고도로 캘린더링을 낸 큰 지름의 증기 실린더에 가압 밀착시킨다.

③ 도공액의 건조

　　ⓐ 가장 일반으로 사용되는 건조법에는 열풍 건조법(hot air impingement)과 적외선 건조법(infra-red)이 있다.

　　ⓑ 터널식 건조는 편면 및 양면 도공 시트에 모두 적합한 방법이며 종이가 포일 혹은 공기 충돌에 의해 지지되는 롤러 위의 터널을 통과하여 운반되는 동안 공기 온도가 건조 요구도와 도공 속도에 부합되도록 조정된다.

　　ⓒ 가스에 의해 가열되는 적외선 방사기는 물리적 접촉 없이 에너지를 전달하기에 도공액 건조에 이상적이나 효율적인 가동을 위해 적외선과 열풍 건조의 원리를 조합하기도 한다.

　　ⓓ 도공액이 너무 급속히 건조되면 더 두꺼워진 피복층이나 더욱 느려진 흡수 속도를 갖는 영역에서는 더 많은 비율의 바인더를 함유하여 상이한 도공 구조를 만든다.

2. 적층 가공

(1) 적층 설계

① 적층 개요

　　ⓐ 적층은 둘 또는 그 이상의 지필이 합쳐져 하나의 제품을 이루는 공정을 말한다. 두께, 강도, 강성을 높이고자 할 때 가장 흔히 적용한다.

ⓛ 적층기술(라미네이션)은 다음과 같이 5가지로 구분되며 웨트(Wet) 라미네이션, 드라이(Dry) 라미네이션, 왁스 및 핫멜트(Wax and hot melt) 라미네이션, 압출(Extrusion) 라미네이션, 공압출(Co-extrusion) 라미네이션 이 있다.

② 적층가공방법

㉠ 웨트 라미네이션

수성 접착제를 한쪽 기재에 바르고 고착이 마르기 전에 즉시 다른 한편의 기재를 맞부쳐서 건조하여 감아내는 방식이다. 주로 종이를 주기재로 한 적층방법이다.

㉡ 웨트 라미네이션

접착제를 유기용제에 녹여서 한쪽 필름에 바르고 건조기 안에서 용재만을 증발시켜 이것을 다른 쪽 필름에 히팅 롤 위에서 열압착시키는 적층방법이다.

㉢ 핫멜트 라미네이션

열가소성 접착제를 필름, 박의 기재에 도공하고 맞붙임 필름과 가압 맞붙임 이후 냉각하여 감는 적층방법이다.

㉣ 압출 라미네이션

각종 기재에 용융압출된 고분자 필름을, 고분자가 굳기 전에 기재와 연속적으로 맞붙이는 적층법이다.

㉤ 공압출 라미네이션

2종류 이상의 수지의 압출기에서 동시에 압출되며, T다이의 중보 또는 밖에서 이들 수지를 라미네이트하여 2층 이상의 필름을 형성하는 적층방법이다. T다이 대신에 둥근 다이를 쓰는 튜블러법도 있다.

3. 골판지 가공

(1) 골판지 종류

① 골판지 분류

㉠ 골판지는 라이너와 골심지의 성형 형태에 골판지 종류를 구분한다.

㉡ 1장의 라이너와 골심지로 구성된 편면 골판지, 2장의 라이너와 골심지로 구성된 양면 골판지, 3장의 라이너와 2개의 골심지로 구성된 이중 양면 골판지, 4장의 라이너와 3장의 골심지로 구성된 삼중 골판지로 구분한다.

㉢ 특수 골판지로 분류되는 합지 골판지는 2장의 골심지를 서로 합지한 다음, 골심지를 성형하여 편면 골판지를 만들어 일반 원단과 같이 양면 골판지나 이중 양면 골판지를 만든다.

㉣ 합지 골판지는 고강도를 요구하는 농산물 상자에 많이 적용되고 있다.

(2) 골판지 제조 및 가공방법
① 코루게이터
㉠ 습부(wet end) 파트
- 코루게이터(corrugator)는 크게 wet end 공정과 dry end 공정이 있다.
- wet end 공정에는 공급된 원지를 투입해 주는 밀롤스텐드(mill roll stand), 생산중인 원지와 새로운 원지를 기계 정지 없이 자동으로 연결시켜주는 오토 스프라이서(auto splicer)가 있다.
- 원지의 수분을 건조시켜 주고 열을 가해 주는 프리히터(preheater) 및 프리컨디셔너(preconditioner)가 있다.
- 투입된 골심지가 상, 하 골 롤에 의해 골을 성형하고 라이너지와 접착 하여 편면을 만들어주는 싱글페이서(single facer)가 있다.
- 편면 골판지를 호부기 쪽으로 이동시켜주고 편면을 저장할 수 있는 브릿지(bridge)가 있다.
- 편면 골판지의 골 정(flute tip)에 전분 접착 제를 도포시켜 주는 호부기(glue machine)가 있다.
- 접착제가 도포된 편면을 표면 라이너와 접착시켜 주는 더블페이서(double facer)가 있다.

㉡ dry end 파트
- dry end 공정에는 더블페이서를 통과한 원단 중에 불량 부분을 제거해주는 로타리시어(rotary shear)가 있다.
- 오더 체인지 시 컷팅된 지설이 닥트관으로 쉽게 들어가도록 진행 방향과 직각으로 지설 부위를 컷팅해 주는 엣지커터(edge cutter)가 있다.
- 생산 지시 규격으로 재단해 주고 괘선을 넣어주는 스릿터 스코어러(slitter scorer)가 있다.
- 원단을 전장 규격으로 절단해 주는 커터(cut-off machine)가 있다.
- 생산된 원단을 오더별로 구분하여 적재해 주는 스태커(stacker)가 있다.

② 골판지 원지 공급
㉠ 원지 공급 시스템
- 코루게이터 작업 계획이 확정되어 작업지시서가 작성되면 작업 순서에 따라 필요한 원지의 정보를 파악한다.

- 필요한 원지의 정보에는 원지 종류, 평량, 지폭, 작업 길이, 공급되는 원지의 위치 등이 있다.
ⓛ 원지 준비
- 원지 배합별 생산 길이가 확정되면 원지 공급 위치에 따라 작업 순서에 맞게 원지를 공급 한다.
- 원지가 풀려나가는 방향을 고려하여 라이너의 경우, 표면이 골판지 원단의 바깥쪽으로 향하도록 준비하며, 골심지의 표면과 라이너의 이면이 접착되도록 준비 하면 된다.
ⓒ 원지 공급

  원지는 지게차를 이용하여 생산 설비의 원지 준비 위치까지 공급하게 된다. 원지공급은 작업 순서에 따라 원지 롤을 이동시켜주는 컨베이어나 대차를 이용하여 밀롤스텐드로 공급한다.
ⓔ 원지 투입
- 준비된 원지는 생산 순서에 따라 밀롤스텐드에 장착하여 공급하게 된다.
- 밀롤스텐드는 싱글페이서에 골심지와 라이너를 공급하기 위해 양쪽으로 한 대씩 구성되어 있다.
- 각 밀롤 스텐드에는 원지가 투입되는 위치가 2곳으로 하나는 현재 생산중인 원지가 가동되고 다른 하나는 다음 작업에 투입될 원지를 준비하는 곳으로 가동 중에 준비를 하여 연속적으로 원지가 공급되도록 한다.
ⓜ 원지 장력 조절 장치
- 밀롤스텐드에는 brake 장치가 장착되어 공급되는 원지의 장력을 적절하게 조절한다.
- 원지에 장력을 주는 목적은 원지에 주름이 생기지 않도록 적당한 장력을 주는 것이다.
- 원지가 회전하면서 풀려나가게 되는데 속도가 올라가면 가속이 생겨 생산 속도보다 빠르게 진행되면 주름이 발생하거나 겹쳐지면서 불량이 발생하여 기계 트러블의 원인이 된다.
- 반대로 과다한 장력이 발생하게 되면 원지 자체가 인장되어 싱글페이서에서 골성형 시 성형이 제대로 되지 않아 접착 불량의 원인이 되고 심하면 원지가 끊어지는 문제가 발생할 수 있다.
ⓗ 스프라이서(splicer)
- 스프라이서는 새로운 원지를 자동으로 연결시켜 주는 장치이다.
- 원지 교체 시점은 지종이 변경되거나 지폭이 변경되는 경우, 생산되는 원지를 다

소비하여 다른 롤의 원지로 바꿔줘야 하는 경우이다
- 스프라이서의 텐션롤에 의해 원지의 장력이 자동으로 조절되어 일정한 장력으로 S/F(싱글 페이서)로 원지가 공급된다. 이때 장력 조절이 일정하지 않으면 골이 성형되지 않거나 지절의 원인이 된다.

Ⓢ 원지 투입 및 배출 시스템
- 원지를 공급하는 방법은 지게차를 이용하여 원지 투입 위치에 1롤씩 이동시키면 작업자가 밀롤 대차에 올려 투입하는 방법과 원지를 작업 순서에 따라 투입될 위치에 순서대로 정렬시켜 놓으면 한 롤씩 작업 순서에 따라 원지 투입 시스템에서 밀롤스텐드에 투입되기도 한다.
- 원지 배출 시스템은 각각의 밀롤스텐드에 배출 컨베이어 라인이 연결되어 원지 잔량을 중앙 배출라인으로 컨베이어나 대차를 이용하여 이동시키는 시스템이다.

③ 골 성형
㉠ 골 성형의 이해
- 골판지는 라이너와 골심지로 구성되는데 골심지는 물결 모양의 골을 성형하게 된다.
- 이때 골을 성형하는 설비가 골 롤이다. 골 롤의 형태에 따라 골판지의 골의 종류가 분류된다.
- 골을 성형시켜 주는 골 롤은 기본적으로 상단 롤과 하단 롤로 구성된다.
- 단 롤과 하단 롤의 사이를 골심지가 통과하면서 골심지에 고온의 열과 수분, 그리고 압력에 의해 골이 성형된다.

㉡ 골 롤의 프로파일
- 골조율에 따라 원지의 사용량과 제품의 강도가 결정된다.
- 골조율이 클수록 원지의 사용량이 많아짐으로 골 피치와 골 높이를 조정하여 생산성을 고려한 골조율을 결정한다.

㉢ 골 롤의 코팅 종류
- 골 롤 제작 후 롤의 수명을 연장하기 위해 코팅 처리를 한다.
- 크롬 도금 골롤이 있으나 수명이 짧은 단점이 있어 현재는 대부분 텅스텐 카바이드 도금을 하고 있다.
- 텅스텐 도금한 제품은 크롬 도금에 비해 사용 수명이 3~5배까지 마모율이 낮아 수명이 그만큼 수명이 길다.

㉣ 골 롤의 정밀도
- 코루게이터는 고속으로 가동되면서 골롤러는 보다 엄격한 정밀도가 요구되고 있다.
- 원활한 생산을 위해서는 원통도와 크라운량의 적정성이 요구된다.

- 크라운커브의 대칭성과 골 높이 등이 매우 중요해지고 있다.

ⓜ 골 롤의 재질 변화
- 골 롤의 재료는 초기에는 포신 소재를 이용해 골 롤을 만들었으나 이후 특수강과 경질 크롬 도금한 골 롤을 사용하기 시작했다.
- 텅스텐 골 롤 들이 개발되어 골 롤의 품질과 사용 수명이 기존 크롬 골 롤에 비해 획기적으로 늘어났다.

ⓑ 골 롤의 직경
- 골 롤의 직경이 작아 골 롤의 회전이 많아 골 롤의 마모도가 많고 직경이 크면 마모도를 줄일 수 있으나 골 성형 시에 골심지가 쉽게 골 롤 사이로 들어가는데 부하가 많아 원지가 끊어지는 문제가 발생하기도 한다.
- 골 롤의 직경은 설비의 가동 속도에 따라 조정하기는 하지만 상·하단 롤의 직경을 변화시켜 골 성형 시 원지에 걸리는 마찰력을 줄이는 구조로, 보통 상단 롤은 크게 하고 하단 롤은 작게 제작하여 원지의 부하를 줄여 골 성형이 용이하다.

④ 골 성형 과정
㉠ 골심지의 골 성형
- 골 성형 과정은 골심지 원지가 상단 골과 하단 롤의 사이를 통과 하면서 롤에서 전이되는 열과 압력에 의해 골 모양으로 변형되어 골을 형성하게 된다.
- 골 모양으로 형성된 골심지는 모양을 유지하게 되는데 이는 성형 과정에서 받은 압력과 열에 의해 영구 변형이 된다.
- 골 성형 시 상, 하 골 롤의 압력과 열에 의해 원지 두께에도 변형이 생기고 골 모양의 골심지는 골 롤을 벗어나게 되면 원래 상태로 되돌아가려고 한다.

㉡ 성형된 골의 형태 유지
- 코루게이터의 밀롤스텐드에서 공급된 골심지는 상하 골 롤 사이를 통과하면서 열과 압력에 의해 형성된 골심지는 골 모양으로 변형되어 상단 롤에 부착되어 골 형태를 유지한다.
- 골 모양을 유지하기 위해 골 롤의 석션 압력을 이용하여 골심 지가 상단 롤에서 이탈 되지 않도록 하거나 브로워 압력을 이용하여 상단 롤에 부착 시켜 접착제 도포후 라이너를 만나 접착이 이루어질 때까지 골 형태를 유지 시킨다.

㉢ 원지의 프리컨디셔닝
- 골이 성형되는 골심지는 골 롤 사이를 통과하기 위해서 적정한 온도와 수분을 필요로 한다.
- 골심지에 수분과 온도를 공급하는 역할은 프리컨디셔닝 롤이 담당한다.

- 골심지가 롤을 감싸고 통과하면서 열과 수분을 공급받는다.
- 프리컨디셔닝 롤을 통과하면 수분을 공급하는 스팀 장치가 있어 골심지에 수분을 공급한다.
- 골심지의 표면 온도는 골성형과 접착에 필요한 적정 온도가 필요하다 보통 80℃에서 100℃ 이하를 유지한다.

㉣ 접착제 도포
- 골심지가 골 롤을 통과하여 골이 성형되면 골 정에 접착제를 도포하게 된다.
- 접착제를 도포하는 글루롤은 독터 롤과의 간격에 의해 접착제 전이량을 조절한다.
- 글루롤과 골 롤의 간격은 성형된 골심지의 골 정에 접착제가 도포되도록 간격을 조정한다.
- 골 정에 도포된 접착제는 라이너를 만나 접착이 이루어지는데 순간적으로 접착이 이루어지는 관계로 접착제의 점도와 원지의 수분, 온도에 따라 접착력이 결정된다.

4. 백판지

① 판지

㉠ 판지의 경우 $220g/m^2$ 이하는 종이라 하고 그 이상을 판지라 정의한다. 판지는 단층이나 다층 구조를 가지고 있기 때문에 여러 층으로 겹뜨기 방법을 이용하여 제조된다.

㉡ 판지 제조에 사용원료는 일반적인 종이와는 다르며 고지펄프의 사용량을 늘릴수도 있으며 주로 포장용으로 사용된다.

㉢ 판지의 주요 특징은 강도이며 포장용으로서 내용물의 운반을 위한 강도가 필요하기 때문이다. 이러한 기능 외에도 선물용포장의 경우 미적기능과 전시기능 등이 필요하며 식품의 포장에 경우 위생기능도 필요하게 된다.

㉣ 판지는 주로 백판지와 골판지용으로 분류되며 골판지는 주로 외부 포장에서 백판지는 개별 포장이나 내포장으로 주로 사용된다. 백판지는 표면에 안료나 첨가제를 이용한 도공액으로 도포하여 포장 기능 외에도 미적인 기능을 가지기 위해 인쇄 적성도 요구된다.

② 백판지의 종류

㉠ 백판지는 환망식 초지기나 환망과 장망을 둘 다 이용하여 생산되는 판지로서 바깥층에는 표백하학 펄프를 사용하며 나머지 층들은 기계펄프, 미표백 펄프, 고지 등의 펄프원료를 이용하여 겹뜨기 방법으로 여러층을 만드는 것으로 이중에서 제 1 층에만 표백화학 펄프를 사용하는 것을 백판지라 한다.

ⓒ 일반적으로 판지층에서 제 2 층은 고지를 사용하는데 이는 우리나라가 펄프 자원을 수입하는 입장으로 부족한 펄프로 인해 고지를 사용하게 되었다. 펄프 수급이 원활한 외국의 경우 순수 펄프만을 사용하여 백판지를 제조하고 있다.
③ 도공백판지
　ⓐ 도공백판지 구성
　　도공 백판지는 주로 표백 화학펄프와 다양한 고지 펄프를 이용하는데 현재 가장 일반적인 도공 백판지는 5개층으로 이루어져 제조된다. 도공층의 경우 바인더와 첨가제로 구성되어 도공액을 도피하여 만들며 제 1 층은 표백화학펄프로 구성되고 제 2 층은 고지, 제 3 층은 잡고지 펄프, 이면층은 표백화학펄프나 저급펄프나 고지펄프로 구성된다.
　ⓑ 도공층의 역할
　　도공층의 가장 중요한 역할은 시각적인 요소로서 백색도이다. 다음으로 중요한 것이 인쇄 적성으로 도공층을 판지에 만든 이유로 인쇄를 위한 평활성과 인쇄 효과를 개선시키기 위해서이다. 이때 이러한 백색도 및 인쇄 향상을 위한 중요한 것이 클레이와 같은 안료이다. 바인더는 안료를 원지와 결합시켜 주는 역할을 하나 잉크 친화력이 떨어져 너무 과다하게 사용하면 인쇄 품질이 떨어지게 된다. 즉 클레이와 같은 안료와 바인더의 비율을 적절하게 혼합하여야 한다.
　ⓒ 제 1 층
　　• 판지에서 요구되는 중요한 성질은 강성이다. 제 1층은 판지의 강도와 백색도에 모두 영향을 미치는 부분이다. 판지의 강성에 영향을 주는 것으로 원료 자체의 강성 및 판지의 평량에 있다. 자체 강성이 좋은 펄프 일수록 제 1 층의 더 많은 영향력을 주게 된다. 다음으로 중요한 강도적 성질은 내절강도이다. 사제 제조시 내절강도가 약해 접는 부위에 균열이 발생하면 제품으로서 사용이 불가능하다.
　　• 평량은 중간층과 이면층이 다 같이 고지의 사용량에 의해 결정된다.
　　• 제 1 층은 백색도와 피복력이 도공층에 영향을 주는데 도공층의 불투명도가 높아 도공층 자체의 백색도로 원하는 수치가 나오게되면 상관이 없으나 실질적으로는 제 1 층이 도공층에 영향을 주게되므로 백색도와 피복력이 매우 중요하다.
　ⓓ 제 2 층
　　제 2 층은 고지의 탈묵을 하고 사용하는 재료로서 원료가 고지의 품질에 따라 판지의 품질에도 영향을 주게 된다. 이때 고지는 신문고지 탈묵펄프를 주로 사용하는데 이외에 다른 고지나 골판지 고지 등을 해리하여 사용하면 기계적인 성질에서는 큰 변화가 없으나 백색도 저하가 관찰되기도 한다. 또한 중간층의 지합이 불량하면서 불균일로

인한 요철이 발생하기도 한다. 만약 층간의 고해도가 급격하게 차이가 나게 되면 층간의 결합력이나 균형이 나빠지게 되기 때문에 가능하면 제 1 층과 중간층의 가운데서 완충역할이 가능한 수준의 펄프를 사용하는 것이 이질성을 줄이는 방법이다.

ⓜ 중간층

중간층은 제 2 층과 이면층의 중간에 존재하며 골판지의 고지나 잡지고지, 신문고지 등이 혼합된 고지를 이용하는데 비교적 가격이 가장 싼 원료를 사용하는 층이다. 그로 인해 중간층을 두껍게 할수록 원가를 절감하는 효과가 있다. 중간층은 원료자체가 여러 고지를 섞어 엉성하여 탈수성이 좋고 공정 조건에 큰 변화없이도 원료끼리 부착시키기에 수월하다.

ⓗ 이면층

이면층은 상품과 직접 접촉하는 가장 안쪽의 층으로 상자를 열었을 때 소비자에게 겉표지 다음으로 눈에 띄는 곳이다. 이러한 이면층은 순수 펄프를 주로 사용하게 된다. 고지를 사용하게 되면 반점과 같은 시각적인 품질저하를 가져오기 때문에 고지를 사용하지 않고 순수한 펄프만 사용하는 것이 일반적이다. 시각적인 품질이 중요한 만큼 요철과 같은 현상이 나타나지 않아야 하며 약간의 도포 작업을 통해 면의 평활성을 주기도 한다.

④ 백판지 제조

㉠ 판지와 종이의 차이점은 판지는 여러장의 시트가 겹쳐져 만든다는 점이다. 완성품은 판지의 경우 매우 두꺼운 재질로서 이만큼의 두꺼운 재질을 위해 바로 종이를 만들게 되면 건조시 많은 양의 수분이 남게 되어 제대로 된 품질의 판지를 얻을수가 없다. 따라서 판지와 같은 두꺼운 종이를 만들기 위해 몇 개의 층으로 나누어 그 층을 겹치는 방법을 겹뜨기라 한다.

㉡ 겹뜨기는 두꺼운 한 장의 시트보다 얇은 시트 여러장을 겹뜨기 한것이 더 좋은 지합과 강도를 나타내었다. 두꺼운 시트를 바로 초지기에서 제조하게 되면 섬유나 첨가제의 불균일이 일어나고 탈수 작용시 한쪽면의 유실로 면이 다소 거칠어 질수도 있다.

⑤ 판지 초지 공정

㉠ 지층 형성부

판지에서 초지기는 여러층으로 이루어지는 겹뜨기 방식으로 지층 형성부는 겹뜨는 수만큼 필요하게 된다. 환망식 초지기는 습식과 건식으로 분류하여 습식은 실린더 벳트내에서 원료현탁액이 흐르는 상태에서 금망 실린더가 회전하면서 금망에 지료 지층이 형성되는 방식을 말하고 건식은 지료 도입부의 경로를 바꾸어 원료 현탁액을 금망 실린더의 일부분에만 접촉시켜 지층을 만드는 방식을 말한다.

ⓒ 압착부
- 조지과정에서 지층의 형성이 완료되고 겹뜨기된 지필은 펠트를 통해 이송되어 프레스공정으로 와서 탈수를 시작하게 된다. 금망부에서 압착부로 지필이 이동하면서 만약 수분이 과다하게 많을 경우 프레스의 압력 때문에 지층이 파괴되기도 한다.
- 환망초지기에서의 배치는 환망에서 지필로 이송하는 펠트에 지필사이에 상부펠트를 한 장 덧대어 압착부로 진입시키면서 예비 탈수를 시키고 완료후 1~2개의 닙으로 탈수를 하는데 이때 상부 펠트는 없이 단일 펠트 닙을 통과시켜야 지필의 부서짐이 없다. 이때 사용되는 압착롤은 흡인롤을 사용한다. 이처럼 압착부는 최대한의 탈수를 중요시하나 탈수 과정에서 무리한 압착으로 지필이 파괴되지 않도록 하는 것도 중요하다.

ⓒ 건조부

건조부의 경우 압착과정이 끝나고 일정량의 수분이 없어진 지필을 완전건조시키기 위한 공정으로 건조중 지필이 끊어지는 지절이 발생할수 있어 각 과정의 속도를 조절해야한다. 건조를 하는 동안 수분이 증발되면서 지필의 수축이 일어나기도 하는데 기계폭 방향으로 5~10%, 기계방향으로는 3~6% 정도의 수축이 발생하기도 한다. 이처럼 건조 속도를 너무 빨리 하게 되면 급격한 수축현상과 함께 지절이 발생 하며 너무 느린 건조속도로 진행하면 공정의 효율이 떨어지기도 하기 때문에 효율적인 관리가 필요하다.

⑥ 판지도공
ⓐ 코오터
- 코오터는 판지위에 도공액을 바르기 위한 기계로서 이때 공정은 온머신(on-machine), 오프머신(off-machine)으로 처리한다. 판지의 도공은 대부분 온머신으로 처리하며 그 종류로 롤도공기, 에어나이프 도공기, 블레이드 도공기, 미터링바 도공기 등이 있다.
- 롤도공기는 최초로 사용된 장치로 도료를 계량롤이나 전이 롤에 의해 공급하는 방식으로 공정은 간단하나 균일한 도공면을 얻기가 어려워 판지에서는 1차 도포에 쓰인다.
- 에어나이프 도공기는 어플리케이터 롤에 의해 도공이 이루어진 다음 예리한 에어 제트가 종이 표면에 쏘아 도공층을 균일하게하고 도료가 과량으로 도포되어 있을 경우 그것을 제거하는 기능도 있다. 공기압을 이용하기 때문에 조절이 가능하여 통상 0.2~0.7 kg/cm² 정도의 압력을 사용한다.
- 미터링 바 도공기는 에어나이프 도공기와 유사하나 이것은 지필의 움직임에 반대

방향으로 회전하는 롤이나 막대가 공기압의 역할을 대신하게 된다.
- 블레이드 도공기는 그 형태가 다양하며 얇고 예리한 금속 블레이드의 각도와 압력으로 지필의 도료를 균일하게 발라지게 된다.
- 판지의 도공에서는 2~3개의 방법을 조합시키는 다단 도공방법을 주로 사용하며 1차도공에는 롤 코오터나 미터링 바 코터를 이용하며 2차도공에서는 미터링바나 블레이드 코터를 주로 사용하거나 긁힘자국의 걱정이 있을 경우 에어나이프 코터를 사용한다.

PART 4 종이제조 기본문제

01 종이, 화학섬유, 필름, 도료 등의 제조에 이용되는 목재의 주요 조성분은?
① 셀룰로오스 ② 리그닌
③ 헤미 셀룰로오스 ④ 정유

해설 목재에는 셀룰로오스, 헤미셀룰로오스, 리그닌과 그 외 부산물들이 많이 차지하고 있다 그중 셀룰로오스가 가장 많은 부분을 차지하며 그 비율이 40~50 %를 차지한다. 다음으로 많이 차지하는 성분이 헤미셀룰로오스로 25~30% 정도를 차지한다.

02 펄프제조용 칩(chip)의 길이는 평균 몇 mm 인가?
① 5 ~ 15 mm ② 15 ~ 25 mm
③ 25 ~ 35 mm ④ 35 ~ 45 mm

해설 칩의 크기는 섬유방향 15~25 mm, 두께 4 mm 표준으로 한다.

03 펄프의 고해 시 발생되는 섬유의 특성 변환에 대한 설명으로 옳지 않은 것은?
① 섬유간 결합력이 커진다. ② 섬유의 유연성이 감소한다.
③ 비 표면적이 커진다. ④ 섬유의 절단이 발생된다.

해설 고해시 내부피브릴화로 인해 섬유간의 결합이나 수소결합이 약해지면서 물이 내부로 침투하면서 팽윤이 발생하면 섬유가 유연해진다.

04 고해(beating)의 효과에 대한 설명으로 옳지 않은 것은?
① 섬유의 1차 벽을 부분적으로 제거한다.
② 섬유의 비표면적을 감소시킨다.
③ 섬유의 유연성을 증가시켜 강도를 향상시킨다.
④ 피브릴화를 일으킨다.

해설 섬유의 고해를 통해 섬유를 잘게 잘라주게 되면서 표면적이 증가된다.

정답 01 ① 02 ② 03 ② 04 ②

05 펄프를 개개의 섬유로 분산된 슬러리(slurry) 상태로 만들어 주는 작업 단계는?
① 해리
② 고해
③ 정선
④ 사이징

해설 해리 : 펄프를 개개의 섬유로 분산시켜 슬러리 상태로 만들어주는 작업

06 리파이너 쇄목펄프의 특성으로 옳은 것은?
① 원료로 통나무를 사용한다.
② 원료로 칩을 사용하여 폐재를 이용할 수 있다.
③ 쇄목펄프보다 짧은 섬유 생산으로 강도가 떨어진다.
④ 동력소비량이 적고, 마쇄 후 펄프의 부피가 적다.

해설 원료로는 통나무에서 일정크기로 제재하여 사용하고 제재소의 폐재를 사용하기도 한다. 리파이너 쇄목펄프는 긴 섬유의 형태를 생산하고 동력이 더 많이 들며 일반 쇄목펄프보다 리파이너쇄목펄프는 강도도 향상되며 여수도가 높다.

07 제지 공정에서 각종 지료의 조성분이 와이어의 밑으로 빠져나가지 않게 하는 것을 무엇이라고 하는가?
① 탈수(Dewatering)
② 보류(Retention)
③ 광택처리(Calendering)
④ 사이징(Sizing)

해설 헤드박스 내의 지료조성분이 지필에 잔류하는 정도, 장섬유의 경우 괜찮으나 단섬유나 미세섬유 등을 화학적 처리를 통해 응집시켜 잔존시켜주는 것을 보류라고 한다.

08 반화학 펄프에 대한 설명으로 옳은 것은?
① 화학약품을 사용하지 않고 기계적으로 펄프화하는 방법이다.
② 기계적 처리와 화학적 처리를 병용하여 제조된 펄프 이다.
③ 화학약품과 열이 이용되며, 기계적인 에너지는 거의 사용하지 않는다.
④ 강도가 우수하고 리그닌의 함량이 매우 적은 펄프 이다.

해설 반화학 펄프는 목재칩을 화학 약품으로 전처리 후 기계적으로 섬유화 한 것으로 펄프의 수율은 65~85% 정도로 화학펄프와 기계펄프 수율의 중간 정도이다.

09 침엽수의 기계펄프수율은 일반적으로 원료목재 중량의 약 몇 % 인가?
① 20 ~ 40%
② 40 ~ 45%
③ 60 ~ 75%
④ 80 ~ 90%

해설 기계펄프의 수율은 85~98% 정도로 매우 높다.

10 크라프트 펄프화법과 아황산 펄프화법을 비교한 것 중 크라프트 펄프화법에 대한 설명으로 옳지 않은 것은?
① 약품 회수과정이 효과적이고 경제적이다.
② 수종에 제한을 받지 않는다.
③ ClO_2의 적용으로 높은 백색도를 얻을 수 있다.
④ 강도는 낮지만 다른 물성이 우수하다.

해설 크라프트 펄프의 경우 강도가 높은 종이를 생산 가능하다.

11 다음 중 충전제의 종류가 아닌 것은?
① 클레이(clay)
② 탄산칼슘
③ 이산화티탄
④ 전분

해설 전분은 섬유와 섬유 사이에 수소결합을 형성시켜 종이의 강도를 증가시키는 역할을 한다

12 지력 증강제로 사용하는 약품이 아닌 것은?
① 전분
② 폴리아크릴아릴아미드(PAM)
③ 소포제
④ 요소수지

해설 소포제는 종이생산시 약품에 발생되는 거품에 의해 공정에 발생되는 문제를 방지하기 위한 거품 발생 방지 약품이다.

13 펄프 용재로서의 특성에 대한 설명으로 옳지 않은 것은?

① 목재 내 셀룰로오스 섬유의 양이 많아야 한다.
② 수지 및 탄닌 성분이 많아야 한다.
③ 수집, 저장이 쉬워야 한다.
④ 재색은 흰 것이 좋다.

> 해설: 수지, 탄닌, 테르펜 등의 추출성분이 많아지면 펄프 생산지 초지장해, 반점장해 등의 문제가 발생되는데 어떠한 추출성분에 의해서는 수지가 괴상으로 부착, 지절을 발생시키기도 하고 어떤 물질들은 착색을 일으켜 품질을 떨어뜨리기도 한다.

14 크라프트 증해액의 조성을 나타낸 용어로 증해액 중의 Na_2S 함량을 뜻하는 것은?

① 황화도
② 활성도
③ 유효알칼리
④ 활성알칼리

> 해설: 황화도는 총알칼리에 대한 Na_2S의 백분율을 의미한다.

15 종이에 액체의 침투시간을 조절하기 위해 첨가하는 약품은?

① 소포제
② 보류향상제
③ 지력증강제
④ 사이즈제

> 해설: 사이즈제는 종이에 내수성 부여, 물 흡수가 잘되지 않도록 방지한다. 소포제의 경우 거품발생방지 약품이며, 보류향상제는 미세섬유의 보류도를 향상시켜 섬유 및 충전물이 공정중 떨어지는 것을 방지한다. 지력증강제의 경우 제품의 강도 개산을 위해 사용되는 약품이다.

16 다음 중 중성 사이즈제로 사용되는 약품은?

① PAM(polyacryl amide)
② ASA(alkenyl succinic anhydride)
③ 알루미늄 설페이트(Aluminium sulfate)
④ 탈크(talc)

> 해설: 중성 사이즈제는 원래 로진이나 알람 사이즈제가 산성으로 유지하는 것으로 인해 종이의 강도, 내구성이 약해지게 되어 이를 해결하기 위해 중성 혹은 알칼리성 사이즈제 개발 하였으며 대표적인 약품으로 ASA, AKD 가 있다. 보기의 PAM의 경우 보류제의 일종이며 알루미늄 설페이트는 응집제나 폐수처리용으로 주로 사용된다. 탈크의 경우 충전물의 일종으로 인쇄적성을 향상시킨다

정답 13 ② 14 ① 15 ④ 16 ②

17 기계펄프에 대한 설명으로 옳지 않은 것은?
① 고수율의 펄프를 얻을 수 있다.
② 화학펄프에 비해 표백은 용이하지만 인쇄품질이 떨어진다.
③ 주로 침엽수재로 만든다.
④ 햇빛에 노출되면 쉽게 변색된다.

해설 기계펄프는 화학펄프에 비해 표백이 어렵다.

18 펄프, 충전물, 사이즈제와 각종 첨가제를 초지에 적합 하도록 처리, 혼합, 정선하는 공정은?
① 압착공정 ② 지료조성공정
③ 성형공정 ④ 건조공정

해설 목재펄프와 충전물, 각종 사이즈제, 첨가제 및 알람 등의 모든 원료를 초지에 적합하도록 처리, 혼합, 정산하는 공정을 지료조성공정이라 한다.

19 기계펄프화법에 해당되지 않는 것은?
① 크라프트펄프 ② 가압 쇄목펄프
③ 리파이너 기계펄프 ④ 열기계펄프

해설 크라프트 펄프는 화학펄프의 일종이다.

20 침엽수 화학펄프를 만드는데 적합한 수종은?
① 서어나무 ② 플라타너스
③ 사시나무 ④ 소나무

해설 화학펄프의 적합한 수종으로 가문비나무, 소나무, 너도밤나무 등이 있다

21 다음 펄프화법 가운데 수율이 가장 낮은 것은?
① 기계펄프화 ② 반화학펄프화
③ 화학펄프화 ④ 열기계펄프화

해설 보기의 펄프화법 중 기계펄프가 95% 이상으로 수율이 가장 높고 화학펄프는 40~50% 정도로 가장 낮은 수율을 보인다.

22 목재 펄프의 표백에서 다단표백의 장점이 아닌 것은?

① 펄프의 백색도가 높아진다. ② 표백 약품이 절약된다.
③ 펄프의 회분이 감소한다. ④ 펄프의 수율이 높아진다.

> 해설 표백은 백색도 개선을 목적으로 하며 수율에는 영향을 주지 않는다.

23 지료 조성공정에서 리파이너를 사용하는 주 목적은?

① 펄프의 수율을 증가시키기 위하여 ② 펄프의 강도를 높이기 위하여
③ 섬유를 절단시키기 위하여 ④ 섬유를 팽윤시키기 위하여

> 해설 리파이너는 즉 고해 과정에 사용되는 기계를 말하며 고해를 통해 섬유의 절단 및 세포벽의 분리, 단섬유화등 의 변화로 펄프의 강도가 높아진다. 절단 및 팽윤은 그 과정중 하나이다.

24 초지공정에서 종이에 반점들이 나타날 수 있는데, 이 반점이 나타나는 원인은?

① 충전할 때 충전제를 너무 많이 넣으므로
② 펄프에 수피의 혼합, 염료의 불완전용해, 기름의 오점등 때문에
③ 사이징(sizing)할 때 사이즈(size)를 너무 많이 넣으므로
④ 젖은 종이가 건조 로울러에 부착되어 건조 될 때 건조 로울러의 표면온도가 높으므로

> 해설 보통 종이의 반점의 경우 펄프자체가 혼합된 수지와 같은 추출성분이나 수피 등이 주요 원인이며 염료가 완전 풀리지 않아 덩어리로 공정으로 투입되어 발생되기도 한다.

25 클리너의 역할을 설명한 것으로 옳은 것은?

① 지료의 섬유를 크기 별로 선별하는 장치이다.
② 지료의 섬유를 분산시켜 일정한 농도를 갖도록 하는 장치이다.
③ 지료 중 금속편, 모래 등과 같은 이물질을 제거하는 장치이다.
④ 목재를 섬유화하는 기계 장치이다.

> 해설 망 형식의 클리너는 일정크기 이상의 이물질을 제거하여 제품의 품질을 향상시킨다.

정답 22 ④ 23 ② 24 ② 25 ③

26 기계 펄프에 대한 설명으로 옳지 않은 것은?
① 기계펄프는 제조공정에 따라 쇄목펄프, 리파이너 기계펄프, 열기계펄프로 나눈다.
② 쇄목펄프는 수율이 95% 이상으로 높다.
③ 기계펄프는 백색도가 높아 고급지에 사용된다.
④ 열기계펄프가 다른 기계펄프와 다른 점은 특별히 chip 을 증기로 예열한다는 점이다.

해설 기계펄프는 수율은 좋으나 백색도가 좋지 않아 중,저급지에 사용된다. 백색도는 화학펄프나 반화학펄프가 높다.

27 다음 ( ) 안에 들어갈 알맞는 것은?

> 헤드박스는 밀폐 유무에 따라 개방형 헤드박스와 밀폐형 헤브박스로 나눌수 있으며, 밀폐형 헤드박스에는 공기압 형 헤드박스와 ( )헤드박스로 나눌 수 있다.

① 하이브리드   ② 하이드로릭
③ 플로우 스프레더   ④ 하이드로 포일

해설 밀폐형 헤드박스는 공기압형 헤드박스, 하이드로릭 헤드박스로 분류되며 헤드박스가 밀폐되어 있으며 지료의 높이를 일정하게 유지한다. 공기압 조절을 통해 사출 속도를 조절하는 장치이다.

28 펄프산업에서 발생되는 악취의 성분이 아닌 것은?
① 아황산   ② 황화수소
③ 메틸멜캡탄   ④ 수산화나트륨

해설 수산화나트륨(가성소다)의 경우 사용상 악취가 발생되지 않는다.

29 초지기의 구성 요소 중 지료를 와이어부로 균일하게 공급하기 위한 장치는?
① 헤드복스   ② 테이블 롤
③ 브레스트 롤   ④ 흡인복스

해설 지료를 헤드박스에서 와이어부로 일정속도로 사출하여 균일하게 공급한다

정답 26 ③ 27 ② 28 ④ 29 ①

30 종이의 도공에 사용하는 안료의 종류가 아닌 것은?

① 이산화티탄   ② 탄산칼슘
③ 클레이   ④ 라텍스

해설 도공에 사용하는 안료는 도공지의 광학적 성질 및 인쇄 적성을 향상시키기 위해 사용하며 라텍스는 도공용 바인더로서 안료와 도공층과 원지를 접착시키기 위해 사용한다.

31 물 속에 섬유를 넣고 기계적 처리를 하여 섬유의 형태 및 구조를 변화시켜 초지적성, 종이의 특성을 향상시키기 위 해 행해지는 공정은?

① 펄프화   ② 초지
③ 고해   ④ 탈수

해설 물 속에 펄프를 넣어 고해를 통해 단섬유화, 피브릴화를 통해 종이의 특성이 향상된다.

32 초지공정 중 가장 많은 양의 물이 제거되는 단계는?

① 지료조성부   ② 금망부
③ 압착부   ④ 건조부

해설 금망부는 헤드박스와 압착부 사이의 공정으로 헤드박스에서 사출한 용액 중 가장 많은 양의 수분이 금망에서 제거되게 된다.

33 목재펄프의 다단표백 공정에서 제 1단 처리에 가장 널리 이용되는 표백제는?

① 하이포 수산나트륨   ② 염소
③ 하이포 염산나트륨   ④ 황산

해설 단 표백 공정은 CEHDED, CEDHED 등 다양한 조합에 의한 단계별 표백으로 보통 초기 1단 처리에는 염소를 주로 사용한다.

34 제지용 펄프가 아닌 것은?

① 기계펄프   ② 반화학펄프
③ 화학펄프   ④ 용해펄프

해설 펄프를 용도에 따라 분류시 제지용펄프와 용해용 펄프로 분류되며 제지용펄프는 기계펄프, 화학펄프, 반화학펄프 등으로 분류된다.

정답 30 ④ 31 ③ 32 ② 33 ② 34 ④

35 백색도가 가장 높은 펄프는?

① 쇄목펄프   ② 열기계펄프
③ 미표백화학펄프   ④ 표백화학펄프

> 해설   백색도가 높은 펄프 순으로 표백화학펄프 > 미표백화학펄프 > 열기계펄프 > 쇄목 펄프 순이다. 표백화학펄프는 표백제로 인하여 백색도가 높으며 쇄목펄프는 기계펄프의 일종으로 백색도는 크게 향상되지는 않는다.

36 클라슨 리그닌(Klason lignin)의 값(%)을 구하는 식은?

① 0.15 × Roe 값   ② 0.15 × 과망간산 칼륨값
③ 0.15 × 염소값   ④ 0.15 × 카파값

> 해설   카파값은 펄프 중의 잔류 리그닌 양을 표시하는 값, 1g 펄프가 25도 에서 10분간 소비하는 0.1N 과망간산 칼륨 용액의 양(ml) 로 표시한 것이다.

37 펄프화 공정에서 목재의 수피 제거 필요성에 대한 설명으로 옳지 않은 것은?

① 수피는 섬유가 적다.
② 수피는 펄프 수율을 떨어지게 한다.
③ 수피는 펄프 품질을 저하시킨다.
④ 수피는 증해공정 중 약품의 소모를 줄인다.

> 해설   수피는 증해 공정중 약품을 흡수하거나 목재에 침투되는 약품을 막아 펄프화 공정에 방해가 된다.

38 기계펄프에 대한 설명으로 옳지 않은 것은?

① 고수율의 펄프를 얻을 수 있다.   ② 동력 소모가 적다.
③ 불투명도가 높다.   ④ 햇빛에 노출되면 쉽게 변색 된다.

> 해설   기계펄프의 경우 화학펄프와 같은 약품이나 조건이 아닌 기계적 처리에 의해 만드는 펄프로 동력소모가 크다

39 기계펄프화법에 해당되지 않는 것은?

① 쇄목펄프   ② 가압쇄목펄프
③ 탈잉크펄프   ④ 열기계펄프

> 해설   탈잉크 펄프는 탈묵펄프로 보통 신문용지를 재활용하기 위해 약품을 이용하여 잉크를 제거하여 만든다.

정답   35 ④   36 ④   37 ④   38 ②   39 ③

40 다음 고해 설비 중 연속 작업이 불가능한 설비는?
① 홀랜더 비터
② 원추형 리파이너
③ 트윈디스크 리파이너
④ 더블디스크 리파이너

해설 연속식 리파이너로 디스크리파이너, 원추형리파이너 등이 있으며 단속식 리파이너로 홀랜더 비터가 있으며 연속 작업이 불가능하다.

41 종이의 원가를 절감하고 불투명도, 평활성, 백색도의 향상 효과를 얻기 위한 습부 첨가제는?
① 충전제
② 지력증강제
③ 사이즈제
④ 보류향상제

해설 충전제는 평활성, 백색도, 인쇄적성 등이 향상되며 충전제의 종류로 탄산칼슘이나 탈크 등이 있다

42 열기계펄프(TMP)는 어느 펄프에 속하는가?
① 기계펄프
② 탈묵펄프
③ 화학펄프
④ 반화학펄프

해설 기계펄프 종류로 쇄목펄프, 리파이너 기계펄프, 열기계펄프가 있다.

43 사이징(sizing)할 때 사이즈(size)를 정착시키는 물질은?
① 수산화나트륨
② 탄산수소나트륨
③ 황산알루미늄
④ 탄산나트륨

해설 일반적 사이즈제는 물속에서 음전하를 띠고 있어 섬유에 잘 정착 되지 않는다. 그래서 알람을 이용하여 양이온을 공급, 섬유에 정착시키는 것 이때 양이온을 띠며 결합력이 좋은 알루미늄을 이용한다.

44 고해(beating) 작업에 쓰이는 대표적인 기계는?
① 펄퍼(pulper)
② 원심분리기
③ 리파이너(refiner)
④ 센트리크리너(centricleaner)

해설 고해는 섬유를 분리 및 피브릴화를 위한 작업으로 리파이너를 주로 이용한다.

정답 40 ① 41 ① 42 ① 43 ③ 44 ③

45 제지 공정의 순서인 것은?
① 고해→ 조성→ 초지
② 조성→ 고해→ 초지
③ 초지→ 고해→ 조성
④ 조성→ 초지→ 고해

해설 기계적 처리인 고해를 통해 펄프액을 만들고 지료조성등의 과정을 통해 약품을 투입한다. 다음으로 초지공정에서 지료도입 및 압착, 건조 등의 작업으로 제품화한다.

46 다음 펄프 중 수율이 가장 높은 것은?
① 쇄목펄프
② 아황산펄프
③ 알칼리펄프
④ 반화학펄프

해설 쇄목펄프는 화학펄프와 다르게 대부분의 펄프 수율이 가능하며 90% 가 넘는다. 하지만 껍질이나 여러 이물질이 섞일수 있고 화학펄프에 비해 백색도가 떨어져 고급용지 보다 중저급 용지에 주로 사용한다.

47 펄프의 표백처리공정 중 알칼리추출에 해당되는 약어는?
① C
② E
③ H
④ P

해설
- C : 염소화
- E : 알칼리 추출
- H : 차아염소산염
- P : 과산화물

48 표백 크라프트 펄프의 화학적 조성 중 그 함량이 가장 많은 것은?
① 셀룰로오스
② 헤미셀룰로오스
③ 리그닌
④ 추출물

해설 펄프의 대부분은 셀룰로오스가 대부분이며 다음으로 헤미셀룰로스가 많다.

49 크라프트펄프의 약품조제에서 황화도를 구하는 공식은?
① $\dfrac{Na_2S}{Na_2S + NaOH} \times 100$
② $\dfrac{Na}{Na_2SO_4 + NaOH} \times 100$
③ $\dfrac{Na_2S}{Na_2S + Na_2CO_3} \times 100$
④ $\dfrac{Na_2CO_3}{Na_2S} \times 100$

해설 황화도 : 활성알칼리(NaOH + Na₂S)에 대한 Na₂S 의 백분율

50 종이의 사이징에 관한 설명으로 틀린 것은?

① 사이징처리방법에는 표면 사이징법과 내면 사이징법이 있다.
② 표면 사이징은 초지기의 사이즈프레스에 의한 방법이 가장 널리 이용된다.
③ 내면 사이징제로서는 주로 전분이, 표면 사이징제로서는 로진이 주로 사용된다.
④ 셀룰로오스의 수산기와 에스테르를 형성하는 사이징제의 경우는 사이징 효과가 영구적이다.

> **해설** 전분은 친수성기로 종이에 물이 스며들지 못하게 내수성을 부여하는 기능을 하기 어렵다.
> 초기에는 로진과 알람이 사용되었으나 최근에는 사용되는 약품으로 AKD, ASA 가 사용된다.

PART 5

필기 과년도문제

2009 임산가공기사 필기

제1과목 목재이학

01 목재의 비중에 영향을 끼치는 인자가 아닌 것은?
① 연륜폭   ② 추재율
③ 이방성   ④ 세포벽의 두께

해설
비중은 부피/질량 이다. 연륜폭이나 추재율은 세포벽의 두께는 모두 부피와 질량에 관련되어 목재의 비중에 영향을 준다. 하지만 이방성이란 말은 특정 방향에 따라 서로 상이한 역학적 성질을 말한다. 즉 서로 방향이 다름에 따른 성질이 목재의 비중에 영향을 주는 것은 아니다.

02 전기수분 측정기로 어느 목재의 평균 함수율이 20% 임을 알았다. 이 목재의 중량이 62.5g 이라면 이 목재 내에 함유되어 있는 수분의 양은 약 몇 g 인가?
① 4.5   ② 10.4
③ 42.0   ④ 52.1

해설
함수율 = $\dfrac{\text{습윤목재중량} - \text{전건목재중량}}{\text{전건목재중량}}$

$0.2 = \dfrac{62.5 - x}{x} \rightarrow 1.2x = 62.5 \rightarrow x = 52.08$

62.5 - 52.04 = 10.46
즉 목재 내의 함유되어 있는 수분의 양은 약 10.4g 이 됩니다.

03 컨디셔닝(Conditioning)의 처리시간과 가장 관계가 적은 것은?
① 수종   ② 재목의 두께
③ 함수율   ④ 열전도

해설
컨디셔닝에 가장 큰 요인은 목재의 비중과 두께이다. 목재의 비중과 두께가 클수록 건조시간이 길어지게 된다. 수종에 따라 추출성분 및 밀도가 차이가 나므로 이 역시 처리시간에 영향을 주게 된다. 컨디셔닝 처리는 목표 함수율에 함수율의 균일화를 통해 건조응력을 최소화하기 위해서 실시하므로 함수율 역시 영향 인자가 된다. 그러나 목재의 열전도의 경우 컨디셔닝 처리시간에 큰 영향을 주지는 않는다.

04 생재비중이 0.5 인 목재가 물속에 가라앉는 최저 함수율은?
① 50%   ② 75%
③ 100%   ④ 125%

해설
물속에 가라앉을 수 있는 한계점의 함수율을 최저함수율이라 한다. 최저함수율의 공식은 아래와 같으며 목재가 물속에 가라앉는 경우 싱커(sinker) 라고 부른다.

최저함수율 = $\dfrac{1 - \text{생재비중}}{\text{생재비중}} \times 100(\%)$

$= \dfrac{1 - 0.5}{0.5} \times 100 = 100(\%)$

정답 01 ③ 02 ② 03 ④ 04 ③

05 목재 종의 결합수분은 세포벽 중의 자유로운 활성기와 무슨 결합에 의하여 존재하는가?

① 원자가 결합   ② 수소결합
③ 공유결합   ④ 이온결합

해설

수분의 경우 분자식이 H2O 이고 세포벽은 친수성 성분인 셀룰로오스, 헤미셀룰로오스와 같은 약간의 친수성을 띠고 있는 리그닌 등의 -OH, -O-, -COOH 로 되어 있으며 물분자와 이러한 세포벽들의 구성성분과 결합을 할 때에는 수소결합을 통한다고 할 수 있다. 이러한 세포벽의 수소결합 지점을 수착점이라고도 한다.

06 접선방향 수축율이 8% 이고 방사방향 수축율이 5% 인 목재의 용적수축율로 가장 적합한 것은?

① 약 0.5%   ② 약 5%
③ 약 13%   ④ 약 24%

해설

용적수축률의 공식은 아래와 같다.
용적수축률=1-(1-접선방향)(1-방사방향)(1-섬유방향)
보통은 섬유 방향의 경우 그 값이 매우 작아 생략하여 구하기도 하며 그럴 경우 아래와 같이 용적수축률을 구하게 된다.
용적수축률=1-(1-0.08)(1-0.05)=0.126×100(%)≒13%

07 목리방향(a : b : c)간 수축율의 비로 가장 적합한 것은?(단, a : 접선방향, b : 방사방향, c : 섬유방향)

① 100 : 60 : 4   ② 100 : 50 : 3
③ 10 : 5 : 4   ④ 10 : 5 : 3

해설

대부분의 수종에서 수축률은 접선방향 3.5 ~ 15 %, 방사방향 2.4 ~ 11 %, 섬유방향 0.1 ~ 0.9 % 정도의 범위를 가지고 있다. 이들의 평균 비를 구해보면 100 : 60 : 4 가된다.

08 목재 강도의 영향인자에 대한 설명으로 틀린 것은?

① 온도가 증가하면 강도가 감소한다.
② 비중이 감소하면 강도가 감소한다.
③ 환공재는 연륜폭이 넓어지면 강도가 감소한다.
④ 섬유포화점이내에서 함수율이 증가하면 강도가 감소한다.

해설

연륜폭과 강도와의 관계는 상당히 복잡하다. 활엽수에 있어서 환공재는 연륜폭이 넓어짐에 따라 두꺼운 벽섬유를 가지는 만재율이 증가하므로 강도는 증가된다.

09 목재의 탄성적 성질에 영향을 미치는 인자가 아닌 것은?

① 비중   ② 함수율
③ 음향   ④ 온도

해설

- 내적인자 - 세포벽의 미세구조, 섬유장, 세포벽의 두께, 옹이, 비중, 함수율
- 외적인자 - 온도, 시험편의 모양과 크기, 하중속도

10 목재에 반복하여 하중을 가하면 기계적 성질이 저하하여 비교적 작은 하중에도 마지막에는 파괴되는데 이때의 응력은?

① 탄성한도 ② 비례한도
③ 피로한도 ④ 항복점

해설

- 피로한도 : 목재에 반복하여 하중을 가하면 역학적 성질이 저하하여 정적 강도보다 낮은 응력에서 마지막에는 파괴되는데 이러한 효과를 피로라 하고 이와 같이 반복하중에 의해서도 파괴되지 않는 응력의 최대치를 피로강도, 피로한도라 한다.
- 탄성한도 : 비례한도보다 약간 위쪽에 있는 응력을 탄성한도, 탄성한도 내에서는 응력을 제거하면 물체의 변형이 완전히 회복된다. 즉 탄성을 회복하지 못하는 범위가 시작되는 지점을 탄성한도라고 한다.
- 항복점 : 응력이 탄성한도를 초월하여 어느 값에 도달하면 응력은 일정 또는 거의 일정한 상태에서 변형률이 급격히 증대되는 경우도 있는데 이 현상을 항복이라 하고, 이때의 응력을 항복응력이라 한다.

11 목재의 비저항(比抵抗)에 대한 설명으로 틀린 것은?

① 목재의 비저항은 함수율이 높아짐에 따라 적어진다.
② 목재의 비저항은 온도상승에 따라 감소한다.
③ 횡단면의 비저항은 섬유방향의 비저항보다 크다.
④ 목재의 비저항은 수종에 따라 그 차이가 크다.

해설

동일 함수율의 경우 수종에 따른 비저항의 변동이 적어 목재의 종류와 비저항 간에는 거의 관계가 없다.
※ 함수율이 높아지면 전기저항값 감소, 전기전도율 증가하게 된다. 전기저항은 온도상승에 따라 거의 직선적으로 감소하며 전기전도 이방성은 섬유방향, 방사방향, 접선방향 순으로 전기전도성이 좋다.

12 악기별 적정 목재와의 연결이 바르지 않은 것은?

① 바이올린 표판 – 독일가문비나무, 시트카 스프루스
② 바이올린 이판 – 단풍나무, 버짐나무
③ 피아노 향판 – 시트카 스프루스, 독일가문비나무
④ 리코더 목관 – 오동나무, 가시나무

해설

바이올린	표판	독일가문비나무, sitka spruce
	이판	단풍나무·버즘나무
피아노	향판, 향봉	독일가문비나무, sitka spruce, red spruce
	끼운목	단풍나무, 회양목, 고로쇠나무
클래식기타	표면	독일가문비나무, sitka spruce, western red cedar, red spruce
	이판	African mahogany, 단풍나무
실로폰	음판	African padauk
리코더	목판	흑단(ebony)
비판	표판	오동나무
박자목		가시나무
가야금·거문고	표판	오동나무
	이판	밤나무·참나무
대금·퉁소		대나무

13 목재의 열전도율에 대한 설명으로 틀린 것은?

① 열전도율은 절대온도에 반비례 한다.
② 함수율이 증가함에 따라 열전도율이 증가한다.
③ 비중이 증가함에 따라 열전도율이 증가한다.
④ 섬유주향에 따라 영향을 받는다.

해설

목재의 열전도도는 온도가 상승함에 따라 증가하므로 절대온도에는 비례한다.

※ 함수율이 증가하면 열전도율이 증가하는 것은 물 자체의 열전도 때문이다. 물의 열전도도는 목재에 비하여 매우 큰 값을 가지고 있기 때문이다. 비중 증가시 열전도도가 증가되는데 섬유방향으로의 증가 폭이 가장 크다. 목재는 다공성의 물질로 만약 공극률이 높은 목재일 경우 단열성이 매우 양호해진다. 섬유주향에 따라 영향을 받으며 열전도율은 섬유방향 > 방사방향 ≒ 접선방향 이다.

14 600 kgf 의 하중이 길이 200 cm 되는 들보 위에 균등하게 작용한다면 중앙에서의 만곡 역률(cm · kgf)은?

① 3000
② 1000
③ 15000
④ 30000

해설

만곡역률은 최대힘모멘트로서 아래와 같은 공식에 따른다.

만곡역률 $= \dfrac{P \times l}{4} = \dfrac{600 kgf \times 200 cm}{4} = 30000$

15 목재의 광학적 성질에 대한 설명으로 틀린 것은?

① 대부분의 재료는 입사광선에 대하여 선택적으로 파장을 흡수 또는 반사한다.
② 재료의 색은 그 표면에서 반사된 빛의 성질로 결정되는 것이 아니다.
③ 사람의 눈은 파장이 380nm 에서 780nm 사이의 빛만을 색으로 느낀다.
④ 물체의 색을 나타내는 여러 표색계는 수식 또는 환산표에 의하여 서로 환산된다.

해설

재료의 색은 표면에 반사된 빛의 성질로 결정되며 이를 반사광이라 하고 그 파장 영역에서 분광스펙트럼으로 표현하며 이러한 분광스펙트럼의 표면 양식을 먼셀표색계라고 한다.

16 목재의 점탄성적 성질 중 응력완화에 대한 설명으로 틀린 것은?

① 점탄성체에서 변형율을 일정하게 유지시키려면 가하는 응력의 크기를 시간에 따라 감소시킬 필요가 있다.
② 점탄성체에서는 일정한 변형율을 주면 대응하는 응력은 시간에 따라 감소된다.
③ 변형율이 시간에 따라 감소하는 현상을 응력완화 또는 완화라고 한다.
④ 일반적인 응력완화 거동의 표현에는 일반화 Kelvin 모형을 사용하면 가능하다.

해설

일반적인 응력완화 거동의 표현은 맥스웰모형으로 가능하며 kelvin 모형은 지연탄성거동을 설명하기 적합하다.

17 응력과 변형률에 관한 설명으로 틀린 것은?

① 물체에 외력이 작용하면 반드시 물체내부에는 이에 저항하는 내력이 생긴다.
② 물체에 외력이 작용할 때, 단위면적당의 내력을 응력이라고 하며, 이 힘은 단위면상에 균일하게 분포한다.
③ 물체에 외력이 작용할 때, 단위길이당의 변형량을 변형율이라 정의한다.
④ 인장응력과 압축응력을 전단응력이라 통칭한다.

해설
인장응력과 압축응력, 전단응력은 서로 다른 의미를 가진다.
- 인장응력 : 목재에 인장분리를 하려는 힘이 작용시 목재 내부에 분자의 응집력에 의해 저항하는 내력을 인장응력이라 한다.
- 압축응력 : 목재를 압축하려할 때 이에 저항하는 저항 응력을 말한다.
- 전단응력 : 외력에 의하여 물체의 일부분이 접촉면에서 미끄러지려고 할 때 이 힘에 저항하는 응력이다.

18 수축과 팽윤의 이방성이 나타나는 원인에 대한 설명으로 틀린 것은?

① 목재가 수축할 때에 세포내강의 접선방향 및 방사방향 지름은 크게 변화가 없다.
② 세포벽의 2차벽 중층의 마이크로피브릴이 섬유방향으로 배열되어 있기 때문에 섬유방향의 수축률이 횡방향보다 작다.
③ 수축이 적은 리그닌이 다량 분포하는 세포간층이 섬유 방향으로 배열되어 있어서 섬유방향 수축을 방해한다.
④ 목재는 조재와 만재가 층상으로 구성되어 있어 방사방향에서는 양자의 평균적 수축이 일어나지만, 접선방향에서는 강한 만재의 영향으로 약한 조재의 수축이 접선방향으로 증가한다.

해설
목재는 이방적 구조를 가지고 있어 섬유방향, 방사방향, 접선방향 간의 수축 및 팽윤의 차이가 크다.

19 목재의 역학적 성질에 대한 설명으로 틀린 것은?

① 수평 전단 응력은 수직 전단응력에 비하여 대단히 크다.
② 목재는 횡인장(섬유직각방향인장)에 대하여 매우 약하므로 횡인장 응력이 작용하는 용도에는 사용하지 않아야 한다.
③ 단면이 작고 상대적으로 긴 부재는 압축 하중 하에서 압축보다는 좌굴에 의한 힘으로 파괴된다.
④ 목재 부재의 중간에 횡압축(섬유직각방향압축) 응력이 작용하는 경우에 그 주변의 목섬유의 영향으로 저항력이 증가한다.

해설
수직전단응력이 수평전단응력에 비해 크다. 목재를 구성하는 대부분의 세포들은 섬유방향으로 평행하게 배열되어 강도를 증가시키게 된다.

20 목재의 기본밀도(basic density)를 구하는 올바른 방법은?

① 생재질량 / 기건부피
② 기건질량 / 기건부피
③ 전건질량 / 생재부피
④ 임의의 함수율에서의 질량 / 생재부피

해설
기본밀도는 전건질량 / 생재부피를 기준으로 한다.
- 생재밀도 = 생재 무게 / 생재 체적 (g/cm^3)
- 기건밀도 = 기건 무게 / 기건 체적 (g/cm^3)
- 전건밀도 = 전건 무게 / 전건 체적 (g/cm^3)
- 용적밀도 = 전건 무게 / 생재 체적 (kg/cm^3)

정답 17 ④ 18 ① 19 ① 20 ③

제2과목 목재해부학

21 목재 세포의 목질화 현상은?
① 원심적으로 일어난다.
② 이심적으로 일어난다.
③ 내강면에서만 일어난다.
④ 구심적으로 일어난다.

해설
목질화는 바깥부분의 형성층에서 목부가 점점 안쪽으로 목질화되어가는 현상으로 구심적으로 일어나게 된다.

22 수축에 대하여 경사된 목리가 아닌 것은?
① 선회목리   ② 사주목리
③ 교착목리   ④ 수심목리

해설
수축은 축방향을 말하는데 축방향에 대해 경사된 목리는 교착목리, 사주목리, 선회목리 등이 있다.
· 교착목리 : 수간축에 이루는 경사가 교대로 반대방향을 향해 연속으로 이루어지는 목리
· 사주목리 : 수(pith)에 평행하게 제재하는 경우 발생하는 교주목리의 일종
· 선회목리 : 나선목리라고도 하며 축방향을 따라 나선상으로 휘감아 올라가는 형태로 배열된 목리

23 목재를 구성하는 세포 요소 중에서 양분의 저장기능을 가지고 있는 것은?
① 가도관   ② 도관
③ 목섬유   ④ 유세포

해설
양분의 저장 기능을 가진 것은 유세포이다. 가도관은 수분의 이동 및 지지기능을 하며 도관 역시 이와 유사하다. 목섬유의 경우 목재의 지지기능을 가지고 있다

24 torus 가 존재하는 벽공은?
① 침엽수 가도관의 유연벽공
② 활엽수 도관의 유연벽공
③ 반 유연벽공
④ 단 벽공

해설
침엽수가도관의 유연복공대에 벽공벽의 가운데에 tours 가 관찰되며 tours 주위에는 얇은 부분의 margo 라는 부분도 관찰된다.

25 천공의 모양, 나선비후의 유무, 방사조직의 동성 혹은 이성을 관찰할 때 가장 적당한 단면은?
① 횡단면
② 촉단면(접선단면)
③ 경단면(방사단면)
④ 판목면

해설
천공판은 도관요소의 축과 경사를 이루어 그 모양을 보기위해 방사방향에서 보아야 하며 나선비후의 경우 가도관 내강 쪽이나 도관 안쪽의 세포벽에 생기는 나선상의 돌기가 나타나는데 이를 확인하는데 있어서 방사방향이 적합하다. 또한 방사조직을 관찰하는데 있어서도 역시 방사방향이 적당하다.

26 가도관의 방사방향의 내강 직경을 L, 인접한 접선막 두께를 M 이라 할 때 Mork 정의에 의한 춘추재 경계는?
① L = M   ② L = 2M
③ L = 3M   ④ L = 4M

해설
mork 정의에 의해 L=2M 의 부분을 경계로 L/M 값이 2보다 크면 조재부분, L/M 값이 2보다 작으면 만재부분이 된다.

정답 21 ④ 22 ④ 23 ④ 24 ① 25 ③ 26 ②

27 침엽수재 중 모양과 내용물이 동일조직의 다른 구성 요소와는 대단히 다른 이형세포(idioblast)가 존재하는 수종은?

① 잣나무 ② 은행나무
③ 가문비나무 ④ 측백나무

해설
축방향 유세포의 팽창에 의해 결정을 함유한 세포가 발생되는데 이러한 세포를 이형세포라 하며 은행나무에서 주로 관찰된다.

28 분포형식에 의한 방사조직의 분류 중 활엽수의 접선단면에서 비교적 짧고 작은 방사조직이 모여 마치 한 개의 큰 방사조직처럼 보이는 것은?

① 확산방사조직 ② 복합방사조직
③ 연합방사조직 ④ 집합방사조직

해설
단열방사조직이나 나비가 좁은 다열방사조직이 한 지점에 대량으로 분포하여 다른 부분과 구분되는 부분으로 접선단면에서 나비가 넓은 한 개의 방사조직처럼 보인다.

29 에피델리얼세포의 기능으로 옳은 것은?

① 표피를 보호한다.
② 표피세포를 만든다.
③ 세포분열이 보다 왕성하다.
④ 수지를 분비한다.

해설
에피델리얼세포는 유세포로서 수지구의 주위에 있으면서 수지를 분비한다.

30 산공재(散孔材)의 수종은?

① 물참나무 ② 밤나무
③ 방크스소나무 ④ 단풍나무

해설
산공재 수종으로 사시나무속, 버드나무속, 자작나무속, 오리나무속, 너도밤나무속, 단풍나무속, 벚나무속, 층층나무속 등이 있다

31 세포내강이 좁고 세포벽이 비정상적으로 두꺼운 섬유로서 흡습성이 풍부하며, 인장이상재에 나타나는 목섬유는?

① 섬유상가도관 ② 격막목섬유
③ 젤라틴섬유 ④ 진정목섬유

해설
젤라틴섬유의 특징
· 인장응력재의 특수한 섬유로 세포벽은 젤라틴층이나 G층이라 한다.
· 정상 목섬유보다 가늘고 길다.
· 벽공의 수가 적다.
· 세포벽이 두껍고 도관의 지름이 작다.
· 목화되어 있지 않고 리그닌이 거의 없다.
· 결정화도는 60% 정도로 정상재보다 크다.
· 셀룰로오스 함량이 높아 흡습성이 좋다.

32 침엽수재의 수평수지구가 포함된 방사조직은?

① 방추형방사조직
② 광방사조직
③ 집합방사조직
④ 다열방사조직

해설
방추형 방사조직은 방사조직에 수평수지구가 포함되어 있다.

33 형성층에 있는 방추형시원세포로부터 유래되지 않는 세포는?
① 가도관   ② 도관
③ 목섬유   ④ 방사조직

해설
방추형시원세포에서는 진정목섬유, 섬유상가도관, 도관, 축방향유세포, 에피델리얼세포, 가도관등이 분화된다. 방사조직은 방사조직시원세포에서 유래된다.

34 목재를 구성하는 세포의 길이는 수종 및 기타 요인의 영향을 받아 변화될 수 있다. 일반적으로 주요세포의 길이 순서로서 긴 것부터 짧은 것 순으로 나열이 바른 것은?
① 목섬유 – 방사유세포 – 가도관
② 목섬유 – 도관 – 방사유세포
③ 도관 – 목섬유 – 가도관
④ 방사유세포 – 도관 – 가도관

해설
수종별로 모든 부분이나 세포들은 길이가 다르나 평균적으로 가도관이 가장 길며 다음으로 목섬유, 도관, 방사유세포 순이다. 가도관은 2~4mm, 목섬유 1~2mm, 도관 0.3~0.6mm, 방사유세포 20~150㎛ 정도의 길이를 가진다.

35 다음은 활엽수재를 분류하는 방식 중 하나이다. ( ) 에 들어갈 용어로 옳은 것은?

> 직경이 비슷한 관공이 생장륜 내에 다소 균등하게 배열되어 있는 경우 (a) 가 되며 조재의 관공이 만재의 관공보다 훨씬 더 직경이 큰 경우 (b) 가 된다.

① a : 환공재, b : 산공재
② a : 산공재, b : 환공재
③ a : 방사공재, b : 문양공재
④ a : 반환공재, b : 방사공재

해설
관공의 직경이 균등하고 연륜 전체에 걸쳐 고르게 흩어진 재를 산공재라하며 지름이 현저하게 크고 연륜경계를 따라 1~수열로 배열되는 재는 환공재라 한다.

36 수목의 비대 생장에 관계하는 조직은?
① 전분열조직   ② 생장점
③ 정단분열조직   ④ 유관속형성층

해설
수목의 직경이나 비대생장은 유관속형성층에서 관여한다. 수고생장시 세포증식이 왕성한부분을 정단분열조직이라하고 전분열조직이라고도 한다. 이렇게 생장을 하는 끝지점을 가리켜 생장점이라 한다.

37 안동 지방에서 미이라와 함께 목관이 발굴되었다. 목재 식별기관에서 수종 식별을 해 본 결과 소나무로 만들어진 목관임으로 밝혀졌는데 그 근거로 되지 못하는 특징은?
① 거치상 비후를 지니는 방사가도관 존재
② 창상 교분야벽공 존재
③ 정상 수지구 존재
④ 인덴쳐의 존재

해설
인덴쳐는 방사유세포의 수평벽과 발단벽이 만나는 부분에서 凹 구조가 관찰되는데 흔히 관찰되는 수종으로 주목속, 노간주나무속, 측백나무속 등이 있으며 소나무에서는 관찰되지 않는다.

38. 미국에서 미송 목재를 수입하였는데 육안으로는 미송인지 아니면 잎갈나무인지 잘 구분되지 않아 현미경으로 확인하고자 한다. 이 수입 목재가 진짜 미송임을 알려주는 가장 큰 식별 근거는?
   ① 방사가도관 존재
   ② 방추형방사조직 존재
   ③ 정상수지구 존재
   ④ 나선비후 존재

   해설
   미송에서는 가도관 내강에서 나선상의 돌기물이 발견되는데 이를 나선비후라 한다. 나선비후는 주목속이나 비자나무속, 미송속 등에서 주로 발견되며 잎갈나무에 경우 어린나무의 만재부에서 부분적으로 나타나나 거의 발견되지 않는다.

39. 마무리 가공한 목재의 방사단면 표면에 가느다란 골이 관찰된다면 이것은 주로 어느 세포 때문인가?
   ① 침엽수재의 가도관
   ② 활엽수 환공재의 도관
   ③ 활엽수재의 유세포
   ④ 침엽수재의 유세포

   해설
   활엽수의 환공재는 지름이 크고 연륜경계를 따라 환상으로 배열하면서 방사단면에서 관찰시 표면에 가느다란 골이 관찰되게 된다.

40. 어느 침엽수재에서나 공통으로 볼 수 있는 세포로만 묶은 것은?
   ① 축방향가도관, 방사조직
   ② 방사가도관, 방사조직
   ③ 스트랜드가도관, 방사조직
   ④ 축방향유세포, 방사조직

   해설
   침엽수재의 공통 세포로는 축방향가도관과 방사조직이 있는데 방사조직은 대부분이 단열방사조직이다.

제3과목 목재화학

41. 다음 중 세포를 침투하는 파괴요소의 침투를 막음으로서 미생물에 의한 공격을 방지하는 역할이 가장 큰 성분은?
   ① 리그닌   ② 헤미셀룰로오스
   ③ 셀룰로오스   ④ 탄닌

   해설
   균이 세포에 접촉하거나 침투시 세포에 리그닌 등의 다당류의 합성이 일어나고 세포벽 안쪽에 부착되는 일종의 방어막을 형성되어 조직을 단단하게 한다.

42. 아초산(diacetyl) 셀룰로오스의 아세틸기 함유량은 얼마인가? (단, 아세틸기 함유량 (%) = 102.4 × DS / (3.86 + DS) 이다.)
   ① 34.9%   ② 40.8%
   ③ 44.8%   ④ 62.5%

   해설
   DS 는 degree of substitution 이라 하여 치환도를 의미한다. 아초산 셀룰로오스의 경우 DS가 2 이므로 공식에 대입하면 아래와 같다.
   $$\frac{102.4 \times 2}{3.86 + 2} = \frac{204.8}{5.86} = 34.94 ≒ 34.9(\%)$$

43. 다음 중 Cellulose의 분자량 측정법이 아닌 것은?
   ① 점도측정법   ② 광산란법
   ③ 삼투압측정법   ④ Galillard 법

   해설
   Cellulose의 분자량 측정법으로 삼투압법, 광산란법, 초원심법, 점도법, 말단기법이 있다.

정답 38 ④ 39 ② 40 ① 41 ① 42 ① 43 ④

44 다음 중 Lignin 의 용매로 주로 사용되는 시약은?
① H₂SO₄   ② Dioxane
③ HCl   ④ NaCl

해설
디옥산(Dioxane)은 무색의 액체로 리그닌의 대표적인 용해 용매이다.

45 다음 구조식의 명칭은?

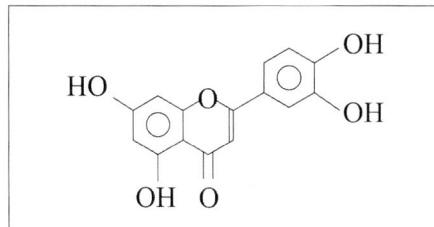

① aurone   ② flavone
③ chalcone ④ antocyanidin

해설
위의 구조식은 flavone 으로 플라보노이드류의 종류이다.

46 다음 중 심재(Heartwood)화 현상과 관계가 없는 것은?
① 유세포의 죽음
② 추출 성분의 감소
③ 전분의 소실
④ 활엽수의 어떤 수종에서는 Tylose 의 형성

해설
심재화를 진행하는 동안 추출성분은 벽공의 폐색으로 인하여 그 자리에 남게 되는 경우가 많아 감소하지는 않는다.

47 펜토산 정량시 1/50N 티오황산나트륨의 적정수가 35ml 이었다면 푸르푸랄의 양은 약 몇 mg 인가?
① 5   ② 15
③ 25   ④ 35

해설
티오황산나트륨의 당량은 2 eq/mol 이며 펜토산은 수산기(-OH)가 4개가 있어 4eq/mol 이다. 당량문제로서 eq = N × L 이므로 1/50N × 0.035L = 0.0007 이며 여기서 4eq/mol 인 펜토산으로 나누어 주면 0.000175 가 나온다. 펜토산의 분자량은 150g/mol 이므로 0.000175 mol × 150g/mol = 0.02625g 이므로 26.25mg 이 나오게 된다.

48 알디톨 아세테이트 분석법의 가스크로마토그램에서 가장 먼저 검출되는 당은?
① 람노오스(Rhamnose)
② 자일로오스(Xylose)
③ 갈락토오스(Galactose)
④ 글루코오스(Glucose)

해설
가스크로마토그래프는 시료를 증발시켜 질소나 헬륨 같은 불활성 기체를 이용하여 관속을 통과하는 동안 용출될 때 그래프로 기록하는 것을 말하며 이때 자일로오스는 보기 중 가장 분자량이 작은 물질로 가장 먼저 검출된다.

49 다음 수종 중 아라비노갈락탄(arabinogalactan)을 가장 많이 함유하고 있는 속은?
① Larix 속   ② Alnus 속
③ Betula 속   ④ Picea 속

해설
아라비노갈락탄은 Larix 속 수종의 심재에 다량 존재하며 변재에는 거의 존재하지 않는다.

50 헤미셀루로오스의 수(數) 평균분자량의 범위는?

① 150 ~ 300
② 1500 ~ 3000
③ 15000 ~ 30000
④ 150000 ~ 300000

해설
헤미셀루로오스의 수평균분자량은 15000~30000 정도이다. 수평균분자량은 몰분율로 평균하여 얻는 평균분자량으로 삼투압법을 이용하여 구하게 된다.

51 셀룰로오스를 구성하는 글루코오스의 결합 형태는?

① α-(1→3) 결합   ② α-(1→4) 결합
③ β-(1→3) 결합   ④ β-(1→4) 결합

해설
셀룰로오스는 glucose 단위가 β-(1→4) glycoside 결합을 가지는 고리상의 고분자화합물이다.

52 일반적인 침엽수재의 리그닌 함량은?

① 0 ~ 10 %   ② 10 ~ 20 %
③ 20 ~ 30 %   ④ 30 ~ 40%

해설
침엽수재는 활엽수재보다 리그닌 함량이 많으며 침엽수재는 20~35% 정도의 리그닌 함량을 가지며 보기에 가장 근접한 정답은 20~30% 이다.

53 두 분자의 페닐프로판 단위로 분리되며, 측쇄가 β-β 결합을 한 천연의 페놀성 물질은?

① 타닌   ② 터페노이드
③ 리그닌   ④ 리그난

해설
페닐프로판 두 분자의 프로필 곁사슬의 β자리의 두분자가 결합한 천연 페놀성 물질을 리그난이라 한다.

54 목재 탄수화물의 주성분은?

① 셀룰로오스   ② 헤미셀루로오스
③ 리그닌   ④ 전분

해설
목재 탄수화물은 주성분은 셀룰로오스이다.

55 셀룰로오스 유도체 중 알칼리 셀룰로오스를 모노클로로초산(monochloroacetic acid)에 침적시킨후 NaOH를 첨가하여 얻어지며, 의약, 화장품 및 식품의 유화 안정제 등으로 이용되는 것은?

① methyl cellulose
② carboxymethyl cellulose
③ ethyl cellulose
④ hydroxyethyl cellulose

해설
알칼리셀룰로오스에 모노클로로초산(monochloroacetic acid)을 반응시키면 카르복시메틸 셀룰로오스(carboxymethyl cellulose)가 생성되며 일명 CMC 라 하며 농약분산제, 식품의 유화안정제, 의약품의 설사제, 화장품의 유화안정제 등으로 널리 사용된다.

56 셀룰로오스 유도체 중 glucuronoxylan 에 대한 설명으로 틀린 것은?

① xylose 의 C3 위치에 α - 1,3 결합을 하고 있으며 아세틸기를 가지지 않는다.
② 활엽수 헤미셀룰로오스의 주체를 이루는 다당류이다.
③ 활엽수 수종에 따라 차이는 있지만 대략 20~35 % 정도 함유하고 있다.
④ xylose 9~11 개에 대하여 glucuronic acid 1개 정도의 비율로 이루어져 있다.

해설
glucuronoxylan 은 xylose 의 C2 와 C3 에 아세틸기를 가지며 그 양이 비슷하다.

정답 50 ③ 51 ④ 52 ③ 53 ④ 54 ① 55 ② 56 ①

57 오레오레진을 160℃ 내외로 가열·용융하였을 때 생성되는 것으로 제지의 사이즈제로 사용되는 것은?

① 레진 ② 로진
③ 정유 ④ 코팔

해설
제지에서 사이즈제는 종이의 내수성을 부여하는 물질로 오레오레진을 가열, 용융하여 생성되는 물질은 로진(rosin)이다.

58 회분 측정시험시 회화가 불충분해서 탄소립이 잔존하는 경우에 소량 첨가하는 물질은?

① 질산암모늄 ② 질산나트륨
③ 염화나트륨 ④ 초산나트륨

해설
회화 후 탄소가 잔존하는 경우 소량의 질산암모늄이나 3% 과산화수소를 첨가한다.

59 타닌은 구조적, 생합성적으로도 전혀 다른 두 형의 화합물군을 포함하고 있다. 이 두 가지 형태를 나열한 것으로 옳은 것은?

① 열분해형, 축합형
② 열분해형, 환원형
③ 가수분해형, 축합형
④ 가수분해형, 환원형

해설
타닌은 축합형과 가수분해형 타닌으로 분류된다.

60 시료를 약 72% 황산으로 처리하여 다당성분의 팽윤, 용해와 일부의 가수분해를 행하고 이어서 비등한 희석용액 중에서 황산에 스테르 그룹이나 셀로텍스트린을 가수분해시켜 잔사로서 얻어지는 리그닌을 정량하는 방법은?

① 불화수소산법
② 아세틸브로마이드법
③ 클라손법
④ 적정법

해설
klason 법은 72% 황산을 이용하여 리그닌을 정량하는 방법으로 42% 염산을 이용하는 willstatter 법과 함께 많이 사용되나 황산법이 조작이 더 간단하여 표준법으로 klason 법이 이용된다.

제4과목 임산제조학

61 일반적으로 최대치의 절삭저항을 나타내는 목재함수율은?

① 함수율이 5% 전후
② 함수율이 10% 전후
③ 함수율이 20% 전후
④ 함수율이 30% 전후

해설
· 목재 절삭시 너무 과다한 수분을 가지면 목재의 강도는 떨어진다. 즉 함수율이 적어질수록 강도는 증가하여 절삭저항이 커지는데 이때의 최대치인 함수율은 10% 전후이다
· 일정정도의 수분 보유시 완충작용 및 수소결합에 의해 절삭저항을 올려주는 역할을 한다.
· 하지만 강도만큼은 함수율이 적을수록 올라간다.

62 이퀄라이징(equalizing)처리를 하는 목적은?

① 판재단면의 수분경사를 적게 하기 위하여
② 응력을 제거하기 위하여
③ 목재의 중량을 낮추기 위하여
④ 판재의 함수율을 고르게 하기 위하여

해설
이퀄라이징처리는 함수율 균일화 처리를 위해 실시하며 최건시험재 함수율이 목표함수율보다 2% 낮을 때 실시하는 것이 특징이다.

63 천연건조적월은 일일평균온도가 25°C 이상인 날짜가 연속해서 며칠 이상일 때를 말하는가?

① 15일   ② 20일
③ 25일   ④ 30일

해설
천연건조일수는 여름철의 경우 온도가 25도 이상의 조건인 경우 30일로 한다.

64 일정한 상대습도 하에서 목재의 평형함수율(E.M.C)과 온도와의 관계는?

① 온도와 평형함수율은 서로 무관하다.
② 온도가 높아지면 평형함수율은 높아진다.
③ 온도가 높아지면 평형함수율은 낮아진다.
④ 온도가 낮아지면 평형함수율은 낮아지다가 일정수준이 되면 다시 높아진다.

해설
평형함수율은 흡습량과 방습량이 같게되는 함수율로 온도가 증가하면 평형함수율은 감소하게 된다.

65 종절삭에 있어 절삭각이나 절입깊이가 크게 될 때 나타나는 절삭형은?

① 전단형   ② 인렬형
③ 절형   ④ 유형

해설
전단형(shear type)은 절삭에서 절삭깊이가 클 경우 발생되며 유형(flow type)은 절삭깊이를 얕게하고 고속절삭시 발생, 인렬형(tear type) 절삭저항은 유형이나 전단형보다 크며 절삭진동이 심해 요철이 발생되기도 한다. 절형(crack type)은 절삭각이 작으며 절삭각이 크면 균열이 하방향으로 이루어지며 가공면에 요철이 발생된다.

66 크라프트펄프화법의 약액 회수과정에서 다음 공식은 무엇에 대한 계산공식인가?

$$\frac{NaOH}{Na_2CO_3 + NaOH} \times 100$$

① 활성 알칼리도   ② 황화율
③ 가성화율   ④ 소화율

해설
활성알칼리에 대한 NaOH 비율로 이를 가성화율이라 한다.

67 합판 제품이 뒤틀리는 원인이 아닌 것은?

① 구성의 부조화
② 가압시간이 너무 짧음
③ 단판 함수율이 서로 다름
④ 구성단판의 두께가 서로 다름

해설
가압시간이 짧음으로 인하여 뒤틀림 현상에 크게 영향을 주지 않는다. 구성의 부조화 및 함수율의 차이, 구성단판의 두께 차이 등은 균일한 공정이 어려워 건조 및 가압의 차이 등으로 뒤틀림 현상이 유발된다.

정답 62 ④ 63 ④ 64 ③ 65 ① 66 ③ 67 ②

68 집성재 제조시 이용하는 길이접합 형식과 관계가 없는 것은?
① butt joint   ② lamina joint
③ scarf joint   ④ finger joint

해설
길이접합의 형식은 3종류가 있으며 butt joint, scarf joint, finger joint 가 있다.

69 clamp 형식의 압착방법을 사용하는 것은?
① ply wood   ② hard wood
③ particle board ④ laminated wood

해설
· laminated wood
  일명 적층재라고 부르며 단판을 여러 장 겹쳐 쌓아서 접착한 목재이다. clamp 형식 압착방법 사용한다.
· ply wood
  합판으로 두께 5mm 이하의 목재 단판을 섬유방향이 직교 하도록 겹쳐 붙인 것을 말한다.
· hard wood
  섬유판의 일종이며 대패밥에 약품을 첨가하여 파쇄, 가열에 의해 섬유화로 만든다.
· particle board
  목재 제작 후 남은 폐잔재를 모아 접착제를 섞어 고온고압에 압착시켜 만든 가공재이다.

70 크라프트펄프의 표백제가 아닌 것은?
① 염소
② 이산화염소
③ 하이드로설파이트
④ 차아염소산염

해설
모두 표백제이긴 하나 크라프트 펄프시 염소, 차아염소산염, 이산화염소 사용

71 엘멘돌프 인열강도 시험기로 동일한 시험편 5매를 겹쳐 측정한 결과 지침이 50을 가리켰을 때 인열강도는?
① 150   ② 140
③ 160   ④ 180

해설
$$인열강도(mN) = \frac{눈금값(mN)}{인열매수} \times 16$$
$$= \frac{50}{5} \times 16 = 160$$

72 목재의 가수분해법이 아닌 것은?
① Bergius-Rheinau 법
② 염산가스법
③ Madison 법
④ Masonite 법

해설
masonite 법은 섬유판 제조법의 하나로 목재칩을 고압관속에 35~75 기압의 고압 증기로 처리하여 급격하게 대기중에 방출하여 섬유 결합을 풀어주는 방법
· bergius-rheinau법 : 40% 염산 이용하는 산 가수분해 법
· 염산가스법 : 염산 38% 에 염산가스를 더해 가수분해한다
· medison 법 : 묽은 산 가수법

73 목재 중에 섬유소(cellulose)가 60% 함유되어 있다. 이것을 가지고 가수분해 할 때 얻을 수 있는 포도당(glucose)의 이론치는?
① 55.5 %   ② 66.6 %
③ 77.7 %   ④ 88.8 %

해설
위의 문제는 분자량을 이용하여 풀이하게 된다. 포도당의 경우 분자식이 $C_6H_{12}O_6$ 이며 분자량은 약 180 정도이다. 섬유소는 $(C_6H_{10}O_5)_n$ 으로서 각 단위 분자량은 162 이다. 가수분해시 얻을 수 있는 이론치로 포도당과 섬유소의 분자량 비율을 이용하며 아래와 같다.
$$60\% \times \frac{180}{162} ≒ 66.66\%$$

74 가수분해형 tannin 이 산, 알칼리 또는 효소에 의해 분해될 때 생성되는 산 성분은?
① Abietic acid
② Palmitic acid
③ Gallic acid
④ Phthalic acid

해설
가수분해형 탄닌이 산이나 알칼리 분해서 gallic acid를 생성하며 이를 gallotannin 이라 한다.

75 지료조성에 있어서 충전제의 조건으로 적당하지 않은 것은?
① 입자가 미세하여야 한다.
② 물에 용해되지 않아야 한다.
③ 백색도와 굴절률이 낮아야 한다.
④ 값이 싸야 한다.

해설
충전제 투입 이유는 백색도 향상에 기여하기 때문이다

76 목재의 당화 공정 중 북해도법에 속하는 것은?
① 농황산법
② 농염산법
③ 희황산고온법
④ 효소법

해설
북해도법은 전 가수분해로 furfural, xylose 생산하며 농황산(80%)으로 단시간에 가수 분해, 일정 중합도의 glucose 얻는 일종의 농황산법이다. 사용한 황산은 이온교환수지막을 이용하여 회수, 재사용하게 된다.

77 Meiller 법으로 탄재를 세로 또는 가로로 쌓고 그 위를 수피로 덮은 후 다시 그 바깥쪽을 흙으로 덮어 공기유통을 제한하고 배연구를 하나 설치하여 목재를 탄화시키는 방법은?
① 무개제탄법
② 경내제탄법
③ 퇴적제탄법
④ 축요제탄법

해설
・무개제탄법
가장 원시적인 방법, 평지에 원료를 쌓고 불완전연소로 탄화시켜 흙으로 소화시킨다.
・갱내제탄법
목탄과 타르를 동시에 얻기 위한 방법으로 땅에 깔대기 모양에 구멍을 파고 탄재를 넣어 상부를 흙으로 덮고 점화, 구멍을 뚫어 통풍을 시켜 탄화시킨다.
・퇴적제탄법
유럽에서 사용해왔으며 meiller 법이라고도 한다. 탄재를 세로나 가로로 쌓고 그 위를 지조나 수피로 덮고 다시 바깥쪽을 흙으로 덮어 공기 유통을 제한, 배연구 하나 설치한다.
・축요제탄법
토석, 연와, 내화벽돌, 콘크리트, 철판 등으로 가마를 만들어 제탄하는 방법이다.

78 에어나이프코터로 종이를 도공했을때의 도공단면에 대한 설명으로 옳은 것은?
① 도공막의 두께가 균일하고 원지의 요철이 그대로 드러난다.
② 도공막의 두께가 균일하며 원지의 요철과 관계없이 표면이 평활하다.
③ 도공막의 두께가 불균일하며 원지의 요철이 그대로 드러난다.
④ 도공막의 두께가 불균일하며 원지의 요철과 관계없이 표면이 평활하다.

해설
에어나이프코터는 공기를 이용하여 균일하게 표면을 긁어주는 코터로 두께 균일하고 요철 역시 그대로 드러난다. 직접적으로 표면을 긁어주는 블레이드 코터와는 다르게 요철까지 제거하지는 못하지만 표면이 균일하고 매끄러우며 기계의 청소 및 유지도가 높다.

정답 74 ③ 75 ③ 76 ① 77 ③ 78 ①

79 치핑(chipping)에 대한 설명으로 틀린 것은?
① 목재 내에 증해약품의 균일한 침투를 돕는다.
② 디스크 치퍼기와 드럼 치퍼기를 주로 사용한다.
③ TMP 및 RGP는 원목보다 칩 상태로 펄프를 제조한다.
④ 칩의 길이는 섬유방향이 15~25mm 가 되도록 하며, 두께는 고려하지 않는다.

[해설]
섬유방향 12~25, 두께방향 2~5 mm 로 한다.

80 집성재용 원료목재에 대한 설명으로 틀린 것은?
① 비중이 높은 목재는 접착이 용이하고, 비중이 낮은 목재일수록 목부파단율은 감소된다.
② 접착시 제재판의 함수율이 높을 경우 접착제 중의 용제의 확산을 방해한다.
③ 수지나 정유를 다량 함유한 목재의 경우 접착이 저해된다.
④ 심재로 사용되는 수종은 건조가 용이하고 비틀림이 적은 목재가 적당하다.

[해설]
비중이 높은 목재는 접착이 용이하고 비중이 낮은 목재일수록 목부파단율은 증가한다.

제5과목 목재보존학

81 목재부후에 의한 목재의 화학적 성질의 변화에 대한 설명으로 틀린 것은?
① 회분은 말기 부후에 달하면 차츰 감소한다.
② 냉수, 온수, 알코올 벤젠 추출물은 부후가 진행됨에 따라 서서히 증대된다.
③ 목재내 리그닌 함량은 백색부후에서는 감소된다.
④ 갈색 부후의 경우 목재내 셀룰로오스의 함량은 부후가 진행되면서 현저하게 감소한다.

[해설]
회분은 부후에 의해서 변화되지는 않는다.

82 목재를 열화시키는 생물 열화인자가 아닌 것은?
① 균류   ② 흰개미
③ 해충   ④ 자외선

[해설]
균류, 흰개미, 해충은 모두 생물 열화인자이다.

83 고밀화목재에 대한 설명으로 틀린 것은?
① 표면고밀화 방법에 의하여 내마모성이 상당히 증가된다.
② Compreg 의 충격강도는 무처리재에 비하여 다소 적다
③ Compreg 는 무처리재에 비하여 대부분의 강도성질이 향상되고 방부, 방충, 접착, 내산성이 좋다.
④ Staypark 의 충격강도는 Compreg 보다 적다.

[해설]
compreg은 강화목(수처리압축재)으로 세포막 내에 합성수지를 넣어 압축한 목재를 말하며 staypak은 일정 압력, 온도, 함수율 조건에서 밀도와 강도를 증진시킬 목적으로 압축한 목재를 말한다. 충격강도의 경우 compreg 보다 staypak 더 크며 앞의 2가지보다 무처리재가 더 강하다.

정답 79 ④ 80 ① 81 ① 82 ④ 83 ④

84. 연부후균(soft rot fungi)에 대한 설명으로 가장 관계가 적은 것은?
   ① chaetomium 속에 많이 포함되어 있다.
   ② 생육온도와 pH 의 범위가 다른 균류에 비해 넓다.
   ③ 대부분의 연부후균은 리그닌을 주로 분해하며, 일부분은 탄수화물의 탈메톡실화를 일으킨다.
   ④ 함수율 100 ~ 200 %의 범위에서도 생육할 수 있다.

   해설
   연부후균은 고함수율에서 목재의 표면을 연하게 하여 강도를 떨어뜨린다.

85. 방충제 중 호흡독에 속하지 않는 약제는?
   ① Sulfuryl fluoride
   ② dichlorobenzene
   ③ methyl bromide
   ④ pentachlorophenol

   해설
   보기 중 다른 약제는 기관지 및 호흡으로 인한 위험성을 가지며 펜타클로로페놀(pentachlorophenol)은 호흡독에 속하지 않으며 강한 살충력을 가진다. 이러한 특징을 가진 덕분에 펜타클로로페놀(pentachlorophenol)은 농약으로도 사용된다. 나머지는 호흡독에 속하며 메틸브로마이드(methyl bromide)의 경우 가스 확산의 위험이 매우 높은 약제이다.

86. 크레오소트유 방부제로 생재에 전처리하는 방법과 관계 있는 것은?
   ① 도포법(brushing)
   ② 보울톤법(boultonizing)
   ③ 침지법(steeping)
   ④ 셀론법(cellon process)

   해설
   보울턴법은 목재를 크레오소트유나 유상방부제로 가열하면서 진공하에 목재의 수분을 탈수하는 방법으로 생재목재의 전처리하는 방법이다.

87. 고밀화목재의 성질과 관련이 먼 것은?
   ① 목재의 비중이 높아진다.
   ② 목재의 표면경도가 높아진다.
   ③ 전기절연성이 떨어진다.
   ④ 내수성이 향상된다.

   해설
   고밀화에 의해 비중에 많은 변화가 오는데 비중의 변화에 의해 전기전도성이나 절연성에는 크게 영향을 주지는 않는다. 하지만 비중이 높아지면서 공극이 적어서 함수율이 낮아지면 절연성은 높아지게 된다.

88. 방염기구에 속하지 않는 것은?
   ① 피복 작용   ② 열 작용
   ③ 방진 작용   ④ 가스 작용

   해설
   방진작용은 진동을 흡수시키는 작용을 한다.

89. 직교적층이 나타내는 현상이 아닌 것은?
   ① 두께 방향으로 팽윤이 약간 증가된다.
   ② 판면방향의 팽윤은 길이방향의 팽윤보다 약간 크다.
   ③ 인접한 단판의 길이방향의 팽윤이 커서 측면팽윤이 억제된다.
   ④ 수축과 팽윤이 반복됨에 따라 표면에 미세한 할렬이 나타나기도 한다.

   해설
   나무판을 적층시 섬유방향을 서로 직교하게 하는 것을 직교적층이라 한다. 직교 적층은 인접한 단판의 길이 방향의 팽윤이 적어 측면 팽윤이 억제되고 흡윤성이 감소된다.

정답 84 ③ 85 ④ 86 ② 87 ③ 88 ③ 89 ③

90 방화제가 아닌 것은?

① 제2인산암모늄 ② 황산암모늄
③ 염화암모늄   ④ 초산암모늄

해설

인산암모늄, 황산암모늄은 혼합방화제이며 염화암모늄은 단일방화제이다.
[방화제 종류]
단일방화제
- 암모늄염 : 인산암모늄, 붕산암모늄, 염화암모늄, 술파민산암모늄, 황산암모늄
- 알칼리염 : 탄산칼슘, 탄산나트륨(발염을 저지하나 착화 효과 별로 없음)
- 인산나트륨, 인산칼륨(방염효과 있으나 흡습성이 있어 혼합약제로 사용)
- 무기산 및 알칼리 금속 : 무기산으로 붕산, 인산, 알칼리 금속 붕산나트륨, 규산나트륨

[혼합방화제]
- 인산암모늄, 붕사, 붕산, 황산암모늄, 취화암모늄 술파민산암모늄, Minalith, Pyresote, 크롬화염화아연, 수산화크롬 등

91 혼합방화제가 아닌 것은?

① Minalith
② 크롬화염화아연
③ Pyresote
④ 폴리인산암모늄

해설

혼합방화제의 종류로 Minalith, pyresote, 크롬화염화아연, 브롬화암모늄 등이 있다

92 목재의 치수안정화에 이용하는 PEG의 분자량으로 가장 적당한 것은?

① 20000 이상 ② 10000
③ 1000   ④ 400

해설

PEG(Poly ethylene glycol)
- 목재의 치수안정화제로 수침목재류의 보존처리 용도로 주로 쓰임
- 그 외 sucrose, dammar, ethyl alcohol 등 사용
- PEG는 저분자량, 고분자량의 분자량이 다른데 저분자량은 200~700, 고분자량 1000~6000 정도이다. 목재보존처리제로 사용하는 분자량으로는 1000~2000정도이다.

93 목재방부제의 사용으로 인하여 발생할 수 있는 오염을 줄이기 위한 노력으로 틀린 것은?

① 동물이나 사람, 식물에 무해한 약제를 개발하는 노력과 동시에 무해한 약제를 사용하도록 노력한다.
② 유효성분이 목재 중에 정착되는 성질을 가진 약제를 개발하도록 노력함과 동시에 약제가 목재로부터 외부로 흘러나가지 않도록 처리한다.
③ 약제를 과도하게 사용하지 않고 최소 필요량만 사용한다.
④ 연소시 발생하는 오염원은 어쩔 수 없다.

해설

오염방부제의 오염을 줄이기 위해 친환경 방부제에 대한 연구 및 다양한 활동이 진행되고 있다.

94 생물열화를 방지하고 치수안정을 목표로 만들어진 화학처리 목재는?
① 파라핀 처리재　② CCA 처리재
③ 염색목재　　　④ 아세틸화 목재

해설
아세틸화목재는 유기화합물의 수산기 또는 아미노기 등의 수소원자를 아세틸기로 치환한 목재로서 생물 분해 및 열화를 방지하여 목재를 안정적으로 유지하기 위한 처리를 한다.

95 부후균에 의한 목재 가해의 특징으로 옳은 것은?
① 갈색부후균은 목재 세포벽의 3대 구성성분 전부를 가해하나 백색부후균은 셀룰로오스와 헤미셀룰로오스만 가해한다.
② 갈색부후균은 담자균류에 속하고 백색부후균은 자낭균류에 속한다.
③ 갈색부후균은 자연계에서 침엽수재를 많이 가해하는 반면에 백색부후균은 활엽수재를 많이 가해한다.
④ 갈색부후균에 의한 세포벽 분해는 균사 근처에서 발생하나 백색부후균에 의한 분해는 균사와 상당히 떨어진 곳에서도 발생한다.

해설
갈색부후균은 주로 당류를 분해하는데 침엽수재에, 백색부후균은 리그닌까지 분해하는데 활엽수재에 주로 분포되며 이는 각 목재의 추출성분과 균류의 적합성에 의한 차이이다.
※ 갈색부후균은 셀룰로오스, 헤미셀룰로오스를 주로 가해, 백색부후균은 리그닌까지 가해하며 담자균류에 의한 목재의 손상현상을 부후라고 하며 둘 다 같은 류이다. 둘 다 세포벽을 구성하는 물질들을 분해한다.

96 목재성분 중 연소를 주로 유지 촉진시키는 역할을 하는 성분은?
① 헤미셀룰로오스
② 셀룰로오스
③ 리그닌
④ 전분

해설
에너지원인 당류이며 이는 구성하는 대부분의 물질을 셀룰로오스라 한다.

97 수지처리목재로 제조시 수지를 목재 내로 주입한 후 가압하는 이유로 가장 적합한 것은?
① 목재의 밀도를 증가시키기 위하여
② 목재 내로 주입된 수지를 경화시키기 위하여
③ 목재에 가소성을 부여하기 위하여
④ 수지를 보다 깊은 침투를 도모하기 위하여

해설
주입후 그냥 두면 이 이상 침투하기 힘드나 가압을 통해 더 깊이 침투 시킬 수 있다.

98 건축물의 흰개미 가해 여부를 탐지할 수 있는 방법으로 적절하지 않은 것은?
① 목재 함수율 측정
② 유사충 날개의 존재
③ 망치나 드라이버를 이용한 목재 내부의 공동 존재 유무 확인
④ 목재와 돌 또는 콘크리트 기초 간을 연결하는 개미길의 존재 확인

해설
함수율로는 흰개미 가해 여부 판단이 어렵다.

정답 94 ④　95 ③　96 ②　97 ④　98 ①

99 수용성 목재 방부제 중 크롬화합물을 함유하는 방부제로 처리한 목재의 적정 양생기간은?

① 상온에서 1주 이상, 건조온도 60°C 의 인공열기건조에서 2일이상
② 상온에서 2주 이상, 건조온도 60°C 의 인공열기건조에서 1일이상
③ 상온에서 1주 이상, 건조온도 100°C 의 인공열기건조에서 3일이상
④ 상온에서 3주 이상, 건조온도 60°C 의 인공열기건조에서 3일이상

해설

양생기간은 자연양생공정으로 3주이상 양생기간을 거치고 인공건조열기에서는 55~60°C에서 3일 이상 촉진양생 공정을 거친다.

100 방부성 발수도료에 관한 설명으로 틀린 것은?

① 발수도료와는 다르게 부후균, 변색균, 표면오염균의 생육을 억제시킨다.
② 유기용제용성의 경우 수용성에 비해 목재부후 억제 효과가 우수한 경우가 많다.
③ benzophenones 등의 적외선 흡수제를 포함하는 경우가 종종 있다.
④ 페인트도장 전 발수도료로 전처리 할 경우 수용성과 유기용제용성간의 페인트 내구성 차이는 없다.

해설

benzophenone계 와 benzotriazole계 는 대표적인 자외선 흡수제로 사용된다.

정답 99 ④ 100 ③

2010 임산가공기사 필기

제1과목 목재이학

01 자외선은 목재의 표면으로부터 어느 정도에서 흡수되는가?
① 1~2 ㎜
② 1/10 ~ 1/20 ㎜
③ 1/40 ~ 1/60 ㎜
④ 1/80 ~ 1/120 ㎜

해설
목재의 표면에는 자외선이 1/80 ~ 1/120 ㎜ 정도로 흡수된다.

02 휨강도 시험용 정각재 제작 시 횡단면의 한 변의 길이 a 가 2㎝ 일 때 스팬 길이는 얼마로 하는 것이 가장 적당한가?
① 7 ㎝   ② 14 ㎝
③ 21 ㎝   ④ 28 ㎝

해설
휨시험의 시험방법으로 스팬의 길이는 횡단면 한변의 길이의 14배로 한다.

03 목재의 물리적 성질을 나타내는 인자 중에서 수종이나 변, 심재 부분에 따라 변화하지 않고 거의 일정한 값을 가지는 것은?
① 수축률   ② 공극률
③ 강도   ④ 진비중

해설
진비중은 목재 실질의 비중으로 그 값이 거의 일정한 값을 가지며 목재의 진비중은 1.53 이다.

04 온도상승에 따른 목재의 열팽창에 대한 설명으로 옳은 것은?
① 열팽창은 목재 세포 내강이 온도 상승에 의해 부풀어 커진 결과이다.
② 열팽창은 온도상승에 의해 목재를 구성하는 분자간의 거리가 늘어난 결과이다.
③ 열팽창은 동일 온도 조건하에서의 건조 수축량과 그 크기가 비슷하다.
④ 목재의 열팽창은 동일 온도 조건하에서의 열수축에 비해 크다.

해설
목재의 온도 상승시 분자들의 진동이 커지고 이로인하여 분자간 평균거리가 증가하게 된다.

05 목재의 잔광현상에 관한 설명으로 틀린 것은?
① 잔광현상이란 물체에 흡수된 빛 중 열로 바뀌지 않은 부분이 자연반응으로 발광하는 것을 말한다.
② 잔광은 주로 가시파장으로 범위에 있으며 눈으로 확인하기에 충분한 강도를 지닌다.
③ 다수지재는 비수지재보다 강한 잔광을 나타낸다.
④ 잔광의 주요 원인성분은 세포벽의 리그닌이다.

해설
목재의 잔광의 파장은 어느 범위인지 모르며 그 강도가 낮아 눈에 보이지 않는다.

정답 01 ④ 02 ④ 03 ④ 04 ② 05 ②

06 목재의 세포벽은 여러 층으로 구성되어 있다. 다음 세포벽 중에서 가장 두꺼운 층은?
① 2차벽의 S2층 ② 2차벽의 S1층
③ P층(1차벽) ④ 2차벽의 S3층

해설
세포벽은 2차벽의 S2 층이 가장 두껍고 다음으로 S1 층, P층, S3층 순의 두께를 보여준다.
실제 2차벽의 S2 층은 전두께의 70% 이상을 차지한다.

07 목재의 수축 및 팽윤과 관련되어서 발생하는 현상이 아닌 것은?
① 할열 ② 비틀림
③ 응력완화 ④ 건조응력

해설
목재의 수축 및 팽윤에 의한 급격한 치수변화로 할열, 비틀림, 윤할, 찌그러짐, 표면경화등의 현상을 보인다. 응력완화는 점탄성에서의 현상으로 일정 변형률을 주게 되면 대응하는 응력은 시간에 따라 감소되는 현상을 말한다.

08 목재의 수축률 표시방법이 아닌 것은?
① 전수축률
② 함수율 1% 변화에 따른 수축률
③ 생재상태에서 기건상태까지의 수축률
④ 생재상태에서 섬유포화점 이상까지의 수축률

해설
수축률 표시방법
· 전수축률
· 기건수축률
· 함수율 1%에 대한 평균수축률

09 섬유경사각은 목재의 어느 강도에 가장 영향을 많이 미치는가?
① 압축강도 ② 인장강도
③ 휨강도 ④ 전단강도

해설
강도중에 섬유방향의 종인장강도가 가장 높은 값을 가지며 이때 인장강도는 섬유경사각에 큰 영향을 받는다.

10 6cm×6cm 의 횡단면에 7,000kg 의 하중이 작용하여 16cm 이던 목재가 15.97 cm 로 압축이 되었다. 이 때 목재의 탄성계수 (kg/cm²)은?
① 약 87,500 ② 약 103,700
③ 약 233,330 ④ 약 525,000

해설
$$탄성계수 = \frac{\sigma}{\epsilon} = \frac{194.45}{0.001875}$$
$$=103,706.67 ≒ 103,700 kg/cm^2$$
$$\sigma = \frac{P}{A} = \frac{7000 kg}{6cm \times 6cm} ≒ 194.45 kg/cm^2$$
$$\epsilon = \frac{변형률길이}{처음길이} = \frac{16-15.97}{16} = \frac{0.03}{16} = 0.001875$$
여기서, σ : 응력
ϵ : 변형률
P : 외력(하중)
A : 단면적

11 원목을 강물로 운반할 때에 생재비중이 1 보다 크면 물에 가라앉게 되는데 원목이 물속에 가라앉을 수 있는 한계의 함수율을 최저함수율이라고 한다. 생재비중이 0.56 인 원목의 최저함수율은?
① 약 78.6 % ② 약 82.3 %
③ 약 86.2 % ④ 약 91.0 %

해설
$$최저함수율 = \frac{1-생재비중}{생재비중} \times 100(\%)$$
$$= \frac{1-0.56}{0.56} \times 100(\%) ≒ 78.6(\%)$$

12 목재의 진비중은 실질 용적의 측정에 사용하는 치환매체의 종류에 따라 달라지는데 헬륨가스 사용시의 진비중의 값은?

① 1.30 ② 1.46
③ 1.60 ④ 1.70

해설
목재의 측정시 사용하는 치환매체로 헬륨가스의 비중은 1.46 이다.

13 목재의 강도에 영향을 끼치는 인자로 거리가 먼 것은?

① 함수율 ② 비중
③ 수축과 팽창량 ④ 조직학적 성질

해설
수축과 팽창량은 목재의 수분 흡습과 방습시 발생하는 현상으로 강도에 직접적인 영향인자는 아니다. 목재 강도 영향인자로 세포벽 미세구조 및 세포구조, 섬유주향, 함수율, 비중, 연륜폭, 옹이, 온도 등이 있다.

14 목재의 유전율에 대한 설명으로 옳은 것은?

① 함수율이 증가함에 따라 반비례한다.
② 비중이 큰 수종일수록 유전율이 높다.
③ 목재의 유전율은 고주파일수록 높다.
④ 섬유주향에 영향을 받지 않는다.

해설
① 목재의 유전율은 함수율이 증가하면 함께 증가한다.
③ 목재의 유전율은 주파수가 크면 낮은 유전율 값을 가진다.
④ 목재의 유전율은 섬유방향이 방사방향보다 30~60% 정도 높은 값을 가진다. 이는 세포벽의 분자구조에 따르며 셀룰로오스분자의 배향이 섬유방향에 가깝기 때문이다.

15 어떤 목재의 접선방향의 전팽창율이 10%라면 이 목재의 접선방향 전수축률은?

① 약 9.1 % ② 약 12.1 %
③ 약 14.1 % ④ 약 16.1 %

해설
전수축률 $= \dfrac{10}{100+10} \times 100(\%) ≒ 9.1(\%)$

$a = \dfrac{b}{100+b} \times 100$, $b = \dfrac{a}{100-a} \times 100$

여기서, a : 전수축률
       b : 전팽윤률

16 단면이 2cm×2cm, 길이가 60cm 인 목재를 500kg 의 하중으로 인장하였을 때 길이가 60.3cm 로 늘어났다면, 이 때의 변형율은?

① 0.001 ② 0.003
③ 0.005 ④ 0.007

해설
$\epsilon(변형률) = \dfrac{60.3 - 60}{60} = 0.005$

17 목재 음의 손실감쇠를 나타내는 감쇠율에 관한 설명으로 틀린 것은?

① 목재세포의 크기 및 배열을 고려할 때 목재의 감쇠율은 대부분의 다른 재료에 비해 큰 편이다.
② 섬유포화점 이하에서 함수율이 상승할수록 목재의 감쇠비는 온도에 관계없이 상승한다.
③ 횡진동에서의 대수감쇠율은 비틀림진도에서의 대수 감쇠율보다 일반적으로 작다.
④ 진동의 위험이 있는 경우, 다른 강도적 성질이 충족된다면 고손실감쇠능의 재료를 사용해야 한다.

해설
섬유포화점 이하에서는 함수율에 따른 감쇠의 변화가 거의 없으나 섬유포화점 이상에서는 함수율이 증가할수록 감쇠정도가 커진다.

18 목재의 응력-변형율도에 대한 설명으로 옳은 것은?

① 모든 물체는 외력이 작용하면 변형이 수반되고, 외력이 제거되면 변형이 완전히 회복한다.
② 비례한계는 응력과 변형간의 직선관계가 성립되는 한계점을 말하고, 비례한계 내에서 응력이 제거되면 변형은 순간적으로 회복된다.
③ 비례한계와 탄성한계는 기본적으로 같은 개념이다.
④ 목재 파괴시의 응력을 파괴응력 또는 항복응력이라 한다.

해설
① 모든 물체가 그러한 것이 아니며 또한 외력이 항복점이상 작용시 회복이 되지 않고 영구적으로 변형되기도 한다.
③ 비례한계는 응력과 변형간의 직선관계를 나타내며 탄성한계는 비례한계와 항복점 사이의 응력과 변형간의 관계를 나타내므로 이 두 개념은 다른 개념이다.
④ 응력이 일정한 상태에서 변형률이 급격히 변하는 응력을 항복응력이라 하며 물체가 파괴되는 최대 응력을 파괴응력 또는 극한강도라고 한다.

19 목재 및 목질패널제품의 평형함수율에 대한 설명으로 틀린 것은?

① 파티클보드는 무게비로 대략 10%미만의 왁스와 접착제로 구성되기 때문에 흡수성이 목재보다 작다.
② 목재의 평형함수율은 수종들 사이에서 심재와 변재의 양에 따라 차이가 있다.
③ 하드보드의 경우에는 제조공정 동안 목재 내의 헤미셀룰로오스 일부가 가수분해 되기 때문에 이렇게 제조된 하드보드의 경우 목재보다 흡수성이 크다.
④ 목재가 노출되어 얻어지는 평형함수율은 추출물의 양과 형태에 따라 차이가 있기 때문에 함수율이 1% 이상 차이가 날 수 있다.

해설
하드보드의 경우 제조시 습식열압을 하여 3단 가압을 하게되는데 이때 가열온도는 약 180°C 정도로 일부 헤미셀룰로오스가 열분해 가능한 범위이다. 하지만 하드보드의 경우 열압공정후 후처리에서 내수성과 강도 개선을 위해 열처리 및 기름담금처리 등의 가공을 통하여 성능을 향상시켜 목재의 흡수성보다 크지는 않다.

20 목재의 섬유포화점은 수종에 따라 다르나 평균적으로 어느 정도 인가?

① 약 20 %   ② 약 30 %
③ 약 40 %   ④ 약 50 %

해설
섬유포화점은 25~35% 이므로 약 30%에 가장 가깝다.

제2과목 목재해부학

21 목재 세포벽 중의 lignin을 검출할 때 염산 phloroglucine 반응시 어떤 색을 나타내는가?

① 녹색 ② 청색
③ 황갈색 ④ 적색

해설
플로로글루신(phloroglucine)은 리그닌이나 헥토스, 펜토스 등의 분석시약으로 플로로글루신 착색반응시 플로로글루신을 알코올에 용해시켜 진한염산을 가한 수용액에 리그닌을 넣으면 적자색이나 적색을 띠게 된다.

22 다음 유연벽공의 구조 그림에서 A 부분의 명칭은?

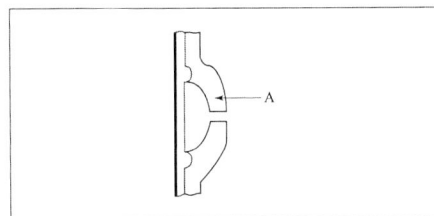

① 벽공환 ② 벽공강
③ 벽공연 ④ 벽공구

해설
벽공연은 벽공에서 벽공연을 덮고 있는 아치모양의 부분을 말한다.

23 은행나무에서 관찰되는 것으로 거대한 축방향유세포에 결정이 존재하는 것은?

① 에피데리얼세포
② 이형세포
③ 수지가도관
④ 방사유세포

해설
이형세포는 축방향유세포가 팽창되면서 결정이 함유된 세포로 은행나무에서 주로 보인다.

24 감나무를 섬유방향으로 절단하니 리플마크(ripple mark)가 나타났다. 이를 만드는 조직은?

① 가도관조직 ② 축방향조직
③ 방사조직 ④ 수지구

해설
접선단면에서 접선방향에 가느다란 줄모양의 무늬가 보이게 되는데 이것을 리플마크라 하며 방사조직에서 유래한다.

25 트라베큐라(trabecula)와 크레슈라(crassula)의 설명으로 가장 적합한 것은?

① 침엽수 중 특히 소나무에만 존재한다.
② 활엽수 중 특히 느릅나무에만 존재한다.
③ 대부분 침엽수에 존재하지만 활엽수에도 일부 존재한다.
④ 대부분 활엽수에만 존재한다.

해설
크라슐래는 침엽수재 가도관의 방사단면에 관찰되며 벽공연에 눈썹모양의 농색부를 말하며 활엽수재 일부 수종에서도 관찰되기도 한다. 트라베큐라 역시 방사방향의 가도관 접선벽에 관찰되는데 침엽수재의 특징이나 활엽수재 도관요소에서도 관찰되기도 한다.

26 활엽수재의 접선단면에서 비교적 폭이 좁은 단열방사조직이나 복열방사조직이 불규칙하게 모여 마치 한 개의 큰 방사조직처럼 보이면 그 사이 사이에 목섬유등을 포함하는 방사조직은?

① 확산방사조직 ② 산재방사조직
③ 집합방사조직 ④ 연속방사조직

해설
집합방사조직은 단열방사조직이나 지름이 작은 다열방사조직들이 한 지점에 대량으로 모여 마치 하나의 방사조직처럼 보이는 경우를 말한다.

정답 21 ④ 22 ③ 23 ② 24 ③ 25 ③ 26 ③

27 천공판이 특별히 발달되어 있는 세포는?
① 도관   ② 가도관
③ 목섬유   ④ 방사조직

해설
활엽수재에서 축방향 상하로 접속되어 있는 도관요소의 세포벽면에 존재하며 천공의 모양이나 크기에 따라 그 명칭이 다양하다.

28 활엽수의 진정목섬유의 기능으로 옳은 것은?
① 수목의 기계적 지지 기능을 한다.
② 수목의 수분이동의 주 동로기능을 담당한다.
③ 수목의 영양물질의 이동에 관계한다.
④ 수목의 수분의 통로의 기능과 함께 기계적 기능을 담당한다.

해설
활엽수의 진정목섬유는 가늘고 긴 세포로 세포에 작은 단벽공을 가지고 있는데 벽후가 두껍고 활엽수의 지지기능을 담당한다.

29 식물분류학적으로 단자엽식물에 속하는 것은?
① 참나무   ② 대나무
③ 오리나무   ④ 물푸레나무

해설
피자식물에는 단자엽식물과 쌍자엽식물이 있으며 단자엽의 대표 식물로 대나무와 야자나무 등이 있다.

30 침엽수 목재는 줄기가 곧고 지하고가 높으며 재질이 연하여 가공하기 편리하다. 다음 중 침엽수가 수입될 수 있는 가능성이 가장 낮은 지역은?
① 아프리카   ② 뉴질랜드
③ 시베리아 극동   ④ 알레스카

해설
목재는 기후의 영향을 많이 받으며 다른지방과 다르게 아프리카는 열대, 아열대 등이 분포하여 좋은 침엽수재를 얻기가 어렵다.

31 정상수지구를 지니지 않는 수종은?
① 잎갈나무   ② 소나무
③ 잣나무   ④ 삼나무

해설
정상수지구는 주로 소나무속, 잎갈나무속, 가문비나무속, 미송속 등에 관찰되며 삼나무에서는 정상수지구를 가지고 있지 않다.

32 전형적인 섬유상가도관의 조건을 구비한 것은?
① 비교적 벽은 두껍고 유연벽공을 지닌다.
② 비교적 벽은 얇고 단벽공을 지닌다.
③ 비교적 벽은 두껍고 벽공을 지니지 않는다.
④ 비교적 벽은 얇고 벽공을 지니지 않는다.

해설
섬유상가도관은 형태에서는 진정목섬유와 유사하며 세포벽에는 유연벽공을 지니고 있으며 세포벽은 비교적 두꺼운 편이다.

정답 27 ① 28 ① 29 ② 30 ① 31 ④ 32 ①

33 다음 설명의 수종은?

◎ 수지구는 육안으로 관찰하기 어려우며 때로는 거의 불가능하다
◎ 심변재의 구별로 명료하여 심재는 갈색이고 변재는 백색이다.
◎ 목리는 곧고 나무갗은 거칠며 춘추재의 이형이 급하다.

① 소나무 ② 잣나무
③ 일본잎갈나무 ④ 가문비나무

해설

일본잎갈나무
- 심재는 갈색이고 변재는 흰색으로 심변재의 구별이 뚜렷하다.
- 나무결은 곧으며 나무갗은 거칠며 말리면 잘 터진다.
- 벽공은 편백형이다.
- 춘추재나 조만재의 이행이 급진적이며 연륜계가 명확하다.
- 정상수지구가 존재하나 육안으로 관찰하기 어렵다.

34 다음 수종 중 세포벽에 대단히 얇아 목재의 중량이 가장 가벼운 것은?

① 유창목(lignum viate)
② 발사(balsa)
③ 라왕(lauan)
④ 아피통(apitong)

해설

세포벽의 두께는 비중에 큰 영향을 주며 세포벽이 가장 얇고 비중이 작은 목재는 발사이며 유창목의 경우 세포벽이 두껍고 비중이 1.3 정도로 무거운 나무이다. 라왕이나 아피통의 경우 유사한 수준이나 아피통이 조금 더 두껍고 비중이 나가는 편이다.

35 리플마크가 잘 생기는 수종은?

① 칠엽수 ② 동백나무
③ 밤나무 ④ 사시나무

해설

리플마크는 방사조직이 층계상인 경우 잘 발생되며 수종으로 칠엽수나 감나무 등이 있다.

36 나무의 팽창조직에서 생긴 무늬를 가르키는 것은?

① 파상무늬 ② 우상무늬
③ 방사반점무늬 ④ 절류무늬

해설

나무의 팽창조직에 의해 생긴무늬를 절류무늬(burl's figure)이라 하며 흑호두나무와 같은 수종에 나타난다.

37 열대 활엽수 목재의 특징으로 볼 수 없는 것은?

① 취심재(brittle heart)
② 결정(crystal)
③ 타일로시스(tylosis)
④ 타일로소이드(tylosoid)

해설

타일로소이드의 경우 박벽에피델리얼세포를 가진 침엽수재의 소나무속에서 주로 나타나며 심재화시 수지구를 둘러싸고 있는 에피델리얼세포가 파괴되면서 수지구를 폐색하는 경우를 말한다.

38 목재 구성요소 중에서 양분의 저장기능을 갖고 있는 세포는?

① 가도관 ② 도관
③ 유세포 ④ 목섬유

해설

가도관이나 도관은 수분통도기능이나 지지기능을 가지고 있으며 목섬유는 기계적지지만을 가진다. 유세포가 양분의 저장 및 이동을 담당한다.

39 침엽수재의 구성요소로 틀린 것은?
① 가도관 ② 목부섬유
③ 목부유세포 ④ 방사조직

[해설]
침엽수재는 가도관이나 유세포 등을 가지고 있으나 목부섬유의 경우 활엽수재에 주로 존재한다.

40 정상 심재의 특징에 대한 설명으로 틀린 것은?
① 심재부는 색소, 고무질, 수지 등이 축적되어 재색이 일반적으로 짙다.
② 입목시에는 수분의 함유량이 많다.
③ 모든 세포가 생리적 기능이 상실되어 있다.
④ 목재의 중량이나 내후성이 증가되는 경향이 있다.

[해설]
심재의 경우 도관이나 가도관이 폐쇄되면서 그 기능을 상실하면서 목재 내부로 갈수록 함수율이 떨어지고 수분함량이 낮아진다.

제3과목 목재화학

41 목재 회분의 주요 요소는?
① C, O, H, N
② Ca, Na, Mg, K
③ Cu, Cl, Ag, Ne
④ He, Zn, Ni, Au

[해설]
목재의 회분 주요성분으로 Ca, Na, Mg, K, Fe, Mn 등이 있다.

42 일반적인 목재 Hemicellulose 수평균중합도(DPn)의 범위는?
① 130 ~ 200 ② 210 ~ 300
③ 310 ~ 400 ④ 410 ~ 530

[해설]
헤미셀룰로오스의 수평균 중합도는 100~200 정도의 분포를 보이며 더 낮은 70 정도도 존재한다. 보기에 가장 근접한 답은 130~200 이다.

43 Galacto glucommannan 이 추출되는 것은?
① 침엽수재
② 활엽수재
③ 활엽수 이상재의 심재부
④ 활엽수와 침엽수의 변재부

[해설]
갈락토글루코만난의 경우 다당류의 일종으로 침엽수재에 많이 함유되어 있으며 헤미셀룰로오스 성분의 1~5% 정도이다.

44 터페노이드(terpenoid)에 대한 설명으로 옳은 것은?
① 페닐프로판을 기본골격으로 하고 있다.
② 글루코오스가 탈수 축합한 것이다.
③ 2개 이상의 이소프렌 단위로 연결된 탄소골격으로 되어 있다.
④ 글루코오스에 아세틸기가 치환된 것이다.

[해설]
terpenoid 는 isoprene 구조가 2개 이상 쇄상으로 결합한 화합물이다.

45 가수분해형 tannin 에 대한 설명으로 틀린 것은?

① 가수분해형 tannin 은 gallic acid 와 당이 peptide 결합한 것이다.
② 가수분해형 tannin 은 gallotannin 과 ellagic tannin 으로 구분한다.
③ 가수분해형 tannin 이 가수분해할 때 gallic acid 만 생성하는 것을 gallotannin 이라 한다.
④ 가수분해형 tannin 이 가수분해할 때 ellagic acid 만 생성하는 것을 ellagic tannin 이라 한다.

해설
가수분해형 탄닌을 가수분해하였을 때 gallic acid 만 생성하는 경우 gallotannin, gallic acid 와 ellagic acid 모두 생성시키는 탄닌을 ellagitannin 이라 한다.

46 헤미셀룰로오스의 화학적 성질에 대한 설명으로 옳은 것은?

① 헤미셀룰로오스는 셀룰로오스나 리그닌과 마찬가지로 가열에 의하여 연화한다.
② 헤미셀룰로오스의 열 분해에 있어서의 초기 반응은 리그닌의 경우와 같다.
③ 자이란은 자이로스 잔기의 C_3 에 우론산 잔기를 가지고 있어 peeling 반응을 촉진하다.
④ 글루코만난은 C_2, C_3 위에 치환기를 가지고 있기 때문에 용출되기 쉽다.

해설
셀룰로오스, 헤미셀룰로오스, 리그닌은 온도에 차이가 있을 뿐 가열에 의해 연화된다.
② 헤미셀룰로오스와 리그닌은 반응온도 및 성분이 달라 초기 반응이 다르다.
③ 자이란은 자이로스 잔기의 C_2 에 우론산 잔기를 가진다.
④ glucomannan 은 C_2, C_3 위에 치환기를 가지지 않고 그로 인해 pelling 반응에 대한 저항성이 낮다.

47 Monoterpene 과 Oleoresin 의 생산과 가장 밀접한 관계가 있는 수종은?

① 백합나무   ② 삼나무
③ 상수리   ④ 소나무

해설
monoterpene과 꿀풀과와 소나무과에서 얻을 수 있으며 Oleoresin 역시 소나무와 같은 침엽수재에서 얻어지는 수지이다.

48 식물의 조직·내강 또는 수지도에 채워져 있는 물질로서 물에 불용이고 유기용매에 용해되는 것은?

① 정유   ② 수지
③ 타닌   ④ 터페노이드

해설
식물의 세포내강이나 수지도에 채워진 물질을 수지라 부르며 이는 에피델리얼세포에서 분비된다.

49 α-셀룰로오스를 구성하는 단위체의 직경이 5.2A 이고, 중합도가 8000 이라면 셀룰로오스 사슬의 길이는 얼마인가?

① 5.2 A   ② 4.16 nm
③ 4.16 ㎛   ④ 416 nm

해설
1Å은 0.1nm이다. 단위체 직경 5.2Å를 nm로 환산하면 0.52nm가 되고, 중합도 8,000을 곱하면 셀룰로오스 사슬 길이는 약 4,160nm 이므로 4.16 ㎛가 된다.

50 저장물질을 전분으로 저장하는 환공재에 해당하는 수종은?

① 사시나무, 자작나무
② 너도밤나무, 피나무
③ 단풍나무, 나왕
④ 밤나무, 느티나무

해설
밤나무와 느티나무는 환공재의 일종이며 에너지 저장시 전분형태로 저장한다.

51 헤미셀룰로오스 중 자일란 추출에 사용되는 약품은?
① 황산 ② 질산
③ 증류수 ④ 수산화나트륨

해설
활엽수재의 헤미셀룰로오스 중 자일란을 추출하기 위해서는 수산화칼륨 용액을 사용하는데 이는 자이란을 선택적으로 추출하기 용이하기 때문이다. 자이란 추출 후 잔사는 붕산을 함유하는 24% 수산화나트륨 수용액을 이용하며 추출액에 초산 함유한 에탄올에 넣으면 glucomannan 이 침전된다.

52 목재세포와 세포 사이에서 접착제 역할을 하는 것은?
① 헤미셀룰로오스
② 레진
③ 탄닌
④ 리그닌

해설
셀룰로오스와 헤미셀룰로오스 등 목재 세포사이를 더욱 견고하게 잡아주는 접착제 역할을 하는 것은 리그닌이다.

53 셀룰로오스 분자의 단위세포(unit cell)에 대한 설명으로 옳지 않은 것은?
① 단사정계모형이며 β=84° 이다.
② 포도당 단위가 2개 결합한 셀로비오스의 주기로 나타난다.
③ 단위세포의 4구석과 중앙주쇄의 분자방향은 동일하게 배열되어 있다.
④ glucoside 결합, 수소결합, van der waals 인력이 작용한다.

해설
단위세포들은 4구석에 있는 주쇄와 중앙주쇄의 역방향으로 향하며 양 주쇄의 위치는 0.29nm 만큼 떨어져 있다.

54 함수율이 10 % 인 기건시료 2g 을 유기용매 추출하였더니 0.03g 의 유기용매 추출물이 나왔다. 이 재료의 유기용매 추출물의 함량은 얼마인가?
① 1.37 % ② 1.47 %
③ 1.57 % ④ 1.67 %

해설
기건시료 2g 의 함수율이 10% 이므로 실질량은 1.8g 이다. 추출량 0.03g 과 추출전 1.8g의 비를 이용하면 추출물의 함량은 약 1.67% 이다.
$2g \times 0.9 = 1.8g$
$(0.03 \div 1.8g) \times 100(\%) \fallingdotseq 1.67\%$

55 아염소산나트륨으로 전섬유소 정량시 주로 사용되는 약품이 아닌 것은?
① 수산화나트륨 ② 아염소산나트륨
③ 빙초산 ④ 아세트산

해설
아염소산나트륨 정량시 수산화나트륨(NaOH)는 홀로셀룰로오스 중의 헤미셀룰로오스를 제거하는데 사용한다.

56 목재성분용 시료 조제에 대한 설명으로 옳은 것은?
① 공시재는 어느 부분에서 채취하여도 좋다.
② 목분 크기는 40~100 mesh 범위이다
③ 분석용 시료는 화학적 처리를 행하므로 불균일하여도 된다.
④ 공시재는 칩퍼로 세분화한다.

해설
목재실험시 성분 시료 크기는 40~100 mesh 범위에서는 큰 차이 없어 그 범위를 실험용 범위로 잡는다.
① 공시재는 실험 목적에 따라 그 부분을 지정하여 채취한다.
③ 화학적 처리를 위해 균일하게 하여야 한다.
④ 공시재는 분쇄기에서 세분화한다.

57 다음 식에서 얻어지는 분자량은 무엇인가? (단, [Y]는 용액의 고유점도, K 및 a 는 상수, M 은 분자량이다)

$$[Y] = KM^a$$

① 수평균 분자량
② 용량평균 분자량
③ 점도평균 분자량
④ 삼투압분자량

해설
위 공식은 staudinger 의 점도법칙으로 점도평균 분자량을 알 수 있다.

58 헤미셀룰로오스도 셀룰로오스와 마찬가지로 산소가 없는 조건에서 알칼리에 의해 환원성 말단기가 절단되면서 필링오프 (peeling-off)의 정지반응이 일어나는데 이 반응에 대한 설명으로 옳은 것은?

① 환원성 말단기가 절단되면서 D-xyloisosaccharinic acid 를 형성하여 주쇄가 안정화된다.
② 환원성 말단기가 절단되면서 D-xylometasaccharinic acid 를 형성하여 주쇄가 안정화된다.
③ 환원성 말단기가 절단되면서 xylonic acid 를 형성하여 주쇄가 안정화된다.
④ 환원성 말단기가 절단되면서 glyceric acid 를 형성하여 주쇄가 안정화된다.

해설
헤미셀룰로오스는 peeling-off 반응의 정지반응에서 환원성 말단기가 절단되면서 자이란의 자일로스 잔기는 D-xyloisosaccharinic acid 로 변하고 주쇄가 안정화된다.

59 다음 중 목재의 회분 분석에 주로 사용되는 것은?
① 글라스필터   ② 삼각플라스크
③ 둥근플라스크 ④ 도가니

해설
회분을 회화로에서 가열하기 위해서는 고온에서 견디는 도가니를 주로 사용한다.

60 잔사 리그닌 단리법으로 72% 황산을 이용하여 단리한 산 리그닌을 무엇이라 하는가?
① willstatter 리그닌
② kraft 리그닌
③ klason 리그닌
④ nord 리그닌

해설
72% 황산을 이용한 단리법을 klason 법이라 하며 42% 염산을 이용하는 단리법은 willstatter 법이라 한다.

제4과목 임산제조학

61 파티클의 함수율 및 수분분포에 관한 설명으로 틀린 것은?

① 수분이 표층에서 중층으로 이동하는 속도는 그래뉼 매트가 플레이크매트보다 빠르다.
② 매트의 평균함수율이 증가하면 치수가 안정되고 흡수량이 작아지는 경향이 있다.
③ 표층 함수율을 높이면 두께 팽윤율이 감소되고 열압시간이 단축된다.
④ 수분이 중간부분에서 표층부분으로 이동하는 속도는 그래뉼매트가 플레이크매트보다 약간 빠르다.

해설
표층의 함수율이 높아지면 열압시간이 늘어난다.

62 섬유판용 펄프제조시 고온고압으로 증해하고 나서 대기 중에 급속도로 폭발시켜 얻는 해섬법은?
① asplund 법   ② kamiya 법
③ masonite 법 ④ kraft 법

해설
mason 에 의해 개발된 마소나이트법(masonite)은 고온, 고압의 조건으로 급격한 속도로 증기를 빼면서 내부조직에 파열을 유도하여 펄프화하는 방법이다.

63 잔목(sticker)에 대한 설명으로 틀린 것은?
① 잔적 내 통풍이 잘 되기 위하여 사용된다.
② 건조재목이 클수록 두꺼운 것을 사용한다.
③ 건조재목의 건조속도는 빠를수록 너비가 좁은 것을 사용한다.
④ 잔목간격은 건조할 판재의 두께가 클수록 넓게 한다.

해설
잔목은 목재의 건조속도가 빠를수록 너비를 넓게하는 것이 유리하다.

64 펄프화 공정시 수지 장애를 일으키는 terpenoid 는?
① monoterpene   ② sesquiterpene
③ diterpene   ④ triterpene

해설
terpenoid 는 isoprene 구조가 2개 이상 쇄상으로 결합한 화합물로서 탄소의 개수가 30개인 것을 triterpene 이라한다. triterpene은 2분자의 FPP(farnesylpyrophosphate)가 결합에 의해 생성되며 펄프화 공정시에 수지장애를 일으키는 원인이 되기도 한다.

65 열기계 펄프(TMP)의 특징이 아닌 것은?
① 화학펄프에 비해 수율이 높다.
② 화학펄프 혹은 쇄목펄프(GP)에 비해 동력 소비가 낮다.
③ 쇄목펄프보다 강도가 우수하다.
④ 화학펄프에 비해 불투명도가 높다.

해설
열기계펄프는 화학펄프에 비해 동력소비가 매우 높다.

66 다음은 고온의 희산에 의한 목재 셀룰로오스 가수분해 과정이다. 괄호에 들어갈 물질로 옳은 것은?

목재셀룰로오스 → 수화 셀룰로오스 → ( ) → 단당류

① 결정 셀룰로오스
② 비결정 셀룰로오스
③ 글루코오스
④ 수용성 다당류

해설
희산에 의산 셀룰로오스 가수분해로 셀룰로오스와 hexose 가 분해되면서 목재셀룰로오스에서 수화셀룰로오스로 이것이 다시 수용성 다당류로 분해되어 마지막으로 단당류가 나온다.

67 시험재의 채취당시 무게가 2000g 인 소나무 판재의 건량 기준 함수율이 54 % 이였다. 이 시험재의 전건중량은?
① 약 1300 g   ② 약 1400 g
③ 약 1500 g   ④ 약 1950 g

해설
함수율 : $\frac{건조전무게 - 건조후무게}{건조후무게} \times 100(\%)$

$= \frac{2000-x}{x} \times 100 = 54\%$

이므로 이때 x 의 무게가 전건중량이되며 약 1300g 이 도출된다.

정답 62 ③ 63 ③ 64 ④ 65 ② 66 ④ 67 ①

68 다음 그림내 펄프의 염소 표백처리에서 산화반응의 개열이 일어나는 위치로 옳은 것은?

```
        C
        |
        C
        |
        C
     6  |  2
      ╱─1─╲
     ║   ║
     5   3
      ╲─4─╱ OCH₃
        |
        O
```

① 1번　　② 2번
③ 3번　　④ 5번

해설
염소 표백처리시 산화반응은 메톡실기를 부분의 3번 탄소에서 개열이 일어난다.

69 미표백 펄프중의 색을 자외선 분광 광도계로 조사한 결과 착색의 원인에 대한 설명으로 가장 적합한 것은?

① 리그닌이 50 ~ 60 %, 탄수화물이 5 %, 나머지가 추출물이다.
② 리그닌이 85 ~ 95 %, 탄수화물이 5 ~ 15%, 1 % 정도가 추출물이다.
③ 잔존 추출물이 50 ~ 60 %, 탄수화물이 40 ~ 50 %, 나머지 2 ~ 3 % 가 추출물이다.
④ 리그닌이 2 ~ 3 %, 탄수화물이 50 ~ 60 %, 추출물이 30 ~ 40% 이다.

해설
화학펄프에 대한 착색의 기여율은 리그닌이 80~95%로서 대부분을 차지하고 다음으로 탄수화물 5~15%, 추출물 1~2% 정도이다.

70 아황산펄프(SP)증해에서 목재성분의 반응에 관한 설명으로 틀린 것은?

① 리그닌은 설폰화(sulfonation)를 받으며 Z기가 X기에 비하여 그 속도가 크다.
② 헤미셀룰로오스는 리그닌과 같이 용출된다.
③ 셀룰로오스도 서서히 가수분해를 받게된다.
④ 페놀류의 반응은 증해를 방해한다.

해설
리그닌설폰화는 중성에서 X기가 매우 빠르게 설폰화 되며 Z기는 완만하게 설폰화된다.

71 함수율 10%인 펄프를 물에 해리시켜 현탁액 2.0%인 지료 1000g 을 만들고자 한다. 이때 첨가하여 할 함수율 10% 인 펄프 양은?

① 20.0g　　② 22.2g
③ 25.5g　　④ 26.0g

해설
함수율이 10%인 펄프의 경우 90%가 전건펄프를 의미한다. 20g 의 전건펄프를 위해서는 함수율 10%를 가진 펄프 22.22g 의 펄프를 준비해야한다. 보기에 가장 근접한 답은 22.2g 이다.

72 일반적으로 최대치의 절삭저항을 나타내는 목재함수율은?

① 함수율이 5 % 전후
② 함수율이 10 % 전후
③ 함수율이 20 % 전후
④ 함수율이 30 % 전후

해설
목재의 최대치 절삭저항을 갖는 함수율은 10~12% 이다

73 집성재용 원료목재에 대한 설명으로 틀린 것은?

① 비중이 높은 목재는 접착이 용이하고, 비중이 낮은 목재일수록 목부파단열은 감소된다.
② 접착시 제재판의 함수율이 높을 경우 접착제 중의 용제의 확산을 방해한다.
③ 수지나 정유를 다량 함유한 목재의 경우 접착이 저해된다.
④ 심재로 사용되는 수종은 건조가 용이하고 비틀림이 적은 목재가 적당하다.

해설
비중이 높은 목재는 접착이 용이하고 비중이 낮은 목재일수록 목부파단율은 증가한다.

74 목재의 열분해 과정에서 hemicellulose 의 분해온도 범위로 가장 적합한 것은?

① 150 ~ 200℃　② 180 ~ 300℃
③ 250 ~ 400℃　④ 280 ~ 550℃

해설
헤미셀룰로오스는 180~300℃ 로 가장 낮은 온도에서 열분해가 시작되며 다음으로 셀룰로오스는 240~400℃, 리그닌은 가장 높은 280~550℃ 정도에서 열분해가 일어난다.

75 화학적 개질을 통한 치수안정화 처리방법이 아닌 것은?

① 흡습성 감소처리
② 가교결합
③ 수지처리압축목재
④ 용적처리

해설
치수안정화 처리방법에는 직교적층, 피복처리, 흡습성감소처리, 가교결합, 용적처리 등이 있으며 수지처리압축목재의 경우 치수안전성이 향상되기는 하나 화학적 개질의 종류는 아니라 고밀화목재의 한 종류이다.

76 목재 당화공업 농산법에서 전가수분해를 하는 목적이 아닌 것은?

① 헤미셀룰로오스의 제거
② 펜토산의 제거
③ 결정성 당 수율의 제거
④ 리그닌의 제거

해설
목재당화 방법중 농산법을 이용하여 헤미셀룰로오스나 전가수분해에 의해 발생된 5탄당등을 제거 또는 회수한다. 목재 당화의 경우 목재의 주성분인 셀룰로오스 헤미셀룰로오스 등의 전 섬유소를 산이나 효소 등을 이용하여 단당류로 전화시키는 것으로 리그닌 제거와는 연관이 없다.

77 송지의 채취방법에 있어서 최근 oleoresin 의 유출량을 증가시키기 위하여 생물을 이용한 방법은?

① 고타법
② 젖은 헝겊으로 덮는 방법
③ 가열법
④ Fusarium 접종

78 두께가 5cm 인 재목의 표면함수율이 15% 이고, 목재의 중심함수율(core moisture content)이 45% 인 경우 수분경사(%/cm)는?

① 12　② 15
③ 30　④ 40

해설
수분경사 공식에 대입하여 풀이하며 아래와 같다
$$= \frac{2(중심함수율 - 초기함수율)}{두께}$$
$$= \frac{2(45-15)}{5} = 12(\%/cm)$$

정답　73 ①　74 ②　75 ③　76 ④　77 ④　78 ①

79 집성재 제조시 이용하는 길이접합(end joint) 형식과 관계가 없는 것은?
① butt joint ② lamina joint
③ scarf joint ④ finger joint

해설
길이접합의 형식은 3종류가 있으며 butt joint, scarf joint, finger joint 가 있다.

80 반연속식 효소 당화법에서 가장 적합한 pH의 범위는?
① 2.0 ~ 4.0 ② 4.0 ~ 7.0
③ 7.0 ~ 10.0 ④ 10.0 ~ 12.0

해설
반연속식 당화법의 조건으로 pH 4~7, 온도 40~50°C가 적당하다.

제5과목 목재보존학

81 목재 부후균의 자실체가 부후목재 표면에 나타나는 시기는?
① 초기 ② 중기
③ 말기 ④ 부후 전 기간

해설
부후균은 초기에는 콜로니화 단계로 피해가 거의 나타나지 않지만 중간단계부터는 재색과 조직의 변화가 보이게 되나 목재의 형태를 가지고 있다. 하지만 중간단계부터 화학적, 물리적 변화로 강도가 많이 떨어지게 된다. 최종단계에서는 목재가 부서지게되어 갈색이나 백색을 띠게 된다.

82 크레오소트유에 대한 설명으로 옳은 것은?
① 수용성 방부제로서 비소화합물계 방부제이다.
② 제철용 코크스 생산을 위한 석탄의 고온 탄화 시 발생하는 콜타르(coal tar)를 분별 건류하여 생산한다.
③ 크레오소트유 처리목재의 도장성과 접착성은 매우 좋다.
④ 목재 내 침투성은 우수하나 가격이 비싼 단점이 있다.

해설
석탄을 약 250°C 정도의 고온에서 처리시 분류되는 물질이 크레오소트유이다
[크레오소트유]
· 크레오소트유는 석탄을 건류시 생성되는 타르제품으로 페놀, 크레졸(cresol), 나프탈렌(naphthalene), 나프톨(naphthol), 안트라센(anthracene) 등 다양산 성분이 함유되어 있다.
· 방부효과는 다수화합물의 중합효과 때문이다.
· 끓는점이 낮은 성분은 없어지고 휘산에 의해 경질 유분이나 나프탈렌 등이 소실되어 방부효과가 떨어진다.
· 방충 효력도 가지고 있으나 주요 효력은 방균제이다.
· 침투성이 좋고 내후성아 강하며 값이 비교적 싸다
· 물에는 불용성이다.
· 콜타르를 230~270°C 사이에 잔유분으로 방부력이 강하다.

83. 목재-플라스틱 복합체(WPC) 제조에 사용되지 않는 플라스틱은?
① pMDL 수지   ② 폴리에틸렌
③ 폴리프로필렌 ④ 폴리스티렌

해설

wpc 에 사용되는 플라스틱은 폴리에틸렌, 폴리스티렌, 폴리프로필렌, 폴리염화비닐등이 사용된다.
[wpc]
- 목재플라스틱 복합재는 열가소성 플라스틱과 보강재로 목분 및 첨가제를 이축압출기에서 180~190°C의 온도 범위에서 용융·압출시켜 만든다.
- 데크, 사이딩, 펜스, 테라스, 건축소재나 자동차산업등 사용되고 있다.
- wpc 사용되는 목분은 크기는 20~120mesh 범위의 목분 입자를 사용한다.
- 플라스틱은 폴리에틸렌, 폴리염화비닐, 폴리프로필렌, 폴리스티렌 등이 사용된다.
- 원래 목분과 플라스틱은 결합력이 약하다. 목분은 친수성이고 플라스틱은 소수성으로 두 물질 사이의 계면에 새로운 화학적 결합을 위해 상용화제를 사용한다.
- 목재와 플라스틱은 고온에 연소하므로 난연제를 첨가한다.

84. 목재를 확산법으로 방부처리하려고 할 때 처리용 목재의 적정 함수율은?
① 함수율 10 % 미만
② 함수율 10 ~ 20 %
③ 함수율 20 ~ 30 %
④ 함수율 50 % 이상

해설

목재를 확산법으로 처리시 함수율 50% 이상으로 하고 물에 잘 녹는 무기화합물을 사용하는데 이는 확산 현상을 이용하기 때문이다.

85. 목재 난연제 유효성분으로 사용되는 무기 염류를 바르게 나열한 것은?
① 염화염, 초산염
② 황산염, 수산염
③ 인산염, 붕산염
④ 규산염, 석탄산

해설

난연제의 유효성분으로 붕산, 질소, 인, 안티몬, 할로겐원소(브롬, 염소) 등이 있다

86. 다음은 목재 치수안정화 처리법 중 어떤 처리의 반응식인가?

$$Cell - OH + (CH_3CO)_2O$$
$$\rightarrow Cell - O - COCH_3 + CH_3COOH$$

① 아세틸화 처리   ② 왁스 처리
③ PEG 처리   ④ 당 처리

해설

아세틸화 목재
- 아세틸화 목재는 치수안정성, 내후성, 내충성 등이 부여된다.
- 1986년에 실용화되었다.
- 초산나트륨 등의 촉매를 첨가하여 건조후, 무수초산중에서 약 120°C, 10분 정도 가열하여 제조한다.
- 목재 수산기에 아세틸기가 도입된다.
- 팽창율은 고유 목재의 팽창율의 50% 정도로 낮아진다.
- 흡습율이 낮아져 진동감쇄가 낮아지면서 음색의 변화가 적어진다.
- 실내 장식재나 악기재 등으로 사용된다.

87 목재의 화학적 개질 가공에 대한 설명으로 옳은 것은?

① 부틸화·시아노에틸화와 같은 유기금속 처리의 목적은 목재에 방충성, 내화성 등을 부여하기 위해서이다.
② 일반적으로 화학개질에 의한 목재화학가공은 목재의 강도를 증가시키고, 처리하는데도 비용이 적게 드는 장점을 가지고 있다.
③ 증기처리를 하면 목재를 구부릴 수 있는데, 그 이유는 열에 의하여 목재 내 세포들이 파괴되기 때문이다.
④ 목재를 증기처리나 약품처리하여 구부려도 시간이 지나면 다시 펴지므로 영구적인 목재의 휨 처리는 가능하지 않다.

해설

유기금속처리와 같이 목재에 화학적인 가공을 통해 방충성, 내화성 등을 부여할 수 있다.
② 화학개질은 용도에 따라 그 기능이 상이하며 처리비용역시 다양하다.
③ 증기처리에 의해 목재가 연화되나 세포가 파괴되지는 않는다.
④ 목재는 탄성한도를 초과하면 영구변형이 가능하다.

88 목재방부제에 대한 설명으로 옳은 것은?

① 수용성 방부제는 유용성 방부제와 달리 물을 용제로 사용하는 관계로 처리목재 표면이 청결하여 도장성 및 접착성이 우수하다.
② 목재방부제의 구비조건으로 방부효력이 가장 우선시 되기 때문에 방부제 독성에 의한 환경 및 인축피해는 중요한 고려 대상이 아니다.
③ 단일염 방부제로서 구리화합물은 방부효력이 우수하고 처리목재를 착색시키지 않은 장점을 가지고 있다.
④ 붕소화합물은 방부효력은 우수하나 방충효력이 불량한 단점이 있다.

해설

② 방부제 독성에 의한 환경이나 인체피해에 대한 고려가 우선된다.
③ 착색을 일으키지 않는 것은 아연화합물이다.
④ 붕소화합물은 용해도가 높은 혼합물로 방부와 방충 효력 둘다를 갖는다.

89 목재의 내화성능과 관련된 설명으로 틀린 것은?

① 목재는 열전도율이 낮아 불꽃의 관통에 대한 저항성을 보유한다.
② 타 재료, 예를 들어 금속에 비해 열팽창이 커서 연소시 변형이 크다.
③ 목재는 연소시 표면에 탄화층을 쉽게 형성하여 산소의 공급을 저지한다.
④ 연소시 목재 표면에 형성된 탄화층은 탄화층 하부로 열의 투과를 방해한다.

해설

목재의 열팽창 정도는 스틸이나 벽돌 등과 유사하고 알루미늄등 보다는 작은 값을 가지며 높은 온도까지 열을 가하게 되면 금속종류는 모양이 변화하나 목재는 모양이 거의 유지가 된다.

90 목재 부후균에 대한 설명으로 옳은 것은?

① 목재 부후균은 자낭균에 속하며 지금까지 밝혀진 부후균은 약 10,000 종에 달한다.
② 목재 속으로 들어간 균사는 효소를 분비하여 목재 세포벽을 구성하는 주성분들을 분해한다.
③ 목재의 부후는 부후시키는 균류의 균사색에 따라 갈색부후와 백색부후로 구분한다.
④ 갈색 부후균은 주로 리그닌을 가해하여 분리하므로, 피해목재를 분해하여 분석하면 셀룰로오스의 양은 그다지 줄지 않음을 알 수 있다.

해설
① 목재부후균의 대부분은 담자균류에 속하며 약 1,000 종 정도 밝혀졌다.
③ 목재가 균에 의해 부후되고 난후의 목재의 색에 따라 갈색부후, 백색부후로 구분한다.
④ 갈색부후균은 주로 셀룰로오스와 헤미셀룰로오스를 가해하여 리그닌을 남기게되면서 갈색을 띠게 된다.

91 흰개미와 흰개미 가해 목재에 대한 설명으로 옳은 것은?

① 흰개미는 단단한 목재보다는 연한 목재를 그리고 만재보다는 연한조재를 쉽게 먼저 가해한다.
② 일본흰개미는 군집에서 사회생활을 하는데, 일 흰개미와 병정 흰개미의 군집내 구성 비율은 비슷하다.
③ 국내에서 발견되는 흰개미는 주로 집흰개미인데, 이들은 물을 운반할 수 있는 능력이 있어서 건조재도 가해한다.
④ 흰개미는 목재의 셀룰로오스와 헤미셀룰로오스를 영양원으로 이용하는데, 일단 섭취된 목재는 장속에서 분비되는 효소에 의해 분해, 흡수된다.

해설
② 일개미의 점유비율은 90~95% 정도이다
③ 집흰개미는 물을 운반할 능력이 있어 건조재를 가해한다. 하지만 국내에서 발견되는 것은 대부분 흰개미이다.
④ 목재의 셀룰로오스와 헤미셀룰로오스를 이용하며 리그닌을 배출하는데 이때 후장에 공생하는 원생동물에 전적으로 의존하며 장속에서 효소를 분비하는 흰개미는 극히 드물다. 대부분이 원생동물에 의존한다.

92 산림청이 고시한 목재의 방부, 방충처리 기준이 제시하고 있는 사용환경 범주 H4 에 사용할 수 없는 목재 방부제는 무엇인가?

① 구리·아졸화합물계 방부제(CUAZ)
② 구리·알킬암모늄화합물계 방부제(ACQ)
③ 유기요오드·인화합물계 방부제(IPBCP)
④ 크레오소트유

해설
산림청에서 고시한 기준으로 H4 에는 크레오소트유, 구리·알킬암모늄화합물, 크롬.플루오르화구리.아연화합물, 산화크롬.구리화합물, 크롬.구리.붕소화합물, 구리.아졸화합물 등이 있으며 유기요오드.인계화합물(IPBCP)의 경우 범주 H1 에 속한다.

93 압축목재의 압축 직후 두께가 2cm 이고, 최대 회복 후 압축목재의 두께는 2.2 cm 였다. 압축 전 원래의 목재의 두께가 2.8 cm 였다면, 이 목재의 회복률은?

① 20 %   ② 25 %
③ 40 %   ④ 50 %

해설
회복률은 변화된 양과 회복한 양의 비로서 변화된 길이는 0.8cm, 회복한 길이는 0.2cm 이므로 (0.2 / 0.8) × 100(%) = 25% 이다.

94 고농도의 약제를 이용하여 생재를 가장 효과적으로 처리할 수 있는 방부처리법은?

① 도포법   ② 분무법
③ 확산법   ④ 침지법

해설
생재나 고함수재의 표면에 고농도의 약제를 발라 건조하지 않도록 비닐시트를 덮어 방치시켜 확산현상에 의해 약제를 침투시키는 방법으로 물에 잘 용해되는 무기 화합물을 사용하며 목재 수분은 50% 이상에서 사용된다.

95 벌목 직후 원목 횡단면(목구면)에 청변 발생이 가장 쉬운 수종은?

① 소나무 ② 참나무
③ 단풍나무 ④ 자작나무

해설
청변균은 소나무재에서 잘 발생된다.

96 비처리 압축목재 제조 후 발생하는 영구회복에 영향을 주는 인자가 아닌 것은?

① 압축시 가해진 온도
② 압축시간
③ 압축방법
④ 함수율

해설
비처리 압축목재의 경우 압축방법에는 큰 영향을 받지 않으나 시간과 온도, 함수율은 목재의 세포 배열에 영향을 주는 요인으로 영구 회복에도 영향을 준다.

97 치수안정을 위한 열안정화처리에 관한 설명으로 틀린 것은?

① 목재는 활성기인 -OH 때문에 흡습성이 생긴다.
② 열처리는 헤미셀룰로오스를 분해하여 물에 불용성인 중합체를 형성한다.
③ 열처리 목재는 파라핀 용액에도 안정하다.
④ 열처리시 일정 온도 이상의 고온이 적용될 경우에는 열처리재는 강도가 약해지고 변색된다.

해설
열처리 목재는 목재에 특정 매체를 이용해 일정시간 열처리하여 제조한 목재로 목재의 재색이 짙어지고 치수안정성은 향상되나 파라핀 용액에는 불안정하다.

98 목재미생물 열화에 대한 설명을 옳은 것은?

① 호기성 세균에 비해 혐기성 세균이 주로 목재에 피해를 주며, 이들은 균류의 생존이 가능한 곳에서 균류와 함께 목재를 가해한다.
② 목재는 연부후란 자낭균 및 담자균류에 의한 피해를 말하며 그 피해의 정도는 갈색부후균과 동등하다고 할 수 있다.
③ 변재 변색균이란 원목 또는 제재목에 침입하여 변재부를 변색시키는 균을 말한다.
④ 목재의 표면오염균은 균사가 목재내 심재부분까지도 깊숙이 침투하여 목재의 표면에 청녹색 내지 흑색의 변색오염을 시키는 균이다.

해설
- 목재의 부후균은 호기성세균으로 산소가 필요로 한다.
- 연부후균은 자낭균류와 불완전균에 의해 일어난다.
- 표면오염균은 심재부분까지 침투하지 않는다.

99 가압처리법 중 충세포법의 처리조작 순서로 옳은 것은?

① 전배기 → 주막관 내로 약제 유입 → 가압 → 잔여 방부제 회수 → 후배기
② 주막관 내로 약제 유입 → 가압 → 잔여방부제 회수 → 후배기
③ 공기압입 → 주막관 내로 약제 유입 → 가압 → 잔여 방부제 회수 → 후배기
④ 주막관 내로 약제 유입 → 가압 → 감압 → 후배기

해설
전배기 과정에서 공기를 빼고 주막관 내로 약제를 넣어 목재에 스며들게 한다. 다음으로 가압을 통해 방부제를 더욱 침투하게하고 남은 약제를 회수한 후 공기를 빼고 온도를 내리어 꺼내게 된다.

100 가압 방부처리 장치에 필요한 탱크류 중 작업탱크의 용도로 가장 적합하게 설명한 것은?
① 방부제 유효성분의 용해
② 1회 처리에 필요한 작업액의 저장 및 처리 후 잔액 회수
③ 주약관 내로 압입되는 작업액의 양 측정
④ 방부제의 저장

해설
작업탱크는 작업액을 보관 및 사용후에 약액을 버리지 않게 하여 잔액 회수에 용이하다.

2011 임산가공기사 필기

제1과목 목재이학

01 생재부피와 전건무게로 구한 비중이 0.5인 경우 최대 수축률은?(단, 섬유포화점 28%이다)
① 10 % ② 14 %
③ 18 % ④ 22 %

해설
최대수축률=28×전건비중=28×0.5=14(%)

02 생재의 접선방향의 길이가 30.14 cm 인 목재를 전건시켰더니 28.34 cm 로 되었다면 전 수축률은?
① 약 3 % ② 약 6 %
③ 약 9 % ④ 약 12 %

해설
전수축률 = $\dfrac{처음길이-나중길이}{처음길이} \times 100(\%)$
= $\dfrac{30.14-28.34}{30.14} \times 100(\%) ≒ 5.97 ≒ 6$

03 음의 반사가 반복한 결과로 일어나는 소리의 연장을 무엇이라고 하는가?
① 음파 ② 흡음
③ 음의 감쇠 ④ 잔향

해설
• 음파 : 탄성체에서 전달되는 탄성파의 일종으로 사람이 느끼는 가청주파의 일종이다.
• 흡음 : 물체가 입사되는 음을 반사시키지 않고 흡수하는 것이다.
• 음의 감쇠 : 목재를 진동시키면 그 에너지가 공기 중에 음파로서 방사감쇠가 있으며 목재 내부의 분자마찰로 감쇠되는 손실감쇠, 공기저항에 의해 진폭기 감쇠되기도 한다.
• 잔향 : 음의 반사가 반복한 결과로 일어나는 소리의 연장이다.

04 목재 내의 수분 이동에 대한 설명으로 틀린 것은?
① 목재 내에서 자유수의 이동은 목재 표면과 내부의 수증기압 차와 같은 압력차에 의해서 침투한다.
② 건조된 목재를 침수시켰을 때에 물은 주로 횡단면을 통하여 모세관 현상에 의하여 침투한다.
③ 세포벽 내에서 결합수의 이동은 주로 목재 내의 연속된 통로를 통하여 확산에 의해 이루어진다.
④ 세포내강의 자유수는 그 주변의 세포벽 내로 확산에 의해 이동하여 결합수로 전환된다.

해설
자유수는 세포내강이나 세포간극 등의 공극에 액상으로 존재하는 수분으로 세포벽과 접촉되지 않고 모세관인력에 의하여 목재 내에 함유되어 이동 및 증발이 자유롭다 이러한 자유수가 세포벽의 분자간 인력으로 2차적 결합이 되어 있는 결합수로 전환되지는 않는다.

정답 01 ② 02 ② 03 ④ 04 ④

05 목재의 잔광현상에 대한 설명으로 옳은 것은?

① 조재와 만재 간에 차이가 있다.
② 수지를 적게 함유한 목재가 강한 잔광을 유발한다.
③ 심재와 변재 간에는 차이가 없다.
④ 세포벽 내의 리그닌 함유량과 잔광은 무관하다.

해설

잔광현상
- 목재에 발생하는 잔광은 자외선인지 적외선인지 구분이 어렵다.
- 수지가 많이 포함된 목재일수록 강한 잔광현상을 보여준다.
- 심재와 변재, 조재와 만재 간에도 잔광 정도의 차이가 있다.
- 리그닌 함량에 의해 크게 결정되며 리그닌이 없는 목재의 경우 발광현상이 거의 보이지 않는다.

06 목재의 강도에 영향을 끼치는 인자가 아닌 것은?

① 목리
② 옹이
③ 목재비중
④ 섬유포화점이상에서의 함수율

해설

섬유포화점이하에서는 함수율이 증가시 강도는 줄어드나 섬유포화점 이상에서는 함수율이 증가하여도 강도의 변화가 거의 없이 일정하다. 목재의 강도에 영향을 주는 인자로 세포벽 미세구조 및 세포구조, 섬유주향 및 목리, 함수율, 비중, 연륜폭, 옹이 및 이상재, 온도 등이 있다.

07 목재 내의 수분 흡착과 관계가 없는 것은?

① 반데르발스 힘(van der waals force)
② 수소 결합
③ 모세관 현상
④ 포아송비(poission's ratio)

해설

푸아송비는 수직응력에 따른 종변형률과 횡변형률의 비로서 수직변형률이라고도 한다.

08 목재의 전건진량과 생재용적을 기초로 하는 어떤 목재의 비중을 0.54로 할 때 이 목재의 최대 함수율은?

① 90 %
② 100 %
③ 110 %
④ 120 %

해설

$$최대함수율 = \frac{1.5 - 전건비중}{1.5 \times 전건비중} \times 100(\%)$$
$$= \frac{1.5 - 0.54}{1.5 \times 0.54} \times 100 ≒ 118.5 ≒ 120(\%)$$

09 목재의 탄성계수에 관한 설명 중 맞는 것은?

① 강도에 반비례한다.
② 함수율에 비례한다.
③ 모든 목재가 동일하다.
④ 비중이 증가할수록 탄성계수도 증가한다.

해설

목재의 비중이 증가시 탄성계수도 증가한다. 함수율은 섬유포화점이상에서는 큰 변화가 없으나 섬유포화점 이하에서는 함수율이 증가할수록 탄성계수가 감소한다. 또한 수종에 따라 비중 및 특성이 있어 각각의 탄성계수가 다르다.

정답 05 ① 06 ④ 07 ④ 08 ④ 09 ④

10 목재의 탄성적 성질의 영향인자에 대한 설명 중 틀린 것은?

① 식물체의 리그닌은 강성을 크게 한다.
② 옹이에 의해 그 주위에 뒤틀린 목리가 형성되면 강성은 감소된다.
③ 목재비중이 커지면 세포의 강성이 증가한다.
④ 목재의 열분해 이하의 온도에서 온도가 증가하면 강성은 증가한다.

해설
열분해온도 이하에서의 온도 증가는 셀룰로오스 분자쇄 간의 원자 진동이 커져서 평균거리가 증대된다. 이로 인하여 탄성계수가 감소된다.

11 수분통로에 기여하는 목재조직에 대한 설명 중 틀린 것은?

① 수분통로는 수분의 상태에 따라 세포내강, 벽공, 세포벽 등이 중요한 역할을 한다.
② 벽공은 목재의 액체통로로서 중요하며 때로는 제한인자가 될 수도 있다.
③ 활엽수재의 주 통로는 도관이며, 끝이 천공판으로 되어 있어 섬유방향의 투과성이 일반적으로 크다.
④ 투과성은 외부변재부와 내부변재부 사이에는 큰 차이가 없는 것이 일반적이다.

해설
목재의 투과성은 외부 변재가 가장 크고 내부 쪽으로 갈수록 감소한다. 이는 목재 내부에 수지나 충전물질들이 퇴적되면서 세포가 막히거나 내부로 갈수록 심재화정도로 인하여 투과성이 떨어지게 된다.

12 세포벽 밀도에 영향을 주는 것이 아닌 것은?

① 결정 셀룰로오스의 양
② 세포벽의 두께
③ 헤미셀룰로오스의 양
④ 세포벽의 미세공극량

해설
세포벽의 두께는 강도에는 영향을 주나 밀도에는 큰 영향을 주지 않는다. 두께가 커지는 만큼 무게와 부피가 함께 커지면서 밀도의 변화량은 거의 미미하다.

13 진비중을 측정할 때 일반적으로 사용되지 않는 치환매체는?

① 물
② 석탄산 수지
③ 헬륨가스
④ 벤젠

해설
기체치환법으로 헬륨가스를 사용하며 액체치환법으로 비흡습성의 톨루엔과 벤젠 그리고 물을 사용한다.

14 목재의 섬유포화점에 대한 설명으로 틀린 것은?

① 목재의 온도가 증가할수록 섬유포화점도 높아진다.
② 목재의 추출물이 많을수록 섬유포화점도 낮게 나타난다.
③ 심재와 변재의 구별이 뚜렷한 수종에 심재의 섬유포화점은 변재보다 낮다.
④ 섬유포화점 이상의 함수율에서는 함수율이 목재의 강도에 거의 영향을 미치지 못한다.

해설
온도가 증가하면 물분자의 에너지가 증가되어 증발되면서 섬유포화점이 약 0.1%/1℃ 정도로 낮아진다.

15 단위길이 1 을 갖는 목재 또는 어떤 물체에 단위용적($1cm^3$)의 전기저항을 무엇이라 하는가?
① 비저항 　② 유전체역율
③ 전기손실 　④ 접지저항

해설
전기의 흐름을 방해하는 물질을 절연체라하며 이러한 절연체의 도전정도를 나타내는 것이 전기저항 또는 비저항이라 한다.

16 목재의 비중에 영향을 끼치는 인자가 아닌 것은?
① 연륜폭 　② 추재율
③ 이방성 　④ 수종

해설
목재의 비중영향인자로 추출물 및 무기질 함량, 수종, 함수율, 조재, 만재, 연륜폭 등이 있다. 이방성의 경우 강도 등에 영향을 주나 목재 비중에는 영향을 주지 않는다.

17 목재 내 음의 진행속도는 다음 어느 것에 따라 주로 결정되는가?
① 목재의 용적
② 음파의 강도
③ 용적과 음파의 강도
④ 탄성계수와 비중

해설
목재에서 음속은 온도, 함수율, 밀도, 목재의 조직구조와 물리적 특성인 비중 및 탄성계수에 영향을 받으며 그중 탄성계수에 가장 큰 영향을 받는다.

18 각종 재료의 유전율이 맞는 것은?
① 물 : 81.0 　② 용융석영 : 30.0
③ 운모 : 20.5 　④ 경질자기 : 15.5

해설

종류	유전율
공기	1
너도밤나무	2.5 ~ 3.6
용융석영	3.8
경질자기	5.7
셀룰로오스	6.7
운모	7.1~7.7
대리석	8.3
물	81

19 목재의 점탄성에 영향하는 인자의 설명 중 틀린 것은?
① 선형성이 성립되는 크리프 한계응력의 값은 습윤상태보다 건조상태에서 작다.
② 수종에 따라 세포의 종류와 구성비, 마이크로피브릴의 경사각, 결정화도 등이 다르므로 점탄성이 차이가 난다.
③ 점탄성은 섬유경사각 및 연륜경사각에 의해 변화되며, 장시간 가해지는 하중에 대해서 시간이 경과함에 따라 섬유경사각이 큰 목재일수록 응력완화는 커진다.
④ 기건상태에 비하여 저함수율의 크리프양이 큰 원인은 함유수분이 적은 상태에서는 이완할 수 없는 수소결합이 응력의 작용에 의하여 변형되기 때문이다.

해설
선형성이 성립되는 한계응력의 값은 건조상태보다 습윤상태에서 작으며 저온보다 고온에서 작다.

20 목재의 전건비중을 구하는 식은?(단, r : 비중, w : 전건비중, v : 전건용적)
① r = v/w   ② r = w/v
③ r = w·v   ④ r = w+v

해설
전건비중은 다음의 공식에 따른다.
r(비중) = w(전건비중) / v(전건용적)

제2과목 목재해부학

21 목재의 3대 주요 구성요소가 아닌 것은?
① cellulose   ② lignin
③ hemicellulose   ④ resin

해설
목재의 3대 구성 요소는 셀룰로오스(cellulose), 헤미셀룰로오스(hemicellulose), 리그닌(lignin) 이다.

22 다음 그림의 대나무 횡단면 사진이다. bs와 pr 은 각각 무엇인가?

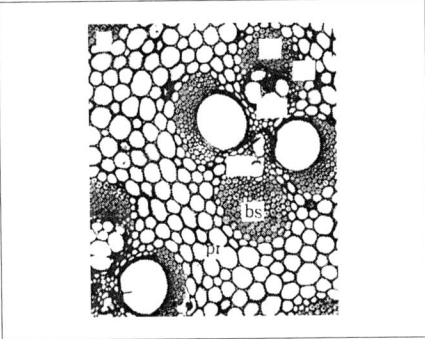

① 유세포와 도관
② 유관속초와 유세포
③ 가도관과 목섬유
④ 도관과 방사조직

해설
bs 는 유관속초, pr 은 유세포이다.

23 다음 수지구에 관한 설명 중 틀린 것은?
① 수지구는 세포가 아닌 간극이다.
② 수지구를 둘러싸고 있는 것이 수지세포이다.
③ 수지구에서 수평수지구와 수직수지구가 있다.
④ 수평수지구는 방추형방사조직 중에 존재한다.

해설
수지구를 둘러싸고 있는 세포는 에피델리얼세포이다.

24 목재를 수성하고 있는 도관, 방사조직, 목섬유 등이 촉단면(접선단면)에서 같은 높이로 배열(층계상 배열)할 때 나타나는 무늬는?
① 방사반점문양   ② 리플마크
③ 타일로시스   ④ 검물질

해설
방사조직이 층계상 배열을 하여 가느다란 줄모양의 무늬가 관찰되면 이를 리플마크라고 한다.

25 박벽 에피델리얼 세포로 싸여 있는 침엽수 수지구에서 볼 수 있는 특징은?
① 타일로시스   ② 타일로소이드
③ 검물질   ④ 결정의 발달

해설
심재화시 수지구를 둘러싸고 있는 에피델리얼세포가 수지구를 폐색하는 모습이 관찰될시 박벽에피델리얼세포라 하여 주로 소나무속에서 관찰되며 타일로소이드라고 한다.

26 뮐레(Maule) 반응에 의하여 활엽수가 나타내는 색은?
① 갈색 ~ 황갈색 ② 황색 ~ 황갈색
③ 적색 ~ 적자색 ④ 회색

해설
목재를 과망간산칼륨용액, 염산과 암모니아수의 순서로 처리하면 침엽수재는 황갈색이 활엽수재에는 적자색이 나타나며 이를 maule 반응이라 한다.

27 수반점(pin fleck)은 활엽수재의 중요한 결점중의 하나이다. 다음 중 설명이 맞는 것은?
① 곤충의 유충이 수간을 오르내리면서 만든 구멍에 상해유조직이 형성된 조직이다.
② 도관과 인접한 방사유세포의 내용물이 도관속으로 자라서 생긴 조직이다.
③ 수피의 일부가 생장과정에 목재속에 파묻히게 되어 생기는 조직이다.
④ 섬유방향의 생장응력으로 세포가 압축파괴가 일어나서 생긴 조직이다.

해설
수반점은 곤충이나 유충이 수목의 초기생장기에 형성층 부근에 조직을 사해하고 생장하여 수간 내를 오르내리면서 구멍을 남기게 되고 이것이 형성층이나 목부, 사부의 유조직에 의하여 상해조직으로 메워진다.
[수반점]
· 수반점은 활엽수재에 발생하며 수심의 조직과 유사하여 수반점이라 한다.
· 수반점은 산공재 수종에서 주로 발생한다.
· 목재의 미관을 손상시키나 강도적 성질에는 영향을 주지 않는다.
· 단풍나무류, 벚나무류, 오리나무, 자작나무 등에서 관찰된다.

28 목재의 수피 사이에 위치하여 수목의 비대생장이 일어나는 것은?
① 수(pith) ② 형성층
③ 내수피 ④ 정단분열조직

해설
목재의 수피 사이에 위치한 얇은 층으로 수목의 비대생장을 일으키는 곳을 형성층이라 한다.

29 다음 그림과 같은 관공의 배열은 지니는 목재는?

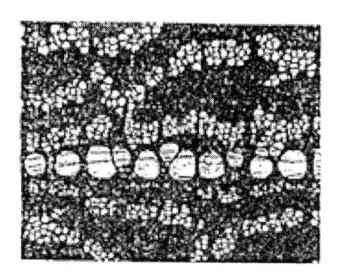

① 음나무 ② 단풍나무
③ 자작나무 ④ 산벚나무

해설
음나무는 환공재로 공권은 대형도관이 1렬로 되어 있으며 소형도관이 집단관공을 이루고 있다

30 마이크로피브릴의 배열이 10~30°의 각도를 가지며, 두께는 전체 세포막의 70~80%를 점유하는 2차 세포막의 층은?
① P 층 ② S1 층
③ S2 층 ④ S3 층

해설
S2층은 세포벽의 70~80%를 차지하며 가장 두꺼운 층으로 마이크로피브릴 각이 10~30° 정도로 세포축과 평행에 가깝다.

31 침엽수재의 가도관 길이가 일정하게 나타나기 시작할 때는 대체로 몇 년 정도일 때인가?
① 5년 정도
② 5~10년 정도
③ 80~100년 정도
④ 15~25년 정도

해설
침엽수재 가도관은 10~15년을 지나면 신장률이 감소되다가 약 20년이 지나면 안정 상태로 들어가 가도관의 길이가 일정하게 나타난다.

32 수지구는 육안으로 관찰하기 어렵거나 불가능하고 조만재의 구별도 약간 불명하며, 연한 황백색을 띠고 연륜폭이 균등한 경향이 있고 춘추재 이행이 완만한 수종은?
① 가문비나무 ② 일본잎갈나무
③ 잣나무 ④ 전나무

해설
가문비나무
- 조재와 만재의 이행이 점진적이라 구별이 어렵다.
- 가도관벽이 얇은 편이다.
- 수직수지구고 접선방향으로 2~3개가 연속배열되어 있으나 육안으로 관찰이 어렵다.
- 유연벽공은 대부분이 1열이다.
- 방사유세포의 수평벽은 두껍고 단벽공대가 관찰된다.
- 분야벽공은 가문비나무형으로 2~6개 이다.

33 목재 식별상 중요시되고 있는 도관 벽공의 배열형태 중 적합하지 않는 것은?
① 단벽공(simple pitting)
② 대상벽공(opposite pitting)
③ 교호상벽공(alternate pitting)
④ 계단상벽공(scalariform pitting)

해설
도관요소의 배열형태에 따라 3종류로 대상벽공, 교호상벽공, 계단상벽공으로 구분되며 이는 목재 식별상 중요한 요소이다.

[도관요소 벽공]
- 교호상 벽공 : 벽공의 배열이 도관요소 축에 경사방향으로 규칙적인 배열을 하고 있다.
- 대상 벽공 : 도관요소의 축방향에 대해 수평으로 열을 만들어 배열되어 있다.
- 계단상 벽공 : 가늘고 긴 벽공이 사다리모양으로 연속 배열되어 있다.

34 침엽수재에 있어서 유연벽공을 가장 많이 관찰할 수 있는 면은?
① 가도관의 횡단면
② 조재부(춘재부) 가도관의 접선단면
③ 만재부(추재부) 가도관의 접선단면
④ 조재부(춘재부) 가도관의 방사단면

해설
침엽수재의 일부 수종에 방사가도관이 존재하는데 이 방사가도관에는 유연벽공이 존재한다. 이러한 방사가도관은 조재부 가도관을 방사방향에서 관찰시 유연벽공이 다수 관찰된다.

35 침엽수재 중 모양과 내용물이 동일조직의 다른 구성 요소와는 대단히 다른 이형세포가 존재하는 수종은?
① 잣나무 ② 은행나무
③ 가문비나무 ④ 측백나무

해설
축방향 유세포가 팽창하여 결정이 함유된 세포인 이형세포가 존재하는 대표적인 수종은 은행나무이다.

36 한국산 활엽수재에 있어서 방사단면에 나타나는 동성방사조직과 이성방사조직의 출현빈도 관계는?

① 동성방사조직이 이성방사조직보다 비교적 많다.
② 동성방사조직이 이성방사조직보다 아주 많다.
③ 동성방사조직이 이성방사조직보다 비교적 적다.
④ 동성방사조직과 이성방사조직의 출현빈도는 비슷하다.

해설
한국산 활엽수재의 경우 방사단면에 이성방사조직의 출현이 동성방사조직보다는 비교적 많은 편이다.
- 동성방사조직 : 방사유세포가 모두 평복세포로만 이루어진 방사조직
- 이성방사조직 : 방사유세포의 전부 혹은 일부가 직립세포나 방형세포로 이루어진 방사조직

37 소나무속의 수종에서 항상 볼 수 있는 조직은?

① 에피델리움   ② 섬유상가도관
③ 축방향유세포 ④ 도관

해설
소나무속에서에서 에피델리얼세포 및 정상수지구는 항상 존재한다. 소나무속에서 에피델리얼세포는 박벽이며 분포수가 많은 편이다.

38 대나무는 비대생장을 하지 않는다. 다음 중 어느 이유 때문인가?

① 대나무는 속이 비어 있기 때문이다.
② 신장생장이 너무 빨라 비대생장 할 틈이 없다.
③ 분열을 계속하는 형성층이 없기 때문이다.
④ 방사조직이 없기 때문이다.

해설
대나무의 경우 형성층과 방사조직이 없으며 형성층이 없어 비대생장을 하지 않는다.

39 가도관의 벽공연의 상하에 눈썹 모양으로 나타나는 농색부는?

① 트라베큘레   ② 인덴쳐
③ 크라슐래   ④ 나선비후

해설
가도관의 방사단면에 관찰시 벽공연의 상하로 눈썹 모양의 농색부가 관찰되는데 이를 크라슐래라고 한다.

40 미국에서 미송목재를 수입하였는데 육안으로는 미송인지 아니면 잎갈나무인지 잘 구분되지 않아 현미경으로 확인하고자 한다. 이 수입 목재가 진짜 미송임을 알려주는 가장 큰 식별 근거는?

① 방사가도관 존재
② 방추형방사조직 존재
③ 정상수지구 존재
④ 나선비후 존재

해설
나선비후의 경우 가도관의 내강 쪽에 2차벽의 표면에 나선상의 돌기가 있는 경우로 주로 주목속, 비자나무속, 미송속 등의 수종에서 관찰된다.

제3과목 목재화학

41 목재를 물, 유기용매로 추출하여 얻는 추출성분이 아닌 것은?

① 수지   ② 플라보노이드
③ 리그닌 ④ 정유

해설
리그닌은 셀룰로오스, 헤미셀룰로오스와 함께 목재의 주성분으로 추출성분이 아니다. 목재추출성분으로 보기 이외에도 터펜타인, 톨유, 탄닌 등 다양하게 존재한다.

정답 36 ③ 37 ① 38 ③ 39 ③ 40 ④ 41 ③

42 목재에서 추출 성분을 분리하기 위해 사용하는 용매 중 프로톤 용매에 해당하지 않는 것은?

① H_2O
② CH_3OH
③ C_3H_7OH
④ $CH_3COOC_2H_5$

해설

프로톤 용매는 수소이온을 내주는 능력을 가진 용매를 말하며 그 종류로는 물, 알코올류 등이 화학식으로는 H_2O, NH_3, CH_3COOH, CH_3OH, C_2H_5OH, HCN 등이 있다.

43 Cellulose 의 분자구조를 입체적으로 가장 적절하게 표시한 사람은?

① Fischer
② Browning
③ Haworth
④ Hudson

해설

Haworth 은 영국의 화학자로 당류, 녹말, 셀룰로오스와 같은 탄수화물에 관한 연구를 한 학자로서 현재 셀룰로오스의 구조를 가장 입체적으로 표현하였다.

44 Cellulose 의 가수분해하여 얻을 수 있는 glucose 량의 이론치는?

① 77 %
② 80 ~ 90 %
③ 99 %
④ 111 %

해설

셀룰로오스를 가수분해해서 얻는 glucose 량의 이론치는 110.1% 이다. 보기에 가장 근접한 접단으로는 111% 이다.

45 Lignin 의 기본단량체(Lignin core)가 아닌 것은?

① coniferyl alcohol
② p-coumaryl alcohol
③ synapyl alcohol
④ protolignin

해설

리그닌의 기본단량체는 3가지로 coniferyl alcohol, p-coumaryl alcohol, synapyl alcohol 이 있으며 이는 메톡실화 정도에 따라 나누어지기도 한다.

46 활엽수재의 일반적인 리그닌 함량으로 옳은 것은?

① 15 ~ 20 %
② 20 ~ 25 %
③ 25 ~ 30 %
④ 30 ~ 35 %

해설

활엽수재는 20 ~ 25 %, 침엽수재는 20 ~ 35 % 정도이며 침엽수재에 더 많은 리그닌이 함유되어 있다.

47 셀룰로오스 유도체에 대한 설명 중 틀린 것은?

① 셀룰로오스 유도체는 주로 에스테르화와 에테르화에 의해 제조된다.
② 질산 셀룰로오스는 목면과 목재 펄프로부터 제조된다.
③ CMC는 알칼리 셀룰로오스에 mono-chloroacetic acid를 반응시켜 제조 한다.
④ 셀룰로오스 유도체의 물리적, 화학적 성질은 치환기의 종류와 분포에 상관없이 동일하다.

해설

셀룰로오스 유도체는 물리적, 화학적 성질이 치환기의 종류, 셀룰로오스 평균중합도, 중합도 분포 등에 따라 그 성질이 다르다.

48 리그닌의 페놀성 수산기는 다음 중 어느 것에 가장 많은가?
① 침엽수 ② 활엽수
③ 초본류 ④ 모두 같다.

해설
리그닌 함량은 침엽수가 가장 많이 함유되어 있으며 다음으로 활엽수, 초본류 순이다.

49 목재의 성분 분류 중 탄수화물에 속하지 않는 성분은?
① 셀룰로오스 ② 헤미셀룰로오스
③ 리그닌 ④ 펙틴

해설
셀룰로오스, 헤미셀룰로오스, 펙틴은 탄수화물 중합체이며 리그닌의 경우 목재를 이루는 주성분중 하나로서 페닐프로파노이드 중합체이다.

50 알칼리 셀룰로오스를 모노크롤초산에 침지시킨 후 가성소다 용액을 첨가하여 얻는 셀룰로오스 에테르를 무엇이라 하는가?
① CMC(carboxymethyl cellulose)
② HEC(hydroxyethyl cellulose)
③ CEC(cyanoethyl cellulose)
④ TMC(triphenylmethyl cellulose)

해설
알칼리셀룰로오스에 모노크롤초산(monochloroacetic acid)을 반응시키면 카르복시메틸 셀룰로오스(carboxymethyl cellulose)가 생성되며 일명 CMC 라 한다.

51 목재 내에 존재하는 당의 분포에 대한 설명 중 틀린 것은?
① 침엽수재의 자이란 함유율은 S2 층에서 가장 낮다.
② 활엽수재의 자이란 함유율은 S2 층에서 가장 낮다.
③ 침엽수재의 galactoglucomannan 함유율은 S2 층에서 가장 높다.
④ 1차벽 내의 중성당 조성은 정상재와 이상재에서 거의 차이가 없다.

해설
활엽수재에서 자이란의 함량이 가장 낮은 층은 세포복합간층이며 S2 에서는 대체적으로 가장 많은 함량을 보인다.

52 함수율이 10% 인 목분 2g에 대하여 회분을 측정하였더니 회분량이 0.018g 이었다. 이 때 회분의 함량은?
① 0.009 % ② 0.090 %
③ 0.900 % ④ 1.0 %

해설
함수율 10% 경인 목분 2g 의 실질량은 1.8 g 이 된다. 이때 회화후 남은 회분량이 0.018g 이므로 목분실질량과 회분량의 비를 이용한 백분율은 1% 가 된다.
$2g \times 0.9 = 1.8g$
$(0.018g \div 1.8g) \times 100(\%) = 1(\%)$

53 glucose 는 대표적인 알도헥소오이다. glucose 의 분자식은?
① $C_5H_{10}O_5$ ② $C_6H_{12}O_6$
③ $C_7H_{12}O_7$ ④ $C_8H_{14}O_8$

해설
글루코오스 분자식은 $C_6H_{12}O_6$ 으로 6탄당이다.

54 카파값(Kappa no.) 측정시 H_2SO_4 를 넣어 주어 반응시키는 주된 이유는?

① 리그닌을 산분해시키기 위해서
② 리그닌 이외의 탄수화물을 분리하기 위하여
③ $KMnO_4$ 의 분해력을 증진시키기 위하여
④ 반응을 산성조건으로 유지시키기 위하여

해설
리그닌에 의해 소비되는 과망간산 이온의 소비량에 의해 리그닌을 정량하는 방법중에 하나로 이때 사용되는 황산은 조건상 산성조건으로 유지시켜 주어야 하기에 투입되어 진다.

55 목재의 회분을 측정하고자 할 때, 회화 후에도 회분 중에 탄소입자가 남아있을 경우 첨가하는 시약은?

① 수산화나트륨   ② 벤젠
③ 에탄올   ④ 질산암모늄

해설
회화후 탄소가 잔존하는 경우 소량의 질산암모늄이나 3% 과산화수소를 첨가한다.

56 σ,β-diphenylethylene 의 유도체 구조를 갖는 목재 추출 성분은?

① stilbene   ② coumariin
③ chromone   ④ flavone

해설
스틸벤(stilbene)은 $C_{14}H_{12}$ 의 방향족 탄화수소로 σ,β-diphenylethylene 의 유도체를 갖는다.

57 다음 중 Mäule 반응과 관계가 없는 것은?

① 과망간산칼륨   ② 염산
③ 암모니아수   ④ m-cresol

해설
Mäule 반응은 침·활엽수재 식별에 이용되며 시료를 1% 과망간산칼륨용액에 처리 후 다시 3% 염산 처리에 암모니아수를 첨가하는 방식이다. 반응시 침엽수재는 황갈색이거나 갈색을 띠며 활엽수재는 적자색을 보인다. 크레졸은 페놀 특유의 냄새가 있고 살균력이 강해 소독제로 주로 사용된다.

58 다음 [보기]의 설명은 어떠한 셀룰로오스를 분석하기 위한 방법인가?

> 탈지된 재료를 17.5% NaOH 용액에 넣고 반응시킨 후 G_2 글라스필터에 여과하여 여과액을 일정량 취한 후, 이 액을 H_2SO_4 으로 중화하여 응고된 것에 대한 함유량을 측정한다.

① α - 셀룰로오스   ② β - 셀룰로오스
③ γ - 셀룰로오스   ④ holocellulose

해설
홀로셀룰로오스는 17.5% 의 NaOH 의 용해도에 의해 α, β, γ - 셀룰로오스 등으로 분류되며 위의 방법은 β - 셀룰로오스 분석을 위한 방법이다.

59 공장 폐액 리그닌은 산화하여 바닐라 향료 원료인 바닐린을 생산한다. 다음 중 대량으로 쉽게 생산 할 수 있는 리그닌은?

① Kraft 법 처리 폐액에서 얻은 리그닌
② sulfite 법 처리 폐액에서 얻은 리그닌
③ soda 법 처리 폐액에서 얻은 리그닌
④ klason 리그닌

해설
바닐린은 침엽수재의 리그닌 설폰산(sulfonic acid)을 원료로 제조하며 실제 폐액 리그닌을 산화하여 얻는 바닐린은 sulfite 법으로 처리한 폐액에서 대량으로 얻을 수 있다.

60 화학 분석용 목분의 크기로 가장 적절한 것은?

① 10 ~ 30 mesh
② 20 ~ 60 mesh
③ 40 ~ 100 mesh
④ 100 mesh 이상

해설
목재 분석을 위한 시료의 크기는 60~80mesh 로 하기에 보기에서 가장 부합된 범위는 40~100 mesh 이다.

제4과목 임산제조학

61 합판접착시 램(지름 500mm, 면적 0.196m²) 1본인 열압기로 2m×2m 의 합판에 14.5 kg/cm² 의 압력을 가하려고 할 때 유압펌프의 게이지 압력은?

① 280.8 kg/cm²
② 295.9 kg/cm²
③ 337.8 kg/cm²
④ 315.7 kg/cm²

해설
게이지 압력 공식은 다음에 따른다.

$$= \frac{합판 넓이 \times 합판압력}{램면적}$$

$$= \frac{4 \times 14.5}{0.196} = 295.918 ≒ 295.9$$

62 목재당화 산물이 아닌 것은?

① latex
② 결정 glucose
③ alcohol
④ yeast

해설
라텍스(latex)는 고무나무에서 채취하는 유상분비액으로 목재 당화의 산물이 아니다.

63 요소수지접착제의 수지고형분을 측정하기 위하여 중량 5g 인 알루미늄박접시에 시료 2.0g 을 올려놓고 105°C 열풍순환식 건조기에서 180분 동안 건조하였더니 알루미늄박 접시와 수지의 중량이 5.9g 이었다. 이 접착제의 불휘발분량(고형분량)은?

① 45 %
② 50 %
③ 55 %
④ 60 %

해설
2g 의 시료에서 건조후 0.9g 이 남아 있으며 고형분량을 구하는 공식은

$$고형분량(\%) = \frac{건조후 시료양}{건조전 시료양}$$

$$= \frac{0.9}{2} \times 100(\%) = 45(\%)$$

64 일반적으로 건조 스케줄 작성에 고려하지 않은 것은?

① 수종
② 풍속
③ 목재의 두께
④ 함수율

해설
건조 스케줄 작성시 함수율, 두께, 수종에 따른 스케줄표가 있으나 풍속은 고려되지 않는다.

65 합판용 원목을 선정함에 있어서 고려하지 않아도 되는 조건은?

① 흡습성
② 접착성
③ 경제성
④ 외관적 가치

해설
합판 원목 선정시 제조를 위한 경제성과 외관적 가치를 평가하고 접착제 사용 시 효율적으로 접착을 위한 접착성이 고려되며 이를 위해 인도네시아나 필리핀 등에서는 주로 남양재를 수입한다.

66 가수분해형 tannin 이 산, 알칼리 또는 효소에 의해 분해될 때 생성되는 산성분은?
① abietic acid   ② palmitic acid
③ gallic acid   ④ phthalic acid

해설
산이나 알칼리, 효소 등을 이용하여 가수분해시 생성되는 산을 gallic acid 이라 하고 gallic acid 만 생성하는 가수분해형 탄닌을 gallotannin 이라 한다.

67 열역학적 성질에 따른 접착제의 분류가 아닌 것은?
① 열경화성 접착제   ② 고무계접착제
③ 복합형접착제   ④ 구조용접착제

해설
구조용 접착제는 용도에 따른 분류이다.

68 목재의 가수분해법이 아닌 것은?
① bergius-rheinau 법
② 염산가스법
③ madison 법
④ masonite 법

해설
masonite 법은 건조제조공법이다. 습식제조공법으로는 Asplund공법이 있다.

69 쇄목펄프 공정과정과 관계가 가장 먼 것은?
① 박피, 마쇄
② 펄프정선, 리파이닝
③ 펄프 탈수, 농축
④ 다단표백, 다이제스트

해설
쇄목펄프는 통나무를 회전하는 쇄목석에 갈아서 만든 펄프로 기계펄프의 일종으로 박피, 마쇄, 정선 리파이닝, 탈수, 농축 등의 과정이 있으나 다단표백이나 다이제스트의 경우 화학펄프의 공정과정과 관련이 있다.

70 수증기 증류법에 의해 얻을 수 있는 것은?
① 송지   ② 정유
③ 유지   ④ 옻

해설
정유는 수증기 증류로 얻을 수 있으며 대표적으로 녹나무에서 얻는 장뇌유가 있다.

71 회전형 단판절삭기(rotary lathe)가 구비해야 할 조건이 아닌 것은?
① 원목직경에 따라서 절삭속도도 달라야 한다.
② 인력이 적게 들고 될수록 자동화되어야 한다.
③ 절삭각이 원목의 직경에 따라 자동조절이 되도록 자동 변경 장치가 있어야 한다.
④ 안심하게 사용할 수 있고 사용하기가 편리하여야 한다.

해설
회전형 단판절삭기는 원목직경이 달라도 절삭속도가 일정해야 한다.

72 쇄목펄프화 쇄목기와 관련이 없는 것은?
① three pocket grind
② chain grind
③ ring grind
④ fine grind

해설
연속식 쇄목기로서 체인형 쇄목기(chain grinder), 링형 쇄목기(ring grinder)이 있으며 단속식 쇄목기로서 포켓형 쇄목기(pocket grinder), 메거진형 쇄목기(magazin grinder)이 있으며 포켓형은 현재 3포켓형이 많이 사용되고 있다.

정답 66 ③ 67 ④ 68 ④ 69 ④ 70 ② 71 ① 72 ④

73 meiller 법으로 탄재를 세로 또는 가로로 쌓고 그 위에 수피로 덮은 후 다시 그 바깥쪽을 흙으로 덮어 공기유통을 제한하고 배연구를 하나 설치하여 목재를 탄화시키는 방법은?
① 무개제탄법　② 갱내제탄법
③ 퇴적제탄법　④ 축요제탄법

해설
보기는 퇴적 제탄법에 관한 설명이다
- 무개제탄법 : 가장 원시적인 제탄법으로 수탄율이 낮다.
- 갱내제탄법 : 목탄과 타르를 동시에 얻으며 품질과 수탄율이 낮다.
- 축요제탄법 : 숯가마를 이용하며 흑탄 가마법과 백탄가마법으로 분류된다.

74 목재의 건조시 할렬예방과 가장 거리가 먼 것은?
① 건조 초기에 건습구 온도차를 크게 한다.
② 저온에서 건조한다.
③ 엔드코팅(end coating)을 한다.
④ 재목의 횡단면이 잔적에서 돌출되지 않게 한다.

해설
건습구의 온도차가 커질수록 할렬이 심해지므로 할렬예방을 위해 건습구의 온도차를 줄일수록 좋다.

75 접착한 재료를 계속 물에 침지시켰을 때 접착력이 가장 저하되는 것은?
① urea 수지 접착제
② casein 접착제
③ resorcinol 수지 접착제
④ melamine 수지 접착제

해설
카세인 접착제는 주요성분이 단백질이며 우유에서 추출한다. 접착력은 우수하나 내수성이 낮아 물에 침지시 접착력이 저하된다.

76 건조와 관련된 목재의 성질로서 거리가 먼 것은?
① 투과성은 심재가 변재보다 크다.
② 활엽수재의 타일로시스의 형성은 건조를 촉진한다.
③ 미성숙재는 성숙재보다 건조 결함이 유발되기 쉽다.
④ 고운 조직의 목재는 거친 조직의 목재보다 건조속도가 느리다.

해설
활엽수재에 타일로시스는 도관 내강을 폐쇄하여 건조를 방해하게 된다.

77 목재접착시 압체압력은 수종에 따라 변하게 되는데 일반적으로 어느 압력이 적당한가?
① 침엽수 : 2~5 kg/cm^2, 활엽수 : 5~10 kg/cm^2
② 침엽수 : 5~10 kg/cm^2, 활엽수 : 10~15 kg/cm^2
③ 침엽수 10~15 kg/cm^2, 활엽수 : 5~10 kg/cm^2
④ 침엽수 : 20~30 kg/cm^2, 활엽수 : 30~40 kg/cm^2

해설
수종에 따라 압착 조건은 다르나 대체적으로 침엽수가 5~10kg/cm^2, 활엽수가 10~15kg/cm^2 정도의 조건으로 압착한다.

정답 73 ③ 74 ① 75 ② 76 ② 77 ②

78 크라프트 펄프 제약 공정의 가성화 공정에서 가성화률을 나타내는 공식은?

① $\dfrac{NaOH}{NaOH + Na_2CO_3} \times 100$

② $\dfrac{Na_2S}{NaOH} \times 100$

③ $\dfrac{NaOH}{Na_2SO_4} \times 100$

④ $\dfrac{NaOH}{Na_2S} \times 100$

해설
크라프트 펄프의 가성화율은 활성알칼리에 대한 NaOH의 백분율을 말한다.

79 황산을 사용하여 역사상 처음으로 목재 셀룰로오스를 가수분해하여 글루코오스를 얻었던 목재의 당화방법은?

① bergius-rheinau 법
② giordani 법
③ hereng 법
④ peoria 법

해설
황산을 사용한 목재당화 방법으로 미국에서 처음 사용한 페오리법(peoria)이 있다.

80 셀룰로오스계 효소가 아닌 것은?

① cellobiohydrolase
② glucanohydrolase
③ cellobiase
④ ligninase

해설
ligninase는 리그닌 분해효소이다.

제5과목 목재보존학

81 목재부후균의 일반적인 생육 적정온도로 가장 적합한 것은?

① 5 ~ 15 ℃   ② 15 ~ 20 ℃
③ 25 ~ 30 ℃   ④ 30 ~ 40 ℃

해설
목재 부후의 생육 조건으로 목재 함수율 50~150%, 온도 24~32℃, 산소 존재 등이다 보기에서 가장 적당한 온도 범위로는 25~30℃ 이다.

82 부후에 의한 목재의 화학적 성질 변화에 대한 설명으로 틀린 것은?

① 부후재는 회분이 증가한다.
② 부후가 진행됨에 따라 추출물이 증가한다.
③ 갈색부후균에 의하여 리그닌이 대폭 감소한다.
④ 펜토산은 부후에 따라 감소한다.

해설
갈색부후균은 주로 당류인 셀룰로오스와 헤미셀룰로오스를 분해하며 리그닌은 거의 분해하지 못한다.

83 목재를 구부리는 곡가공시 사용하는 가소화 물질이 아닌 것은?

① 요소   ② 티오페놀
③ 디페닐아민   ④ 아세틸렌

해설
목재의 가소화를 위한 물질로 요소, 티오페놀, 디페닐아민, β-나프톨 등이 목재에 가소성을 부여할 수도 있다.

84 목재방부처리인 가압처리법의 장점이 아닌 것은?

① 방부제가 깊고 균일하게 침투한다.
② 많은 양의 방부제를 침투시킨다.
③ 처리 조건을 언제나 조절 할 수 있다.
④ 방부제를 부분적으로 주입 가능하다.

해설

가압처리는 전체적으로 방부처리가 되므로 부분처리가 불가능하다.

85 목재 내부로의 약제 침투 또는 이동에 대한 설명으로 옳은 것은?

① 침엽수재에서 액체 침투의 주통로는 가도관이다.
② 활엽수재에서 액체 침투의 주통로는 목섬유이다.
③ 도관 중에 타일로시스가 잘 발달되어진 것은 액체의 침투나 이동이 매우 잘 된다.
④ 폐쇄벽공 유무는 액체 이동에 별로 상관이 없다.

해설

침엽수재는 90%가 가도관으로 액체 침투의 주 통로이다
② 목섬유는 지지 기능을 담당하는 섬유로 액체 침투의 통로로는 이용되지 않는다.
③ 타일로시스는 도관을 막아 액체 침투를 막는다.
④ 폐쇄벽공이 많을수록 액체의 이동에 방해를 받는다.

86 중량 0.5g 이었던 목재가 12주간의 부후시험이 끝난 후 중량을 측정하였더니 0.2g으로 나타났다. 이 목재의 중량의 감소율은?

① 30 %   ② 40 %
③ 60 %   ④ 80 %

해설

$$중량\ 감소율 = \frac{초기중량 - 후기중량}{초기중량}$$
$$= \frac{0.5 - 0.2}{0.5} \times 100(\%) = 60(\%)$$

87 목재의 가소화 처리를 바르게 설명한 것은?

① 목재의 치수안정성을 향상시키기 위한 처리
② 목재-플라스틱을 제조하기 위하여 목재를 액화하는 처리
③ 목재의 내후성을 증가시키기 위하여 목재에 플라스틱을 복합하는 처리
④ 곡목(曲木)제조를 위하여 목재를 구부리는 처리

해설

가소화 처리는 목재를 구부리는 것으로 이러한 목재를 곡목이라하며 곡목은 습열이나 기타처리를 이용하여 연화나 가소화를 통해 굽힌 다음 냉각이나 건조 처리를 통해 영구적으로 목재를 변형시키는 것을 말한다.

88 방충, 방부 및 난연제로 모두 사용할 수 있는 것은?

① 크레오소트
② 붕소
③ ammoniacal copper quats
④ copper napthenate

해설

붕소는 수용성 방충제, 방부제로서 이용되며, 단일방화제로서도 이용된다.

89 난연재 처리에 의한 난연기작에 해당하지 않는 것은?
① 흡수작용   ② 가스작용
③ 피복작용   ④ 열작용

해설
난연기작으로 피복작용, 열작용, 가스작용, 화학작용이 있다.

90 목재부후균의 생육조건에 영향을 미치는 인자들로만 나열된 것은?
① 양분, 온도, 수분, 산소
② 양분, 온도, 목재의 비중, 산소, 목재의 공극
③ 양분, 목재의 수종, 산소, pH, 도관의 크기
④ 양분, 온도, 산소, 목재내 수분의 양, 목재의 밀도

해설
부후균은 증식을 위한 양분과 적정온도, 적정함수율 및 산소가 생육조건이다. 온도의 경우 5~40℃ 까지 생육을 하며 그이상이나 이하에서도 활동하기도 한다.

91 메틸메타크릴레이트를 단량체로 사용하는 목재-플라스틱 복합체(WPC)의 치수안정화 원리를 가장 바르게 설명한 것은?
① 목재 표면을 메틸메타크릴레이트 단량체로 피복함에 의한 물리적 피복 효과
② 목재 내강으로 주입 후 경화된 메틸메타크릴레이트 단량체의 충진 효과
③ 목재 내로 주입된 메틸메타크릴레이트 단량체에 의한 친수성의 수산기(-OH) 대체 효과
④ 목재 내로 침투된 메틸메타크릴레이트 단량체와 친수성의 수산기(-OH)간의 화학결합 효과

해설
목재의 세포벽에 물질을 충진하는 것을 통해 목재의 치수안정을 기대할 수 있는데 메틸메타크릴레이트를 목재내로 침투시켜 중합하면 목재 플라스틱 복합체인 WPC를 얻게 된다.

92 치수안정화 처리 중 치수안정에 가장 효과적인 방법은?
① 피복처리   ② 열안정화처리
③ 가교결합   ④ PEG 처리

해설
가교결합은 목재의 치수안정을 위해 분자구조 단위 사이를 화학결합하여 전체를 망상구조를 만드는 것으로 가장 효율적인 방법 중 하나이다.

93 목재변색균에 의한 변색이 변재에만 발생되는 이유는 무엇인가?
① 심재조직이 단단하여 변색균의 균사가 침투할 수 없으므로
② 변색균의 균사가 함수율이 낮은 심재에서는 생육할 수 없으므로
③ 심재나 산도가 너무 높아 변색균의 생육이 불가능하므로
④ 심재에는 변색균의 영양원인 당류나 전분 등이 없기 때문에

해설
변재변색균의 에너지원은 목재의 당, 전분, 단백질 등이며 세포벽의 물질을 분해하거나 사용하지 못한다. 표면이나 변재에 분포되는 에너지원을 이용하여 증식하며 심재에는 에너지원이 거의 존재하지 않아 침투하지 못한다.

94 다음 상압처리법 중 방부제의 침투 효과가 가장 우수한 것은?
① 도포법   ② 분무법
③ 침지법   ④ 온냉욕법

해설
온냉욕법은 목재의 온도차에 의한 압력의 변화를 이용하여 방부제가 침투하는 것으로 가압주입법과 유사한 흡수량을 보여 상압처리법 중 가장 효율적인 방법이다.

정답 89 ① 90 ① 91 ② 92 ③ 93 ④ 94 ④

95 목재를 열화시키는 생물 열화인자가 아닌 것은?

① 균류　　② 흰개미
③ 가루나무좀　　④ 자외선

해설
자외선은 자연열화인자 중 하나이다.

96 목질재료의 치수불안정을 최소화하기 위한 치수안정 처리방법이 바르게 나열된 것은?

① 직교적층, 피복처리, 흡습성 감소처리, 가교결합
② 직교적층, 분무처리, 흡습처리, 가교결합, 용적처리
③ 침수처리, 분무처리, 흡습성 감소처리, 가교결합
④ 화학처리, 침수처리, 왁스처리, 방부제 처리

해설
치수안정화는 목재의 사용기간을 늘리기 위한 방법으로 치수변화를 줄이기 위한 직교적층이나 수분의 침투를 막는 피복처리, 특수 가열처리를 통해 결합수 및 분해물을 제거하여 가교결합을 유도하는 흡습성 감소처리가 있다.

[치수안정화 처리 방법]
· 가교결합 : 망상구조로 만듦
· 도장처리 : 표면처리를 통해 수분침투를 막음
· 건조처리 : 건조를 통해 치수변화를 줄임
· 재료의 복합화 : 다른재료와의 합성을 통해 치수변화를 줄임
· 충진처리 : 세포벽을 다른 물질로 충진함
· 흡습성 감소 처리 : 특수 가열처리를 통해 결합수 및 분해물이 나와 가교결합이 유도되어 치수안정성을 갖는다.
· 기타처리 : 당처리, 염류처리, 왁스처리, 이소시아네이트 기상 처리 등이 있다.

97 방부처리재의 방부제 침윤도와 흡수량의 단위를 옳게 나타낸 것은?

① 침윤도 : cm, 흡수량 : kg/m^3
② 침윤도 : %, 흡수량 : kg/m^3
③ 침윤도 : cm, 흡수량 : g/cm^3
④ 침윤도 : %, 흡수량 : $liter/m^3$

해설
침윤도 : %, 흡수량 : kg/m^3 단위를 사용한다.

98 난연제로 사용되는 화학물질을 구성하는 원소들로 바르게 나열된 것은?

① 인, 브롬, 염소, 질소, 붕소
② 크롬, 동, 비소
③ 비소, 붕소, 크롬, 아연
④ 아연, 동, 크롬, 질소

해설
난연제 구성원소로 붕소, 질소, 인, 안티몬, 할로겐원소(브롬, 염소) 등이 있다.

99 가압방부 처리용 목재의 적정 함수율로 가장 적합한 것은?

① 10 % 전후　　② 10 ~ 15 %
③ 30 % 전후　　④ 40 ~ 50 %

해설
가압방부처리는 함수율 30% 이하로 건조시키는 것이 일반적이다.

100 다음 중 방부제 침투성이 가장 불량한 것은?

① 소나무 변재
② 라디에타 소나무 심재
③ 미국 솔송나무 변재
④ 낙엽송 심재

해설
낙엽송의 경우 난주입성 수종이며 변재보다 심재가 침투가 더 어려움으로 보기 중 낙엽송 심재가 가장 침투성이 불량하다.

2012 임산가공기사 필기

제1과목 목재이학

01 다음 중 목재의 수축과 팽윤의 영향인자가 아닌 것은?
① 수분의 증감　② 목재의 비중
③ 목재구성성분　④ 목재의 색

해설
수분, 비중, 구성성분 은 목재의 수축과 팽윤에 영향을 주는 인자이나 색은 목재 변화에 큰 영향을 주지는 않는다.

02 응력이 탄성한도를 지난 후 응력을 제거하여도 원래의 형태로 돌아가지 않는 성질을 무엇이라고 하는가?
① 탄성　② 소성
③ 응력　④ 변형

해설
• 소성 : 응력을 제거하여도 원래의 형태로 돌아가지 않는 것
• 탄성 : 응력으로 생긴 변형이 원래의 형태로 회복되는 성질
• 응력 : 목재에 가하는 힘

03 형광성이 뚜렷하여 이른바 형광목재로 불리는 과는?
① 목련과　② 벼과
③ 콩과　④ 소나무과

해설
목재표면에 자외선을 비추면 형광을 발하는데, 색과 농도는 수종에 따라 다르지만 보통 녹색과 남색으로 나타난다. 주로 콩과에서 나타나며 아까시나무, 매자나무의 경우 황색의 형광 빛을 내기도 한다.

04 목재에 반복하여 하중을 가하면 기계적 성질이 저하하여 비교적 작은 하중에도 마지막에는 파괴되는데 이 때의 응력은?
① 탄성한도　② 비례한도
③ 피로한도　④ 항복점

해설
• 탄성한도 : 물체의 모양이 다시 돌아올 수 있는 부분.
• 비례한도 : 응력-변형률 곡선에서의 직선 부분으로 응력이 발생시 비례한 변형률 범위
• 피로한도 : 반복하중에 의해 파괴되지 않는 응력의 최대치
• 항복점 : 탄성한도 초월시 변형률이 급격히 증대되는 지점

05 활엽수재의 환공재에 있어서는 연륜폭이 넓어지면 비중은 일반적으로 어떻게 되는가?
① 약간 감소된다.　② 많이 감소된다.
③ 증가한다.　④ 거의 변화가 없다.

해설
보통 부피가 증가하면 밀도는 감소하지만 활엽수재의 환공재는 연륜폭이 넓어지면 비중은 증가한다.

06 목재 틀어짐의 종류가 아닌 것은?
① bowing　② Cupping
③ Hatting　④ Twisting

해설
목재 틀어짐 종류로 crook(옆굽음), bow(굽음), twist(뒤틀림), cup(너비 굽음) 등이 있다.

정답 01 ④　02 ②　03 ③　04 ③　05 ③　06 ③

07 악기용 목재의 특성에 대한 설명으로 맞는 것은?

① 방사감쇠보다 손실감쇠가 커야 한다.
② 비중에 비해 탄성율이 커야 한다.
③ 연륜폭이 2~3cm 정도로 넓고 비중이 커야 한다.
④ 함수율은 섬유포화점 부근이 좋다.

해설
목재용 악기는 비중에 비해 탄성율이 높아야하는 것이 특징이다. 악기의 종류에 따라 목재의 수종도 다르나 주로 가문비나무, 전나무, 오동나무가 사용된다.

08 목재의 점탄성 모형에 대한 설명으로 틀린 것은?

① burger 모형은 지연탄성 및 점성 거동을 나타낼 수 있다.
② Kelvin 모형은 지연탄성거동을 나타낼 수 있다.
③ Maxwell 모형은 순간탄성거동을 나타낼 수 있다.
④ burger 모형에서 Maxwell 모형을 빼면 점성거동을 나타낼 수 있다.

해설
버거형에서 멕스웰모형을 빼면 지연탄성부분을 나타낼 수 있다.
※ 점탄성 모형을 간단히 설명하면 멕스웰모형만으로는 탄성 및 점성거동 설명하며 켈빈모형만으로는 지연탄성거동을 설명한다. 버거모형은 탄성, 지연탄성부분, 점성부분의 합이 크리프 변형의 총 변형량이 되며 이를 설명하기 위해 멕스웰모형과 voigt 모형의 직렬혼합이 되므로 지연탄성, 점성거동을 나타낼 수 있다.

09 목재의 비중이 증가하면 나타나는 목재의 성질로 옳은 것은?

① 수축률이 감소한다.
② 목재강도가 감소한다.
③ 절삭 소요동력이 증가한다.
④ 도료 부착성이 증가한다.

해설
목재의 비중이 증가하게되면 절삭하는데 에너지가 더 많이 필요하여 소요동력이 증가하게 된다. 다른 특징들로 비중이 증가시 수축 및 팽윤, 강도가 증가되며 공극이 적어지면서 도료 부착성은 감소하게 된다.

10 단면적이 4cm² 인 목재에 50kg 의 하중이 가해진다면 응력은 얼마인가?

① $125 \times 10^3 \text{kg/cm}^2$
② $12.5 \times 10^2 \text{kg/cm}^2$
③ 12.5kg/cm^2
④ 1.25kg/cm^2

해설
응력 공식은 다음에 따르며 적용시 단위를 주의하도록 한다.
$\sigma = P/A(\text{kgf/cm}^2) = 50/4 = 12.5 \text{kg/cm}^2$
여기서, P : 하중
　　　　A : 면적

11 시험재의 전건무게가 1000g 이고 건조 중에 시험재의 무게가 1300g 일 때 건조 중 함수율은 얼마인가?

① 20%　　② 25%
③ 30%　　④ 35%

해설
생재무게-전건무게/전건무게
= 함수율, 1300-1000/1000 = 30%

정답 07 ② 08 ④ 09 ③ 10 ③ 11 ③

12 세포벽의 미세구조 중 탄성계수와 관련된 설명 중 맞는 것은?

① 마이크로피브릴 경사각이 클수록 탄성계수가 크다.
② 셀룰로오스 결정화도가 클수록 탄성계수는 작다.
③ 섬유장이 길수록 탄성계수는 작다.
④ 세포벽의 두께가 클수록 탄성계수는 크다.

해설
세포벽의 두께가 두꺼울수록 비중이 커지면서 탄성력이 커진다. 실제 마이크로피브릴 경사각이 커질수록 탄성계수는 작아지는데 섬유방향에서 완전 직각일 경우 섬유방향의 탄성계수 값의 약 1/20~1/10 정도이다.

13 전건비중과 진비중으로부터 목재의 공극률을 구하는 식으로 맞는 것은?

① 1-(진비중/전건비중)
② 1+(전건비중/진비중)
③ 1-(전건비중/진비중)
④ 1+(전건비중/진비중)

해설
진비중은 세포벽의 공극을 제외한 나머지 부분을 말하고 일반적으로 1.5이다. 전건비중은 목재에 수분을 제외한 비중으로 말 그대로 건조 후의 비중을 의미한다. 공극률은 아래와 같은 공식에 따른다.

$$공극률 = 1 - \frac{실질률}{1.5} = 1 - \frac{전건비중}{진비중}$$

14 목재의 흡수량 측정시 침적에 사용하는 물의 온도는?

① 15±1 ℃ ② 25±1 ℃
③ 60±1 ℃ ④ 65±1 ℃

해설
목재의 흡수량 측정시 목재에 영향을 주지 않는 물온도 상온 온도 25 도 정도에서 측정한다.

15 목재의 물리적 및 기계적 성질에 거의 영향을 미치지 않고 다만 목재의 중량에만 영향을 미치는 목재내의 수분은?

① 목재 구성수 ② 표면흡착수
③ 자유수   ④ 모관응축수

해설
자유수는 목재에 환경변화, 즉 온도 변화에 따라 바뀌므로 목재의 중량에 영향을 미친다.

16 목재의 전기 저항에 대한 설명 중 맞는 것은?

① 함수율이 증가할수록 저항율은 증가한다.
② 온도가 상승하면 감소한다.
③ 수종에 따라 전기 저항율의 변동이 심하다.
④ 섬유주향에 따라 영향을 받지 않는다.

해설
전기저항의 경우 온도가 상승하면 감소하는 경향을 보인다. 함수율과의 관계에서는 함수율이 증가하면 전기 저항은 감소된다. 섬유주향에 따라서도 차이가 나며 전기전도율은 섬유방향, 방사방향, 접선방향 순이며 전기 저항은 그 반대이다.

17 1변의 길이 a = 20mm 인 정사각형에서 높이 h = 100mm 인 목재의 중량이 16g이다. 이 목재의 비중은?

① 0.2 ② 0.3
③ 0.4 ④ 0.5

해설
밀도의 단위는 kg/m^3, g/cm^3 이므로
2 cm × 2cm × 10cm = 40cm^3, 무게 16g 이므로
16g / 40cm^3 = 0.4 로서 비중은 0.4 이다.

18 건조응력을 측정하는 방법이 아닌 것은 어느 것인가?

① 프롱법 ② 슬라이스법
③ 톰슨법 ④ 분할법

해설
건조응력을 측정하는 방법으로 분할법은 목재의 재면과 평행방향으로 2등분 혹은 그 이상 분할한 시편의 거동으로 건조응력을 탐지하는 방법이며, 슬라이스법은 건조응력의 크기와 치수 변화의 비례관계를 이용하여 건조응력을 탐지하는 방법이다. 프롱법은 목재의 내부응력의 성질과 크기를 알기 위한 응력 탐지시험의 일종이다.

19 다음 목재의 직류비저항에 영향하는 인자에 대한 설명 중 맞는 말은?

① 목재밀도의 영향은 함수율 영향에 비해 크다.
② 저항성은 함수율이 증가함에 따라 증가한다.
③ 전기저항은 온도가 상승하면 증가한다.
④ 방사방향 전기저항은 섬유방향 전기저항보다 적다.

해설
목재의 전도성은 섬유>방사>접선 방향으로 좋으며 전기저항은 반대로 접선>방사>섬유 방향으로 높다. 전기와 관련된 목재의 특징을 보면 밀도보다는 함수율에 영향을 더 크게 받으며 저항성은 함수율이 증가하면 감소하는 경향을 보인다. 온도에도 영향을 받으며 온도가 상승시 전기저항은 감소한다.

20 목재의 섬유에 평행한 방향의 열전도율은 섬유에 직각 방향보다 어느 정도 큰가?

① 약 1~2배 ② 약 2~3배
③ 약 3~4배 ④ 약 4~5배

해설
열전도도는 접선, 방사방향에 비해 섬유방향이 2~2.75 배 크다.

제2과목 목재해부학

21 벽공실 내면의 전부 또는 일부가 2차벽에서 생성된 융기물로 덮여 있는 벽공은?

① 베스쳐드 벽공 ② 분기벽공
③ 맹벽공 ④ 반연벽공

해설
베스쳐드 벽공은 특정 활엽수재 존재하는 특이한 형태의 유연벽공으로 가장 전형적인 것은 도관요소의 유연벽공의 벽공연에서 돌기물이 벽공연에 돌출되어 마치 덮여 있는 듯한 모양의 벽공이다. 도관뿐 아니라 가도관이나 섬유상가도관에 존재하기도 한다.
[기타 벽공]
· 분기벽공 : 두꺼운 세포벽에서 단벽공의 벽공구가 관상으로 되어 있음
· 맹벽공 : 벽공이 서로 대를 이루지 않고 있는 것
· 반연벽공 : 벽공의 한쪽의 벽공연이 없는 것

22 다음 중 압축 이상재 특징이 아닌 것은?

① 가도관의 횡단면은 원형이고 세포간극이 많다.
② 가도관의 길이는 정상재보다 다소 길다.
③ 마이크로화이브릴 경사각은 정상재보다 크다.
④ 정상재에 비해 리그닌의 함량이 높다.

해설
압축응력재 목재 조직 특징
· 가도관의 횡단면은 대개 원형이며 세포간극이 많다.
· 세포간극이 리그닌이나 펙틴으로 충만되어 있을 때도 있다.
· 가도관의 길이는 정상재보다 10~40% 짧으며, 그 선단부가 복잡하게 변형되어 있다.
· 정상재보다 리그닌이 많고 셀룰로오스 함량이 적다.
· 마이크로피브릴의 경사각은 약 45도 로서 정상재보다 훨씬 크다.

23 분야벽공 중 벽공연은 원형 혹은 타원형으로 공구는 벽공연의 외측으로 밀려나온 폭이 좋은 윤출공구를 가진 벽공은?

① 창상벽공 ② 소나무형 벽공
③ 편백형벽공 ④ 가문비나무형벽공

해설

가문비나무형벽공은 벽공연의 윤곽은 타원형 또는 원형이며 공구가 매우 좁고 간혹 벽공구가 벽공연 바깥쪽으로 나와 있는 윤출벽공구 가지기도 한다.
[분야벽공의 종류 및 특징]
- 창상벽공
  전체적인 외형이 창문모양, 벽공구가 극히 넓은 벽공으로 수종은 대부분 소나무속이며
- 소나무형벽공
  창상벽공보다 소형이며 외형은 렌스상 또는 타원형이다. 관찰되는 수종으로 리기다소나무 테에다 소나무, 방크스소나무, 백송 등이 있다.
- 편백형벽공
  벽공연은 원형 또는 짧은 타원형이며 벽공구의 나비는 벽공연의 나비 보다 좁다. 관찰수종으로 편백속, 주목속, 비자나무속, 솔송나무속, 노간주나무속 등이 있다.

24 목부를 구성하는 세포 및 조직과 기능의 연결이 옳은 것은?

① 유세포 – 지지 및 통도 기능
② 가도관 – 양분 저장
③ 목섬유 – 지지 기능
④ 방사조직 – 축방향 수본 통로

해설

목섬유는 활엽수재의 2차목부의 지지기능만 담당하는 세포이다.
[목재의 세포 및 기능]
- 유세포 : 축방향유조직, 방사유조직속에 유성분을 함유하며 표피 안쪽에 피층에 분포되어 수분손실 방지 등의 역할
- 가도관 : 양분 및 수분이 지나가는 통로
- 방사조직 : 방사방향의 조직, 목재구성 조직

25 옹이를 올바르게 설명하지 못한 것은?

① 산옹이는 가지와 생장이 왕성할 때 생긴다.
② 죽은옹이는 가지의 형성층 활동이 멈추었을 때 생긴다.
③ 산옹이는 수목의 수심으로부터 출발한다.
④ 산옹이는 가지가 잘린 다음부터 생기지 않는다.

해설

산옹이는 수심이 아닌 수간 가지의 기부에서 출발한다.
[옹이]
- 옹이는 입목의 생육상 피할 수 없는 것으로 거의 존재하며 수간의 비대생장에 의해 가지의 기부가 점차 수간의 내부에 포위되어 옹이가 형성된다.
- 가지가 생장이 왕성할 때에 생기는 옹이를 산옹이라 한다.
- 나뭇가지가 고사하여 형성층 활동이 정지되었을 때 수간의 비대생장시 이를 죽은옹이라 한다.
- 나뭇가지는 수심에서 발생, 수간과 함께 신장생장과 비대생장이 계속된다.

26 수목은 생육조건에 따라 줄기가 원뿔형으로 되거나, 아니면 아래위가 거의 같은 원통형으로 자란다. 이용에 적합한 원통형의 줄기를 얻는데 적당한 생육조건은?

① 듬성듬성 심어 햇빛이 충분히 들어오게 한다.
② 촘촘히 심어 서로 경쟁이 심하게 한다.
③ 큰 나무와 작은 나무를 섞어 심어 작은 나무가 햇빛을 잘 받게 한다.
④ 비옥한 곳에 심는다.

해설

나무는 태양빛을 받기위해 장애물이 있는 경우 그 위로 자라려는 습성이 있다. 촘촘하게 심게되면 경급은 많이 커지지 않으나 원통형으로 위로 곧게 자라게 된다.

정답 23 ④ 24 ③ 25 ③ 26 ②

27 압축응력재의 일반적인 특징으로 틀린 것은?

① 육안적으로는 짙은 갈색을 띠고 조재와 만재의 구별이 명료하지 않다.
② 가도관의 횡단면은 둥근 형태를 나타내고 세포간극이 많다.
③ 방사방향, 접선방향의 수축율이 비해 축방향 수축율이 매우 크다.
④ 정상재에 비해서 비중, 강도, 종압축강도는 작지만 인장강도는 현저히 크다.

해설

정상재에 비해 비중, 강도, 종압축강도는 크며 인장강도는 작다.
[압축응력재의 특징]
- 압축응력재는 섬유방향(축방향)의 수축률이 매우 높다.
- 방사방향과 접선방향의 수축률이 정상재보다 낮다.
- 정상재와 압축응력재 혼재시 목재의 건조 때 뒤틀림이나 할렬의 원인이 된다.

28 다음 중 침엽수재 가도관과 방사조직 각각의 구성 비율로 가장 적합한 것은?

① 95%, 5%   ② 85%, 15%
③ 75%, 25% ④ 50%, 50%

해설

가도관은 양 끝이 가늘고 목재를 구성하는 관상세포의 일종으로 침엽수는 90~98% 구성 나머지 방사조직이 2~10% 구성이나 통상적으로 95 : 5 비율이다.

29 다음 침엽수재의 해부학적 특성에 관한 설명 중 틀린 것은?

① 활엽수재에 비해 구성세포의 종류 및 형태가 단순하다.
② 가도관은 수분통도와 수체지지 역할을 한다.
③ 가도관, 유세포로 이루어지나 수종에 따라 도관을 가진다.
④ 방사방향으로 방사가도관을 가지는 수종이 있다.

해설

가도관이 침엽수재의 90%이상을 차지하며 도관의 경우 주로 활엽수에 분포된다.
※ 구성세포는 침엽수가 활엽수보다 더 단순하고 침엽수에서 가도관은 지지역할, 활엽수는 목섬유가 지지역할을 한다. 방사가도관은 소나무속, 가문비나무속, 잎갈나무속, 미송속 등에서 주로 관찰된다.

30 침엽수재의 방사조직을 구성하는 세포가운데 가장 흔하게 볼 수 있는 것은?

① 방형세포   ② 직립세포
③ 타일세포   ④ 평복세포

해설

침엽수재의 방사조직에서 주로 평복세포가 흔히 관찰된다.
- 평복세포
  방사유세포의 장축이 방사방향이며, 방사단면에서 보았을 때 마치 벽돌을 옆으로 쌓은형태이다.
- 직립세포
  방사유세포의 장축이 도관, 목섬유 등과 마찬가지로 축방향으로 향하며, 방사단면에서 보았을 때 벽돌을 세워 놓은 것 같은 형태이다.
- 방형세포
  평복세포와 직립세포 중간형으로 여러 가지 변형이 가능하며 방사단면에서 본 방사유세포의 축방향 길이 및 방사방향 지름이 거의 같은 정방향 세포이다.

• 타일세포
방사단면에서 평복세포의 사이에 높이가 평복세포와 거의 같은 직립세포로서 방사방향에 연속으로 나타나며 방사유세포가 가지고 있는 원형질 등이 일찍 없어져 내강이 빈 세포로 되어 있다.

31. 미국에서 참나무를 수입하였는데 백참나무류인지 아니면 적참나무류인지 궁금하여 전문기관에 수종 식별을 의뢰하였다. 식별 결과 백참나무라고 밝혀졌는데 그 근거로 적합하지 않은 것은?

① 춘재 관공으로부터 추재 관공으로의 이행이 대게 급격하였다.
② 심재의 도관요소 내에 타일로시스가 거의 발달되어 있지 않았다.
③ 크기가 큰 방사조직의 평균 높이가 1.3~3.2 cm 로서 높이가 3.8 cm 보다 큰 방사조직도 자주 관찰되었다.
④ 추재 관공의 세포벽이 얇으며 횡단면상의 모양은 다소 각진 형상을 나타내고 있었다.

해설

타일로시스는 활엽수재 도관 내강의 일부를 폐쇄하고 있는 구조물을 말하는데 문제의 두 수종모두 참나무의 활엽수라 구별하는 방법으로는 적합하지 않다.
[타일로시스]
심재화가 발생할 때의 수분의 감소 또는 외상 등의 원인에 의해 도관에 인접하고 있는 방사유세포의 내벽에 보호층이 생기며 이것이 유세포 원형질체의 팽압에 의해 벽공벽이 파괴되어 도관 내에 스며들어 일정한 크기로 생장하여 형성된다.

32. 횡단면상에서 춘재부의 고립관공의 반경방향 지름이 가장 큰 수종은?

① 개오동나무, 팽나무
② 은수원사시, 보리수나무
③ 밤나무, 참나무
④ 너도밤나무, 동백나무

해설

보기 중 횡단면상으로 춘재부의 고립관공의 지름이 가장 큰 수종으로 밤나무와 참나무이다.
[고립관공]
• 관공이 1개씩 분포하는 것을 말한다.
• 가시납류, 유칼리류 등의 수종은 고립관공만 분포되어 있다.
• 고립관공과 복합관공이 섞여 있는 경우도 많다.
• 주로 관찰되는 수종으로 참나무속, 느티나무속, 물푸레나무속 등이 있다.

33. 방사조직을 폭에 의해 분류한 것으로서 폭이 1세포폭의 방사조직을 말하며 버드나무류, 포플러류, 밤나무 등에서 관찰되는 방사조직은?

① 단열방사조직   ② 장열방사조직
③ 소열방사조직   ④ 다열방사조직

해설

단열방사조직은 대부분의 침엽수재의 접선단면에 방사조직의 유세포 줄수가 1렬로 되어 있으며 활엽수 중 단열방사조직만 가지고 있는 수종은 사시나무속, 버드나무속, 칠엽수속, 밤나무속 등이 있다.

34. 가도관 벽이 갖는 특징이 아닌 것은?

① 유연벽공을 갖는다.
② 타일로소이드를 갖는다.
③ 나선비후를 갖는다.
④ 크라슐래를 갖는다.

해설

가도관벽의 특징
• 유연벽공이 있고 주로 세포벽에 존재한다.
• 가도관 방사단면에 흔히 벽공연의 상하에 나타나는 눈썹과 같은 모양의 농색부를 크라슐래라 한다.
• 가도관의 내강 쪽 2차벽의 표면에 나선상의 돌기물인 나선비후가 있다.
• 트라베큘래, 수지가도관 등이 있다.

35 다음 세포의 종류 중 어느 세포가 많으며 강도가 떨어지는가?
① 유세포　② 가도관
③ 목섬유　④ 사부섬유

해설
가도관, 목섬유, 사부섬유 등 목재의 지지역할을 하는 것들이지만 유세포의 경우 양분의 저장 및 이동 역할을 담당하는 세포로 강도가 거의 없고 무르다.

36 목재를 생산하는 식물 중에서 그 숫자가 가장 많은 식물은?
① 양치식물　② 나자식물
③ 쌍자엽식물　④ 단자엽식물

해설
보기의 식물들의 숫자를 살펴보면 쌍자엽식물은 지구상에 약 20만 종이 존재하며 양치식물 약 2만 종, 나자식물 약 700 종, 단자엽식물 약 4만종으로 쌍자엽식물이 가장 많이 존재한다.

37 다음 중 방사유세포가 대부분 원형으로 관찰되는 단면은?
① 횡단면　② 방사단면
③ 접선단면　④ 목구면

해설
방사유세포는 방사방향 길이 100~200㎛, 지름 10~30㎛, 접선단면에서 장타원형이나 원형등으로 관찰된다.

38 다음 가도관의 종류 중 활엽수에 분포하는 가도관은?
① 방사가도관　② 수지가도관
③ 스트렌트가도관　④ 섬유상가도관

해설
활엽수에 분포하는 가도관에는 도관상가도관, 주위상가도관, 섬유상가도관이 있다.

39 추재율(만재율)이 커지면 나무의 비중은 어떻게 되는가?
① 커진다.
② 작아진다.
③ 추재율과 관련이 없다.
④ 수종에 따라 다르다.

해설
추재율은 부피가 작아 증가시 나무의 비중이 커진다. 춘재율은 부피가 커서 증가시 비중 감소된다.

40 다음 세포나 조직 중 한정된 수종에서만 나타나는 조직은?
① 방사유세포　② 가도관
③ 목섬유　④ 초상세포

해설
방사유세포, 가도관, 목섬유는 침·활엽수에 흔히 나타나는 것들이며 초상세포는 팽나무, 벽오동 등 특정 수종에만 분포한다. 여기서 초상세포는 접선단면에서 다열방사조직의 가장자리 내부의 평복세포가 있는데 이를 직립세포가 둘러싸고 있을 때의 세포집단을 말한다.

정답 35 ①　36 ③　37 ③　38 ④　39 ①　40 ④

제3과목 목재화학

41 카르복시메틸셀룰로오스(CMC)제법에 대한 설명으로 옳은 것은?
① 알칼리 셀룰로오스를 모노클로로초산에 침적시킨 후 가성소다 용액을 첨가하여 제조한다.
② 알칼리 셀룰로오스를 염화메틸과 반응시켜 제조한다.
③ 셀룰로오스를 질산-황산의 혼산으로 반응시켜 제조한다.
④ 알칼리 셀룰로오스를 디아조메탄으로 반응시켜 제조한다.

해설
카르복시메틸셀룰로오스는 셀룰로오스에 클로르초산이 반응하여 셀룰로오스의 히드록시기(-OH)에 클로르초산이 치환되면서 생성되며 가성소다를 첨가한다.
[카르복시메틸셀룰로오스]
- Carboxymethyl cellulose 의 약칭으로 CMC 라 한다.
- 알칼리에 용해된 셀룰로오스에 모노 클로르아세트산나트륨을 반응시켜 생성된다.
- 반응시 반응온도는 낮게 하며 가성소다를 첨가하되 과다하게 넣지는 않는다.
- 원료로 용해용펄프가 사용된다.

42 다음 중 플라보노이드유(Flavonoids)의 분류에 해당하지 않는 것은?
① 프라본(flavone) ② 스틸벤(stilbene)
③ 칼콘(chalcone) ④ 아우론(aurone)

해설
플라보노이드의 분류로 프라본, 칼콘, 아우론, 안토시아닌이 있다.

43 17.5% NaOH 용액으로 추출한 셀룰로오스를 초산으로 중화하면 셀룰로오스 일부가 침전된다. 이 셀룰로오스를 무엇이라 하는가?
① α-셀룰로오스 ② β-셀룰로오스
③ Γ-셀룰로오스 ④ Alkall 셀룰로오스

해설
17.5% NaOH 용액에 추출한 셀룰로오스는 용해도에 따라 α, β, Γ 셀룰로오스라 하며 용해되지 않고 침전되는 부분은 α-셀룰로오스, 용해되고 산성화시켜 재생하는 부분을 β-셀룰로오스라하고 용해되어 재생되지 않는 부분은 Γ-셀룰로오스 라 한다.

44 자일란의 단리법으로 주로 사용되는 처리법은?
① 수산화나트륨처리
② 수산화칼륨처리
③ 염산처리
④ 황산처리

해설
헤미셀룰로오스의 xylan 단리시 수산화칼륨 용액을 사용하는데 glucomannan 보다 자이란을 선택적으로 추출한다.

45 C5 – C3 – C5 의 골격을 갖고 있는 황색의 색소 화합물을 무엇이라 하는가?
① 퀴논 ② 리그난
③ 터어페노이드 ④ 플라보노이드

해설
플라보노이드는 황색에서 갈색 계통을 가지는데 주로 황색을 갖는 색소 화합물이다.

정답 41 ① 42 ② 43 ② 44 ② 45 ④

46 Lignin 의 기본구조에서 methoxyl(CH₃O-) 기가 많은 순서로 옳은 것은?

① 침엽수재 = 활엽수재 > 초본류
② 초본류 > 활엽수재 > 침엽수재
③ 활엽수재 > 침엽수재 > 초본류
④ 초본류 = 침엽수재 > 활엽수재

해설

리그닌은 침엽수재에 더 많이 함유되어 있으나 활엽수재의 리그닌은 syringylpropane 구조의 리그닌을 가지고 있는데 이 리그닌에는 methoxyl 기가 침엽수재의 guaiacylpropane 구조를 가진 리그닌보다 하나 더 많아 methoxyl 기가 많은 순서로는 활엽수재, 침엽수재, 초본류 순서가 된다. 초본류의 hydroxyphenylpropane 구조를 가진 리그닌은 methoxyl 기가 없으며 리그닌 함량역시 10~15% 정도로 침, 활엽수보다 낮다.

47 건조법으로 목재의 함수율 측정 시 항온건조기의 가장 적합한 온도는?

① 95 ± 3 ℃　② 100 ± 3 ℃
③ 105 ± 3 ℃　④ 110 ± 3 ℃

해설

실험의 목재 항온건조기 온도는 105 ± 3 ℃ 로 설정한다.

48 Xylan 의 결정구조는 몇 각인가?

① 3각　② 5각
③ 6각　④ 8각

해설

xylan 은 5탄당에 결정구조는 6각 이다.

49 크라프트 펄프화 공정에 장애를 주는 목재의 무기 성분은?

① CaO　② K_2O
③ P_2O_5　④ SiO_2

해설

목재에 무결정 형태의 실리카가 존재하는데 다른말로는 이산화규소(SiO_2)라하며 다량 함유된 수종을 펄프화시 절삭공정의 기계에 마모를 촉진시켜 공정에 방해를 준다.

50 다음 헤미셀룰로오스 성분 중 Pentose에 해당하는 것은?

① D – glucose　② D – mannose
③ D – galactose　④ D – arabinose

해설

아라비노오스(arabinose)는 알데이드형 펜토오스 이다. glucose, galactose, mannose 는 탄수화물 알도핵소오스 계열의 일종이다.

51 리그닌을 용해하여 얻는 방법 중 화학 변화를 수반하는 것은?

① Acetone lignin
② Brauns Natural Lignin(BNL)
③ Milled Wood Lignin(MWL)
④ Klason Lignin

해설

클라손 리그닌은 황산을 이용하여 목재 중 탄수화물을 가수분해로 인하여 화학적 변화가 동반된다. Brauns Natural Lignin, Milled Wood Lignin, Acetone lignin 의 경우 중성용매를 이용한 리그닌 단리법으로 화학적인 변화는 거의 수반되지 않는다.

52 탄닌이란?

① 수용성 Polypropane 의 총칭이다.
② 수용성 polyphenol 의 총칭이다.
③ 수용성 Alkaloid 의 총칭이다.
④ 수용성 Phenyl propane 의 총칭이다.

해설

탄닌은 여러 폴리페놀류(polyphenol)가 중합된 구조의 고문자물질이다

[탄닌]
- 탄닌은 떫은 맛을 가지는 화합물을 말한다.
- 분자량은 600~2000 정도이다.
- 묽은 산과 가열시 가수분해되어 ellagic acid 등을 생성한다.
- 아카시아속 수피에 다량 함유되어 있다.
- 접착제, 응집제, 도료 등으로 사용되고 있다.
- 탄닌은 여러 폴리페놀류(polyphenol)가 중합된 구조의 고문자물질이다.

53 1% NaOH 추출시험으로 알 수 있는 것은?

① 부후 정도   ② 리그닌 함량
③ 터펜 함량   ④ 셀룰로오스 함량

해설

- 목재의 부후 판정시 1% NaOH 를 이용하여 추출한 물질을 통해 부후 진행정도를 확인한다.
- 리그닌은 주로 72% 황산을 이용한 황산법으로 추출하며 터펜과 같은 추출물질들은 유기용해를 통하여 추출한다. 셀룰로오스의 경우 17.5% NaOH 를 이용하여 추출한다.

54 갈락탄 정량 시 점액산의 양이 20g 이었다면 갈락탄의 양은 얼마인가?

① 12.4 g   ② 22.4 g
③ 32.4 g   ④ 42.4 g

해설

$$C_{12}H_{22}O_{11} + 2H_2O + \frac{1}{2}O_2 \rightarrow 2C_6H_{12}O_7$$

342g/mol + 2×18g/mol → 2×196g/mol

위의 과정은 갈락탄의 가수분해 과정이며 아래는 각 분자량을 의미한다. 갈락탄 정량시 점액산의 약이 20g 이므로 분자량의 비를 이용하여 갈락탄의 양을 유도할 수 있으며 약 22.92g 의 갈락탄 양이 필요하다.

$$20g \times \left(\frac{2 \times 196}{342}\right) \approx 22.92g$$

55 다음 화학반응은 Lignin 의 어떤 정색기구를 설명한 것인가?

① phloroglucine 정색반응
② Wiesner 정색반응
③ Cross – Bevan 정색반응
④ Hydroguinone 정색반응

해설

Cross – Bevan 정색반응이라 하여 염소수로 처리하면 2,6-dichloropyrogallol 이 되고 이것을 아황산나트륨에 의해 quinone 구조가 되면서 적자색을 띠게 된다.

56 리그난의 기본 단위는?

① 2개의 isoprene
② 2개의 glycerol
③ 2개의 resin acid
④ 2개의 Phenylpropane

해설

리그난은 n-페닐프로판이 n-프로필 곁사슬의 β자리에서 2분자 결합한 β,γ-디벤질부탄 골격을 갖는 것으로 2개의 phenylpropane이 기본단위가 된다.

정답 52 ② 53 ① 54 ② 55 ③ 56 ④

57 Cellulose가 열분해할 때 생성되는 물질로서 방염의 효과가 있는 성분은?

① Levoglucosan
② glucoaldehyde
③ glucuronic acid
④ glucose

해설

셀룰로오스를 250℃로 가열시 열분해가 일어나며 감압하에 300~400℃ 정도로 가열시 Levoglucosan 산이 얻어지는데 약 50% 정도를 얻을 수 있다.

58 셀룰로오스의 구조에 대한 설명 중 틀린 것은?

① 셀룰로오스 집단은 미세섬유의 덩어리로 뭉쳐 있다.
② 셀룰로오스는 (1→4)-글리코사이드 결합에 의해 연결된 β-D-글루코피라노오즈 단위로 구성되어 있다.
③ 미세섬유는 피브릴로 성장되었다가 최종 단계에서는 셀룰로오스 섬유가 된다.
④ 셀룰로오스의 물리·화학적 성질은 전분의 성질과 동일하다.

해설

셀룰로오스와 전분의 기본단위는 글루코오스로 동일하나 셀룰로오스는 β-D-1,4-글루코오스 결합을 하며 전분은 α-D-1,4-글루코오스 결합으로 결합의 자리에 차이가 있으며 이로인해 셀룰로오스는 배열이 동일한 방향으로 균일하고 촘촘한데 전분은 불균일한 배열을 보여주게되어 물리적으로는 나무의 셀룰로오스는 단단하고 전분의 경우 고구마와 같이 강도가 떨어지는 것을 보여준다. 화학적으로도 소화과정의 경우 전분은 쉽게 분해되나 셀룰로오스는 거의 불가능하다. 이 둘의 융점도 70℃가 차이가 날 정도로 이 두 성분의 성질 차이는 심하다.

59 리그닌의 분해에서 산화분해, 환원분해, 가수분해 및 가알콜 분해 등이 있다. 다음 중 리그닌의 환원분해에 해당하지 않는 것은?

① 수소화 분해
② 티오초산 분해
③ 알칼리성 니트로벤젠 분해
④ 금속 나트륨/액체 암모니아 분해

해설

알칼리니트로벤젠 분해는 산화분해의 일종이다.

60 다음 목재성분 분석 중 글라스 필터를 사용하지 않는 것은?

① 온수추출물
② 유기용매 추출물
③ 리그닌
④ 전섬유소

해설

온수추출물이나 리그닌, 전섬유소는 글라스필터를 사용하나 유기용매 추출물은 기기분석이나 크로마토그래피를 사용한다.

제4과목 임산제조학

61 펄프 공업에서 다량으로 생산되는 펄프의 종류는?

① 사탕수수대펄프
② 대나무 펄프
③ 목재 펄프
④ 짚펄프

해설

대부분 펄프 공업은 생산량 및 운반, 작업의 용이성 등을 고려하여 가장 효율적인 목재 펄프를 이용한다.

정답 57 ① 58 ④ 59 ③ 60 ② 61 ③

62 섬유판용 펄프화를 위한 고압식의 대표적인 해섬 방법은?

① 세미케미칼 펄프화
② 아스플런드 법
③ 쇄목법
④ 케미그라운드 우드 펄프화

해설

아스펄른드법 : 칩을 수증기에서 160 ~ 180°C 가열하면서 특수 해섬기로 펄프화한다.
[케미그라운드 우드 펄프화]
- 화학적 처리 및 기계적 처리를 병용하여 제조하는 펄프
- 아황산나트륨과 탄산수산 나트륨의 혼합액에 처리
- 주로 신문용지, 포장지, 판지 등에 혼용하여 사용
- 통나무 채로 약품 처리 후 쇄목기로 펄프화하는 방법

63 목재 건조시 비틀림이 일어나는 기본적 원인은?

① 수축 차의 원인
② 가열관이 한쪽만 폭사되었을 때
③ 선회 목리
④ 일광의 직사를 받았을 때

해설

선회목리는 나선모양의 나무결을 말하는데 둘레를 선회하는듯한 목리 방향으로 건조시 비틀림 발생한다.

64 평량 80 g/m² 인 pulp sheet 4매를 삽입하여 tear strength tester 로 인열에 필요한 값을 측정하였더니 30 이었다. 이 pulp sheet 의 인열계수(tear factor)은?

① 37.5
② 75.0
③ 150.0
④ 200.0

해설

인열계수는 5장의 인열강도 측정값과 평량을 이용하여 구하며 아래와 같다. 또한 5장의 인열강도 값을 기준으로 하므로 문제의 시험장수는 4장이므로 5장의 값으로 환산하여 준다.

$$= \frac{5장의\ 인열강도\ 값}{평량(g/m^2)} \times 320$$

$$= \frac{30 \div 4 \times 5}{80} \times 320 = 150$$

65 목재의 건조와 관련된 성질로 틀린 것은?

① 균일조직의 목재는 불균일 조직의 목재보다 건조결함이 잘 나타난다.
② 목재의 횡단면은 경단면보다 할렬이 용이하다.
③ 교주목리를 가진 목재는 통직목리를 가진 목재보다 길이굽음이 잘 나타난다.
④ 이상재는 정상재보다 측면굽음이 잘 일어난다.

해설

불균일목재가 배열성이 불규칙하여 여러 형태의 변형을 보이면서 건조결함이 더 잘 나타나게 된다.

66 목질폐재의 미생물 이용방법 중에도 숙도를 판정하는 방법이 아닌 것은?

① 양이온치환용량(CEC)의 증가에 의한 판정방법
② C/N의 감소에 의한 판정 방법
③ 종자의 발아, 생장상태 등의 생물시험에 의한 판정방법
④ 탄소량이 처음보다 10% 정도 증가되는 것을 보아 판정하는 방법

해설

탄소량의 가감만으로는 미생물의 숙도 판정이 어렵다.
- 양이온치환용량은 목재 미생물이 산화에 의해 셀룰로오스등의 당을 분해하면서 양이온을 치환하게 되는데 이때의 증가 정도로 판단가능하다.
- 탄소/질소 감소를 보는데 즉 미생물의 활동으로 비율의 변화로 판정하는 방법이다.
- 미생물 역시 분해 및 호흡을 하는데 호흡에 의한 산소 소비 및 이산화탄소가 발생하여 종자 발아 및 생장에 변화를 주게되고 이를 통해 판정하는 방법이다.

정답 62 ② 63 ③ 64 ③ 65 ① 66 ④

67 이퀄라이징 처리를 하는 목적은?
① 판재단면의 수분경사를 적게 하기 위하여
② 응력을 제거하기 위하여
③ 목재의 중량을 낮추기 위하여
④ 판재의 함수율을 고르게 하기 위하여

해설
이퀄라이징 처리의 주 목적은 일정 수준으로 수분제거를 통해 함수율을 고르게 하는데 있다.

68 쇄목석 직경 0.9 m, 쇄목석 회전이 225 rpm 인 900 HP wood grinder 로 2 kg/cm² 압력하에 소나무 원목을 쇄목하려고 한다. 이 때 wood grinder 의 grinding stone 의 원주속도는?
① 625 m/min
② 636 m/min
③ 646 m/min
④ 656 m/min

해설
쇄목석의 원주속도는 다음의 공식에 따른다.
$V = \pi \cdot D \cdot N$
$= 3.14 \cdot 0.9 \cdot 225 = 635.85 ≒ 636$ m/min
여기서, D : 직경 0.9m
N : 225rpm

69 목탄에 대한 설명으로 틀린 것은?
① 탄화온도가 높은 목탄일수록 착화온도가 높다.
② 착화온도는 휘발성분이 많으면 낮고 소량의 알칼리나 초산염을 가하면 낮아진다.
③ 목탄의 경도는 대략 용적중에 비례한다.
④ 생재 목탄은 기건재 목탄보다 용적중이 작다.

해설
생재함수율이 높을수록 용적중은 크다. 즉 생재목탄은 기건재 목탄보다 용적중이 크다.

[목탄]
- 비중은 흑탄은 평균 1.58, 백탄은 평균 1.66
- 탄화온도가 높을수록 착화온도가 높다. 단, 휘발성분이 많으면 착화점이 낮아진다.
- 목탄의 용적중, 비중, 경도는 목탄의 수령이 높을수록, 변재가 많을수록 생재 함수율이 높을수록 겨울에 채취할수록 크다.

70 SR 여수도 측정기의 측면 배수구에서 배출된 수량이 750 cc 일 때 이 펄프의 여수도는?
① 20° SR
② 25° SR
③ 30° SR
④ 35° SR

해설
SR 여수도의 다음과 같이 구하며 25° SR 이라 한다.
(기준용량 - 배출된 용량)/10 = (1000-750)/10 = 25

71 파티클보드 제조시 열전달 효율을 높이기 위한 방법으로 틀린 것은?
① 성형된 매트의 표층에 소량의 수분을 분무하면 열전달 효과가 있다.
② 빠른 열압을 위하여 매트의 함수율은 가능한 한 낮게 설정한다.
③ 중층에는 표층보다 건조된 파티클을, 표층에는 덜 건조된 파티클을 사용한다.
④ 천공가열된 열판을 이용하여 목표압력이 도달하기 직전에 포화증기압을 분사한다.

해설
열전달은 열전도도와 관련되는데 열전도도는 함수율 및 비중에 비례한다. 즉 빠른 열압을 위하여 매트의 함수율은 너무 낮게 설정하면 오히려 열전도도는 떨어진다.

72. 목재절삭에 있어서 임계절삭각이라고 함은 절삭저항의 배분력이 정(plus)에서 부(minus)로 변하는데 절삭각을 나타내는데 그 값의 범위는?

① 20° 전후
② 35° 전후
③ 40° 전후
④ 50° 전후

해설
절삭저항이 각도 50° 기준으로 각도가 커지면 저항은 작아지고, 각도가 작아지면 저항은 커진다. 즉 절삭저항이 커지고 작아지는 경계 각도가 50°이다.

73. 활엽수재에서 펄프를 얻기 위해서 발달된 방법은?

① mechanical pulp
② Chemical pulp
③ Ground pulp
④ Semi-chemical pulp

해설
반화학펄프는 원래 활엽수를 이용하여 고수율펄프를 만들 목적으로 개발되었으며 일부 침엽수 칩도 사용되고 있다.

74. 크라프트 펄프화에 사용되는 용어의 설명으로 틀린 것은?

① 활성도는 총알칼리에 대한 활성알칼리의 백분율이다.
② 황화도는 총알칼리에 대한 Na_2S의 백분율이다.
③ 총약품은 용액 중에 존재하는 총 Na 염을 가르킨다.
④ 가성화도는 활성알칼리에 대한 Na_2O의 백분율이다.

해설
가성화도는 활성알칼리에 대한 NaOH의 백분율이다.
[크라프트펄프화법 증해액 조성]
- 총약품 : 용액 중에 존재하는 총 Na염
- 총알칼리 : $NaOH+Na_2S+Na_2CO_3+1/2Na_2CO_3$
- 활성 알칼리 : $NaOH+Na_2S$
- 유효알칼리 : $NaOH+1/2Na_2S$
- 활성도 : 총알칼리에 대한 활성알칼리의 백분율
- 황화도 : 총알칼리에 대한 Na_2S의 백분율
- 가성도 : 활성알칼리에 대한 NaOH의 백분율

75. 띠톱의 구조가 아닌 것은?

① 기체와 거차
② 긴장장치
③ 띠톱 가이드
④ 톱과 플랜지

해설
띠톱의 구조에는 거차, 기체, 톱가이드, 긴장장치가 있으며 거차는 상부와 하부로 나누어지며 긴장장치는 띠톱에 긴장력을 주어 띠톱이 거차로부터 이탈현상이나 심한진동을 예방한다. 톱가이드는 내측과 외측의 플러그를 0.12~0.2mm 정도 이격시켜주는 기능을 한다.

76. 다음 중 제조 후 합판 변형의 원인이 아닌 것은?

① 구성의 부조화
② 가압시간이 너무 짧음
③ 단판 함수율이 서로 다름
④ 구성단판의 두께가 서로 다름

해설
가압시간이 짧을 경우 합판 변형에 큰 영향을 주지는 않는다. 단 과도한 가압의 경우 짧은 시간으로도 영향을 줄 수 있다.

77 가로 50mm × 세로 5mm × 두께 15mm 인 섬유판 시험편의 초기중량이 30g 이었다. 이 시험편을 20℃ 물속 깊이 3cm 에 평행으로 24시간 침지한 후 중량을 측정하였더니 33g 이 되었다. 이 섬유판의 수분흡수율은?
① 9% ② 10%
③ 11% ④ 12%

해설
흡수율은 초기 중량과 수분흡수를 한 이후의 중량의 변화를 통해 알 수 있으며 다음과 같이 구한다.
33-30/30 × 100 = 10%

78 크라프트 펄프화에 있어서 수산화나트륨이 셀룰로오스 및 헤미셀룰로오스 용출반응과 전혀 관계가 없는 것은?
① 알칼리성 가수분해
② 알칼리성 필링
③ 메틸 메르갑탄 생성
④ 용출된 헤미셀룰로오스의 재결합

해설
메틸메르갑탄은 석탄의 타르에 존재하는 물질이다
※ 수산화나트륨은 알칼리성을 띠는 물질로서, 알칼리성 가수분해, 알칼리성 필링반응(peeling), 용출된 헤미셀룰로오스는 차후 다시 반응물질이 없어지면 재결합하는 현상이 일어남

79 펄프 표백 중 염소처리에 대한 설명으로 가장 거리가 먼 것은?
① pH 2 이하로 반응시킨다.
② 리그닌을 저분자화 또는 염소화하기 위한 방법이다.
③ 물과 반응하여 아염소산을 만들기 위함이다.
④ 낮은 온도에서는 대체로 20~60 분으로 반응이 완료한다.

해설
염소 표백
· 온도 5 ~ 25℃, pH 2 정도의 조건에서 진행된다.
· 반응속도가 빠른편이며 낮은 온도일수록 반응시간 길어지며 보통 20~60분 요구된다.
· 염소화는 10분 이내에 완료되나 리그닌이 완전제 거 되지는 않는다.

80 다단 표백의 장점이 아닌 것은?
① 표백제가 절약된다.
② 펄프의 강도를 저하시키지 않는다.
③ 펄프 중의 회분을 감소시킨다.
④ 펄프 중의 α-셀룰로오스 함량이 낮아진다.

해설
α-셀룰로오스 뿐 아니라 다른 셀룰로오스 및 헤미셀룰로오스도 함량이 낮아지게 되면 재료의 손실로 제품을 만들 때 더 많은 양의 섬유가 필요하게 된다.

81 항상 젖어있는 고 함수율의 냉각탑 부재를 가해하여 강도를 감소시키는 균류는?
① 표면 오염균 ② 갈색부후균
③ 연부후균 ④ 백색부후균

해설
연부후균은 셀룰로오스, 헤미셀룰로오스, 리그닌을 모두분해하며 습기와 접촉한 목재나 바다 속에 침수되어 있는 목재 등을 분해한다. 표층이 부드럽고 연하게 되는 것이 특징이다.

82 금속화목재의 제조에 사용하는 합금의 성분 중 적합하지 않은 것은?

① Bi ② Pb
③ Sn ④ Fe

해설

철(Fe)은 부식성이 강해 금속화목재에 사용하지 않는다.

[금속화목재]
- 금속화목재는 목재에 연금속류를 녹여 교접 시킨 것으로 금속의 성질을 띤다.
- 목재의 공극내에 Bi 50% + Al 31.2% + Sn 20%를 용해 주입시켜 냉각 고화하며 목재의 표면에 Bi 50% + Pb 31.2% + Sn 18.8%를 용해시켜 피복처리한 개질 목재이다.

83 다음 중 비생물 열화에 해당되지 않는 것은?

① 화재열화 ② 수분열화
③ 기상열화 ④ 표면열화

해설

표면열화는 생물에 의한 즉 미생물, 박테리아, 바이러스 등에 의해 표면이 열화되면서 변색되거나 하는 현상을 말한다.

84 수용성 방부제 성분을 목재 내에 정착시키기 위한 정착법으로 옳지 않은 것은?

① 목재의 환원성을 이용하여 난용성으로 변화시키는 방법
② 목재 내에서 중합 또는 축합반응을 촉진시키는 방법
③ 목재의 조성분과 화합시키는 방법
④ 목재주성분의 화학변화에 의한 방법

해설

목재주성분은 셀룰로오스, 헤미셀룰로오스 등인데 이를 변화시키면 목재가 아니거나 목재의 성질을 잃게 된다. 정착법과는 상관이 없다.

85 연부후균에 대한 설명으로 가장 관계가 적은 것은?

① Chaetomium 속에 많이 포함되어 있다.
② 생육최적 온도 및 pH의 범위가 다른 균류에 비해 넓다.
③ 대부분의 연부후균은 리그닌을 주로 분해하며, 일부분은 탄수화물의 탈메톡실화를 일으킨다.
④ 함수율 100 ~ 200 %의 범위에서도 생육할 수 있다.

해설

리그닌을 주로 분해하는 균은 백색부후균이다.

[연부후균]
- 대표 균은 chatomium 이다.
- 자낭균, 불완전 균류에 의한 목재의 부후가 진행된다.
- 고함수율 환경에서 잘 발생하나 다른 부후균에 비해 범위가 넓은편이다.
- 목재 표층부에 피해를 주며 연화되어 물러진다.

86 일반적으로 활엽수의 가소화가 침엽수보다 용이한데, 그 이유를 바르게 설명한 것은?

① 활엽수 리그닌이 침엽수 리그닌보다 가소성이 강하기 때문에
② 활엽수의 밀도가 침엽수보다 높기 때문에
③ 활엽수의 함수율이 침엽수보다 높기 때문에
④ 활엽수의 수축율이 침엽수보다 높기 때문에

해설

활엽수 리그닌은 메톡실기($-OCH_3$) 하나가 더 붙어있어 가소성이 강하다.

87 약제 주입 전 실시하는 자성처리에 대한 설명으로 옳지 않은 것은?

① 약제의 침투깊이와 주입량을 증가시키기 위해 실시된다.
② 목재표면에 존재하는 해충을 제거하기 위해 실시한다.
③ 처리목재 내에서 약제의 균일한 분포를 달성하기 위해 실시한다.
④ 난주입 수종에 방부처리를 하기 위하여 실시하는 방법이다.

해설
약제주입이 해충 방지 및 제거를 위해 실시하는 것이며 이전에 실시하는 약제주입 전처리나 자성처리는 주입효율을 높이기 위한 방법이다.

88 목재에 서식하는 균의 생장 조건이 아닌 것은?

① 이산화탄소 ② 산소
③ 수분   ④ 영양원

해설
균이 서식하기 위한 조건 3가지가 산소, 수분, 영양원이다.

89 다음 중 목재의 초기 부후 진단방법으로 옳지 않은 것은?

① 부후 목재의 육안적 관찰
② 목재 박편의 현미경 검사
③ 해섬 조직의 현미경 검사
④ 부후 목재로부터 부후균 분리

해설
부후는 눈에 보이기 전부터 시작하기 때문에 육안적으로 관찰되면 이미 초기를 넘어간 상황이다.

90 다음 중 목재 보존제를 처리하기 전 건조시키는 이유는?

① 처리 후 건조가 더 어렵기 때문에
② 공극률을 증가시켜 약제 흡수량을 증가시키기 위해
③ 처리 후 양생을 촉진시키기 위해
④ 약제의 균일한 용탈을 위해

해설
목제 처리전 건조를 시켜 수분을 제거하여 목재 공극과 공간으로 약제 흡수가 더 원활하게 하기 위해서이다.

91 다음 목재의 화학 조성분 중 목재의 열분해 시 가장 높은 온도에서 분해되는 고분자 물질은?

① 셀룰로오스   ② 헤미셀룰로오스
③ 리그닌   ④ 회분

해설
리그닌 > 헤미셀룰로오스 > 셀룰로오스 순으로 가장 높은 열분해 온도를 가진다. 리그닌은 가장 나중에 열분해된다.

92 목재방충제에 요구되는 성능으로 옳지 않은 것은?

① 인축에 대해 약해, 자극성 및 악취가 없는 것
② 약제의 적용범위가 한정적이며 단일해충에 유효한 것
③ 화학적 안정과 잔류효과가 클 것
④ 인간의 생활환경내에서 사용되므로 안전성이 요구되는 것

해설
약제의 적용 범위가 넓으며 여러 해충에 유효하다.

93 부후된 목재 내의 균사 분포와 조직 변화에 대한 다음 설명 중 맞는 것은?

① 부후 초기에도 육안적 관찰만으로 목재 내 균사를 확인할 수 있으며, 균사는 일직선상으로 곧게 생장한다.
② 균사는 물리적인 힘에 의하여 세포벽을 관통하며, 세포벽의 벽공이 균사보다 작을 때는 관통하지 못한다.
③ 부후 말기의 목재 내부는 활력이 높은 균사만이 존재하며, 무수히 많은 목재의 작은 조각들을 발견할 수 있다.
④ 균사가 세포벽을 관통할 때는 효소작용에 의한 직접 분해하거나 세포벽의 벽공을 통해 들어간다.

해설
효소작용을 통해 세포벽의 구성요소들을 분해하게 되며 이 틈을 통해 점점 세포벽을 분해하여 벽공을 통해 침투하게 된다.
※ 부후 초기는 육안으로 관찰이 어렵다. 균사는 일직선상 외에도 방사형 등 다양한 형태가 있다. 균사는 효소작용과 같은 생물학적 작용에 의해 일어나며 벽공이 균사보다 작아도 분해를 통해 벽공을 넓혀 통과하기도 한다. 부후 말기에는 대부분의 에너지원인 당류가 분해되어 활력이 떨어지게 된다.

94 다음 중 청변균의 가해가 가장 용이한 목재는?

① 소나무재   ② 참나무재
③ 느티나무재 ④ 가래나무재

해설
청변균은 목재 표변을 청색으로 변하게하는 균류로 변색균이다. 청변균은 소나무재의 표면에 가해하여 표면을 푸르스름한 청색으로 변하게 한다.

95 화학개질가공의 목적이 아닌 것은?

① 강도 증가   ② 방부성 증가
③ 방충성 증가 ④ 내화성 증가

해설
목재의 화학적인 변화를 통해 방부성, 방충성, 내화성을 증가시킨다. 강도는 수분관리 및 목재자체 상태의 유지가 많은 영향을 준다.

96 다음 중 목재의 장점이 아닌 것은?

① 목재는 타 재료에 비해 중량대비 상대적 강도가 높다
② 인간에게 친근감을 주는 소재이다.
③ 수분환경에 노출되면 수축 또는 팽윤이 되어 치수가 변한다.
④ 목재는 재생 가능한 생물자원이다.

해설
치수의 변화는 강도 및 목재 상태의 변화를 가져오는 단점이다.

97 목재를 내화처리한 후 연소하였을 때 나타나는 현상을 무처리 목재와 비교한 다음 설명 중 옳지 않은 것은?

① 가열에 의한 열분해 속도가 느려진다.
② 탄소의 현존량이 감소한다.
③ 가연성 가스의 발생량이 감소한다.
④ 발생 기체 중 이산화탄소의 비율이 높아진다.

해설
내화처리를 통해 연소가 지연되면서 탄소의 현존량이 무처리재보다 증가한다.

98 난연재 처리에 의한 난연효과 달성과 관계가 없는 것은?

① 목재의 착화온도 상승에 따른 가연성 감소
② 탄화층 형성 저지
③ 화염의 목재 표면 화산속도 지연
④ 소화 후의 after glow 예방

해설

난연처리시 연소 속도를 늦추는데 표면에 약품을 발라 ① 보호층이 생기고 ② 약품이 대신연소하여 목재 연소 속도를 늦추며 ③ 약품 연소시 불연소가스를 발생시킨다. 하지만 탄화층이 형성되는 목재 고유의 특성을 바꾸지는 않는다.

※ afterglow : 다 타고 난 이후의 불씨나 열기로 인한 연소

99 공세포법 중 대표적인 방법으로 방부제를 고르게 깊게 침투 시킬 수 있으며 불필요한 약제를 회수할 수 있어 경제적이라 할 수 있는 가압 방부처리법은?

① Ruping process
② Burnett process
③ Lowry process
④ Bethell process

해설

뤼핑법(ruping)은 처리할 목재를 실린더 속에 넣고 공기압력을 가하여 압축을 시킨 다음, 약제를 넣고 가압하여 방부제가 목재에 침투하도록 한다. 뤼핑법은 끝나고 방부제 회수가 용이하고, 약제를 고르게 침투 시키는 장점이 있다.

100 약제주입 처리법 중 목재 내 약액의 주입 효과가 우수한 순서대로 나열한 것은?

① 가압법 > 도포법 > 온냉욕법
② 가압법 > 온냉욕법 > 도포법
③ 도포법 > 가압법 > 온냉욕법
④ 도포법 > 온냉욕법 > 가압법

해설

가압법의 경우 압력을 이용하여 약액이 가장 깊게 침투되는 방법이며 다음으로 온냉욕법은 온도차를 이용하여 발생되는 공기의 이동으로 인한 압력차로 약액이 주입되어 가압법보다는 약하나 비교적 우수한 효과를 보인다. 도포법은 표면에 약액을 바르는 방법으로 깊게는 침투가 어렵다.

2013 임산가공기사 필기

제1과목 목재이학

01 목재의 수축과 팽윤을 최소화하는 실용적 방법으로 틀린 것은?

① 목재를 사용할 장소의 평형함수율에 알맞은 함수율까지 건조하여 가공하는 것이 필요하다.
② 섬유주향이 서로 직교하도록 만들어진 재료를 사용하면 수축과 팽윤을 증가시켜 가능하면 사용하지 않는다.
③ 강도를 유지할 수 있는 범위 내에서 가능한 한 비중이 작고 가벼운 나무를 사용하는 것이 좋다.
④ 판목판재보다는 정목판재를 사용하는 것이 효과적이다.

해설
목재를 재제시 섬유주향이 직교하는 재료가 나오며 이를 최소화하기 위해 가공을 하게 된다.
※ 통나무에서 판재를 자르는 부위에 따라 정목(a-quartersawn), 판목(b-plainsawn)으로 나누는데 판목부위가 접선 및 방사 방향을 많이 보유하고 있어 수축률이 크다.

02 시험재(sample board)의 건조 전 함수율이 40%, 무게가 420g 이였다. 어떤 건조시간에 시험재의 무게가 350g 이 되었다면 이때에 시험재의 함수율은?

① 약 12% ② 약 17%
③ 약 22% ④ 약 27%

해설
무게가 420g 인 목재의 함수율이 40% 이면 함수율 공식에 따라 $(420 - x)/x = 0.4$ 가 되므로 건조 후 목재의 무게인 x 는 300g 이 된다. 어떤 건조시간 후 시험재 무게가 350g 일 때 목재의 함수율을 물었으므로 동일하게 함수율 공식에 따라
$(350-300)/300 = 16.6 \%$ 가 된다.

03 목재의 비저항(比抵抗)에 대한 설명으로 틀린 것은?

① 목재의 비저항은 함수율이 높아짐에 따라 적어진다.
② 목재의 비저항은 온도상승에 따라 감소한다.
③ 횡단면의 비저항은 섬유방향의 비저항보다 크다.
④ 목재의 비저항은 수종에 따라 그 차이가 크다.

해설
목재의 비저항은 수종의 영향이 적다. 목재의 전도도는 섬유방향, 방사방향, 접선방향 순이며 비저항은 그 반대이다.

04 목재의 수축률 표시방법이 아닌 것은?
① 전수축률
② 함수율 1% 변화에 따른 수축률
③ 생재상태에서 기건상태까지의 수축률
④ 생재상태에서 섬유포화점 이상까지의 수축률

해설
목재의 수축률 함수율 기준으로 전수축률, 기건수축률, 평균수축률이 있으며 함수율 1% 변화 기준은 평균수축률, 생재상태에서 기건상태까지의 수축률은 기건수축률이라 한다. 측정 차원에 따라서는 선수축률, 면적 수축률, 용적수축률로 분류하기도 한다.

05 목재의 수축과 팽윤에 대한 설명으로 틀린 것은?
① 목재가 수축 또는 팽윤 될 때에 세포내강의 용적도 함께 비례하여 변한다.
② 목재의 수축과 팽윤은 길이방향, 방사방향 및 접선방향에 따라서 차이를 나타낸다.
③ 정상적인 수축과 팽윤은 섬유포화점 이하의 함수율에서 결합수의 감소 또는 증가에 따라서 발생한다.
④ 찌그러짐과 같이 수축 이방성에 따른 건조결함은 섬유 포화점 이상의 높은 함수율에서도 발생한다.

해설
가도관의 세포내강의 경우 수축할 때 접선방향은 축소되고 방사방향은 신장된다. 도관의 세포내강은 수축할 때 접선지름이 작아지고, 방사지름은 커진다. 즉 내강변화는 방사조직의 배열 및 분포에 따라 다르므로 무조건 비례관계는 아니다.

06 목재 함수율을 측정하는 원리와 측정법의 연결이 잘못된 것은?
① 목재 중의 수분을 분리하는 방법 - 전건법
② 목재 중의 수분을 분리하는 방법 - 추출법
③ 목재 내의 상대습도를 측정하는 방법 - 습도법
④ 목재 내의 상대습도를 측정하는 방법 - 전기식 수분계

해설
전기적 성질을 이용한 전기식 수분계는 함수율이 너무 높거나 낮으면 오차가 발생할 가능성 있으며 목재 절단 없이 현장에서 즉시 측정해야한다. 종류로는 저항식 수분계, 유전율형 수분계, 유전율 손실형 수분계가 있다.

07 목재의 방향에 의한 열팽창 크기의 순서로 옳은 것은?(단, a : 섬유방향, b : 방사방향, c : 접선방향)
① c > b > a
② c > a > b
③ b > c > a
④ a > c > b

해설
열팽창 크기 순서는 접선방향, 방사방향, 섬유방향 순이다.

08 목재의 섬유포화점에 대한 설명으로 틀린 것은?
① 섬유포화점 이상에서 목재 강도는 증가한다.
② 세포벽은 포함되어 있으나, 자유수는 공극에 존재하지 않을 때 함수율이다.
③ 섬유포화점 이하에서는 함수율이 감소함에 따라 목재는 수축한다.
④ 일반적인 함수율은 30 ~ 45 % 범위이다.

해설
① 목재의 수분에 의해 수축, 팽창으로 목재 강도는 저하된다.
④ 일반적인 함수율은 25 ~ 35 % 이며 평균 함수율은 28% 이다.

09 컨디셔닝(conditioning)의 처리시간과 가장 관계가 적은 것은?

① 수종 ② 재목의 두께
③ 함수율 ④ 열전도

해설

컨디셔닝은 함수율 및 두께 영향이 많으며 수종에 따른 비중에 영향이 있으나 열전도에 대한 영향은 없다. 비중이 클수록, 두께가 두꺼울수록 건조시간이 길다.

[컨디셔닝 처리]
컨디셔닝 처리는 목재의 결합을 줄이기 위한 가공의 거의 마지막 단계인 후처리 방법으로 침엽수는 평균함수율보다 3% 높게, 활엽수는 평균함수율보다 4% 높게 설정한다.

10 목재의 기본밀도를 구하는 올바른 방법은?

① 생재질량 / 기건부피
② 기건질량 / 기건부피
③ 전건질량 / 생재부피
④ 임의의 함수율에서의 질량 / 생재부피

해설

목재의 기본밀도는 전건질량 / 생재부피를 기준으로 한다.

11 건조할 때 세포내강과 간극에 존재하여 가장 먼저 제거되는 수분은?

① 결합수 ② 응축수
③ 구조수 ④ 자유수

해설

자유수는 이동이 자유로운 수분으로 가장 먼저 제거 및 증발된다.

- 자유수 : 공극에 액상으로 존재하는 수분으로 이동 및 증발이 자유롭다.
- 결합수 : 세포벽에 수소결합점과의 인력에 의해 결합된 수분으로 강한 결합으로 이동이 어렵다.
- 구조수 : 세포벽을 구성하는 성분의 수분, 열분해에 의한 화학적 조성의 변화를 통해 분리 및 이동이 가능하다.
- 응축수 : 응축수는 공정중 건조부에서 생기는 일종의 공정수이다.

12 목재의 진비중은 실질 용적의 측정에 사용하는 치환 매체의 종류에 따라 달라지는데 헬륨가스 사용시의 진비중의 값은?

① 1.30 ② 1.46
③ 1.60 ④ 1.70

해설

헬륨 가스사용시 진비중은 1.46 이다.

[목재 밀도 측정법]

- 기체 치환법 : boyle의 법칙에 따르며 비흡착성이고 분자량이 적은 헬륨가스를 주로 이용한다. 가장 신뢰한 값을 얻을 수 있다.
- 액체 치환법 : 물을 이용하여 비중을 찾는 방식으로 물의 온도는 4°C 로 한다. 물대신 톨루엔이나 벤젠을 사용하기도 한다.
- 기타 방법 : 밀도구배관법, 부유법, 수은압입법, 세포벽비중 측정법 등이 있다.

13 목리방향 (a : b : c)간 수축율의 비로 가장 적합한 것은?(단, a : 접선방향, b : 방사방향, c : 섬유방향)

① 100 : 60 : 4 ② 100 : 50 : 3
③ 10 : 5 : 4 ④ 10 : 5 : 3

해설

- 수종에 따른 수축율에 약간씩 차이는 있으나 대략적인 비는 100 : 60 : 4 이다.
- 대부분 수종 수축률은 접선 3.5 ~ 15 %, 방사 2.4 ~ 11 %, 섬유 0.1 ~ 0.9 % 정도의 범위를 가진다.

14 온도 50°C 일 때의 전건재의 비열(cal/g·°C)은 얼마인가?

① 0.224cal/g·°C ② 0.324cal/g·°C
③ 0.524cal/g·°C ④ 1.000cal/g·°C

해설

온도범위 0 ~ 100°C에서 목재 평균비열은 0.324 cal/g·°C 이다.

15 어떤 목재의 접선방향의 전팽창율이 10%라면 이 목재의 접선방향 전수축률은?

① 약 9.1 % ② 약 12.1 %
③ 약 14.1 % ④ 약 16.1 %

해설

전수축률 a, 전팽창률 b 일 때 관계식은 아래와 같으며 공식 대입시 약 9.1% 이다.

$$a = \frac{b}{100+b} \times 100, \quad b = \frac{a}{100-a} \times 100$$

16 목재 음의 손실감쇠를 나타내는 감쇠율에 관한 설명으로 틀린 것은?

① 목재세포의 크기 및 배열을 고려할 때 목재의 감쇠율은 대부분의 다른 재료에 비해 큰 편이다.
② 섬유포화점 이하에서 함수율이 상승할수록 목재의 감쇠비는 온도에 관계없이 상승한다.
③ 횡진동에서의 대수감쇠율은 비틀림진동에서의 대수 감쇠율보다 일반적으로 작다.
④ 진동의 위험이 있는 경우, 다른 강도적 성질이 충족된다면 고손실감쇠능의 재료를 사용해야 한다.

해설

섬유포화점 이하는 28% 이하를 의미한다. 온도가 일정할 경우 감쇠비는 함수율 18% 이하에서는 일정하다가 이후는 급격히 상승하므로 무조건 상승하지는 않는다. 또한 온도가 높을수록 감쇠비가 감소하게 된다.

17 목재의 평형함수율과 온도의 관계에 대한 설명으로 맞는 것은?

① 온도가 증가됨에 따라 목재의 평형 함수율은 감소한다.
② 온도의 증가는 추출물의 흡수성을 증가시키지만, 목재의 평형 함수율에 미치는 영향은 없다.
③ 온도의 증가는 섬유포화점 증가에 의해 목재의 평형함수율은 증가한다.
④ 온도의 증가는 목재의 흡수성과 무관하다.

해설

동일 상대습도에서 온도가 올라가면 평형함수율은 감소한다.
※ 온도의 증가로 흡수성은 감소하며 평형함수율을 감소시킨다. 온도 및 섬유포화점의 증가가 동시에 일어나면 평형함수율은 거의 일정하며 온도의 증가는 흡수성에 영향을 주며 온도 증가시 흡수성 감소하게 된다.

18 3,000g 의 목재를 온도 20°C 에서 80°C 까지 올리는데 필요한 열량은?(단, 이 목재의 비열은 0.2665 cal/g · °C 이다)

① 15,990 cal ② 47,970 cal
③ 79,950 cal ④ 91,280 cal

해설

비열은 물질의 온도를 단위질량당 1°C 올리는데 요구되는 열량으로 아래와 같이 계산하며 이때 열량은 47,970 cal 이다.

$$비열 = \frac{열량}{질량(온도변화량)}$$

$$\rightarrow 0.2665 = \frac{x}{3000(80-20)}$$

19 목재의 탄성적 성질에 영향을 주는 인자에 대한 설명으로 틀린 것은?

① 탈리그닌화된 목섬유와 같이 리그닌이 없는 식물체는 강성(剛性)이 작다.
② 방사조직이 많은 목재일수록 방사방향의 탄성계수가 크다.
③ 옹이의 주위에 뒤틀린 목리(distorted grain)가 형성되면 강성(剛性)은 감소된다.
④ 목재의 비중이 커지면, 외력에 대한 저항이 증가되므로 파괴응력은 증가되고 탄성은 떨어진다.

해설
일반적으로 비중이 증가하면 탄성력은 커진다.
※ 리그닌은 셀룰로오스 및 헤미셀룰로오스를 묶어주는 일종에 바인더 역할로 리그닌이 없으면 식물의 강성이 약해진다. 나선목리 및 옹이 등은 균일하지 못한 섬유를 가지고 있어 목리 형성시 강성은 약해진다.

20 회복 불가능한 크리프를 의미하는 것은?
① 이차 크리프(secondary creep)
② 일차 크리프(Primary creep)
③ 크리프 변형계수(creep compliance)
④ 비교 크리프(relative creep)

해설
· 일차 크리프 : 회복가능하나 크리프 현상이 시작되는 지점
· 이차 크리프 : 회복 불가능한 크리프 단계로 한계점을 지나는 지점
· 크리프 변형계수 : 고유 값으로 크리프 변형에 따른 계수

제2과목 목재해부학

21 다음 유연벽공의 구조 그림에서 A 부분의 명칭은?

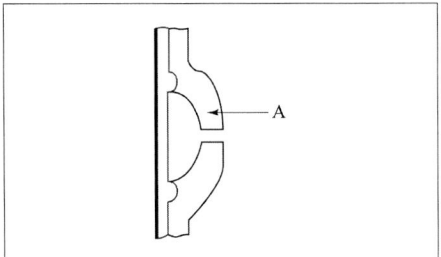

① 벽공환(pit annulus)
② 벽공강(pit cavity)
③ 벽공연(pit border)
④ 벽공구(pit canal)

해설
벽공연(pit border)은 2차벽이 아치 모양을 하고 벽공벽을 약간 덮고 있는 형태로 존재한다.

22 접선단면에서 볼 때 다열방사조직의 가장자리에 내부의 평복세포를 직립세포가 둘러싸고 있을 때 이 세포집단을 무엇이라 하는가?
① 타일세포 ② 분비세포
③ 초상세포 ④ 거대세포

해설
초상세포는 접선단면에서 보았을 때 다열방사조직의 가장자리에 내부의 평복세포를 직립세포(방형세포)가 둘러싸고 있을 때 이 세포지단을 초상세포라고 한다. 초상세포는 팽나무나 벽오동 등에서 관찰되기도 한다.

23. 분포형식에 의한 방사조직의 분류 중 활엽수의 접선단면에서 비교적 짧고 작은 방사조직이 모여 마치 한 개의 큰 방사조직처럼 보이는 것은?

① 확산방사조직 ② 복합방사조직
③ 연합방사조직 ④ 집합방사조직

해설
단열방사조직이나 크기가 작은 다열방사조직이 한 지점에 대량으로 있어 다른 부분과 구분되는 집합체를 집단방사조직이라 하며 대표 수종으로 오리나무속, 서어나무속, 개암나무속 등이 있다.

24. 주피(周皮)를 구성하는 3가지 조직으로 맞는 것은?

① 코르크형성층, 코르크조직, 코르크피층
② 코르크목부, 코르크사부, 코르크피층
③ 코르크형성층, 코르크사부, 코르크피층
④ 코르크조직, 사부시원세포, 코르크형성층

해설
주피를 구성하는 3가지는 코르크, 코르크형성층, 코르크 피층이 있다.

25. 천공판(perforation plate)이 특별히 발달되어 있는 세포는?

① 도관 ② 가도관
③ 목섬유 ④ 방사조직

해설
축방향에 상하로 접속되어 있는 도관요소의 세포벽면을 천공판이라 한다.

26. 정상수지구를 지니지 않는 수종은?

① 잎갈나무 ② 소나무
③ 잣나무 ④ 삼나무

해설
침엽수재의 정상수지구는 소나무과에만 분포하며 이러한 소나무과의 대표수종으로 소나무속, 잎갈나무속, 가문비나무속, 미송속 등이 있다. 삼나무는 낙우송과로 정상수지구를 지니고 있지 않다.

27. 형성층의 원주 증대를 하기 위한 방추형시원세포의 분열방식으로 맞는 것은?

① 병층분열 ② 횡분열
③ 수층분열 ④ 접선분열

해설
형성층은 나무 둘레도 빙 둘러 형성되어 있다 이를 원주 증대를 위해서는 형성층 방향에서 수직 방향으로 분열해야 원주 증대가 되는데 이를 수층분열이라 한다.

28. 비대생장을 시작한 2차사부와 2차목부를 조직에 있는 수간의 내부로부터 외부를 향한 배열순서가 맞는 것은?

① 2차목부 – 형성층 – 1차사부
② 1차목부 – 형성층 – 2차사부
③ 2차목부 – 형성층 – 2차사부
④ 1차목부 – 형성층 – 1차사부

해설
(내부) 수 - 2차 목부 - 1차 목부 - 형성층 - 1차 사부 - 2차 사부 - 껍질 (외부)

29 활엽수재에서 나타나는 방사조직이나 축방향의 목재구성세포가 층계상으로 배열함으로써 나타나는 무늬는?

① 교착목리 ② 은문양
③ 리플마크 ④ 조안문양

해설

- 리플마크 : 방사조직일 경우 접선단면에서 접선방향에 가느다란 줄모양의 무늬로 축방향 요소가 층계상인 경우 육안으로 리플마크의 관찰이 어렵고 방사조직이 층계상일 경우 리플마크가 명확하게 된다. 방사조직이 층계상인 수종은 칠엽수, 감나무, mahogany 가 있으며 목섬유가 층계상인 수종은 피나무, pterocymbium 가 있다.
- 은문양 : 광방사조직이 방사단면에 나타나는 모양
- 조안문양 : 접선단면에서 생기는 물방울모양의 파상문양이며 이것보다 작으며 새눈처럼 보이는 문양
- 교착목리 : 수간축과 이루는 경사가 교대로 반대방향으로 연속하여 생장하는 경우 나타나는 목리

30 나선비후가 관찰되는 수종은?

① 주목 ② 소나무
③ 향나무 ④ 오리나무

해설

나선비후가 관찰되는 수종은 주목이다.

31 수목의 비대 생장에 관계하는 조직은?

① 전분열조직 ② 생장점
③ 정단분열조직 ④ 유관속형성층

해설

- 유관속형성층 : 세포분열에 의하여 생긴 새로운 세포의 일부분이 목부세포에 추가되어 방사방향으로 세포층을 증가시킨다. 수목의 비대생장에 관계된다.
- 전분열조직 : 신장 생장으로 세포증식이 가장 왕성한 부분이다.
- 생장점 : 뿌리나 줄기의 끝부분에 있으며 새로운 줄기와 잎을 만드는 부분, 신장생장을 주로 한다.
- 정단분열조직 : 식물의 줄기나 뿌리 끝 부분에 있는 조직을 말한다.

32 수축에 대하여 경사된 목리가 아닌 것은?

① 선회목리 ② 사주목리
③ 교착목리 ④ 수심목리

해설

수축은 축방향을 말하는데 축방향에 대해 경사된 목리는 교착목리, 사주목리, 선회목리 등이 있다.

- 교착목리 : 수간축과 이루는 경사가 교대로 서로 반대방향으로 연속해서 이루어지는 목리
- 선회목리 : 수간축에 나선상배열을 함
- 사주목리 : 제재자의 부주의로 생기는 교주목리의 일종

33 세포벽 층에서 일반적으로 가장 두꺼운 층은?

① 일차벽(P) ② 이차벽 외층(S_1)
③ 이차벽 중층(S_2) ④ 이차벽 내층(S_3)

해설

2차벽 중층은 마이크로피프릴이 10~20도 정도로 배열, 가장 두꺼운 층, 전체 세포벽 두께의 70~80% 정도를 차지한다.

34 가도관의 방사방향의 내강 직경을 L, 인접한 접선막 두께를 M 이라 할 때 Mork 정의에 의해 춘추재 경계는?

① L = M ② L = 2M
③ L = 3M ④ L = 4M

해설

조만재의 구분의 경계 비가 L = 2M 이다.
[Mork 정의]

- 가도관 방사방향 내강의 지름(L)과 인접한 두 접선벽 두께(2W)와의 비를 통해 경계구분을 하며 주로 조, 만재의 구분에 사용한다.
- L / 2W > 2 → 조재
- L / 2W < 2 → 만재

35 다음 목재 중 비교적 나비가 넓어서 육안으로도 방사조직을 관찰할 수 있는 것은?

① 향나무　② 참나무류
③ 버드나무　④ 포플러류

해설
참나무류는 나비가 넓은 방사조직인 광방사조직을 가져 육안으로 관찰이 된다.

36 가도관이나 목섬유의 세포내강에 가장 가까이 있는 세포벽 층은?

① 1차벽　② S_1층
③ S_2층　④ S_3층

해설
S_3층은 세포벽 내층에서 가장 안쪽에 있는 것으로 세포내강과 맞닿아 있다.

37 마무리 가공한 목재의 방사단면 표면에 가느다란 골이 관찰된다면 이것은 주로 어느 세포 때문인가?

① 침엽수재의 가도관
② 활엽수 환공재의 도관
③ 활엽수재의 유세포
④ 침엽수재의 유세포

해설
방사단면 뿐 아니라 접선단면으로 가느다란 골이 형성되어 있는데 이는 골이 원형이나 타원형에 가까운 형태이다. 이 골은 도관이라 하며 방사단면 표면에 보이는 것은 활엽수 환공재의 도관이다. 환공재는 주로 열대산이나 온대산 재에 관찰되며 우리나라의 경우 참나무속, 느티나무속, 팽나무속, 가중나무속, 아까시나무속 등이 있다.

38 정상 심재의 특징에 대한 설명으로 틀린 것은?

① 심재부는 색소, 고무질, 수지 등이 축적되어 재색이 일반적으로 짙다.
② 입목시에 수분의 함유량이 많다.
③ 모든 세포가 생리적 기능이 상실되어 있다.
④ 그 목재의 중량이나 내후성이 증가되는 경향이 있다.

해설
심재는 수분량이 적다.
[심재의 특징]
· 생활세포가 전혀 없게 되고 기능을 상실한 채 수체 지지의 역할만 하는 중앙 내부부분
· 시간 경과에 따라 변재가 심재부로 이행하는 형상을 심재화 라고 한다.
· 도관이나 가도관이 폐쇄되어 있고 수분량이 변재보다 적다.

39 침엽수재의 구성요소로 틀린 것은?

① 도관　② 방사유세포
③ 가도관　④ 수지구

해설
도관은 활엽수재의 구성요소이다.
[침엽수재의 구성요소]

구분	축방향요소	방사방향요소
가도관	축방향가도관 스트랜드가도관 수지가도관	방사가도관
유세포	축방향 유세포 에피데릴얼세포 (수직수지구) 이형세포	방사유세포 에피델리얼세포(수평수지구)

정답 35 ② 36 ④ 37 ② 38 ② 39 ①

40 다음 (　　) 안에 공통으로 들어 갈 알맞은 용어는?

> - (　　) 은 침엽수재의 여러 가지 구성요소 중 90~98%에 달하는 압도적인 비율을 차지하고 있다.
> - (　　) 의 형태, 크기, 배열 및 변이성이 침엽수재의 성질에 절대적인 영향을 끼친다.

① 방사조직　　② 유연벽공
③ 유세포　　　④ 가도관

해설
가도관의 가장 주된 특징으로 구성요소의 90% 이상을 차지하고 침엽수재의 성질 및 특징에 큰 영향을 끼친다.

제3과목　목재화학

41 중합도(Degree of Polymerization)가 8000인 천연 섬유소의 분자량은?

① 1,296,000　　② 1,396,000
③ 1,496,000　　④ 1,596,000

해설
포도당의 분자량은 162 이며 중합도 8000 인 경우 162×8000=1,296,000 값이 도출된다.

42 다음 중 심재(Heartwood)화 현상과 관계가 없는 것은?

① 유세포의 죽음
② 추출 성분의 감소
③ 전분의 소실
④ 활엽수 어떤 수종에서 Tylose 의 형성

해설
심재화 진행동안 추출성분은 그 자리에 남아 착색되는 경우가 발생하나 그 양이 감소하지는 않는다. 심재화를 통해 유세포가 죽고, 양분이 소실되며 활엽수재는 벽공을 막는 tylose 가 발달되기도 한다.

43 다음 중 Flavonoid 류에 속하지 않는 것은?

① Chalcone
② Catechin
③ Leucoanthocyanidin
④ β – glycerol

해설
글리세롤(β – glycerol)은 지방족에 속한다.
※ 플로보노이드는 페닐기 2개가 C3 사슬에 결합하여 C6-C3-C6형 탄소골격구조를 가지고 있으며 당류와 에테르 결합을 통해 클로코시드 형태로 존재한다. 칼콘(Chalcone)의 경우 폴로노이드의 종류로 C6-C3-C6형 탄소골격구조를 가진다. 카테인(Catechin) 역시 폴로노이드 그룹에 속하며 류코안토시아디닌(Leucoanthocyanidin)도 식물계에 플로보노이드에 속한다.

44 셀룰로오스 용해용 용제인 cuoxam(Schweitzers solution)을 화학식으로 바르게 나타낸 것은?

① $[Cu(NH_3)_4](OH)_2$
② $[Cu(en)_2](OH)_2$
③ $[Cu(en)_3](OH)_2$
④ $[FeV_3]Na_6$

해설
셀룰로오스 용해용 용제는 동암모니아용액으로 화학식은 $[Cu(NH_3)_4](OH)_2$ 이며 이용액에 담그게 되면 팽윤이 되다가 용해된다.

45 Wiesner의 정색반응에 대한 설명으로 옳은 것은?

① 리그닌 중의 coniferyl aldehyde는 c-HCl 중의 phloroglucinol과 반응하여 자주색을 나타낸다.
② 리그닌 중의 syringyl aldehyde는 c-HCl 중의 phloroglucinol과 반응하여 자주색을 나타낸다.
③ 리그닌 중의 coniferyl aldehyde는 c-HCl 중의 phloroglucinol과 반응하여 적색을 나타낸다.
④ 리그닌 중의 syringyl aldehyde는 c-HCl 중의 phlorogucinol과 반응하여 적색을 나타낸다.

해설

Phloroglucinoal 발견자인 Wiesner의 이름을 따서 Wiesner 시약 및 정색반응이라 하며 coniferyl aldehyde의 산촉매에 의해 반응하여 적자색이나 자주색을 띤다.

46 다음 중 Proto lignin의 특징적인 관능기가 아닌 것은?

① 방향핵 및 측쇄의 수산기
② 방향핵의 메톡실기
③ 측쇄의 카르보닐기
④ 방향핵 및 측쇄의 아세틸기

해설

리그닌의 관능기로 메톡실기, 페놀성수산기, 벤질알코올, 카르보닐기 등이 있는데 측쇄의 아세틸기는 리그닌의 관능기가 아니다. 참고로 활엽수의 경우 카르보닐기가 없기도 하다.

47 다음 셀룰로오스 유도체 중 반응 메커니즘이 다르게 제조된 것은?

① 질산셀룰로오스
② 메틸셀룰로오스
③ 에틸셀룰로오스
④ 카르복시메틸셀룰로오스

해설

메틸, 에틸, 카르복시메틸 셀룰로오스는 에틸화를 통해 생성되며 질산셀룰로오스는 에스텔화를 통해 생성된다. 에스텔화를 통한 셀룰로오스로는 인산셀룰로오스, 초산셀룰로오스 등이 있다.

48 셀룰로오스의 고분자적 구조에 대한 설명으로 틀린 것은?

① 고분자이므로 피브릴을 형성한다.
② 분자식을 $(C_6H_6O_6)n$으로 나타낸다.
③ 쇄상(鎖狀)의 고분자이다.
④ 글루코오스를 단위체로 한다.

해설

셀룰로오스 분자식은 $(C_6H_{10}O_5)n$이다.

49 Cellulose를 cuoxam 용액에 침지하여 팽윤에서 용해까지의 중간단계에서 나타나는 반응은?

① Fibril swelling
② Intercrystalline swelling
③ Balloon swelling
④ Hysteresis

해설

Fibril swelling은 섬유간 팽윤을 말하며 Intercrystalline swelling은 결정내 팽윤을 말하며 Hysteresis은 이력현상을 말한다. 팽윤에서 용해까지의 중간단계 반응을 Balloon swelling이라 표현한다.

정답 45 ① 46 ④ 47 ① 48 ② 49 ③

50 침엽수재 리그닌을 니트로벤젠으로 산화시켰을 때 주로 얻을 수 있는 성분은?

① 바닐린(Vanillin)
② 시린갈데히드(Syringaldehyde)
③ p – 히드록시벤잘데히드 (p-Hydroxybenzaldehyde)
④ 페놀(phenol)

해설
니트로벤젠으로 산화시 침엽수리그닌으로부터 주로 바닐린(vanillin)을 얻고 미량성분으로 시링알데하이드(syringaldehyde)를 얻기도 한다.

51 펜토산 정량 시 1/50 N 티오황산나트륨의 적정량이 35ml 이었다면 푸르푸랄(furfural)의 양은 약 몇 mg 인가?

① 5
② 15
③ 25
④ 35

해설
티오황산나트륨의 당량은 2 eq/mol 이며 펜토산은 수산기(-OH)가 4개가 있어 4eq/mol 이다. 당량문제로서 eq = N × L 이므로 1/50N × 0.035L = 0.0007 이며 여기서 4eq/mol 인 펜토산으로 나누어 주면 0.000175 가 나온다. 펜토산의 분자량은 150g/mol 이므로 0.000175 mol × 150g/mol = 0.02625g 이므로 26.25mg 이 나오게 된다.

52 리그난(lignan)의 대표적인 결합 형태를 나타낸 것은?

① α - α 결합을 한 diarylbutane 유도체
② α – β 결합을 한 diarylbutane 유도체
③ β – β 결합을 한 diarylbutane 유도체
④ β – γ 결합을 한 diarylbutane 유도체

해설
리그난은 n-페닐프로판이 n-프로필 곁사슬의 β 자리끼리 결합한 diarylbutane 유도체 이다.

53 cellulose 의 결정영역을 변화시키지 못하는 반응으로서 micelle 표면 반응(Intermicellar reaction)에 속하는 것은?

① 니트로화반응 ② 아세틸화반응
③ 묽은 산염기반응 ④ 아민화반응

해설
셀룰로오스는 묽은 산염기에는 용해되지 않고 설령 용해되어도 그 반응이 불균일하게 일어나게 되어 결정영역에는 영향을 주지 못하고 표면반응만 하게 된다.

54 다음 중 알돈산(Aldonic acid)의 종류가 아닌 것은?

① gluconic acid ② glucuronic acid
③ ribonic acid ④ arabinonic acid

해설
글루쿠론산(glucuronic acid) 은 포도당의 알코올잔기를 카르복시기가 치환한 우론산의 일종이다.

55 낙엽송(Larix)의 목분을 냉수 추출하였을 때 용이하게 얻어지는 물질은?

① Arabinogalactan
② Arabinoxylan
③ Arabinoglucan
④ Arabinomannan

해설
Arabinogalactan 낙엽송의 목질부나 수액에 함유되어 있는 중성다당류로 냉수 추출시 얻어지는 물질이다.

정답 50 ① 51 ③ 52 ③ 53 ③ 54 ② 55 ①

56 목재의 펜토산(Pentosan) 정량에 관련되는 성분은?

① galactoglucomannan
② glucomannan
③ Holocellulose
④ Xylan

해설

목재 펜토산 정량에 관련된 성분은 xylan 으로 다른 성분에 비해 많은 양을 차지한다.

- galactoglucomannan : 침엽수재에 주로 함유되어 있고 만노오스와 갈락토오스 및 글루코오스가 축합된 다당류로 헤미셀룰로오스의 1~5% 정도이다.
- glucomannan : 활엽수재에서 xylan 다음으로 많이 함유되어 있으며 3~5% 차지한다.
- Holocellulose : 주로 α-셀룰로오스와 헤미셀룰로오스계의 다당류(β- or γ-셀룰로오스)로 되어 있다.
- xylan : 세포벽의 성분 중 하나로 펜토산이며 활엽수재에 20% 함유되어 있다.

57 메톡실기 정량에서 티오황산나트륨 표준액의 적정량(T)이 20ml 이고, 티오황산나트륨의 규정농도(N)가 1/50 이며, 시료의 절건량(S)이 2g 일 때 메톡실기의 양은?

① 0.1 %   ② 1.0 %
③ 10 %   ④ 20 %

해설

메톡실기 정량을 위해서는 CH_3I 와 Br_2 를 이용하며 이때 요오드의 정량을 통해 메톡실기의 양을 알 수 있게 된다. 요오드의 당량은 1/6 당량에 해당되며 그 전에 아래와 같이 티오황산나트륨의 당량을 계산한다.

$$20ml \times \frac{1}{50} N/L \times \frac{1L}{1000ml} = \frac{4}{10000} N$$

이때 메톡실기의 당량은 실제양의 1/6 해 해당하게 되므로 메톡실기의 양이 아래와 같이 나온다.

$$\frac{4}{10000} \times \frac{1}{6} N ≒ 6.67 \times 10^{-5} N$$

절건량 2g 에서의 메톡실기 량을 산출하기 위해서 CH_3O의 분자량 31 이므로

$$31 \times 6.67 \times 10^{-5} ≒ 0.00207$$

0.00207 정도의 값이 나오게 되며 최종적으로 0.1% 정도의 양을 갖고 있게 된다.

$$\frac{0.00207}{2} \times 100(\%) = 0.1035(\%) ≒ 0.1(\%)$$

58 셀룰로오스 크산토겐산나트륨(sodium xanthogenate) 제조시 용해용 펄프를 몇 %의 가성소다 용액에 침지시키는가?

① 8 %   ② 18 %
③ 28 %   ④ 38 %

해설

셀룰로오스 크산토겐산나트륨은 셀룰로오스를 알칼리 존재 하에 CS_2 와 반응시켜 얻으며 가성소다는 약 17~18% 정도를 투입하여 상온에서 1시간 정도 침지시킨다.

59 추출 성분 중 Terpenoid 의 특징에 대한 설명으로 옳은 것은?

① isoprene 단위로 연결되어 있다.
② 침엽수보다 활엽수에 많이 함유되어 있다.
③ 식물뿐만 아니라 동물의 골격에도 다수 존재한다.
④ 종이제조나 합판공정에서 부수물로서 유리한 영향을 끼친다.

해설

Terpenoid 는 이소프레노이드 골격을 가지며 물에 잘 녹지 않는다. 특유한 향기를 갖는 성분이 많고 휘발성이 크며 활엽수재보다 침엽수재에 도 많이 함유되어 있으며 주로 식물계에 분포한다.

60 리그닌의 산화분해에 해당하지 않는 것은?
① 알칼리 니트로벤젠 산화
② 수소화분해 산화
③ 과망간산칼륨 산화
④ 금속 산화물을 촉매로 하는 접촉 산화

해설
리그닌의 산화분해로 알칼리니트로벤젠 산화, 과망간산칼륨 산화, 접촉산화가 있으며 수소화분해는 환원분해에 속한다.

제4과목 임산제조학

61 전나무 UKP 시료를 쇼퍼 리글러형 Freeness Tester 의 여수통에 넣고 Freeness Testing 을 행하였더니 물 배출량이 350cc 였다. 이 펄프의 Freeness 는 얼마인가?
① 35。SR
② 45。SR
③ 55。SR
④ 65。SR

해설
쇼퍼 리글러형의 경우 옆으로 새는 방향의 물의 양으로 여수도를 측정하는데 물 배출양만으로 측정할 경우 1000ml에서 물양을 제외 나머지의 양을 여수도로 할 수도 있다. 쇼퍼 리글러형의 여수도는 아래와 같이 구한다.
(준비된 측정시료량 - 물 배출량)/10
=(1,000-350)/10=65

62 크라프트 펄프화 공정에서 증해시간과 증해온도 인자를 고려하여 증해상태를 분석하기 위한 용어로 사용되는 것은?
① T 지수(T factor)
② H 지수(H factor)
③ L 지수(L factor)
④ P 지수(P factor)

해설
크라프트 펄프화 공정의 에너지 대사율 지수로서 일명 H factor 이라 한다.

63 목재 건조 중에 찌그러짐(collapse) 을 일으키는 요인이 아닌 것은?
① 수지분이 많은 목재
② 목재밀도가 작은 경우
③ 건조온도가 높을 때
④ 건조초기 섬유포화점 이하에서 자유수가 제거 될 때

해설
섬유포화점 이하에서의 자유수 제거는 목재 결함에 거의 영향을 주지 않는다.

64 목재 열기건조(kiln drying)의 장점으로 옳지 않은 것은?
① 예비건조로서 효과가 크다.
② 자본의 회전기간이 짧다.
③ 건조시간이 단축된다.
④ 건조결함을 최대한 예방한다.

해설
열기건조 전 예비건조로는 자연건조를 통해 건조 후 열기건조를 시작하게 된다. 열기건조를 통해 건조시간 단축 및 자본 회전기간 단축의 효과를 보며 목재의 유통역시 빨라진다. 빠른 건조에 의한 결함을 줄이기 위해 스팀을 이용하여 수분경사를 조절, 건조결함을 예방하게 된다.

65 통기(通氣) 카울(ventilanted caul) 은 어느 건조법에 사용하는 기구인가?
① 고온건조
② 열판건조
③ 고주파건조
④ 제습건조

해설
카울은 접착과 건조에서 압축 옹이와 압력을 고르게 분포시키기 위해 사용하는 보드 또는 금속판으로 통기는 말 그대로 열판건조에서 목재의 증발한 수분의의 이동통로 역할을 한다.

66 목재당화 방법의 하나인 효소법의 장점이 아닌 것은?

① 반응 시간이 짧다.
② 반응이 상온하에서 이루어진다.
③ 반응이 상압하에서 이루어진다.
④ 목재의 가수분해에 에너지를 필요로 하지 않는다.

해설
효소법은 화학반응과는 달리 급격하게 일어나지 않고 일정시간을 두고 반응한다.

67 원래 180mm 였던 종이가 인장력에 의해 185mm 가 되었다. 이 종이의 % 변형률(% strain)은?

① 0.58   ② 1.63
③ 2.78   ④ 3.73

해설

$$변형률 = \frac{변형후길이 - 변형전길이}{변형전길이}$$
$$= \frac{185-180}{180} \times 100(\%) ≒ 2.78$$

68 다음 중 천연건조의 할열억제 방법으로서 적합한 것은?

① 가급적 박스적(box 積)을 피한다.
② 재간 및 잔적 간격을 넓힌다.
③ 두꺼운 잔목을 사용한다.
④ 통풍을 가능한 억제한다.

해설
천연건조 할렬 예방
· 잔적의 폭을 넓게 하고 두꺼운 잔목을 사용한다.
· 재장과 주풍의 방향을 일치시킨다.
· 가급적 박스적을 한다.
· 항 할렬 족쇄 등의 물리적 조치를 취한다.

69 습강지의 구분은 종이의 습윤지력과 건조지력의 차이가 몇 % 이상일 때로 정의하는가?

① 5 %   ② 10 %
③ 15 % ④ 20 %

해설
습강지는 습윤지력이 건조지력의 인장강도의 15% 이상인 종이로 요소수지, 멜라민 수지 등으로 표면에 가공하여 만든다.

70 파티클보드 제조시 열압기내에서 열이 하는 역할을 설명한 것 중 틀린 것은?

① 접착제가 가능한 한 빠르게 경화할 수 있도록 보드의 온도를 높여준다.
② 열압 후 내부 응력 완화와 스프링 백의 최소화에 기여한다.
③ 매트내 파티클간에 우수한 결합이 이루어질 수 있도록 가소성을 부여한다.
④ 열전달 효율을 높이기 위하여 중층의 함수율을 표층보다 높게 설정한다.

해설
함수율이 높아지면 수분으로 인해 열전도율이 낮아져 효율이 떨어진다.

71 목재건조와 관계되는 3가지 기본기구 중에 건조 제 1단계에 관계되는 기본 기구는?

① 결합수 확산
② 모세관 유동
③ 수증기 확산
④ 결합수와 수증기 확산

해설
목재가 건조에 의해 모세관의 수분이 이동하게 되고 자유수가 증발하며 더 높은 에너지를 받으면 결합수가 세포벽에서 분리되게 된다.

72 다음 중 잔적 자체를 이동시킴으로써 통풍의 효과를 얻어 건조를 시키는 방법은?

① 태양열 건조
② 옥내 송풍 건조
③ 원심 건조
④ 옥외 송풍 건조

해설

원심건조는 잔적자체를 일정 레인을 이용하여 이동시키면서 건조하는 방법으로 이동을 통한 송풍효과를 통해 건조시키는 방법이다.

73 신 Rheinau 법에서 주가수분해시 사용되는 산(酸)과 농도(濃度)는?

① 황산 71 ~ 72 %
② 인산 93 ~ 94 %
③ 질산 37 ~ 38 %
④ 염산 41 ~ 42 %

해설

이 방법은 염산을 사용하고 이때 농도는 41~42 %이다.
[기타 당화법]

당화법	가수분해 산 농도	온도
베르기우스라이나우법	염산 41~42%	20~25
숄라-토네시법	황산 0.4%	130~180
메디슨법	황산 0.5~0.6%	150~190
훗카이도법	황산 80%	20~25
노구치연구소법	염산38%+염산가스	-
라이나우유딕법	염산 41%	20~25

74 다음 목탄 품질에 대한 설명 중 옳지 않은 것은?

① 백탄은 수피가 없어야 한다.
② 흑탄은 수피가 완전해야 한다.
③ 파쇄면은 금속광택이 없어야 한다.
④ 비중이 커야 한다.

해설

파쇄면은 회색을 띤 아름다운 은백색을 나타내며 두드리면 금속음을 낸다.

75 목재의 절삭가공 중 종절삭에 있어서 절삭각이나 절입깊이가 모두 크게 될 때 나타나는 절삭형태는?

① 전단형(shear type)
② 인렬형(tear type)
③ 절형(crack type)
④ 유형(flow type)

해설

전단형(shear type)은 절삭에서 절삭깊이가 클 경우 발생되며 유형(flow type)은 절삭깊이를 얇게하고 고속절삭시 발생, 인렬형(tear type) 절삭저항은 유형이나 전단형보다 크며 절삭진동이 심해 요철이 발생되기도 한다. 절형(crack type)은 절삭각이 작으며 절삭각이 크면 균열이 하방향으로 이루어지며 가공면에 요철이 발생된다.

76 동일 수종, 동일 재종의 건조재를 $120cm^3$ 사용하는 공장이 있다. 건조 소요일수는 평균 6일이라 하면 어느 정도의 용량에 건조실을 만들면 좋은가?

① $12cm^3$, 2실   ② $20cm^3$, 1실
③ $30cm^3$, 1실   ④ $10cm^3$, 3실

해설

건조실의 용량의 경우 다음의 공식에 따른다.

$$V = \frac{건조재 용량 \times 건조일수}{30(1달 총일수)} = \frac{120 \times 6}{30} = 24$$

※ 이론적으로는 건조재가 $120cm^3$ 용량에 건조소요일수가 6일이므로 $20cm^3$ 이 필요하나 일반적인 건조대상의 적재효율은 약 80% 이므로 실제 필요한 건조실은 크기는 원하는 용량의 20%가 더 필요하게 된다 즉 $24cm^3$ 가 가장 적절한 건조실의 용량이 되므로 보기의 $12cm^3$ 크기에 2개가 답이된다.

77 펄프 표백에 있어서 염소와 NaOH 가 lignin 에 작용하는 역할은?

① 염소 및 NaOH 는 각각 lignin 을 용출시킨다.
② 염소는 lignin 염소화를, NaOH 는 염소화를 촉진시킨다.
③ 염소는 염소화를, NaOH 는 염소화 lignin 을 용출시킨다.
④ 염소 및 NaOH 는 가성화로 리그닌을 용출시킨다.

해설

염소는 리그닌의 반응속도를 촉진시키며 가성소다는 염소에 의해 산화반응한 리그닌 분해물이나 유기염소산화물 등을 중화, 용해, 제거하게 된다.

[염소]
염소는 리그닌과 반응속도가 빠르게 진행되며 방향핵 치환, 친전자 치환, 지방족 치환, 산화반응 통해 알칼리 용액에 용해 가능한 화합물 생성한다. 셀룰로오스와도 산화반응 일어나나 비교적 리그닌과 선택적으로 반응한다.

[가성소다]
염소에 의해 산화반응된 리그닌 분해물, 유기염소산화물 등을 중화, 용해, 제거하여 다음단계 반응성을 좋게 하여 섬유의 손실 및 표백제 절감하며 백색도 및 강도 개선에도 도움이 된다.

78 고송지(rosin)의 주요 화학성분은?

① turpentine   ② abietic acid
③ alpha - pinenes   ④ champene

해설

고송지는 로진이라 하며 80~90 %를 점하는 레진산이 있다. 레진산은 크게 abietic acid(아비에트산), pimaric acid(피마르산) 형으로 분류되며 6각 고리구조로 물에 잘 용해되지 않는 것이 특징이다.

79 연료용 알코올 및 부동액 및 다이너마이트용 글리세린의 공급을 목적으로 개발되었으며, 2단 가수분해(전가수분해 및 주가수분해)를 행하는 것은?

① peoria 법(NRRL 법)
② Inventa 사법
③ 개량 Madison 법
④ Giordani – Leone 법

해설

조다니법(giordani)은 묽은 황산과 진한황산을 이용한 전가수분해와 주가수분해를 실시하는 방법이다

80 인장 강도가 30 kN/m, 평량 $100 g/m^2$ 인 종이의 열단장은 몇 km 인가?

① 10.34 km   ② 20.31 km
③ 30.58 km   ④ 40.67 km

해설

1,000 ÷ 9.81×인장강도 ÷ 평량
= 1,000/9.81×30÷100 = 30.58

정답 76 ① 77 ③ 78 ② 79 ④ 80 ③

제5과목 목재보존학

81 목재난연제인 마닐리스(Minalith)의 유효성분으로만 짝지어진 것은?

① $(NH_4)_2HPO_4$, $(NH_4)_2SO_4$, $Na_2B_4O_7$, H_3BO_3
② $ZnCl_2$, NH_4SO_4, H_3BO_3, $Na_2Cr_2O_7 \cdot 2H_2O$
③ $ZnCl_2$, $(NH_4)_2HPO_4$, H_3BO_3, $Na_2Cr_2O_7 \cdot 2H_2O$
④ $ZnCl_2$, $Na_2Cr_2 \cdot 2H_2O$, $(NH_4)_2SO_4$, H_3BO_3

해설

미날리스는 혼합방화제로
인산암모늄[$(NH_4)_2HPO_4$], 붕사($Na_2B_4O_7$),
붕산(H_3BO_3), 황산암모늄[$(NH_4)_2SO_4$] 등이 있다.

82 크레오소트유 방부제로 생재에 전처리하는 방법과 관계있는 것은?

① 도포법(Brushing)
② 보울톤법(Boultonizing)
③ 침지법(Sleeping)
④ 셀론법(Cellon process)

해설

보울톤법은 감압과 비점 이상에서 타르-오일형 방부제를 가열한 가압처리를 위한 생재의 컨디셔닝 처리한다.

83 목재 - 플라스틱 복합체(WPC) 제조법이 아닌 것은?

① 가압처리법 ② 방사선법
③ 상압확산법 ④ 촉매가열법

해설

목재플라스틱복합체 제조시 높은 압력 조건에 촉매제 등을 활용하여 만들기에 일반적으로 가압처리법, 촉매가열법을 활용한다. 그리고 특수한 경우 방사선법을 활용하게 된다.

84 목재변색균을 변재변색균이라 칭하는 이유를 올바르게 설명한 것은?

① 심재는 가해하지 않고 변재만 가해하기 때문
② 심재보다 변재를 먼저 가해하기 때문
③ 심재보다 변재 가해를 선호하기 때문
④ 심재와 변재를 모두 가해하나 변색은 변재에만 발생하기 때문

해설

심재의 경우 많은 양의 추출성분들이 보존되어 있는데 특정 추출성분으로 변색균의 침입을 막게된다. 또한 변재에 수분 및 양분이 많아 변색균들이 생활하기 적합하다.

85 세균에 의한 부후에서 세포벽의 공격양식을 따른 3가지 형태로 옳은 것은?

① 터널형, 공동형, 침식형
② 다이아몬드형, 터널형, 방망이형
③ 공동형, 방망이형, 천공형
④ 침식형, 곤본형, 부채형

해설

현미경 관찰시 세균의 부후로 인해 세포벽이 분해되는 모양이나 방식에 따라 공격양식을 분류하게 되며 아래와 같다.
- 터널형 : 세포벽을 한 지점을 기점으로 점점 크게 원 모양으로 분해
- 침식형 : 세포벽 틈을 들어가 안쪽에서부터 분해를 시작
- 공동형 : 머플러형이라하며 분산되어 작은 다수의 구멍을 형성하는 모양

정답 81 ① 82 ② 83 ③ 84 ① 85 ①

86 곤충의 흡수부위를 3종으로 나눌 때 이에 해당하지 않는 것은?
① 표피 ② 기문
③ 기관 ④ 소화관

해설
기관의 경우 호흡기관과 같은 것으로 특정 곤충에는 기관이 존재하지 않는다. 곤충의 표피는 호흡 및 수분 흡수, 기문은 호흡 및 수분 흡수, 소화관은 영양소 및 수분 흡수의 기능을 담당하게 된다.

87 크로오소트유(creosote oil)에 대한 설명으로 옳은 것은?
① 수용성 방부제로서 비소화합물계 방부제이다.
② 제철용 코크스 생산을 위한 석탄을 고온 탄화 시 발생하는 콜타르(coal tar)를 분별 건류하여 생산한다.
③ 크레오소트유 처리목재의 도장성과 접착성은 매우 좋다.
④ 목재 내 침투성은 우수하나 가격이 비싼 단점이 있다.

해설
크레오소트유는 ① 유상방부제이며 목재의 부후균이나 변색균을 막는 물질로 ② 도장성이나 접착성 등 다른 기능향상에는 큰 영향을 주지 않는다. 또한 침투성이 좋고 ④ 가격이 저렴한 편이다.

88 방부제를 목재 내부로 균일하고 깊게 침투시키기 위해 사용하는 기계적 전처리 방법은?
① 박피 ② 인사이징
③ 프리보오링 ④ 꺾쇠박기

해설
인사이징은 침윤도 개선을 위해 약액주입전 하는 처리로 목재 건조 효과가 있다.

89 목재를 확산법으로 방부처리하려고 할 때 처리용 목재의 적정 함수율은?
① 함수율 10 % 미만
② 함수율 10 ~ 20 %
③ 함수율 20 ~ 30 %
④ 함수율 50 % 이상

해설
확산법은 물의 성질을 이용한 방법으로 목재내에 함수율이 높을수록 좋다.

90 목재를 분해하는 미생물에 대한 설명으로 맞는 것은?
① 목재를 열화시키는 생물에는 미생물 뿐이며, 목재를 열화시키는 미생물은 대부분 진균류에 속한다.
② 목재의 연부후(soft rot)란 자낭균 및 불완전 균에 의한 부후를 말하며, 냉각탑이나 땅에 접하는 목재와 같이 담자균이 생육하기에는 매우 부적절한 환경에서 목재가 부후된다.
③ 목재는 유기물이기 때문에 여러가지 균에 의해 침해를 받으나, 목재 성분 중 리그닌을 분해하는 균은 아직 발견되지 않았다.
④ 진균류에서는 자낭균만이 목재를 분해한다.

해설
목재의 열화는 미생물뿐 아니라 세균이나 균류에 의해서도 일어나며 리그닌을 주로 분해하는 균으로 백색부후균이 있다. 진균류에는 자낭균뿐 아니라 불완전균도 존재한다.

정답 86 ③ 87 ② 88 ② 89 ④ 90 ②

91 수용성 목재 방부제 중 처리목재의 색을 변색시키지 않는 방부제는?

① 구리·알킬암모늄화합물계 방부제(ACQ)
② 구리·아졸화합물계 방부제(CUAZ)
③ 알킬암모늄화합물계 방부제(AAC)
④ 크롬·플루오르화구리·아연화합물계 방부제(CCFZ)

해설
구리, 크롬 등 특정 물질이 목재에 처리되면서 약간의 색변화를 일으키게 되는데 알킬암모늄화합물계는 변색을 일으키지 않는 방부제이다.

92 다음 흰개미 계급 중 직접 목재 가해에 가담하는 것은?

① 병정개미　② 일개미
③ 왕개미　　④ 여왕개미

해설
일개미는 목재내에 통로를 뚫으면서 목해를 가해한다.

93 목재의 내화성능과 관련된 설명으로 틀린 것은?

① 목재는 열전도율이 낮아 불꽃의 관통에 대한 저항성을 보유한다.
② 타 재료, 예를 들어 금속에 비해 열팽창이 커서 연소시 변형이 크다.
③ 목재는 연소시 표면에 탄화층을 쉽게 형성하여 산소의 공급을 저지한다.
④ 연소시 목재 표면에 형성된 탄화층은 탄화층 하부로 열의 투과를 방해한다.

해설
목재는 타재료에 비해 열팽창 정도는 스틸, 유리창, 벽돌, 콘크리트 등의 팽창률과 유사하고 알루미늄과 플라스틱 보다는 적다.

94 다음에 해당하는 가압처리법은?

주약관 내로 약제 유입 → 가압 → 잔여 방부제 회수 → 후배기

① 공세포법 중 뤼핑법
② 공세포법 중 로리법
③ 온냉욕법
④ 충세포법

해설
위의 가압처리법은 로우리법의 순서로서 뤼핑법과 비슷하나 목재를 실린더에 넣고 직접 방부제를 실린더 안에 밀어 넣어 가압처리하는 것이 특징이며 베델법과 뤼핑법의 중간 정도 침투 정도를 보여준다.

95 벌목 직후 원목 횡단면(목구면)에 청변 발생이 가장 쉬운 수종은?

① 소나무　　② 참나무류
③ 단풍나무　④ 자작나무

해설
소나무의 경우 생재상태에서 청변 현상이 일어나기 쉽다.

96 다음 수종 중 내후성이 매우 작은 변재에 해당되는 것은?

① 물푸레나무　② 계수나무
③ 잎갈나무　　④ 잣나무

해설
계수나무의 경우 추출성분이 적어 내후성이 약해 일반 합판용이나 건축용 목재로 잘 쓰이지 않는다.

정답　91 ③　92 ②　93 ②　94 ②　95 ①　96 ②

97 직교적층이 나타내는 현상이 아닌 것은?
① 두께 방향으로 팽윤이 약간 증가된다.
② 판면방향의 팽윤은 길이 방향의 팽윤보다 약간 크다.
③ 인접한 단판의 길이방향의 팽윤이 커서 측면팽윤이 억제된다.
④ 수축과 팽윤이 반복됨에 따라 표면에 미세한 할렬이 나타나기도 한다.

해설
직교 적층은 인접한 단판의 길이 방향의 팽윤이 적어 측면 팽윤이 억제되고 흡윤성이 감소된다.

98 다음 중 상압식 주입법에 해당하지 않는 것은?
① 도포법   ② 로우리법
③ 침지법   ④ 온내욕법

해설
로우리법은 가압처리법이다.
[상압처리법]
· 바르는법, 뿜는법(도포법) : 솔로 바르거나 뿜는 방법
· 담그는법(침지법) : 목재를 일정시간 약액에 담가서 처리
· 온냉욕법 : 방부제를 온액과 냉액에 담가서 처리
· 확산법 : 수용성 방부제가 수분속에 확산되는 현상을 이용

99 셀룰로오스 주로 분해하고 리그닌을 남기는 목재 부후균은?
① 갈색부후균   ② 백색부후균
③ 녹색부후균   ④ 흑색부후균

해설
리그닌은 갈색을 띠는 특징이 있다. 갈색부후균은 당류만 분해 즉 셀룰로오스, 헤미셀룰로오스만 분해하여 리그닌만 남기게 되면서 갈색을 띠게된다.

100 방충제 중 호흡독에 속하지 않는 약제는?
① sulfuryl fluoride
② dichlorbenzene
③ methyl bromide
④ pentachlorophenol

해설
보기 중 다른 약제는 기관지 및 호흡으로 인한 위험성을 가지며 펜테클로로페놀(pentachlorophenol)은 호흡독에 속하지 않으며 강한 살충력을 가진다. 이러한 특징을 가진 덕분에 펜테클로로페놀(pentachlorophenol)은 농약으로도 사용된다. 나머지는 호흡독에 속하며 메틸브로마이느(methyl bromide)의 경우 가스 확신의 위험이 매우 높은 약제이다.

2015 임산가공기사 필기

제1과목 목재이학

01 진비중을 측정할 때 일반적으로 사용되지 않는 치환매체는?
① 물　② 벤젠
③ 헬륨　④ 과산화수소

해설
목재의 비중 측정을 위해 기체치환법과 액체 치환법이 있으며 기체치환법시 헬륨이 사용되며 액체 치환법시 물, 톨루엔, 벤젠 등이 사용된다.

02 목재의 탄성에 가장 적게 영향을 미치는 요인은?
① 함수율
② 변재의 색상
③ 옹이 등 결점
④ 세포벽의 미세구조

해설
목재의 탄성에 영향을 미치는 인자로 세포벽의 구조, 섬유방향, 함수율, 비중, 온도, 옹이 등이 많은 영향을 미친다.

03 목재의 세포내강이나 세포벽 중의 미세한 공극을 완전히 제외한 비중의 종류는?
① 진비중　② 가비중
③ 기건비중　④ 전건비중

해설
진비중은 목재의 실질부의 비중을 말한다. 즉 수분이나 미세공극 등을 제외한 것으로 평균 1.5 정도의 값을 가진다.

04 목재의 밀도 및 비중에 영향을 끼치는 주요 인자로 옳지 않은 것은?
① 내음성
② 함수율
③ 세포벽실질
④ 추출물과 무기염류 함량

해설
목재의 밀도 및 비중의 영향 인자로 목재구조, 추출물, 화학조성, 함수율 등이 있다.

05 점탄성체에서 일정 변형률을 주면 대응하는 응력은 시간에 따라 감소되는데 이러한 현상을 무엇이라고 하는가?
① 응력변형　② 응력지연
③ 응력완화　④ 응력경감

해설
응력완화는 점탄성체에 응력을 일정하게 주면 시간에 따라 감소하는데 이때 완전히 0이 되는 경우 전완화, 영구적으로 0이 되지 않는 부분완화로 구분한다.

06 악기용목재의 진동 특성에 대한 설명으로 옳지 않은 것은?
① 함수율과 온도의 변화에 매우 민감하다.
② 도장 처리 여부 및 목재의 종류에 따라 영향을 받는다.
③ 향판 접촉성능은 아교보다 고무접착제가 훨씬 좋다.
④ 악기를 자주 사용하지 않으면 응력완화 현상 때문에 음질이 감소된다.

해설
악기용 접착제로 아교가 가장 우수하다.

정답 01 ④　02 ②　03 ①　04 ①　05 ③　06 ③

07 소나무 시편의 최초 무게는 20g 이었고 그 때의 함수율이 17% 이었다. 함수율이 8%까지 건조후의 무게는?

① 16.86 ② 17.46
③ 18.46 ④ 19.46

해설

$$\frac{건조전무게 - 건조후무게}{건조후무게} \times 100(\%)$$

$$\frac{20-x}{x} \times 100(\%) = 17(\%) \Rightarrow x ≒ 17.09$$

즉, 완전건조 시 무게는 약 17.09g 이므로 8% 수분함수시 무게는

$$\frac{y-17.09}{17.09} \times 100(\%) = 8(\%) \Rightarrow y ≒ 18.46\%$$

08 동일 조건에서 목재의 3방향 중 전기전도율이 가장 큰 방향은?

① 접선방향
② 섬유방향
③ 방사방향
④ 모든 방향이 동일함

해설

목재의 전기전도율은 섬유방향이 가장 높고 다음으로 방사방향, 접선방향 순이다.

09 목재의 화학적 조성분이 목재의 수축 및 팽윤에 관여하는 순서는?

① 셀룰로오스 > 헤미셀룰로오스 > 리그닌
② 셀룰로오스 > 리그닌 > 헤미셀룰로오스
③ 헤미셀룰로오스 > 리그닌 > 셀룰로오스
④ 헤미셀룰로오스 > 셀룰로오스 > 리그닌

해설

- 목재의 수축 및 팽윤에 영향력 정도로는 헤미셀룰로오스, 셀룰로오스, 리그닌 순이다.
- 헤미셀룰로오스는 비결정영역으로 구성되어 셀룰로오스보다 수축 및 팽윤에 더 많은 영향력을 가지며 리그닌은 셀룰로오스보다 친수성이 낮아 비교적 낮은 영향력을 보인다.

10 진비중이 1.5 이고 전건비중이 1.0 인 전건목재의 공극율은?

① 약 0 % ② 약 33 %
③ 약 50% ④ 약 99%

해설

$$공극률 = 1 - \frac{전건비중}{1.5}$$

$$= 1 - \frac{1.0}{1.5} \times 100(\%) ≒ 33(\%)$$

11 목재 내 수분이동에 대한 설명으로 옳지 않은 것은?

① 자유수 이동은 모세관인력과 전압력차에 따른다.
② 자유수 이동은 섬유포화점 이상에서 유동된다.
③ 수증기에 의한 확산이동은 섬유포화점 이하에서 이루어진다.
④ 결합수 이동은 세포 내 섬유포화점 이하에서 수분 경사에 의해 발생한다.

해설

섬유포화점 이상에서 자유수가 존재하며 주로 모세관의 양쪽의 압력차에 의해 자유수의 유동이 이루어지며 결합수는 섬유포화점 이하에서 주로 수분경사에 의한 확산에 의해 수분이 이동하게 된다.

12 일정한 온도조건에서 상대습도와 평형함수율의 관계곡선을 무엇이라 하는가?

① 수착등온선 ② 수착등압선
③ 수착등량선 ④ 수착등습선

해설

목재나 셀룰로오스가 대기 중에서 수분의 흡착 및 탈착을 할 때 주로 수착등온선을 많이 사용하며 수착등온선에서 건조재가 흡습할 때의 흡착등온선과 생재가 방습할 때의 탈착등온선으로 구분한다.

※ 수착등압선 : 일정한 상대습도에서 온도와 평형함수율의 관계곡선

정답 07 ③ 08 ② 09 ④ 10 ② 11 ③ 12 ①

13 목재의 강도 중에서 값이 가장 작은 것은?
① 휨강도   ② 인장강도
③ 압축강도   ④ 전단강도

해설
전단강도는 인장강도나 압축강도 등 다른 강도에 비해 현저하게 작은 값을 가진다.

14 목재를 교류전장에 놓으면 전기 에너지의 일부가 열에너지로 변하여 소비되는데 이것을 무엇이라고 하는가?
① 유전율   ② 유전체손실
③ 열저항계수   ④ 열확산에너지

해설
전기에너지가 열이나 다른 에너지로 변하여 소비되는 것을 유전체손실이라 한다.

15 물체가 서로 직교하는 3방향으로 이방성을 나타내는 것은?
① 동방성체   ② 이방성체
③ 면등방성체   ④ 직교이방성체

해설
목재는 섬유방향, 방사방향, 접선방향 이렇게 3방향이 직교하고 있으며 이를 직교이방성체라 한다.

16 목재의 치수변동률에 대한 설명으로 옳지 않은 것은?
① 참나무류의 수축률은 작지만 치수변동률은 크다.
② 치수변동률이 작은 목재는 벽이나 마루판, 창틀, 보드 제작 등에 유리하다.
③ 치수변동률은 수축률이 유사한 경향을 나타내고 있으나 반드시 일치하지는 않는다.
④ 대기 상대습도와 온도의 일변화 또는 계절변화에 의한 목재의 치수변화를 말한다.

해설
참나무의 경우 비중이 크고 조직이 치밀하여 치수변동률이 작다.

17 목재의 비열에 대한 설명으로 옳지 않은 것은?
① 목재의 함수율에 따라 비열이 크게 달라진다.
② 목재의 열용량과 15°C에서 물의 열용량 비이다.
③ 1g의 목재 온도를 1°C 올리는 데 필요한 열량이다.
④ 밀도와 수종, 조재와 만재, 변재와 심재에 따라 크게 달라진다.

해설
목재의 비열은 수종이나 밀도에 따라 큰 차이를 보이지 않는다.

18 목재의 수축 및 팽윤에 영향을 미치는 주요 요인에 해당하지 않는 것은?

① 목리 방향
② 목재의 비중
③ 목재의 벌채시기
④ 목재의 화학적 성분

해설
목재의 수축 및 팽윤의 영향인자로 화학적 성분, 비중, 함수율, 목리방향등이 있다.

19 목재의 수축과 팽윤에 대한 설명으로 틀린 것은?

① 수축 시 세포내강의 지름은 거의 일정하게 유지된다.
② 수축과 팽윤은 결합수보다 자유수와 더 밀접한 관계가 있다.
③ 수축량은 일반적으로 세포벽에서 제고된 수분용적에 비례한다.
④ 무응력 상태의 작은 목재에서 수축과 팽윤은 동일한 양으로 역전될 수 있다.

해설
일반적인 수축과 팽윤은 결합수의 증감에 따라 발생되며 섬유포화점 이상에서는 일어나지 않으므로 자유수보다 결합수와 더 밀접한 관계가 있다.

20 최대 하중 1000kgf, 할렬면의 나비 0.5m인 목재 시료에서의 할렬강도(kgf/cm)은?

① 10   ② 20
③ 1000 ④ 2000

해설
$$할렬강도 = \frac{최대하중(kgf)}{할렬면너비(cm)} = \frac{1000}{50} = 20 kgf/cm$$

제2과목 목재해부학

21 활엽수재의 횡단면에서 볼 수 없는 것은?

① 도관의 분포
② 유세포의 분포
③ 방사유세포의 길이
④ 방사유세포의 높이

해설
활엽수재의 횡단면상으로 방사유세포의 높이는 측정이 어렵다.

22 활엽수재 목섬유에 대한 설명으로 옳지 않은 것은?

① 수간 내에 있어서 주로 기계적 지지 작용을 담당한다.
② 벽공 종류에 따라 진정목섬유와 섬유상가도관이 있다.
③ 섬유상가도관의 벽공은 렌즈상 또는 선형의 공구를 가진 유연벽공이다.
④ 목섬유의 세포내강에 축방향에 대하여 직각방향으로 얇은 격벽을 형성하는 것은 생존목섬유라 한다.

해설
목섬유 세포내강의 축방향에 직각방향으로 격벽을 형성하는 것을 격벽목섬유라 한다. 격벽목섬유는 2차벽이 형성되고 난 이후에 원형질체가 분열하는 도중 생겨나는 목섬유로 일반적인 목섬유와는 다르다.

23 도관에 타일로시스가 잘 발달하지 않는 수종은?

① 밤나무   ② 참죽나무
③ 적참나무 ④ 황벽나무

해설
타일로시스가 주로 관찰되는 수종은 참나무과에 너도밤나무속, 참나무속, 뽕나무과나 계수나무과, 아까시나무속, 황벽나무속 등이 있다. 적참나무의 도관에는 타일로시스가 거의 발달되지 않는다.

24 유연벽공이 있는 세포와 축방향유세포나 방사유세포와 같은 단벽공이 있는 세포 사이에 만들어지는 벽공대는?

① 반연벽공대 ② 유연벽공대
③ 체상벽공대 ④ 단연벽공대

해설
벽공대는 형태 및 배열에 따라 유연벽공대, 반연벽공대, 단벽공대로 구분되며 유연벽공이 있는 세포와 축방향 유세포, 방사유세포와 같이 단벽공이 있는 세포 사이에 존재하는 벽공대를 반연벽공대라 한다.

25 목재 세포벽의 주체로 이루며 가장 두꺼운 부분은?

① 1차벽   ② 2차벽의 중층
③ 2차벽의 외층 ④ 2차벽의 내층

해설
중층은 세포벽 전체의 약 80% 이상을 차지하고 있다.

26 나무의 팽창조직에서 생긴 무늬를 가리키는 것은?

① 파상무늬   ② 우상무늬
③ 절류무늬   ④ 방사반점무늬

해설
목재의 팽창 조직에서 생기는 무늬를 절류무늬라 한다.

27 활엽수재에서 발생하는 천공의 종류가 아닌 것은?

① 단천공   ② 망상천공
③ 계단상천공 ④ 수직상천공

해설
도관요소의 세포벽면에 발생하는 천공의 종류로 단천공, 계단상천공, 망상천공이 있다.

28 목재의 제재 시 사람의 부주의에 의해 주로 발생하는 목리의 형태는?

① 사주목리   ② 교착목리
③ 나선목리   ④ 통직목리

해설
목재의 제재시 작업자의 부주의로 연륜과 평행하지 않아 사주목리가 발생되기도 한다.

29 다음의 직교분야 벽공 그림 중 가장 전형적인 가문비나무형의 모양으로 옳은 것은?

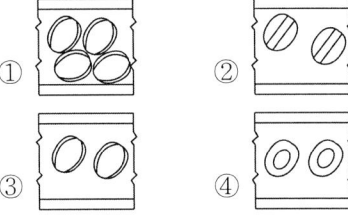

해설
가문비나무형 벽공은 벽공연이 타원형이거나 원형이고 벽공구가 좁고 벽공구가 벽공연의 바깥으로 나오는 경우가 있다.

30 심재와 미성숙재의 차이점에 대한 설명으로 옳은 것은?

① 심재는 죽어 있는 세포의 집단이고 미성숙재는 살아 있는 세포의 집단이다.
② 줄기의 지름이 커질수록 심재의 지름은 차츰 증가하나 미성숙재의 지름은 거의 일정하다.
③ 미성숙재는 변재와 같은 말이며 어릴 때는 미성숙재라고 하다가 나중에 변재라고 부른다.
④ 심재는 활엽수재의 중심부분에 나타내는 말이고 미성숙재는 침엽수재의 중심부분에 쓰는 말이다.

해설
심재는 죽어 있는 세포 집단이며 변재는 살아 있는 세포의 집단이다. 미성숙재는 기본조직이 정상적으로 자라지 못한 목재를 말한다. 그래서 줄기의 지름이 커질 때 심재는 죽은 세포가 쌓이면서 지름이 증가하나 미성숙재는 정상적이지 못한 부분이라 지름이 거의 일정한 것이 특징이다.

31 수간축과 이루는 경사가 서로 반대방향으로 연속하여 교대로 이루어지는 목리는?
① 교착목리 ② 나선목리
③ 사주목리 ④ 파상목리

해설
수간축과 경사를 이루는데 그 경사가 반대방향으로 교대로 연속하여 이루어지는 목리를 교착목리라 한다.

32 침엽수재 중 모양과 내용물이 동일조직의 다른 구성 요소와 대단히 다른 이형세포가 주로 존재하는 수종은?
① 잣나무 ② 측백나무
③ 은행나무 ④ 가문비나무

해설
축방향유세포에서 팽창이 이루어지면 결정이 함유된 세포가 발생하는 이를 이형세포라 하며 주로 은행나무에서 관찰된다.

33 침엽수재에서 가도관의 평균 구성비율은?
① 50~68% ② 70~78%
③ 80~88% ④ 90~98%

해설
침엽수재의 가도관은 구성 비율이 약 90% 이상을 차지한다.

34 벽공벽이 비대되어 생긴 토러스가 생기는 벽공의 형태는?
① 맹벽공 ② 단벽공
③ 유연벽공 ④ 반연벽공

해설
유연벽공에서 벽공벽의 가운데 torus 라는 비후부가 있고 그 주위에 얇은 margo 라는 부분이 있어 가운데가 볼록한 비행접시 모양을 하고 있다.

35 침엽수의 에피델리얼세포의 주기능으로 옳은 것은?
① 수지를 분비한다.
② 표피를 보호한다.
③ 표피세포를 만든다.
④ 세포분열을 촉진시킨다.

해설
에피델리얼세포는 수지를 분비하는 유세포이다.

36 활엽수재에서 나타나는 독립유조직 중에서 동심원상 및 접선상으로 길게 연속하여 1열로 이루어진 선 또는 수열로 이루어진 띠를 나타내는 유조직은?
① 산재유조직 ② 종말상유조직
③ 단접선상유조직 ④ 독립대상유조직

해설
독립유조직에는 산재유조직, 독립대상유조직, 종말상유조직이 있으며 축방향유조직 관공과 관계없이 동심원상이나 접선상으로 길게 연속으로 선이나 수열로 이루어진 유조직을 독립대상유조직이라 한다.

37 정상수지구가 관찰되지 않는 수종은?
① 주목 ② 소나무
③ 잎갈나무 ④ 가문비나무

해설
정상수지구는 침엽수재의 소나무과에만 분포하며 대표수종으로 소나무속, 잎갈나무속, 미송속, 가문비나무속 등이 있다.

38 열대산 활엽수재의 특징으로 옳은 것은?
① 실리카를 함유한 수종은 없다.
② 대부분 산공재이고 단천공이다.
③ 대체로 축방향유조직의 발달이 미비하다.
④ 생장륜이 비교적 명확하고 교착목리가 없다.

해설
열대산재는 대부분 산공재이고 단천공을 가지고 있다. 정상수지구와 수직수지구가 주로 관찰되며 또한 무기물인 결정과 실리카를 함유하는 수종이 있는 것이 특징이다.

39 소나무속의 수종에서 항상 볼 수 있는 조직은?
① 도관 ② 에피델리움
③ 섬유상가도관 ④ 타일로시스

해설
소나무속에는 에피델리얼세포가 박벽이며 대부분 관찰된다.

40 주목이나 은행나무가 소나무보다 일반적으로 재면이 고운 나무갗을 가지는 주요 이유는?
① 조재부의 크기가 만재부보다 크기 때문
② 조재부의 크기가 만재부보다 작기 때문
③ 조재부에서 만재부로 이행이 점진적이기 때문
④ 조재부에서 만재부로 이행이 급진적이기 때문

해설
조재에서 만재로의 이행이 점진적일수록 재면이 고운 나무갗을 가지게 된다. 이행이 너무 빠를 경우 면이 고르지 못하고 거칠게 된다.

제3과목 목재화학

41 침엽수 리그닌의 구성 단위간의 결합양식 중 가장 많이 분포하는 것은?
① β-5 형 결합
② β-β 형 결합
③ β-O-4 형 결합
④ α-O-5 형 결합

해설
리그닌의 경우 β-O-4 형 결합이 가장 빈도가 가장 높은 결합형이다.

42 α-셀룰로오스를 구성하는 단위체의 직경이 5.2Å 이고, 중합도가 8000 이라면 셀룰로오스 사슬의 길이는 얼마인가?
① 5.2 A ② 4.16 nm
③ 4.16 μm ④ 416 nm

해설
1Å은 0.1nm이다. 단위체 직경 5.2Å를 nm로 환산하면 0.52nm가 되고, 중합도 8,000을 곱하면 셀룰로오스 사슬 길이는 약 4,160nm 이므로 4.16 μm가 된다.

정답 37 ① 38 ② 39 ② 40 ③ 41 ③ 42 ③

43 다음 목재 성분 중 1% 알칼리 수용액에 추출되지 않는 것은?
① 탄닌 ② 지질
③ 전분 ④ 리그닌

해설
리그닌은 고분자 무정형 물질로 알칼리 수용액으로 추출이 어렵다.

44 리그닌 정색 반응 중 Maule 반응에 사용되는 약품은?
① $KMnO_4$, HCl, NH_4OH
② Ethanol, NaOH, HCl
③ Ethanol, NaOH, NH_4OH
④ $KMnO_4$, H_2, NaOH

해설
Maule 반응의 경우 시료를 1% 과망간산칼륨($KMnO_4$) 용액에 처리한 후 다시 3% 염산(HCl)으로 처리하고 암모니아수(NH_4OH)를 첨가하면 침엽수재는 황갈색~갈색을 보이고, 활엽수재에서는 적자색이 나타난다.

45 다음 중 셀룰로오스의 용매가 아닌 것은?
① 구리에틸렌디아민 용액
② 구리암모니아 용액
③ Cadoxen 용액
④ 진한 NaOH 용액

해설
셀룰로오스와 착제를 형성할 경우 사용되는 용제들로 구리암모니아, 구리 에틸렌디아민, Cadoxene, Nioxene, Nioxam 등이 있다. 그 외에도 반응기구에 따라 다양한 용제들이 존재한다.

46 Lignin 을 구성하는 기본단량체(monolignaol)가 아닌 것은?
① coniferyl alcohol
② p-coumaryl alcohol
③ synapyl alcohol
④ vanillyl alcohol

해설
vanillyl alcohol 은 리그닌의 산화에 의해 추출되는 생성물이다.

47 Cellulose xanthate 의 용도는?
① 인쇄용 종이제조
② 도료용 용제 제조
③ 레이온 제조
④ 식품용 분산제 제조

해설
Cellulose xanthate 은 분해등을 통해 비스코스레이온을 만든다.

48 리그닌 단리 방법 중 72% 황산을 이용하는 방법을 무엇이라고 하는가?
① Freudenberg 리그닌법
② Kraft 리그닌법
③ Klason 리그닌법
④ Nord 리그닌법

해설
황산을 이용하는 klason 리그닌, Freudenberg 리그닌은 산화동암모니아 용액, Nord 리그닌의 경우 에탄올을 이용한다.

정답 43 ④ 44 ① 45 ④ 46 ④ 47 ③ 48 ③

49 다음 중 Cellulose의 분자량 측정법이 아닌 것은?
① 점도측정법 ② 광산란법
③ 삼투압측정법 ④ 스미스분해법

해설
셀룰로오스 분자량 측정법으로 삼투압법, 광산란법, 초원심법, 점도법, 말단기법이 있다.

50 셀룰로오스는 글루코오스의 중합체이다. 이때 셀룰로오스를 구성하는 글루코오스 간 결합의 형태는?
① α-(1→3) ② α-(1→4)
③ β-(1→3) ④ β-(1→4)

해설
셀룰로오스는 glucose 단위가 β-(1→4)-glucoside 결합을 가지는 고리상 고분자 화합물이다.

51 목재 세포벽 성분 중 다당류를 우선적으로 분해시키는 균은?
① 백색 부후균 ② 갈색 부후균
③ 흑색 부후균 ④ 청색 부후균

해설
갈색부후균은 셀룰로오스 분해시 부후 초기에 셀룰로오스 중합도를 급격히 저하시키는 것이 특징이다.

52 치환도가 2.0 인 초산 셀룰로오스(cellulose acetate)가 있다. 이때 글루코스 단위당 아세틸기 함유량은 얼마인가?(단, 아세틸기 함유량(%) = 102.4 × DS / (3.86 + DS)
① 34.9 % ② 40.8 %
③ 44.8 % ④ 62.5 %

해설
DS(Degree of substitution)은 셀룰로오스 유도체의 치환기 양을 나타내며 치환도라고 한다.
$\dfrac{102.4 \times 2}{3.86 + 2} = \dfrac{204.8}{5.86} ≒ 34.9(\%)$

53 일반적인 침엽수재의 리그닌 함량에 가장 가까운 것은?
① 0~5 % ② 5 ~ 10 %
③ 25 ~ 30 % ④ 35 ~ 50 %

해설
리그닌 함량의 경우 수종별로 다르며 침엽수 리그닌은 25~35%, 활엽수 20~25% 정도의 함량을 가진다.

54 Holocellulose로부터 glucuronoxylan 을 단리하고자 한다. 다음 중 가장 효과적인 용액은?
① 10% 초산용액
② 50% 메탄올용액
③ 24% 수산화칼륨용액
④ 10% 황산 용액

해설
홀로셀룰로오스는 24% 수산화칼륨 용액으로 추출하는것이 효율적이며 추출액을 알칼리 중화에 초산을 함유한 에탄올 중에 주입하면 glucuronoxylan 침전을 얻을 수 있다.

55 알파피넨, 베타피넨은 다음 중 어느 물질의 주성분인가?
① 스틸벤 ② 유지
③ 리그난 ④ 테르페노이드

해설
테르페노이드 주성분은 α-pinene 이며, 이외 β-pinene, camphene, carene, limonone 등이 있다.

정답 49 ④ 50 ④ 51 ② 52 ① 53 ③ 54 ③ 55 ④

56 셀룰로오스를 가수분해 시키고 있다. 이때 일어나는 현상으로 맞지 않은 것은?
① 중합도의 저하
② 환원성말단기의 감소
③ 섬유상 시료의 분말상화
④ 강도의 저하

해설
셀룰로오스 가수분해시 환원성은 증가된다.

57 TAPPI 표준법으로 목재 holocellulose의 함량을 정량하고자 한다. 이때 사용되는 약품이 아닌 것은?
① 수산화나트륨 ② 아염소산나트륨
③ 빙초산 ④ 아세톤

해설
수산화나트륨은 홀로셀룰로오스 중 헤미셀룰로오스를 제거하기 위해 주로 사용된다.

58 다음 cellulose 유도체 중 식품용으로 사용되는 것은?
① Carboxymethyl cellulose
② Nitro cellulose
③ Benzyl cellulose
④ Acetyl cellulose

해설
Carboxymethyl cellulose 는 일명 CMC로서 식품첨가물로 사용되고 있다.

59 Cellulose 를 산(H_2SO_4, HCl)으로 가수분해하면 나타나는 것은?
① glucose ② rahmnose
③ xylose ④ arabinose

해설
셀룰로오스의 산가수분해를 통해 glucoside 결합이 개열되면서 glucose 를 얻는다.

60 α-셀룰로오스가 합성 고분자인 폴리에틸렌보다 흡습성이 높은 이유로서 가장 옳은 것은?
① 사슬에 에테르 결합이 많기 때문이다.
② 사슬의 반복단위에 수산기가 많기 때문이다.
③ 사슬의 반복 단위에 카복실기가 많기 때문이다.
④ 사슬에 에스테르 결합이 많기 때문이다.

해설
고분자에 수산기(-OH) 가 많을수록 흡습성이 뛰어나다.

제4과목 임산제조학

61 크라프트펄프의 표백제로 주로 사용되지 않는 것은?
① 황산 ② 이산화염소
③ 과산화수소 ④ 아염소산염

해설
크라프트펄프 표백제에는 이산화염소, 염소, 차아염소산염, 과산화수소, 과초산 등이 있다.

62 목재당화 과정에서 전가수분해시에 발효 저해물질을 제거할 수 있으며 당수율이 높고 황산 사용량이 많은 방법은?
① scholler 법 ② rheinau 법
③ giordani 법 ④ madison 법

해설
조다니법(giordani)은 묽은 황산과 진한황산을 이용한 전가수분해와 주가수분해를 실시하는 방법이다.

63 주제와 경화제가 모두 고화되는 특성을 지닌 액상 접착제로 용제가 함유되어 있지 않은 접착제는?

① 요소수지 ② 페놀수지
③ 비닐수지 ④ 에폭시수지

해설
주제와 경화제가 모두 100% 고화되는 액상의 접착제로서 용제가 함유되어 있지 않는 수지로 에폭시수지, 폴리우레탄수지 등이 있다.

64 국내의 일반적인 합판 제조시 단판제조 방법으로 가장 널리 사용되고 있는 방법은?

① sliced veneer 법
② sawed veneer 법
③ rotary-cut veneer 법
④ half-round cut veneer 법

해설
로터리 단판은 로터리레이스(rotary lathe)에 의해 만들어지는 판목단판으로 원목을 중심으로 회전축과 평행하게 설치하여 있는 칼날에 의해 연속적으로 얇은 판을 벗겨내는 방식이다.

65 건조목재에 수분경사가 심해 응력이 생긴다면 어떤 처리를 해주는 것이 가장 좋은가?

① 히팅(heating)
② 스티밍(steaming)
③ 컨디셔닝(conditioning)
④ 이퀄라이징(equalizing)

해설
컨디셔닝 처리는 건조재를 높은 온도와 습도에 노출시켜 표층에 잔류하는 압축응력을 제거하기 위해 실시하며, 이를 통해 재목을 가공할 때의 틀어짐이나 접착 문제를 예방한다.

66 펄프 제조 과정에서 증해작업 전에 실시하는 박피작업에 대한 설명으로 옳지 않은 것은?

① 목재의 직경이 작을수록 수피율은 낮다.
② 박피를 하지 않으면 펄프 내 반점이 형성되어 품질이 저하된다.
③ 수피에는 펄프원료인 섬유질이 포함되어 있지 않아 불필요하다.
④ 박피를 하지 않으면 증해과정에서 화학약품의 소비가 증가된다.

해설
목재의 수피는 임목재적의 약 7~8% 정도의 비율을 차지하며 직경이 작다고하여 수피율이 낮아지는 것은 아니다.

67 눈메꿈(눈막이)에 대한 설명으로 옳지 않은 것은?

① 마무리 도료의 침투성을 양호하게 하기 위한 공정이다.
② 전색제의 종류에 따라 수성, 유성, 합성수지 눈메꿈제로 구분한다.
③ 보통 착색공정 다음에 적용하나 때로는 초벌칠 후에 적용하기도 한다.
④ 목재표면의 공극을 적당한 물질로 메워 평활한 표면을 만들기 위한 공정이다.

해설
눈메꿈은 목재의 공극을 메우고 평활한 표면을 만들기 위한 작업으로 마무리칠 도료의 침투를 막는다.

68 고주파 건조에 대한 설명으로 옳은 것은?
① 추기 건설비가 저렴하다.
② 목재 내부부터 건조가 일어난다.
③ 수분이 많은 부분을 선택적으로 가열할 수 없다.
④ 피가열물의 형성에 따라 건조 결과가 크게 다르다.

해설
목재 내부의 수분을 건조시켜 내부의 증기압이 표층의 증기압보다 높아져 내부수분이 외부로 이동하면서 건조하는 방법이다.

69 다음 접착제 중 내수성이 가장 우수한 것은?
① 아교   ② 덱스트린
③ 요소수지 ④ 멜라민수지

해설
아교는 내수성, 내열성, 내구성이 우수하고 온수 중에서도 충분한 접착력을 발휘한다.

70 KS 에서 규정하는 경질 섬유판(HB)의 기준밀도는?
① 0.35 g/cm³
② 0.35 g/cm³ 이상 0.55 g/cm³ 미만
③ 0.55 g/cm³ 이상 0.85 g/cm³ 미만
④ 0.85 g/cm³ 이상

해설
식물 섬유를 주요 원료로써 압축 성형한 비중 0.8 이상의 보드를 말하고 KS 에서 규정하는 경질 섬유판은 0.85g/cm³ 이상을 말한다.

71 다음 중 집성재의 특징으로 옳지 않은 것은?
① 품질이 균일하고 고른 재료를 만들 수 있다.
② 방부, 방충 등의 약제 처리에는 적합하지 않다.
③ 제재목으로 원하는 품질과 치수의 재료를 만들 수 있다.
④ 할렬 등 목재 특유의 결점을 제거하거나 분산 시킬 수 있다.

해설
집성재의 경우 방충, 방부, 방화 등의 약제 처리가 용이하다.

72 쇄목펄프 제조공정에 속하지 않는 것은?
① 탈수   ② 정선
③ 리파이닝 ④ 다이제스트

해설
쇄목펄프는 마쇄, 조선, 정선, 목편의 재해리, 탈수 등의 공정 순으로 진행되며 다이제스트는 화학펄프 공정에 속한다.

73 집성재를 제조할 때 일반적인 압체조건으로 옳은 것은?
① 침엽수 2~5 kgf/cm², 활엽수 5~10 kgf/cm²
② 침엽수 2~5 kgf/cm², 활엽수 10~15 kgf/cm²
③ 침엽수 5~10 kgf/cm², 활엽수 5~10 kgf/cm²
④ 침엽수 5~10 kgf/cm², 활엽수 10~15 kgf/cm²

해설
집성제 제조시 압착조건은 침엽수 5~10kg/cm², 활엽수 10~15kg/cm² 정도이다.

74 띠톱 제재기의 크기를 결정하는 것은?
① 띠톱의 두께
② 거차의 지름
③ 송재차의 크기
④ 대차의 레일 폭

해설
거차의 지름은 띠톱기계의 크기를 나타낸다.

75 소나무 뿌리를 원료로 한 송근유에서 터펜틴유를 추출할 수 있는 증류 온도는?
① 130 ~ 200°C
② 200 ~ 300°C
③ 300 ~ 360°C
④ 360 °C 이상

해설
터펜틴유를 수증기 증류를 통해 제조하며 이때의 증류 온도는 130 ~ 200°C 이다.

76 열경화성수지 접착제에 속하는 것은?
① 페놀수지, 아크릴수지
② 페놀수지, 멜라민수지
③ 초산비닐수지, 멜라민수지
④ 초산비닐수지, 에폭시 수지

해설
열을 가하여 경화 성형하면 다시 열을 가해도 형태가 변하지 않는 수지로 페놀수지, 요소수지, 멜라민수지 등이 있다.

77 건조 전 중량이 2kg 인 판재의 건량기준함수율이 33% 이면 판재의 전건중량은?
① 약 1300 g
② 약 1400 g
③ 약 1500 g
④ 약 1600 g

해설
$$\frac{건조전\ 무게 - 건조후무게}{건조후무게} \times 100(\%)$$
$$\frac{2,000 - x}{x} \times 100(\%) = 33(\%) \Rightarrow x ≒ 1,500g$$

78 가수분해형 탄닌이 산, 알칼리 또는 효소에 의해 분해될 때 생성되는 것은?
① Gallic acid
② Abietic acid
③ Palmitic acid
④ Phthalic acid

해설
산, 알칼리, 효소 등을 이용하여 가수분해 하였을 대 Gallic acid 를 생성하며 이를 가수분해형 타닌이라 한다.

79 합판 프레스의 압력 조절시 직경 500mm, 면적 0.196m² 의 램(Ram) 1톤으로, 1m × 2m 크기의 합판에 14.5 kgf/cm² 의 압력을 가하려고 할 때 유압 펌프의 게이지 압력 (kgf/cm²)은?
① 135
② 148
③ 156
④ 168

해설
게이지 압력 = (합판 넓이×압착 압력) / 램 면적
= (2×14.5) / 0.196 = 295.918 ≒ 148

80 수압박피기에 대한 설명으로 옳지 않은 것은?
① 먼지가 적은 깨끗한 물을 사용하여야 한다.
② 원목 1본씩 박피하므로 대경목 박피에 유리하다.
③ 목재는 깨끗하게 박피되나 목질부의 손상이 크다.
④ 고압의 물을 직접 수피면에 분사하여 박피하는 장치이다.

해설
수압박피기는 다른 박피기에 비해 목재의 표면을 깨끗하게 박피하고 손상이 적은 것이 장점이다.

제5과목 목재보존학

81 목재 주성분인 셀룰로오스, 헤미셀룰로오스, 리그닌을 동시에 가해하는 균에 의하여 일으키는 부후형태로 활엽수재에서 많이 발생하는 것은?

① 변색　　② 연부후
③ 갈색부후　④ 백색부후

해설
백색부후균은 셀룰로오스, 헤미셀룰로오스, 리그닌을 동시에 분해한다.

82 금속화 목재의 특징으로 옳은 것은?

① 열전도율이 크게 감소한다.
② 화재 시 불에 잘 타지 않는다.
③ 전기전도도가 낮아지므로 누전차단 용도로 사용할 수 있다.
④ 비중은 증가하나 금속이 함유되어 있으므로 목재의 탄성이 약해지며, 경도가 낮아진다.

해설
금속화 목재는 목재의 공극 내에 금속성분을 용해하여 주입한 개량 목재로서 불에 노출시 탄화되기는 하나 금속이 대부분 용융되어 목재 내부의 냉각 공기가 팽창되면서 금속의 대부분이 목재 밖으로 배출될 때까지는 연소가 일어나지 않는다.

83 방부제와 난연제로서 동시에 사용 가능한 무기성분은?

① 붕소　　② 구리
③ 크롬　　④ 비소

해설
붕소는 수용성 방부제의 원료로 사용되기도 하며 난연제로서 불활성 탄화층을 형성하여 산소나 열의 전달을 차단한다.

84 부후된 목재 내의 균사 분포와 조직 변화에 대한 설명으로 옳은 것은?

① 균사는 효소작용에 의해 세포벽을 분해하여 들어갈 수 있다.
② 부후 초기에도 육안적 관찰만으로 목재 내 균사를 확인할 수 있다.
③ 균사는 물리적인 힘에 의하여 세포벽을 관통하며, 세포벽의 벽공이 균사보다 작을 때는 관통할 수 없다.
④ 부후 말기의 목재 내부는 활력이 높은 균사만이 존재하며, 무수히 많은 목재의 작은 조각들을 발견 할 수 있다.

해설
부후균의 균사는 목재세포벽을 분해하는 능력이 있어 세포벽을 분해하여 침투하고 분해가 쉬운 저분자 탄수화물이 많은 방사조직에서 증식하는 경우가 대부분이다.

85 부후 시편 중량이 4.253g 에서 4.132g 으로 된 경우에 해당 시편 목재의 중량감소율은?

① 약 1.2 %　② 약 2.4 %
③ 약 2.9 %　④ 약 3.2 %

해설
중량감소율
$$= \frac{부후 이전 중량 - 부후 이후 중량}{부후 이후 중량} \times 100(\%)$$
$$= \frac{4.253 - 4.132}{4.132} \times 100(\%) ≒ 2.9(\%)$$

정답　81 ④　82 ②　83 ①　84 ①　85 ③

86 목재의 내화성능에 대한 설명으로 옳지 않은 것은?
① 다공질로 열전도율이 낮다.
② 대량의 열을 소비하여 열의 투과를 저지한다.
③ 열팽창이 작아 가열에 의한 내부 응력 발생이 적다.
④ 표면에 탄화층을 형성하기 어렵고 이것에 의하여 산소공급이 저지된다.

해설
목재가 연소시 표면에 탄화층을 형성하여 산소의 공급을 저지한다.

87 현재 국내에서 내용연수가 요구되는 토목용재 등으로 이용되는 목재의 방부처리법은?
① 확산법   ② 분무법
③ 온냉욕법 ④ 가압처리법

해설
가압주입법은 침목이나 항만용재, 교량재, 토목용재 등에 주로 사용된다.

88 방부목재에 대한 품질표시 기재사항이 아닌 것은?
① 사용 방부제
② 사용 환경범주
③ 방부목재의 수종
④ 방부목재의 내구성

해설
방부목재 품질표시 기재사항으로 수종, 원산지, 사용 방부제, 사용환경범주, 수량, 치수, 제조일자, 제조자 등이 표기 된다.

89 다음 중 목재의 치수안정을 위한 처리 방법으로 옳지 않은 것은?
① 내외부 표면피복 처리
② 폴리에틸렌글리콜(PEG) 처리
③ 합판의 경우 무배향으로 제작
④ 배향성 파티클보드는 직교 배합하여 제작

해설
목재의 치수안정 처리 방법으로 PEG 처리, 페놀수지 처리, 아세틸화 처리, 표면의 피복처리 등이 있다. 단판의 직교를 통해 인접한 단판의 길이 방향 팽윤이 적어 측면의 팽윤이 억제되고, 이에 따라 흡윤성이 감소하게 된다.

90 다음 중 주로 습한 목재를 가해하는 것은?
① 흰개미   ② 송곳벌
③ 왕바구미   ④ 히라다가루나무좀

해설
함수율이 높거나 고함수율일 때에 목재를 가해하는 대표 곤충은 흰개미이다.

91 수지처리 압축목재에 대한 설명으로 옳지 않은 것은?
① 치수안정성이 비처리 압축목재보다 양호하다.
② 강도적 성능은 비중에 비례하여 증가한다.
③ 강도가 목재-플라스틱 복합재보다 증가한다.
④ 두께 방향의 치수안정성이 합성수지처리 목재보다 양호하다.

해설
수지처리 압축목재는 수지처리 비압축목재보다도 두께방향 팽윤성이 클 정도로 치수안정성이 상대적으로 약하다.

92 목재부후에 대한 설명으로 옳지 않은 것은?

① 부후 초기의 콜로니화 단계에서는 피해가 매우 급격히 일어난다.
② 부후 말기에는 목재는 가해 부후균의 종류에 따라 갈색 및 백색을 띤다.
③ 부후 중기에 이르면 재색과 조직의 변화가 뚜렷해지지만 형태는 건전하다.
④ 부후 초기를 지나 부후가 진행되면 재색의 변화와 목재조직의 변화가 일어난다.

해설
부후균은 초기에는 콜로니화 단계로 피해가 거의 나타나지 않는다.

93 건축물의 흰개미 가해 여부를 탐지할 수 있는 방법으로 옳지 않은 것은?

① 유시충 날개의 존재 확인
② 목재 함수율 측정을 이용한 목재 강도 저하 확인
③ 망치나 드라이버를 이용한 목재 내부의 공동 존재 유무 확인
④ 목재와 돌 또는 콘크리트 기초 간을 연결하는 개미 길의 존재 확인

해설
함수율로는 흰개미의 가해 여부를 판단하기 어렵다.
[흰개미 탐지 방법]
ⓐ 건축 기초의 주위에 개미길 확인
ⓑ 흰개미가 쌓은 의토의 확인
ⓒ 흰개미집 근처에서 이루어지는 유시충의 군비 확인
ⓓ 창문이나 창가 주위에 버려진 유시충 날개 확인
ⓔ 망치로 두들기거나 드라이버로 찔러서 공동의 유무 확인
ⓕ 피해가 진행됨에 따라 건물의 이상 징후 확인

94 액체암모니아 목재 가소화 처리에 대한 설명으로 옳지 않은 것은?

① 열가소화처리 온도는 125°C 이다.
② 목재의 –OH 에 암모니아가 치환된다.
③ 암모니아는 비결정영역에만 침투된다.
④ 암모니아가 증발되면서 가소성을 잃고 고정된다.

해설
암모니아의 침투는 결정영역, 비결정영역의 구분이 없다.

95 목재 방충제 중 카바마이트(carbamate)계 화합물에 대한 설명으로 옳지 않은 것은?

① 접촉독성이 높다.
② 지속성이 우수하다.
③ 카르바민산의 유도체이다.
④ 현탁액상으로 목재와 토양처리에 이용된다.

해설
카바마이트계 방충제는 카르바민산의 유도체로 접촉, 식독, 호흡독으로 작용하며 접촉 독성이 특히 높다. 알칼리에서는 불안정하고 현탁액으로 목재나 토양처리에 이용되는데 상대적으로 지속성은 낮다.

96 목재에 방부제를 주입하기 위해 천연건조로 전처리를 하려 할 때 목재 함수율 기준은?(단, 확산법으로 처리할 목재가 아님)

① 10 % 이하   ② 20 % 이하
③ 30 % 이하   ④ 40 % 이하

해설
건조에 의한 목표 함수율은 30% 이다.

97 압축 전 목재의 두께가 20mm, 압축 직후 압축목재의 두께가 14mm, 최대 회복 후 압축목재의 두께가 17mm 인 경우 최대 영구회복(복원)은 얼마인가?

① 30 %
② 50 %
③ 60 %
④ 100 %

해설

$\dfrac{회복된 두께}{압축된 두께} \times 100(\%) = \dfrac{3}{6} \times 100(\%) = 50(\%)$

98 방부성 발수도료에 관한 설명으로 옳지 않은 것은?

① benzophenones 등의 자외선 흡수제를 포함한다.
② 부후균, 변색균, 표면오염균의 생육 억제 기능이 있다.
③ 유기용제용성의 경우 수용성에 비해 목재부후 억제효과가 대체로 적다.
④ 페인트도장 전 발수도료로 전처리할 경우 수용성과 유기용제용성 간의 페인트 내구성 차이는 없다.

해설

유기용제용성은 수용성에 비해 목재부후 억제효과가 크다.

99 목재 변색균에 의한 변색이 변재에만 발생되는 이유로 가장 옳은 것은?

① 심재의 산도가 너무 높아 변색균의 생육이 불가능하므로
② 심재에는 변색균의 영양원인 당류나 전분등이 없기 때문에
③ 심재 조직이 단단하여 변색균의 균사가 침투할 수 없으므로
④ 변색균의 균사가 함수율이 낮은 심재에서는 생육할 수 없으므로

해설

변색균의 에너지원은 목재의 당, 전분, 단백질 등이며, 세포벽은 거의 사용하지 않아 심재까지는 침투하지 못한다.

100 연부후균에 대한 설명으로 옳지 않은 것은?

① 함수율 100 % 이상에서는 생육할 수 없다.
② 주로 셀룰로오스와 헤미셀룰로오스를 분해한다.
③ 일부 연부후균은 리그닌의 탈메톡실화를 일으킨다.
④ 다른 균류에 비해 생육최적 온도 및 PH의 범위가 넓다.

해설

연부후균은 고함수율 조건에서 잘 발생한다.

2016 임산가공기사 필기

제1과목 목재이학

01 목재의 각 방향에 따른 수축률의 크기를 바르게 나열한 것은?

① 접선방향 > 방사방향 > 섬유방향
② 접선방향 > 섬유방향 > 방사방향
③ 섬유방향 > 방사방향 > 접선방향
④ 방사방향 > 섬유방향 > 접선방향

해설
대부분의 수종은 접선방향 3.5~15%, 방사방향 2.4~11%, 섬유 방향 0.1~0.9% 정도의 수축률 범위를 가지고 있다. 이들의 평균 비를 구해보면 약 100 : 60 : 4이다.

02 목재의 비열에 가장 크게 영향을 주는 인자는?

① 수종
② 밀도
③ 함수율
④ 춘재 및 추재 구성정도

해설
목재 내부의 물인 함수율이 목재의 비열에 가장 큰 영향을 준다. 실제 물의 비열은 목재의 비열 대비 약 3배 정도 크다

03 다공질 재료를 흡음재료로 사용하는 데 있어서 주의사항으로 옳지 않은 것은?

① 재료 표면의 세공을 메우거나 두꺼운 도장을 하지 말 것
② 두꺼운 도장을 할 경우에는 관통하지 않는 구멍을 뚫어 실질부를 노출할 것
③ 판상재료의 경우 판진동에 의한 저음역 소음이 발생하므로 배후에 공기층이 없도록 할 것
④ 관통 구멍이 있는 얇은 합판 등을 덮을 경우에는 구멍의 개구율을 30% 이상으로 할 것

해설
판상재료의 경우 음이 닿으면 판진동을 하게 된다. 이때 중량 및 배후 공기층이 클수록 저음역으로 이동하게 된다.

04 목재의 강도적 성질에 영향을 주는 인자에 대한 설명으로 옳지 않은 것은?

① 비중이 클수록 목재의 강도는 증가한다.
② 온도가 상승하면 목재의 강도는 감소한다.
③ 함수율이 작을수록 목재의 강도는 증가한다.
④ 마이크로피브릴 경사각이 클수록 목재의 강도는 증가한다.

해설
마이크로피브릴(microfibril, 미소섬유)의 장축이 세포 장축과 이루는 각도를 말하며, 목재의 역학적 성질과 수축·팽윤의 이방성을 지배하는 중요 인자이다. 마이크로피브릴 경사각이 작을수록 목재의 강도는 증가한다.

정답 01 ① 02 ③ 03 ③ 04 ④

05 생재비중(S)을 알고 있는 목재의 최저함수율을 구하는 식은?

① $100 \times \dfrac{1-S}{S}$ ② $100 \times \dfrac{1+S}{S}$

③ $100 \times \dfrac{S}{1+S}$ ④ $100 \times \dfrac{S}{1-S}$

해설

물속에 가라앉을 수 있는 한계점의 함수율을 최저함수율이라 한다.

최저함수율 $= \dfrac{1 - 생재비중}{생재비중} \times 100(\%)$

06 4.5 kg 목재를 20°C에서 90°C 까지 올리는데 필요한 열량은?(단, 이 목재의 비열은 0.3066 cal/g °C 임)

① 97 cal   ② 96579 cal
③ 966 kcal   ④ 96579 kcal

해설

비열은 물질의 온도를 1°C 올리는 데 요구되는 열량이다.
비열 = 열량 / 질량(온도 변화량)
0.3066 = 열량 / 4,500(90-20)
열량 = 96579 cal

07 목재의 함수율을 측정하는 전기식 수분계에 대한 설명으로 옳지 않은 것은?

① 목재의 전기적 성질을 이용한 것이다.
② 저항식 수분계와 용량식 수분계가 있다.
③ 전건법에 의한 함수율 측정법보다 정밀한 방법이다.
④ 휴대용으로 목재를 절단하지 않고 현장에서 바로 측정할 수 있다.

해설

목재의 함수율을 신속하게 측정 가능하나 수분량이 매우 높거나 낮을 경우 오차가 발생한다.

08 목재의 열팽창에 대한 설명으로 옳은 것은?

① 치밀한 목재는 가벼운 목재보다 열팽창이 더 작다.
② 함수율 20% 이내에서 함수율이 증가하면 선팽창률은 감소한다.
③ 목재의 온도상승에 의한 치수변동은 선팽창, 면적팽창으로 2가지가 있다.
④ 횡단방향 선팽창률은 섬유방향 선팽창률보다 크며 일반적으로 이방도는 10 : 1 정도이다.

해설

열팽창계수는 이방성을 가지고 있어 횡단방향 선팽창률은 섬유방향 대비 5~10 배정도 크다.

09 수분에 의한 목재치수의 변화를 계산하는 데 이용되지 않는 것은?

① 수축률   ② 상대습도
③ 평형함수율   ④ 생재함수율

해설

수분의 의한 목재의 치수변화는 수축 및 팽윤을 의미하기에 수축률과 팽창률이 이용된다. 이를 계산하기 위해 생재일 때의 길이, 전건일 때의 길이, 기건일 때의 길이 등이 필요하며 그 외 온도, 습도 등의 영향을 받는 평형함수율과 상대습도 등 역시 목재 치수변화의 척도가 된다. 그러나 생재함수율은 벌목 즉시의 함수율로 이때의 값이 목재의 치수변화를 계산하는데 이용되지는 않는다.

10 목재는 탄성한계 내의 작은 응력에서도 외력이 장시간 작용하면 변형이 증가하게 되는데, 이는 목재의 어떤 성질 때문인가?
① 탄성적 성질 ② 취성적 성질
③ 점탄성적 성질 ④ 탄소성적 성질

해설
목재는 탄성과 점성의 성질을 동시에 지니는 점탄성적인 성질을 지니고 있다. 점탄성은 일반적으로 응력과 변형률 간의 관계로 시간의 경과에 따라 변하게 된다.

11 6cm × 6cm 의 횡단면에 7000 kgf 의 하중이 작용하여 16cm 이던 목재가 15.97cm로 압축되었다. 이때 이 목재의 탄성계수(kgf/cm^2)는?
① 약 87500 ② 약 103700
③ 약 233330 ④ 약 525000

해설
응력 = 외력(하중)/단면적
 = 7,000kg/(6cm×6cm) = 194.45kg/cm^2
변형률 = 변형률 길이/처음 길이
 = (16-15.97)/16 = 0.001875
탄성계수 = 외력/변형률
 = 194.45/0.001875 = 103,700kg/cm^2

12 다음 조건에서 생재 소나무 널결판재의 수축량은?

- 판재의 폭 : 10cm
- 섬유포화점 : 20 %
- 건조 후 함수율 : 12 %
- 접선방향 전수축률 : 3.1 %

① 0.62 mm ② 1.24 mm
③ 2.48 mm ④ 3.72 mm

해설
접선방향의 전수축률이 3.1% 이므로 건조 후 함수율 12% 일 때의 길이기준을 구한 후 판재의 폭 10cm에 대한 수축량을 구하도록 한다.
$$l_{12} = \frac{12\% \times 0.31cm}{20\%} + 9.69cm = 9.876$$
$10cm - 9.876cm = 0.124cm = 1.24mm$

13 수분에 의한 목재의 수축과 팽윤에 대한 설명으로 옳지 않은 것은?
① 수축량은 일반적으로 세포내강에서 제거된 수분용적에 비례한다.
② 목재가 수축하거나 팽윤하여도 세포내강의 지름은 거의 일정하게 유지된다.
③ 무응력 상태의 작은 목재에서 수축과 팽윤은 동일한 양으로 역전될 수 있다.
④ 세포벽의 수축은 물 분자가 셀룰로오스와 헤미셀룰로오스 분자들에서 이탈하면 분자 간 거리가 접근되면서 발생한다.

해설
세포내강의 용적 변화는 극히 적으며 주로 외부 용적만 변한다. 또한 정상적인 수축과 팽윤은 결합수의 증감에 따라 발생한다.

14 진비중을 측정하기 위해 사용하는 치환물질 중 진비중이 가장 크게 나타나는 물질은?
① 물 ② 벤젠
③ 헬륨 ④ 톨루엔

해설
물은 약 1.53 g/cm³, 헬륨은 1.46 g/cm³, 벤젠과 톨루엔은 1.44 g/cm³ 정도의 값을 가진다.

15 목재의 열전도율에 대한 설명으로 옳은 것은?
① 절대온도에 비례한다.
② 비중이 증가함에 따라 감소한다.
③ 함수율이 증가함에 따라 감소한다.
④ 섬유주향에 따라 영향을 받지 않는다.

해설
열전도율은 온도, 비중, 함수율, 섬유방향 등에 영향을 받으며 온도가 상승함에 따라 열전도도가 증가하므로 절대온도에 비례한다.

16 목재의 평형함수율에 대한 설명으로 옳지 않은 것은?
① 흡습량과 방습량이 동일한 상태이다.
② 평형함수율은 수종에 따라서 변한다.
③ 상대습도가 높을수록 평형함수율은 크다.
④ 우리나라에서는 4월 정도가 최저이고 8월 정도가 최고이다.

해설
평형함수율은 목재의 방습량과 흡습량이 같아지는 함수율로 공기 중의 온도와 습도에 의해 결정되는데 상대습도가 낮을수록 함수율이 감소하고, 수종의 영향은 거의 없다.

17 시편의 전건비중이 0.6 이고, 진비중이 1.5 일 때 공극률은?
① 0.4 ② 0.5
③ 0.6 ④ 0.7

해설
$$공극률 = \frac{진비중 - 전건비중}{진비중} = \frac{1.5 - 0.6}{1.5} = 0.6$$

18 목재의 전건무게와 기건체적을 기준으로 계산하는 비중은?
① 진비중 ② 생재비중
③ 전건비중 ④ 기건비중

해설
기건비중은 기건무게에 대한 기건체적의 비로서 대기조건의 평형에 도달한 기건재의 중량과 용적(체적)에 근거한 밀도이다.

19 목재 내의 함유수분에 대한 설명으로 옳지 않은 것은?
① 세포내강 등의 빈 공간에 들어있는 물을 자유수라고 한다.
② 모세관 현상에 의하여 세포벽의 미세공극에 들어있는 수분을 모세관수라 한다.
③ 수소결합 등을 통하여 목재의 구성성분들과 붙어있는 수분을 결합수라고 한다.
④ 목재 성분의 화학적 조성을 완전히 분해시켜야 분리할 수 있는 수분은 구조수이다.

해설
모세관의 압력차에 의해 이동되는 수분은 자유수이다.

20 목재의 응력-변형률도에 대한 설명으로 옳은 것은?

① 비례한계와 탄성한계는 기본적으로 같은 개념이다.
② 목재 파괴 시의 응력을 파괴응력 또는 항복 응력이라 한다.
③ 모든 물체는 외력이 작용하면 변형이 수반되고 외력이 제거되면 변형은 완전히 회복된다.
④ 비례한계는 응력과 변형간의 직선관계가 성립되는 한계점을 말하고, 비례한계 내에서 응력이 제거되면 변형은 순간적으로 회복된다.

해설

① 비례한계는 응력과 변형 간의 직선관계를 나타내고, 탄성한계는 비례한계와 항복점 사이의 응력과 변형 간의 관계를 나타내므로 다른 개념이다.
② 응력이 일정한 상태에서 변형률이 급격히 변하는 응력을 항복응력이라 하고, 물체가 파괴되는 최대 응력을 파괴응력 또는 극한강도라고 한다.
③ 모든 물체가 그러한 것이 아니며 또한 외력이 항복점 이상 작용하면 회복되지 않고 영구적으로 변형되기도 한다.

제2과목 목재해부학

21 다음 ( )에 해당하는 용어는?

> 형성층시원세포의 배열은 성숙한 후에도 거의 그대로 축방향 요소와 방사조직의 관계위치를 반영하므로 층계상 배열의 형성층을 가지는 수종은 층계상구조를 나타내어 ( )의 원인이 된다.

① 이상재 ② 리플마크
③ 권모목리 ④ 비대생장

해설

방사조직이 층계상 배열을 하여 가느다란 줄 모양의 무늬가 관찰되면 이를 리플마크라고 한다.

22 활엽수재의 세포 중 횡단면상에서 광학현미경으로 구분이 거의 불가능한 세포를 올바르게 짝지은 것은?

① 목섬유와 도관요소
② 목섬유와 방사조직
③ 도관요소와 도관상가도관
④ 도관요소와 축방향유세포

해설

도관상가도관은 크기, 모양 등이 만재부의 소도관과 매우 비슷하다. 다만, 천공을 가지지 않는 점이 다르다. 그래서 횡단면상에서는 소도관과 구별할 수 없다.

23 침엽수재 가도관의 구성비율은?

① 60 ~ 68 % ② 70 ~ 78 %
③ 80 ~ 88 % ④ 90 ~ 98 %

해설

침엽수재 가도관의 구성비율은 90% 이상이다.

24 목재 가공과정에서 제재자의 부주의에 의해 나타나는 목리는?

① 통직목리 ② 교착목리
③ 사주목리 ④ 나선목리

해설

제재할 때 작업자의 부주의로 연륜과 평행하지 않아 사주목리가 만들어지기도 한다.

25 활엽수재의 수평방향에 분포하는 유세포는?

① 방사유세포 ② 방추형유세포
③ 축방향유세포 ④ 에피델리얼세포

해설

활엽수재의 수평방향으로 분포하는 유세포로 방사유세포가 있으며 배열 및 모양에 따라 평복세포, 직립세포, 방형세포 등이 있다.

26 침엽수재와 활엽수재 조직의 차이점으로 옳지 않은 것은?

① 활엽수재는 가도관이 존재하지 않는다.
② 활엽수재의 방사조직은 방사가도관이 없다.
③ 침엽수재의 세포배열은 모두 비층계상이다.
④ 침엽수재의 축방향유조직은 일부 수종에만 현저하며 배열형도 산재, 접선상 등으로 단순하다.

해설
활엽수재의 가도관은 침엽수재에 비하여 길이가 짧고 벽공의 크기가 작다.

27 목재의 3단면 중 목리에 직각이 되도록 잘라낸 단면은?

① 횡단면 ② 추정면
③ 방사단면 ④ 접선단면

해설
횡단면은 수간축에 직각인 단면, 방사단면은 수간축에 평행하고 수를 통과하는 방사방향의 단면, 접선단면은 수간축에 평행하고 연륜에 대하여 접선방향의 단면을 말한다.

28 활엽수재의 방사유세포에 대한 설명으로 옳은 것은?

① 배열이 단순하다.
② 형태의 변이성이 작다.
③ 방사가도관이 존재한다.
④ 변재에는 양분 저장 기능을 갖고 있다.

해설
방사유세포는 방사방향으로 양분의 저장 및 이동 기능을 가진 세포이다.

29 열대 활엽수재의 대부분과 국내 활엽수재의 60% 이상이 갖는 관공의 형태는?

① 환공재 ② 산공재
③ 방사공재 ④ 문양공재

해설
열대산재의 대부분은 산공재이고 산공재의 주요 수종으로 사시나무, 버드나무, 오리나무, 단풍나무 등이 있다.

30 가도관이나 목섬유의 세포벽층 가운데 리그닌이 가장 많은 양으로 존재하는 곳은?

① 1차벽 ② 2차벽
③ 세포간층 ④ 세포내강

해설
리그닌의 분포는 조재와 만재에 차이는 있으나 2차벽에서 가장 많은 양을 차지하고 있으며 대략 50~70% 정도이다.

31 다음 설명에 해당하는 특수형의 방사조직은?

- 활엽수재 방사단면에서 평복세포 사이에 있는 높이가 평복세포와 거의 같은 직립세포이다.
- 일반 방사유세포가 가지고 있는 원형질 등이 없어 내강이 빈 세포로 되어 있다.

① 타일세포 ② 책상세포
③ 초상세포 ④ 쇄상세포

해설
평복세포와 같은 높이의 타일세포는 Durio형이라 하고, 평복세포보다 높은 타일세포는 Pterospermum형이라 한다.

32 세포의 생활력이 상실되어 수체 지지의 기계적 기능을 담당하는 조직부분은?
① 변재　　② 심재
③ 이상재　④ 반응재

해설
심재는 시간이 지나면서 유세포들이 사세포로 되면서 도관이나 가도관의 기능을 상실하고 수목의 지지 역할만 하게 되는 중앙의 내부이다.

33 주로 열대재의 유세포 중에 존재하며 목재의 절삭가공 시 절삭기구의 칼날 마모를 촉진시키고 해충 저항성을 나타내게 하는 것은?
① 결정　　② 수지
③ 실리카　④ 격벽목섬유

해설
식물체 내의 이산화규소(SiO₂)로 작은 입자들이 모여 큰 덩어리로 보이며 주로 열대산재에서 관찰된다.

34 활엽수재에서 작은 지름의 관공이 부분적으로 밀집하여 화염상, X자상, 그물모양 등으로 나타나는 것은?
① 환공재　　② 산공재
③ 방사공재　④ 문양공재

해설
지름이 작은 관공들이 그물 모양이나 화염상 등의 문양을 보이는 재를 문양공재(figured porous wood)라 한다.

35 활엽수재 방사조직의 함유량은?
① 5% 미만　　② 5 ~ 15%
③ 20 ~ 30%　④ 30 % 이상

해설
활엽수재에서 목섬유의 구성비율은 50~70%정도, 도관과 함께 활엽수재의 주요 구성세포이다. 그 외 방사조직이 5~15%, 축방향으로 분포하는 유세포가 5~10% 정도를 차지한다.

36 침엽수재 형성층의 방추형 시원세포가 성숙해서 된 목부세포는?
① 방사유세포　　② 방사가도관
③ 수평수지구　　④ 축방향가도관

해설
축방향가도관은 침엽수재 형성층의 방추형 시원세포가 성숙한 것이다. 방추형시원세포의 경우 형성층 안쪽으로 가도관, 도관요소, 목섬유, 축방향유세포 등의 축방향에 관련된 요소들을 형성한다.

37 활엽수재를 횡단면에 나타난 세포 배열에 따라 산공재, 환공재 등으로 나누는데 어떤 세포의 배열에 따라 분류하는 것인가?
① 도관　　② 유세포
③ 수지구　④ 목섬유

해설
산공재의 도관은 연륜 내에 크기와 분포가 균일한 것이 특징이며, 환공재는 춘재 도관이 추재의 도관보다 큰 편이다.

정답 32 ② 33 ③ 34 ④ 35 ② 36 ④ 37 ①

38 침엽수재의 방사가도관에 대한 설명으로 옳지 않은 것은?

① 유연벽공을 가진다.
② 방사조직 내에 방사유세포와 크기가 비슷하다.
③ 장축이 방사방향인 세포가 존재하는 경우도 있다.
④ 전나무에 주로 발생하며 소나무는 거의 발생하지 않는다.

해설
소나무속의 경우 방사조직의 모든 세포가 방사가도관인 경우도 있다.

39 활엽수재의 도관에 인접한 유세포가 벽공벽을 파괴하여 도관 내강 속으로 생장하여 형성되는 조직은?

① 검물질   ② 크라슐래
③ 타일로시스 ④ 타일로소이드

해설
활엽수에는 타일로시스가, 침엽수에는 타일로소이드가 에피델리얼 세포로 쌓여 있다.

40 비정상적으로 온난한 기후가 늦여름과 가을에 이례적으로 나타나 수목이 다시 생장을 계속하여 한 개 연륜 내에 두 개 이상의 생장륜을 형성하는 연륜은?

① 위심재   ② 이행재
③ 위연륜   ④ 이행륜

해설
위연륜은 같은 해 정상적인 연륜 외에 생기는 연륜모양의 구조를 말한다.

제3과목 목재화학

41 활엽수재 리그닌의 $C_6 - C_3$ 단위당 작용기의 수가 가장 많은 것은?

① 카르보닐기   ② 벤질알코올기
③ 페놀성수산기 ④ 메톡실기

해설
리그닌은 탄소-탄소, 에테르 결합으로 축합한 고분자 물질로 메톡실기를 함유하고 있다.

42 펙틴(Pectic)에 대한 설명으로 옳지 않은 것은?

① Polygalacturonic acid가 주 성분을 이룬다.
② 목재의 주 성분 중 하나이다.
③ arabinose 와 galactose를 소량 포함한다.
④ 세포 중간층에 주로 존재한다.

해설
목재의 주성분은 셀룰로오스, 헤미셀룰로오스, 리그닌 이다.

43 셀룰로오스의 반응 형태에 대한 설명으로 틀린 것은?

① 가수분해는 셀룰로오스 사슬의 분해를 의미하며 유도체화 반응은 주로 셀룰로오스의 수산기에서 반응하여 일어난다.
② 셀룰로오스를 고온에서 묽은 알칼리에 반응시키면 필링오프 반응이 일어날 수 있다.
③ 셀룰로오스는 묽은 산에서는 용해되지만 진한 산에는 용해되지 않는 불균일계 반응을 한다.
④ 셀룰로오스는 균이 분비하는 효소에 의해 가수분해될 수 있다.

해설
셀룰로오스의 경우 묽은 산에서 용해되지 않으므로 불균일계 가수분해, 진한 산에서는 용해되므로 균일계 가수분해로 분류된다.

정답 38 ④ 39 ③ 40 ③ 41 ④ 42 ② 43 ③

44. 셀룰로오스에 대한 설명으로 옳지 않은 것은?

① 천연 셀룰로오스는 마이크로피브릴로 구성되어 있다.
② 셀룰로오스는 양 단말기를 제하고는 각 환(環)에 3개의 수산기가 존재한다.
③ 셀룰로오스는 아세톤, 클로로포름에 용해된다.
④ Glucopyranose 의 1번 탄소와 다른 Glucopyranose 의 4번 탄소가 에테르 결합한 것이다.

해설
셀룰로오스는 72% 황산이나 81~85% 인산과 같은 진한 산에는 용해된다.

45. 목재 셀룰로오스를 17.5% NaOH 로 처리하면 용해되는 부분과 용해되지 않는 부분이 생기게 된다. 이때 용해되지 않는 부분을 무엇이라고 하는가?

① α - 셀룰로오스
② β - 셀룰로오스
③ γ - 셀룰로오스
④ β - 셀룰로오스 및 γ - 셀룰로오스

해설
가성소다를 이용하여 얻어지는 용해되지 않는, 즉 불용부의 셀룰로오스는 α-셀룰로오스이다. 셀룰로오스를 17.5% NaOH로 팽윤시켜 8.3%까지 희석시켰을 때 용해되지 않는 부분을 α-셀룰로오스, 용해되어 산성화 후 재생되는 부분을 β-셀룰로오스, 용해되어 재생되지 않는 경우 γ-셀룰로오스라 한다.

46. 다음 중 셀룰로오스를 가장 많이 팽윤시키는 물질은?

① 물
② 17.5 % 가성소다 용액
③ 50 % 에틸알코올 용액
④ 산·동암모니아 용액

해설
셀룰로오스를 동암모니아 용액에 넣으면 팽윤이 진행되면서 용해까지 이르는 무한팽윤이 일어난다.

47. 셀룰로오스는 D-glucose가 중합된 것이다. 셀룰로오스의 유도체를 만들고자 할 때 D-glucose 의 어느 부분이 가장 쉽게 반응하는가?

① 2,3 위의 탄소에 결합한 수산기와 6 위의 탄소
② 2,3,6 위의 탄소에 결합한 수산기
③ 2,3,6 위의 탄소
④ 3,6 위의 탄소와 2위에 결합한 수산기

해설
셀룰로오스의 수산기에 수소결합으로 반응성이 좋으며 D-glucose 는 2,3,6 위에 수산기가 존재한다.

48. 다음 셀룰로오스 유도체 중에서 에테르화(ether)반응으로 생성된 유도체만으로 조합된 항목은?

Ⓐ cellulose nitrate
Ⓑ cellulose xanthate
Ⓒ methyl cellulose
Ⓓ carboxymethyl cellulose

① Ⓐ,Ⓑ
② Ⓑ,Ⓒ
③ Ⓒ,Ⓓ
④ Ⓐ,Ⓓ

해설
에테르화에 의해 메틸에테르, 히드록시에틸에테르, 카르복시메틸에테르 등이 있다.

49 셀룰로오스는 D-glucopyranose 잔기로 구성된 고분자 물질이다. 다음 중 셀룰로오스의 잔기 연결 방식은?

① α - 1, 4
② α - 1, 6
③ β - 1, 4
④ β - 1, 6

해설
셀룰로오스는 D-glucopyranose 가 β - 1, 4-glucoside 결합으로 직쇄상으로 연결된 동종다당류이다.

50 침엽수재의 주요 헤미셀룰로오스(hemicellulose)로서 가장 많은 양이 분포하고 있으며 산으로 쉽게 분해할 수 있는 것은?

① Glucomannan
② Arbinoglucuronoxylan
③ Arbinogalactan
④ Glucuronoxylan

해설
Glucomannan은 침엽수재 헤미셀룰로오스의 60~70% 가량을 차지하는 주체이다.

51 D-glucose는 분자 내 헤미아세탈을 형성하여 pyranose 환으로 전환된다. 이때 분자 내 결합에 참여하는 glucose의 탄소 번호는?

① 1번 탄소와 6번 탄소의 에테르 결합
② 1번 탄소와 5번 탄소의 에테르 결합
③ 3번 탄소와 5번 탄소의 에테르 결합
④ 1번 탄소와 4번 탄소의 에테르 결합

해설
glucose 는 1번 탄소기 부분이 알데히드로 되어 있어 이때 C(탄소)는 +를 띠게 되어 glucose 의 5번 탄소의 -OH(히드록시기)에서 O 의 비공유전자쌍이 1번 탄소를 공격하고 이후 결합을 형성하여 회전이 일어나고 Pyranose 형태로 전환된다.

52 셀룰로오스의 산화반응에 있어서 C_2와 C_3 사이를 개열시키면서 dialdehyde 형 구조를 새로 형성시키는 산화제는?

① 과산화수소
② 이산화염소
③ 이산화질소
④ 과요오드산

해설
과요오드산에 의해 셀룰로오스가 산화되면서 C_2, C_3 가 개열되고 dialdehyde 형 구조가 생성된다.

53 목재 중에 존재하는 방향족 화합물을 옳게 조합한 것은?

① 리그닌, 펙틴, 리그난
② 리그닌, 리그난, 탄닌
③ 리그닌, 테르펜, 리그난
④ 리그닌, 펙틴, 탄닌

해설
리그닌, 리그난은 phenylpropane 단위로 탄소-탄소 결합이나 에테르 결합을 하는 고분자 방향족 화합물이며 탄닌은 다수의 페놀성 수산기를 가지는 방향족 화합물이다.

54
어떤 용기 중에 다음과 같은 셀룰로오스 시료가 혼합되어 있다. 이 셀룰로오스의 $\overline{DP_W}$ 과 $\overline{DP_n}$ 는 약 얼마인가?

- 글루코오스 100 개가 연결된 셀룰로오스 20g
- 글루코오스 500 개가 연결된 셀룰로오스 30g
- 글루코오스 1000 개가 연결된 셀룰로오스 30g
- 글루코오스 2000 개가 연결된 셀룰로오스 20g

① $\overline{DP_W}$ = 870, $\overline{DP_n}$ = 330
② $\overline{DP_W}$ = 330, $\overline{DP_n}$ = 870
③ $\overline{DP_W}$ = 450, $\overline{DP_n}$ = 420
④ $\overline{DP_W}$ = 420, $\overline{DP_n}$ = 450

해설

셀룰로오스의 $\overline{DP_W}$ 는 글루코오스의 개수와 셀룰로오스 용량의 비로서 각각의 수를 곱하여 주고 그 총합에 혼합된 총 질량을 나누어 준다
100 × 20 = 2000, 500 × 30 = 15000, 1000 × 30 = 30000, 2000 × 20 = 40000
→ 87000 ÷ 100 = 870 ☞ $\overline{DP_W}$ = 870
다음으로 $\overline{DP_n}$ 의 경우 글루코오스 분자량이 대략 180 기준으로 아래와 같이 도출된다.

100 개 연결된 20g 몰수 → $\dfrac{20}{100 \times 180}$ ≒ 0.0011

500 개 연결된 30g 몰수 → $\dfrac{30}{500 \times 180}$ ≒ 0.00033

1000 개 연결된 30g 몰수
→ $\dfrac{30}{1000 \times 180}$ ≒ 0.000166

2000 개 연결된 20g 몰수
→ $\dfrac{20}{2000 \times 180}$ ≒ 0.000055

각각의 값에 글루코오스 개수를 곱해서 몰수의 합으로 나누어 $\overline{DP_n}$ 을 도출한다.

$\dfrac{(0.0011 \times 100) + (0.00033 \times 500) + (0.000166 \times 1000) + (0.0000555 \times 2000)}{0.0011 + 0.00033 + 0.000166 + 0.0000555}$ ≒ 330

55
함수율이 10% 인 목분 시료 2g 을 유기용매로 추출하였더니 0.03g 의 추출물이 얻어졌다. 이 시료의 유기용매 추출물의 함량은 얼마인가?

① 1.37 % ② 1.47 %
③ 1.57 % ④ 1.67 %

해설

기건시료 2g의 함수율이 10%이므로 실질량은 1.8g이다.
2g×0.9 = 1.8g (0.03÷1.8g)×100(%) = 1.67%

56
리그닌에 대한 설명으로 틀린 것은?

① 침엽수재의 리그닌 함량이 활엽수재보다 대체적으로 높다.
② 리그닌의 탄소 함량이 셀룰로오스의 탄소함량보다 낮다.
③ 크라프트 펄프화법에 의해 생성된 리그닌을 크라프트리그닌이라고 한다.
④ 리그닌은 280nm 부근의 자외선을 흡수한다.

해설

화학식을 이용하여 mol 량으로 계산시 셀룰로오스는 대략 45% 정도의 C(탄소) 함량을 가지며 리그닌의 경우 3가지 리그닌이 있으나 평균 65% 정도의 탄소함량을 가지기에 리그닌은 셀룰로오스에 비해 약 1.5배 정도의 탄소함량을 가진다.

57 2분자의 페닐프로파노이드(phenylpropanoid)가 측쇄 β위치의 탄소 간에 결합한 C6-C3-C3-C6 골격으로 이루어진 화합물군을 무엇이라 하는가?

① 프라바노이드류
② 리그닌류
③ 리그난류
④ 탄닌류

해설
phenylpropane 단위로 2분자의 phenylpropanoid가 β-β 결합을 하는 천연의 페놀성물질을 리그난이라 한다.

58 셀룰로오스의 유도체 및 그의 용도를 서로 연결시킨 것으로 옳지 않은 것은?

① Nitrocellulose - 도료, celluloid
② Acetylcellulose - 필름, 테이프, 담배 필터
③ Cellulose Xanthate - Viscose rayon
④ Carboxymethyl cellulose - 부직포, 절연재료

해설
Carboxymethyl cellulose 의 용도로 도료, 농약, 유화 안정제 등이 있다.

59 목재의 원소 조성 중 탄소 : 수소 : 산소의 비를 옳게 나타낸 것은?

① 44 : 6 : 50
② 44 : 50 : 6
③ 50 : 44 : 6
④ 50 : 6 : 44

해설
목재의 원소조성은 대략 탄소 약 50%, 산소 약 44%, 수소 약 6% 정도로 수종 간의 차이는 거의 없다.

60 침엽수재 리그닌을 구성하는 대표적인 기본 단위를 나타내는 그림은?

① CH₃O, OH — C-C-C
② CH₃O, OH, CH₃O — C-C-C
③ CH₃O, H, CH₃O, OH — C-C-C
④ CH₃O, OH, CH₃O, OH — C-C-C

해설
침엽수 리그닌을 구성하는 대표 기본단위 구조는 guaiacylpropane 구조이다.

제4과목 임산제조학

61 함수율이 60% 인 소나무 판재의 무게가 2500g 이다. 건량기준 함수율 12%가 되게 건조하려면 시험재의 무게는 몇 g 이 될 때까지 건조시켜야 하는가?

① 1700 g
② 1750 g
③ 1800 g
④ 1850 g

해설
먼저 완전건조시의 목재의 무게를 구한다.

① $\dfrac{2500 - x}{x} \times 100 = 60(\%)$

$x ≒ 1562$

→ ② $\dfrac{x - 1562}{1562} \times 100 = 12(\%)$

$x ≒ 1749$

12% 일 때의 시험재의 무게는 약 1750g 이다.

62 화학펄프에 해당하지 않는 것은?

① 아황산펄프
② 알칼리펄프
③ 크라프트펄프
④ 리파이너펄프

해설

리파이너 펄프는 기계펄프에 속한다.

63 쇄목펄프 제조에 영향을 주는 수종에 대한 설명으로 옳지 않은 것은?

① 목재의 함수율이 낮을수록 마쇄가 용이하다.
② 재색이 희고 강도가 우수하고 섬유장이 긴 것이 좋다.
③ 가문비나무와 전나무는 펄프품질 및 생산성이 높고 동력소비가 적은 편이다.
④ 비중이 높은 활엽수는 강도가 낮고 재색이 나쁘므로 사용에 제한을 받는다.

해설

목재의 함수율이 높을수록 마쇄가 용이하다. 마쇄 함수율이 40~45% 정도가 최적의 조건이다.

64 목재 접착제의 성능에 관한 인자가 아닌 것은?

① 농도   ② 분자구조
③ 표면장력 ④ 퇴적시간

해설

접착제에 관련된 인자로 분자구조, 분자량, 표면장력, 유동성, 경화 특성 등이 있으며 퇴적시간은 접착조작 인자의 종류에 속한다.

65 셀룰로오스와 리그닌의 탄화에 의한 탄소 결정자의 성장에 대한 설명으로 옳은 것은?

① a축 방향에 대하여 리그닌 탄소결정자의 성장은 탄화온도와 함께 감소한다.
② a축 방향에 대하여 셀룰로오스 탄소결정자의 성장은 탄화온도와 함께 증가한다.
③ c축 방향에 대하여 리그닌 탄소결정자의 성장은 탄화온도와 함께 증가하여 성장한다.
④ c축 방향에 대하여 셀룰로오스 탄소결정자의 성장은 탄화온도와 함께 감소하여 후퇴한다.

해설

셀룰로오스 결정성 영역에서 a,b,c 축은 각기 수소결합, 글루코시드결합, 반데르발스 힘에 의해 지지되고 이때 a 축 방향으로 분포한 탄소결정자는 탄화온도 증가시 함께 증가하게 된다.

66 목재의 접착공정 순서로 옳은 것은?

① 피착재 조정 → 도포 → 압착 → 제호 → 퇴적 → 후처리
② 피착재 조정 → 제호 → 도포 → 퇴적 → 압착 → 후처리
③ 제호 → 피착재 조정 → 압착 → 도포 → 퇴적 → 후처리
④ 도포 → 제호 → 피착재 조정 → 퇴적 → 압착 → 후처리

해설

접착공정은 두 개의 면(피착재)사이에 접착제를 이용하여 연결하기 위해 조정을 하는데 이때 사용하는 접착제에 각종 첨가제를 혼합하여 접착제액을 조제하며 이 과정을 제호라고 한다. 조제한 접착제를 도포하고 도포 후 압체까지를 퇴적, 그 시간을 퇴적시간이라 한다. 압착은 피착재 끼리 밀착시키는 주요 공정이며 압착까지 끝낸 후 후처리를 통해 마무리 한다.

정답 62 ④ 63 ① 64 ④ 65 ② 66 ②

67 목재추출 성분 중에 수용성의 폴리페놀은?
① 정유 ② 탄닌
③ 수지 ④ 유지

해설
탄닌은 여러 폴리페놀류(polyphenol)가 중합된 구조의 고분자 물질이다.

68 도장공정 시 도막의 부착성이 저하되거나 도장의 내구성면에서 악영향을 주는 목재의 함수율 기준은?
① 5% 이상 ② 10% 이상
③ 15% 이상 ④ 20 %이상

해설
도막 형성 상태 및 도장의 내구성면에서 목재의 함수율은 보통 8~15% 사이가 적당하다.

69 종이 제조 과정에서 기계적 처리를 하여 펄프의 질을 초지에 알맞도록 조절하는 것은?
① 고해 ② 충전
③ 정정 ④ 사이징

해설
가공 전 펄프는 섬유가 강직하고 표면적도 작아 섬유 간 결합력이 약한데 고해를 통한 기계적 처리로 섬유의 구조가 변하면서 품질향상을 도모한다.

70 종이의 습윤지력 증강제로서 사용되고 있는 첨가제가 아닌 것은?
① 양성전분
② 요소-포름알데히드 수지
③ 멜라민-포름알데히드 수지
④ 에폭시화 폴리아미드 수지

해설
양성전분은 건조 지력증강제이다.

71 무디어진 쇄목석의 날을 세우는 장치를 무엇이라고 하는가?
① 목립 ② 피트
③ 핑거바 ④ 매거진

해설
쇄목석의 날을 세우는 장치로 쇄목석의 목립 상태에 따라 마쇄 조건이 달라지고 펄프에 영향을 주게 된다.

72 3매 합판에서 중량 3000g 인 중판의 양면에 접착제를 도포하였다. 도포 후 중판의 중량이 3800g, 중판의 폭이 1m, 중판의 길이가 2m 라고 한다면 중판 양면의 접착제 도포량은?
① 300 g/m² ② 350 g/m²
③ 400 g/m² ④ 450 g/m²

해설
도포후 량 3800g에서 총 도포된 양이 800g 이다. 여기서 중판의 넓이가 2m² 이므로 양면의 접착제 도포량은 400 g/m² 이다.

73 섬유판의 원료로 적합한 목재의 비중은?
① 0.1 ~ 0.2 ② 0.4 ~ 0.6
③ 0.8 ~ 1.0 ④ 1.2 ~ 1.4

해설
원료목재의 비중이 0.4~0.6 범위인 것이 적당하다.

74 목재의 건조 시 할렬 예방 방법으로 옳지 않은 것은?
① 엔드 코팅을 한다.
② 저온에서 건조한다.
③ 건조 초기에 건습구 온도 차를 크게 한다.
④ 재목의 횡단면이 잔적에서 돌출되지 않게 한다.

해설
습구의 온도차가 커질수록 할렬이 심해지므로 할렬 예방을 위해 건습구의 온도차를 줄이는 것이 좋다.

75 천연건조적월은 일일평균온도가 25℃ 이상인 날짜가 연속해서 며칠 이상일 때를 말하는가?
① 15 일 ② 20 일
③ 25 일 ④ 30 일

해설
천연건조일수는 여름철의 경우 온도가 25℃ 이상의 조건인 경우 30일로 한다.

76 합판에 대한 설명으로 옳지 않은 것은?
① 넓은 면적의 판재를 만들 수 있다.
② 결점부위를 인위적으로 분산, 제거 할 수 있다.
③ 목재의 강도 및 물리적 성질의 이방성을 크게 할 수 있다.
④ 접착제를 선택하여 용도에 따른 내구성과 내수성을 갖출 수 있다.

해설
합판은 목재를 얇게 절삭한 단판을 섬유방향이 상호 직교 되도록 홀수매를 접착제로 접착하기에 이방성을 크게 할 수는 없다.

77 목재 도장가공에 있어 도막에 투명성의 색을 부여하기 위하여 사용되는 것은?
① 염료 ② 안료
③ 용제 ④ 희석제

해설
도막 부요소는 주요소의 막 형성을 도와 성질을 개선시키기 위하여 첨가하는 재료로 수지, 가소제, 건조제, 경화제, 분산제, 결합제 등이 해당된다. 염료는 도막에 투명성의 색을 부여하기 위하여, 그리고 안료는 불투명성의 색을 부여하기 위하여 사용된다.

78 파티클보드에 대한 설명으로 옳지 않은 것은?
① 파티클 길이가 두께에 비하여 큰 재료가 제작에 유리하다.
② 폐목질 자원 등을 기계적으로 파쇄 및 삭편화하여 제작한다.
③ 경제적인 제조를 위하여 포플러나 사시나무류는 잘 사용하지 않는다.
④ 파티클보드 원료는 가급적 원료수종의 비중이 낮고 압축도가 1보다 큰 것을 주로 사용한다.

해설
파티클보드의 원료는 목재이고 가격이 싼 임지폐잔재, 공장폐재, 톱밥 등도 이용이 가능하다. 주로 사용되는 수종으로 사시나무, 포플러, 북미산 미송 등이 사용된다.

79 고해가 종이의 품질에 미치는 영향으로 옳지 않은 것은?
① 종이의 지합이 양호해진다.
② 종이의 밀도는 높아지고 두께가 얇아진다.
③ 종이의 투기도가 낮아지고 평활도가 올라간다.
④ 종이의 불투명도가 높아지고 치수안정성이 좋아진다.

해설
고해가 많이 진행될수록 불투명도가 떨어지고 치수안전성이 나빠지는 단점을 보인다.

정답 75 ④ 76 ③ 77 ① 78 ③ 79 ④

80 잔목(sticker)에 대한 설명으로 옳지 않은 것은?
① 잔적 내 통풍이 잘 되기 위하여 사용한다.
② 건조 재목의 두께가 클수록 잔목 간격은 넓게 한다.
③ 건조 재목의 치수가 클수록 두꺼운 잔목을 사용한다.
④ 건조 재목의 건조속도가 빠를수록 좁은 잔목을 사용한다.

해설
잔목은 잔적 폭에 맞게 길어야 하고, 틀어짐 방지를 위해 균일한 두께를 가지도록 한다.

제5과목 목재보존학

81 목재를 화학개질가공하여 얻는 장점이 아닌 것은?
① 강도 증가　② 방부성 부여
③ 내화성 부여　④ 치수안정성 증가

해설
개질목재는 목재의 건조나 방부 과정 등에서 화학약품을 내부에 주입시켜 조직의 성분을 변화시켜 방부성, 방충성, 내화성, 치수 안정성, 내습성 등을 강화시킨다.

82 다음 설명에 해당하는 혼합약제가 아닌 것은?

> 최근 목재의 성능을 향상시키기 위하여 방화, 방습, 방부 및 방미성 등을 겸비할 수 있도록 혼합약제로 사용하는 경향이 두드러지고 있다.

① 미날리스　② 불화나트륨
③ 피레소오트　④ 크롬화염화아연

해설
종류에는 붕사, 붕산, 황산암모늄, 크롬화 염화아연, 브롬화 암모늄, 술파민산 암모늄, Minalith, pyresote 등이 있다.

83 목재의 가소화 방법에 해당하지 않는 것은?
① 증기 처리법
② 요소 처리법
③ 금속화 처리법
④ 액체암모니아 처리법

해설
목재의 가소화를 위해 증기, 요소, 티오페놀, 디페닐아민과 액체암모니아를 이용한다.

84 목재 연부후균에 대한 설명으로 옳지 않은 것은?
① 리그닌을 주로 분해한다.
② 부후균에 의한 목재가해 형태와 동일하지 않다.
③ 헤미셀룰로오스보다 글루칸을 더 빨리 분해시킨다.
④ 피해를 받은 목재는 표면이 종횡으로 할렬이 일어난다.

해설
연부후균은 담자균보다는 부후 능력이 약하여 표면에서만 분해작용이 일어나기에 리그닌을 거의 분해하지 못한다.

85 주로 건조재를 가해하는 해충은?
① 나무좀
② 하늘소
③ 일본흰개미
④ 히라다가루나무좀

해설
건조재를 가해하는 건재 해충에는 히라다가루나무좀과 같은 가루나무좀과가 있다.

86 목재의 세포내강에만 방부제로 피복시킨 후 과잉의 방부제를 회수하는 방부처리법에 해당하지 않는 것은?
① 뤼핑법
② 로리법
③ 공세포법
④ 교차 가압감압법

해설
교차 가압 감압법은 가압과 감압을 교대로 실시하여 내부 깊이 약액을 주입하는 방법이다.

87 갈색부후균에 대한 설명으로 옳은 것은?
① 목재 세포벽을 구성하는 다당류와 리그닌 모두를 분해한다.
② 부후 초기에 셀룰로오스를 분해하므로 목재의 강도가 급격히 감소한다.
③ 목재 세포벽의 부후 정도에 따라 동시 분해형과 선택 분해형으로 구분한다.
④ 고함수율 상태에서 목재가 오랫동안 있게 되는 경우 목재 표면에서 발생하는 피해이다.

해설
갈색부후균은 주로 셀룰로오스와 헤미셀룰로오스를 가해하여 리그닌을 남기게 되면서 갈색을 띠게 된다.

88 방화제가 화재를 방지하기 위한 작용이 아닌 것은?
① 하강작용
② 피복작용
③ 흡열작용
④ 분해작용

해설
방화제가 화재를 방지하기 위한 작용에는 피복작용, 흡열작용, 분해작용, 희석작용, 연쇄반응 저지작용이 있다.

89 목재의 기상열화를 발생하는 인자로 옳지 않은 것은?
① 열
② 수분
③ 가시광선
④ 환경오염물질

해설
목재의 기상열화 발생인자에는 열, 수분, 오염물질 등이 있다. 광선 중에서 가시광선의 경우 기상열화에 영향을 주지 않으나 자외선에 노출된 목재조직 중 연하거나 약한 조재부에서 열화가 심하게 발생된다.

90 내후성이 큰 변재에 해당되는 수종은?
① 잎갈나무
② 오리나무
③ 계수나무
④ 박달나무

해설
내후성이 큰 수종에는 잎갈나무, 느티나무, 편백, 신갈나무, 나한백, 밤나무, 아까시나무 등이 있다.

91 목재의 화학 조성분 중 열분해 시 가장 높은 온도에서 분해되는 고분자 물질은?
① 회분
② 리그닌
③ 셀룰로오스
④ 헤미셀룰로오스

해설
목재의 열분해 온도
- 헤미셀룰로오스 180~300°C
- 셀룰로오스 240~400°C
- 리그닌 280~550°C

정답 86 ④ 87 ② 88 ① 89 ③ 90 ① 91 ②

92 목재보존 전처리에 대한 설명으로 옳지 않은 것은?
① 전처리에는 기계적 가공과 처리 전 목재의 건조 등이 있다.
② 건조에는 천연건조, 인공건조, 증기처리, 감압처리 등이 있다.
③ 확산법으로 처리하기 위해서는 목재를 인공건조하여야 한다.
④ 기계적 가공에는 박피, 인사이징, 프리커팅, 프리프레이밍 등이 있다.

해설
목재보전 전처리에서 확산법 활용시 별도의 인공건조없이 처리 가능하다.

93 목재 부후균 생장에 필요한 인자가 아닌 것은?
① 온도　　② 수분
③ 영양원　　④ 이산화탄소

해설
목재 부후균의 생장에 필요한 인자로 산소, 수분, 온도, 영양원등이 있다.

94 10 × 10 × 400 cm 인 잣나무 각재에 방부제 주입 후 6kg 이 증가하였다면 주입량은?
① 0.00015 kg/m³　　② 0.015 kg/m³
③ 1.5 kg/m³　　④ 150 kg/m³

해설
잣나무 각재의 넓이 0.04m³에서 6kg 상승하였기에
6kg : 0.04m³ = x kg : 1m³ 에 의해 주입량은
150 kg/m³ 이다.

95 갓 벌목한 근주 원목을 박피하여 세워 놓고 수액이 증발함에 따라 수용성 방부제가 주입되도록 처리하는 방법은?
① 베델법　　② 충세포법
③ 수액치환법　　④ 가압교체처리법

해설
수액치환처리법은 갓 벌목한 근주원목과 박피한 둥근 기둥을 세워 놓고 수액이 증발함에 따라 수용성 방부제가 주입되도록 10일 정도까지 처리하는 것

96 목재의 부후에 대한 설명으로 옳지 않은 것은?
① 버섯은 부후균에 속한다.
② 부후균은 자낭균에 속하는 것이 가장 많다.
③ 부후재의 빛깔에 따라 백색부후, 갈색부후, 연부후 등으로 나뉜다.
④ 부후균이 분비하는 효소 작용에 의해 목재 세포벽의 구성성분이 분해되는 것이다.

해설
목재부후균은 대부분 진균류이며 90% 이상은 담자균류이다.

97 상압처리법 중 침지법의 일종으로 특별한 설비가 필요 없고 단시간 처리로도 효과가 높은 방부처리법은?
① 도포법　　② 분무법
③ 확산법　　④ 온냉욕법

해설
온냉욕법은 목재의 온도차에 의한 압력의 변화를 이용하여 방부제가 침투하는 것으로 가압주입법과 유사한 흡수량을 보인다. 상압처리법 중 가장 효율적인 방법이다.

정답 92 ③　93 ④　94 ④　95 ③　96 ②　97 ④

98 목재의 치수안정을 위해 분자구조 단위 사이에 화학결합을 하는 것으로 치수안정에 가장 효과적인 방법은?

① 가교결합　② 피복처리
③ 직교적층　④ 열안정화처리

해설

목재의 분자구조 단립 사이에 화학적 가교결합을 형성하는 것이 이론적으로 치수안정에 가장 효과적인 방법이다. 이때 포름알데히드를 처리한다.

99 목재 변색균의 방지 대책으로 옳지 않은 것은?

① 수입된 소나무는 물속에 저장한다.
② 생재의 경우 건조하지 않는 것이 좋다.
③ 벌채 후 야적할 경우 곧바로 박피를 한다.
④ 비를 피할 수 있으며 통풍이 잘 되는 곳에 잔적한다.

해설

함수율 20% 이상의 보통의 생재는 변색균이 잘 번식하기에 이를 건조시켜줌으로서 변색균 발생을 방지할 수 있다.

100 목재의 연소성에 대한 설명으로 옳지 않은 것은?

① 온도가 상승하여 350 ~ 450°C가 되면 목재는 자연 착화한다.
② 목재가 연소되는 위험온도는 260°C 이며 목재방화의 기준온도가 된다.
③ 목재에 수분이 없는 상태에서 100°C 를 넘어 가면 열분해가 이루어진다.
④ 목재가 공기 중의 산소와 화학반응하여 열과 빛을 내고 타는 산화현상을 말한다.

해설

셀룰로오스를 250°C 이상에서 가열하면 열분해가 일어난다.

정답　98 ①　99 ②　100 ③

2017 임산가공기사 필기

제1과목 목재이학

01 점탄성 모형으로 Kelvin 모형(voigt 모형)에 대한 설명으로 옳지 않은 것은?
① 스프링과 대시포트를 병렬로 결합한 모형이다.
② 전체에 작용하는 변형율은 스프링의 변형율 및 대시포트의 변형율과 동일하다.
③ 일정응력이 작용하여 그 상태를 유지하게 되면 변형율은 시간에 따라 점차 감소한다.
④ 전체에 작용하는 응력은 스프링에 작용하는 응력과 대시포트에 작용하는 응력의 합이다.

해설
Kelvin 모형은 전체 응력을 스프링과 대시포트가 병렬하여 분담하며 전체 작용하는 변형율은 스프링의 변형율 및 대시포트의 변형율과 동일하다. 만약 스프링의 변형률이 없다면 대시포트 응력만으로 전체 응력을 받아들인다. 작용시간이 길어질 경우 손상이 발생할 수 있으며 이러한 모형은 지연탄성거동을 설명하기 적합하다.

02 다음 설명에 해당하는 용어는?

> 목재가 어떤 전장에 주어질 때 전기분극 형태로 저장되는 단위용적당 포텐셜에너지의 정도를 나타낸다.

① 유전율 ② 비저항
③ 전기전도율 ④ 유전체역률

해설
목재의 유전율은 전기분극형태로 저장된 단위용적당 포텐셜에너지로 나타낼 수 있다. 혹은 목재 유전체의 전기용량을 진공상태의 유전체를 가진 전기용량의 비를 이용하여 목재의 유전율을 구하기도 한다.

03 목재의 진비중에 대한 설명으로 옳지 않은 것은?
① 수종에 따라서 다소 차이가 있다.
② 온도가 높아지면 진비중 값도 증가한다.
③ 목재의 모든 공극을 완전히 제외한 목재 실질비중을 의미한다.
④ 진비중을 측정하기 위하여 사용되는 치환매체에는 물, 벤젠, 헬륨 등이 있다.

해설
목재의 비중에 영향을 주는 요인으로 수종, 함수율, 추출성분 등이 있으나 온도의 경우 진비중에 큰 영향을 주진 않으나 고온으로 높아질 경우 진비중 값은 낮아진다.

정답 01 ③ 02 ① 03 ②

04 생재의 수분이 증발하기 시작하여 대기의 온도 및 습도와 평형상태에 있을 때의 비중은?
① 건조비중 ② 전건비중
③ 평형비중 ④ 기건비중

해설
기건비중은 기건무게에 대한 기건체적의 비로서 대기조건의 평형에 도달한 기건재의 중량과 용적(체적)에 근거한 밀도이다.

05 공극률에 대한 설명으로 옳은 것은?
① 공극의 용적비율이다.
② 목재실질의 용적비율이다.
③ 밀도가 높으면 공극률이 높아진다.
④ 섬유포화점 이하에서는 목재의 용적변화는 없지만 공극은 자유수로 충만되어 감소하게 된다.

해설
목질이 차지하고 있는 용적률을 실질률이라 하며 공극이 차지하는 용적비율을 공극률이라 한다.

06 목재의 열팽창에 대한 설명으로 옳지 않은 것은?
① 목재 함수율의 영향을 받는다.
② 온도 변화에 따라 급격히 변화한다.
③ 횡단방향이 섬유방향보다 열팽창이 크다.
④ 열에 의한 목재의 치수변동은 변동 전 치수에 비례한다.

해설
목재는 고온으로 갈수록 열팽창계수는 약간 증가하나 거의 일정한 수준으로 온도 변화에 따라 급격하게 변화하지 않는다.

07 목재의 수축과 팽윤이 가장 큰 방향은?
① 방사방향 ② 목리방향
③ 섬유방향 ④ 접선방향

해설
목재의 수축 및 팽윤이 가장 큰 방향은 접선방향이고 다음으로 방사방향, 섬유방향 순서이다.

08 생재비중이 0.65인 목재의 최저함수율은?
① 약 35% ② 약 46%
③ 약 54% ④ 약 65%

해설
목재의 최저함수율
$$100 \times \frac{1 - 생재비중}{생재비중} = 100 \times \frac{1 - 0.65}{0.65} ≒ 54(\%)$$

09 목재의 평형함수율에 대한 설명으로 옳지 않은 것은?
① 기건함수율은 일종의 평형함수율이다.
② 평형함수율은 목재 수종에 따라 크게 다르지 않다.
③ 평형함수율은 공기 중의 온도와 풍속에 의해 결정된다.
④ 대기 중에 방치된 목재는 어느 정도 시간이 지나면 수분평형상태에 이르게 된다.

해설
목재의 평형함수율에 결정하는데 영향인자로 추출물, 온도, 습도 등이 있다.

10 목재가 함유하는 수분으로 세포내강이나 세포간극 등의 공극에 액상으로 존재하는 것은?
① 흡착수 ② 자유수
③ 화학수 ④ 결합수

해설
자유수는 목재의 세포내강이나 세포간극 등의 공극에 존재하는 액상으로 목재의 수분 종류 중에서 이동 및 제거가 쉽다.

11. 목재의 수축 및 팽윤과 관련되어 발생하는 현상으로 가장 거리가 먼 것은?
① 할렬 ② 비틀림
③ 건조응력 ④ 응력완화

해설
응력완화는 목재의 점탄성적 성질을 말하며 변형률이 시간에 따라 감소하는 현상을 응력완화라 한다.

12. 일정한 크기의 하중을 가한 다음 하중을 제거했을 때 원래 상태로 돌아가지 않는 변형은?
① 탄성변형 ② 소성변형
③ 지연탄성변형 ④ 순간탄성변형

해설
목재에 응력을 제거하여도 원래의 형태로 돌아가지 않는 성질을 소성이라 하며 이러한 변형을 소성변형이라 한다.

13. 섬유방향 탄성계수에 대한 설명으로 옳은 것은?
① 비중이 클수록 탄성계수는 커진다.
② 함수율이 클수록 탄성계수는 커진다.
③ 마이크로피브릴 경사각이 클수록 탄성계수는 커진다.
④ 셀룰로오스 결정화도가 클수록 탄성계수는 작아진다.

해설
동일 조건에서 목재의 비중이 증가하면 탄성계수도 증가한다.

14. 거문고, 가야금의 표판 부위에 주로 사용되며 비중에 비하여 탄성계수가 높은 수종은?
① 흑단 ② 회양목
③ 대나무 ④ 오동나무

해설
악기는 조재와 만재의 밀도차이가 클수록 좋으며 만재의 비율이 증가하면 탄성율이 증가하게 된다. 악기의 경우 이러한 성질을 가진 오동나무가 국내에서 가야금, 거문고 등의 표판 부위에 많이 이용되고 있다.

15. 방사방향의 전팽윤율이 12%인 목재의 방사방향 전수축률은?
① 8.09% ② 10.71%
③ 11.24% ④ 13.63%

해설
전팽윤율이 12%인 경우 전건일 때의 목재길이 기준 1cm로 잡고 생재일 때의 길이를 계산하면 1.12cm가 도출된다. 이때 전수축률은 1.12 cm 에 대한 수축율이기에 아래와 같이 전수축율을 계산하도록 한다.
$$\frac{1.12-1}{1.12} \times 100 ≒ 10.71$$

16. 다음 설명에 해당하는 용어는?

> 일반적으로 목재, 셀룰로오스 또는 그 밖의 팽윤성 재료는 어떤 주어진 상대습도에 있어 평형함수율이 저함수율 상태로부터 흡습에 의해 도달한 것인지 고함수율 상태에서의 탈습에 의해 도달한 것인지에 따라 다르며, 언제나 탈습에 의한 평형함수율이 흡습에 의한 것보다 높은 현상을 말한다.

① 이력현상 ② 기건현상
③ 동적평형현상 ④ 정적 평형현상

해설
탈습에 의한 평형함수율은 흡습에 의한 것보다 높은데 이러한 현상을 이력현상이라 한다.

정답 11 ④ 12 ② 13 ① 14 ④ 15 ② 16 ①

17 목재의 수축과 팽윤의 영향인자로 볼 수 없는 것은?

① 목재비중　② 목리방향
③ 탄성계수　④ 건조속도

해설
목재의 화학적 조성과 비중, 함수율, 목리방향은 목재의 수축 및 팽윤에 직접적인 영향을 주인 요인이나 목재의 탄성계수는 수축 및 팽윤의 영향을 주지는 않는다.

18 목재의 열전도율을 계산하는데 가장 관련이 없는 것은?

① 목재의 무게
② 전도되는 시간
③ 전도되는 열량
④ 열이 통과하는 길이

해설
목재의 열전도율은 열에너지, 목재의 두께, 면적, 가열시간, 온도변화량을 통해 계산 할 수 있다.

19 섬유경사각에 가장 많은 영향을 받는 목재의 강도는?

① 휨강도　② 압축강도
③ 인장강도　④ 전단강도

해설
섬유경사각에는 인장강도가 가장 큰 영향을 주는데 강도 중에 섬유방향의 종인장강도가 가장 높은 값을 가진다.

20 전건비중이 1.0 이고 진비중이 1.5인 목재의 실질율은?

① 0.22　② 0.33
③ 0.44　④ 0.66

해설
실질률 = $\dfrac{전건비중}{1.5} = \dfrac{1.0}{1.5} ≒ 0.66$

제2과목　목재해부학

21 활엽수재에서 관찰하기 가장 어려운 세포는?

① 가도관　② 방사가도관
③ 방사유세포　④ 축방향유조직

해설
방사가도관은 주로 침엽수재에서 관찰되는 세포이다.

22 고무구에 대한 설명으로 옳은 것은?

① 온대산 수종에 특히 많다.
② 침엽수재에서만 형성된다.
③ 침엽수와 활엽수에서 모두 관찰된다.
④ 활엽수 특정 수종의 목재에 형성된다.

해설
고무구는 활엽수에서도 주로 열대재에서 나타난다.

23 주로 정상적인 소나무류에서만 관찰되는 것은?

① 상해수지구
② 방사유세포 내의 인덴쳐
③ 가도관 내벽의 나선비후
④ 방사가도관의 거치상비후

해설
주로 소나무류의 방사가도관 벽이 내강을 향해 거치상비후가 발달한다.

24 방사공재 수종에 해당하는 것은?

① 잣나무　② 가시나무
③ 굴참나무　④ 느티나무

해설
방사공재는 일정한 지름의 관공이 방사상으로 배열된 것으로 가시나무류에서 주로 관찰된다.

25 활엽수재의 목섬유에 대한 설명으로 옳지 않은 것은?
① 수목의 지지 역할을 한다.
② 목재비중에 영향을 주지 않는다.
③ 섬유상가도관과 진정목섬유로 구성되어 있다.
④ 진정목섬유란 가늘고 긴 세포로 작은 단벽공을 갖는다.

해설
목섬유는 활엽수재에서 50~70% 정도를 차지하며 목재의 비중에 영향을 준다.

26 침엽수재와 가도관벽에 벽공 배열이 대상형으로 배열되어 주위에 세포간 물질이 집적하여 눈썹모양의 비후부가 발생된 것은?
① 크라슐래   ② 나선비후
③ 수지가도관   ④ 트라베큘라

해설
크라슐래는 침엽수재 가도관의 방사단면에 관찰되며 벽공연에 눈썹모양의 농색부를 말하며 활엽수재 일부수종에서도 관찰되기도 한다.

27 활엽수재와 침엽수재를 육안적으로 식별하기 위한 방법으로 옳지 않은 것은?
① 활엽수재에서 방사조직은 거의 볼 수 없다.
② 도관이 있는 활엽수재는 도관이 없는 침엽수재와 구별된다.
③ 일부 침엽수재의 횡단면에서는 수직수지구가 육안으로 관찰된다.
④ 활엽수재는 구성세포의 종류가 다양하므로 침엽수재에 비하여 재면상태가 더 복잡하다.

해설
침엽수재에서는 방사조직이 거의 없으나 활엽수재의 경우 단열방사조직부터 다열방사조직까지 다양하게 관찰된다.

28 벽공구의 폭이 벽공연의 폭보다 넓은 분야벽공은?
① 삼나무형벽공
② 소나무형벽공
③ 측백나무형벽공
④ 가문비나무형벽공

해설
삼나무형벽공은 벽공연과 벽공구가 타원형으로 벽공구의 폭이 벽공연의 폭보다 넓다.

29 타일로시스(tylosis)와 타일로소이드(tylosoid)의 차이점은?
① 목부와 사부   ② 심재와 변재
③ 피층과 재부   ④ 활엽수와 침엽수

해설
타일로시스는 활엽수에서 관찰되며 타일로소이드는 침엽수에서 관찰된다.

30 수종식별을 위하여 세포관찰을 한 결과 젤라틴 섬유가 확인되었다면 어떤 수종인가?
① 침엽수재이다.
② 콩과 수종이다.
③ 수종은 알 수 없다.
④ 버드나무과 수종이다.

해설
보통 젤라틴섬유는 인장응력재에서 주로 발생하며 일반 수종인 졸참나무, 아까시나무 등에서도 발생하기에 젤라틴 섬유의 유무만으로 수종을 식별할 수는 없다.

31 압축응력재에 대한 설명으로 옳은 것은?
① 가도관의 길이는 정상재보다 10% 정도 길다.
② 만재로의 이행이 급하게 진전되어 조재와 만재의 구별이 확실하다.
③ 수종에 따라서는 세포간극이 리그닌이나 펙틴으로 충만되어 있을 수 있다.
④ 활엽수재에 있어서 경사진 가지나 수간의 횡단면 하부에 주로 발달되는 변형재이다.

해설
압축응력재는 수종에 따라 세포간극이 리그닌이나 펙틴으로 충만되어 있다.

32 다음 그림에서 접선단면은?

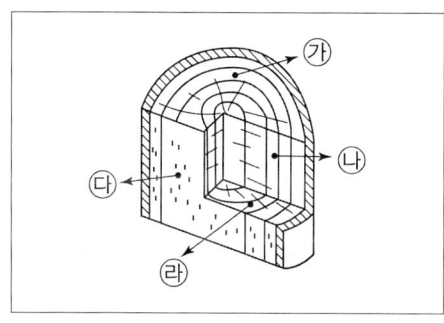

① 가 ② 나
③ 다 ④ 라

해설
접선단면은 나이테와 접선으로 자른 단면을 말한다.

33 집합방사조직이 주로 관찰되는 수종은?
① 오리나무 ② 구상나무
③ 갈참나무 ④ 물푸레나무

해설
집합방사조직은 단열방사조직이나 너비가 좁은 다열방사조직이 한 지점에 대량으로 모여 다른 부분과 명확하게 구분되는 집합체로 오리나무속, 서어나무속, 개암나무속 등에서 관찰된다.

34 나선비후를 관찰하기 가장 어려운 수종은?
① 주목 ② 미송
③ 소나무 ④ 비자나무

해설
나선비후는 주목속, 개비자나무속, 미송속 등에서 주로 관찰된다.

35 침엽수재 조직에서 관찰할 수 없는 것은?
① 목섬유 ② 가도관
③ 방사조직 ④ 정상수지구

해설
목섬유는 활엽수재 조직에서 관찰된다.

36 접선단면에서 측정할 수 없는 것은?
① 도관의 길이
② 섬유의 길이
③ 방사조직의 길이
④ 방사조직의 높이

해설
접선단면의 방향에서는 방사조직의 높이는 가능하나 방사조직의 길이 부분은 측정이 어렵다.

37 활엽수재 도관 내강의 일부 또는 전부를 폐쇄하고 있는 구조물의 특성을 이용하여 물통이나 술통으로 쓰이는데 가장 적당한 목재는?
① 재면의 무늬가 아름다운 목재
② 송지를 많이 함유하고 있는 목재
③ 재면의 목리가 나선목리로 되어 있는 목재
④ 도관 내 타일로시스를 많이 함유하고 있는 목재

해설
활엽수재의 도관 내강에 타일로시스가 많으면 폐쇄하여 액체의 유동을 막아준다.

38 마이크로피브릴의 배열이 섬유축과 가장 평행한 것은?
① 1차벽 ② 2차벽 중층
③ 2차벽 내층 ④ 2차벽 외층

해설
세포벽에서 2차벽 외층, 내층은 섬유축(세포축)과 직각에 가까운 배열을 하고 있으며 2차벽 중층이 섬유축(세포축)과 평행에 가까운 배열을 한다.

39 열대산 목재의 특징으로 볼 수 없는 것은?
① 대부분 산공재이다.
② 교착목리가 대부분 없다.
③ 연륜이 거의 나타나지 않는다.
④ 실리카를 함유하는 수종이 존재한다.

해설
열대산 목재에는 교착목리가 흔하게 나타난다.

40 리플마크에 대한 설명으로 옳은 것은?
① 침엽수재에서 쉽게 관찰할 수 있다.
② 도관내강이 충전물질로 채워져 있는 상태를 나타낸다.
③ 활엽수재에서는 참나무류를 제외하고는 관찰하기 어렵다.
④ 방사조직이나 축방향세포가 접선단면에서 층계상을 나타낸다.

해설
리플마크는 주로 활엽수재에 나타나며 축방향에 층계상 배열을 하며 방사조직일 경우 접선방향에서 가느다란 줄무늬 모양이 확인된다.

제3과목 목재화학

41 셀룰로오스의 분자량 측정법이 아닌 것은?
① 광산란법 ② 보수도 측정법
③ 초원심법 ④ 점도 측정법

해설
셀룰로오스 분자량 측정법에는 점도법, 삼투압법, 광산란법, 초원심법, 말단기법 등이 있다.

42 셀룰로오스 b축의 길이가 10.3Å이고, $\overline{DP}$가 10,000 인 셀룰로오스의 실제길이는 얼마인가?
① 3.15×10^{-6}m ② 3.15×10^{-9}m
③ 5.15×10^{-6}m ④ 5.15×10^{-9}m

해설
1Å = 0.0001μm 로서 10.3Å는 0.00103μm 이고 0.00103μm × 10,000 = 10.3μm
1μm = 10^{-6}m 이며 b축의 길이의 절반을 적용하게 되면 5.15×10^{-6}m 도출된다.

43 다음 중 리그닌의 화학적 기본 구조를 나타낸 것은?
① $C_6 - C_1$ ② $C_6 - C_2$
③ $C_6 - C_3$ ④ $C_6 - C_4$

해설
리그닌은 phenylpropane($C_6 - C_3$)을 기본 구조로 한다.

정답 38 ② 39 ② 40 ④ 41 ② 42 ③ 43 ③

44 다음 리그닌에 대한 설명 중 틀린 것은?
① 활엽수재에는 약 20~28%가 함유되어 있다.
② 침엽수재에는 약 26~32%가 함유되어 있다.
③ 페닐프로판 구조를 주축으로 하는 고분자 물질이다.
④ 72% 황산용액으로 목재를 가수분해시켜 얻은 것을 티오리그닌이라 한다.

해설
목재를 72% 황산용액으로 가수분해하여 얻는 리그닌을 클라손리그닌이라 한다.

45 셀룰로오스 화학구조와 관계가 없는 것은?
① 방향족 화합물
② 글루코시드 결합
③ 환원성 말단기
④ 비환원성 말단기

해설
셀룰로오스는 포도당 단위체들이 글리코사이드 결합으로 연결되어 있으며 양끝으로 환원성 말단기, 비환원성 말단기의 구조를 가지고 있다.

46 셀룰로오스 유도체의 용도로 가장 거리가 먼 것은?
① 도료
② 화약
③ 필터
④ 라텍스

해설
셀룰로오스 유도체의 용도로 포장용 필름, 섬유, 화약, 도료, 농약, 도공제 등이 있다.

47 침엽수 리그닌을 구성하고 있는 대표적인 기본 단위 구조는?
① Syringylpropane
② P-hydroxypropane
③ Guaiacylpropane
④ Benzylpropane

해설
침엽수 리그닌은 주로 guaiacylpropane 구조이며 활엽수 리그닌은 syringylpropane 구조이다.

48 목재의 함수율을 측정하고자 한다. 다음 중 가장 간단하여 널리 채용되고 있는 방법은?
① 증류법
② 건조법
③ 적정법
④ 추출법

해설
수분의 함수율 측정을 위해 건조법, 증류법, 적정법 등이 있으며 건조법이 가장 널리 사용되고 있다.

49 셀룰로오스의 결정구조에 대한 설명으로 옳은 것은?
① 셀룰로오스의 결정성은 분자의 강직성과 수산기 사이의 공유결합에 의존한다.
② 셀룰로오스 분자는 모두 결정성을 나타내며 규칙적으로 배열되어 있다.
③ 엘리멘터리 피브릴(elementary fibril)의 폭은 천연 셀룰로오스와 재생 셀룰로오스가 서로 다르다.
④ 셀룰로오스 레이온, 큐피리암모니움 레이온, 셀로판 등은 모두 셀룰로오스 II에 속한다.

해설
셀룰로오스 레이온(rayon), 큐피리암모니움레이온(cuprammonium rayon), 셀로판(cellophane) 등은 모두 셀룰로오스 II에 속한다.

정답 44 ④ 45 ① 46 ④ 47 ③ 48 ② 49 ④

50 다음 중 수목의 심재(heartwood)화 현상과 관계가 없는 것은?
① 유세포의 죽음
② 추출 성분의 감소
③ 전분의 소실
④ 효소 활성의 일시적 증가

해설
심재화 현상으로 추출성분은 벽공이 막혀 유동이 없어지면서 큰 변동은 없다.

51 셀룰로오스의 기본구성 단위인 셀로비오스(cellobiose)에는 몇 개의 수산기가 존재하는가?
① 1   ② 4
③ 6   ④ 8

해설
셀룰로오스는 6개의 수산기가 붙어 있어 다른 수산기와 결합하거나 물과 결합하는 능력이 뛰어나다.

52 셀룰로오스의 구조 및 성질에 대한 설명이다. 가장 관계가 없는 것은?
① 양말단기를 제외하고는 글루코오스 단위당 3개의 수산기가 있다.
② 글루코오스의 1과 4번 탄소의 수산기가 탈수 축합된 구조이다.
③ 용해용 용매로는 다이옥산(Dioxane)이 이용된다.
④ 목재 셀룰로오스의 평균 중합도는 면 셀룰로오스의 평균 중합도보다 낮다.

해설
셀룰로오스의 용해용 용매로 N-alkylpyridinium 이 이용된다.

53 셀룰로오스의 결정형에는 I,II,III,IV 의 4종류가 있다. 다음 중 셀룰로오스 I 은 무엇인가?
① 재생 셀룰로오스
② 암모니아 셀룰로오스
③ 헤미 셀룰로오스
④ 천연 셀룰로오스

해설
일반적으로 천연 셀룰로오스의 결정형을 셀룰로오스 I 이라 한다.

54 목재 세포벽 중 리그닌의 함량이 가장 많은 층은?
① S_1 층   ② S_2 층
③ S_3 층   ④ 세포간층

해설
리그닌의 함량은 2차벽에서도 S_2층이 가장 많은 양을 함유하고 있다.

55 셀룰로오스 유도체 중 알칼리 셀룰로오스를 모노클로로아세트산(monochloroaccetic acid)에 침적시킨 후 NaOH 를 첨가하여 얻을 수 있으며 의약, 화장품 및 식품의 유화 안정제 등으로 이용되는 것은?
① Methyl cellulose
② Carboxymethyl cellulose
③ Ethyl cellulose
④ Hydroxyethyl cellulose

해설
카르복시메틸 셀룰로오스(Carboxymethyl cellulose)는 알칼리 셀룰로오스를 모노클로로아세트산(monochloroaccetic acid)을 작용시켜 제조하며 일명 CMC 라 한다.

정답 50 ② 51 ③ 52 ③ 53 ④ 54 ② 55 ②

56 목재로부터 헤미셀룰로오스를 단리하기 위하여 리그닌을 제거하고자 한다. 다음 중 적합한 방법이 아닌 것은?

① 황산법
② 아염소산염법
③ 과초산법
④ 염소·모노에탄올아민법

해설
목재에서 헤미셀룰로오스 단리하여 리그닌을 제거하는 방법으로 아염소산염법, 과초산법, 염소·모노에탄올아민법(염소·monoethanolamine 법) 등이 있다.

57 다음 중 침엽수재의 헤미셀룰로오스를 구성하는 성분으로 가장 많은 것은?

① Glucuronoxylan
② Arabinoglucuronoxglan
③ Glucomannan
④ Arabinogalactan

해설
Glucomannan은 활엽수재에서는 gluccuronoxylan 다음으로 많은 양을 차지하고 있고 침엽수재에서는 헤미셀룰로오스를 구성하는 주성분으로 가장 많은 양을 차지하고 있다. 특히 침엽수재의 만재 부분에 다량 함유되어 있다.

58 인장 이상재의 리그닌 함량에 관하여 기술한 것으로 가장 옳은 것은?

① 정상재의 리그닌 함량보다 높다.
② 정상재의 리그닌 함량보다 낮다.
③ 정상재의 리그닌 함량과 같다.
④ 리그닌 함량과는 관계 없다.

해설
인장이상재는 정상재보다 헤미셀룰로오스의 양이 많고 리그닌의 함량은 적은 편이다.

59 셀룰로오스를 가수분해하였을 때 얻어지는 glucose 중량의 이론치는?

① 77%
② 88%
③ 111%
④ 144%

해설
셀룰로오스를 가수분해시 얻는 glucose 량의 이론치는 110.1% 이다. 보기에 가장 유사한 답으로 111% 이다.

60 셀룰로오스의 알칼리 분해 반응 중 peeling off 반응은 어떤 기구로 반응하는가?

① 셀룰로오스 분자가 알칼리에 의하여 무질서하게 분해된다.
② 셀룰로오스의 환원성말단기부터 하나씩 분해된다.
③ 셀룰로오스의 비환원성말단기부터 하나씩 분해된다.
④ 글루코오스 분자로 무질서하게 분해된다.

해설
셀룰로오스의 알칼리 용액에 의해 셀룰로오스의 분해가 환원성 말단기에서부터 단계적으로 개열되며 이러한 반응을 붕괴반응(peeling off)이라 한다.

정답 56 ① 57 ③ 58 ② 59 ③ 60 ②

제4과목 임산제조학

61 다음 설명에 해당하는 용어는?

◎ 건조 과정에서 목재의 세포가 응력에 의해 발생하는 결함이다.
◎ 고함수율의 목재를 고온에서 급속 건조시키면 목재 표면에 요철이 생겨 빨래판 모양으로 변형된다.

① 뒤틀림 ② 표면할열
③ 찌그러짐 ④ 다이아몬딩

해설
찌그러짐(collapse)은 세포의 틀어짐과 같이 세포의 변화에 의해 발생하는데 얇은 판재에 심하게 발생시 골판지 형태나 빨래판 형태가 나타난다. 보통 건조 초기에 고온의 조건에서 발생하기 쉬우므로 건조할 목재가 약할 경우 낮은 온도조건에서 건조하도록 한다.

62 고해 시간이 길어짐에 따라 종이의 물리적 성질의 변화로 옳지 않은 것은?

① 지질이 치밀해진다.
② 인장강도는 증가한다.
③ 파열강도는 증가한다.
④ 인열강도는 증가한다.

해설
고해가 증가할수록 전반적인 강도는 증가하지만 인열강도는 초기에 상승하다가 일정 고해도 이상이 되면 떨어지게 된다.

63 파티클보드용 파티클을 제조하기 위한 기기로 가장 적합한 것은?

① Disk refiner ② Drum barker
③ Hammer mill ④ Wood grinder

해설
해머밀(hammer mill)은 처리능력이 크고 연속 운전이 가능하며 분쇄입도가 안정적으로 파티클 제조에 이용된다.

64 제지과정에서 사용되는 첨가제에서 전기이중층에 대한 설명으로 옳지 않은 것은?

① 고정층과 확산층을 합하여 전기이중층이라고 한다.
② 입자와 거리가 가까울수록 대이온의 수는 감소하지만 코이온의 수는 증가한다.
③ 표면전하를 띤 입자가 이온이 함유되어 있는 물속에 존재하면 입자 주변의 이온분포가 변화된다.
④ 입자 표면에 매우 가깝게 위치한 대이온은 강한 정전기적 인력에 의하여 그 입자의 표면에 확고하게 결합된다.

해설
콜로이드 입자를 주변으로 고정층과 확산층이 형성되어 이를 전기이중층이라 한다. 확산층의 주위로 극성을 띤 입자가 있을 경우 이온분포에 변화가 발생하며 입자 표면에 가깝게 위치한 대이온은 정전기적 인력에 의해 표면에 결합되어 대이온의 수는 증가하게 된다.

65 합판을 제조함으로 가장 크게 개선되는 목재의 물리적 성질은?

① 비중
② 흡습성
③ 평형함수율
④ 수축과 팽윤의 이방성

해설
일반 목재의 경우 이방적 구조를 가지고 있어 수축 및 팽윤에 큰 영향을 받으나 합판을 제조하게 되면 이방적 구조가 없어져 수축 및 팽윤이 개선된다.

66 제지공정 중 고해작업에 대한 설명으로 옳지 않은 것은?

① 섬유의 유연성을 부과한다.
② 피브릴화할 때에는 선상 고해라고 한다.
③ 섬유를 절단하는 것은 유리상 고해라고 한다.
④ 물과 혼합하여 고해기에 의해 기계적으로 처리한다.

해설
고해에서 섬유의 절단을 주로 할 때를 유리상고해, 피브릴화를 주로 할 때는 점상고해라 한다.

67 띠톱의 구성 요소가 아닌 것은?

① 거차
② 플랜지
③ 송재차
④ 긴장장치

해설
띠톱제재기의 구성 요소로 기체, 상하톱바퀴, 지지장치하부, 긴장장치, 가이드장치, 송재장치 등이 있다.

68 합성수지 접착제로 열가소성 수지(A)와 열경화성 수지(B)의 종류가 잘못 나열한 것은?

① A : 아크릴수지, B : 멜라민수지
② A : 초산비닐수지, B : 페놀수지
③ A : 염화비닐수지, B : 에폭시수지
④ A : 요소수지, B : 폴리아미드수지

해설
요소수지는 열경화성 수지이며 폴리아미드수지는 열가소성 수지이다.

69 촉진 천연건조에 대한 설명으로 옳지 않은 것은?

① 생재에서 5% 정도까지 건조한다.
② 송풍 및 태양열 건조장치 등을 이용한다.
③ 강우가 장기간 계속되는 경우에 유리하다.
④ 장치 설계나 조작을 잘못할 경우 변색이 발생하기 쉽다.

해설
촉진천연건조는 천연건조 촉진을 위해 송풍, 가열 등의 장치를 이용하여 건조하는 것으로 건조도는 일반적으로 생재에서 함수율 20% 수준까지 건조한다.

70 용해용 펄프에 해당되는 것은?

① 기계펄프
② 레이온펄프
③ 크라프트펄프
④ 에스파르토펄프

해설
용해용펄프에는 레이온, 셀로판지, 스펀지 등의 원료로 사용한다.

71 목재의 제재방법에서 접선단면 제재법에 대한 설명으로 옳지 않은 것은?

① 정목판을 얻을 수 있다.
② 경단면 제재법에 비하여 제재가 수월하다.
③ 경단면 제재법에 비하여 품질이 떨어진다.
④ 나이테에 접선방향 또는 방사방향에 직각이 되도록 제재하는 방법이다.

해설
정목판은 방사단면 제재법을 통해 얻을 수 있다.

72 화학펄프와 비교한 반화학펄프에 대한 설명으로 옳지 않은 것은?
① 표백이 가능하다.
② 약품 소비량이 적다.
③ 침엽수 칩을 주로 사용한다.
④ 화학펄프에 비해 수율이 높다.

해설
반화학펄프는 목재 칩을 화학약품을 이용하여 전처리하고 기계적 처리를 통해 섬유화한 것으로 일부 침엽수를 사용하고 대부분 활엽수를 이용한다.

73 정유의 채취방법이 아닌 것은?
① 여과법   ② 추출법
③ 흡수법   ④ 수증기 증류법

해설
정유의 채취 방법에는 수증기증류법, 추출법, 압착법, 흡수법 등이 있다.

74 목재의 열분해 생성물 중 리그닌으로부터 얻어지는 성분은?
① 유기산 화합물
② Phenol 화합물
③ Alcohol 화합물
④ Pyridine 화합물

해설
목재의 열분해 생성물로 유기산과 중성 성분은 헤미셀룰로오스, 셀룰로오스에서 얻어지고, 페놀성 화합물은 리그닌으로부터 얻는다.

75 아황산펄프 증해액에서 리그닌 및 유기물과 결합하는 등 펄프화 과정에서 가장 중요한 역할을 하는 것은?
① 칼슘 이온   ② 수소 이온
③ 무수황산 이온   ④ 중아황산 이온

해설
아황산펄프 증해액 제조 시 pH 3~5 정도로 대부분 중아황산 이온으로 리그닌 및 유기물의 결합하는 등의 주요 역할을 해준다.

76 초지기의 금망에 대한 설명으로 옳지 않은 것은?
① 60~75 mesh 가 사용된다.
② 유연성과 인장강도가 높아야 한다.
③ 값이 비싼 대신 사용수명이 1~2년으로 길다.
④ 아연이나 주석이 함유되어 있는 구리합금이 사용된다.

해설
초지기의 금망은 사용수명이 짧은 편이고 플라스틱 와이어 대비 10배 이상 짧은 것으로 나타난다.

77 엘멘돌프 인열강도 시험기로 동일한 시험편 5매를 겹쳐 측정한 결과 지침의 평균치가 550 mN 일 때 인열강도는?
① 1240 mN   ② 1450 mN
③ 1560 mN   ④ 1760 mN

해설
$$인열강도(mN) = \frac{눈금값(mN)}{인열매수} \times 16$$
$$= \frac{550}{5} \times 16 = 1,760 mN$$

정답 72 ③ 73 ① 74 ② 75 ④ 76 ③ 77 ④

78 20×20 cm 의 합판을 만들기 위해 게이지 압력을 32kgf/cm² 으로 압체하였다. 이 때 합판의 단위 면적당 압체 압력은?(단, 압체기 실린더 지름은 20cm, π 는 3.14 임)

① 0.215 kgf/cm² ② 2.51 kgf/cm²
③ 25.12 kgf/cm² ④ 251.2 kgf/cm²

해설

$$\frac{합판 넓이(m^2) \times 합판압력(kg/cm^2)}{램면적(m^2)}$$
$$= 게이지 압력(kgf/cm^2)$$
$$\frac{0.04 \times x}{0.0314} = 32 \Rightarrow x = \frac{32 \times 0.0314}{0.04} = 25.12 kgf/cm^2$$

79 착색(stain)에 대한 설명으로 옳지 않은 것은?

① 생지 착색은 목재의 불투명성을 강조하기 위한 방법이다.
② 생지 착색은 염료를 사용하여 목재의 생지를 염색하는 방법이다.
③ 목재 표면에 색을 부여하여 목재의 무늬를 강조하기 위한 공정이다.
④ 도막 착색은 유색 착색제를 사용하여 피막을 만들어 착색하는 방법이다.

해설

생지 착색은 목재의 생지를 염색하는 착색법으로 투명도가 높아 목재의 재질감이 잘 나타난다.

80 목재의 치수안정화 처리 방법이 아닌 것은?

① 수직적층 ② 피복처리
③ 가교결합 ④ 용적처리

해설

목재의 치수안정화 처리 방법으로 가교결합, 직교적층, 피복처리, 용적처리 등이 있다.

제5과목 목재보존학

81 히라다가루나무좀에 대한 설명으로 옳지 않은 것은?

① 심재보다는 변재를 주로 침해한다.
② 활엽수보다는 침엽수에 주로 발생한다.
③ 전분량이 많은 나무일수록 피해를 많이 준다.
④ 함수율이 30% 이하인 건조재를 주로 가해한다.

해설

히라다가루나무좀은 졸참나무, 오동나무, 느티나무 등의 활엽수에 주로 피해를 준다.

82 목재 처리법 중 확산법에 대한 설명으로 옳지 않은 것은?

① 처리시간이 짧다.
② 심재처리도 가능하다.
③ 특별한 장치가 필요 없다.
④ 고함수율 목재의 처리가 가능하다.

해설

목재 처리법에서 상압법에 속하는 확산법은 내부 수분이 50% 이상의 목재에 가압없이 심재처리가 가능한 방법으로 확산을 이용하기에 처리시간은 다른 상압법에 비해 상대적으로 긴 편이다.

83 생재무게 2kg 인 목재의 부후 전 전건중량이 1.5kg 이고 부후 후 전건중량이 1.2kg 일 때에 중량 감소율은?

① 2 % ② 5 %
③ 15 % ④ 20 %

해설

중량감소율
$$= \frac{부후이전 중량 - 부후이후 중량}{부후이전 중량} \times 100(\%)$$
$$= \frac{1.5 - 1.2}{1.5} \times 100(\%) = 20(\%)$$

84. 가루나무좀 및 흰개미 등의 방충제로 쓰이는 약제로 목재에 확산주입하여 사용하는 것은?

① 타르계 화합물
② 붕소계 화합물
③ 불소계 화합물
④ 유기석계 화합물

해설
건재해충인 가루나무좀과 습재해충인 흰개미 등의 방충제로 수용성인 붕소계 화합물을 사용하는데 용해도가 높고 방부 및 방충 효과가 우수한 것이 특징이다.

85. 목재 방충제의 살충 작용 기작에 해당하지 않는 것은?

① 접촉독제
② 마취독제
③ 호흡독제
④ 소화중독제

해설
목재 방충제의 살충 작용 기작으로 접촉, 식독, 호흡독 등이 있다.

86. 기상열화에 대한 설명으로 옳은 것은?

① 환경오염 물질인 산성비와 무관하다.
② 태양광선 중에서 자외선은 목재 표면 광열화의 주된 인자이다.
③ 재색의 변화는 셀룰로오스의 광열화 결과로 발색단이 생성되기 때문이다.
④ 화학적, 물리적, 광 에너지의 복합적인 영향에 의해 진행되나 목재 조직은 변하지 않는다.

해설
목재가 일광이나 비바람 등에 의해 나타나는 기상열화라 하며 태양광선의 자외선에 의해서 광열화가 일어난다.

87. 수용성 방부제가 아닌 것은?

① A-1
② ACQ-1
③ CUAZ-2
④ CuHDO-3

해설
A-1의 종류는 크레오소트유로 유성목재방부제에 속한다.

88. 다음 괄호 안에 알맞은 용어는?

> 히라다가루나무좀은 활엽수 중에서 도관 크기가 (   ) 의 크기보다 작은 수종은 피해가 작다.

① 알
② 유충
③ 성충
④ 번데기

해설
활엽수종에서 히라다가루나무좀의 알의 직경(지름 0.15mm)보다 큰 도관직경을 가진 수종만이 피해 대상이 되는 편이다.

89. 목재의 연소에 대한 설명으로 옳은 것은?

① 열분해는 초기에 정도가 심하다.
② 목재의 연소에는 착화가 착염보다 먼저 일어난다.
③ 공기 중에서 가열하면 180°C 정도에서 분해가 시작된다.
④ 목재 조성분의 열분해에 있어서 리그닌이 가장 먼저 분해되기 시작한다.

해설
목재의 주성분 중에서 헤미셀룰로오스는 열분해 온도가 가장 낮은 180°C 정도에서 분해가 시작된다.

90 표면오염균에 의한 생물학적 목재변색에 대한 설명으로 옳지 않은 것은?

① 건조한 침엽수 목재에서 자주 발생한다.
② 대표적으로 *Aspergillus* 속, *Penicillium* 속이 있다.
③ 균사는 주로 목재 표면에서 대량으로 포자를 만든다.
④ 오염된 침엽수재는 목재표면을 솔질이나 대패질을 하면 대부분 제거된다.

해설
표면오염균은 주로 장마철에 벌도 후 방치된 원목이나 집하된 제재에 침입한다.

91 방부처리 방법 중 가압처리법에 대한 설명으로 옳지 않은 것은?

① 살균처리 효과도 있다.
② 현장처리가 불가능하다.
③ 방부제가 깊고 균일하게 침투한다.
④ 방부제 흡수량이 적어 경제적이다.

해설
가압처리법은 가압으로 인하여 많은 양의 방부제를 침투시킨다.

92 단일 화합물로 구성된 목재 난연제가 아닌 것은?

① 미날리스   ② 탄산나트륨
③ 인산제일암모늄 ④ 인산제이암모늄

해설
미날리스는 혼합방화제이다.

93 목재의 사용환경 범주 중 H3에 대한 설명으로 옳은 것은?

① 건조한 실내 환경에 적용한다.
② 토양 또는 담수와 직접 접하는 환경에 적용한다.
③ 토양 또는 담수에 접촉하지 않으나 비와 눈에 노출되는 환경에 적용한다.
④ 비와 눈을 직접 맞지는 않으나 결로 우려가 있는 실내 환경에 적용한다.

해설
H3 사용환경은 야외에서 눈비를 맞는 곳에 사용하는 목재로 내구성이 요구된다.

94 목재의 연부후에 대한 설명으로 옳지 않은 것은?

① 고함수율의 목재도 피해를 입을 수 있다.
② 연부후균이 분비하는 효소에 의해 세포벽이 파괴된다.
③ 일반적으로 목재의 내부에서 외부로 부후가 진행된다.
④ 세포내강에 침입한 균사는 2차벽의 중층에 침입하여 공동(cavity)을 만들어 파괴한다.

해설
일반적으로 연부후는 표층인 외부에서 부후가 진행된다.

95 목재를 방부처리하기 전의 적정함수율은? (단, 확산법으로 처리할 목재를 제외함)

① 10% 미만   ② 30% 이하
③ 50% 전후   ④ 80% 이상

해설
목재의 방부처리를 위해 약제 주입량을 균일하게 하기 위해서는 목재함수율이 약 30% 정도로 조정하는 것이 효율적이다.

96 표면 오염균이나 변재변색균이 심재를 침해하지 못하는 주요 이유는?

① 심재에는 독성물질이 존재하기 때문에
② 심재의 비중이 변재에 비하여 높기 때문에
③ 심재의 함수율이 변재에 비해 낮기 때문에
④ 심재의 유세포에는 영양원이 존재하지 않기 때문에

해설
심재는 도관이나 가도관이 폐쇄되어 있어 양분이 적고 심재 안쪽으로 갈수록 함수율이 떨어지게 된다. 이러한 조건에서는 표면 오염균이나 변재 변색균이 침해하기 어렵기에 주로 목재 표면에 나타나게 된다.

97 목재의 특징으로 옳지 않은 것은?

① 재생 가능한 생물자원이다.
② 인간에게 친근감을 주는 소재이다.
③ 다른 재료에 비해 중량대비 상대적 강도가 낮다.
④ 수분환경에 노출되면 수축 또는 팽윤이 되어 치수가 변한다.

해설
목재는 타 재료에 비해 중량 대비 상대적 강도가 높다.

98 목재를 화학약품에 침적처리하여 가소성을 부여할 수 없는 것은?

① 요소   ② 티오페놀
③ 디페닐아민   ④ 아비에트산

해설
목재의 가소성을 부여할 수 있는 약제로 요소, 티오페놀, 디페닐아민, β-나프톨 등이 있다.

99 방부제의 흡수량을 적게 하기 위하여 1단계에서 공기를 가압하는 처리법은?

① 침지법   ② 셀론법
③ 충세포법   ④ 공세포법

해설
방부제 가압법 처리 방법에서 1단계에서 공기 가압을 하는 처리법으로 공세포법이 있으며 세포내강만 방부제로 피복시킨 후 과잉의 방부제를 회수하는 경제적인 방법이다.

100 인체에 해가 가장 적은 방충제는?

① BHC   ② 클로로덴
③ 피레스로이드 ④ 메틸브로마이드

해설
피레스로이드는 모기향으로도 널리 사용되는 물질로 인체 독성이 낮으며 살충력이 강하다.

정답 96 ④ 97 ③ 98 ④ 99 ④ 100 ③

2018 임산가공기사 필기

제1과목 목재이학

01 온도가 100°C일 때 전건목재의 비열은?
① 0.182kcal/kg°C ② 0.282kcal/kg°C
③ 0.382kcal/kg°C ④ 0.482kcal/kg°C

해설
목재의 온도가 0~100°C 사이 일 때의 평균비열은 0.324kcal/kg°C 이고 온도 100°C 의 경우 0.382kcal/kg°C 이다.

02 목재의 모든 공극이 제외된 목재실질의 용적과 중량으로 구한 값은?
① 가비중 ② 비용적
③ 공극률 ④ 진비중

해설
진비중은 세포벽 중의 전공극을 제거시킨 세포벽 비중으로 목재 실질의 용적과 중량으로 구한다. 통상 1.5 정도의 값을 가진다.

03 목재의 탄성적 성질에서 포아송비에 대한 설명으로 옳은 것은?
① 항상 1보다 크다.
② 목재의 수종에 따라 다르지 않다.
③ 종변형률에 대한 횡변형률의 비율이다.
④ 목재의 섬유방향에 따른 포아송비는 모두 같다.

해설
포아송비는 수직응력에 따른 종변형률과 횡변형률의 비율로 수직변형률이라고도 한다.

04 목재의 수축률을 구하는 식으로 옳은 것은?
① (수축전 치수 - 수축후 치수) ÷ 수축전 치수
② (수축후 치수 - 수축전 치수) ÷ 수축전 치수
③ (수축전 치수 - 수축후 치수) ÷ 수축후 치수
④ (수축후 치수 - 수축전 치수) ÷ 수축후 치수

해설
목재의 수축률은 수축하기 전의 치수에 대한 수축량의 백분율로 나타낸다.

05 목재의 하중단면적이 A, 최대압축하중이 P이면 종압축강도는?
① P÷A ② P×A
③ P×A^2 ④ P÷A^2

해설
압축강도는 최대압축하중값을 하중단면적으로 나누어 구한다.

정답 01 ③ 02 ④ 03 ③ 04 ① 05 ①

06 목재의 강도에 영향을 끼치는 인자가 아닌 것은?

① 목리배향
② 옹이 유무
③ 이상재 여부
④ 섬유포화점 이상에서의 함수율 값

해설
함수율의 경우 섬유포화점 이하에서는 함수율이 증가하면 전반적인 강도는 작아지고 섬유포화점에서는 전건상태에 가까워질수록 강도가 증가한다. 섬유포화점 이상의 경우 강도에 영향을 거의 주지 않는다.

07 목재 내에 존재하는 결합수의 존재형태가 아닌 것은?

① 모관 응축수 ② 단분자층 흡착수
③ 다분자층 흡착수 ④ 세포내강 응축수

해설
목재 내에 존재하는 결합수의 형태로 단분자층 흡착수, 다분자층 흡착수, 모관응축수 등이 있다.

08 목재의 열 확산율과 가장 관계없는 것은?

① 비열   ② 밀도
③ 기압   ④ 열 전도율

해설
열확산율은 열전도율에 비례하고 비열 및 밀도에 반비례한다.

09 목재의 전기저항에 대한 설명으로 옳지 않은 것은?

① 목재의 밀도가 클수록 저항이 크다.
② 온도가 상승함에 따라 전건목재의 저항이 감소된다.
③ 섬유포화점 이상에서는 함수율의 영향이 적은 편이다.
④ 섬유방향에 비해 접선방향이나 방사방향에서 저항이 크다.

해설
전기저항은 함수율, 온도 등의 다른 요인과 비교하면 영향력이 거의 없는 수준이다. 단, 목재의 밀도가 클수록 저항이 낮아지는 편이다.

10 다음 ( )안에 들어갈 용어로 옳은 것은?

> 목재 내 유체는 (㉮)과 (㉯)에 의해 이동한다. (㉮)은 주로 압력경사의 영향 하에서 목재 내 연결된 공극을 통하여 일어나고, (㉯)은 농도경사의 영향 하에서 일어난다.

① ㉮ : 유동, ㉯ : 흡착
② ㉮ : 평형, ㉯ : 확산
③ ㉮ : 흡착, ㉯ : 평형
④ ㉮ : 유동, ㉯ : 확산

해설
목재의 유체 이동은 유동이나 확산에 의해 발생한다. 유동은 모세관유동과 같이 압력경사의 영향을 받으며 주로 공극을 통해 이루어진다. 확산은 농도경사에 의해 발생하는 분자의 흐름으로 목재에서는 함수율 차이를 농도 차이로 볼 수 있다.

11 목재의 섬유방향 수축율이 가장 적은 이유는?

① 접선단면의 마이크로피브릴 경사각이 방사단면보다 크기 때문에
② 방사단면의 마이크로피브릴 경사각이 접선단면보다 크기 때문에
③ 2차벽 중층의 마이크로피브릴 경사각이 세포의 장축에 대하여 직각 또는 직각에 가깝기 때문에
④ 2차벽 중층의 마이크로피브릴 경사각이 세포의 장축에 대하여 평형 또는 평형에 가깝기 때문에

해설
마이크로피브릴 경사각이 평행에 가깝기에 섬유방향의 수축율이 가장 작다. 만약 마이크로피브릴 경사각이 커지면 섬유방향에 수직에 가깝게 되고 수축률은 커지게 된다.

12 목재의 수축 및 팽윤에 대한 설명으로 옳지 않은 것은?

① 세포내강의 용적변화가 크다.
② 결합수의 증감에 따라 발생한다.
③ 이방적 구조에 따라 큰 차이가 있다.
④ 정상적인 수축과 팽윤은 섬유포화점 이상에서는 일어나지 않는다.

해설
목재의 수축과 팽윤에 의해 세포내강의 용적 변화는 극히 적고 주로 외부 용적만 변화한다.

13 전건비중이 0.6이고 진비중이 1.50인 경우 목재의 공극률은?

① 50%   ② 60%
③ 70%   ④ 80%

해설
$$공극률 = \frac{진비중 - 전건비중}{진비중}$$
$$= \frac{1.5 - 0.6}{1.5} \times 100(\%) = 60(\%)$$

14 헬륨치환법에 의하여 구한 목재의 진비중은?

① 1.36   ② 1.46
③ 1.56   ④ 1.66

해설
목재의 측정시 사용하는 치환매체로 헬륨가스의 비중은 1.46 이다.

15 Fick의 법칙에 대한 설명으로 옳은 것은?

① 수분의 확산율은 단면적×농도경사에 비례한다.
② 수분의 확산율은 단면적÷농도경사에 비례한다.
③ 수분의 확산율은 단면적×농도경사에 반비례한다.
④ 수분의 확산율은 단면적÷농도경사에 반비례한다.

해설
Fick 법칙에서 목재의 수분 확산율은 단면적과 농도 경사에 비례한다. 농도차가 클수록 잘 일어나는데 높은곳에서 낮은 곳으로 확산이 된다.

16 생재비중이 0.40인 목재가 물속에 가라앉을 수 있는 한계점인 최저함수율은?

① 100%   ② 150%
③ 200%   ④ 250%

해설
$$최저함수율 = \frac{1 - 생재비중}{생재비중} \times 100(\%)$$
$$= \frac{1 - 0.4}{0.4} \times 100 = 150(\%)$$

정답 11 ④ 12 ① 13 ② 14 ② 15 ① 16 ②

17 기건무게와 기건체적을 사용하여 계산하는 밀도는?

① 기본밀도　② 전건밀도
③ 기건밀도　④ 용적밀도

해설
기건밀도는 기건무게를 기건체적으로 나누어 구하며 대기조건의 평형에 도달한 기건재의 중량과 용적에 근거한 밀도이다.

18 목재로 제작한 보(beam)의 휨강도를 계산하기 위한 인자값이 아닌 것은?

① 보의 너비　② 보의 진비중
③ 보의 스팬길이　④ 보에 가하는 하중

해설
보의 휨강도 계산에는 보(beam)의 너비, 두께, 스팬의 길이, 하중응력 등이 필요하다.

19 우리나라에 있어서 기건함수율의 범위는?

① 약 6~10%　② 약 12~18%
③ 약 18~25%　④ 약 25~35%

해설
우리나라의 평균 기건함수율은 14%이며 범위는 12~16% 정도를 기준으로 한다.

20 목재의 유전율에 대한 설명으로 옳지 않은 것은?

① 주파수가 커지면 유전율이 낮아진다.
② 온도가 상승하면 유전율도 높아진다.
③ 밀도가 높아지면 유전율이 낮아진다.
④ 함수율이 증가하면 유전율도 높아진다.

해설
목재의 밀도가 높아지면 유전율도 높아진다.

제2과목 목재해부학

21 미성숙재의 특성에 대한 설명으로 옳지 않은 것은?

① 일반적으로 비중이 작다.
② 가도관의 길이가 비교적 짧다.
③ 대부분 산옹이를 포함하고 있다.
④ 연륜폭이 좁고 만재율의 변이가 적다.

해설
미성숙재는 성숙재보다 연륜폭이 넓고 만재율도 적은 것이 특징이다.

22 활엽수재에서 타일로시스가 가장 잘 발달하는 곳은?

① 도관　② 가도관
③ 목섬유　④ 목유세포

해설
활엽수재에서 타일로시스는 주로 도관에 발달하며 도관 내강을 폐쇄한다.

23 방사가도관에 대한 설명으로 옳지 않은 것은?

① 유연벽공은 존재하지 않는다.
② 거치상비후가 발달하기도 한다.
③ 소나무, 가문비나무, 잎갈나무 등에 분포한다.
④ 방사조직 내에 방사유세포와 크기가 비슷하다.

해설
방사가도관은 유연벽공을 가지고 있으며 이러한 유연벽공을 가지는 세포 사이에 유연벽공대가 존재한다.

정답　17 ③　18 ②　19 ②　20 ③　21 ④　22 ①　23 ①

24 옹이에 대한 설명으로 옳지 않은 것은?
① 산옹이는 가지의 생장이 왕성할 때 생긴다.
② 죽은옹이는 가지의 형성층 활동이 멈추었을 때 생긴다.
③ 옹이는 목재의 기계적 성질을 떨어뜨리나, 펄프화가 용이하도록 작용하는 특성이 있다.
④ 가지치기 후 가지의 남아 있는 부분이 완전히 목재 속에 파묻혀 수간 표면에 보이는 흔적을 숨은옹이라고 한다.

해설
죽은옹이는 나뭇가지가 고사하여 그 부분의 생장이 정지하고 수간이 비대생장으로 형성된 옹이이다.

25 침엽수재의 방사조직에 대한 설명으로 옳지 않은 것은?
① 대부분 단열 방사조직이다.
② 방사조직의 높이는 대부분 6세포고 이하이다.
③ 접선단면에서 축방향에 배열된 세포의 수로 방사조직의 높이를 산정한다.
④ 수평수지구가 분포하는 수종에서만은 단열 방사조직과 방추형 방사조직이 혼재한다.

해설
대부분의 방사조직의 높이는 15세포고 이하이다. 단, 향나무속은 6세포고 이하이며 낙우송속은 30~60세포고 정도이다.

26 조재로부터 만재로 이행이 점진적이며 연송류에 속하는 수종은?
① 곰솔   ② 잣나무
③ 소나무 ④ 리기다소나무

해설
소나무속에서 벽면이 평활한 연송류의 경우 잣나무와 스트로브잣나무 등이 있다.

27 토러스가 주로 존재하는 곳은?
① 단벽공대
② 반유연벽공대
③ 활엽수 도관의 유연벽공대
④ 침엽수 가도관의 유연벽공대

해설
토러스(torus)는 침엽수재 가도관의 유연벽공에 존재한다. torus 는 비후부가 있고 그 주위로 얇은 margo 부분이 있어 가운데가 볼록한 비행접시 모양을 하고 있다.

28 활엽수재에서 축방향 유세포에 대한 설명으로 옳지 않은 것은?
① 횡면분열을 하지 않는다.
② 유세포 스트랜드로 구성된다.
③ 일반적으로 박벽과 단벽공이 존재한다.
④ 양분을 저장하고 이동시키는 역할을 한다.

해설
축방향유세포는 횡면분열을 하며 방추형유세포가 횡면분열을 하지 않는다.

29 가도관의 방사방향의 내강 직경을 L, 인접한 접선방향 세포벽 두께를 M이라 할 때 Mork 정의에 의한 조재와 만재의 경계에 해당하는 것은?
① L = M   ② L = 2M
③ L = 3M   ④ L = 4M

해설
조만재의 구분의 경계 비가 L = 2M 이다.

30 활엽수재에서 집합방사조직의 구성 형태로 옳은 것은?

① 비중이 큰 방사조직이 합쳐진 것
② 비중이 작은 방사조직이 합쳐진 것
③ 나비가 넓은 방사조직이 합쳐진 것
④ 나비가 좁은 방사조직이 합쳐진 것

해설
집합방사조직은 단열방사조직이나 나비가 좁은 다열방사조직이 한 지점에 대량으로 분포하면서 한 개의 방사조직처럼 보이는 것으로 나비가 좁은 방사조직의 집합체라고 할 수 있다.

31 활엽수재에서 도관의 배열이 나이테 전체에 걸쳐 고루 분포하는 산공재를 가지는 수종으로만 나열한 것은?

① 팽나무, 느티나무
② 신갈나무, 떡갈나무
③ 오리나무, 자작나무
④ 회화나무, 느릅나무

해설
산공재를 가지는 수종으로 사시나무, 버드나무, 자작나무, 오리나무, 단풍나무, 층층나무 등이 있다.

32 정상수지구를 갖지 않는 수종은?

① 곰솔   ② 전나무
③ 가문비나무   ④ 일본잎갈나무

해설
정상수지구는 주로 소나무속, 잎갈나무속, 가문비나무속, 미송속 등에서 관찰되며 삼나무, 전나무 등은 정상수지구가 관찰되지 않는다.

33 위연륜의 형성 원인으로 가장 거리가 먼 것은?

① 집중 호우
② 갑작스런 심한 한발
③ 곤충으로 인한 잎의 피해
④ 일시적으로 낙엽현상을 일으키는 늦서리

해설
위연륜은 병해충의 피해, 산불 피해, 저온에 의한 피해 등으로 발생한다.

34 일반적으로 활엽수재에서 목섬유의 길이는?

① 5~20㎛   ② 50~200㎛
③ 500~2,000㎛   ④ 4,000~5,000㎛

해설
통상 목섬유의 길이는 1~2mm 정도로 보기에서 가장 근접된 답은 0.5mm~2mm(500㎛~2000㎛) 이다.

35 침엽수재의 주요 구성요소가 아닌 것은?

① 수지 가도관   ② 축방향 가도관
③ 도관상 가도관 ④ 스트랜드 가도관

해설
도관상가도관은 활엽수의 구성요소이다.

36 마이크로피브릴의 배열 방향에 대한 설명으로 옳지 않은 것은?

① 2차벽 내층은 세포장축에 직각인 배열이다.
② 2차벽 외층은 세포장축에 직각인 배열이다.
③ 2차벽 중층은 세포장축에 직각인 배열이다.
④ 현미경 및 X선회절 등으로 조사할 수 있다.

해설
2차벽 중층은 마이크로피브릴과 거의 평행한 배열을 가진다.

정답 30 ④ 31 ③ 32 ② 33 ① 34 ③ 35 ③ 36 ③

37 활엽수재에서 횡단면에 한 층 또는 여러 개의 세포층으로 구성되는 축방향 유조직이 관공과 관계없이 동심원상 또는 접선상으로 길게 연속하여 1열 또는 여러 개의 열로 이루어진 띠를 나타내는 것은?
① 수반 유조직 ② 산재 유조직
③ 종말상 유조직 ④ 독립대상 유조직

해설
독립대상유조직은 축방향유조직 관공과 관계없이 동심원상이나 접선상으로 길게 연속으로 1열이나 수열로 이루어진 유조직이다.

38 열대산 활엽수재의 특징으로 옳지 않은 것은?
① 연륜이 잘 관찰되지 않는다.
② 취약심재를 가진 수종이 있다.
③ 교착목리를 나타내는 수종이 흔하다.
④ 대체로 축방향 유조직의 발달이 미약하다.

해설
열대산 활엽수재의 경우 대체로 축방향 유조직이 발달되어 있다.

39 침엽수에서 편심생장으로 형성될 수 있는 이상재는?
① 압축 이상재 ② 편심 이상재
③ 인장 이상재 ④ 전단 이상재

해설
바람이 심하게 불어 한쪽으로 압축하여 성장하는 경우를 편심생장이라 하며 이때 압축이상재가 형성된다.

40 침엽수재의 세포에서 생성되는 결정이 아닌 것은?
① 은행나무의 결정
② 잣나무의 3각 결정
③ 전나무의 4각 주상 결정
④ 솔송나무의 플라코소이드

해설
침엽수재의 결정은 한정된 수종에서 나타나는데 은행나무, 전나무속, 가문비나무속, 개잎갈나무속, 솔송나무속 등에서 나타난다. 은행나무는 수산석회의 결정이 관찰되고, 전나무는 길이가 짧은 4각의 주상 결정, 솔송나무의 플라코소이드 등이 있다.

제3과목 목재화학

41 침엽수제 리그닌을 구성하는 화학적 기본 단위는?
① Syringylpropane unit
② Guaiacypropane unit
③ p-hydroxyphenypropane unit
④ Pinenc unit

해설
침엽수 리그닌을 구성하는 대표 기본단위 구조는 guaiacylpropane 구조이다.

42 리그닌의 기본 구조를 바르게 표시한 것은?
① Phenyl propane unit
② Isoprene unit
③ Methoxyl group
④ Carboxyl group

해설
리그닌은 대부분 페닐프로판(phenyl propane) 단위를 가진다.

43 셀룰로오스를 감압(減壓)하에서 300~500°C로 열분해 시키면 대부분 어떤 물질로 변하는가?

① levoglucosan ② furfural
③ levoxylosan   ④ levoglucosenone

해설
셀룰로오스를 250°C 로 가열시 열분해가 일어나며 감압하에 300~400°C 정도로 가열시 Levoglucosan 산을 약 50% 정도를 얻을 수 있다.

44 셀룰로오스 단리(單離) 방법이 아닌 것은?

① 수산화나트륨 수용액으로 처리한다.
② 아황산용액으로 처리한다.
③ 황화나트륨용액으로 처리한다.
④ 글리세린으로 처리한다.

해설
셀룰로오스의 단리에는 수산화나트륨 수용액, 아황산용액, 황화나트륨용액을 이용한다. 헤미셀룰로오스의 경우 수산화칼륨 용액, 수산화나트륨 용액 등을 이용하며 리그닌의 단리를 위해서는 아황산이나 중아황산염용액, 알칼리 수용액 등을 이용한다.

45 침엽수재 헤미셀룰로오스의 주체가 되는 물질은?

① Glucomannan
② Galactoxylan
③ Methylgluconoxylan
④ Arabinoglucan

해설
침엽수의 헤미셀룰로오스의 주체 다당류는 Glucomannan 이고 활엽수 헤미셀룰로오스의 주체 다당류는 Glucuronoxylan 이다.

46 목재 세포벽의 주성분인 다당류를 알칼리와 반응시켰다. 이때 환원성 말단기부터 단계적으로 분해하는 반응을 무엇이라 하는가?

① peeling off 반응
② stopping 반응
③ hydrolysis 반응
④ hydrogenolysis 반응

해설
셀룰로오스의 알칼리 용액에 의해 셀룰로오스의 분해가 환원성 말단기에서부터 단계적으로 개열되며 이러한 반응을 붕괴반응(peeling off)이라 한다.

47 헤미셀룰로오스(hemicellulose)에 대한 설명으로 틀린 것은?

① 냉수로는 추출되지 않고 묽은 알칼리로 식물체에서 추출된다.
② Pentose, hexose, uronic acid 등으로 구성된 다당류이다.
③ Xylan 류는 침엽수에서는 알칼리 용액으로 추출할 수 없다.
④ 활엽수 헤미셀룰로오스(hemicellulose)의 주체는 4-0-methyl glucuronoxylan 이다.

해설
침엽수재 헤미셀룰로오스는 수산화나트륨 수용액으로 자일란과 galactoglucomannan 을 추출한다.

48 중합도(Degree of Polymerization)가 8000인 천연 섬유소의 분자량은?

① 1,296,000 ② 1,396,000
③ 1,496,000 ④ 1,596,000

해설
포도당의 분자량은 162 이며 중합도 8000 인 경우 162×8000=1,296,000 값이 도출된다.

49 셀룰로오스 분자의 비환원성 말단 OH 기는 글루코오스의 몇 번 탄소에 결합되어 있는가?

① C_1 ② C_2
③ C_3 ④ C_4

해설
셀룰로오스에서 비환원성 말단기는 글루코오스 4번 탄소에 결합되어 있다. 환원말단기의 경우 1번 탄소에 해당한다.

50 카르복시메틸셀룰로오스(CMC)제조에 대한 설명으로 옳은 것은?

① 알칼리 셀룰로오스를 모노클로로초산에 침적시킨 후 가성소다 용액을 첨가하여 제조한다.
② 알칼리 셀룰로오스를 염화메틸과 반응시켜 제조한다.
③ 셀룰로오스를 질산과 황산의 혼합산으로 반응시켜 제조한다.
④ 알칼리 셀룰로오스를 디아조메탄으로 반응시켜 제조한다.

해설
카르복시메틸셀룰로오스는 셀룰로오스에 클로르초산이 반응하여 셀룰로오스의 히드록시기(-OH)에 클로르초산이 치환되면서 생성되며 가성소다를 첨가한다.

51 셀룰로오스의 분자량 측정 방법이 아닌 것은?

① 삼투압 측정법 ② 연소법
③ 광산란법 ④ 초원심 분리법

해설
셀룰로오스 분자량 측정법으로 삼투압법, 광산란법, 초원심법, 점도법, 말단기법이 있다.

52 다음 중 목재 추출성분이 아닌 것은?

① 테르페노이드류 ② 자이란류
③ 지방족화합물류 ④ 탄닌류

해설
목재의 추출성분에는 플라보노이드, 테르페노이드류, 지방족화합물류, 톨유, 탄닌 등이 있다.

53 리그닌에 대한 다음 설명 중 옳은 것은?

① 화학적으로는 phenylpropane C_6-C_3구성단위가 탄소-탄소 또는 에테르 결합으로 구성된 물질이다.
② 리그닌은 72% 황산 용액에 의하여 분해된다.
③ 리그닌의 농도는 루멘(lumen) 부근이 가장 높고 세포 외부로 이행함에 따라 감소한다.
④ 리그린은 지방족화합물이다.

해설
리그닌은 phenylpropane 을 기본 단위로 하며 탄소-탄소 결합이나 에테르 결합을 하는 고분자 방향족 화합물이다.

54 목분 2g을 105°C±3°C의 항온 건조기에서 8시간 동안 건조시킨 시료의 무게가 1.6g이었다. 이 목분의 함수율은?

① 15% ② 20%
③ 25% ④ 30%

해설
$$\frac{2g - 1.6g}{2g} \times 100(\%) = 20(\%)$$

55 다음 중 셀룰로오스와 반응하여 C_2와 C_3 사이의 결합을 개열시켜 알데히드를 생성시킬 수 있는 물질은?

① 과요오드산 ② 이산화염소
③ 과초산   ④ 이산화질소

해설
과요오드산에 의해 셀룰로오스가 산화되면서 C_2, C_3가 개열되고 dialdehyde 형 구조가 생성된다.

56 Xylan을 산소, 알칼리 등으로 반응시켰을 때 일어나는 현상이 아닌 것은?

① Aldonic acid 말단기 생성
② 가용성 유기산 생성
③ 중합도 상승
④ Uronic acid 의 탈리

해설
xylan 의 산소 및 알칼리 조건에서 반응시 가용성 유기산은 줄어들게 된다.

57 천연 셀룰로오스의 분자간의 결합은 무슨 결합으로 되어 있는가?

① 공유결합   ② 수소결합
③ 이온결합   ④ 배위결합

해설
천연 셀룰로오스의 분자간에 친수성 부분에서 수소결합이 이루어진다.

58 목재 세포벽의 주요 화학적 구성성분이며, 수종에 따라 약간 차이는 있지만 함유율이 약 40~45%이고, 2차 세포벽에 대부분 존재하고 있는 것은?

① 리그닌   ② 셀룰로오스
③ 헤미셀룰로오스 ④ 추출성분

해설
셀룰로오스는 세포벽에서 가장 많은 비율을 차지하고 있으며 2차 세포벽에서도 중층에 가장 많이 분포하고 있다.

59 진섬유소(holocellulose)중 17.5%의 가성소다에 대하여 불용성인 것은?

① 베타-셀룰로오스
② 알파-셀룰로오스
③ 헤미-셀룰로오스
④ 감마-셀룰로오스

해설
홀로셀룰로오스(holocellulose)는 17.5% NaOH 에 용해도를 기준으로 α, β, γ-셀룰로오스 등으로 분류한다. 이때 불용성인 부분을 α-셀룰로오스라 하고 용해되어 산성화 후 재생되는 부분을 β-셀룰로오스, 용해되어 재생되지 않는 경우 γ-셀룰로오스라 한다.

60 다음 중 turpentine을 구성하는 주요 성분은?

① a-pinene   ② Flavone
③ Tannin   ④ Tropolon

해설
테르페노이드(turpentine)을 구성하는 주성분은 α-pinene 이다.

정답 55 ① 56 ② 57 ② 58 ② 59 ② 60 ①

제4과목 임산제조학

61 산가수분해로 당이 생성되는 성분은?
① 셀룰로오스와 리그닌
② 헤미셀룰로오스와 리그닌
③ 헤미셀룰로오스와 추출물
④ 헤미셀룰로오스와 셀룰로오스

해설
셀룰로오스와 헤미셀룰로오스는 묽은 산에 의해 가수분해되어 당이 생성된다.

62 다음 조건에서 섬유판의 수분흡수율은?

- 50mm×5mm×15mm인 섬유판 시험편의 초기중량이 30g 이다.
- 이 시험편을 20℃ 물속 깊이 3cm에 평행으로 24시간 침지하였다.
- 침지 후 중량은 33g이 되었다.

① 9% ② 10%
③ 11% ④ 12%

해설
흡수율은 초기 중량과 수분흡수를 한 이후의 중량의 변화를 통해 알 수 있다.
33-30/30 × 100 = 10%

63 원목을 기계적으로 마쇄해서 제조하는 펄프는?
① 쇄목펄프 ② 소다펄프
③ 아황산펄프 ④ 크라프트펄프

64 다음 설명에 해당하는 것은?

목분 및 펄프의 리그닌 함량을 측정하는 방법으로 20℃에서 72% 황산으로 탄수화물을 가수분해하고 3%로 희석하여 4시간 가열한 후 여과, 세척, 건조, 정량하여 용해된 리그닌을 UV로 정량한다.

① 염소값 ② 카파값
③ Roe 값 ④ Klason 리그닌

해설
Klason 리그닌은 리그닌에 의해 소비되는 과망간산이온의 소비량을 통해 리그닌을 정량하는 간접적인 방법으로 72%의 황산을 이용하여 탄수화물을 가수분해의 과정을 거친다.

65 목재절삭에 있어서 임계절삭각은 절삭저항의 배분력이 정(plus)에서 부(minus)로 변하는 절삭각을 나타내는데 그 값의 범위는?
① 30° 전후 ② 40° 전후
③ 50° 전후 ④ 60° 전후

해설
절삭저항이 각도 50° 기준으로 각도가 커지면 저항은 작아지고, 각도가 작아지면 저항은 커진다. 임계절삭각 배분력이 50° 기준으로 정(+)에서 부(-)로 바뀌게 된다.

66 종이의 코팅 가공에서 주로 사용하는 안료가 아닌 것은?
① 카올린 ② 인산염
③ 탄산칼슘 ④ 수산화알루미늄

해설
코팅 가공시 안료로는 이산화티탄, 수산화알루미늄, 탄산칼슘, 카올린(kaolin) 등을 사용한다. 인산염은 분산제이다.

67 드럼 박피기를 드럼의 지지 방법에 따라 분류했을 때 옳지 않은 것은?

① 모터지지 ② 수압지지
③ 롤러지지 ④ 체인지지

해설
드럼박피기는 회전하는 드럼의 내부에서 원목이 서로 부딪쳐서 박피되는 원리로 롤러지지, 수압지지, 체인지지 드럼박피기로 분류된다.

68 목재의 접착조작 공정 중 목재함수율, 재면상태, 두께 불균일 등을 검사 및 조정하여 접착조작을 원활하게 하는 단계는?

① 제호 ② 도포
③ 퇴적 ④ 피착재 조정

해설
목재의 접착조작에서 함수율, 재면상태, 두께 불균일을 검사 조정하는 단계를 피착재 조정이라 한다.
・제호 : 접착에 앞서 접착제에 첨가제를 혼합하는 것을 말한다.
・도포 : 접착제를 분사하는 공정하는 것을 말한다.
・퇴적 : 피착재 표면에 접착제를 도포하여 적층후 가압하는 것을 말하며 이러한 시간을 퇴적시간이라 한다.

69 제지 과정에서 사용되는 공정이 아닌 것은?

① 정선 ② 착색
③ 마쇄 ④ 충전

해설
제지 과정에서 배합, 충전, 착색, 정선의 과정을 거친다.

70 목재 성분 중 열분해 온도가 가장 낮아 제일 먼저 분해되기 시작하는 것은?

① 리그닌 ② 셀룰로오스
③ 모두 동일함 ④ 헤미셀룰로오스

해설
목재 주요 성분 중에서 헤미셀룰로오스의 열분해 온도는 180~300℃ 정도로 가장 낮다.

71 목재의 절삭가공 중 종절삭에 있어서 절삭각이나 절입깊이가 모두 크게 될 때 나타나는 절삭형태는?

① 유형 ② 절형
③ 전단형 ④ 인렬형

해설
전단형(shear type)은 절삭에서 절삭깊이가 클 경우 발생되며 유형(flow type)은 절삭깊이를 얕게하고 고속절삭시 발생, 인렬형(tear type) 절삭저항은 유형이나 전단형보다 크며 절삭진동이 심해 요철이 발생되기도 한다. 절형(crack type)은 절삭각이 작은데 절삭각이 크게되면 가공면에 요철이 발생된다.

72 접착제의 습윤성에 대한 설명으로 옳지 않은 것은?

① 접착제의 응집력이 클수록 좋다.
② 피착재 표면에서 접촉각이 클수록 좋다.
③ 접착제 분자와 피착재 표면 사이에 인력이 강할수록 좋다.
④ 고체표면에 액체인 접착제가 밀접하게 접촉되는 공정이다.

해설
접착제의 습윤성이 좋으면 피착재 표면에서 접촉각이 작을수록 접착력이 높아진다.

정답 67 ① 68 ④ 69 ③ 70 ④ 71 ③ 72 ②

73 합판을 제조한 후 뒤틀림이 발생하는 주요 원인이 아닌 것은?
① 구성이 대칭이 아님
② 가압시간이 너무 짧음
③ 구성단판 함수율이 서로 다름
④ 구성단판의 두께가 서로 다름

해설
가압시간이 짧음으로 인하여 뒤틀림 현상에 크게 영향을 주지 않는다. 구성의 부조화 및 함수율의 차이, 구성단판의 두께 차이 등은 균일한 공정이 어려워 건조 및 가압의 차이 등으로 뒤틀림 현상이 유발된다.

74 목재 건조 과정에서 표면경화가 발생하는 경우 목재 내부의 응력은?
① 인장응력 ② 압축응력
③ 전단응력 ④ 충격응력

해설
목재 건조 과정에서 표면경화가 발생할 경우 표층에는 압축응력이 발생하고 내부에는 인장응력이 발생한다.

75 펄프 및 제지공장에서 주로 사용하는 용수 처리 방법으로 옳지 않은 것은?
① 집진법 ② 여과법
③ 침전법 ④ 응집법

해설
집진법은 공기 중의 분진을 처리하는 방법이다.

76 열기 건조에 의한 스케줄 작성 시 고려사항으로 가장 거리가 먼 것은?
① 대기 온도 ② 건조 시간
③ 목재 두께 ④ 건조재 품질

해설
건조 스케줄 작성 시 수종, 함수율, 두께, 건조재의 품질 및 건조 시간 등을 고려한다.

77 그리스(grease)와 물과 같이 비혼합성 용매에 의하여 글씨를 다른 롤에 전사한 후 인쇄하는 방법은?
① 활판 인쇄 ② 스크린식 인쇄
③ 그리바아 인쇄 ④ 평면전사식 인쇄

해설
그리스와 물과 같은 비혼합성 용매가 다른 롤로 전사한후 인쇄하는 방법을 평면전사식 인쇄라 한다.

78 압축목재의 압축 직후 두께가 2cm이고, 최대 회복 후 압축목재의 두께는 2.4cm 였다. 압축 전 원래 목재의 두께가 3.0cm 였다면 이 목재의 최대 영구회복율은?
① 20% ② 25%
③ 40% ④ 50%

해설
$$\frac{2.4cm - 2cm}{3cm - 2cm} = \frac{0.4}{1} \times 100(\%) = 40(\%)$$

79 지료 조성에 주로 사용되는 내면 사이즈제는?
① 아교 ② 전분
③ 왁스 ④ 단백질

해설
지료 조성에 내면 사이즈제로 로진계와 왁스에멀젼, 합성사이즈제 등이 있다.

80 집성재 제조 시 길이접합의 형식과 관계가 없는 것은?
① N joint ② L joint
③ butt joint ④ finger joint

해설
길이접합 형식에는 butt joint, plain scarf, hooked scarf, N-joint, finger join, V-joint 등이 있다.

제5과목 목재보존학

81 낱개 상품의 방부 목재에 대한 품질표시 기재사항이 아닌 것은?
① 사용 방부제
② 사용환경범주
③ 방부 목재의 수종
④ 방부 목재의 유효기간

해설
낱개 상품의 방부 목재 품질표시 기재사항으로 사용환경범주, 사용방부제, 수종, 건조구분, 제조자, 제조일자가 있다.

82 방부처리 목재를 양생하는 목적으로 옳은 것은?
① 유효성분을 미리 용탈시키기 위해
② 처리 후 함수율 변화를 막기 위해
③ 목재의 표면 가공을 위한 열처리를 하기 위해
④ 약제 유효성분의 목재 내 정착이 완료되도록 하기 위해

해설
양생은 약액이 주입된 목재에 방부제성분이 목재 조직 속에 정착되도록 일정기간 쌓아놓는 과정이다.

83 건조한 참나무를 목재의 변재로 만든 장롱에서 주로 관찰될 수 있는 해충은?
① 흰개미   ② 하늘소
③ 개나무좀   ④ 가루나무좀

해설
가루나무좀은 주로 건조한 활엽수종에 피해를 준다.

84 목재 방부제에 대한 설명으로 옳지 않은 것은?
① 유상 방부제는 유용성 방부제와 달리 보존효력은 있으나 처리재를 오염시키는 단점이 있다.
② 수용성 방부제는 효력이 높은 한 종류의 금속화합물을 선택적으로 사용하며 대부분 유기화합물이다.
③ 유용성 방부제는 용탈에 저항성이 있다는 장점이 있으며, 표면장력이 낮으므로 목재내에 침투가 용이하다.
④ 수용성 방부제는 값비싼 용매를 사용하지 않고 처리목재의 표면을 청결하게 하고 도장할 수 있다는 장점이 있다.

해설
수용성 방부제는 약품을 물에 용해시켜 사용하는 약제로 여러 금속화합물을 사용하여 제조하며 CCA, ACC, CCB 등이 있다.

85 목재 난연제인 미날리스(Minalith)의 구성 성분으로만 바르게 나열한 것은?
① $ZnCl_2$, $Na_2Cr_2 \cdot 2H_2O$, $(NH_4)_2SO_4$, H_3BO_3
② $ZnCl_2$, NH_4SO_4, H_3BO_3, $Na_2Cr_2O_7 \cdot 2H_2O$
③ $(NH_4)_2HPO_4$, $(NH_4)_2SO_4$, $Na_2B_4O_7$, H_3BO_3
④ $(NH_4)_2HPO_4$, $ZnCl_2$, H_3BO_3, $Na_2Cr_2O_7 \cdot 2H_2O$

해설
미날리스는 혼합방화제로
인산암모늄[$(NH_4)_2HPO_4$], 붕사($Na_2B_4O_7$), 붕산(H_3BO_3), 황산암모늄[$(NH_4)_2SO_4$] 등이 있다.

86 목재 재면에 발생하여 청록색이나 흑색을 띠며 균사가 목재조직 속에 침입하지 않는 것이 특징인 균은?
① 청변균　② 갈변균
③ 자낭균류　④ 표면오염균

해설
표면오염균은 균사가 목재의 표면에 대량으로 포자를 만들면서 청록색이나 흑색을 띠게 된다.

87 심재의 약제 침투가 가장 어려운 수종은?
① 떡갈나무　② 서어나무
③ 오리나무　④ 단풍나무

해설
대부분의 수종은 변재부분은 약재 침투가 양호하나 심재부분은 약액이 잘 침투하지 않는다. 특히 심재의 약제 침투가 어려운 수종으로 신갈나무, 졸참나무, 떡갈나무 등의 참나무류가 상대적으로 침투하기 더 어렵다.

88 목재 내부 피복처리에서 방수제로 사용되는 물질은?
① 왁스　② 안료
③ 전분　④ CMC

해설
목재에 방수제로 사용되는 물질로 왁스가 있으며 내구성이 높은 것이 특징이다.

89 약제처리 후 건조방지를 위해 비닐 등으로 덮고 일정기간 방치하는 방법은?
① 확산법　② 침지법
③ 가압법　④ 온냉욕법

해설
확산법은 목재 표면에 고농도 수용성 약제를 바르고 건조되지 않게 비닐시트를 덮어 수 주간 방치하여 확산현상에 의해 약제를 침투시키는 방법이다.

90 유용성 방부제를 목재에 가장 많이 흡수시킬 수 있는 상압법은?
① 도포법　② 침지법
③ 확산법　④ 냉온욕법

해설
냉온욕법의 약액 흡수량은 상압주입법 중에서 가장 많다.

91 목재 세포벽 성분 중 셀룰로오스를 주로 분해하고 리그닌을 남기는 목재부후균은?
① 갈색부후균　② 백색부후균
③ 녹색부후균　④ 흑색부후균

해설
갈색부후균은 셀룰로오스를 주로 분해하고 리그닌만 남기면서 리그닌 고유의 색인 갈색을 띠게 된다.

92 바다에 오랫동안 잠긴 목재를 인양했을 때 주로 관찰될 수 있는 부후 미생물은?
① 혐기성 세균과 담자균
② 연부후균과 백색부후균
③ 혐기성 세균과 연부후균
④ 호기성 세균과 갈색부후균

해설
바다에 오랜시간 잠긴 목재는 수침고목재라 하며 오랫동안 포화된 상태로 있어 산소결핍으로 대부분 연부후균과 혐기성 세균이 관찰된다.

93 목재부후균으로 인한 피해를 예방하기 위한 조치로 옳지 않은 것은?
① 목재 방부 처리
② 건조 목재 사용
③ 목재의 자외선 노출 억제
④ 목재의 토양 접촉 사용 방지

해설
목재부후균의 피해 예방을 위해 ① 방부제 처리 및 ② 건조 목재를 사용하도록 한다. 또한 부후균이 활동하기 힘든 생육조건을 조성하거나 ④ 목재를 토양에 비접촉하도록 주의한다.

정답　86 ④　87 ①　88 ①　89 ①　90 ④　91 ①　92 ③　93 ③

94 목재의 기상열화 인자가 아닌 것은?
① 수분 ② 자외선
③ 박테리아 ④ 환경오염 물질

해설
기상열화는 광선이나 수분, 오염물질, 열 등의 비생물학적 인자들로 물리, 화학적 열화를 받는 현상을 말한다.

95 뤼핑법에 대한 설명으로 옳지 않은 것은?
① 충세포법의 일종이다.
② 초기 공기압을 적용한다.
③ 약제를 깊고 균일하게 침투시킨다.
④ 약제회수량이 총흡수량의 약 60% 정도이다.

해설
뤼핑법은 공세포법이다.

96 목재를 방부처리하는 주요 목적은?
① 변색 방지
② 물리적 강도 증가
③ 균류에 의한 피해 방지
④ 불에 대한 저항성 증가

해설
목재부후균은 목재의 주성분을 양분으로 분해 및 흡수하는데 방부처리를 통해 부후균이 목재의 주성분을 이용하지 못하도록 차단시켜 피해를 방지한다.

97 목재 방화제에 해당하지 않는 것은?
① 황산암모늄 ② 초산암모늄
③ 염화암모늄 ④ 제2인산암모늄

해설
목재 방화제에는 인산암모늄, 황산암모늄, 술파민산암모늄 등이 있다.

98 카바마이트계 목재 방충제에 대한 설명으로 옳지 않은 것은?
① 접촉 독성이 높다.
② 지속성이 우수하다.
③ 카르바민산의 유도체이다.
④ 현탁액상으로 목재와 토양처리에 이용된다.

해설
카바마이트계 방충제는 ③ 카르바민산의 유도체로 접촉, 식독, 호흡독으로 작용하며 ① 접촉 독성이 특히 높다. 알칼리에서는 불안정하고 ④ 현탁액으로 목재나 토양처리에 이용된다.

99 목재에 방부제가 잘 침투하도록 실시하는 전처리 방법으로 옳지 않은 것은?
① 인사이징을 실시한다.
② PEG 처리를 실시한다.
③ 프리보오링을 실시한다.
④ 평균 함수율을 30% 정도로 건조시킨다.

해설
PEG 처리는 치수안정화 처리방법이다.

100 수용성 방부제가 아닌 것은?
① ACQ ② IPBC
③ CUAZ ④ CuHDO

해설
IPBC는 유용성 방부제이다.

2019 임산가공기사 필기

제1과목 목재이학

01 목재의 응력과 변형에 대한 설명으로 옳지 않은 것은?
① 비례한도 내에서 응력과 변형은 비례한다.
② 응력과 변형이 직선관계가 되는 구간을 비례한도로 한다.
③ 비례한도는 Hook의 법칙이 성립되는 최소한도의 응력치이다.
④ 아주 낮은 응력이라도 어느 한도 이상의 하중을 계속 반복하면 목재가 피로해져 파괴된다.

해설
비례한도는 hook의 법칙이 성립되는 최대한도 응력치이다.

02 목재에서 서로 직교하는 3방향으로 이방성을 나타낸 것은?
① 등방성체 ② 이방성체
③ 면등방성체 ④ 직교이방성체

해설
목재가 서로 직교하는 3방향으로 이방성을 나타내며 각 방향으로 탄성계수, 프와송 비, 전단탄성계수 등이 존재하는 것을 직교이방성체라 한다.

03 목재의 수축 및 팽윤 이방성에 가장 적은 영향을 주는 것은?
① 점탄성 ② 방사조직
③ 조재 및 만재 ④ 피브릴경사각

해설
목재의 점탄성은 탄성과 점성의 성질을 동시에 지니는 것으로 응력과 변형률 간의 관계로 나타낼 수 있다.

04 목재의 크리프에 대한 설명으로 옳지 않은 것은?
① 크리프 파괴는 크리프 한도를 넘을 때 나타난다.
② 분율 크리프, 크리프 컴플라이언스, 비교 크리프 등이 있다.
③ 일반적으로 크리프 곡선의 형상은 다른 조건이 일정할 때는 응력의 크기에 의존한다.
④ 목재에 한 방향의 응력이 작용할 때의 점탄성을 동적점탄성이라 하며 크리프 및 응력완화가 대표적이다.

해설
응력완화는 점탄성체에 일정 변화를 주게 되면 대응하는 응력이 시간에 따라 감소하는 현상을 말하기에 한 방향으로 응력이 작용하는 개념과는 다르다

정답 01 ③ 02 ④ 03 ① 04 ④

05 목재의 열전도도에 대한 설명으로 옳은 것은?

① 비중이 클수록 열전도도는 감소한다.
② 밀도가 작을수록 열전도도는 증가한다.
③ 함수율이 높아질수록 열전도도는 증가한다.
④ 온도가 상승함에 따라 열전도도는 감소한다.

해설
밀도가 증가하거나 온도가 상승하거나 함수율이 높아지면 열전도도가 증가한다.

06 시험재의 초기중량이 1500g, 추정된 함수율이 50% 일 때 전건중량은?

① 750g
② 1000g
③ 1200g
④ 1500g

해설
$\frac{1500 - x}{x} \times 100(\%) = 50(\%) \rightarrow x = 1,000g$

07 목재의 비열에 대한 설명으로 옳지 않은 것은?

① 비열은 단위질량당 열용량으로 표현할 수 있다.
② 균질인 물체의 열용량은 물체의 양에 비례하지 않는다.
③ 열용량은 어떤 물체에 가해진 열을 상승한 온도차로 나눈 값으로 표현한다.
④ 일반적으로 물의 밀도가 목재의 전건밀도보다 크기 때문에 전건 목재에 비해 상온에서 물의 비열이 훨씬 더 큰 값을 가진다.

해설
물리적 화학적 같은 성질을 가진 상태인 균질인 물체의 열용량은 물체의 양에 비례하게 된다.

08 목재의 수분 흡착력에 대한 설명으로 옳지 않은 것은?

① 침엽수와 활엽수간에는 차이가 크다
② 변재와 심재의 흡착력 차이는 매우 작다
③ 수종 간에 흡착력 크기는 거의 차이가 없다
④ 흡습량은 친수성기의 수에 의존하는 것이 일반적이다

해설
목재의 흡착력은 침엽수와 활엽수 간에 차이가 없다

09 전건비중이 0.40인 목재의 공극율은?

① 약 63%
② 약 73%
③ 약 83%
④ 약 93%

해설
$\frac{1.5 - 0.4}{1.5} \times 100(\%) \fallingdotseq 73(\%)$

10 음파가 목재에 흡수되는 정도는?

① 5~10%
② 15~20%
③ 20~30%
④ 30~40%

해설
음파가 목재에 흡수되는 흡음률은 평균 6% 정도이며 범위는 5~10% 정도이다.

11 목재의 탄성에 가장 적게 영향을 미치는 요인은?

① 옹이
② 함수율
③ 변재의 색상
④ 세포벽의 미세구조

해설
목재의 탄성에 영향을 미치는 인자로 세포벽의 구조, 섬유방향, 함수율, 비중, 온도, 옹이 등이 많은 영향을 미친다.

정답 05 ③ 06 ② 07 ② 08 ① 09 ② 10 ① 11 ③

12 항온 항습실 내에서 장기간 조습시킨 함수율 15%인 목재의 치수는 2cm×25cm×10cm 중량은 300g 일 때 목재의 비중은?

① 0.45　② 0.50
③ 0.55　④ 0.60

해설

목재밀도$(g/cm^3) = \dfrac{300g}{2cm \times 25cm \times 10cm} = 0.6$

13 목재의 평형함수율에 대한 설명으로 옳지 않은 것은?

① 온도와는 관계없다.
② 수종의 영향은 별로 받지 않는다.
③ 대기 상태에서는 기건함수율이라고 한다.
④ 상대습도와는 대단히 밀접한 관계가 있다.

해설

목재의 평형함수율은 온도와 습도에 의해 결정된다.

14 목재 내 수분 이동에 대한 설명으로 옳지 않은 것은?

① 섬유포화점 이상에서 자유수가 이동한다.
② 모세관 인력과 전압력 차에 따라 자유수가 이동한다.
③ 수증기에 의한 확산 이동은 섬유포화점 이하에서 이루어진다.
④ 결합수 이동은 세포 내 섬유포화점 이하에서 수분 경사에 의해 발생한다.

해설

수증기의 확산 이동은 섬유포화점 이상에서 이루어진다.

15 목재의 비중에 대한 설명으로 옳은 것은?

① 일반적으로 세포벽의 비중은 2.6 ~ 3.0 정도이다.
② 진비중은 수종과 무관하게 일반적으로 2.0 으로 사용한다.
③ 세포벽비중 대 진비중의 비를 세포벽비라고 하며 실제값은 1보다 작다.
④ 세포내강이나 세포벽 중의 미세한 공극을 완전히 제거한 목재실질의 비중을 가비중이라고 한다.

해설

세포벽비중은 0.6~1.2 정도의 값을 갖는다. 진비중은 1.5 정도이며, 세포벽비는 1보다 작은 값을 가진다.

16 목재의 밀도 및 비중에 영향을 끼치는 주요 인자로 옳지 않은 것은?

① 함수율
② 내음성
③ 세포벽실질
④ 추출물과 무기염류 함량

해설

목재의 비중은 목재의 구조, 추출물, 화학조성 및 함수율의 영향을 받는다. 내음성은 식물이 음지에서 광합성을 하는 성질 중 하나이다.

17 목재의 잔광 현상에 대한 설명으로 옳지 않은 것은?

① 조재 및 만재에 따라 차이가 있다.
② 심재 및 변재에 따라 차이가 없다.
③ 수지를 많이 함유한 목재가 강한 잔광을 유발한다.
④ 세포벽 내의 리그닌 함유량은 잔광을 나타내는 중요한 요인이다.

해설

잔광현상은 목재의 심재 및 변재, 조재 및 만재 간에도 차이가 나타난다.

정답　12 ④　13 ①　14 ③　15 ③　16 ②　17 ②

18 목재를 구성하는 세포와 세포와의 간극 및 세포의 내강에 유리상태로 존재하는 수분은?

① 결합수   ② 흡착수
③ 포화수   ④ 자유수

해설
자유수는 목재 중의 세포내강이나 세포간극 등에 공극의 존재하는 수분을 말한다.

19 목재의 변동률에 대한 설명으로 옳지 않은 것은?

① 참나무류 목재의 수축률은 작지만 변동률은 크다.
② 변동률이 작은 목재는 벽이나 마루판, 창틀, 보트 제작 등에 유리하다.
③ 변동률은 수축률과 유사한 경향을 나타내고 있으나 반드시 일치하지는 않는다.
④ 대기 상대습도와 온도의 일변화 또는 계절변화에 의한 목재의 치수변화를 말한다.

해설
참나무류의 수축률은 다른 나무와 비교하여 큰 편이다.

20 목재의 화학적 조성분이 목재의 수축 및 팽윤에 관여하는 크기 순서로 올바르게 나열한 것은?

① 셀룰로오스 > 헤미셀룰로오스 > 리그닌
② 셀룰로오스 > 리그닌 > 헤미셀룰로오스
③ 헤미셀룰로오스 > 리그닌 > 셀룰로오스
④ 헤미셀룰로오스 > 셀룰로오스 > 리그닌

해설
목재의 수축 및 팽윤에 있어 헤미셀룰로오스는 대부분이 비결정영역으로 구성되어 있어 셀룰로오스보다 더 많은 영향을 준다. 리그닌은 셀룰로오스보다 친수성이 낮고 최대 팽윤량이 4% 정도로 매우 적다.

제2과목 목재해부학

21 제재 작업자의 부주의에 의해 만들어진 목리는?

① 사주목리   ② 나선목리
③ 파상목리   ④ 교착목리

해설
목재를 제재할 때 작업자의 부주의로 연륜과 평행하지 않는 사주목리가 만들어진다.

22 환공재에 해당하는 수종은?

① 벚나무   ② 굴참나무
③ 층층나무   ④ 버드나무

해설
환공재에 해당하는 수종으로 참나무, 굴참나무, 느티나무, 아까시나무, 음나무, 오동나무 등이 있다.

23 활엽수재의 나선비후에 대한 설명으로 옳은 것은?

① 산공재에서는 볼 수 없다.
② 목섬유의 세포간층에 주로 발달한다.
③ 주로 도관의 세포내강쪽 벽에 발달한다.
④ 환공재에서는 주로 조재부의 도관에서 관찰된다.

해설
나선비후는 주로 도관요소 안쪽 세포벽에 발달하며 수종에 따라 나선비후의 분포정도가 다르다.

24 정상수지구가 존재하지 않는 수종은?

① 잣나무   ② 향나무
③ 소나무   ④ 일본잎갈나무

해설
정상수지구는 주로 소나무속, 잎갈나무속, 가문비나무속, 미송속 등에 관찰되며 향나무에서는 정상수지구를 가지고 있지 않다.

정답 18 ④ 19 ① 20 ④ 21 ① 22 ② 23 ③ 24 ②

25 활엽수재를 해부학적으로 식별할 때 주요 조사 항목이 아닌 것은?
① 도관 ② 가도관
③ 목섬유 ④ 방사유세포

해설
가도관은 침엽수재에 90% 이상을 차지하고 있으며 활엽수재의 식별에는 주요 조사항목이 아니다.

26 침엽수재의 유연벽공이 가장 많이 보이는 세포는?
① 가도관 ② 수지구
③ 방사유세포 ④ 축방향유세포

해설
가도관의 세포벽에 유연벽공이 주로 관찰된다.

27 경사지에 생장한 수간의 횡단면 위쪽에 형성되는 이상재는?
① 수식재 ② 취심재
③ 압축응력재 ④ 인장응력재

해설
인장응력재는 경사지에 생장한 수간의 윗부분에서 발생하고 압축응력재는 가지의 아랫부분에서 발생한다.

28 조재와 만재의 구분이 뚜렷하지 않은 수종은?
① 주목 ② 소나무
③ 은행나무 ④ 일본잎갈나무

해설
은행나무의 조, 만재의 이행이 명확하지 않아 확인이 어렵다.

29 천공의 모양, 나선비후의 유무, 방사조직의 동성 혹은 이성을 관찰할 때 가장 적당한 단면은?
① 횡단면 ② 판목면
③ 접선단면 ④ 방사단면

해설
방사단면은 섬유방향의 직각방향으로 천공의 모양, 나선비후의 유무, 방사조직 및 인덴쳐 등을 관찰할 수 있다.

30 침엽수재에서 가도관의 평균 구성비율은?
① 50~68% ② 70~78%
③ 80~88% ④ 90~98%

해설
침엽수재의 가도관은 90% 이상을 차지하고 있다.

31 방사가도관의 배열에 대한 설명으로 옳은 것은?
① 도관의 주위에 잘 배열되어 있다.
② 방추형 방사조직과 직교하여 배열되어 있다.
③ 침엽수 방사조직의 상하부위에 배열되어 있다.
④ 목섬유와 함께 섬유방향으로 나란히 배열되어 있다.

해설
방사가도관은 방사조직의 상하 가장자리나 중앙부에 배열되어 있다.

32 성숙재와 비교하였을 때 미성숙재에 대한 설명으로 옳은 것은?
① 만재율이 적다.
② 연륜폭이 좁고 비교적 균일하다.
③ 위연륜이나 응력재의 출현이 적다.
④ 죽은 옹이가 나타나거나 옹이가 없다.

해설
미성숙재는 기본조직이 정상적으로 자라지 못한 목재로 만재율이 낮다.

33 활엽수재를 구성하는 세포 요소 중에서 양분의 저장 기능을 가지고 있는 것은?
① 도관 ② 목섬유
③ 유세포 ④ 가도관

해설
유세포는 양분의 저장 기능을 가지고 있다.

34 고립관공만 존재하는 수종은?
① 뽕나무 ② 음나무
③ 가시나무 ④ 느티나무

해설
고립관공만 분포하는 수종으로 가시나무류, 유칼리류 등이 있다.

35 활엽수재의 벽공실 안쪽에 전부 또는 일부가 2차벽에서 생성된 돌기물로 덮여 있는 벽공은?
① 맹벽공 ② 분지벽공
③ 유연벽공 ④ 베스처드 벽공

해설
베스처드 벽공은 특정 활엽수재에 나타나는 특수한 유연벽공으로 벽공연에서 돌기물이 벽공연에 돌출되어 있는 모양이다.

36 활엽수재에서 방사조직이나 축방향의 목재구성 세포가 층계상으로 배열함으로써 나타나는 무늬는?
① 리플마크 ② 포상문리
③ 권모문리 ④ 수반문리

해설
리플마크는 주로 활엽수재에 나타나며 축방향에 층계상 배열을 하며 방사조직일 경우 접선방향에서 가느다란 줄무늬 모양이 확인된다.

37 세포벽에서 가장 두꺼운 층은?
① 1차벽 ② 2차벽의 중층
③ 2차벽의 외층 ④ 2차벽의 내층

해설
세포벽은 2차벽의 S2 층(중층)이 가장 두껍고 다음으로 S1 층(외층), P층(1차벽), S3층(내층) 순의 두껍다.

38 가장 두꺼운 벽의 에피델리얼 세포를 가지고 있는 수종은?
① 곰솔 ② 소나무
③ 잣나무 ④ 일본잎갈나무

해설
일본잎갈나무, 가문비나무, 미송 등은 에피델리얼세포가 후벽(두꺼운벽)이며 수지구의 접선방향 지름이 작은 것이 특징이다.

39 열대 활엽수재에 대한 설명으로 옳지 않은 것은?
① 대부분의 수종이 환공재이다.
② 취약심재를 가진 수종이 있다.
③ 교착목리를 나타내는 수종이 흔하다.
④ 온대산 재에는 분포하지 않는 실리카를 지니는 경우가 있다.

해설
열대 활엽수재는 대부분 산공재이다.

40 세포내강이 좁고 세포벽이 비정상적으로 두꺼운 섬유로서 흡습성이 풍부하며, 인장이상재에 나타나는 목섬유는?

① 격막목섬유 ② 젤라틴섬유
③ 진정목섬유 ④ 섬유상가도관

해설
젤라틴섬유는 인장응력재에서 주로 발생하고 목화되지 않은 층이다.

제3과목 목재화학

41 다음 중 침엽수 아황산 펄프공장의 폐액으로부터 얻을 수 있는 화합물은?

① 바닐린 ② 벤젠
③ 톨루엔 ④ 아세톤

해설
침엽수 아황산 펄프 공정의 폐액에서 바닐린 원료를 추출할 수 있다.

42 중량 평균 분자량($\overline{Mw}$)과 수평균 분자량($\overline{Mn}$)과의 비($\overline{Mw}/\overline{Mn}$)가 2.0 인 섬유소의 수평균 분자량이 500,000일 때, 중량 평균 분자량은?

① $\overline{Mw}$ = 500,000
② $\overline{Mw}$ = 1,000,000
③ $\overline{Mw}$ = 1,500,000
④ $\overline{Mw}$ = 2,000,000

해설
$\overline{Mw}/\overline{Mn}$ = 2 이므로 $\overline{Mw}$ 는
< 2 × 500,000 = 1,000,000 > 이다.

43 목분 중의 탄수화물을 가수분해하여 리그닌을 잔사로서 정량하려고 한다. 이 때 필요한 산의 종류와 농도로 적당한 것은?

① 72% $(CH_3CO)_2$ 또는 30% HNO_3
② 72% H_2SO_4 또는 42% HCl
③ 80% CH_3COOH 또는 10% HCl
④ 72% HNO_3 또는 10% CH_3COOH

해설
탄수화물의 가수분해시 65~72% 황산, 42% 염산 등을 이용하여 얻어지는 리그닌을 산리그닌이라 한다.

44 다음 목재를 구성하는 원소 중에서 함량이 가장 낮은 것은?

① C(탄소) ② N(질소)
③ H(수소) ④ O(산소)

해설
목재의 원소조성은 탄소가 약 50%, 산소 44%, 수소 6% 정도를 차지하고 있다.

45 다음 중 Hemicellulose 를 구성하는 주요 단당류가 아닌 것은?

① Mannose ② Xylose
③ Erythrose ④ Glucose

해설
Erythrose 는 4탄당으로 생체 당질대사의 중간체이로 헤미셀룰로오스의 주요 단당류는 아니다.

46 셀룰로오스의 이론상 가능한 최대 치환도 (degree of substitution)는?

① 1 ② 2
③ 3 ④ 4

해설
셀룰로오스의 단위체인 glucose 는 히드록시기를 3개 가지고 있어 최대치환도는 3 이다.

정답 40 ② 41 ① 42 ② 43 ② 44 ② 45 ③ 46 ③

47 목재의 홀로셀룰로오스로부터 헤미셀룰로오스를 추출하려고 한다. 추출용 시약으로 가장 적합하지 않은 것은?
① H_2SO_4 ② KOH
③ DMSO   ④ NaOH

해설
홀로셀룰로오스의 대부분은 셀룰로오스와 헤미셀룰로오스이며 홀로셀룰로오스에서 헤미셀룰로오스를 추출하기 위해 NaOH, KOH를 주로 사용하며 DMSO를 사용하기도 한다.

48 다음 중 Lignan의 용도로서 옳은 것은?
① 살충제   ② 항산화제
③ 제초제   ④ 발근촉진제

해설
리그난은 강력한 항산화제, 항암역할을 한다.

49 리그난(lignan)은 두 개의 모노리그놀이 결합한 것이다. 그 결합 형태를 바르게 나타낸 것은?
① α-α 결합을 한 diarylbutane 유도체
② α-β 결합을 한 diarylbutane 유도체
③ β-β 결합을 한 diarylbutane 유도체
④ β-γ 결합을 한 diarylbutane 유도체

해설
리그난은 n-페닐프로판이 n-프로필 사슬의 β-β 결합한 diarylbutane 유도체 이다.

50 재생셀룰로오스인 레이온과 셀로판의 결정구조를 무엇이라고 하는가?
① 셀룰로오스 I   ② 셀룰로오스 II
③ 셀룰로오스 III   ④ 셀룰로오스 IV

해설
셀룰로오스 레이온, 큐피리암모니움 레이온, 셀로판 등은 모두 셀룰로오스 II 이다.

51 목재를 구성하는 주요 원소는?
① Na, Ca, Li   ② F, Cl, Pb
③ H, O, C   ④ Ne, S, P

해설
목재의 주요 구성 원소로 탄소, 산소, 수소가 있다.

52 다음 중 오탄당의 조합으로 맞는 것은?
① xylose 와 arabinose
② mannose 와 sucrose
③ maltose 와 fructose
④ fructose 와 galactose

해설
D-xylose, L-arabinose 는 5탄당이다.

53 자일로오스를 산과 함께 가열하면 생성될 수 있는 화합물은?
① Xyloisosaccharinic acid
② Glucoisosaccharinic acid
③ 2-furaldehyde(furfural)
④ 4-O-methylglucuronic acid

해설
자일로오스를 산과 함께 가열하면 2-furaldehyde (furfural)로 변하는데 이러한 반응은 목재 및 펄프의 펜토산 정량법으로 사용되고 있다.

54 목재의 주요 헤미셀룰로오스인 자일란을 단리하려고 할 때 일반적으로 사용되는 시약은?
① 에탄올   ② 메탄올
③ 아세톤   ④ 수산화칼륨

해설
수산화칼륨 용액은 헤미셀룰로오스에서 자일란을 선택적으로 추출하는데 적합하다.

55 목재 헤미셀룰로오스의 구성당 중 자일로오스로부터 얻어질 수 있는 것은?
① 프라바노이드 ② 콜레스테롤
③ 자일리톨 ④ 톨유

해설
자일리톨은 수소화 반응에 의한 자일로스의 환원으로 얻을 수 있다.

56 목재 중에 들어 있는 Diterpenoid 로서 Turpentine 을 증류하고 남은 것으로 Colophony 라고도 하는 물질의 명칭은?
① Rosin ② Pinene
③ Flavone ④ Tannin

해설
콜로포늄(colophony)은 로진(rosin)이라 하며 소나무의 줄기에서 분비하는 turpentine 을 증류하여 휘발성 물질을 제거하여 얻는다.

57 다음 중 소나무 수지(resin)의 주성분은?
① Gallic acid, Ellagic acid
② Abietic acid, Pimaric acid
③ α-pinene, β-pinene
④ Palmitic acid, Stearic acid

해설
소나무의 수지는 레진산이 80% 정도를 차지하고 있다. 레진산은 abietic acid(아비에트산), pimaric acid(피마릭산)으로 분류되며 6각 고리구조로 물에 잘 용해되지 않는다.

58 목재를 구성하는 다당류 중 갈락탄(galactan)이 가장 많이 분포하는 세포벽 층은?
① M+P(세포간층+1차벽)
② S_1(2차벽 외층)
③ S_2(2차벽 중층)
④ S_3(2차벽 내층)

해설
갈락탄(galactan)은 주로 복합세포간층(M+P)에 가장 많이 분포한다.

59 다음 중 목재 리그닌의 관능기가 아닌 것은?
① 페놀성 수산기 ② 메톡실기
③ 수산기 ④ 아민기

해설
리그닌의 관능기로 메톡실기, 페놀성수산기, 벤질알코올, 카르보닐기, 수산기 등이 있다.

60 정유(essential oil)에 대한 설명으로 틀린 것은?
① 정유는 인류에 있어서 유용한 자원이다.
② 정유에는 살충성분을 갖는 것도 알려져 있다.
③ 정유는 휘발성이 매우 낮다.
④ 정유 중 가장 많이 사용되고 있는 것이 turpentine유(油)이다.

해설
정유는 휘발성이 높은 편이다.

제4과목 임산제조학

61 펄프 제조 과정에서 증해 작업 전에 실시하는 박피 작업에 대한 설명으로 옳지 않은 것은?

① 목재의 직경이 작을수록 수피율은 낮다.
② 펄프 원료인 섬유질이 매우 적어 불필요한 수피를 제거한다.
③ 박피를 하지 않으면 증해 과정에서 화학약품의 소비가 증가한다.
④ 박피를 하지 않으면 펄프 내에 반점이 형성되어 품질이 저하된다.

해설
목재의 직경이 작을수록 수피율은 높다.

62 띠톱 제재기의 크기를 결정하는 것은?

① 띠톱의 두께   ② 거차의 지름
③ 송재차의 크기 ④ 대차의 레일 폭

해설
거차의 지름은 띠톱기계의 크기를 나타낸다.

63 목재를 건조할 때 엔드 코팅을 하는 주요 목적은?

① 표면 경화 방지
② 내부 할렬 방지
③ 표면 할렬 방지
④ 목구 할렬 방지

해설
목재의 건조 시 목구 할렬 방지를 위해 엔드코팅(end coating)을 한다.

64 장망초지기에서 테이블 롤의 주요 기능은?

① 워터마크를 만든다.
② 종이의 강도를 높인다.
③ 지질을 균질하게 만든다.
④ 와이어를 지지하고 탈수를 촉진한다.

해설
테이블롤은 초지기의 속도 증가를 위한 탈수를 촉진시킨다.

65 수지처리 압축목재에 대한 설명으로 옳지 않은 것은?

① 강도적 성능은 비중에 비례하여 증가한다.
② 치수 안정성이 비처리 압축목재보다 양호하다.
③ 합성수지 처리 목재에 비해 두께 방향의 치수 안정성이 양호하다.
④ 경도는 목재-플라스틱 복합체의 완전침투 처리 목재보다 증가한다.

해설
수지처리 압축목재는 합성수지 처리 목재에 비교하여 판면 방향의 치수안정성은 동일하지만 두께 방향의 경우 낮다.

66 목재 건조 전의 초기 함수율이 50%, 평형 함수율이 10%, 건조 중 함수율이 20% 이면 증발 수분 잔존율은?

① 10%   ② 25%
③ 30%   ④ 40%

해설
증발수분잔존율
$$= \frac{건조중함수율 - 평형함수율}{초기함수율 - 평형함수율} \times 100$$
$$= \frac{20-10}{50-10} \times 100(\%) = 25(\%)$$

정답 61 ① 62 ② 63 ④ 64 ④ 65 ③ 66 ②

67 눈메꿈(눈막이) 공정에 대한 설명으로 옳지 않은 것은?
① 마무리 도료의 침투성을 양호하게 하기 위한 공정이다.
② 전색제의 종류에 따라 수성, 유성, 합성수지 눈메꿈제로 구분한다.
③ 보통 착색고정 다음에 적용하나 때로는 초벌칠 후에 적용하기도 한다.
④ 목재 표면의 공극을 적당한 물질로 메워 평활한 표면을 만들기 위한 공정이다.

해설
눈막이는 개공을 가진 목재의 공극을 메우고 평활한 표면을 만들기 위한 작업이다. 눈막이를 통해 마무리칠 도료의 침투를 막아 나무의 무늬와 재색을 강조할 수 있다.

68 제지 과정에서 사이징 처리 및 사이징제에 대한 설명으로 옳지 않은 것은?
① 내부 사이징제로 로진이 주로 사용된다.
② 사이징 처리 방법으로 표면 사이징법과 내부 사이징법이 있다.
③ 내부 사이징은 초지기의 사이즈 프레스에 의한 방법이 가장 널리 이용된다.
④ 셀룰로오스의 수산기와 에스테르를 형성하는 사이징제의 경우는 사이징 효과가 영구적이다.

해설
외부 사이징은 초지기의 사이즈 프레스 방법을 사용한다.

69 회전형 단판 절삭기(rotary lathe)가 구비해야 할 조건이 아닌 것은?
① 안전 사고 예방을 위한 장치가 있어야 한다.
② 인력이 적게 들고 가급적 자동화되어야 한다.
③ 원목 직경이 달라지더라도 절삭 속도가 일정해야 한다.
④ 원목 직경이 달라지더라도 절삭각은 변동되지 않아야 한다.

해설
절삭각의 경우 원목의 직경이 달라짐에 따라 자동조절되어야 하기에 별도 변경 장치가 있어야 한다.

70 종이의 도공에 대한 설명으로 옳지 않은 것은?
① 용매로 알코올을 사용한다.
② 분산제로 인산염을 사용한다.
③ 접착제로 변성 전분, 카제인, 라텍스 등을 사용한다.
④ 안료로 이산화티탄, 수산화알루미늄, 탄산칼슘, 카올린 등을 사용한다.

해설
종이의 도공에는 클레이, 탄산칼슘 등을 사용하는데 용매로 물을 사용한다.

71 목재의 당화 방법으로 농황산법이 아닌 것은?
① Peoria 법   ② Proder 법
③ 북해도법   ④ Giordani 법

해설
농황산법에는 황산을 이용하는 페오리법(peoria), 조다니법(Giordani-Leone), 북해도법 등이 있다.

72 집성재 제조용 원료 목재에 대한 설명으로 옳지 않은 것은?

① 비중이 높은 목재일수록 목부파단율은 감소된다.
② 수지나 정유를 다량 함유한 목재의 경우 접착이 잘 되지 않는다.
③ 제재판의 함수율이 높을 경우 접착제 중의 용제의 확산을 방해한다.
④ 코어(core)재로 사용하려는 목재를 건조 시 비틀림 정도는 크게 중요하지 않다.

해설
코어재는 원목 및 가구 등 제작에도 많이 사용하며 건조시 비틀림 관리가 매우 중요하다.

73 화학펄프를 염소 처리하여 표백할 때 가장 활발한 염소화 반응을 위한 pH 조건은?

① pH 0.5 ~ 1.5 ② pH 2 ~ 2.5
③ pH 3 ~ 5 ④ pH 5 ~ 7

해설
펄프 표백에서 염소처리의 경우 온도 5~25℃, pH 2 이하의 조건에서 진행된다.

74 펄프의 착색에 관여하는 리그닌의 구조와 가장 거리가 먼 것은?

① 페닐 쿠마란 구조
② 방향족환에 공역한 2중 결합 구조
③ 산화에 의한 퀴논 및 퀴논메타이드 구조
④ 카테콜 구조에 형성된 금속 킬레이트 구조

해설
펄프 착색에 관여하는 리그닌 착색 구조는 ② 방향족환에 공역한 2중 결합구조, ③ 퀴논, quinonemethide 구조와 개열을 통한 자유라디칼 구조, ④ 카테콜약품에 의한 금속 킬레이트 구조가 있다.

75 파티클보드에 대한 설명으로 옳지 않은 것은?

① 이방성이 없다.
② 폐기 목질재료 등을 이용해서 제조한다.
③ 펄프용 칩 크기의 원료를 이용하여 제조한다.
④ 목재의 결함인 휨, 할렬, 옹이, 부후 등이 제거된다.

해설
파티클보드는 펄프용 칩 크기의 원료보다 작게 파티클화하여 사용한다.

76 건조지력 증강제로 주로 사용되지 않는 것은?

① 양성 전분
② 식물성 검
③ 폴리아크릴 아미드
④ 요소-포름알데하이드 수지

해설
건조 지력증강제에는 천연고분자물질인 ① 양성전분, ② 식물성 검(gum)이 있고 합성고분자에는 ③ 아크릴아미드와 CMC(Carboxymethyl cellulose)가 있다.

77 크라프트펄프 제조 시 증해 과정 및 결과에 영향을 미치는 주요 요인이 아닌 것은?

① 액비
② 증해 온도
③ 황산 용액 사용량
④ 목재 칩의 크기와 상태

해설
크라프트펄프 제조시 증해 영향인자로 수종 및 목재, ④ 목재 칩, 알칼리양, 황화도, ② 증해 온도 및 시간, ① 액비 등이 있다.

정답 72 ④ 73 ① 74 ① 75 ③ 76 ④ 77 ③

78 목탄에 대한 설명으로 옳지 않은 것은?
① 목탄의 경도는 대략 용적중에 비례한다.
② 생재 목탄은 기건재 목탄보다 용적중이 작다.
③ 목탄의 착화 온도는 휘발 성분이 많으면 낮다.
④ 탄화 온도가 높은 목탄일수록 착화 온도가 높다.

해설
생재 함수율이 높을수록 용적중이 크게 되므로 생재 목탄은 기건재 목탄보다 용적중이 크다.

79 요소수지 접착제에 대한 설명으로 옳지 않은 것은?
① 임의로 중량이 가능하다.
② 빛깔이 무색이거나 투명한 편이다.
③ 경화 과정에서 용적 수축이 거의 없다.
④ 옥내용 합판, 집성재, 파티클보드 제조 등에 사용된다.

해설
요소수지 접착제는 경화될 때 용적수축률이 커서 균열이 발생하기도 한다.

80 합판 접착 시 램의 지름이 500mm, 면적이 $0.196m^2$ 인 1본을 열압기로 2m×2m 크기의 합판에 $14.5\ kgf/cm^2$ 의 압력을 가하려고 할 때 유압 펌프의 게이지 압력은?
① 280.8 kgf/cm^2
② 295.9 kgf/cm^2
③ 315.7 kgf/cm^2
④ 337.8 kgf/cm^2

해설
게이지압력(kg/cm^2)
$$= \frac{4m^2 \times 14.5 kgf/cm^2}{0.196m^2} ≒ 295.9 kgf/cm^2$$

제5과목 목재보존학

81 목재를 가해하는 해충에 대한 설명으로 옳지 않은 것은?
① 나무좀은 주로 건재를 가해한다.
② 바구미는 주로 습재를 가해한다.
③ 가루나무좀은 주로 건재를 가해한다.
④ 빗살수염벌레는 주로 건재를 가해한다.

해설
나무좀은 주로 생재의 변재부에 피해를 준다.

82 방부 처리를 하는데 가압 주입 방법이 아닌 것은?
① 침지법
② 뤼핑법
③ 공세포법
④ 로우리법

해설
침지법은 상압법에 속한다.

83 단판 길이 방향의 팽윤을 감소시켜 측면 팽윤을 억제하는 공정으로 가장 적합한 것은?
① 직교적층
② 가교결합
③ 피복처리
④ 용적처리

해설
직교적층은 적층할 때 섬유방향을 서로 직교하는 것으로 인접한 단판의 길이방향 팽윤이 적어 측면팽윤이 억제된다.

정답 78 ② 79 ③ 80 ② 81 ① 82 ① 83 ①

84 목재 변색균의 방지 대책으로 옳지 않은 것은?
① 수입된 소나무는 물 속에 저장한다.
② 생재의 경우 건조하지 않는 것이 좋다.
③ 벌채 후 야적할 경우 곧바로 박피를 한다.
④ 비를 피할 수 있으며 통풍이 잘되는 곳에 잔적한다.

해설
변색균은 목재에 수분이 있을 경우 잘 발생하기에 생재는 건조하는것이 좋다.

85 수용성 방부제가 아닌 것은?
① 불소 화합물
② 붕소 화합물
③ 클로로페놀계
④ 구리·아연·크롬계

해설
클로로페놀은 유용성 방부제이다.

86 수용성 방부제에 해당하는 것은?
① 크레오소트유 방부제
② 지방산 금속염계 방부제
③ 유기요오드 화합물계 방부제
④ 산화크롬·구리 화합물계 방부제

해설
산화크롬·구리 화합물계(ACC) 방부제는 수용성 방부제이다.

87 목재의 방부·방충처리 기준에서 사용환경 범주 H4 에 사용할 수 없는 목재방부제는?
① A
② ACQ
③ CuAz
④ IPBCP

해설
IPBCP 는 사용환경범주 H1에 적합하다.

88 방부처리 작업장에서 고농도 오염구역에 해당하지 않는 것은?
① 주약관
② 저장탱크
③ 용해 탱크
④ 양생 촉진 시설

해설
작업장 내에 고농도 오염구역은 주약관, 저장탱크, 용해탱크, 회수탱크, 계량기 등이다. 양생 촉진 시설은 저농도 오염구역에 해당한다.

89 목재의 연부후를 발생시키는 균의 분류학적 위치는?
① 방선균
② 접합균
③ 자낭균
④ 담자균

해설
연부후균은 자낭균류에 속한다.

90 구리·알킬암모늄 화합물계 방부제에 대한 설명으로 옳은 것은?
① CCA보다 비용이 비싸다.
② 방부처리 시 냄새가 없다.
③ 토양에 접촉하는 곳에서는 사용할 수 없다.
④ 비소나 크롬과 같은 중금속을 포함되어 유독하다.

해설
전반적으로 구리·알킬암모늄 화합물계 방부제와 같은 유용성 방부제는 용매가 고가여서 비용이 비싼 편이며 상대적으로 CCA 와 같은 수용성 방부제는 저렴하다.

정답 84 ② 85 ③ 86 ④ 87 ④ 88 ④ 89 ③ 90 ①

91 목재의 방화제 성분으로 가장 부적합한 것은?

① 벤젠　② 금속염
③ 암모늄염　④ 알칼리염

해설
목재의 방화제 성분으로 ② 금속염, ③ 암모늄염, ④ 알칼리염, 염화파라핀 등이 있다.

92 목재부후균으로 인한 목재의 열화에 대한 설명으로 옳지 않은 것은?

① 백색부후균은 리그닌이 풍부한 세포간층을 우선 분해한다.
② 갈색부후균은 셀룰로오스가 풍부한 1차벽을 우선 분해한다.
③ 부후재의 조직 중 최초로 명확한 변화를 나타내는 것은 방사조직이다.
④ 부후 초기의 목재 변색은 부후균이 분비하는 효소와 목재의 페놀성 물질과의 반응에 의해 나타나는 현상이다.

해설
갈색부후균은 세포벽 중에서 2차벽 중층의 분해가 집중적으로 일어난다.

93 목재의 열화에 대한 설명으로 옳은 것은?

① 발생 원인은 단순하며 종합적이지 않다.
② 주로 화재에 의한 목재의 피해를 말한다.
③ 미생물이나 충류에 의한 생물열화만을 말한다.
④ 목재 사용 중 환경 조건에 따라 물리적 및 화학적 성능이 저하되어 저분자 물질로 분해·변질 소모되는 현상이다.

해설
목재의 열화는 외부 또는 내부의 영향에 따라 화학적 물리적 성질이 저하되는 현상이다.

94 목재의 연소성에 대한 설명으로 옳지 않은 것은?

① 온도가 상승하여 350~450℃가 되면 목재가 자연 착화된다.
② 목재에 수분이 없는 상태에서 100℃를 넘어가면 열분해가 이루어진다.
③ 목재가 연소되는 위험온도는 260℃이며 목재 방화의 기준 온도가 된다.
④ 목재가 공기 중의 산소와 화학 반응하여 열과 빛을 내고 타는 산화 현상을 말한다.

해설
목재의 열분해 온도는 헤미셀룰로오스가 가장 낮은 온도에서 분해를 시작하는데 180℃ 쯤에서 시작한다.

95 방부 처리 방법으로 충세포법에 대한 설명으로 옳은 것은?

① 상압처리법에 속한다.
② 공기를 압입한 후 가압하는 처리법이다.
③ 후배기 때에만 10분간 진공 처리를 한다.
④ 약제 주입이 잘 되지 않은 수종을 처리하는데 사용한다.

해설
충세포법은 가압식 주입법으로 약제 주입이 잘 되지 않는 수종에 사용한다.

96 목재를 방충 처리하는데 가장 적절한 화합물은?

① 동 화합물　② 붕소 화합물
③ 아연 화합물　④ 크롬 화합물

해설
붕소화합물은 용해도가 높은 혼합물로 방부, 방충 효과가 우수한 물질이다.

정답 91 ① 92 ② 93 ④ 94 ② 95 ④ 95 ②

97 박피하지 않는 생재 상태에서 목재를 벌채 현장에서 보존 처리하는 방법으로 가장 적당한 것은?
① 확산법 ② 베델법
③ 부세리법 ④ 오스모스법

해설
부세리법은 목재에 방부제를 주입하는 방법으로 황산구리, 볼만염의 수용액을 주로 이용한다. 벌채 직후의 박피를 하지 않은 나무에 적용한다.

98 목재의 방염 작용에 해당되지 않은 것은?
① 열 작용 ② 방진 작용
③ 피복 작용 ④ 결합 작용

해설
방진은 진동을 흡수하는 것으로 목재의 방염 작용에는 해당하지 않는다.

99 뉴질랜드에서 수입하는 라디에타소나무재가 토양에 접촉되는 토목용으로 사용될 경우 예상 내용 연수가 가장 짧은 것은?
① 뤼핑법 ② 충세포법
③ 표면처리법 ④ 감압주입법

해설
토목용으로 사용하여 장기간의 내용연수가 요구되는 경우는 주로 가압처리법을 해주는 것이 좋으며 표면처리법만으로는 토목용으로 오랜기간 사용하기 어렵다.

100 목재 방부처리 시 확산법에 가장 적합한 약제는?
① PCP ② 클로르덴
③ 붕산나트륨염 ④ 크레오소오트

해설
목재의 확산법에서는 수용성 방부제인 붕산나트륨염이 적합하다.

2020 임산가공기사 필기

제1과목 목재이학

01 목재의 수축 및 팽윤에 영향을 주는 주요 요인에 해당하지 않는 것은?
① 수종   ② 비중
③ 함수율 ④ 벌채시기

해설
목재의 수축 및 팽윤의 영향인자로 ① 수종, 화학적 성분, ② 비중, ③ 함수율, 목리방향 등이 있다.

02 목재의 탄성적 성질에 영향을 주는 인자에 대한 설명으로 옳지 않은 것은?
① 옹이의 주위에 뒤틀린 목리가 형성되면 강성은 감소된다.
② 방사조직이 많은 목재일수록 방사방향의 탄성계수가 크다.
③ 탈리그닌화된 목섬유와 같이 리그닌이 없는 식물체는 강성이 작다.
④ 목재의 비중이 커지면 외력에 대한 저항이 증가되므로 파괴응력은 증가되고 탄성은 감소된다.

해설
일반적으로 비중이 증가하면 탄성력은 커진다.

03 생재비중이 0.50인 목재가 물속에 가라앉는 최저함수율은?
① 50%   ② 75%
③ 100% ④ 125%

해설
$100 \times \dfrac{1-0.5}{0.5} = 100(\%)$

04 목재의 목리방향간 수축율의 비로 가장 적합한 것은?(단, 접선방향, 방사방향, 섬유방향 순서임)
① 10 : 5 : 1   ② 10 : 1 : 5
③ 1 : 5 : 10   ④ 1 : 10 : 5

해설
· 수종에 따른 수축율에 약간씩 차이는 있으나 대략적인 비는 10 : 5 : 1 이다.
· 대부분 수종 수축률은 접선 3.5 ~ 15 %, 방사 2.4 ~ 11 %, 섬유 0.1 ~ 0.9 % 정도의 범위를 가진다.

05 어떤 목재의 함수율이 30% 중량이 5500g 이면 전건중량은?
① 약 4050g   ② 약 4230g
③ 약 4861g   ④ 약 4583g

해설
$\dfrac{\text{건조전 무게} - \text{건조후무게}}{\text{건조후무게}} \times 100(\%)$

$\dfrac{5500-x}{x} \times 100(\%) = 30(\%) \Rightarrow x \fallingdotseq 4230g$

정답 01 ④ 02 ④ 03 ③ 04 ① 05 ②

06 목재의 전건 비중을 측정하기 위한 시험편 건조 온도 조건으로 가장 적절한 것은?

① 70~75℃ ② 100~105℃
③ 270~275℃ ④ 300~305℃

해설
목재의 전건 비중 측정을 위해 100~105℃ 로 조절한 건조기를 이용하여 건조시킨다. 시편의 종류 및 크기에 따라 약 4~24시간 정도 소비된다.

07 생재 용적이 $1000cm^3$ 이고 전건 용적이 $375cm^3$ 일 때 용적 수축율은?

① 3.75% ② 6.25%
③ 37.5% ④ 62.5%

해설
용적수축률 = $\frac{1000-375}{1000} \times 100(\%) = 62.5(\%)$

08 목재의 평형함수율에 영향을 주는 주요 인자가 아닌 것은?

① 온도 ② 습도
③ 탄성 ④ 수종

해설
평형함수율은 온도, 습도, 추출물 등에 영향을 받는다. 탄성은 목재의 물리적 요소로 함수율에는 큰 영향을 주지 않는다.

09 목재의 결합수는 세포벽의 자유로운 활성기와 어떤 결합에 의하여 존재하는가?

① 수소결합 ② 공유결합
③ 이온결합 ④ 원자가결합

해설
목재의 결합수는 세포벽의 활성기에 수산기(-OH)에 수소결합한다.

10 목재의 비열에 대한 설명으로 옳지 않은 것은?

① 수종에 관계없이 거의 일정하다.
② 목재의 함수율에 따라 값이 달라진다.
③ 온도 변화에 관계없이 거의 일정하다.
④ 목재의 밀도에 관계없이 거의 일정하다.

해설
목재의 온도가 높아지면 비열도 증가한다.

11 다음 설명에 해당하는 것은?

> 물체에 외력이 작용하면 이에 저항하는 내력이 생기고 물체의 크기와 형상이 변한다. 이때의 단위 면적당 내력을 의미한다.

① 응력 ② 강도
③ 변형 ④ 소성

해설
물체에 외력이 작용하면 이에 저항하는 내력이 생기는데 이때의 단위면적당 내력을 응력이라 한다.

12 목재의 실질률을 구하는 공식으로 옳은 것은?

① 전건비중 ÷ 진비중
② 생재비중 ÷ 진비중
③ 생재비중 ÷ 가비중
④ 전건비중 ÷ 가비중

해설
실질률은 목질이 차지하는 용적률로 전건비중을 진비중으로 나눈 백분율로 표시한다.

정답 06 ② 07 ④ 08 ③ 09 ① 10 ③ 11 ① 12 ①

13. 목재의 강도 중에서 크기가 가장 작은 것은?
① 휨강도 ② 인장강도
③ 압축강도 ④ 전단강도

해설
목재의 전단강도는 인장강도나 압축강도 등에 비해 현저하게 작다.

14. 목재의 비중 크기에 영향을 주는 주요 인자가 아닌 것은?
① 수종 ② 연륜폭
③ 추재율 ④ 이방성

해설
목재의 비중에 영향을 주는 요인으로 ① 수종, 추출물, 함수율, ② 연륜폭, 실질률과 공극률, 춘재율과 ③ 추재율 등이 있다.

15. 목재의 기본밀도를 구하는 공식으로 옳은 것은?
① 생재중량 ÷ 기건부피
② 기건중량 ÷ 기건부피
③ 전건중량 ÷ 생재부피
④ 임의의 함수율에서의 중량 ÷ 생재부피

해설
기본밀도는 <전건중량 ÷ 생재부피>로 구한다.

16. 목재에서 발생 가능한 진동공명운동에 해당되지 않는 것은?
① 종공명진동 ② 횡공명진동
③ 회전공명진동 ④ 비틀림공명진동

해설
목재의 진동공명운동으로 종공명, 횡공명, 비틀림공명 등의 진동이 있으나 목재내부에서 360° 회전을 하는 회전공명은 불가능하다.

17. 목재의 전기 도전성에 영향을 주는 주요 인자가 아닌 것은?
① 온도 ② 수종
③ 함수율 ④ 목리방향

해설
목재의 전기전도성은 ④ 목재의 이방성, 밀도, ③ 함수율, ① 온도 등의 영향을 받는다.

18. 수분에 의한 목재의 수축과 팽윤에 대한 설명으로 옳지 않은 것은?
① 수축량은 일반적으로 세포내강에서 제거된 수분용적에 비례한다.
② 목재가 수축하거나 팽윤하여도 세포내강의 지름은 거의 일정하게 유지된다.
③ 무응력 상태의 작은 목재에서 수축과 팽윤은 동일한 양으로 역전될 수 있다.
④ 세포벽의 수축은 물 분자가 셀룰로오스와 헤미셀룰로오스 분자들에서 이탈하면 분자간 거리가 접근되면서 발생한다.

해설
목재의 수축은 세포벽의 비결정 영역에서 결합수의 증가 및 감소에 의해 발생하기에 세포내강에서의 수분 용적에 비례하지는 않는다.

19. 가시광선의 반사에 의한 목재 표면의 색에 영향을 주는 주요 인자가 아닌 것은?
① 재면의 조직 특성
② 재면의 전기적 성질
③ 빛이 부딪칠 때 재면의 평활도
④ 빛이 부딪칠 때 재면의 고른 정도

해설
전기적 성질은 재색에 영향을 주지는 않는다. 재색은 ④ 목재 단면의 차이, ① 조직적 특성, ③ 평활도, 함수의 상태 등에 영향을 받는다.

정답 13 ④ 14 ④ 15 ③ 16 ③ 17 ② 18 ① 19 ②

20 목재의 역학적 성질에 대한 설명으로 옳지 않은 것은?
① 목재가 받는 횡인장은 종인장에 비하여 매우 강도가 낮다.
② 목재가 받는 수평 전단응력은 수직 전단응력에 비하여 대단히 크다.
③ 단면이 작고 상대적으로 너무 긴 목재는 종압축을 받으면 좌굴 파괴된다.
④ 목재가 받는 횡압축은 종압축과 다르게 명확한 최대응력을 판단하기 어렵다.

해설
목재의 수직 전단응력이 수평 전단응력에 비해 크다.

제2과목 목재해부학

21 활엽수재 구조에 대한 설명으로 옳지 않은 것은?
① 도관을 가지고 있다.
② 방사방향 요소는 모두 유세포이다.
③ 가도관은 수분 통도 및 기계적 지지 역할을 한다.
④ 목섬유는 활엽수재의 성질을 좌우하는 주요 구성 요소이다.

해설
활엽수재는 주로 목섬유로 이루어져 있으며 가도관은 침엽수재에 주요 구성요소이다.

22 마이크로피브릴의 배열 방향으로 옳지 않은 것은?
① 2차벽의 중층은 세포축에 직각이다.
② 2차벽의 내층은 세포축에 직각이다.
③ 2차벽의 외층은 세포축에 직각이다.
④ 2차벽에서 가도관이나 목섬유의 주위를 나선상으로 배열한다.

해설
2차벽 중층은 마이크로피브릴과 거의 평행한 배열을 가진다.

23 활엽수재에서 축방향유세포 중 독립유조직의 배열형으로 옳지 않은 것은?
① 산재 유조직
② 망상 유조직
③ 교호상 유조직
④ 독립대상 유조직

해설
독립유조직은 배열방식에 따라 ① 산재유조직, ④ 독립대상유조직(짧은접선상유조직, ② 망상유조직), 종말상유조직 등으로 분류된다.

24 성숙재와 비교한 미성숙재에 대한 설명으로 옳은 것은?
① 비중이 작다.
② 만재율이 적다.
③ 연륜폭이 대단히 넓다.
④ 죽은옹이가 나타나거나 없다.

해설
성숙재와 비교한 미성숙재는 ① 비중이 작고 ② 만재율이 적으며 ③ 연륜폭이 넓다. 그리고 가도관의 길이가 비교적 짧으며 대부분 산옹이를 포함하고 있다.

25 가도관과 유세포가 만나는 벽공대는?
① 단벽공대   ② 유연벽공대
③ 반연벽공대 ④ 복장벽공대

해설
반연벽공대는 가도관, 유연벽공이 있는 세포와 축방향유세포나 방사유세포와 같은 단벽공이 있는 세포 사이에 만들어지는 벽공대이다.

26 소나무류 목재에서 가장 많이 관찰되는 가도관은?

① 관상 가도관 ② 축방향 가도관
③ 주위상 가도관 ④ 섬유상 가도관

해설
소나무류와 같은 침엽수재에서는 축방향가도관이 가장 많이 관찰된다.

27 심재의 함수율이 변재의 함수율보다 높게 나타나는 수종은?

① 밤나무 ② 황철나무
③ 후박나무 ④ 오동나무

해설
변재와 비교시 심재의 함수율이 더 높은 수종으로 황철나무, 가시나무, 들메나무 등이 있다.

28 다음 설명에 해당하는 것은?

> 수간 외부에 목질부는 유세포가 살아 있어 양분 저장 기능이 있고, 죽은 세포가 된 도관이나 가도관은 수분 통도의 기능이 있다.

① 심재 ② 변재
③ 중심재 ④ 응력재

해설
변재는 수간의 외주부로 도관이나 가도관이 있어 수분을 이동시키고 유세포가 양분을 저장한다.

29 곤충의 침해에 의해 생긴 이상조직으로 진한 색의 초승달 모양을 나타내는 것은?

① 검낭 ② 수피낭
③ 수반점 ④ 수지낭

해설
수반점은 곤충의 유충이 수간을 이동하면서 만든 구멍에 상해유조직이 형성된 이상조직으로 진한 초승달 모양을 하고 있다.

30 침엽수재의 방사가도관과 축방향가도관 사이에 존재하는 벽공은?

① 단벽공 ② 소형단벽공
③ 소형유연벽공 ④ 대형유연벽공

해설
축방향가도관과 방사가도관 사이에는 소형유연벽공대가 있다. 그 외 축방향 가도관과 축방향 가도관 사이에는 유연벽공대가 분포하며 축방향가도관과 방사유세포 사이에는 반연벽공대가 분포한다.

31 침엽수재 식별에 활용되지 않는 조직은?

① 위연륜 ② 수지구
③ 방사가도관 ④ 축방향유세포

해설
위연륜은 비정상적인 기후에 의해 한 개의 연륜 내에 두 개 이상의 생장륜이 형성되는 것으로 침엽수재 식별과는 관련이 없다.

32 활엽수재의 방사단면에서 이성 방사조직과 관련성이 가장 많은 것은?

① 직립세포 ② 전충세포
③ 방사가도관 ④ 방추상세포

해설
직립세포는 방사유세포의 장축이 도관, 목섬유 등과 마찬가지로 축방향으로 향하며, 방사단면에서 보았을 때 벽돌을 세워 놓은 것 같은 형태이다.

33 침엽수재의 수지구를 둘러싸고 있는 세포는?

① 가도관 ② 목섬유
③ 수직 유세포 ④ 에피델리얼 세포

해설
수지구를 둘러싸고 있는 세포는 에피델리얼세포이다.

34 다음 (　) 안에 들어갈 단어로 옳은 것은?

> 목재 세포벽에서 셀룰로오스는 형태학적 구성 관점에서 보면 (　　)이다.

① 추형물질　② 충전물질
③ 포상물질　④ 골격물질

해설
목재 세포벽의 주체는 셀룰로오스, 헤미셀룰로오스, 리그닌이다. 셀룰로오스는 골격물질이고 헤미셀룰로오스를 간충물질, 리그닌을 충전물질이라 한다.

35 열대산 활엽수재의 특성으로 옳지 않은 것은?

① 대부분 산공재이다.
② 대부분 교착목리는 없다.
③ 수직수지구를 가진 수종이 있다.
④ 생장륜이 비교적 명확한 수종이 있다.

해설
열대산의 경우 교착목리가 관찰된다.

36 젤라틴 섬유가 존재하는 목재는?

① 취약재　② 미숙재
③ 압축응력재　④ 인장응력재

해설
인장응력재에는 목화되지 않은 젤라틴 섬유가 존재한다.

37 소나무류 침엽수재에서 거치상비후가 주로 관찰되는 세포는?

① 방사가도관　② 관상 가도관
③ 협상 방사조직　④ 방추상 방사조직

해설
주로 소나무류의 방사가도관 벽이 내강을 향해 거치상비후가 발달한다.

38 목재의 재색이 백색인 수종은?

① 전나무　② 소나무
③ 밤나무　④ 잣나무

해설
전나무는 재색이 백색을 띠나 때로는 담갈색을 띠기도 한다.

39 활엽수재의 천공판 중에서 바(bar)를 가지고 있는 것은?

① 사상 천공판　② 망상 천공판
③ 단일 천공판　④ 계단상 천공판

해설
활엽수재에서 계단상 천공은 바(bar)가 있으며 층층나무속은 20~50개 정도의 bar를 가지고 있고 오리나무속은 10~30개 정도를 가지고 있다.

40 수간축과 이루는 경사의 관계로 나타나는 목리가 아닌 것은?

① 선회목리　② 수심목리
③ 파상목리　④ 교착목리

해설
수간축에 경사된 목리는 ④ 교착목리, 사주목리, ① 선회목리, ③ 파상목리 등이 있다.

제3과목　목재화학

41 목재로부터 단리될 수 있는 리그닌 중 천연리그닌 구조에 가장 가까운 것은?

① 마쇄 리그닌
② 크라프트 리그닌
③ 아황산 리그닌
④ 크라손 리그닌

해설
마쇄리그닌은 리그닌 단리방법 중에서 화학적 변질이 가장 적어 천연리그닌 구조에 가장 가깝다.

42 치환도가 2.0 인 초산 셀룰로오스(cellulose acetate)가 있다. 이때 글루코스 단위당 아세틸기 함유량은 얼마인가? (단, 아세틸기 함유량(%) = 102.4×DS / (3.86+DS) 이다)

① 34.9%   ② 40.8%
③ 44.8%   ④ 62.5%

해설
DS(degree of substitution)는 치환도를 의미한다.
$\frac{102.4 \times 2}{3.86 + 2} = \frac{204.8}{5.86} \fallingdotseq 34.9(\%)$

43 셀룰로오스 분자쇄를 구성하는 무수글루코오스의 분자량은?

① 162   ② 180
③ 200   ④ 230

해설
셀룰로오스 분자쇄를 구성하는 무수글루코오스의 분자량은 162 이다.

44 목재의 함수율을 측정하고자 한다. 다음 중 가장 간단하여 널리 쓰이고 있는 방법은?

① 증류법   ② 건조법
③ 적정법   ④ 추출법

해설
목재의 함수율 측정방법에는 건조법, 증류법, 적정법 등이 있으며 건조법이 가장 널리 사용되고 있다.

45 헤미셀룰로오스(hemicellulose) 추출을 위한 전처리 방법으로 탈리그닌화 할 수 있는 방법이 아닌 것은?

① 염소 Monoethanolamine 법
② 황산염법
③ 과초산법
④ 아염소산염법

해설
헤미셀룰로오스 추출을 위한 전처리 방법에는 염소 Monoethanolamine 법, 아염소산염법, 과초산염법 등이 있다.

46 다음의 리그닌 구성 단위간의 결합형 중에서 β-O-4 형 결합을 나타내는 것은 어떤 것인가?

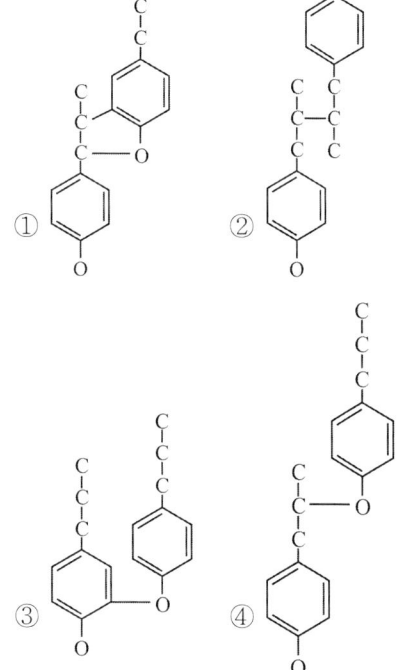

해설
β-O-4 형 결합은 리그닌 중에서 가장 높은 빈도를 가지는 결합형으로 arylglycerol-β-aryl ether형 구조이다.

47 목재 분석시험을 통하여 목재의 화학적 특성을 분석할 수 있다. 이때 1% NaOH 추출 시험결과로 알 수 있는 것은?

① 부후 정도
② 리그닌 함량
③ 터펜 함량
④ 셀룰로오스 치환도

해설
목재의 부후 판정에 1% NaOH 를 이용하여 추출한 물질을 통해 부후 정도를 확인한다.

48 다음의 목재조성분 중 세포벽 주성분이 아닌 것은?

① 셀룰로오스
② 리그닌
③ 헤미셀룰로오스
④ 리그난

해설
목재의 세포벽 주성분으로 ① 셀룰로오스, ③ 헤미셀룰로오스, ② 리그닌이 있다.

49 다음의 원소 중 목재에 가장 많이 함유되어 있는 것은?

① 질소　　② 탄소
③ 수소　　④ 산소

해설
목재의 구성 원소에서 탄소가 약 50% 정도로 가장 많이 함유되어 있다.

50 낙엽송(Larix)에 많이 포함되어 있는 Arabinogalactan 은 물로 용이하게 추출할 수 있다. 이의 가장 큰 이유는?

① 분자량이 낮기 때문이다.
② 세포내강에 분포하기 때문이다.
③ 알칼리성이기 때문이다.
④ 변재부에 주로 분포하기 때문이다.

해설
Arabinogalactan 은 물에 쉽게 용해되는 것은 세포벽의 구성성분이 아니라 가도관의 내강에 존재하기 때문이다.

51 목재의 화학성분에 대한 설명으로 틀린 것은?

① 셀룰로오스는 약 50% 정도를 점하며 결정구조를 포함하고 있다.
② 헤미셀룰로오스는 약 20~30%를 점하는 비셀룰로오스계 다당류이다.
③ 리그닌은 목재의 약 20~30%를 점하며 방향족 화합물이다.
④ 홀로셀룰로오스는 약 10%를 점하며 목재의 세포간층에 주로 존재한다.

해설
홀로셀룰로오스는 리그닌을 제외한 셀룰로오스와 헤미셀룰로오스를 의미하는데 세포간층에는 리그닌이 다량 존재하고 있다. 셀룰로오스 및 헤미셀룰로오스는 2차벽에 다량 분포하고 있다.

52 다음 중 리그닌 함량이 가장 높은 수종은?

① 소나무　　② 졸참나무
③ 자작나무　　④ 단풍나무

해설
리그닌은 침엽수에 20~35%, 활엽수에 20~25% 정도로 침엽수종에 많이 분포하고 있다. 보기에서 소나무만 침엽수로 상대적으로 많은 리그닌 함량을 가지고 있다.

정답 47 ① 48 ④ 49 ② 50 ② 51 ④ 52 ①

53. α, β-diphenylethylene 의 유도체 구조를 갖는 목재 추출 성분은?
① stilbene ② coumarin
③ chromone ④ flavone

해설
σ, β–diphenylethylene의 유도체 구조를 갖는 목재 추출성분은 방향족 탄화수소인 stilbene이다.

54. 식물의 조직·내강(內腔) 또는 수지도(樹脂道)에 채워져 있는 물질로서 물에 불용이고 유기용매에 용해되는 것은?
① 정유 ② 수지
③ 타닌 ④ 터페노이드

해설
식물의 세포내강이나 수지도에 채워진 물질을 수지라 부르며 수지는 에피델리얼세포에서 분비된다.

55. 셀룰로오스의 기본구성 단위인 셀로비오스(cellobiose)에는 몇 개의 수산기가 존재하는가?
① 1 ② 4
③ 6 ④ 8

해설
포도당 단위가 2개 결합한 셀로비오스는 6개의 수산기를 가진다.

56. 아황산 펄프 제조과정 중 주로 생성되는 리그닌은?
① 리그노설폰산 ② 리그난
③ 글루코스 ④ 탄닌

해설
아황산 펄프 제조과정에서 중성이나 양산성의 아황산용액으로 처리하면 불용성의 리그노설폰산이 생성된다.

57. 침엽수재의 헤미셀룰로오스를 구성하는 주요 성분은?
① 자일란 ② 아라비노갈락탄
③ 글루코만난 ④ 갈락탄

해설
글루코만난(glucomannan)은 침엽수재 헤미셀룰로오스 주성분으로 갈락토스 잔기의 함유량이 높고 글루코오스, 만나오스 등의 잔기들이 결합되어 있다.

58. $C_6 - C_3 - C_6$ 의 골격을 갖고 있는 황색의 색소 화합물을 무엇이라 하는가?
① 퀴논 ② 리그난
③ 테르페노이드 ④ 플라보노이드

해설
플라보노이드류는 diphenyl propane(C_6-C_3-C_6) 구조를 가진다.

59. 목재를 구성하는 다음 성분 중 함유량이 가장 높은 것은?
① 셀룰로오스 ② 헤미셀룰로오스
③ 리그닌 ④ 회분

해설
목재의 셀룰로오스 함량은 40~50% 정도로 가장 많은 부분을 차지한다.

60. Cellulose 가 열분해할 때 생성되는 물질로서 방염의 효과가 있는 성분은?
① levoglucosan ② glucoaldehyde
③ glucuronic acid ④ glucose

해설
셀룰로오스를 250℃로 가열하면 열분해가 일어나고 감압 하에 300~400℃ 정도에서 가열하게 되면 levoglucosan을 얻을 수 있으며 방염의 효과가 있다.

제4과목 임산제조학

61 가수분해형 탄닌이 산, 알칼리 또는 효소에 의해 분해될 때 생성되는 주요 화합물은?
① Gallic acid ② Abietic acid
③ Phthalic acid ④ Palmitic acid

해설
가수분해형 타닌은 산이나 알칼리 분해 시 gallic acid를 생성하는데 이를 갈로타닌(gallotannin) 이라 한다.

62 섬유판 제조 방법으로 고온 및 고압으로 증해한 후 대기 중에 급속하게 노출시키는 방법은?
① 케미아법 ② 크래프트법
③ 아스플런드법 ④ 메소나이트법

해설
메소나이트법(masonite) 섬유판 제조법의 하나로 목재 칩을 고압관속에서 35~75 기압의 고압 증기로 처리한 다음 급격하게 대기 중에 방출하여 섬유 결합을 풀어주는 방법이다.

63 펄프 섬유의 원료 특성에 대한 설명으로 옳지 않은 것은?
① 셀룰로오스 함량이 높아야 한다.
② 수지 등 추출물 함량이 많아야 한다.
③ 섬유의 길이가 길고 부드럽고 질겨야 한다.
④ 산과 알칼리에 대한 저항이 크고 변화가 적어야 한다.

해설
펄프 섬유는 수지나 협잡물 및 추출성분이 적어야 한다.

64 평량 $80g/m^2$ 인 펄프 시트 4매를 삽입하여 인열강도기에 측정한 값이 30인 경우에 인열지수는?
① 75 ② 150
③ 175 ④ 200

해설
인열지수(인열계수)
$= \dfrac{5\text{장의 인열강도 값}}{\text{평량}(g/m^2)} \times 320$
$= \dfrac{(30 \div 4) \times 5}{80} \times 320 = 150$

65 열가소성수지 접착제가 아닌 것은?
① 페놀계
② 아크릴수지
③ 폴리비닐알코올
④ 니트로셀룰로오스

해설
페놀계는 열경화성 수지에 속한다.

66 제재용 톱니의 구조에 대한 설명으로 옳지 않은 것은?
① 톱니후각은 치후선 각도와 치고선 각도를 합한 것이다.
② 절삭각은 톱니등각과 톱니끝각을 합한 것이다.
③ 톱니끝각은 치배선과 치후선 사이의 각도이다.
④ 톱니등각은 띠톱에서 치단선과 치배선 사이의 각도이다.

해설
톱니후각은 치후선과 치고선 사이의 각도이다.

67 건조가 끝난 후 시편을 절단한 결과 다음 그림과 같은 경우 목재 상태로 옳은 것은?

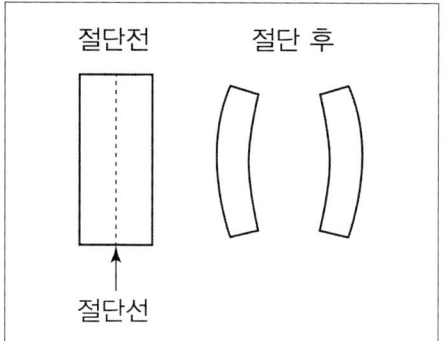

① 표면과 내부가 동일한 인장응력
② 표면과 내부가 동일한 압축응력
③ 표면에 압축응력, 내부에 인장응력
④ 표면에 인장응력, 내부에 압축응력

해설

목재의 표면에 압축응력이 발생하고 내부에 인장응력이 발생하는 경우 절단선쪽으로 휘게 되며 일종의 표면경화이다.

68 침엽수재 건조 후 컨디셔닝 처리를 할 때 목표함수율을 8%로 할 경우 평형함수율로 가장 적절한 것은?

① 5%   ② 8%
③ 11% ④ 13%

해설

컨디셔닝 처리를 할 때 목표함수율을 8%로 할 경우 평형함수율은 목표함수율보다 다소 높게 설정하는데 침엽수종은 3%, 활엽수종은 4% 높게 설정한다. 목표함수율 8%에서 침엽수재 조건에서는 11%로 설정하도록 한다.

69 곧은결 판재와 무늬결 판재에 대한 설명으로 옳지 않은 것은?

① 무늬결 판재는 재질이 불균일하다.
② 무늬결 판재는 건조 속도가 빠르다.
③ 곧은결 판재는 판재 두께의 수축이 적다.
④ 곧은결 판재는 건조 중에 표면 할렬이 적다.

해설

곧은결 판재는 무늬결 판재보다 두께가 수축되는 비율은 크나 폭이 수축되는 비율이 적고 건조 결함이 적다.

70 제지 공정에서 DDJ(dynamic drainage jar)를 이용한 보류 향상제에 대한 설명으로 옳지 않은 것은?

① 200 메쉬 스크린이 설치된 실린더에 지료를 넣고 교반한다.
② 교반 정도에 따른 보류 효과의 변화를 평가할 수 있다.
③ 응집에 의한 보류 효과보다는 기계적인 여과 작용에 의한 효과만을 평가할 수 있다.
④ 계속적으로 교반하면서 실험을 행하기 때문에 스크린 상에 지층이 형성되지 않는다.

해설

보류 향상제는 응집에 의한 보류 효과를 통해 지료 속의 미세섬유들이 백수계로 빠져나가는 것을 방지한다.

71 사이즈제의 사이징 효과를 최대로 발현하기 위한 공정에 대한 설명으로 옳지 않은 것은?

① 사이즈제가 종이 표면에 균일하게 분포되어야 한다.
② 사이즈제가 지필 형성 과정에서 백수로 배출되도록 해야 한다.
③ 사이즈제의 소수성 부분이 외부로 노출되도록 사이즈제를 적절하게 배향시켜야 한다.
④ 사이즈제는 물 혹은 다른 액체와 접촉하더라도 섬유표면에 강하게 고착되어야 한다.

해설
사이즈제는 지필 형성과정에 백수로 유출되지 않도록 해야 한다.

72 초지기의 헤드박스에 대한 설명으로 옳지 않은 것은?

① 종이의 지합 특성에 직접적으로 영향을 줄 수 있다.
② 주요 구성 요소는 플로우 스프레더, 다공롤, 슬라이스이다.
③ 지료분배부, 흐름조정부, 지료가공부, 지료사출부로 이루어져 있다.
④ 팬 펌프에 의해 공급된 지료를 초지기의 폭 방향으로 균일한 속도로 와이어 상에 사출시키는 설비이다.

해설
다공롤은 초기 헤드박스가 아닌 중, 후반의 과정에 해당되는 장비이다.

73 탈묵 약품으로 가성소다의 역할로 옳지 않은 것은?

① 섬유로부터 잉크의 분리를 촉진시킨다.
② 섬유간 수소 결합을 파괴시켜 해리를 촉진시킨다.
③ 지료의 산성도를 알칼리로 조절하며 섬유를 팽윤시킨다.
④ 금속 이온과 수용성 복합체를 형성하여 금속 이온을 제거해 준다.

해설
금속이온 제거에는 킬레이트제나 규산소다를 첨가한다.

74 크라프트 펄프화에서 증해에 관여하는 주요 활성 성분이 아닌 것은?

① S^{2-} ② OH^-
③ SH^- ④ HSO_3^-

해설
크라프트 펄프화 증해에서 활성알칼리, 황화도, 가성도 등에 관련되는 주요 활성 성분으로 S^{2-}, OH^-, SH^- 등이 있다.

75 소나무 뿌리를 원료로 한 송근유에서 터펜틴유를 추출할 수 있는 최저 증류 온도는?

① 100~200°C ② 200~300°C
③ 300~400°C ④ 400~500°C

해설
터펜틴유는 소나무에서 얻을 수 있는 휘발성 정유로 추출을 위해 최소 100~200°C 정도의 온도 조건이 필요하다.

정답 71 ② 72 ② 73 ④ 74 ④ 75 ①

76 집성재에 대한 설명으로 옳지 않은 것은?
① 옹이와 할렬을 분산 및 제거시킬 수는 없다.
② 작은 재료로 임의의 크기와 형상을 지닌 재료를 만들 수 있다.
③ 라미나를 조합시켜 임의의 강도를 지니는 재료를 만들 수 있다.
④ 각 부분이 균일하게 건조되어 비틀림 현상을 방지할 수 있다.

해설
집성재는 판재나 소각재 등의 제재판을 이용하여 집성 접착한 재료로 옹이와 할렬을 제거할 수 있다.

77 파티클보드 제조 시 매트의 함수율 및 수분 분포에 대한 설명으로 옳지 않은 것은?
① 매트 평균함수율은 11~14% 정도가 가장 적절하다.
② 매트의 평균함수율이 증가하면 치수가 안정되고 흡수량이 작아진다.
③ 매트의 표층함수율을 높이면 두께 팽윤율이 감소되고 열압시간이 단축된다.
④ 매트의 평균함수율이 증가하면 높은 함수율로 인하여 열압시간은 줄어진다.

해설
매트의 평균함수율이 증가되면 치수가 안정되고 흡수량이 작아지는 경향이 있으나 높은 함수율로 인하여 열압시간이 길어지게 된다.

78 목재 도장가공에 있어 도막에 투명성의 색을 부여하기 위하여 사용되는 것은?
① 안료 ② 염료
③ 용제 ④ 희석제

해설
염료는 도막에 투명성의 색을 부여하기 위하여 사용된다.

79 치수안정화 처리 방법이 아닌 것은?
① 가교 결합법
② 평행 적층법
③ 표면 코팅법
④ 흡습성 감소 처리법

해설
치수안정화 처리 방법에는 직교적층, 피복처리, 흡습성 감소처리, 가교결합, 용적 처리 등이 있다.

80 열기계펄프에 대한 설명으로 옳지 않은 것은?
① 리파이너 기계펄프화법을 변형하여 개발되었다.
② 섬유절단을 방지하여 기계펄프의 강도를 향상시킬 수 있다.
③ 목재 속의 리그닌 성분을 연화시킨 후 리파이닝 처리를 한다.
④ 섬유장이 짧은 섬유를 생산하게 되어 인쇄 적성을 높이는데 사용이 가능하다.

해설
열기계펄프는 미세섬유의 양이 적은 만큼 장섬유가 많은 것이 특징이다.

제5과목 목재보존학

81 목재의 연소에 대한 설명으로 옳지 않은 것은?
① 연소에는 착화와 착염이 있다.
② 목재의 가연성을 방지하는 성능을 방화성 또는 내염성이라고 한다.
③ 불꽃이 접촉할 때 전혀 착화, 착염 및 연소하지 않는 재료를 난연성 재료라 한다.
④ 불연화라는 것은 화염조건에서 가열에 의해 중량변화가 일어나지 않게 하는 것이다.

해설
난연성 재료는 가연성과 불연성의 중간정도로 연소하기 어려운 성질을 의미하지 전혀 연소하지 않는 것은 아니다.

82 목재의 기상열화를 발생시키는 인자로 옳지 않은 것은?
① 열 ② 수분
③ 가시광선 ④ 환경오염물질

해설
기상열화는 광선, 수분, 오염물질, 열, 기계적 마모 등으로 발생하는데 광선에서도 자외선에 의해 발생한다.

83 목재의 내구성이 강한 수종으로만 올바르게 나열된 것은?
① 편백, 밤나무, 느티나무
② 잣나무, 전나무, 소나무
③ 사시나무, 미루나무, 물박달나무
④ 오리나무, 고로쇠나무, 가문비나무

해설
내구성이 강한 수종으로 느티나무, 박달나무, 밤나무, 신갈나무, 졸참나무, 편백, 가문비나무 등이 있다.

84 특별한 설비를 갖추지 않고도 가압법에 가까운 방부효과가 있는 보존 처리 방법은?
① 도포법 ② 살포법
③ 공세포법 ④ 온냉욕법

해설
온냉욕법은 특별한 설비가 필요없는 상압주입법이나 침투가 가장 우수한 편이다. 약액의 온도차를 이용하여 압력차로 인해 약액이 목재 내로 빨려 들어가는 원리이다.

85 다음 설명에 해당하는 수용성 방부제로 옳은 것은?

> 방부효력이 크며 물에 의하여 용탈되지 않고, 금속에 대한 부식성이 없으며, 상온에서 화학적으로 안정하다.

① CCA계 ② ACA계
③ FCAP계 ④ 크레오소오트유

해설
CCA계 방부제는 목재 내부에 강하게 고정되어 빠져나가지 않아 환경오염 위험이 적은편이다. 또한 금속에 대한 부식성이 없고 상온에서도 화학적으로 안정적이다.

86 목재가 분해되어 가연성가스가 발생하기 전에 목재를 피복시킴으로써 가스의 발생을 억제하는 약제는?
① 황산염 ② 붕산염
③ 염화수소 ④ 할로겐화암모늄

해설
목재가 열분해에 의해 가연성 가스를 발생하기 전 방화제가 용용되어 피복작용을 통해 가스 발생 억제하고 산소나 열의 공급도 방지한다. 이때 사용되는 대표 물질에는 붕사, 붕산 등이 있다.

정답 81 ③ 82 ③ 83 ① 84 ④ 85 ① 86 ②

87 목재 변색균에 대한 설명으로 옳지 않은 것은?
① 변재 변색균과 표면 오염균으로 분류한다.
② 변색균이 목재의 강도에 미치는 영향은 매우 크다.
③ 참나무류의 목구면에는 청색뿐만 아니라 적색의 변색도 발생한다.
④ 소나무류의 벌채 직후 목구면에 침투하여 변재를 변색시킨다.

해설
변색균은 목재 표면에 영향을 미치며 강도에는 큰 영향을 주지 않는다.

88 목재의 부후 현상을 발생시키는 주요 균류는?
① 세균류 ② 조균류
③ 진균류 ④ 방사선균류

해설
목재의 부후현상을 일으키는 대부분은 진균류이고 그중 90% 이상은 담자균류이다.

89 목재가 화재에 대한 저항성을 나타내는 이유로 옳지 않은 것은?
① 목재 자체의 수분과 열분해로 생기는 수분의 존재 때문
② 목재의 셀룰로오스 성분이 열분해 저항성에 가장 강하기 때문
③ 목재의 열전도율이 낮아 내층의 착화점 상승이 지연되기 때문
④ 목재는 가열에 의한 내부응력 발생이 적으며 표면에 탄화층 형성이 쉽기 때문

해설
목재의 셀룰로오스는 240°C 정도에서 열분해를 시작하며 저항성이 약한 편이다.

90 흰개미에 대한 설명으로 옳지 않은 것은?
① 주로 유연한 목재를 먼저 가해한다.
② 리그닌을 영양분으로 하고 셀룰로오스는 배출한다.
③ 테르펜류나 페놀류 등이 포함된 목재는 거의 가해하지 않는다.
④ 집흰개미는 물을 운반할 수 있는 능력이 있어 건조재도 가해한다.

해설
흰개미는 셀룰로오스를 영양분으로 한다.

91 목재 연부후균에 대한 설명으로 옳지 않은 것은?
① 리그닌을 주로 분해한다.
② 부후균에 의한 목재가해 형태와 동일하지 않다.
③ 헤미셀룰로오스보다 글루칸을 더 빨리 분해시킨다.
④ 피해를 받아 목재는 표면이 종횡으로 할렬이 일어난다.

해설
연부후균은 셀룰로오스, 헤미셀룰로오스, 리그닌을 모두 분해하나 표층부분만 분해한다.

92 목재 내부의 모든 공간을 진공이 되게 하여 비교적 많은 약제가 침투되는 처리방법은?
① 뤼핑법 ② 로우리법
③ 공세포법 ④ 충세포법

해설
충세포법은 목재를 실린더에 넣고 공기를 빼내 목재 내부를 진공으로 하여 많은 약제가 침투되도록 한다.

93 목재 보존처리 과정에서 약제의 침투 및 투과성에 대한 설명으로 옳지 않은 것은?
   ① 약제의 투과성은 심재가 변재보다 나쁘다.
   ② 침엽수재의 약액 침투는 주로 가도관을 통해 일어난다.
   ③ 목재의 비중 또는 공극률은 액체의 투과성과 비례한다.
   ④ 활엽수재의 경우 타일로시스가 약액의 이동을 방해하는 경우가 많다.

   해설
   목재의 비중 또는 공극률은 액체의 투과성과는 직접적인 관계가 없다.

94 치수안정화 처리방법 중 아세틸화 처리에 사용되는 화학약품은?
   ① 무수초산
   ② 포름알데히드
   ③ 폴리에틸렌글리콜
   ④ 메틸이소시아네이트

   해설
   무수초산을 이용하여 아세틸화 반응을 일으키면 치수안정화 효과가 나타난다.

95 목재 방충제를 제제 형태에 따라 분류할 때 해당하지 않는 것은?
   ① 유제   ② 입제
   ③ 가스제   ④ 방의제

   해설
   방의제는 흰개미를 방제하는 약제이다.

96 곤충이 방충제를 흡수하게 되는 주요 부위가 아닌 것은?
   ① 표피   ② 기문
   ③ 소화관   ④ 생식기

   해설
   곤충이 방충제는 접촉제, 식독제 등이 있어 흡수 가능한 부위로 표피, 기문, 소화관이 있다.

97 건축재 및 가구재 등 건재를 주로 가해하는 해충은?
   ① 바구미과 해충
   ② 비단벌레과 해충
   ③ 긴나무좀과 해충
   ④ 빗살수염벌레과 해충

   해설
   건재를 주로 가해하는 해충으로 빗살수염벌레과, 개좀나무과, 하늘소과, 가루나무좀과 등이 있다.

98 용적 처리를 위한 합성수지 중 가격이 저렴하고 항수축 성능과 내후성이 높은 것은?
   ① 페놀수지
   ② 요소수지
   ③ 멜라민수지
   ④ 레조르시놀수지

   해설
   페놀수지는 접착강도, 내수성이 우수하고 내식성이나 내약품성도 강하다. 장기 보존은 되지 않으나 알코올 용성에 비해 가격이 저렴한 편이다.

정답 93 ③ 94 ① 95 ④ 96 ④ 97 ④ 98 ①

99 목재 방충제에 해당하지 않는 약제는?
① 유기인계　② 퀴놀린계
③ 카바마이트계　④ 피레스로이드계

해설
목재 방충제로 유기인계, 카바메이트계, 피레스로이드계 등이 대표적이며 퀴놀린계는 유용성 방부제에 주로 이용된다.

100 목재 보존을 위한 약제 주입 전처리 방법이 아닌 것은?
① 진공법　② 보울톤법
③ 온냉욕법　④ 증기건조법

해설
온냉욕법은 약액의 상압주입법에 해당한다.

2021 임산가공기사 필기

제1과목 목재이학

01 목재의 비중 및 연륜폭에 대한 설명으로 옳지 않은 것은?

① 환공재의 연륜폭이 넓을수록 비중이 작다.
② 산공재는 비중과 연륜폭의 상관관계가 적다.
③ 침엽수재는 넓은 연륜폭일수록 비중이 작다.
④ 침엽수재는 추재율이 높을수록 비중이 크다.

해설
환공재의 연륜폭이 넓어지면 비중은 증가하게 된다.

02 목재의 흡수량 시험 시 침지조건으로 옳은 것은?

① 시험편을 수면과 나란하게 하여 4시간 동안 둔다.
② 시험편을 수면에서 10mm 깊이에 위치하게 하여 12시간 동안 둔다.
③ 시험편을 수면에서 30mm 깊이에 위치하게 하여 8시간 동안 둔다.
④ 시험편을 수면에서 50mm 깊이에 위치하게 하여 24시간 동안 둔다.

해설
목재의 흡수량 시험 침지조건은 시험편을 수면에서 50mm 깊이에 위치하게 하여 24시간 동안 둔다.

03 목재 내의 수분 이동에 대한 설명으로 옳지 않은 것은?

① 세포내강의 자유수는 주변의 세포벽 내로 확산에 의하여 이동하여 결합수로 전환된다.
② 세포벽 내에서 결합수의 이동은 주로 목재 내의 연속된 통로로 확산에 의하여 이루어진다.
③ 건조된 목재를 침수시켰을 때에 물은 주로 횡단면을 통하여 모세관 현상에 의하여 침투한다.
④ 목재 내에서 자유수의 이동은 목재 표면과 내부의 수증기압 차와 같은 압력차에 의한 유동에 의하여 이루어진다.

해설
세포내강의 자유수는 주변의 세포벽 내로 확산이 아닌 물관의 양쪽에 압력차에 의해 이동한다.

04 목재의 잔광 현상에 대한 설명으로 옳은 것은?

① 심재와 변재 간에 차이가 없다.
② 조재와 만재 간에 차이가 있다.
③ 세포벽내의 리그닌 함유량과 잔광은 무관하다.
④ 수지를 적게 함유한 목재가 강한 잔광을 유발한다.

해설
잔광현상은 세포벽의 리그닌에 의해 발생하는 발광현상으로 심재와 변재, 조재와 만재 간에도 잔광 정도의 차이가 있다.

정답 01 ① 02 ④ 03 ① 04 ②

05 목재의 점탄성 모형에 대한 설명으로 옳지 않은 것은?

① Kelvin 모형은 지연탄성거동을 나타낼 수 있다.
② Maxwell 모형은 순간탄성거동을 나타낼 수 있다.
③ Burger 모형은 지연탄성 및 점성거동을 나타낼 수 있다.
④ Burger 모형에서 Maxwell 모형을 빼면 점성거동을 나타낼 수 있다.

해설
버거형에서 맥스웰모형을 빼면 지연탄성부분을 나타낼 수 있다.

06 목재의 수종이나 변재 및 심재 부분을 따라 변화하지 않고 거의 일정한 값을 가지는 것은?

① 강도 ② 수축률
③ 진비중 ④ 공극률

해설
진비중은 목재의 실질부의 비중으로 수종 및 목재 부위에 따라 크게 변하지 않고 일정하며 약 1.5 정도의 값을 가진다.

07 목재의 유전율에 대한 설명으로 옳은 것은?

① 섬유주향에 영향을 받지 않는다.
② 고주파일수록 유전율은 낮아진다.
③ 함수율에 반비례한다.
④ 비중이 큰 수종일수록 유전율이 낮다.

해설
목재의 유전율은 주파수가 크면 낮은 유전율 값을 갖는다.

08 목재의 방향에 따른 열팽창 크기의 순서로 올바르게 나열한 것은?

① 방사방향 > 섬유방향 > 접선방향
② 방사방향 > 접선방향 > 섬유방향
③ 접선방향 > 방사방향 > 섬유방향
④ 접선방향 > 섬유방향 > 방사방향

해설
열팽창 크기 순서는 접선방향, 방사방향, 섬유방향 순서로 크다.

09 생재의 길이가 30.14cm 인 목재를 전건시 켰더니 28.34 cm 로 되었다면 전수축률은?

① 약 3% ② 약 6%
③ 약 9% ④ 약 12%

해설
$$전수축률 = \frac{생재길이 - 전건길이}{생재길이} \times 100$$
$$= \frac{30.14 - 28.34}{30.14} \times 100 ≒ 5.97(\%)$$

10 다음 조건에서 가장 적합한 스팬의 길이는?

> 휨강도 시험용 정각재 제작 시 횡단면의 한 변 길이가 2cm 이다.

① 7cm ② 14cm
③ 21cm ④ 28cm

해설
휨시험의 시험방법으로 스팬의 길이는 횡단면 한변의 길이의 14배로 하기에 2cm 의 경우 28cm 의 스팬의 길이가 나온다.

11 생재무게와 생재체적을 이용하여 계산하는 밀도는?

① 기건밀도　　② 전건밀도
③ 생재밀도　　④ 용적밀도

해설
생재밀도는 <생재무게/생재체적> 으로 구한다.

12 목재의 무게가 60g, 전건중량이 20g 이면 건량기준 함수율은?

① 33%　　② 67%
③ 100%　　④ 200%

해설
$$\frac{건조전\ 무게 - 건조후무게}{건조후무게} \times 100(\%)$$
$$\frac{60-20}{20} \times 100(\%) = 200(\%)$$

13 목재의 수축과 팽윤에 대한 설명으로 옳지 않은 것은?

① 목재가 수축 또는 팽윤될 때에 세포내강의 용적도 함께 비례하여 변한다.
② 목재의 수축과 팽윤은 길이방향, 방사방향 및 접선방향에 따라서 차이를 나타낸다.
③ 정상적인 수축과 팽윤은 섬유포화점 이하의 함수율에서 결합수의 감소 또는 증가에 따라서 발생한다.
④ 찌그러짐과 같이 수축 이방성에 따른 건조결함은 섬유포화점 이상의 높은 함수율에서도 발생한다.

해설
가도관의 세포내강의 경우 수축할 때 접선방향은 축소되고 방사방향은 신장된다. 도관의 세포내강은 수축할 때 접선지름이 작아지고, 방사지름은 커진다. 즉 내강변화는 방사조직의 배열 및 분포에 따라 다르므로 무조건 비례관계는 아니다.

14 일정한 상대습도에서 목재의 평형함수율과 온도와의 관계로 옳은 것은?

① 온도와 평형함수율은 서로 무관하다.
② 온도가 높아지면 평형함수율은 높아진다.
③ 온도가 높아지면 평형함수율은 낮아진다.
④ 온도가 낮아지면 평형함수율은 낮아지다가 일정수준이 되면 다시 높아진다.

해설
평형함수율은 흡습량과 방습량이 같게되는 함수율로 온도가 증가하면 평형함수율은 감소하게 된다.

15 목재의 섬유포화점에 대한 설명으로 옳지 않은 것은?

① 목재의 온도가 증가할수록 섬유포화점도 높아진다.
② 목재의 추출물이 많을수록 섬유포화점이 낮게 나타난다.
③ 심재와 변재의 구별이 뚜렷한 수종의 심재 섬유포화점은 변재보다 낮다.
④ 섬유포화점 이상의 함수율에서는 함수율이 목재의 강도에 거의 영향을 미치지 못한다.

해설
온도가 증가하면 물분자의 에너지가 증가되어 증발되면서 섬유포화점이 약 0.1%/1℃ 정도로 낮아진다.

16 목재에서 음의 손실감쇠를 나타내는 감쇠율에 대한 설명으로 옳지 않은 것은?
① 횡진동에서의 대수감쇠율은 비틀림진동에서의 대수감쇠율보다 일반적으로 작다.
② 섬유포화점 이하에서 함수율이 상승할수록 목재의 감쇠비는 온도에 관계없이 상승한다.
③ 진동의 위험이 있고 다른 강도적 성질이 충족된다면 고손실 감쇠능의 재료를 사용해야 한다.
④ 목재 세포의 크기 및 배열을 고려할 때 목재의 감쇠율은 대부분의 다른 재료에 비해 큰 편이다.

해설
섬유포화점 이하는 28% 이하를 의미한다. 온도가 일정할 경우 감쇠비는 함수율 18% 이하에서는 일정하다가 이후는 급격히 상승하므로 무조건 상승하지는 않는다. 또한 온도가 높을수록 감쇠비가 감소하게 된다.

17 다음 설명에 해당하는 것은?

> 목재의 수종, 결점에 의한 강도비, 형상, 치수, 하중의 계속시간, 안전율 등을 근거로 정한 지탱할 수 있는 응력의 상한치이다.

① 생장응력 ② 인장응력
③ 허용응력 ④ 전단응력

해설
허용응력은 목재에 가해지는 외력에 변형이 일어나지 않는, 즉 목재가 지탱하는 응력의 상한치로서 목재의 수종, 강도비, 치수, 안전율 등 다양한 요인에 의해 도출된다.

18 목재의 방사방향 수축율은 접선방향에 비해 어느 정도인가?
① 약 10% ② 약 20%
③ 약 30% ④ 약 50%

해설
목재의 수종에 따라 다소 차이는 있으나 목재의 방사방향 수축율은 접선방향 대비 약 50% 수준이다. 예를 들어 소나무의 접선방향 수축율은 9.11%, 방사방향 수축율은 4.88%로서 방사방향 수축율이 접선방향의 수축율에 비해 약 50% 낮다.

19 목재의 탄성적 성질에 영향을 주는 인자에 대한 설명으로 옳지 않은 것은?
① 세포구조에 따라 강성이 달라진다.
② 비중이 커지면 세포의 강성은 감소한다.
③ 열분해 이하의 온도에서 온도가 증가하면 강성은 감소한다.
④ 옹이에 의해 주위에 뒤틀린 목리가 형성되면 강성은 감소된다.

해설
목재의 비중이 커지면 강성이 높아진다.

20 공극률에 대한 설명으로 옳은 것은?
① 공극의 용적비율이다.
② 목재실질의 용적비율이다.
③ 밀도가 높으면 공극률이 높아진다.
④ 섬유포화점 이하에서는 목재의 용적변화는 없지만 공극은 자유수로 충만되어 감소하게 된다.

해설
공극률은 공극의 용적비율로서 목재에서 실질률을 제외한 부분이다.

정답 16 ② 17 ③ 18 ④ 19 ② 20 ①

제2과목 목재해부학

21 수목의 횡단면의 조직을 바깥에서 안쪽으로 나열한 순서가 옳은 것은?

① 외수피-내수피-변재-형성층-심재
② 외수피-내수피-변재-심재-형성층
③ 외수피-형성층-내수피-변재-심재
④ 외수피-내수피-형성층-변재-심재

해설
수목의 가장 외부 부분을 외수피 다음으로 내수피가 수목을 1차적으로 보호해주는 역할을 한다. 다음으로 형성층에서는 세포분열을 통해 비대생장을 하는데 안쪽으로 변재가 생성되어 도관이나 가도관이 있어 수분을 이동시키고 유세포가 양분을 저장하는 기능을 한다. 시간이 지나 유세포들이 사세포가 되면서 심재가 되고 가장 안쪽에서 수목의 지지 역할을 하게 된다.

22 타일로시스와 목재의 이용에 대한 설명으로 옳지 않은 것은?

① 건조를 어렵게 한다.
② 목재의 내후성이 증가되기도 한다.
③ 방부제 약액의 주입이 잘 되게 한다.
④ 물통으로 사용하면 누수를 막는 효과가 있다.

해설
타일로시스는 도관의 충전물질로 방부제 약액의 주입을 방해한다.

23 목재의 연륜과 평행하게 잘라 낸 단면은?

① 횡단면 ② 정목면
③ 방사단면 ④ 접선단면

해설
목재의 단면에서 연륜과 접선이 되도록 혹은 평행하게 잘라 낸 단면을 접선단면이라 한다.

24 다음 ( ) 안에 들어갈 용어로 순서대로 올바르게 나열한 것은?

> 활엽수재에서 직경이 비슷한 관공이 생장륜 내에 다소 균등하게 배열되어 있는 경우는 ( )이며, 조재의 관공이 만재의 관공보다 훨씬 더 직경이 큰 경우는 ( )이다.

① 환공재, 산공재
② 산공재, 환공재
③ 방사공재, 문양공재
④ 반환공재, 방사공재

해설
활엽수재에서 산공재는 연륜 내의 크기와 분포가 균일한 것이 특징이며 환공재는 조재의 관공이 만재의 관공보다 큰 편이다. 산공재는 연륜에서 관공의 지름의 이행이 거의 없고 연륜 전체에 고르게 흩어져 있는 편이며 환공재는 연륜을 따라 고리모양의 환상으로 배열되어 있는 것이 특징이다.

25 침엽수재의 가도관이 아래위로 맞닿은 부분에 대한 설명으로 옳은 것은?

① 천공은 없고 유연벽공이 있다.
② 천공도 있고 유연벽공도 있다.
③ 도관과 마찬가지로 천공이 있다.
④ 수종에 따라 유연벽공 혹은 단벽공이 있다.

해설
활엽수재의 도관에는 천공판이 발달되어 있으나 침엽수재의 가도관의 경우 천공이 없고 유연벽공이 있다.

26 활엽수재에서 도관요소의 내강을 일부 또는 전부를 폐쇄하고 있는 구조체는?

① 벽공폐쇄 ② 타일로시스
③ 플로코소이드 ④ 타일로소이스

해설
타일로시스는 도관내강을 폐쇄하고 있는 구조체로 변재에서 심재로 이행되는 부분에서 많이 관찰된다.

정답 21 ④ 22 ③ 23 ④ 24 ② 25 ① 26 ②

27 목재의 세포벽에서 가장 두꺼운 층은?
① P ② S1
③ S2 ④ S3

해설
목재의 세포벽 중에서 S2(2차벽 중층)은 전체 세포벽 두께의 약 70% 정도를 차지할 정도로 가장 두꺼운 층이다.

28 마이크로피브릴의 배열 방향에 대한 설명으로 옳지 않은 것은?
① 2차벽 내층은 세포장축에 직각인 배열이다.
② 2차벽 외층은 세포장축에 직각인 배열이다.
③ 2차벽 중층은 세포장축에 직각인 배열이다.
④ 현미경 및 X선회절 등으로 조사할 수 있다.

해설
2차벽 중층은 마이크로피브릴과 거의 평행한 배열을 가진다.

29 인장이상재의 목섬유에 대한 설명으로 옳지 않은 것은?
① 젤라틴층이라고 하는 벽층이 퇴적되어 있다.
② 정상재보다 셀룰로오스의 함량이 더 높은 편이다.
③ 젤라틴 목섬유의 경우 리그닌이 젤라틴층을 제외한 나머지 층에 주로 집중적으로 분포하게 된다.
④ 젤라틴층에서 마이크로피브릴이 세포의 장축에 대해 큰 경각으로 배열되어 있으면서 목화되어 있다.

해설
젤라틴층은 인장이상재의 특수한 부분으로 목화되어 있지 않고 리그닌이 거의 없는 것이 특징이다.

30 활엽수재의 도관 배열이 산공재인 수종은?
① 피나무 ② 졸참나무
③ 아까시나무 ④ 물푸레나무

해설
활엽수 중에서 산공재에 해당하는 수종에는 오리나무, 서어나무, 녹나무, 벚나무, 피나무, 층층나무 등이 있다.

31 침엽수재의 방사조직 중 수평수지구를 포함하고 있는 것은?
① 축방향유세포
② 단열방사조직
③ 복합방사조직
④ 방추형방사조직

해설
방추형 방사조직은 방사조직에 수평수지구가 포함되어 있다.

32 일반적으로 침엽수재에서 가도관의 구성 요소 비율은?
① 약 10% ② 약 40%
③ 약 60% ④ 약 90%

해설
침엽수재 가도관의 구성 비율은 90% 이상이다.

33 열대산 목재의 특징으로 볼 수 없는 것은?
① 대부분 산공재이다.
② 교착목리가 대부분 없다.
③ 연륜이 거의 나타나지 않는다.
④ 실리카를 함유하는 수종이 존재한다.

해설
열대산 목재에는 교착목리가 흔하게 나타난다.

34 미성숙재에 대한 설명으로 옳지 않은 것은?
① 연륜폭이 좁고 균일하다.
② 구조재로 사용하기에는 부적절하다.
③ 보통 15~25년생 이하의 목재를 말한다.
④ 섬유방향으로 수축이 크고 뒤틀리기 쉽다.

해설
미성숙재는 성숙재보다 연륜폭이 넓다.

35 침엽수재 가도관의 방사면에서 유연벽공과 유연벽공 사이에서 관찰되는 짙은 띠를 무엇이라 하는가?
① 크라슐래
② 나선비후
③ 트라베큘래
④ 칼리트리소이드

해설
크라슐래는 침엽수재 가도관의 방사단면에 관찰되며 벽공연에 눈썹모양의 농색부를 말하며 활엽수재 일부수종에서도 관찰되기도 한다.

36 활엽수재에서 진정목섬유에 대한 설명으로 옳지 않은 것은?
① 단벽공이 존재한다.
② 가늘고 긴 세포이다.
③ 벽후가 두껍지 않게 발달한다.
④ 수체를 지지하는 기능을 가진 세포이다.

해설
활엽수재의 진정목섬유는 가늘고 긴 세포에 작은 단벽공을 가지고 있으며 벽후가 두껍게 발달되어 있다.

37 활엽수재의 이형세포가 아닌 것은?
① 점액세포
② 초상세포
③ 결정세포
④ 유세포(oil cell)

해설
이형세포는 동일 조직내의 다른 세포와 형태 및 내용물에 있어 명확하게 차이가 있는 세포로 ③ 결정세포, ④ 유세포, ① 점액세포 등이 있다. 초상세포는 접선단면에 다열방사조직의 가장자리 내부의 평복세포가 있는데 이를 직립세포가 둘러싸고 있을 때의 집단세포를 말한다.

38 옹이에 대한 설명으로 옳지 않은 것은?
① 산옹이는 가지의 생장이 왕성할 때 생긴다.
② 죽은옹이는 가지의 형성층 활동이 멈추었을 때 생긴다.
③ 옹이는 목재의 기계적 성질을 떨어뜨리나, 펄프화가 용이하도록 작용하는 특성이 있다.
④ 가지치기 후 가지의 남아 있는 부분이 완전히 목재 속에 파묻혀 수간 표면에 보이는 흔적을 숨은옹이라고 한다.

해설
옹이는 목재의 강도, 건조성, 가공성, 접착성 등에 악영향을 미치며 침엽수재에서는 다량의 수지를 함유하고 있어 목재의 도장성, 접착성, 펄프화 등에도 장해가 된다.

39 심재와 변재 구분이 가장 명확한 수종은?
① 밤나무
② 전나무
③ 단풍나무
④ 가문비나무

해설
밤나무는 심재는 담갈색 변재는 담황백색으로 심재와 변재의 구분이 명확하다.

40 침엽수재에서 벽공이 창상모양을 나타내는 수종은?
① 편백   ② 곰솔
③ 삼나무   ④ 가문비나무

해설
창상벽공은 전체적인 외형이 창문모양이며 대부분 소나무속에서 관찰된다.

제3과목 목재화학

41 헤미셀룰로오스의 구성당 중 육탄당이 아닌 것은?
① 만노오스   ② 자일로오스
③ 갈락토오스   ④ 글루코오스

해설
헤미셀룰로오스의 구성당 중 자일로오스는 5당류로 이루어져 있다.

42 침엽수의 크라프트 증해의 부산물로 얻어지는 톨유(tall oil)의 용도로 가장 거리가 먼 것은?
① 방부제   ② 환원제
③ 산화제   ④ 사이즈제

해설
침엽수의 크라프트 증해 과정에서 얻어지는 부산물인 톨유는 수지산, 지방산, 중성 성분 등으로 이루어져 있으며 도료의 원료, 약품 합성 원료, 제지용 사이즈제, 유화제, 접착제, 방부제, 환원제 등으로 활용된다.

43 알파피넨, 베타피넨이 속하는 물질군은?
① 유지   ② 스틸벤
③ 리그난   ④ 테르페노이드

해설
테르페노이드 주성분은 α-pinene 이며, 이외 β-pinene, camphene, carene, limonone 등이 있다.

44 목재의 추출성분 중에서 두 분자의 페닐프로파노이드가 β-β 결합한 C6-C3-C3-C6 골격을 가지는 화합물군은?
① 탄닌   ② 리그난
③ 페놀산   ④ 테르페노이드

해설
phenylpropane 단위로 2분자의 phenylpropanoid가 β-β 결합을 하는 천연의 페놀성물질을 리그난이라 한다.

45 목재 중에 들어 있는 Diterpenoid 로서 Turpentine을 증류하고 남은 것으로 Colophony 라고도 하는 물질의 명칭은?
① Rosin   ② Pinene
③ Tannin   ④ Flavone

해설
콜로포늄(colophony)은 로진(rosin)이라 하며 소나무의 줄기에서 분비하는 turpentine 을 증류하여 휘발성 물질을 제거하여 얻는다.

46 목재의 홀로셀룰로오스로부터 헤미셀룰로오스를 추출하려고 할 때 추출용 시약으로 가장 적합하지 않은 것은?

① H_2SO_4
② KOH
③ DMSO
④ NaOH

해설
홀로셀룰로오스의 대부분은 셀룰로오스와 헤미셀룰로오스이며 홀로셀룰로오스에서 헤미셀룰로오스를 추출하기 위해 NaOH, KOH를 주로 사용하며 DMSO를 사용하기도 한다.

47 전섬유소(holocellulose) 중 17.5%의 가성소다에 대하여 불용성인 것은?

① 베타-셀룰로오스
② 감마-셀룰로오스
③ 헤미-셀룰로오스
④ 알파-셀룰로오스

해설
가성소다를 이용하여 얻어지는 용해되지 않는, 즉 불용부의 셀룰로오스는 α-셀룰로오스이다. 셀룰로오스를 17.5% NaOH로 팽윤시켜 8.3%까지 희석시켰을 때 용해되지 않는 부분을 α-셀룰로오스, 용해되어 산성화 후 재생되는 부분을 β-셀룰로오스, 용해되어 재생되지 않는 경우 γ-셀룰로오스라 한다.

48 셀룰로오스를 구성하는 기본단위인 무수글루코오스의 분자식은?

① $C_5H_{10}O_5$
② $C_5H_{12}O_6$
③ $C_6H_{10}O_5$
④ $C_6H_{12}O_6$

해설
무수글루코오스의 분자식은 $C_6H_{10}O_5$로 분자량은 162이다.

49 중량 평균 분자량($\overline{Mw}$)과 수평균 분자량($\overline{Mn}$)의 비($\overline{Mw}/\overline{Mn}$)가 2.0인 섬유소의 수평균 분자량이 500000일 때, 중량 평균 분자량($\overline{Mw}$)은?

① 250000
② 500000
③ 1000000
④ 2000000

해설
$\overline{Mw}/\overline{Mn} = 2$ 이므로 $\overline{Mw}$ 는
< 2 × 500,000 = 1,000,000 > 이다.

50 목분 중의 탄수화물을 가수분해하여 리그닌을 잔사로서 정량하려고 한다. 이때 필요한 산의 종류와 농도로 적당한 것은?

① 72% $(CH_3CO)_2$ 또는 30% HNO_3
② 72% H_2SO_4 또는 42% HCl
③ 80% CH_3COOH 또는 10% HCl
④ 72% HNO_3 또는 10% CH_3COOH

해설
탄수화물의 가수분해시 65~72% 황산, 42% 염산 등을 이용하여 얻어지는 리그닌을 산리그닌이라 한다.

51 목재의 주성분 중 함유량이 가장 많은 것은?

① 펙틴
② 리그닌
③ 셀룰로오스
④ 헤미셀룰로오스

해설
목재 탄수화물은 주성분은 셀룰로오스이며 목재의 약 50% 정도를 점유하고 있다.

52 침엽수재 리그닌을 구성하는 대표적인 기본 단위를 나타내는 그림은?

① CH₃O, OH, CH₃O 치환된 벤젠고리 - C-C-C

② CH₃O, OH 치환된 벤젠고리 - C-C-C

③ CH₃O, H, CH₃O, OH 치환된 벤젠고리 - C-C-C

④ CH₃O, OH, CH₃O, OH 치환된 벤젠고리 - C-C-C

[해설] 침엽수 리그닌을 구성하는 대표 기본단위 구조는 guaiacylpropane 구조이다.

53 다음 ( ) 안에 해당하는 것은?

- 목재 추출성분의 정성적 차이는 화학성분에 의거하여 식물을 분류 연구하는 화학 식물 분류학에 있어서 중요한 역할을 한다.
- (   )은 분류학적으로 이용되는 특유한 성분이다.

① 혼합성분 ② 지표성분
③ 분리성분 ④ 흡착성분

[해설] 목재에서 지표성분을 통해 특정 목재에 함유된 물질이 발견될 경우 특정 수종으로 분류할 수 있다. 이러한 지표성분은 분류학적으로 이용되는 특유 성분이라 할 수 있다.

54 헤미셀룰로오스를 구성하는 주요 화합물이 아닌 것은?

① Amylopectin
② Glucomannan
③ Glucuronoxylan
④ Arabinogalactan

[해설] 헤미셀룰로오스의 구성하는 주요 화합물에는 glucuronoxylan, glucomannan, arabinogalactan, xyloglucan 등이 있으며 Amylopectin의 경우 다당류에 해당되며 전분과 같은 것들에 많이 포함되어 있다.

55 목재에 함유되어 있는 성분 중 크라프트 펄프화 공정의 회수시스템에 있어서 증해액의 황화도 유지에 영향을 줄 수 있는 성분은?

① 회분
② 리그닌
③ 셀룰로오스
④ 헤미셀룰로오스

[해설] 크라프트 펄프화 공정에서 황화도는 활엽수 20%, 침엽수 25~30% 정도의 수준으로 조절하여 사용하는데 회수시스템에 있어 증해액의 황화도는 총알칼리량에 대한 Na_2S의 양으로서 회분성분에 영향을 받게 된다.

56 펄프 표백에 있어서 산화되어 변질된 셀룰로오스인 Oxycellulose 중의 산화기를 정량하는데 이용되는 관능기는?

① Amino 기와 Imino 기
② Carbonyl 기와 Carboxyl 기
③ Hydroxyl 기와 Methoxyl 기
④ Ethylene 기와 Methylene 기

[해설] 펄프 표백시 산화되어 변질된 셀룰로오스인 Oxycellulose 중의 산화기를 정량하는데 이용되는 관능기에는 Carbonyl 기와 Carboxyl 기 등이 있다.

정답 52 ② 53 ② 54 ① 55 ① 56 ②

57 목재의 세포벽을 벽층구조로 나누었을 때 리그닌의 농도가 가장 높은 곳은?

① 세포내강 ② 1차 세포벽
③ 2차 세포벽 ④ 복합세포간층

해설
목재에서 리그닌의 농도는 2차벽보다 복합세포간층이 3~4배 정도 높은 편이다.

58 목재 추출성분인 terpenoid 의 구성 성분과 탄소수를 올바르게 연결한 것은?

① diterpene - 20개
② monoterpene - 1개
③ hemiterpene - 10개
④ sesqiterpene - 10개

해설
테르페노이드는 탄소의 결합단위수에 따라 monoterpene, sesqiterpene, diterpene, triterpene 등으로 분류가 되며 diterpene 의 탄소수는 20개이다.
② monoterpene - 10개
③ hemiterpene - 5개
④ sesqiterpene - 15개

59 함수율이 10%인 목분 2g 중의 회분을 정량하였더니 0.018g 일 때, 목재 중의 회분량은?

① 0.009 % ② 0.090 %
③ 0.900 % ④ 1.000 %

해설
함수율 10% 경인 목분 2g 의 실질량은 1.8 g 이 된다. 이때 회화후 남은 회분량이 0.018g 이므로 목분실질량과 회분량의 비를 이용한 백분율은 1% 가 된다
$2g \times 0.9 = 1.8g$
$(0.018g \div 1.8g) \times 100(\%) = 1(\%)$

60 리그닌의 생합성에 직접 관여하는 효소가 아닌 것은?

① 5-dehydroquinase
② 0-methyltransferase
③ 0-methyl galactonase
④ 5-dehydro shikimic acid reductase

해설
리그닌의 생합성에 관여하는 효소에는 5-dehydroquinase, 0-methyltransferase, 5-dehydro shikimic acid reductase 등이 있다.

제4과목 임산제조학

61 농산에 의한 셀룰로오스 가수분해에 대한 설명으로 옳지 않은 것은?

① 온도가 상승되면 가수분해 속도가 빨라진다.
② 온도가 상승되면 생성된 당의 분해량도 증가한다.
③ 20°C 이하 가수분해에서 생성된 당은 거의 분해되지 않는다.
④ 농염산에 의한 가수분해 속도는 중합도에 상관없이 일정하다.

해설
농염산에 의한 가수분해 속도는 중합도가 높으면 분해 속도가 느려진다.

62 헤드박스에서 시간당 13톤의 원료가 사출되고 그 중 9.5톤의 원료가 쿠우치를 거쳐 프레스로 이전된다면 전체 지료조성분의 일과보류도는?

① 7.4% ② 13.7%
③ 73.1% ④ 136.8%

해설
$\dfrac{9.5}{13} \times 100 ≒ 73.1(\%)$

63 드럼 박피기를 드럼의 지지 방법에 따라 분류했을 때 해당되지 않는 것은?

① 모터지지　② 수압지지
③ 롤러지지　④ 체인지지

[해설]
드럼박피기는 롤러지지, 수압지지, 체인지지 드럼박피기로 분류된다.

64 합판을 제조한 후 뒤틀림이 발생하는 주요 원인이 아닌 것은?

① 가압시간이 너무 짧음
② 구성 단판이 대칭이 아님
③ 구성 단판의 두께가 서로 다름
④ 구성 단판의 함수율이 서로 다름

[해설]
가압시간이 짧을 경우 합판 변형에 큰 영향을 주지는 않는다. 단 과도한 가압의 경우 짧은 시간으로도 영향을 줄 수 있다.

65 목재를 천연 건조할 때 할렬 방지 대책으로 옳지 않은 것은?

① 엔드코팅을 한다.
② 목재의 잔적 폭을 넓게 한다.
③ 판재의 재간 간격을 넓게 한다.
④ 잔적지붕이나 차풍판을 설치한다.

[해설]
판재의 재간 간격을 좁게 하도록 한다.

66 목재 건조 과정에서 이퀄라이징 처리를 하는 주요 목적은?

① 응력을 제거하기 위하여
② 목재의 중량을 낮추기 위하여
③ 판재의 함수율을 고르게 하기 위하여
④ 판재단면의 수분경사를 적게 하기 위하여

[해설]
이퀄라이징처리는 함수율 균일화 처리를 위해 실시하며 최건시험재 함수율이 목표함수율보다 2% 낮을 때 실시하는 것이 특징이다.

67 농도가 0.3%인 시료 1L를 스크린 처리하여 스크린 상의 섬유 무게가 2.350g 일 때 미세분의 함량은?

① 2.2 %　② 21.7 %
③ 70.5 %　④ 78.3 %

[해설]

- 1L 시료의 전건무게 : $1000\,ml \times \dfrac{0.3}{100} = 3\,(g)$

- $\dfrac{2.35\,g}{3\,g} \times 100 ≒ 78.33(\%)$

68 크라프트펄프 증해 시 수산화나트륨과 셀룰로오스 및 헤미셀룰로오스와의 반응 과정으로 가장 거리가 먼 것은?

① 축합반응　② 안정화반응
③ 필링오프 반응　④ 알칼리 가수분해

[해설]
크라프트펄프 증해 시 관련된 알칼리 가수분해에는 셀룰로오스 말단기가 하나씩 탈리되는 붕괴반응(필링오프, peeling off)이 나타나고 헤미셀룰로오스 역시 동일한 과정을 거치고 이러한 붕괴 반응과 반대로 안정화 반응이 있다. 축합반응은 두 개의 분자가 하나로 합쳐지는 반응이기에 붕괴 및 안정화에 관련된 반응과는 관련이 적다.

69 목재의 접착조작에 대한 설명으로 옳은 것은?

① 가능한 접착제 사용량을 늘려야 균일한 접착층 형성이 가능하다.
② 접착 조작은 접착제 조합-피착재 조정-압체-도포-퇴적의 순서이다.
③ 목재 접착에서 퇴적은 대부분 개방퇴적으로 실내온도와 습도를 고려하여야 한다.
④ 접착제 도포량의 결정은 접착제의 성질, 피착재의 상태, 도포장치 등에 따라 결정된다.

해설

접착제 도포량은 균일하게 접착층을 형성할 수 있도록 도와주는 도포장치와 피착재의 표면 및 공극의 상태, 접착제 자체의 성질, 외부 환경 등에 의해 결정된다.

70 리그닌에 의해 소비되는 과망간산 이온의 소비량으로 리그닌을 정량하는 간접적인 방법으로 활용되는 것은?

① 염소값   ② 카파값
③ Roe 값   ④ 클라손 리그닌

해설

카파값은 리그닌에 의해 소비되는 과망간산 이온의 소비량에 의해 리그닌을 정량하는 방법중에 하나로 이때 사용되는 황산은 조건상 산성조건으로 유지시켜 주어야 하기에 투입되어 진다.

71 건조응력을 측정하는 방법이 아닌 것은?

① 프롱법   ② 톰슨법
③ 분할법   ④ 슬라이스법

해설

건조응력을 측정하는 방법으로 분할법은 목재의 재면과 평행방향으로 2등분 혹은 그 이상 분할한 시편의 거동으로 건조응력을 탐지하는 방법이며, 슬라이스법은 건조응력의 크기와 치수 변화의 비례관계를 이용하여 건조응력을 탐지하는 방법이다. 프롱법은 목재의 내부응력의 성질과 크기를 알기 위한 응력 탐지시험의 일종이다.

72 집성재 제조용 원료 목재에 대한 설명으로 옳지 않은 것은?

① 비중이 높은 목재일수록 목부 파단율은 감소된다.
② 수지나 정유를 다량 함유한 목재는 접착이 잘 되지 않는다.
③ 제재판의 함수율이 높으면 접착제 중의 용제가 잘 확산되지 않는다.
④ 코어(core)재로 사용하려는 목재를 건조시 비틀림 정도는 크게 중요하지 않다.

해설

코어재는 원목 및 가구 등 제작에도 많이 사용하며 건조시 비틀림 관리가 매우 중요하다.

정답 69 ④ 70 ② 71 ② 72 ④

73. 크라프트펄프와 비교한 아황산펄프의 특징 및 제조 방법에 대한 설명으로 옳은 것은?

① 약품 회수가 용이하며 폐액을 이용할 수 있다.
② 표백이 용이하며 고급지 및 용해용 펄프에 적합하다.
③ 높은 백색도를 가지며 수종에 관계없이 제조할 수 있다.
④ 높은 강도의 종이가 얻어지지만 표백비용이 많이 든다.

해설
아황산펄프는 표백을 하지 않아도 높은 백색도를 가지는 펄프로 고해 및 표백성이 좋아 고급지 및 용해용 펄프에 적합하다.

74. 섬유판 해섬 방법으로 고압식 열기계적 해섬법은?

① 쇄목해섬   ② 폭쇄해섬
③ 아스플런드   ④ 매소나이트건

해설
아스플런드법은 칩을 수증기를 이용하여 고온, 고압 조건에서 특수 해섬기를 이용하여 펄프화하는 방법이다.

75. 파티클보드용 파티클을 제조하기 위한 기기로 가장 적합한 것은?

① Disk refiner   ② Drum barker
③ Hammer mill   ④ Wood grinder

해설
해머밀(hammer mill)은 처리능력이 크고 연속 운전이 가능하며 분쇄입도가 안정적으로 파티클 제조에 이용된다.

76. 크라프트 펄프화 공정에서 황 성분 때문에 야기되는 악취의 원인이 되는 주요 물질이 아닌 것은?

① 황화수소   ② 황화이메틸
③ 메틸케캅탄   ④ 메틸클로라이드

해설
메틸클로라이드(methyl chloride)는 메탄의 수소 원자 1개를 염소 원자로 치환한 것으로 무색의 냄새가 약한 물질로 마취제 및 냉동기의 냉매 등으로 활용된다.

77. 목재의 치수안정을 위한 흡습성 감소 처리 방법에 해당하는 것은?

① 가교결합   ② PEG 처리
③ 수액치환법   ④ 열안정화처리

해설
열안정화처리는 목재의 흡습성을 감소시켜 수축 및 팽윤을 줄여 목재의 치수 안정화를 목적으로 하는 처리이다.

78. 충전물을 지료에 첨가했을 때 개선되는 종이의 특성으로 옳지 않은 것은?

① 강도가 향상된다.
② 평활성이 증가된다.
③ 백색도가 증가한다.
④ 불투명도가 향상된다.

해설
충전물을 지료에 첨가하면 백색도, 광택도, 평활성 등의 종이의 특성은 개선되지만 종이의 강도는 떨어진다.

79 목재의 제재방법에서 접선단면 제재법에 대한 설명으로 옳지 않은 것은?
① 정목판을 얻을 수 있다.
② 경단면 제재법에 비하여 제재가 수월하다.
③ 경단면 제재법에 비하여 품질이 떨어진다.
④ 나이테에 접선방향 또는 방사방향 직각이 되도록 제재하는 방법이다.

해설
정목판은 방사단면 제재법을 통해 얻을 수 있다.

80 쇄목펄프와 비교한 열기계펄프에 대한 설명으로 옳은 것은?
① 강도가 약하다.
② 백색도가 낮다.
③ 미세 섬유가 많다.
④ 제조한 종이의 표면이 부드럽다.

해설
열기계펄프가 쇄목펄프보다 제조한 종이가 더 부드럽다.

제5과목 목재보존학

81 목재부후균으로 인한 목재의 열화에 대한 설명으로 옳지 않은 것은?
① 백색부후균은 리그닌이 풍부한 세포간층을 우선 분해한다.
② 갈색부후균은 셀룰로오스가 풍부한 1차벽을 우선 분해한다.
③ 부후재의 조직 중 최초로 명확한 변화를 나타내는 것은 방사조직이다.
④ 부후 초기의 목재 변색은 부후균이 분비하는 효소와 목재의 페놀성 물질과의 반응에 의해 나타나는 현상이다.

해설
갈색부후균은 세포벽 중에서 2차벽 중층의 분해가 집중적으로 일어난다.

82 수용성 목재보존제에 해당하는 것은?
① A ② TPI
③ MCQ ④ CUAZ

해설
수용성 목재보존제에는 ACQ, CUAZ, CCA, ACC 등이 있다.

83 생재무게 2kg인 목재의 부후 전 전건중량이 1.5kg이고 부후 후 전건중량이 1.2kg일 때에 중량 감소율은?
① 2% ② 5%
③ 15% ④ 20%

해설
$$\frac{1.5-1.2}{1.5} \times 100 = 20(\%)$$

84 주약관 내에서 처리재를 크레오소트유나 유상방부제로 가열하면서 진공 상태에서 목재의 수분을 탈수시키는 방법은?
① 도포법 ② 볼턴법
③ 침지법 ④ 셀론법

해설
목재를 크레오소트유나 유상방부제로 가열하면서 진공 하에 목재의 수분을 탈수하는 방법을 볼턴법이라 한다.

85 목재의 연소 억제력이 가장 큰 알칼리 금속은?
① 리튬 ② 칼륨
③ 세슘 ④ 나트륨

해설
목재의 연소 억제력이 큰 알칼리 금속에는 리튬, 나트륨, 칼륨, 세슘 등이 있으며 이 중에서 리튬이 가장 큰 연소 억제력을 가진다.

86 건조한 참나무류 목재의 변재로 만든 제품에서 주로 관찰될 수 있는 해충은?
① 흰개미
② 하늘소
③ 개나무좀
④ 가루나무좀

해설
가루나무좀은 도관의 크기가 적당한 활엽수의 건조 목재를 주로 가해한다.

87 카바마이트계 목재 방충제에 대한 설명으로 옳지 않은 것은?
① 접촉 독성이 높다.
② 카르바민산의 유도체이다.
③ 유효 성분이 오래 지속된다.
④ 현탁액상으로 목재와 토양처리에 이용된다.

해설
카바마이트계 방충제는 카르바민산의 유도체로 접촉, 식독, 호흡독으로 작용하며 접촉 독성이 특히 높다. 알칼리에서는 불안정하고 현탁액으로 목재나 토양처리에 이용된다.

88 목재 열화 미생물 중에서 목재의 강도를 가장 크게 감소시키는 것은?
① 연부후균
② 백색부후균
③ 갈색부후균
④ 목재변색균

해설
갈색부후균은 목재의 주요 구성 성분인 셀룰로오스, 헤미셀룰로오스를 가해하기에 목재의 강도가 현저하게 감소된다.

89 목재를 방부 처리하는 과정에서 양생을 하는 주요 목적은?
① 할렬 방지
② 치수안정화 유도
③ 강도 및 탄성계수 증진
④ 방부제 성분의 목재 내 정착

해설
양생은 약액이 주입된 목재에 방부제성분이 목재 조직 속에 정착되도록 일정기간 쌓아놓는 과정이다

90 목재의 방염 작용에 해당되지 않는 것은?
① 열 작용
② 방진 작용
③ 피복 작용
④ 결합 작용

해설
방진은 진동을 흡수하는 것으로 목재의 방염 작용에는 해당하지 않는다.

91 방부 처리를 위한 전처리에 해당되지 않는 것은?
① 건조
② 인사이징
③ 감압처리
④ 프리보오링

해설
목재의 방부 전처리에는 박피, 건조, 인사이징, 프리보오링 등이 있다.

92 가루나무좀으로 인한 피해가 가장 적은 열대재는?
① 라왕
② 티크
③ 흑단
④ 발사

해설
건재해충에 해당하는 가루나무좀은 건축재, 가구재, 합판 등을 식해하는데 라왕재, 참나무재 등에 많은 피해를 주었다. 흑단의 경우 감나무과의 인도 및 스리랑카가 원산지인 목재로 가루나무좀에 대한 피해가 적은 편이다.

93. 방부 처리 방법으로 충세포법에 대한 설명으로 옳은 것은?

① 상압처리법에 속한다.
② 공기를 압입한 후 가압하는 처리법이다.
③ 후배기 때에만 10분간 진공 처리를 한다.
④ 약제 주입이 잘 되지 않는 목재를 처리하는데 사용한다.

해설
충세포법은 가압식 주입법으로 약제 주입이 잘 되지 않는 수종에 사용한다.

94. 목재 방부제의 구비조건에 대한 설명으로 옳지 않은 것은?

① 흡습성이 크고 접착력이 좋아야 한다.
② 방부 및 방충 효력이 동시에 큰 것이 좋다.
③ 화재의 위험성이 적고 부식성이 없어야 한다.
④ 악취가 없어야 되고 사람에 해가 적어야 한다.

해설
목재 방부제의 경우 흡습성이 없고 접착력이 적어야 한다.

95. 고농도의 약제를 이용하여 생재를 가장 효과적으로 처리할 수 있는 방부 처리 방법은?

① 확산법 ② 도포법
③ 분무법 ④ 침지법

해설
확산법은 생재나 고함수재의 표면에 고농도의 약제를 발라 건조하지 않도록 비닐시트를 덮어 방치시켜 확산현상에 의해 약제를 침투시키는 방법으로 물에 잘 용해되는 무기 화합물을 사용하며 목재 수분은 50% 이상에서 사용된다.

96. 내장용 난연화합물로 가장 거리가 먼 것은?

① 붕산
② 염화구리
③ 황산암모늄
④ 인산수소 제2암모늄

해설
난연제로는 붕사, 붕산, 황산암모늄, 인산수소 제2암모늄, 브롬화암모늄 등이 있다.

97. 목재 방부제에 대한 설명으로 옳지 않은 것은?

① 유상 방부제는 유용성 방부제와 달리 보존효력은 있으나 처리재를 오염시키는 단점이 있다.
② 수용성 방부제는 효력이 높은 한 종류의 금속화합물을 선택적으로 사용하며 대부분 유기화합물이다.
③ 유용성 방부제는 용탈에 저항성이 있다는 장점이 있으며, 표면장력이 낮으므로 목재내에 침투가 용이하다.
④ 수용성 방부제는 값비싼 용매를 사용하지 않고 처리목재의 표면을 청결하게 하고 도장할 수 있다는 장점이 있다.

해설
수용성 방부제는 약품을 물에 용해시켜 사용하는 약제로 여러 금속화합물을 사용하여 제조하며 CCA, ACC, CCB 등이 있다.

98. 목재의 변색을 일으키는 주요 균은?

① 세균류 ② 조균류
③ 자낭균류 ④ 담자균류

해설
목재의 변색을 일으키는 변색균은 대부분 자낭균류나 불완전균류에 속한다.

정답 93 ④ 94 ① 95 ① 96 ② 97 ② 98 ③

99 목재 내부 피복처리에서 방수제로 주로 사용되는 물질은?

① 왁스　② 안료
③ 전분　④ CMC

해설
목재에 방수제로 사용되는 물질로 왁스가 있으며 내구성이 높은 것이 특징이다.

100 목재 방부처리 방법으로 가압처리법의 장점이 아닌 것은?

① 시설 비용이 적게 든다.
② 많은 양의 방부제를 침투시킬 수 있다.
③ 방부제를 깊고 균일하게 침투시킬 수 있다.
④ 사용목적에 따라 처리조건을 조정할 수 있다.

해설
가압처리법에는 주입관과 탱크류 등과 같은 별도 시설비용이 많이 든다.

임산가공기사 필기

제1과목 목재이학

01 점탄성모형으로 Kelvin 모형(Voigt 모형)에 대한 설명으로 옳지 않은 것은?
① 스프링과 대시포트를 병렬로 결합한 모형이다.
② 전체에 작용하는 변형율은 스프링의 변형율 및 대시포트의 변형율과 동일하다.
③ 일정 응력이 작용하여 그 상태를 유지하게되면 변형율은 시간에 따라 점차 감소한다.
④ 전체에 작용하는 응력은 스프링에 작용하는 응력과 대시포트에 작용하는 응력의 합이다.

해설
Kelvin 모형은 전체 응력을 스프링과 대시포트가 병렬하여 분담하며 전체 작용하는 변형율은 스프링의 변형율 및 대시포트의 변형율과 동일하다. 만약 스프링의 변형률이 없다면 대시포트 응력만으로 전체 응력을 받아들인다. 작용시간이 길어질 경우 손상이 발생할 수 있으며 이러한 모형은 지연탄성거동을 설명하기 적합하다.

02 목재의 섬유포화점에 영향을 미치는 주요 인자가 아닌 것은?
① 세포벽의 치밀도
② 목재의 섬유방향
③ 목재의 화학적 조성
④ 셀룰로오스의 결정화도

해설
목재의 섬유포화점에 영향을 주는 인자로 수종, 비중, 세포벽의 치밀도, 목재의 화학적 조성, 셀룰로오스 결정화도 등이 있다.

03 목재의 탄성계수를 나타낸 식으로 옳은 것은?
① 변형률 / 응력
② 응력 / 변형률
③ 변형률 × 응력
④ 1 + (변형률 × 응력)

해설
목재의 탄성계수는 <응력/변형률> 공식을 통해 구할 수 있다.

정답 01 ③ 02 ② 03 ②

04 목재 내에서 소리의 전달 속도에 대한 설명으로 옳은 것은?

① 함수율이 증가하면 소리의 전달 속도는 느려진다.
② 접선방향보다 방사방향에서 소리의 전달 속도가 느리다.
③ 목재의 밀도, 조직구조에 따라 소리의 전달속도는 달라진다.
④ 섬유와 평행한 방향이 섬유와 직각인 방향보다 소리의 전달 속도가 느리다.

해설
목재 내에서 소리의 전달 속도는 함수율이 증가하면 느려지고 단섬유보다는 장섬유가 소리의 전달속도가 더 빠르다.

05 목재의 단위길이에 대한 단위용적의 전기 저항은?

① 비저항   ② 손실저항
③ 접지저항 ④ 유전체역율

해설
전기의 흐름을 방해하는 물질을 절연체라하며 이러한 절연체의 도전정도를 나타내는 것이 전기저항 또는 비저항이라 한다.

06 목재의 변동률에 대한 설명으로 옳지 않은 것은?

① 참나무류 목재의 수축률은 작지만 변동률은 크다.
② 변동률이 작은 목재는 벽이나 마루판, 창틀, 보트 제작 등에 유리하다.
③ 변동률은 수축률과 유사한 경향을 나타내고 있으나 반드시 일치하지는 않는다.
④ 대기 상대습도와 온도의 일변화 또는 계절변화에 의한 목재의 치수변화를 말한다.

해설
참나무의 경우 비중이 크고 조직이 치밀하여 치수변동률이 작다.

07 시험재의 전건무게가 1000g이고 건조 전 시험재의 무게가 1300g일 때 건조 전 시험재의 건량기준 함수율은?

① 23%   ② 30%
③ 70%   ④ 77%

해설
$$\frac{건조전\ 무게 - 건조후무게}{건조후무게} \times 100(\%)$$
$$\frac{1300 - 1000}{1000} \times 100(\%) = 30(\%)$$

08 목재의 물리적 및 기계적 성질에 거의 영향을 미치지 않고 목재의 중량에만 영향을 미치는 목재 내의 수분은?

① 자유수   ② 목재구성수
③ 표면흡착수 ④ 모관응축수

해설
자유수는 목재에 환경변화, 즉 온도 변화에 따라 바뀌므로 목재의 중량에 영향을 미친다.

09 목재의 잔광현상에 대한 설명으로 옳은 것은?

① 주요 원인 성분은 세포벽의 셀룰로오스이다.
② 비수지재는 다수지재보다 강한 잔광을 나타낸다.
③ 잔광의 파장 범위는 가시광선에 있으며 눈으로 확인하기에 충분한 강도를 지닌다.
④ 물체에 흡수된 빛 중 열로 바뀌지 않은 부분이 자연반응으로 발광하는 것을 말한다.

해설
잔광현상이란 물체에 흡수된 빛 중 열로 바뀌지 않은 부분이 자연반응으로 발광하는 것을 말한다.

10 목재의 수축률을 표시하는 방법이 아닌 것은?

① 전수축률
② 함수율 1% 변화에 따른 평균수축률
③ 생재상태에서 기건상태까지의 수축률
④ 생재상태에서 섬유포화점 이상까지의 수축률

해설
목재의 수축률을 표시하는 방법에는 전수축률, 기건수축률, 함수율 1%에 대한 평균수축률이 있다.

11 목재의 비열에 대한 설명으로 옳은 것은?

① 온도가 상승하면 감소한다.
② 함수율이 증가함에 따라 감소한다.
③ 수종이나 비중에 관계없이 일정하다.
④ 목재의 화학적 구성 성분에 관계없이 일정하다.

해설
목재의 비열은 수종이나 밀도 등에 따라 큰 차이를 보이지 않으며 온도 및 함수율에 영향을 많이 받는다.

12 목재의 비중에 영향을 미치는 주요 요인이 아닌 것은?

① 수종
② 수피 두께
③ 추출물 함량
④ 나이테 나비

해설
목재의 비중에 영향을 주는 요인으로 수종, 함수율, 추출성분 및 함량, 나이테의 나비 등이 있다.

13 목재의 진비중은 실질 용적의 측정에 사용하는 치환 매체의 종류에 따라 달라지는데 헬륨가스 사용 시 진비중 값은?

① $1.34 g/cm^3$
② $1.46 g/cm^3$
③ $1.53 g/cm^3$
④ $1.60 g/cm^3$

해설
목재의 측정시 사용하는 치환매체로 헬륨가스의 비중은 1.46 이다.

14 목재의 평형함수율에 대한 설명으로 옳지 않은 것은?

① 온도와는 관계없다.
② 수종의 영향은 별로 받지 않는다.
③ 대기 상태에서는 기건함수율이라고 한다.
④ 상대습도와는 대단히 밀접한 관계가 있다.

해설
목재의 평형함수율은 온도와 습도에 의해 결정된다.

15 목재의 접선방향 전팽윤율이 10%라면 접선방향 전수축률은?

① 약 2.1%
② 약 9.1%
③ 약 10.0%
④ 약 11.1%

해설
$$전수축률 = \frac{10}{100+10} \times 100(\%) ≒ 9.1(\%)$$
$$a = \frac{b}{100+b} \times 100, \quad b = \frac{a}{100-a} \times 100$$
여기서, a : 전수축률
b : 전팽윤율

16 목재의 탄성계수에 영향을 미치는 인자에 대한 설명으로 옳지 않은 것은?

① 탄성계수는 마이크로피브릴 경사각이 커질수록 작아진다.
② 탄성계수는 온도가 증가함에 따라 거의 직선적으로 작아진다.
③ 비중이 커지거나 조재율이 커지면 세포의 강성이 커지고 외력에 대한 저항력이 커져 탄성계수가 커진다.
④ 옹이를 가진 목재는 외력을 받으면 옹이와 그 주변에 응력 집중을 일으켜 동일 비중의 무옹이재에 비하여 탄성계수가 작아진다.

해설
목재의 만재율이 증가할 경우 휨탄성계수가 증가한다. 조재부의 경우 만재부보다 비중이 작기에 조재율이 커지면 탄성계수는 상대적으로 작아지게 된다.

17 전건비중이 0.6이고 진비중은 1.50인 경우 목재의 공극률은?

① 6% ② 40%
③ 60% ④ 90%

해설
공극률 = $1 - \dfrac{\text{전건비중}}{\text{진비중}} = 1 - \dfrac{0.6}{1.5} = 0.6 \rightarrow 60\%$

18 목재의 수축 및 팽윤이 가장 큰 방향은?

① 방사방향 ② 섬유방향
③ 횡단방향 ④ 접선방향

해설
목재의 수축 및 팽윤이 가장 큰 방향은 접선방향이고 다음으로 방사방향, 섬유방향 순서이다.

19 기건무게와 기건체적을 사용하여 계산하는 밀도는?

① 기본밀도 ② 전건밀도
③ 용적밀도 ④ 기건밀도

해설
기건밀도는 기건무게를 기건체적으로 나누어 구하며 대기조건의 평형에 도달한 기건재의 중량과 용적에 근거한 밀도이다.

20 목재의 강도에 영향을 주는 인자에 대한 설명으로 옳지 않은 것은?

① 온도가 상승하면 강도가 감소한다.
② 비중이 작을수록 강도는 감소한다.
③ 환공재는 연륜폭이 넓어지면 강도가 감소한다.
④ 섬유포화점 이내에서 함수율이 증가하면 강도가 감소한다.

해설
환공재는 연륜폭이 넓어지면 비중은 증가하고 강도가 증가한다.

제2과목 목재해부학

21 미성숙재에 대한 설명으로 옳지 않은 것은?

① 위연륜이나 응력재가 자주 나타난다.
② 연륜폭이 대단히 넓고 만재율이 적다.
③ 성숙재의 재질에 비해 열등하므로 구조재로 사용하기가 부적당하다.
④ 세포의 길이 생장률이 매년 1% 미만으로 길이가 안정되어 있지 못하다.

해설
미성숙재의 경우 기본조직이 정상적으로 자라지 못한 목재로 위연륜 및 응력재에 주로 나타난다. 비중은 작으며 가도관의 길이는 비교적 짧으며 대부분 산옹이를 포함하고 있다. 성숙재보다 연륜폭이 넓고 만재율도 적은 것이 특징이다.

정답 16 ③ 17 ③ 18 ④ 19 ④ 20 ③ 21 ④

22 마이크로피브릴의 배열 방향으로 옳은 것은?
① 2차벽의 중층은 장축에 망상
② 2차벽의 중층은 장축에 거의 평행
③ 2차벽의 내층은 장축에 거의 평행
④ 2차벽의 외층은 장축에 거의 평행

해설
2차벽 중층은 마이크로피브릴과 거의 평행한 배열을 가진다.

23 세포벽에서 가장 두꺼운 층은?
① 1차벽
② 2차벽의 중층
③ 2차벽의 외층
④ 2차벽의 내층

해설
세포벽은 2차벽의 S2 층(중층)이 가장 두껍고 다음으로 S1 층(외층), P층(1차벽), S3층(내층) 순의 두껍다.

24 활엽수재 구조에 대한 설명으로 옳지 않은 것은?
① 도관을 가지고 있다.
② 방사방향 요소는 모두 유세포이다.
③ 가도관은 수분 통도 및 기계적 지지 역할을 한다.
④ 목섬유는 활엽수재의 성질을 좌우하는 주요 구성 요소이다.

해설
활엽수재는 주로 목섬유로 이루어져 있으며 가도관은 침엽수재에 주요 구성요소이다.

25 목재의 세포벽에서 가장 두꺼운 층은?
① P   ② S1
③ S2   ④ S3

해설
목재의 세포벽 중에서 S2(2차벽 중층)은 전체 세포벽 두께의 약 70% 정도를 차지할 정도로 가장 두꺼운 층이다.

26 침엽수재의 거치상비후를 가장 잘 관찰할 수 있는 단면은?
① 횡단면   ② 추정면
③ 방사단면 ④ 접선단면

해설
방사단면에 있는 방사가도관 벽의 내강을 향해 거치상비후가 발달한다.

27 침엽수재의 방사조직 중 수평수지구를 포함하고 있는 것은?
① 축방향유세포
② 단열방사조직
③ 복합방사조직
④ 방추형방사조직

해설
방추형 방사조직은 방사조직에 수평수지구가 포함되어 있다.

28 활엽수재에서 진정목섬유에 대한 설명으로 옳지 않은 것은?
① 벽후가 두껍지 않게 발달한다.
② 가늘고 긴 세포이다.
③ 단벽공이 존재한다.
④ 수체를 지지하는 기능을 가진 세포이다.

해설
활엽수재의 진정목섬유는 가늘고 긴 세포에 작은 단벽공을 가지고 있으며 벽후가 두껍게 발달되어 있다.

정답 22 ② 23 ② 24 ③ 25 ③ 26 ③ 27 ④ 28 ①

29 저장물질을 전분으로 저장하는 환공재에 해당하는 수종은?
① 밤나무, 느티나무
② 너도밤나무, 피나무
③ 단풍나무, 나왕
④ 사시나무, 자작나무

해설
밤나무와 느티나무는 환공재의 일종이며 에너지 저장시 전분형태로 저장한다.

30 수목의 비대 생장에 관련된 주요 조직은?
① 생장점   ② 전분열조직
③ 정단분열조직 ④ 유관속 형성층

해설
유관속형성층은 세포분열에 의하여 생긴 새로운 세포의 일부분이 목부세포에 추가되어 방사방향으로 세포층을 증가시켜 수목의 비대생장에 관계된다.

31 나선비후가 가장 잘 관찰되는 수종은?
① 주목   ② 소나무
③ 향나무 ④ 오리나무

해설
나선비후가 관찰되는 수종은 주목이다.

32 형성층의 원주 증대를 하기 위한 방추형시원세포의 분열방식으로 맞는 것은?
① 병층분열 ② 횡분열
③ 접선분열 ④ 수층분열

해설
형성층은 나무 둘레도 빙 둘러 형성되어 있다 이를 원주 증대를 위해서는 형성층 방향에서 수직 방향으로 분열해야 원주 증대가 되는데 이를 수층분열이라 한다.

33 다음 목재 중 비교적 나비가 넓어서 육안으로도 방사조직을 관찰할 수 있는 것은?
① 참나무류 ② 향나무
③ 버드나무 ④ 포플러류

해설
참나무류는 나비가 넓은 방사조직인 광방사조직을 가져 육안으로 관찰이 된다.

34 열대산 목재의 특징으로 볼 수 없는 것은?
① 대부분 산공재이다.
② 교착목리가 대부분 없다.
③ 연륜이 거의 나타나지 않는다.
④ 실리카를 함유하는 수종이 존재한다.

해설
열대산 목재에는 교착목리가 흔하게 나타난다.

35 활엽수제에서 타일로시스가 가장 잘 발달하는 곳은?
① 도관   ② 가도관
③ 목섬유 ④ 목유세포

해설
활엽수제에서 타일로시스는 주로 도관에 발달하며 도관 내강을 폐쇄한다.

정답 29 ① 30 ④ 31 ① 32 ④ 33 ① 34 ② 35 ①

36 목재를 구성하는 세포의 길이는 수종 및 기타 요인의 영향을 받아 변화될 수 있다. 일반적으로 주요세포의 길이 순서로서 긴 것부터 짧은 것 순으로 나열이 바른 것은?

① 목섬유 – 방사유세포 – 가도관
② 목섬유 – 도관 – 방사유세포
③ 도관 – 목섬유 – 가도관
④ 방사유세포 – 도관 – 가도관

해설
수종별로 모든 부분이나 세포들은 길이가 다르나 평균적으로 가도관이 가장 길며 다음으로 목섬유, 도관, 방사유세포 순이다. 가도관은 2~4mm, 목섬유 1~2mm, 도관 0.3~0.6mm, 방사유세포 20~150㎛ 정도의 길이를 가진다.

37 세포내강이 좁고 세포벽이 비정상적으로 두꺼운 섬유로서 흡습성이 풍부하며, 인장이상재에 나타나는 목섬유는?

① 섬유상가도관 ② 격막목섬유
③ 젤라틴섬유   ④ 진정목섬유

해설
젤라틴섬유의 특징
- 인장응력재의 특수한 섬유로 세포벽은 젤라틴층이나 G층이라 한다.
- 정상 목섬유보다 가늘고 길다.
- 벽공의 수가 적다.
- 세포벽이 두껍고 도관의 지름이 작다.
- 목화되어 있지 않고 리그닌이 거의 없다.
- 결정화도는 60% 정도로 정상재보다 크다.
- 셀룰로오스 함량이 높아 흡습성이 좋다.

38 형성층에 있는 방추형시원세포로부터 유래되지 않는 세포는?

① 가도관   ② 방사조직
③ 목섬유   ④ 도관

해설
방추형시원세포에서는 진정목섬유, 섬유상가도관, 도관, 축방향유세포, 에피델리얼세포, 가도관등이 분화된다. 방사조직은 방사조직시원세포에서 유래된다.

39 수목의 비대 생장에 관계하는 조직은?

① 전분열조직
② 생장점
③ 유관속형성층
④ 정단분열조직

해설
- 수목의 직경이나 비대생장은 유관속형성층에서 관여한다.
- 수고생장시 세포증식이 왕성한부분을 정단분열조직이라하고 전분열조직이라고도 한다. 이렇게 생장을 하는 끝지점을 가리켜 생장점이라 한다.

40 반점(pin fleck)은 활엽수재의 중요한 결점 중의 하나이다. 다음 중 설명이 맞는 것은?

① 섬유방향의 생장응력으로 세포가 압축파괴가 일어나서 생긴 조직이다.
② 도관과 인접한 방사유세포의 내용물이 도관속으로 자라서 생긴 조직이다.
③ 수피의 일부가 생장과정에 목재속에 파묻히게 되어 생기는 조직이다.
④ 곤충의 유충이 수간을 오르내리면서 만든 구멍에 상해유조직이 형성된 조직이다.

해설
수반점은 곤충이나 유충이 수목의 초기생장기에 형성층 부근에 조직을 사해하고 생장하여 수간 내를 오르내리면서 구멍을 남기게 되고 이것이 형성층이나 목부, 사부의 유조직에 의하여 상해조직으로 메워진다.

정답 36 ② 37 ③ 38 ② 39 ③ 40 ④

제3과목 목재화학

41 목재의 화학성분에 대한 설명으로 틀린 것은?

① 셀룰로오스는 약 50% 정도를 점하며 결정구조를 포함하고 있다.
② 홀로셀룰로오스는 약 10%를 점하며 목재의 세포간층에 주로 존재한다.
③ 리그닌은 목재의 약 20~30%를 점하며 방향족 화합물이다.
④ 헤미셀룰로오스는 약 20~30%를 점하는 비셀룰로오스계 다당류이다.

해설
홀로셀룰로오스는 리그닌을 제외한 셀룰로오스와 헤미셀룰로오스를 의미하는데 세포간층에는 리그닌이 다량 존재하고 있다. 셀룰로오스 및 헤미셀룰로오스는 2차벽에 다량 분포하고 있다.

42 목재의 성분을 분석하는 방법이 아닌 것은?

① Dore법　② Wise법
③ Schorger법　④ Staudinger법

해설
staudinger 의 점도법칙으로 점도평균 분자량을 구하는 방법이다.

43 중량 평균 분자량($\overline{Mw}$)과 수평균 분자량($\overline{Mn}$)과의 비($\overline{Mw}/\overline{Mn}$)가 2.0 인 섬유소의 수평균 분자량이 500,000일 때, 중량 평균 분자량은?

① $\overline{Mw}$ = 500,000
② $\overline{Mw}$ = 1,000,000
③ $\overline{Mw}$ = 1,500,000
④ $\overline{Mw}$ = 2,000,000

해설
$\overline{Mw}/\overline{Mn}$ = 2 이므로 $\overline{Mw}$ 는
< 2 * 500,000 = 1,000,000 > 이다.

44 셀룰로오스 유도체 중 glucuronoxylan 에 대한 설명으로 틀린 것은?

① xylose 의 C3 위치에 α - 1,3 결합을 하고 있으며 아세틸기를 가지지 않는다.
② 활엽수 헤미셀룰로오스의 주체를 이루는 다당류이다.
③ 활엽수 수종에 따라 차이는 있지만 대략 20~35 % 정도 함유하고 있다.
④ xylose 9~11 개에 대하여 glucuronic acid 1개 정도의 비율로 이루어져 있다.

해설
glucuronoxylan 은 xylose 의 C2 와 C3 에 아세틸기를 가지며 그 양이 비슷하다.

45 헤미셀룰로오스의 화학적 성질에 대한 설명으로 옳은 것은?

① 헤미셀룰로오스는 셀룰로오스나 리그닌과 마찬가지로 가열에 의하여 연화한다.
② 헤미셀룰로오스의 열 분해에 있어서의 초기 반응은 리그닌의 경우와 같다.
③ 자이란은 자이로스 잔기의 C_3 에 우론산 잔기를 가지고 있어 peeling 반응을 촉진하다.
④ 글루코만난은 C_2, C_3 위에 치환기를 가지고 있기 때문에 용출되기 쉽다.

해설
셀룰로오스, 헤미셀룰로오스, 리그닌은 온도에 차이가 있을 뿐 가열에 의해 연화된다.

46 리그난을 사용하는 주요 용도는?

① 살충제　② 제초제
③ 항산화제　④ 발근촉진제

해설
리그난은 강력한 항산화제, 항암역할을 한다.

47 리그닌 정색 반응 중 Maule 반응에 사용되는 약품으로만 올바르게 나열한 것은?
① $KMnO_4$, H_2, NaOH
② 에탄올, NaOH, HCl
③ $KMnO_4$, HCl, NH_4OH
④ 에탄올, NaOH, NH_4OH

해설
Maule 반응의 경우 시료를 1% 과망간산칼륨($KMnO_4$) 용액에 처리한 후 다시 3% 염산(HCl)으로 처리하고 암모니아수(NH_4OH)를 첨가하면 침엽수재는 황갈색~갈색을 보이고, 활엽수재에서는 적자색이 나타난다.

48 목재를 구성하는 다음 성분 중 함유량이 가장 높은 것은?
① 셀룰로오스
② 헤미셀룰로오스
③ 리그닌
④ 회분

해설
목재의 셀룰로오스 함량은 40~50% 정도로 가장 많은 부분을 차지한다.

49 목재 추출성분인 terpenoid 의 구성 성분과 탄소수를 올바르게 연결한 것은?
① diterpene - 20개
② monoterpene - 1개
③ hemiterpene - 10개
④ sesqiterpene - 10개

해설
테르페노이드는 탄소의 결합단위수에 따라 monoterpene, sesqiterpene, diterpene, triterpene 등으로 분류가 되며 diterpene 의 탄소수는 20개이다.

50 셀룰로오스를 가수분해하였을 때 얻어지는 글루코오스 중량의 이론치는?
① 77%
② 88%
③ 111%
④ 144%

해설
셀룰로오스를 가수분해시 얻는 glucose 량의 이론치는 110.1% 이다. 보기에 가장 근접한 접단으로는 111% 이다.

51 turpentine을 구성하는 주요 성분으로 가장 많이 분포하는 것은?
① tannin
② flavone
③ tropolon
④ a – pinene

해설
테르페노이드(turpentine)을 구성하는 주성분은 α-pinene 이다.

52 리그닌의 구성 단위간의 결합양식 중 가장 많이 분포하는 것은?
① β-5형 결합
② β–β형 결합
③ α-O-5형 결합
④ β-O-4형 결합

해설
리그닌의 경우 β-O-4 형 결합이 가장 빈도가 가장 높은 결합형이다.

53 헤미셀룰로오스를 구성하는 주요 단당류가 아닌 것은?
① xylose
② glucose
③ mannose
④ erythrose

해설
Erythrose 는 4탄당으로 생체 당질대사의 중간체이로 헤미셀룰로오스의 주요 단당류는 아니다.

정답 47 ③ 48 ① 49 ① 50 ③ 51 ④ 52 ④ 53 ④

54 목재의 주요 원소조성비율(탄소:수소:산소)을 올바르게 나타낸 것은?

① 44 : 6 : 50
② 44 : 50 : 6
③ 50 : 6 : 44
④ 50 : 44 : 6

해설
목재의 원소조성은 대략 탄소 약 50%, 산소 약 44%, 수소 약 6% 정도로 수종 간의 차이는 거의 없다.

55 리그닌에서 vanillin 같은 방향족 화합물을 얻을 수 있는 가장 적합한 조건은?

① 촉매제: HCl, 반응온도: 105~115℃
② 촉매제: HNO₃, 반응온도: 150~160℃
③ 촉매제: NaOH, 반응온도: 170~180℃
④ 촉매제: H₂SO₄, 반응온도: 170~220℃

해설
리그닌에서 vanillin 같은 방향족 화합물을 얻기 위해 수산화나트륨(NaOH) 촉매제를 이용하여 반응온도 170~180℃ 조건에서 진행한다.

56 flavonoid에 해당하지 않는 것은?

① aurone   ② flavone
③ stilbene   ④ chalcone

해설
플라보노이드의 분류로 프라본, 칼콘, 아우론, 안토시아닌 이 있다.

57 자일로오스를 산과 함께 가열하면 생성될 수 있는 화합물은?

① Xyloisosaccharinic acid
② 2-furaldehyde(furfural)
③ Glucoisosaccharinic acid
④ 4-O-methylglucuronic acid

해설
자일로오스를 산과 함께 가열하면 2-furaldehyde(furfural)로 변하는데 이러한 반응은 목재 및 펄프의 펜토산 정량법으로 사용되고 있다.

58 셀룰로오스가 알칼리 작용에 의해 일어나는 신속한 반응은?

① 산화반응
② 안정화반응
③ 필링오프반응
④ 과요오드산 산화반응

해설
셀룰로오스는 알칼리 용액에 의해 셀룰로오스의 분해가 환원성 말단기에서부터 단계적으로 개열되며 이러한 반응을 붕괴반응(peeling off)이라 한다.

59 리그닌의 기본 구조를 바르게 표시한 것은?

① Phenyl propane unit
② Isoprene unit
③ Methoxyl group
④ Carboxyl group

해설
리그닌은 대부분 페닐프로판(phenyl propane) 단위를 가진다.

정답 54 ③ 55 ③ 56 ③ 57 ② 58 ③ 59 ①

60 셀룰로오스를 감압(減壓)하에서 300~500°C로 열분해 시키면 대부분 어떤 물질로 변하는가?
① levoglucosan ② furfural
③ levoxylosan ④ levoglucosenone

해설
셀룰로오스를 250°C로 가열시 열분해가 일어나며 감압하에 300~400°C 정도로 가열시 Levoglucosan 산을 약 50% 정도를 얻을 수 있다.

제4과목 임산제조학

61 화학펄프와 비교한 반화학펄프에 대한 설명으로 옳지 않은 것은?
① 표백이 가능하다.
② 약품 소비량이 적다.
③ 침엽수 칩을 주로 사용한다.
④ 화학펄프에 비해 수율이 높다.

해설
반화학펄프는 목재 칩을 화학약품을 이용하여 전처리하고 기계적 처리를 통해 섬유화한 것으로 일부 침엽수를 사용하고 대부분 활엽수를 이용한다.

62 습강지의 구분은 종이의 습윤지력과 건조지력의 차이가 몇 % 이상일 때로 정의하는가?
① 5 %   ② 10 %
③ 15 % ④ 20 %

해설
습강지는 습윤지력이 건조지력의 인장강도의 15% 이상인 종이로 요소수지, 멜라민 수지 등으로 표면에 가공하여 만든다.

63 파티클보드용 파티클을 제조하기 위한 기기로 가장 적합한 것은?
① Disk refiner   ② Drum barker
③ Hammer mill   ④ Wood grinder

해설
해머밀(hammer mill)은 처리능력이 크고 연속 운전이 가능하며 분쇄입도가 안정적으로 파티클 제조에 이용된다.

64 화학적 개질을 통한 치수안정화 처리방법이 아닌 것은?
① 흡습성 감소처리
② 가교결합
③ 수지처리압축목재
④ 용적처리

해설
치수안정화 처리방법에는 직교적층, 피복처리, 흡습성감소처리, 가교결합, 용적처리 등이 있으며 수지처리압축목재의 경우 치수안전성이 향상되기는 하나 화학적 개질의 종류는 아니라 고밀화목재의 한 종류이다.

65 파티클보드에 대한 설명으로 옳지 않은 것은?
① 파티클 길이가 두께에 비하여 큰 재료가 제작에 유리하다.
② 폐목질 자원 등을 기계적으로 파쇄하여 제작한다.
③ 경제적인 제조를 위하여 포플러나 사시나무류는 잘 사용하지 않는다.
④ 파티클보드 원료는 가급적 원료수종의 비중이 낮고 압축도가 1보다 큰 것을 주로 사용한다.

해설
파티클보드의 원료는 목재이고 가격이 싼 임지폐잔재, 공장폐재, 톱밥 등도 이용이 가능하다. 주로 사용되는 수종으로 사시나무, 포플러, 북미산 미송 등이 사용된다.

66 침엽수재 건조 후 컨디셔닝 처리를 할 때 목표함수율을 8%로 할 경우 평형함수율로 가장 적절한 것은?
① 5% ② 8%
③ 11% ④ 13%

해설
컨디셔닝 처리를 할 때 목표함수율을 8%로 할 경우 평형함수율은 목표함수율보다 다소 높게 설정하는데 침엽수종은 3%, 활엽수종은 4% 높게 설정한다. 목표함수율 8%에서 침엽수재 조건에서는 11%로 설정하도록 한다.

67 파티클보드 제조 시 매트의 함수율 및 수분분포에 대한 설명으로 옳지 않은 것은?
① 매트 평균함수율은 11~14% 정도가 가장 적절하다.
② 매트의 평균함수율이 증가하면 치수가 안정되고 흡수량이 작아진다.
③ 매트의 표층함수율을 높이면 두께 팽윤율이 감소되고 열압시간이 단축된다.
④ 매트의 평균함수율이 증가하면 높은 함수율로 인하여 열압시간은 줄어든다.

해설
매트의 평균함수율이 증가되면 치수가 안정되고 흡수량이 작아지는 경향이 있으나 높은 함수율로 인하여 열압시간이 길어지게 된다.

68 열기계펄프에 대한 설명으로 옳지 않은 것은?
① 리파이너 기계펄프화법을 변형하여 개발되었다.
② 섬유절단을 방지하여 기계펄프의 강도를 향상시킬수 있다.
③ 목재 속의 리그닌 성분을 연화시킨 후 리파이닝 처리를 한다.
④ 섬유장이 짧은 섬유를 생산하게 되어 인쇄 적성을 높이는데 사용이 가능하다.

해설
열기계펄프는 미세섬유의 양이 적은 만큼 장섬유가 많은 것이 특징이다.

69 다음 설명에 해당하는 용어는?

◎ 건조 과정에서 목재의 세포가 응력에 의해 발생하는 결함이다.
◎ 고함수율의 목재를 고온에서 급속 건조시키면 목재 표면에 요철이 생겨 빨래판 모양으로 변형된다.

① 뒤틀림 ② 표면할열
③ 찌그러짐 ④ 다이아몬딩

해설
찌그러짐(collapse)은 세포의 틀어짐과 같이 세포의 변화에 의해 발생하는데 얇은 판재에 심하게 발생시 골판지 형태나 빨래판 형태가 나타난다. 보통 건조 초기에 고온의 조건에서 발생하기 쉬우므로 건조할 목재가 약할 경우 낮은 온도조건에서 건조하도록 한다.

70 합판을 제조함으로 가장 크게 개선되는 목재의 물리적 성질은?

① 비중
② 흡습성
③ 평형함수율
④ 수축과 팽윤의 이방성

해설
일반 목재의 경우 이방적 구조를 가지고 있어 수축 및 팽윤에 큰 영향을 받으나 합판을 제조하게 되면 이방적 구조가 없어져 수축 및 팽윤이 개선된다.

71 용해용 펄프에 해당되는 것은?

① 기계펄프
② 레이온펄프
③ 크라프트펄프
④ 에스파르토펄프

해설
용해용펄프에는 레이온, 셀로판지, 스펀지 등의 원료로 사용한다.

72 미표백 펄프중의 색을 자외선 분광 광도계로 조사한 결과 착색의 원인에 대한 설명으로 가장 적합한 것은?

① 리그닌이 50 ~ 60 %, 탄수화물이 5 %, 나머지가 추출물이다.
② 리그닌이 85 ~ 95 %, 탄수화물이 5 ~ 15%, 나머지 1 % 정도가 추출물이다.
③ 잔존 추출물이 50 ~ 60 %, 탄수화물이 40 ~ 50 %, 나머지 2 ~ 3 % 가 추출물이다.
④ 리그닌이 2 ~ 3 %, 탄수화물이 50 ~ 60 %, 추출물이 30 ~ 40% 이다.

해설
화학펄프에 대한 착색의 기여율은 리그닌이 80~95%로서 대부분을 차지하고 다음으로 탄수화물 5~15%, 추출물 1~2% 정도이다.

73 도장 공정 시 도막의 부착성이 저하되거나 도장의 내구성면에서 악영향을 주는 목재의 함수율 기준은?

① 5% 이상
② 10% 이상
③ 15% 이상
④ 20 %이상

해설
도막 형성 상태 및 도장의 내구성면에서 목재의 함수율은 보통 8~15% 사이가 적당하다.

74 집성재에 대한 설명으로 옳지 않은 것은?

① 옹이와 할렬을 분산 및 제거시킬 수는 없다.
② 작은 재료로 임의의 크기와 형상을 지닌 재료를 만들 수 있다.
③ 라미나를 조합시켜 임의의 강도를 지니는 재료를 만들 수 있다.
④ 각 부분이 균일하게 건조되어 비틀림 현상을 방지할 수 있다.

해설
집성재는 판재나 소각재 등의 제재판을 이용하여 집성 접착한 재료로 옹이와 할렬을 제거할수 있다.

75 띠톱의 구조가 아닌 것은?

① 기체와 거차
② 긴장장치
③ 띠톱 가이드
④ 톱과 플랜지

해설
띠톱의 구조에는 거차, 기체, 톱가이드, 긴장장치가 있으며 거차는 상부와 하부로 나누어지며 긴장장치는 띠톱에 긴장력을 주어 띠톱이 거차로부터 이탈현상이나 심한진동을 예방한다. 톱가이드는 내측과 외측의 플러그를 0.12~0.2mm 정도 이격시켜주는 기능을 한다.

정답 70 ④ 71 ② 72 ② 73 ③ 74 ① 75 ④

76 제지공정 중 고해작업에 대한 설명으로 옳지 않은 것은?

① 섬유의 유연성을 부과한다.
② 피브릴화할 때에는 선상 고해라고 한다.
③ 섬유를 절단하는 것은 유리상 고해라고 한다.
④ 물과 혼합하여 고해기에 의해 기계적으로 처리한다.

해설
고해에서 섬유의 절단을 주로 할 때를 유리상고해, 피브릴화를 주로 할 때는 점상고해라 한다.

77 목재의 연소성에 대한 설명으로 옳지 않은 것은?

① 온도가 상승하여 350~450°C가 되면 목재가 자연 착화된다.
② 목재에 수분이 없는 상태에서 100°C를 넘어가면 열분해가 이루어진다.
③ 목재가 연소되는 위험온도는 260°C이며 목재 방화의 기준 온도가 된다.
④ 목재가 공기 중의 산소와 화학 반응하여 열과 빛을 내고 타는 산화 현상을 말한다.

해설
목재의 열분해 온도는 헤미셀룰로오스가 가장 낮은 온도에서 분해를 시작하는데 180°C 쯤에서 시작한다.

78 쇄목펄프와 비교한 열기계펄프에 대한 설명으로 옳은 것은?

① 강도가 약하다.
② 백색도가 낮다.
③ 미세 섬유가 많다.
④ 제조한 종이의 표면이 부드럽다.

해설
열기계펄프가 쇄목펄프보다 제조한 종이가 더 부드럽다.

79 제지 공정에서 DDJ(dynamic drainage jar)를 이용한 보류 향상제에 대한 설명으로 옳지 않은 것은?

① 200 메쉬 스크린이 설치된 실린더에 지료를 넣고 교반한다.
② 교반 정도에 따른 보류 효과의 변화를 평가할 수 있다.
③ 응집에 의한 보류 효과보다는 기계적인 여과 작용에 의한 효과만을 평가할 수 있다.
④ 계속적으로 교반하면서 실험을 행하기 때문에 스크린 상에 지층이 형성되지 않는다.

해설
보류 향상제는 응집에 의한 보류 효과를 통해 지료 속의 미세섬유들이 백수계로 빠져나가는 것을 방지한다.

80 활엽수재에서 펄프를 얻기 위해서 발달된 방법은?

① mechanical pulp
② Chemical pulp
③ Ground pulp
④ Semi-chemical pulp

해설
반화학펄프는 원래 활엽수를 이용하여 고수율펄프를 만들 목적으로 개발되었으며 일부 침엽수 칩도 사용되고 있다.

제5과목 목재보존학

81 수용성 목재 방부제 중 처리목재의 색을 변색시키지 않는 방부제는?
① 구리·알킬암모늄화합물계 방부제(ACQ)
② 구리·아졸화합물계 방부제(CUAZ)
③ 알킬암모늄화합물계 방부제(AAC)
④ 크롬·플루오르화구리·아연화합물계 방부제(CCFZ)

[해설] 구리, 크롬 등 특정 물질이 목재에 처리되면서 약간의 색변화를 일으키게 되는데 알킬암모늄화합물계는 변색을 일으키지 않는 방부제이다.

82 수용성 방부제가 아닌 것은?
① A-1
② ACQ-1
③ CUAZ-2
④ CuHDO-3

[해설] A-1의 종류는 크레오소트유로 유성목재방부제에 속한다.

83 용적 처리를 위한 합성수지 중 가격이 저렴하고 항수축 성능과 내후성이 높은 것은?
① 페놀수지
② 요소수지
③ 멜라민수지
④ 레조르시놀수지

[해설] 페놀수지는 접착강도, 내수성이 우수하고 내식성이나 내약품성도 강하다. 장기 보존은 되지 않으나 알코올 용성에 비해 가격이 저렴한 편이다.

84 인체에 해가 가장 적은 방충제는?
① BHC
② 클로로덴
③ 피레스로이드
④ 메틸브로마이드

[해설] 피레스로이드는 모기향으로도 널리 사용되는 물질로 인체 독성이 낮으며 살충력이 강하다.

85 건조한 참나무를 목재의 변재로 만든 장롱에서 주로 관찰될 수 있는 해충은?
① 흰개미
② 하늘소
③ 개나무좀
④ 가루나무좀

[해설] 가루나무좀은 주로 건조한 활엽수종에 피해를 준다.

86 유용성 방부제를 목재에 가장 많이 흡수시킬 수 있는 상압법은?
① 도포법
② 침지법
③ 확산법
④ 온냉욕법

[해설] 온냉욕법의 약액 흡수량은 상압주입법 중에서 가장 많다.

87 단일 화합물로 구성된 목재 난연제가 아닌 것은?
① 미날리스
② 탄산나트륨
③ 인산제일암모늄
④ 인산제이암모늄

[해설] 미날리스는 혼합방화제이다.

정답 81 ③ 82 ① 83 ① 84 ③ 85 ④ 86 ④ 87 ①

88 주로 건조재를 가해하는 해충은?
① 나무좀 ② 하늘소
③ 일본흰개미 ④ 히라다가루나무좀

해설
건조재를 가해하는 건재 해충에는 히라다가루나무좀과 같은 가루나무좀과가 있다.

89 목재보존 전처리에 대한 설명으로 옳지 않은 것은?
① 전처리에는 기계적 가공과 처리 전 목재의 건조 등이 있다.
② 건조에는 천연건조, 인공건조, 증기처리, 감압처리 등이 있다.
③ 확산법으로 처리하기 위해서는 목재를 인공건조하여야 한다.
④ 기계적 가공에는 박피, 인사이징, 프리커팅, 프리프레이밍 등이 있다.

해설
목재보전 전처리에서 확산법 활용시 별도의 인공건조없이 처리 가능하다.

90 재 변색균의 방지 대책으로 옳지 않은 것은?
① 수입된 소나무는 물속에 저장한다.
② 생재의 경우 건조하지 않는 것이 좋다.
③ 벌채 후 야적할 경우 곧바로 박피를 한다.
④ 비를 피할 수 있으며 통풍이 잘 되는 곳에 잔적한다.

해설
함수율 20% 이상의 보통의 생재는 변색균이 잘 번식하기에 이를 건조시켜줌으로서 변색균 발생을 방지할 수 있다.

91 박피하지 않는 생재 상태에서 목재를 벌채 현장에서 보존 처리하는 방법으로 가장 적당한 것은?
① 확산법 ② 베델법
③ 부셰리법 ④ 오스모스법

해설
부셰리법은 목재에 방부제를 주입하는 방법으로 황산구리, 볼만염의 수용액을 주로 이용한다. 벌채 직후의 박피를 하지 않은 나무에 적용한다.

92 목재 방부처리 시 확산법에 가장 적합한 약제는?
① PCP ② 클로로덴
③ 붕산나트륨염 ④ 크레오소오트

해설
목재의 확산법에서는 수용성 방부제인 붕산나트륨염이 적합하다.

93 방화제가 화재를 방지하기 위한 작용이 아닌 것은?
① 하강작용 ② 피복작용
③ 흡열작용 ④ 분해작용

해설
방화제가 화재를 방지하기 위한 작용에는 피복작용, 흡열작용, 분해작용, 희석작용, 연쇄반응 저지작용이 있다.

94 목재 방충제에 해당하지 않는 약제는?
① 유기인계 ② 퀴놀린계
③ 카바마이트계 ④ 피레스로이드계

해설
목재 방충제로 유기인계, 카바메이트계, 피레스로이드계 등이 대표적이며 퀴놀린계는 유용성 방부제에 주로 이용된다.

95 다음 중 목재 보존제를 처리하기 전 건조시 키는 이유는?
① 처리 후 건조가 더 어렵기 때문에
② 공극률을 증가시켜 약제 흡수량을 증가 시키기 위해
③ 처리 후 양생을 촉진시키기 위해
④ 약제의 균일한 용탈을 위해

해설
목제 처리전 건조를 시켜 수분을 제거하여 목재 공극과 공간으로 약제 흡수가 더 원활하게 하기위해서

96 방부처리 작업장에서 고농도 오염구역에 해당하지 않는 것은?
① 주약관 ② 저장탱크
③ 용해 탱크 ④ 양생 촉진 시설

해설
작업장 내에 고농도 오염구역은 주약관, 저장탱크, 용해탱크, 회수탱크, 계량기 등이다. 양생 촉진 시설은 저농도 오염구역에 해당한다.

97 다음 중 목재의 치수안정을 위한 처리 방법으로 옳지 않은 것은?
① 내외부 표면피복 처리
② 폴리에틸렌글리콜(PEG) 처리
③ 합판의 경우 무배향으로 제작
④ 배향성 파티클보드는 직교 배합하여 제작

해설
목재의 치수안정 처리 방법으로 PEG 처리, 페놀수지 처리, 아세틸화 처리, 표면의 피복처리 등이 있다. 단판의 직교를 통해 인접한 단판의 길이 방향 팽윤이 적어 측면의 팽윤이 억제되고, 이에 따라 흡윤성이 감소하게 된다.

98 바다에 오랫동안 잠긴 목재를 인양했을 때 주로 관찰될 수 있는 부후 미생물은?
① 혐기성 세균과 담자균
② 연부후균과 백색부후균
③ 혐기성 세균과 연부후균
④ 호기성 세균과 갈색부후균

해설
바다에 오랜시간 잠긴 목재는 수침고목재라 하며 오랫동안 포화된 상태로 있어 산소결핍으로 대부분 연부후균과 혐기성 세균이 관찰된다.

99 목재부후균으로 인한 목재의 열화에 대한 설명으로 옳지 않은 것은?
① 백색부후균은 리그닌이 풍부한 세포간층을 우선 분해한다.
② 갈색부후균은 셀룰로오스가 풍부한 1차벽을 우선 분해한다.
③ 부후재의 조직 중 최초로 명확한 변화를 나타내는 것은 방사조직이다.
④ 부후 초기의 목재 변색은 부후균이 분비하는 효소와 목재의 페놀성 물질과의 반응에 의해 나타나는 현상이다.

해설
갈색부후균은 세포벽 중에서 2차벽 중층의 분해가 집중적으로 일어난다.

100 산림청이 고시한 목재의 방부, 방충처리 기준이 제시하고 있는 사용환경 범주 H4에 사용할 수 없는 목재 방부제는 무엇인가?
① 구리·아졸화합물계 방부제(CUAZ)
② 구리·알킬암모늄화합물계 방부제(ACQ)
③ 유기요오드·인화합물계 방부제(IPBCP)
④ 크레오소트유

해설

산림청에서 고시한 기준으로 H4에는 크레오소트유, 구리·알킬암모늄화합물, 크롬.플루오르화구리.아연화합물, 산화크롬.구리화합물, 크롬.구리.붕소화합물, 구리.아졸화합물 등이 있으며 유기요오드.인계화합물(IPBCP)의 경우 범주 H1에 속한다.

정답 100 ③

2023 CBT 임산가공기사

** 본문제는 수험생들의 기억을 바탕으로 작성 된 것으로 실제 문제와 차이가 있을 수 있습니다.

제1과목 목재이학

01 목재의 비중에 영향을 미치는 주요 요인이 아닌 것은?
① 수종 ② 수피 두께
③ 추출물 함량 ④ 나이테 나비

해설
목재의 비중에 영향을 주는 요인으로 수종, 함수율, 추출성분 및 함량, 나이테의 나비 등이 있다.

02 시험재의 전건무게가 1000g이고 건조 전 시험재의 무게가 1300g일 때 건조 전 시험재의 건량기준 함수율은?
① 23% ② 30%
③ 70% ④ 77%

해설
$$\frac{건조전무게 - 건조후무게}{건조후무게} \times 100(\%)$$
$$\frac{1300 - 1000}{1000} \times 100(\%) = 30(\%)$$

03 전건비중이 0.6이고 진비중은 1.50인 경우 목재의 공극률은?
① 6% ② 40%
③ 60% ④ 90%

해설
$$공극률 = 1 - \frac{전건비중}{진비중} = 1 - \frac{0.6}{1.5} = 0.6 \rightarrow 60\%$$

04 목재의 비중 및 연륜폭에 대한 설명으로 옳지 않은 것은?
① 환공재의 연륜폭이 넓을수록 비중이 작다.
② 산공재는 비중과 연륜폭의 상관관계가 적다.
③ 침엽수재는 넓은 연륜폭일수록 비중이 작다.
④ 침엽수재는 추재율이 높을수록 비중이 크다.

해설
환공재의 연륜폭이 넓어지면 비중은 증가하게 된다.

05 목재 내의 수분 이동에 대한 설명으로 옳지 않은 것은?
① 세포내강의 자유수는 주변의 세포벽 내로 확산에 의하여 이동하여 결합수로 전환된다.
② 세포벽 내에서 결합수의 이동은 주로 목재 내의 연속된 통로로 확산에 의하여 이루어진다.
③ 건조된 목재를 침수시켰을 때에 물은 주로 횡단면을 통하여 모세관 현상에 의하여 침투한다.
④ 목재 내에서 자유수의 이동은 목재 표면과 내부의 수증기압 차와 같은 압력차에 의한 유동에 의하여 이루어진다.

해설
세포내강의 자유수는 주변의 세포벽 내로 확산이 아닌 물관의 양쪽에 압력차에 의해 이동한다.

정답 01 ② 02 ② 03 ③ 04 ① 05 ①

06 목재의 잔광 현상에 대한 설명으로 옳은 것은?

① 심재와 변재 간에 차이가 없다.
② 조재와 만재 간에 차이가 있다.
③ 세포벽내의 리그닌 함유량과 잔광은 무관하다.
④ 수지를 적게 함유한 목재가 강한 잔광을 유발한다.

해설
잔광현상은 세포벽의 리그닌에 의해 발생하는 발광현상으로 심재와 변재, 조재와 만재 간에도 잔광 정도의 차이가 있다.

07 목재의 유전율에 대한 설명으로 옳은 것은?

① 섬유주향에 영향을 받지 않는다.
② 고주파일수록 유전율은 낮아진다.
③ 함수율에 반비례한다.
④ 비중이 큰 수종일수록 유전율이 낮다.

해설
목재의 유전율은 주파수가 크면 낮은 유전율 값을 갖는다.

08 생재무게와 생재체적을 이용하여 계산하는 밀도는?

① 기건밀도   ② 전건밀도
③ 생재밀도   ④ 용적밀도

해설
생재밀도는 <생재무게/생재체적> 으로 구한다.

09 목재 내에서 소리의 전달 속도에 대한 설명으로 옳은 것은?

① 함수율이 증가하면 소리의 전달 속도는 느려진다.
② 접선방향보다 방사방향에서 소리의 전달 속도가 느리다.
③ 목재의 밀도, 조직구조에 따라 소리의 전달 속도는 달라진다.
④ 섬유와 평행한 방향이 섬유와 직각인 방향보다 소리의 전달 속도가 느리다.

해설
목재 내에서 소리의 전달 속도는 함수율이 증가하면 느려지고 단섬유보다는 장섬유가 소리의 전달속도가 더 빠르다.

10 목재의 수축과 팽윤에 대한 설명으로 옳지 않은 것은?

① 목재가 수축 또는 팽윤될 때에 세포내강의 용적도 함께 비례하여 변한다.
② 목재의 수축과 팽윤은 길이방향, 방사방향 및 접선방향에 따라서 차이를 나타낸다.
③ 정상적인 수축과 팽윤은 섬유포화점 이하의 함수율에서 결합수의 감소 또는 증가에 따라서 발생한다.
④ 찌그러짐과 같이 수축 이방성에 따른 건조결함은 섬유포화점 이상의 높은 함수율에서도 발생한다.

해설
가도관의 세포내강의 경우 수축할 때 접선방향은 축소되고 방사방향은 신장된다. 도관의 세포내강은 수축할 때 접선지름이 작아지고, 방사지름은 커진다. 즉 내강변화는 방사조직의 배열 및 분포에 따라 다르므로 무조건 비례관계는 아니다.

정답 06 ② 07 ② 08 ③ 09 ① 10 ①

11 다음 설명에 해당하는 것은?

> 목재의 수종, 결점에 의한 강도비, 형상, 치수, 하중의 계속시간, 안전율 등을 근거로 정한 지탱할 수 있는 응력의 상한치이다

① 생장응력　　② 인장응력
③ 허용응력　　④ 전단응력

해설
허용응력은 목재에 가해지는 외력에 변형이 일어나지 않는, 즉 목재가 지탱하는 응력의 상한치로서 목재의 수종, 강도비, 치수, 안전율 등 다양한 요인에 의해 도출된다.

12 목재의 탄성적 성질에 영향을 주는 인자에 대한 설명으로 옳지 않은 것은?

① 세포구조에 따라 강성이 달라진다.
② 비중이 커지면 세포의 강성은 감소한다.
③ 열분해 이하의 온도에서 온도가 증가하면 강성은 감소한다.
④ 옹이에 의해 주위에 뒤틀린 목리가 형성되면 강성은 감소된다.

해설
목재의 비중이 커지면 강성이 높아진다.

13 목재의 탄성적 성질에서 포아송비에 대한 설명으로 옳은 것은?

① 항상 1보다 크다.
② 목재의 수종에 따라 다르지 않다.
③ 종변형률에 대한 횡변형률의 비율이다.
④ 목재의 섬유방향에 따른 포아송비는 모두 같다.

해설
포아송비는 수직응력에 따른 종변형률과 횡변형률의 비율로 수직변형률이라고도 한다.

14 목재의 수축 및 팽윤에 대한 설명으로 옳지 않은 것은?

① 세포내강의 용적변화가 크다.
② 결합수의 증감에 따라 발생한다.
③ 이방적 구조에 따라 큰 차이가 있다.
④ 정상적인 수축과 팽윤은 섬유포화점 이상에서는 일어나지 않는다.

해설
목재의 수축과 팽윤에 의핸 세포내강의 용적 변화는 극히 적고 주로 외부 용적만 변화한다.

15 목재의 강도에 영향을 끼치는 인자가 아닌 것은?

① 목리배향
② 옹이 유무
③ 이상재 여부
④ 섬유포화점 이상에서의 함수율 값

해설
함수율의 경우 섬유포화점 이하에서는 함수율이 증가하면 전반적인 강도는 작아지고 섬유포화점에서는 전건상태에 가까워질수록 강도가 증가한다. 섬유포화점 이상의 경우 강도에 영향을 거의 주지 않는다.

16 목재의 수축률을 구하는 식으로 옳은 것은?

① (수축전 치수 - 수축후 치수) ÷ 수축전 치수
② (수축후 치수 - 수축전 치수) ÷ 수축전 치수
③ (수축전 치수 - 수축후 치수) ÷ 수축후 치수
④ (수축후 치수 - 수축전 치수) ÷ 수축후 치수

해설
목재의 수축률은 수축하기 전의 치수에 대한 수축량의 백분율로 나타낸다.

17 목재의 비열에 대한 설명으로 옳은 것은?
① 온도가 상승하면 감소한다.
② 함수율이 증가함에 따라 감소한다.
③ 수종이나 비중에 관계없이 일정하다.
④ 목재의 화학적 구성 성분에 관계없이 일정하다.

해설
목재의 비열은 수종이나 밀도 등에 따라 큰 차이를 보이지 않으며 온도 및 함수율에 영향을 많이 받는다.

18 목재의 물리적 및 기계적 성질에 거의 영향을 미치지 않고 목재의 중량에만 영향을 미치는 목재 내의 수분은?
① 자유수   ② 목재구성수
③ 표면흡착수 ④ 모관응축수

해설
자유수는 목재에 환경변화, 즉 온도 변화에 따라 바뀌므로 목재의 중량에 영향을 미친다.

19 목재의 섬유포화점에 영향을 미치는 주요인자가 아닌 것은?
① 세포벽의 치밀도
② 목재의 섬유방향
③ 목재의 화학적 조성
④ 셀룰로오스의 결정화도

해설
목재의 섬유포화점에 영향을 주는 인자로 수종, 비중, 세포벽의 치밀도, 목재의 화학적 조성, 셀룰로오스 결정화도 등이 있다.

20 마이크로피브릴의 배열 방향으로 옳은 것은?
① 2차벽의 중층은 장축에 망상
② 2차벽의 중층은 장축에 거의 평행
③ 2차벽의 내층은 장축에 거의 평행
④ 2차벽의 외층은 장축에 거의 평행

해설
2차벽 중층은 마이크로피브릴과 거의 평행한 배열을 가진다.

제2과목 **목재해부학**

21 침엽수재의 방사조직 중 수평수지구를 포함하고 있는 것은?
① 축방향유세포 ② 단열방사조직
③ 복합방사조직 ④ 방추형방사조직

해설
침엽수재의 방사조직은 대부분 단열방사조직이고 수평수지구가 분포하는 수종에서만 단열방사조직과 방추형 방사조직이 혼재하고 있다.

22 수목의 비대 생장에 관련된 주요 조직은?
① 생장점   ② 전분열조직
③ 정단분열조직 ④ 유관속 형성층

해설
유관속형성층은 세포분열에 의하여 생긴 새로운 세포의 일부분이 목부세포에 추가되어 방사방향으로 세포층을 증가시켜 수목의 비대생장에 관계된다.

23 나선비후가 가장 잘 관찰되는 수종은?
① 주목   ② 소나무
③ 향나무   ④ 오리나무

해설
나선비후가 관찰되는 수종은 주목이다.

정답 17 ③ 18 ① 19 ② 20 ② 21 ④ 22 ④ 23 ①

24 활엽수재에서 타일로시스가 가장 잘 발달하는 곳은?
① 도관
② 가도관
③ 목섬유
④ 목유세포

해설
활엽수재에서 타일로시스는 주로 도관에 발달하며 도관 내강을 폐쇄한다.

25 형성층에 있는 방추형시원세포로부터 유래되지 않는 세포는?
① 가도관
② 방사조직
③ 목섬유
④ 도관

해설
방추형시원세포에서는 진정목섬유, 섬유상가도관, 도관, 축방향유세포, 에피델리얼세포, 가도관등이 분화된다. 방사조직은 방사조직시원세포에서 유래된다.

26 수목의 횡단면의 조직을 바깥에서 안쪽으로 나열한 순서가 옳은 것은?
① 외수피-내수피-변재-형성층-심재
② 외수피-내수피-변재-심재-형성층
③ 외수피-형성층-내수피-변재-심재
④ 외수피-내수피-형성층-변재-심재

해설
수목의 가장 외부 부분을 외수피 다음으로 내수피가 수목을 1차적으로 보호해주는 역할을 한다. 다음으로 형성층에서는 세포분열을 통해 비대생장을 하는데 안쪽으로 변재가 생성되어 도관이나 가도관이 있어 수분을 이동시키고 유세포가 양분을 저장하는 기능을 한다. 시간이 지나 유세포들이 사세포가 되면서 심재가 되고 가장 안쪽에서 수목의 지지 역할을 하게 된다.

27 목재의 연륜과 평행하게 잘라 낸 단면은?
① 횡단면
② 정목면
③ 방사단면
④ 접선단면

해설
목재의 단면에서 연륜과 접선이 되도록 혹은 평행하게 잘라 낸 단면을 접선단면이라 한다.

28 침엽수재의 가도관이 아래위로 맞닿은 부분에 대한 설명으로 옳은 것은?
① 천공은 없고 유연벽공이 있다.
② 천공도 있고 유연벽공도 있다.
③ 도관과 마찬가지로 천공이 있다.
④ 수종에 따라 유연벽공 혹은 단벽공이 있다.

해설
활엽수재의 도관에는 천공판이 발달되어 있으나 침엽수재의 가도관의 경우 천공이 없고 유연벽공이 있다.

29 인장이상재의 목섬유에 대한 설명으로 옳지 않은 것은?
① 젤라틴층이라고 하는 벽층이 퇴적되어 있다.
② 정상재보다 셀룰로오스의 함량이 더 높은 편이다.
③ 젤라틴 목섬유의 경우 리그닌이 젤라틴층을 제외한 나머지 층에 주로 집중적으로 분포하게 된다.
④ 젤라틴층에서 마이크로피브릴이 세포의 장축에 대해 큰 경각으로 배열되어 있으면서 목화되어 있다.

해설
젤라틴층은 인장이상재의 특수한 부분으로 목화되어 있지 않고 리그닌이 거의 없는 것이 특징이다.

30 활엽수재의 도관 배열이 산공재인 수종은?
① 피나무   ② 졸참나무
③ 아까시나무   ④ 물푸레나무

해설
활엽수 중에서 산공재에 해당하는 수종에는 오리나무, 서어나무, 녹나무, 벚나무, 피나무, 층층나무 등이 있다.

31 일반적으로 침엽수재에서 가도관의 구성 요소 비율은?
① 약 10%   ② 약 40%
③ 약 60%   ④ 약 90%

해설
침엽수재 가도관의 구성 비율은 90% 이상이다.

32 활엽수재의 이형세포가 아닌 것은?
① 점액세포   ② 초상세포
③ 결정세포   ④ 유세포

해설
이형세포는 동일 조직내의 다른 세포와 형태 및 내용물에 있어 명확하게 차이가 있는 세포로 결정세포, 유세포, 점액세포 등이 있다. 초상세포는 접선단면에 다열방사조직의 가장자리 내부의 평복세포가 있는데 이를 직립세포가 둘러싸고 있을때의 집단세포를 말한다.

33 심재와 변재 구분이 가장 명확한 수종은?
① 밤나무   ② 전나무
③ 단풍나무   ④ 가문비나무

해설
밤나무는 심재는 담갈색 변재는 담황백색으로 심재와 변재의 구분이 명확하다.

34 미성숙재의 특성에 대한 설명으로 옳지 않은 것은?
① 일반적으로 비중이 작다.
② 가도관의 길이가 비교적 짧다.
③ 대부분 산옹이를 포함하고 있다.
④ 연륜폭이 좁고 만재율의 변이가 적다.

해설
미성숙재는 성숙재보다 연륜폭이 넓고 만재율도 적은 것이 특징이다.

35 방사가도관에 대한 설명으로 옳지 않은 것은?
① 유연벽공은 존재하지 않는다.
② 거치상비후가 발달하기도 한다.
③ 소나무, 가문비나무, 잎갈나무 등에 분포한다.
④ 방사조직 내에 방사유세포와 크기가 비슷하다.

해설
방사가도관은 유연벽공을 가지고 있으며 이러한 유연벽공을 가지는 세포 사이에 유연벽공대가 존재한다.

36 활엽수재에서 축방향 유세포에 대한 설명으로 옳지 않은 것은?
① 횡면분열을 하지 않는다.
② 유세포 스트랜드로 구성된다.
③ 일반적으로 박벽과 단벽공이 존재한다.
④ 양분을 저장하고 이동시키는 역할을 한다.

해설
축방향유세포는 횡면분열을 하며 방추형유세포가 횡면분열을 하지 않는다.

37 위연륜의 형성 원인으로 가장 거리가 먼 것은?

① 집중 호우
② 갑작스런 심한 한발
③ 곤충으로 인한 잎의 피해
④ 일시적으로 낙엽현상을 일으키는 늦서리

해설
위연륜은 병해충의 피해, 산불 피해, 저온에 의한 피해 등으로 발생한다.

38 침엽수재 가도관의 방사면에서 유연벽공과 유연벽공 사이에서 관찰되는 짙은 띠를 무엇이라 하는가?

① 크라슐래
② 나선비후
③ 트라베큘래
④ 칼리트리소이드

해설
크라슐래는 침엽수재 가도관의 방사단면에 관찰되며 벽공연에 눈썹모양의 농색부를 말하며 활엽수재 일부 수종에서도 관찰되기도 한다.

39 목재의 세포벽에서 가장 두꺼운 층은?

① P
② S1
③ S2
④ S3

해설
목재의 세포벽 중에서 S2(2차벽 중층)은 전체 세포벽 두께의 약 70% 정도를 차지할 정도로 가장 두꺼운 층이다.

40 세포벽에서 가장 두꺼운 층은?

① 1차벽
② 2차벽의 중층
③ 2차벽의 외층
④ 2차벽의 내층

해설
세포벽은 2차벽의 S2 층(중층)이 가장 두껍고 다음으로 S1 층(외층), P층(1차벽), S3층(내층) 순의 두껍다.

제3과목 목재화학

41 리그난을 사용하는 주요 용도는?

① 살충제
② 제초제
③ 항산화제
④ 발근촉진제

해설
리그난은 강력한 항산화제, 항암역할을 한다.

42 목재를 구성하는 다음 성분 중 함유량이 가장 높은 것은?

① 셀룰로오스
② 헤미셀룰로오스
③ 리그닌
④ 회분

해설
목재의 셀룰로오스 함량은 40~50% 정도로 가장 많은 부분을 차지한다.

43 리그닌의 구성 단위간의 결합양식 중 가장 많이 분포하는 것은?

① β-5형 결합
② β–β형 결합
③ α-O-5형 결합
④ β-O-4형 결합

해설
리그닌의 경우 β-O-4 형 결합이 가장 빈도가 가장 높은 결합형이다.

44 목재의 주요 원소조성비율(탄소:수소:산소)을 올바르게 나타낸 것은?

① 44 : 6 : 50
② 44 : 50 : 6
③ 50 : 6 : 44
④ 50 : 44 : 6

해설
목재의 원소조성은 대략 탄소 약 50%, 산소 약 44%, 수소 약 6% 정도로 수종 간의 차이는 거의 없다.

45 turpentine을 구성하는 주요 성분으로 가장 많이 분포하는 것은?
① tannin   ② flavone
③ tropolon   ④ a-pinene

해설
테르페노이드(turpentine)을 구성하는 주성분은 α-pinene 이다.

46 flavonoid에 해당하지 않는 것은?
① aurone   ② flavone
③ stilbene   ④ chalcone

해설
플라보노이드의 분류로 프라본, 칼콘, 아우론, 안토시아닌이 있다.

47 침엽수의 크라프트 증해의 부산물로 얻어지는 톨유(tall oil)의 용도로 가장 거리가 먼 것은?
① 방부제   ② 환원제
③ 산화제   ④ 사이즈제

해설
침엽수의 크라프트 증해 과정에서 얻어지는 부산물인 톨유는 수지산, 지방산, 중성 성분 등으로 이루어져 있으며 도료의 원료, 약품 합성 원료, 제지용 사이즈제, 유화제, 접착제, 방부제, 환원제 등으로 활용된다.

48 목재 중에 들어 있는 Diterpenoid 로서 Turpentine 을 증류하고 남은 것으로 Colophony 라고도 하는 물질의 명칭은?
① Rosin   ② Pinene
③ Tannin   ④ Flavone

해설
콜로포늄(colophony)은 로진(rosin)이라 하며 소나무의 줄기에서 분비하는 turpentine 을 증류하여 휘발성 물질을 제거하여 얻는다.

49 헤미셀룰로오스를 구성하는 주요 화합물이 아닌 것은?
① Amylopectin   ② Glucomannan
③ Glucuronoxylan   ④ Arabinogalactan

해설
헤미셀룰로오스의 구성하는 주요 화합물에는 glucuronoxylan, glucomannan, arabinogalactan, xyloglucan 등이 있으며 Amylopectin 의 경우 다당류에 해당되며 전분과 같은 것들에 많이 포함되어 있다.

50 리그닌의 기본 구조를 바르게 표시한 것은?
① Phenyl propane unit
② Isoprene unit
③ Methoxyl group
④ Carboxyl group

해설
리그닌은 대부분 페닐프로판(phenyl propane) 단위를 가진다.

51 목재 세포벽의 주성분인 다당류를 알칼리와 반응시켰다. 이때 환원성 말단기부터 단계적으로 분해하는 반응을 무엇이라 하는가?
① peeling off 반응   ② stopping 반응
③ hydrolysis 반응   ④ hydrogenolysis 반응

해설
셀룰로오스의 알칼리 용액에 의해 셀룰로오스의 분해가 환원성 말단기에서부터 단계적으로 개열되며 이러한 반응을 붕괴반응(peeling off)이라 한다.

정답 45 ④ 46 ③ 47 ③ 48 ① 49 ① 50 ① 51 ①

52 헤미셀룰로오스(hemicellulose)에 대한 설명으로 틀린 것은?

① 냉수로는 추출되지 않고 묽은 알칼리로 식물체에서 추출된다.
② Pentose, hexose, uronic acid 등으로 구성된 다당류이다.
③ Xylan 류는 침엽수에서는 알칼리 용액으로 추출할 수 없다.
④ 활엽수 헤미셀룰로오스(hemicellulose)의 주체는 4-0-methyl glucuronoxylan 이다.

해설
침엽수재 헤미셀룰로오스는 수산화나트륨 수용액으로 자일란과 galactoglucomannan 을 추출한다.

53 셀룰로오스 분자의 비환원성 말단 OH 기는 글루코오스의 몇 번 탄소에 결합되어 있는가?

① C1 ② C2
③ C3 ④ C4

해설
셀룰로오스에서 비환원성 말단기는 글루코오스 4번 탄소에 결합되어 있다. 환원말단기의 경우 1번 탄소에 해당한다.

54 셀룰로오스의 분자량 측정 방법이 아닌 것은?

① 삼투압 측정법 ② 연소법
③ 광산란법 ④ 초원심 분리법

해설
셀룰로오스 분자량 측정법으로 삼투압법, 광산란법, 초원심법, 점도법, 말단기법이 있다.

55 목분 2g을 105°C±3°C의 항온 건조기에서 8시간 동안 건조시킨 시료의 무게가 1.6g이었다. 이 목분의 함수율은?

① 15% ② 20%
③ 25% ④ 30%

해설
$$\frac{2g - 1.6g}{2g} \times 100(\%) = 20(\%)$$

56 진섬유소(holocellulose)중 17.5%의 가성소다에 대하여 불용성인 것은?

① 베타-셀룰로오스 ② 알파-셀룰로오스
③ 헤미-셀룰로오스 ④ 감마-셀룰로오스

해설
홀로셀룰로오스(holocellulose)는 17.5% NaOH 에 용해도를 기준으로 α, β, γ-셀룰로오스 등으로 분류한다. 이때 불용성인 부분을 α-셀룰로오스라 하고 용해되어 산성화 후 재생되는 부분을 β-셀룰로오스, 용해되어 재생되지 않는 경우 γ-셀룰로오스라 한다.

57 침엽수재 헤미셀룰로오스의 주체가 되는 물질은?

① Glucomannan
② Galactoxylan
③ Methylgluconoxylan
④ Arabinoglucan

해설
침엽수의 헤미셀룰로오스의 주체 다당류는 Glucomannan 이고 활엽수 헤미셀룰로오스의 주체 다당류는 Glucuronoxylan 이다.

정답 52 ③ 53 ④ 54 ② 55 ② 56 ② 57 ①

58 리그닌의 생합성에 직접 관여하는 효소가 아닌 것은?

① 5-dehydroquinase
② 0-methyltransferase
③ 0-methyl galactonase
④ 5-dehydro shikimic acid reductase

[해설]
리그닌의 생합성에 관여하는 효소에는 5-dehydroquinase, 0-methyltransferase, 5-dehydro shikimic acid reductase 등이 있다.

59 목재의 세포벽을 벽층구조로 나누었을 때 리그닌의 농도가 가장 높은 곳은?

① 세포내강   ② 1차 세포벽
③ 2차 세포벽   ④ 복합세포간층

[해설]
목재에서 리그닌의 농도는 2차벽보다 복합세포간층이 3~4배 정도 높은 편이다.

60 목재에 함유되어 있는 성분 중 크라프트 펄프화 공정의 회수시스템에 있어서 증해액의 황화도 유지에 영향을 줄 수 있는 성분은?

① 회분   ② 리그닌
③ 셀룰로오스   ④ 헤미셀룰로오스

[해설]
크라프트 펄프화 공정에서 황화도는 활엽수 20%, 침엽수 25~30% 정도의 수준으로 조절하여 사용하는데 회수시스템에 있어 증해액의 황화도는 총알칼리량에 대한 Na_2S의 양으로서 회분성분에 영향을 받게 된다.

제4과목 임산제조학

61 파티클보드용 파티클을 제조하기 위한 기기로 가장 적합한 것은?

① Disk refiner   ② Drum barker
③ Hammer mill   ④ Wood grinder

[해설]
해머밀(hammer mill)은 처리능력이 크고 연속 운전이 가능하며 분쇄입도가 안정적으로 파티클 제조에 이용된다.

62 다음 설명에 해당하는 용어는?

◎ 건조 과정에서 목재의 세포가 응력에 의해 발생하는 결함이다.
◎ 고함수율의 목재를 고온에서 급속 건조시키면 목재 표면에 요철이 생겨 빨래판 모양으로 변형된다.

① 뒤틀림   ② 표면할열
③ 찌그러짐   ④ 다이아몬딩

[해설]
찌그러짐(collapse)은 세포의 틀어짐과 같이 세포의 변화에 의해 발생하는데 얇은 판재에 심하게 발생시 골판지 형태나 빨래판 형태가 나타난다. 보통 건조 초기에 고온의 조건에서 발생하기 쉬우므로 건조할 목재가 약할 경우 낮은 온도조건에서 건조하도록 한다.

63 용해용 펄프에 해당되는 것은?

① 기계펄프   ② 레이온펄프
③ 크라프트펄프   ④ 에스파르토펄프

[해설]
용해용펄프에는 레이온, 셀로판지, 스펀지 등의 원료로 사용한다.

64 도장 공정 시 도막의 부착성이 저하되거나 도장의 내구성면에서 악영향을 주는 목재의 함수율 기준은?
① 5% 이상　② 10% 이상
③ 15% 이상　④ 20 %이상

해설
도막 형성 상태 및 도장의 내구성면에서 목재의 함수율은 보통 8~15% 사이가 적당하다.

65 화학펄프와 비교한 반화학펄프에 대한 설명으로 옳지 않은 것은?
① 표백이 가능하다.
② 약품 소비량이 적다.
③ 침엽수 칩을 주로 사용한다.
④ 화학펄프에 비해 수율이 높다.

해설
반화학펄프는 목재 칩을 화학약품을 이용하여 전처리하고 기계적 처리를 통해 섬유화한 것으로 일부 침엽수를 사용하고 대부분 활엽수를 이용한다.

66 집성재에 대한 설명으로 옳지 않은 것은?
① 옹이와 할렬을 분산 및 제거시킬 수는 없다.
② 작은 재료로 임의의 크기와 형상을 지닌 재료를 만들 수 있다.
③ 라미나를 조합시켜 임의의 강도를 지니는 재료를 만들 수 있다.
④ 각 부분이 균일하게 건조되어 비틀림 현상을 방지할 수 있다.

해설
집성재는 판재나 소각재 등의 제재판을 이용하여 집성 접착한 재료로 옹이와 할렬을 제거할 수 있다.

67 제지공정 중 고해작업에 대한 설명으로 옳지 않은 것은?
① 섬유의 유연성을 부과한다.
② 피브릴화할 때에는 선상 고해라고 한다.
③ 섬유를 절단하는 것은 유리상 고해라고 한다.
④ 물과 혼합하여 고해기에 의해 기계적으로 처리한다.

해설
고해에서 섬유의 절단을 주로 할 때를 유리상고해, 피브릴화를 주로 할 때는 점상고해라 한다.

68 농산에 의한 셀룰로오스 가수분해에 대한 설명으로 옳지 않은 것은?
① 온도가 상승되면 가수분해 속도가 빨라진다.
② 온도가 상승되면 생성된 당의 분해량도 증가한다.
③ 20℃ 이하 가수분해에서 생성된 당은 거의 분해되지 않는다.
④ 농염산에 의한 가수분해 속도는 중합도에 상관없이 일정하다.

해설
농염산에 의한 가수분해 속도는 중합도가 높으면 분해 속도가 느려진다.

69 목재를 천연 건조할 때 할렬 방지 대책으로 옳지 않은 것은?
① 엔드코팅을 한다.
② 목재의 잔적 폭을 넓게 한다.
③ 판재의 재간 간격을 넓게 한다.
④ 잔적지붕이나 차풍판을 설치한다.

해설
판재의 재간 간격을 좁게 하도록 한다.

정답　64 ③　65 ③　66 ①　67 ②　68 ④　69 ③

70 리그닌에 의해 소비되는 과망간산 이온의 소비량으로 리그닌을 정량하는 간접적인 방법으로 활용되는 것은?
① 염소값
② 카파값
③ Roe 값
④ 클라손 리그닌

해설
카파값은 리그닌에 의해 소비되는 과망간산 이온의 소비량에 의해 리그닌을 정량하는 방법중에 하나로 이때 사용되는 황산은 조건상 산성조건으로 유지시켜 주어야야 하기에 투입되어 진다.

71 건조응력을 측정하는 방법이 아닌 것은?
① 프롱법
② 톰슨법
③ 분할법
④ 슬라이스법

해설
건조응력을 측정하는 방법으로 분할법은 목재의 재면과 평행방향으로 2등분 혹은 그 이상 분할한 시편의 거동으로 건조응력을 탐지하는 방법이며, 슬라이스법은 건조응력의 크기와 치수 변화의 비례관계를 이용하여 건조응력을 탐지하는 방법이다. 프롱법은 목재의 내부응력의 성질과 크기를 알기 위한 응력 탐지시험의 일종이다.

72 산가수분해로 당이 생성되는 성분은?
① 셀룰로오스와 리그닌
② 헤미셀룰로오스와 리그닌
③ 헤미셀룰로오스와 추출물
④ 헤미셀룰로오스와 셀룰로오스

해설
셀룰로오스와 헤미셀룰로오스는 묽은 산에 의해 가수분해되어 당이 생성된다.

73 원목을 기계적으로 마쇄해서 제조하는 펄프는?
① 쇄목펄프
② 소다펄프
③ 아황산펄프
④ 크라프트펄프

해설
쇄목펄프는 회전하는 쇄목석에 통나무를 갈아 만든 펄프로 마쇄, 조선, 정선, 재해리, 탈수 등의 공정 순서로 진행하여 제조한다.

74 종이의 코팅 가공에서 주로 사용하는 안료가 아닌 것은?
① 카올린
② 인산염
③ 탄산칼슘
④ 수산화알루미늄

해설
코팅 가공시 안료로는 이산화티탄, 수산화알루미늄, 탄산칼슘, 카올리(kaolin) 등을 사용한다. 인산염은 분산제이다.

75 목재의 접착조작에 대한 설명으로 옳은 것은?
① 가능한 접착제 사용량을 늘려야 균일한 접착층 형성이 가능하다.
② 접착 조작은 접착제 조합-피착재 조정-압체-도포-퇴적의 순서이다.
③ 목재 접착에서 퇴적은 대부분 개방퇴적으로 실내온도와 습도를 고려하여야 한다.
④ 접착제 도포량의 결정은 접착제의 성질, 피착제의 상태, 도포장치 등에 따라 결정된다.

해설
접착제 도포량은 균일하게 접착층을 형성할 수 있도록 도와주는 도포장치와 피착재의 표면 및 공극의 상태, 접착제 자체의 성질, 외부 환경 등에 의해 결정된다.

정답 70 ② 71 ② 72 ④ 73 ① 74 ② 75 ④

76 목재 건조 과정에서 이퀄라이징 처리를 하는 주요 목적은?

① 응력을 제거하기 위하여
② 목재의 중량을 낮추기 위하여
③ 판재의 함수율을 고르게 하기 위하여
④ 판재단면의 수분경사를 적게 하기 위하여

해설
이퀄라이징처리는 함수율 균일화 처리를 위해 실시하며 최건시험재 함수율이 목표함수율보다 2% 낮을 때 실시하는 것이 특징이다.

77 드럼 박피기를 드럼의 지지 방법에 따라 분류했을 때 해당되지 않는 것은?

① 모터지지   ② 수압지지
③ 롤러지지   ④ 체인지지

해설
드럼박피기는 롤러지지, 수압지지, 체인지지 드럼박피기로 분류된다.

78 열기계펄프에 대한 설명으로 옳지 않은 것은?

① 리파이너 기계펄프화법을 변형하여 개발되었다.
② 섬유절단을 방지하여 기계펄프의 강도를 향상시킬 수 있다.
③ 목재 속의 리그닌 성분을 연화시킨 후 리파이닝 처리를 한다.
④ 섬유장이 짧은 섬유를 생산하게 되어 인쇄적성을 높이는데 사용이 가능하다.

해설
열기계펄프는 미세섬유의 양이 적은 만큼 장섬유가 많은 것이 특징이다.

79 파티클보드에 대한 설명으로 옳지 않은 것은?

① 파티클 길이가 두께에 비하여 큰 재료가 제작에 유리하다.
② 폐목질 자원 등을 기계적으로 파쇄 및 삭편화하여 제작한다.
③ 경제적인 제조를 위하여 포플러나 사시나무류는 잘 사용하지 않는다.
④ 파티클보드 원료는 가급적 원료수종의 비중이 낮고 압축도가 1보다 큰 것을 주로 사용한다.

해설
파티클보드의 원료는 목재이고 가격이 싼 임지폐잔재, 공장폐재, 톱밥 등도 이용이 가능하다. 주로 사용되는 수종으로 사시나무, 포플러, 북미산 미송 등이 사용된다.

80 화학적 개질을 통한 치수안정화 처리방법이 아닌 것은?

① 흡습성 감소처리
② 가교결합
③ 수지처리압축목재
④ 용적처리

해설
치수안정화 처리방법에는 직교적층, 피복처리, 흡습성 감소처리, 가교결합, 용적처리 등이 있으며 수지처리압축목재의 경우 치수안전성이 향상되기는 하나 화학적 개질의 종류는 아니라 고밀화목재의 한 종류이다.

제5과목 목재보존학

81 유용성 방부제를 목재에 가장 많이 흡수시킬 수 있는 상압법은?
① 도포법 ② 침지법
③ 확산법 ④ 온냉욕법

해설
온냉욕법의 약액 흡수량은 상압주입법 중에서 가장 많다.

82 단일 화합물로 구성된 목재 난연제가 아닌 것은?
① 미날리스 ② 탄산나트륨
③ 인산제일암모늄 ④ 인산제이암모늄

해설
미날리스는 혼합방화제이다.

83 다음 중 목재 보존제를 처리하기 전 건조시키는 이유는?
① 처리 후 건조가 더 어렵기 때문에
② 공극률을 증가시켜 약제 흡수량을 증가시키기 위해
③ 처리 후 양생을 촉진시키기 위해
④ 약제의 균일한 용탈을 위해

해설
목재 처리전 건조를 시켜 수분을 제거하여 목재 공극과 공간으로 약제 흡수가 더 원활하게 하기 위해서

84 목재부후균으로 인한 목재의 열화에 대한 설명으로 옳지 않은 것은?
① 백색부후균은 리그닌이 풍부한 세포간층을 우선 분해한다.
② 갈색부후균은 셀룰로오스가 풍부한 1차벽을 우선 분해한다.
③ 부후재의 조직 중 최초로 명확한 변화를 나타내는 것은 방사조직이다.
④ 부후 초기의 목재 변색은 부후균이 분비하는 효소와 목재의 페놀성 물질과의 반응에 의해 나타나는 현상이다.

해설
갈색부후균은 세포벽 중에서 2차벽 중층의 분해가 집중적으로 일어난다.

85 수용성 목재 방부제 중 처리목재의 색을 변색시키지 않는 방부제는?
① 구리·알킬암모늄화합물계 방부제(ACQ)
② 구리·아졸화합물계 방부제(CUAZ)
③ 알킬암모늄화합물계 방부제(AAC)
④ 크롬·플루오르화구리·아연화합물계 방부제(CCFZ)

해설
구리, 크롬 등 특정 물질이 목재에 처리되면서 약간의 색변화를 일으키게 되는데 알킬암모늄화합물계는 변색을 일으키지 않는 방부제이다.

86 주약관 내에서 처리재를 크레오소트유나 유상방부제로 가열하면서 진공 상태에서 목재의 수분을 탈수시키는 방법은?
① 도포법 ② 볼턴법
③ 침지법 ④ 셀론법

해설
목재를 크레오소트유나 유상방부제로 가열하면서 진공하에 목재의 수분을 탈수하는 방법을 볼턴법이라 한다.

정답 81 ④ 82 ① 83 ② 84 ② 85 ③ 86 ②

87 목재의 연소 억제력이 가장 큰 알칼리 금속은?
① 리튬 ② 칼륨
③ 세슘 ④ 나트륨

해설
목재의 연소 억제력이 큰 알칼리 금속에는 리튬, 나트륨, 칼륨, 세슘 등이 있으며 이 중에서 리튬이 가장 큰 연소 억제력을 가진다.

88 목재의 방염 작용에 해당되지 않는 것은?
① 열 작용 ② 방진 작용
③ 피복 작용 ④ 결합 작용

해설
방진은 진동을 흡수하는 것으로 목재의 방염 작용에는 해당하지 않는다.

89 목재 방부제의 구비조건에 대한 설명으로 옳지 않은 것은?
① 흡습성이 크고 접착력이 좋아야 한다.
② 방부 및 방충 효력이 동시에 큰 것이 좋다.
③ 화재의 위험성이 적고 부식성이 없어야 한다.
④ 악취가 없어야 되고 사람에 해가 적어야 한다.

해설
목재 방부제의 경우 흡습성이 없고 접착력이 적어야 한다.

90 고농도의 약제를 이용하여 생재를 가장 효과적으로 처리할 수 있는 방부 처리 방법은?
① 확산법 ② 도포법
③ 분무법 ④ 침지법

해설
생재나 고함수재의 표면에 고농도의 약제를 발라 건조하지 않도록 비닐시트를 덮어 방치시켜 확산현상에 의해 약제를 침투시키는 방법으로 물에 잘 용해되는 무기화합물을 사용하며 목재 수분은 50% 이상에서 사용된다.

91 생재무게 2kg인 목재의 부후 전 전건중량이 1.5kg이고 부후 후 전건중량이 1.2kg일 때에 중량 감소율은?
① 2% ② 5%
③ 15% ④ 20%

해설
$$\frac{1.5 - 1.2}{1.5} \times 100 = 20(\%)$$

92 수용성 방부제가 아닌 것은?
① A-1 ② ACQ-1
③ CUAZ-2 ④ CuHDO-3

해설
A-1의 종류는 크레오소트유로 유성목재방부제에 속한다.

정답 87 ① 88 ② 89 ① 90 ① 91 ④ 92 ①

93 카바마이트계 목재 방충제에 대한 설명으로 옳지 않은 것은?
① 접촉 독성이 높다.
② 카르바민산의 유도체이다.
③ 유효 성분이 오래 지속된다.
④ 현탁액상으로 목재와 토양처리에 이용된다.

해설
카바마이트계 방충제는 카르바민산의 유도체로 접촉, 식독, 호흡독으로 작용하며 접촉 독성이 특히 높다. 알칼리에서는 불안정하고 현탁액으로 목재나 토양처리에 이용된다.

94 목재를 방부 처리하는 과정에서 양생을 하는 주요 목적은?
① 할렬 방지
② 치수안정화 유도
③ 강도 및 탄성계수 증진
④ 방부제 성분의 목재 내 정착

해설
양생은 약액이 주입된 목재에 방부제성분이 목재 조직 속에 정착되도록 일정기간 쌓아놓는 과정이다.

95 목재 내부 피복처리에서 방수제로 사용되는 물질은?
① 왁스 ② 안료
③ 전분 ④ CMC

해설
목재에 방수제로 사용되는 물질로 왁스가 있으며 내구성이 높은 것이 특징이다.

96 바다에 오랫동안 잠긴 목재를 인양했을 때 주로 관찰될 수 있는 부후 미생물은?
① 혐기성 세균과 담자균
② 연부후균과 백색부후균
③ 혐기성 세균과 연부후균
④ 호기성 세균과 갈색부후균

해설
바다에 오랜시간 잠긴 목재는 수침고목재라 하며 오랫동안 포화된 상태로 있어 산소결핍으로 대부분 연부후균과 혐기성 세균이 관찰된다.

97 목재의 기상열화 인자가 아닌 것은?
① 수분 ② 자외선
③ 박테리아 ④ 환경오염 물질

해설
기상열화는 광선이나 수분, 오염물질, 열 등의 비생물학적 인자들로 물리, 화학적 열화를 받는 현상을 말한다.

98 뤼핑법에 대한 설명으로 옳지 않은 것은?
① 충세포법의 일종이다.
② 초기 공기압을 적용한다.
③ 약제를 깊고 균일하게 침투시킨다.
④ 약제회수량이 총흡수량의 약 60% 정도이다.

해설
뤼핑법은 공세포법이다.

99 표면오염균에 의한 생물학적 목재변색에 대한 설명으로 옳지 않은 것은?

① 건조한 침엽수 목재에서 자주 발생한다.
② 대표적으로 *Aspergillus* 속, *Penicillium* 속이 있다.
③ 균사는 주로 목재 표면에서 대량으로 포자를 만든다.
④ 오염된 침엽수재는 목재표면을 솔질이나 대패질을 하면 대부분 제거된다.

해설
표면오염균은 주로 장마철에 벌도후 방치된 원목이나 집하된 제재에 침입한다.

100 목재에 방부제가 잘 침투하도록 실시하는 전처리 방법으로 옳지 않은 것은?

① 인사이징을 실시한다.
② PEG 처리를 실시한다.
③ 프리보오링을 실시한다.
④ 평균 함수율을 30% 정도로 건조시킨다.

해설
PEG 처리는 치수안정화 처리방법이다.

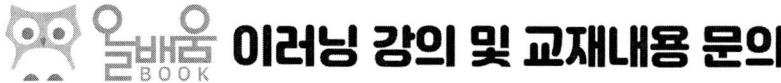 **이러닝 강의 및 교재내용 문의**

올배움 홈페이지 www.kisa.co.kr 에
방문하시면 본 교재의 저자직강 강의를 통하여
자격증 단기합격을 할 수 있습니다.
또한 본 교재의 정오표는
올배움 홈페이지를 통해 확인이 가능하며
그 밖의 다른 의견 및 오탈자를 제보해주시면
더 좋은 강의와 교재로 보답하겠습니다.

www.kisa.co.kr

1544-8509   카톡 ID : kisa

올배움BOOK
홈페이지
바로가기 >

임산가공기사 필기

1판1쇄 발행	2023년 1월 30일	2판1쇄 발행	2024년 1월 30일
3판1쇄 발행	2025년 1월 10일	4판1쇄 발행	2026년 1월 10일

지 은 이 • 권 현 준
펴 낸 이 • 이 정 훈
펴 낸 곳 • 올배움
주   소 • 서울시 금천구 가산디지털1로 168 B동 B105(가산동, 우림라이온스밸리)
전   화 • 1544-8509 / FAX 0505-909-0777
홈페이지 • www.kisa.co.kr

법인등록번호 • 110111-5784750
I S B N • 979-11-6517-184-1 (13520)

정가 39,000원

이 책에서 내용의 일부 또는 도해를 다음과 같은 행위자들이 사전 승인없이 인용할 경우에는
저작권법 제93조 「손해배상청구권」에 적용 받습니다.
① 단순히 공부할 목적으로 부분 또는 전체를 복제하여 사용하는 학생 또는 복사업자
② 공공기관 및 사설교육기관(학원, 인정직업학교), 단체 등에서 영리를 목적으로 복제・배포
   하는 대표, 또는 당해 교육자
③ 디스크 복사 및 기타 정보 재생 시스템을 이용하여 사용하는 자

※ 파본은 구입하신 서점에서 교환해 드립니다.